PRECISION
MEASURING
PRACTICE

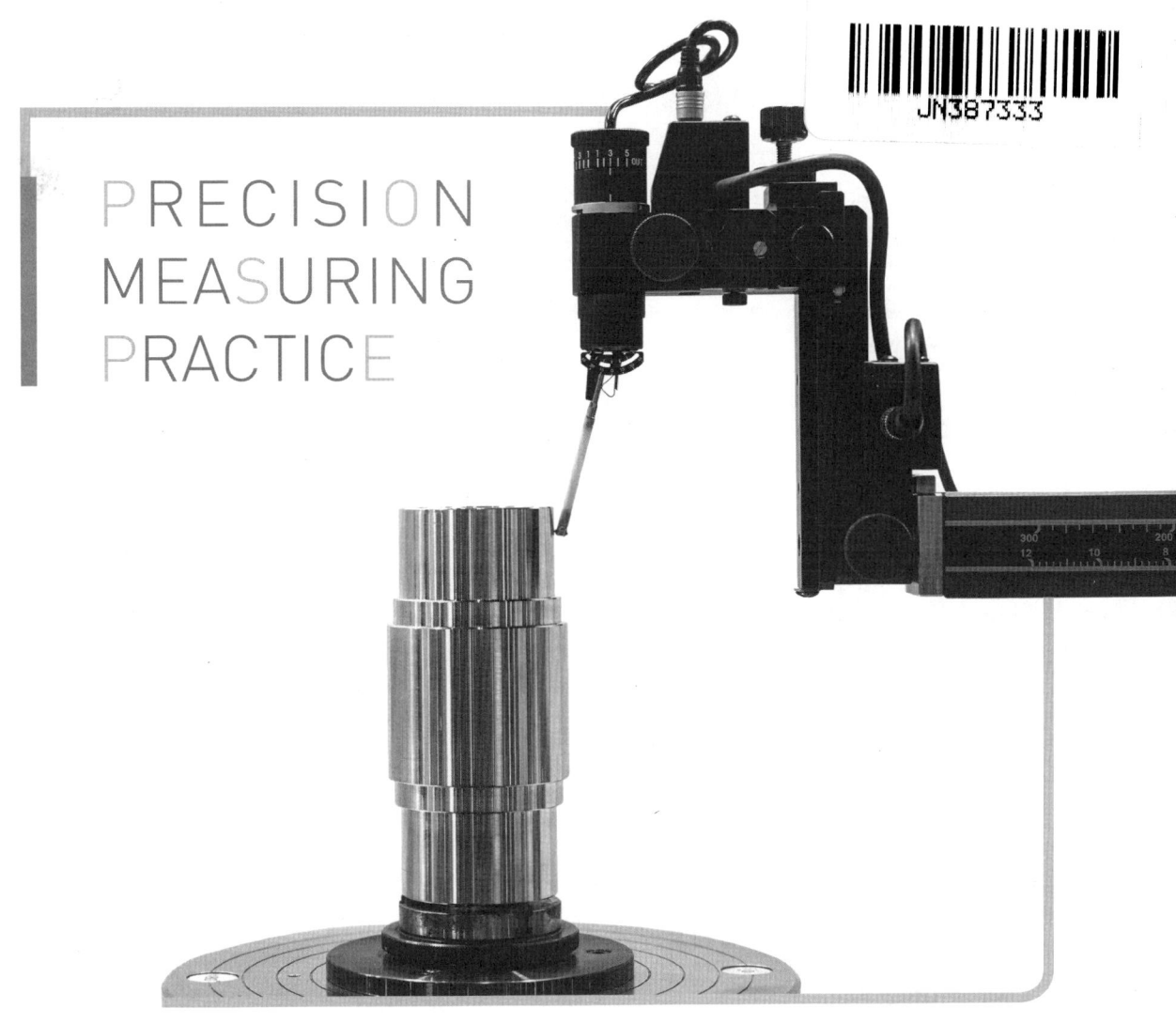

기계공학도 및 현장 실무자를 위한

정밀 측정 실습

공학박사 **이종대** 지음

BM (주)도서출판 **성안당**

■ **도서 A/S 안내**

성안당에서 발행하는 모든 도서는 저자와 출판사, 그리고 독자가 함께 만들어 나갑니다.

좋은 책을 펴내기 위해 많은 노력을 기울이고 있습니다. 혹시라도 내용상의 오류나 오탈자 등이 발견되면 **"좋은 책은 나라의 보배"**로서 우리 모두가 함께 만들어 간다는 마음으로 연락주시기 바랍니다. 수정 보완하여 더 나은 책이 되도록 최선을 다하겠습니다.

성안당은 늘 독자 여러분들의 소중한 의견을 기다리고 있습니다. 좋은 의견을 보내주시는 분께는 성안당 쇼핑몰의 포인트(3,000포인트)를 적립해 드립니다.

잘못 만들어진 책이나 부록 등이 파손된 경우에는 교환해 드립니다.

저자 문의 e-mail : ktl8317@naver.com(이종대)

본서 기획자 e-mail : coh@cyber.co.kr(최옥현)

홈페이지 : http://www.cyber.co.kr   전화 : 031) 950-6300

Preface | 머리말

　최근 선진 각국의 공업은 자동화·전문화·분업화가 급속하게 이루어지고 있으며, 이에 따라 가공 부품의 호환성, 기능성 및 경제성을 고려한 품질 평가 시스템의 강화를 서두르고 있다. 즉, 설계자가 의도한 어떤 부품이 품질 및 기능을 충분히 발휘하려면 가공한 부품의 측정을 통하여 먼저 품질을 평가해야 할 것이다.

　이러한 측정 기술, 그중에서 정밀 측정 기술은 기술의 고도화, 다양화에 따라서 점점 더 중요한 위치를 차지하고 있다.

　본서는 정밀 기계 공업에 종사하는 현장 실무자의 정밀 측정 기술 지침서뿐만 아니라 정밀 측정, 정밀 기계를 전공하는 학생의 실습 교재로 활용할 수 있도록 최신의 정밀 측정 실습을 단계적으로 진행할 수 있도록 상세히 기술하였다. 또한, 초보자에서 숙련자에 이르기까지 정밀 측정 기술을 쉽게 접할 수 있도록 필자의 오랜 산업체 및 교육 경험을 바탕으로 집필하였다.

　본서에서는
(1) 제1장은 정밀 측정의 의의, 목표, 측정 시 주의사항 등 기본적인 항목에 대해서 서술하였고
(2) 제2장에서는 측정 실습 전에 습득해야 할 측정의 기초적인 사항을 분야별로 상세히 기술하였으며
(3) 제3장은 범용 측정기를 이용한 기계 요소의 1차원, 2차원 측정 실습을 통하여 단일 부품의 측정 능력을 배양할 수 있도록 구성하였고
(4) 제4장에서는 고정밀 전용 측정기를 이용하여 2차원, 3차원은 물론이고 기하 편차의 측정까지 충분히 익혀서 정밀 부품, 초정밀 부품, 각종 제품의 정밀 측정 및 품질 평가 능력을 기를 수 있도록 하였다.

　끝으로 본서가 정밀 기계 분야의 정밀 측정 기술 향상에 도움이 되기를 바라며, 앞으로도 부족한 부분은 계속 수정, 보완할 것을 약속드린다. 아울러 이 책을 쓰는 데 도움을 주신 모든 분과 출판을 위해 애써 주신 성안당출판사 임직원 여러분께도 감사의 마음을 전한다.

저자 씀

Contents

제1장 서론

1 정밀 측정의 의의	17
2 측정 실습의 목표	17
3 측정시 일반적 주의 사항	18
3.1 실습을 실시하기 전의 주의 사항	18
3.2 측정 기기를 사용할 때의 주의할 점	18
3.3 측정시의 주의 사항	18
3.4 실습노트	19
3.5 실습 종료후의 정리, 정돈	19
3.6 보고서의 제출	19
4 실습 보고서 작성양식	19
4.1 실습 목표	19
4.2 사용 측정 기기	20
4.3 기본 및 측정 원리	20
4.4 측정 방법 및 순서	20
4.5 측정값의 정리 및 계산	20
4.6 결과	20
4.7 실습 결과의 검토	20
4.8 결론	20
4.9 고찰	21
4.10 참고문헌	21

제2장 정밀 측정에 있어서의 일반 사항

1 표준	23
1.1 국제 단위계	23
1.2 소급성(traceability)	26
1.3 설비 기준	26
2 길이 및 각도의 단위	29
2.1 길이의 단위	29
2.2 각도의 단위	30
2.3 힘의 단위	32

3 측정의 오차와 정도 — 33
- 3.1 오차 — 33
- 3.2 오차의 분류 — 33
- 3.3 측정 정도의 변천 — 34
- 3.4 치수 측정 정도에 영향을 미치는 요인 — 36
- 3.5 측정과 검사 — 40
- 3.6 정도(精度) — 40
- 3.7 최소 눈금 — 42
- 3.8 감도 — 42
- 3.9 간접 측정 오차 — 45

4 정밀 측정기의 분류 — 45
- 4.1 측정 방식 — 45
- 4.2 도기(度器) — 46
- 4.3 지시 측정기 — 46
- 4.4 시준기 — 46
- 4.5 인디케이터 — 46
- 4.6 게이지 — 47

5 측정에 있어서의 주의 사항 — 48
- 5.1 온도의 영향 — 48
- 5.2 측정력에 의한 변형 — 49
- 5.3 굽힘에 의한 변형 — 52
- 5.4 아베의 원리 — 53
- 5.5 그밖의 주의 사항 — 56

6 측정 결과의 정리 — 58
- 6.1 유효 숫자 — 58
- 6.2 유효 숫자의 사칙 연산 — 59
- 6.3 계산 과정에서의 오차 — 60
- 6.4 근사 계산 — 62
- 6.5 최소 자승법(最小自乘法) — 62
- 6.6 측정값의 통계적 해석 — 65

Contents

제3장 정밀 측정의 실제(기초편)

1 게이지 블록 밀착 및 교정   69
  1.1 실습 목표   69
  1.2 사용 측정 기기   69
  1.3 게이지 블록의 특징 및 형상   70
  1.4 게이지 블록의 치수 정도   71
  1.5 정도 검사   71
  1.6 취급상 주의 사항   81
  1.7 게이지 블록의 밀착 방법 및 순서   81
  1.8 게이지 블록의 교정 방법 및 순서   85
  1.9 측정값의 정리 및 계산   89
  1.10 결과 및 고찰   89

2 마이크로미터를 이용한 부품 측정   91
  2.1 실습 목표   91
  2.2 사용 측정 기기   91
  2.3 마이크로미터의 측정 원리   91
  2.4 눈금읽는 방법   94
  2.5 측정력   96
  2.6 외측 마이크로미터의 영점(0)조정   97
  2.7 외측 마이크로미터에 의한 측정   99
  2.8 내측 마이크로미터에 의한 측정   100
  2.9 길이 마이크로미터에 의한 측정   103
  2.10 측정시 주의 사항   103
  2.11 측정 방법 및 순서   104
  2.12 측정값의 정리 및 계산   106
  2.13 결과 및 고찰   107

3 콤퍼레이터(Comparator)에 의한 비교측정   107
  3.1 실습 목표   107
  3.2 사용 측정 기기   107
  3.3 콤퍼레이터의 원리 및 구조   107
  3.4 측정시 주의사항   111
  3.5 측정방법 및 순서   111

3.6 측정값의 정리 및 순서	113
3.7 결론 및 고찰	114

4 실린더 게이지(Cylinder Gauge) 및 텔레스코핑 게이지에 의한 내경 측정   115

4.1 실습 목표	115
4.2 사용 측정 기기	115
4.3 실린더 게이지의 측정 원리	115
4.4 텔레스코핑 게이지(Telescoping Gauge)의 원리	117
4.5 측정시 주의 사항	118
4.6 측정 방법 및 순서	119
4.7 측정값의 정리 및 계산	122
4.8 결과 및 고찰	122

5 하이트 마이크로미터를 이용한 높이 측정   124

5.1 실습 목표	124
5.2 사용 측정 기기	125
5.3 하이트 마이크로미터의 구조	125
5.4 하이트 마이크로미터의 종류	125
5.5 하이트 마이크로미터의 사용 방법	126
5.6 하이트 마이크로미터의 정도	129
5.7 측정시 주의 사항	131
5.8 측정 방법 및 순서	131
5.9 측정값의 정리 및 계산	137
5.10 결과 및 고찰	137

6 롤러를 이용한 경사각 측정   138

6.1 실습 목표	138
6.2 사용 측정 기기	138
6.3 측정 원리	138
6.4 측정시 주의 사항	139
6.5 측정 방법 및 순서	139
6.6 측정값의 정리 및 계산	140
6.7 결과 및 고찰	141

7 사인바(Sine bar)를 이용한 각도 측정   142

7.1 실습 목표	142
7.2 사용 측정 기기	142

Contents

7.3 측정 원리   142
7.4 사인바의 사용 방법   145
7.5 측정시 주의 사항   145
7.6 측정 방법 및 순서   146
7.7 측정값의 정리 및 계산   148
7.8 결과   148
7.9 결론 및 고찰   149

8 사인센터(Sine bar with Center)를 이용한 테이퍼 측정   150
8.1 실습 목표   150
8.2 사용 측정 기기   150
8.3 측정 원리   150
8.4 측정시 주의 사항   152
8.5 측정 방법 및 순서   152
8.6 측정값의 정리 및 계산   153
8.7 결과 및 고찰   155

9 더브테일(dove tail) 측정   156
9.1 실습 목표   156
9.2 사용 측정 기기   156
9.3 외측 더브테일의 측정 원리   156
9.4 내측 더브테일의 측정 원리   158
9.5 측정시 주의 사항   161
9.6 측정 방법 및 순서   161
9.7 측정값의 정리 및 계산   161
9.8 결과 및 고찰   163

10 롤러를 이용한 테이퍼 측정   164
10.1 실습 목표   164
10.2 사용 측정 기기   164
10.3 테이퍼의 측정 원리   164
10.4 측정시 주의 사항   167
10.5 측정 방법 및 순서   168
10.6 측정값의 정리 및 계산   169
10.7 결과 및 고찰   169

11 브이블록(V-block)의 측정 — 170
- 11.1 실습 목표 — 170
- 11.2 사용 측정 기기 — 170
- 11.3 측정 원리 — 170
- 11.4 측정시 주의사항 — 172
- 11.5 측정 방법 및 순서 — 173
- 11.6 측정값의 정리 및 계산 — 174
- 11.7 결과 및 고찰 — 174

12 수준기 이용 진직도 측정 — 175
- 12.1 실습 목표 — 175
- 12.2 사용 측정 기기 — 175
- 12.3 진직도 측정 — 175
- 12.4 수준기의 종류 및 사용법 — 179
- 12.5 진직도의 측정 원리 — 183
- 12.6 측정시 주의 사항 — 186
- 12.7 측정 방법 및 순서 — 187
- 12.8 측정값의 정리 — 189
- 12.9 결과 및 고찰 — 189

13 나사 측정 — 190
- 13.1 실습 목표 — 190
- 13.2 사용 측정 기기 — 190
- 13.3 나사의 측정 대상 — 190
- 13.4 나사의 오차와 그 영향 — 191
- 13.5 수나사의 측정 원리 — 193
- 13.6 암나사의 측정 원리 — 203
- 13.7 측정시 주의 사항 — 204
- 13.8 측정 방법 및 순서 — 205
- 13.9 측정값의 정리 및 계산 — 209
- 13.10 결과 및 고찰 — 210

14 내측 테이퍼 측정 — 211
- 14.1 실습 목표 — 211
- 14.2 사용 측정 기기 — 211
- 14.3 측정 원리 — 211
- 14.4 측정시 주의 사항 — 213
- 14.5 측정 방법 및 순서 — 214

Contents

14.6 측정값의 정리 및 계산	214
14.7 결과 및 고찰	215
15 **버니어 캘리퍼스 및 하이트 게이지 교정**	**216**
15.1 실습 목표	216
15.2 사용 측정 기기	216
15.3 버니어 캘리퍼스	216
15.4 하이트 게이지	224
15.5 측정시 주의 사항	236
15.6 버니어 캘리퍼스의 교정 방법 및 순서	239
15.7 하이트 게이지의 교정 방법 및 순서	241
15.8 측정치의 정리 및 계산	245
15.9 결론 및 고찰	247

제4장 정밀 측정의 실제(응용편)

1 **오토콜리메이터 이용 진직도 측정**	**249**
1.1 실습 목표	249
1.2 사용 측정 기기	249
1.3 진직도의 측정법의 종류	249
1.4 오토콜리메이터의 구조 및 원리	250
1.5 주요 부속품	253
1.6 진직도 측정 원리	253
1.7 오토콜리메이터의 사용법	256
1.8 측정시 주의 사항	259
1.9 측정 방법 및 순서	260
1.10 결과 및 고찰	263
2 **오토콜리메이터에 의한 평면도 측정**	**265**
2.1 실습 목표	265
2.2 사용 측정 기기	265
2.3 평면도의 정의	265
2.4 평면도의 측정 방법	265
2.5 측정시 주의 사항	272
2.6 측정 방법 및 순서	272

  2.7 측정값의 정리 및 계산   274
  2.8 결과 및 고찰   279

3 투영기 이용 부품 측정   280
  3.1 실습 목표   280
  3.2 사용 측정 기기   280
  3.3 측정 원리   280
  3.4 투영기의 형식   281
  3.5 투영기의 구조   282
  3.6 측정법   285
  3.7 측정시 주의 사항   289
  3.8 측정 방법 및 순서   289
  3.9 측정값의 정리 및 계산   293
  3.10 결과 및 고찰   293

4 공구 현미경 이용 부품 측정   294
  4.1 실습 목표   294
  4.2 사용 측정 기기   294
  4.3 현미경의 구조   294
  4.4 공구 현미경의 광학계   295
  4.5 공구 현미경 부속품   297
  4.6 측정시 주의 사항   299
  4.7 측정 방법 및 순서   300
  4.8 측정값의 정리 및 계산   305
  4.9 결과 및 고찰   305

5 표면 거칠기 측정   306
  5.1 실습 목표   306
  5.2 사용 측정 기기   306
  5.3 표면 거칠기   306
  5.4 표면 거칠기의 정의 및 표시   307
  5.5 규격에 쓰이는 용어   317
  5.6 표면 거칠기 측정법   320
  5.7 표면 거칠기 표시 방법   326
  5.8 측정시 주의 사항   327
  5.9 측정 방법 및 순서   328
  5.10 측정값의 정리   332
  5.11 결과 및 고찰   332

Contents

6 3차원 측정기에 의한 부품 측정 334
  6.1 실습 목표 334
  6.2 사용 측정 기기 334
  6.3 3차원 측정기의 사용 효과 334
  6.4 기능과 성능 335
  6.5 본체의 구성 요소 340
  6.6 측정점 검출기(probe) 344
  6.7 3차원 측정기의 정도 346
  6.8 데이터 처리 프로그램 357
  6.9 측정시 주의 사항 359
  6.10 측정 방법 및 순서 360
  6.11 측정값의 정리 370
  6.12 결과 371
  6.13 결론 및 토의 374

7 진원도 측정 375
  7.1 실습 목표 375
  7.2 사용 측정 기기 375
  7.3 진원도의 정의 375
  7.4 직경법 375
  7.5 삼점법 377
  7.6 반경법 379
  7.7 진원도의 표시 방법 381
  7.8 진원도 측정기 382
  7.9 진원도 측정기를 이용한 형상 측정 385
  7.10 측정시 주의 사항 386
  7.11 측정 방법 및 순서 386
  7.12 측정값의 정리 및 계산 389
  7.13 결과 및 고찰 389

8 공기 마이크로미터를 이용한 길이 측정 391
  8.1 실습 목표 391
  8.2 사용 측정 기기 391
  8.3 공기 마이크로미터의 원리 391
  8.4 기준 게이지 394
  8.5 배율 조정 395
  8.6 영점(0) 조정 396

8.7 측정시 주의 사항	397
8.8 측정 방법 및 순서	398
8.9 측정값의 정리	403
8.10 결과 및 고찰	403

9 전기 마이크로미터 이용 높이 측정   404

9.1 실습 목표	404
9.2 사용 측정 기기	404
9.3 전기 마이크로미터의 원리	404
9.4 측정 방법의 종류	409
9.5 측정시 주의 사항	410
9.6 측정 방법 및 순서	410
9.7 측정값의 정리 및 계산	412
9.8 결과	412

10 다이얼 게이지 분해 및 교정   413

10.1 실습 목표	413
10.2 사용 측정 기기	413
10.3 다이얼 게이지의 구조	413
10.4 다이얼 게이지의 성능	415
10.5 다이얼 게이지를 이용한 측정	421
10.6 사용할 때에 주의할 점	424
10.7 분해 방법 및 순서	425
10.8 다이얼 게이지 교정 방법 및 순서	427
10.9 측정값의 정리 및 계산	431
10.10 결과 및 고찰	434

11 마이크로미터 분해 및 교정   437

11.1 실습 목표	437
11.2 사용 측정 기기	437
11.3 마이크로미터의 측정 원리	437
11.4 마이크로미터의 구조	437
11.5 마이크로미터의 성능	439
11.6 측정시 주의 사항	443
11.7 분해 방법 및 순서	444
11.8 교정 방법 및 순서	446
11.9 측정값의 정리 및 계산	448
11.10 결과 및 고찰	449

Contents

12 레이저 간섭계를 이용한 위치 오차 측정   451
    12.1 실습 목표   451
    12.2 사용 측정 기기   451
    12.3 레이저의 원리   451
    12.4 레이저의 종류   453
    12.5 레이저의 계측   454
    12.6 측정 원리   455
    12.7 측정시 주의 사항   457
    12.8 측정 방법 및 순서   458
    12.9 측정값의 정리 및 계산   460
    12.10 결과 및 고찰   460

13 다면경(Polygon Mirror)의 교정   462
    13.1 실습 목표   462
    13.2 사용 측정 기기   462
    13.3 측정 원리   462
    13.4 측정시 주의 사항   465
    13.5 측정 방법 및 순서   466
    13.6 측정 결과 및 계산   467
    13.7 결과 및 고찰   467

14 기하 편차의 측정   468
    14.1 진직도 측정   470
    14.2 평면도 측정   473
    14.3 진원도(circularity) 측정   476
    14.4 원통도(cylindricity)의 측정   478
    14.5 윤곽도의 측정   480
    14.6 경사도(angularity)의 측정   486
    14.7 직각도 측정   489
    14.8 평행도 측정   491
    14.9 위치도의 측정   495
    14.10 동심도(concentricity)와 동축도(coaxiality)의 측정   498
    14.11 대칭도(symmetry)의 측정   503
    14.12 흔들림(run-out)의 측정   506

15	앵글 데커와 각도 게이지를 이용한 각도 비교 측정	510
	15.1 실습 목표	510
	15.2 사용 측정 기기	510
	15.3 앵글 데커의 측정 원리	510
	15.4 요한슨식 각도 게이지	511
	15.5 NPL식 각도 게이지	512
	15.6 측정시 주의 사항	513
	15.7 측정 방법 및 순서	513
	15.8 측정값의 정리 및 계산	515
	15.9 결과 및 고찰	515
16	앵글 데커(Angle Deckkor)와 회전 테이블을 이용한 각도 측정	516
	16.1 실습 목표	516
	16.2 사용 측정 기기	516
	16.3 측정 원리	516
	16.4 측정시 주의 사항	518
	16.5 측정 방법 및 순서	518
	16.6 측정값의 정리 및 계산	520
	16.7 결과 및 고찰	520
17	측장기 이용 길이 측정	521
	17.1 실습 목표	521
	17.2 사용 측정 기기	521
	17.3 측장기의 원리 및 구조	521
	17.4 아베(Abbe)의 원리	522
	17.5 변형에 의한 오차	524
	17.6 측정시 주의 사항	526
	17.7 측정 방법 및 순서	527
	17.8 측정값의 정리 및 계산	531
	17.9 결과 및 고찰	531
18	기어 측정	532
	18.1 실습 목표	532
	18.2 사용 측정 기기	532
	18.3 기어의 종류	532
	18.4 기어의 결정량	532

Contents

18.5 기어의 오차	536
18.6 기어의 이 두께 측정	537
18.7 치형 오차의 측정	543
18.8 원주 피치 오차의 측정	548
18.9 법선 피치 오차의 측정	551
18.10 이 홈의 흔들림 측정	552
18.11 잇줄 방향의 측정	553
18.12 기어의 종합 시험(물림 시험)	555
18.13 측정시 주의 사항	559
18.14 측정 방법 및 순서	559
18.15 측정치의 정리 및 계산	565
18.16 결과 및 고찰	565
■ 참고 문헌	567
■ 참고 규격	567

제1장
서 론

1. 정밀 측정의 의의

공업, 특히 기계 가공에 관한 정밀 측정의 역사는 다른 계측 기술의 역사에 비교해 보면 그렇게 오래된 것은 아니다. 측정 기술을 요구하는 가공 기술이 비교적 새로운 것이고, 대량 생산에 의한 호환성이 요구되는 정밀한 부품을 만들기 시작하면서였다.

이러한 정밀한 제품을 만들기 위해서는 기계 가공한 부품 또는 기계 요소는 치수, 형상, 각도 등이 설계 도면과 일치하지 않으면, 그 기능과 성능을 발휘하지 못하게 된다. 정밀 측정 (precision measurement)이라는 것은 기계 가공된 공작물이나 기계 요소의 치수, 각도, 형상 등의 양을 단위로서 사용되는 다른 양과 비교하는 것으로써 측정중에 포함된 단위의 수와 단위의 곱으로 표시되는 것을 말한다.

이와 같이 정밀 측정된 측정값은 대부분 설계 도면과 비교하여 처리되며, 이러한 정밀 제품을 제작하거나 수정하기 위해서는 성능이 좋은 정밀 기계도 필요하겠지만, 그 부품이 설계자의 의도대로 정확하게 가공되었는지, 또는 어느 부분이 잘못 제작되었는가를 판단하기 위해서는 정밀 측정 기기(精密測定機器)에 의해 측정하는 기술이 필요하게 되며, 이 두 가지의 협조 없이는 정밀한 제품의 생산은 기대할 수 없다.

그러나, 정밀 측정 기술을 배우기 위해서는 각 측정기에 대한 풍부한 이론만 가지고는 불가능하며 적당한 측정기의 선택과 올바른 측정 방법, 그리고 측정 데이터 처리 방법을 통하여 올바르게 제품의 품질 평가를 할 수 있는 능력을 기르는 것이 필요하게 되므로, 이러한 지식 및 기술은 반복되는 실습을 통해서 공부해야만 되겠다.

2. 측정 실습의 목표

과학 기술의 진보는 나날이 발전하고 있으며 기술자는 과학 기술에 관한 폭 넓은 지식이 요구되고 있다. 기술을 이해하는 데에는 기초 이론만을 공부하는 것만으로서는 충분하지 못하고 실험 실습에 의한 뒷받침을 얻어 비로소 확실하게 된다. 이와 같이 실험 실습과 이론과는 과학 기술을 올바르게 이해하는 데 어느 쪽도 소홀하게 할 수 없다. 학생들의 실습 목표는 기초 이론의 공부에서 얻은 지식을 실습을 통하여 보다 확실히 이해함은 물론 측정 기기의 사용법, 기초 및 응용 측정 실습의 방법, 데이터의 정리 방법, 보고서의 쓰는 방법 등을 익혀서, 보다 발전되고 창조적인 정밀 계측 기술 연구 및 산업체의 생산 기술에 바로 적용할 수 있는 실무를 익히는 데 그 목표를 두고 있다.

3. 측정시 일반적 주의 사항

3.1 실습을 실시하기 전의 주의 사항
실습 교재를 읽고 충분한 예습을 할 필요가 있다. 특히 주어진 실습 제목의 목표, 원리를 확실히 파악하고 충분한 예비 지식을 축적하여 둔다. 더 나아가 실습 제목에 관련한 현상, 방법 등을 미리 조사, 연구하여 두는 것이 바람직하다.

3.2 측정 기기를 사용할 때의 주의할 점
① 측정 기기를 취급할 때는 사전에 사용할 측정기의 구조, 원리, 사용 방법을 카탈로그(catalogue), 사용 설명서 등을 참고하여 전반적인 사항 등을 이해하고 나서 사용한다.
② 정밀한 기기일수록 감도가 크기 때문에 면밀한 조절이 필요하고, 완전히 조정이 끝난 후 사용한다.
③ 기기의 사용에 대해서는 정성껏 다루는 것이 필요하다.

3.3 측정시의 주의 사항
① 관측할 때에는 세심한 주의를 기울이고 좋은 결과를 얻을 수 있도록 최대한의 노력을 기울인다.
② 부척(vernier)이 있는 측정기를 사용할 때는 부척의 1눈금이 본척의 1눈금을 몇 등분했는지를 조사해서 정확하게 눈금을 읽도록 한다.
③ 스케일(scale)로 측정할 때는 반드시 최소 눈금의 1/10까지 목측(目測)으로 읽는 것을 원칙으로 한다.
④ 마이크로미터 등의 측정기에서 0점 조정을 하지 않고 측정했을 때는 측정된 데이터에 보

정을 할 필요가 있다.
⑤ 목측(目測)으로 읽을 때에는 눈의 위치에 따라서 시차(parallax)의 영향으로 읽음값이 다르게 된다. 따라서 시차를 충분히 제거하도록 주의하여야 한다.
⑥ 실습 데이터는 재현성이 중요하기 때문에 실험을 반복해서 실시할 필요가 있다.

3.4 실습 노트
적당한 기록 용지를 준비하고 실습 과정에 있어서 필요한 사항을 기록한다.
① 실습 제목, 날짜, 시간, 장소, 공동 실습자 이름, 실습 장소의 환경 조건(실온, 습도 등), 기상 조건(날씨, 기압 등)
② 사용 기기의 제작사, 정밀도, 사양, 모델 No. 등
③ 측정 데이터, 계산 공식, 계산 순서
④ 실습중에 쌓은 사항, 의문점, 느낀 점, 개선 사항 등
이 실습 노트의 기록 사항은 보고서 작성시 기초 자료로 활용한다.

3.5 실습 종료후의 정리, 정돈
실습 종료 뒤는 사용한 측정 기기, 기구에 이상이 없는가를 확인하고 정리, 정돈을 확실하게 한다. 만약 파손했다든가, 기기에 이상이 확인되었다면 반드시 지도 교수에게 알린다.

3.6 보고서의 제출
이러한 일련의 과정을 통하여 실습을 종료하면 반드시 실습 결과를 보고서에 정성스럽게 작성하여 제출한다.
보고서의 표지, 용지, 제출 기한 등에 대해서는 지도 교수의 지시에 따른다.

4. 실습 보고서 작성 양식

보고서의 형식은 실습 과제에 따라서 모두 같다는 것은 아니지만 일반적으로 다음과 같은 항목에 대하여 기록한다.
『표지에 기록 사항』
실습 제목, 실습자 이름(공동 실습자를 포함), 제출 일자, 날씨, 온도, 습도, 기압 등을 기록한다.

4.1 실습 목표
주어진 실습 과제는 무엇을 이해하기 위한 실험인가, 또 어떤 측정 기술을 몸소 익힐 것인

가를 생각해 본다. 보고서에는 조목조목 간결하게 쓴다.
① 기본 원리의 이해
② 측정 기술의 습득
③ 측정기의 정도, 성능 이해 및 사용법의 숙련
④ 과학적인 고찰력과 응용력의 배양

4.2 사용 측정 기기
실습에 사용한 기구를 열거한다. 측정 기기는 사진 또는 스케치 등을 그려넣고 구체적으로 설명한다. 측정기의 명칭, 규격, 정밀도, 제작 회사 및 제품 번호 등을 기록한다.

4.3 기본 이론 및 측정 원리
실습 교재에 기본 원리, 이론의 요약이 적혀 있지만 될 수 있는대로 참고 도서를 참조하여 충분히 검토하고 자신의 문장으로 정리하여 보고서에 기록한다.

4.4 측정 방법 및 순서
실습 과제에 따라서 순서를 상세히 설명하여 둔 것이 있지만 보고서에 이것을 모두 기록할 필요는 없다. 기본적인 기록 사항을 정리하여 기록하면 좋다.

4.5 측정치의 정리 및 계산
측정 항목에 대해 몇 번 반복하여 우연 오차, 개인 오차, 시차 등의 오차를 줄이고 평균값을 낸다. 계산을 할 때는 공식과 계산 과정을 정확히 나타내고 유효 숫자의 처리를 한다.

4.6 결과
각각의 실습 과제에 따라서 내용은 다르지만 일반적으로는 측정 데이터를 표(表)로 만들어 정리하고 가능하면 그래프로 표시한다. 간접 측정의 경우에는 계산하는 계산식과 계산 과정을 쓴다. 또한 오차 계산도 기록한다.

4.7 실습 결과의 검토
실습 과제에 따라서는 자신들의 실습에서 얻은 수치와 정수표의 값과를 각 실습 조별로 비교 검토한다. 정수표의 값과 맞지 않을 때에는 왜 맞지 않는가, 충분히 추구하고 생각되는 원인을 검토한다.

4.8 결론
실험에 따라서 얻은 결과를 조목조목 간결하게 기록한다.

4.9 고찰

보고서에서 제일 중요한 항목이다. 고찰이 없는 보고서는 정말로 가치가 없는 것이다. 고찰에서는 실습 전반의 소감을 기록하고 특이한 실습 결과가 얻어졌을 때에는 원인을 찾도록 한다. 또한 실습중에 발생하는 오차의 크기에 대해서도 고찰한다.

4.10 참고 문헌

인용할 참고 문헌은 저자, 책명(또는 논문명), 인용 페이지, 출판사, 출판 년도 등을 순서대로 기록한다.

제 2 장
정밀 측정에 있어서의 일반 사항

1. 표준

1.1 국제 단위계

국제 단위계란 Le Systéme International d'Unités(프랑스어)의 머리글자로, 1960년 10월 제11차 국제 도량형 총회(General Conference of Weights and Measures)에서 채택되었다.

지금까지 복수(複數)였던 단위계를 1양(量)은 1단위를 원칙으로 하고 또한 일관성을 가진 단위계로 다음과 같이 구성되어 있다.

$$\text{SI단위} \begin{cases} \text{기본 단위(7개)} \\ \text{보조 단위(2개)} \\ \text{조립 단위} \begin{cases} \text{고유의 명칭을 가진 조립 단위(18개)} \\ \text{기타의 조립 단위} \end{cases} \end{cases}$$

접두어(20개) 및 SI단위의 10의 정수 승배(乘倍)

측정 과학 분야의 세계 최고 의사 결정 기구인 국제 도량형 총회는 1991년 파리에서 회의를 갖고 지금까지 가장 정밀한 측정에 사용되던 국제 단위인 엑사와 아토보다 1천배 정밀한 제타, 젭토와 1백만배 정밀한 요타, 욕토 등 4개의 접두어를 새로 추가할 것을 결의했다. 일상 생활에서 약속 시간을 1초정도 어겼다고 해서 큰 일이 발생하지는 않지만 정밀 측정 장치에서의 1초, 1mm의 오차는 우리의 상상을 초월하는 결과를 가져오게 된다. 우주를 향해 쏘아올린 로켓의 랑데뷰에서 만약 $\frac{1}{1000}$초라도 오차가 있다면, 두 로켓은 수만 km 떨어진 곳을 따로

표 2-1 SI기본 단위와 보조 단위

구 분	양(quantity)	명 칭	기 호
기 본 단 위	길이(length)	미터(meter)	m
	질량(mass)	킬로그램(kilogram)	kg
	시간(time)	초(second)	s
	전류(electric current)	암페어(Ampere)	A
	열역학적 온도(temperature)	켈빈(Kelvin)	K
	물질량(substance)	몰(mole)	mol
	광도(luminous intensity)	칸델라(candela)	cd
보 조 단 위	평면각(plane angle)	라디안(radian)	rad
	입체각(solid angle)	스테라디안(steradian)	sr

표 2-2 SI 접두어 μm

인 자	접두어	기 호	인 자	접두어	기 호
10^{24}	요 타	Y	10^{-1}	데 시	d
10^{21}	제 타	Z	10^{-2}	센 티	c
10^{18}	엑 사	E	10^{-3}	밀 리	m
10^{15}	페 타	P	10^{-6}	마이크로	μ
10^{12}	테 라	T	10^{-9}	나 노	n
10^{9}	기 가	G	10^{-12}	피 코	p
10^{6}	메 가	M	10^{-15}	펨 토	f
10^{3}	킬 로	k	10^{-18}	아 토	a
10^{2}	헥 토	h	10^{-21}	젭 토	z
10^{1}	데 카	da	10^{-24}	욕 토	y

표 2-3 기본 단위의 정의

기본 물리량 (단위의 기호, 명칭)	정의된 연도 (CGPM 차수)	정 의
시간 (s, 초)	1967년 (제13차)	초(기호: s)는 시간의 SI단위이다. 초는 세슘-133 원자의 섭동이 없는 바닥상태의 초미세전이 주파수 $\Delta\nu_{Cs}$를 Hz 단위로 나타낼 때 9 192 631 770이 되도록 정의된다. 여기서 Hz는 s^{-1}과 같은 단위이다.
길이 (m, 미터)	1983년 (제17차)	미터(기호: m)는 길이의 SI단위이다. 미터는 진공에서의 빛의 속력 c를 $m \cdot s^{-1}$ 단위로 나타낼 때 299 792 458이 되도록 정의된다.
질량 (kg, 킬로그램)	2018년 (제26차)	킬로그램(기호: kg)은 질량의 SI단위이다. 킬로그램은 플랑크 상수 h를 $J \cdot s$ 단위로 나타낼 때 $6.626\ 070\ 15 \times 10^{-34}$이 되도록 정의된다. 여기서 $J \cdot s$는 $kg \cdot m^{2} \cdot s^{-1}$과 같은 단위이다.
전류 (A, 암페어)		암페어(기호: A)는 전류의 SI단위이다. 암페어는 기본전하 e를 C 단위로 나타낼 때 $1.602\ 176\ 634 \times 10^{-19}$이 되도록 정의된다. 여기서 C는 $A \cdot s$와 같은 단위이다.
온도 (K, 켈빈)		켈빈(기호: K)은 온도의 SI단위이다. 켈빈은 볼츠만 상수 k를 $J \cdot K^{-1}$ 단위로 나타낼 때 $1.380\ 649 \times 10^{-23}$이 되도록 정의된다. 여기서 $J \cdot K^{-1}$은 $kg \cdot m^{2} \cdot s^{-2} \cdot K^{-1}$과 같은 단위이다.

물질의 양 (mol, 몰)	2018년 (제26차)	몰(기호: mol)은 물질의 양의 SI단위이다. 1몰은 6.022 140 76×10²³개의 구성요소를 포함한다. 이 숫자는 아보가드로 상수 N_A를 mol⁻¹ 단위로 나타낼 때 정해지는 수치로서 아보가드로 수라고 부른다. 어떤 계의 물질의 양(기호: n)은 명시된 특정 구성요소들의 수를 나타내는 척도이다. 특정 구성요소들이란 원자, 분자, 이온, 전자, 그 외의 입자 또는 그런 입자들의 특정한 집합체가 될 수 있다.
광도 (cd, 칸델라)	1979년 (제16차)	칸델라(기호: cd)는 어떤 주어진 방향에서 광도의 SI단위이다. 칸델라는 주파수 540×10¹²Hz의 단색광 시감효능 K_{cd}를 lm·W⁻¹ 단위로 나타낼 때 683이 되도록 정의된다. 여기서 lm·W⁻¹은 cd sr W⁻¹ 또는 cd sr kg⁻¹·m⁻²·s³ 과 같은 단위이다.

표 2-4 레이저 및 스펙트럼 램프의 방사 (1)

레이저의 명칭	흡수 분자 기체	천이(遷移)	성분	주파수(MHz)	진공중 파장(fm)	불확도(3σ)
메탄 안정화 헬륨-네온 레이저	CH_4	ν_3, P(7)	F_2	88 376 181.608	3 392 231 397.0	±1.3×10⁻¹⁰
요소 안정화 색소 레이저 또는 주파수 2체배(遞倍) 헬륨-네온 레이저	$^{127}I_2$	17-1, P(62)	O	520 206 808.51	576 294 760.27	±6×10⁻¹⁰
요소 안정화 헬륨-네온 레이저(633nm)	$^{127}I_2$	11-5, R(127)	i	473 612 214.8	632 991 398.1	±1×10⁻⁹
요소 안정화 헬륨-네온 레이저(612nm)	$^{127}I_2$	9-2, R(47)	O	489 880 355.1	611 970 769.8	±1.1×10⁻⁹
요소 안정화 아르곤 레이저	$^{127}I_2$	43-0, P(13)	a_3	582 490 603.6	514 673 466.2	±1.3×10⁻⁹

(2)

램프의 명칭	동위 원소	천 이	진공 파장(μm)	불확도
크립톤 86램프	^{86}Kr	$2p_{10}$-$5d_5$	0.605 780 210	±4×10⁻⁹
동 상	동 상	$2p_9$-$5d_4$ $2p_8$-$5d_4$ $1s_3$-$3p_{10}$ $1s_4$-$3p_8$	0.645 807 20 0.642 280 06 0.565 112 86 0.450 361 62	±3×10⁻⁸
수 은 198램프	^{198}Hg	6^1P_1-6^1D_2 6^1P_1-6^3D_2 6^3P_2-7^3S_1 6^3P_1-7^3S_1	0.579 226 83 0.577 119 83 0.546 227 05 0.435 956 24	±5×10⁻⁸
카드뮴 114램프	^{114}Cd	5^1P_1-6^1D_2 5^3P_2-7^3S_1 5^3P_1-7^3S_1 5^3P_0-7^3S_1	0.644 024 80 0.508 723 79 0.480 125 21 0.467 945 81	±7×10⁻⁸

떠다니게 될 것이다. 지금까지 10^{-18}까지의 정밀도만 있으면 모든 측정이 가능했지만 과학 기술의 급속한 발달로 이제는 미량 분석과 질량의 크기를 측정하기 위해 10^{-24}까지의 정밀도를 요구하기에 이르렀다. 또 거대 측정 단위로는 10^{24}도 나오게 되었다.

길이 분야는 먼저 미터 조약이 있고, 그 아래 국제 도량형 위원회가 조직되어 참가국의 독립 연구 기관이 그 업무를 담당하고 있다.

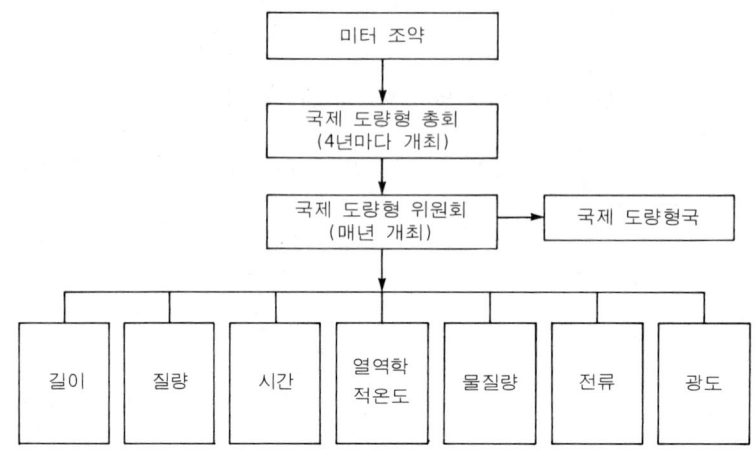

그림 2-1 도량형의 기관

1.2 소급성(traceability)

소급성이란 표준기 또는 계측기가 보다 높은 수준의 표준에 의해 차례로 교정되고, 국가 표준에 연결되는 경로(經路)가 확립되어 있는 것을 말한다.

현대의 공업 제품은 많은 정밀 부품으로 구성되어 있고, 대량 생산 방식이 그 특징이지만, 그 기초가 되고 있는 것은 호환성(互換性)과 표준화이다. 이 두 가지가 계측을 불가결의 조건으로 하기 때문에 소급성의 중요성이 인정된다.

즉 국가간, 국가와 기업간, 기업간, 기업내 각 부문간에 각각의 단계에 대응할 수 있는 표준(기)이 확립, 유지되고 공급 상태에 따라 기업 하층 부문까지의 계층 정도가 보증되게 된다. 그러나 소요(所要)를 유지시키기 위해서는 정도가 좋은 계측기를 갖추는 것만으로는 불충분하고, 그 위에 적절한 사용법, 통일된 정기적인 교정(校正)이 필요하다.

1.3 설비 기준

기업체에서 길이 측정실(표준실)을 만드는 경우, 목표로 하는 설비 기준은 생산 목적에 대응하는 내용과 수준이어야 한다. 설비 기준은 측정의 등급, 설비의 종류와 등급, 측정 기기 및

그림 2-2 기업체의 소급성(traceability) 예

보조 장치의 종류와 등급의 3개에 대해서 검토되지만, 특히 중요한 것은 길이(치수)를 고려해야만 한다는 것이다.

(1) 측정의 등급

A급 : 특히 고정도(高精度)한 표준기, 측정 기기를 보유하고, 국공립 표준 연구 기관과 거의 같은 정도의 측정을 실현할 수 있는 등급으로 환경의 상태에 있어서 aa 또는 a급을 필요로 한다.

B급 : 고정도한 표준기 및 측정 기기를 보유하고, 기업체 내의 표준기의 교정 및 치수의 정밀 측정을 실현할 수 있는 등급으로 환경 상태 b급을 필요로 한다.

C급 : 보통 정도의 표준기 및 측정 기기를 보유하고, 기업체 내의 측정기의 교정을 실현할 수 있는 등급으로 환경 상태는 c급이면 된다.

(2) 환경 조건

길이 측정실의 환경 조건은 측정의 등급, 설치되어 있는 표준기, 측정기의 종류와 등급에 대응하는 것으로 표 2-5는 하나의 예이다.

표 2-5 길이 측정실의 환경 조건의 예

환경 조건 항목 \ 환경의 등급	aa	a	b	c
온도(허용 범위 포함)	20℃±0.5℃	20℃±1.0℃	20℃±2.0℃	20℃±5.0℃
온도 변화율	0.5℃/h	1.5℃/h	특히 지정하지 않는다.	
습 도	55%±5%		(45-60)±10%	(45-60)±10%
먼 지	전기 집진기, 필터를 이용한다.		알맞은 필터를 이용한다.	
기 압	1013mbar		틈새에서 공기가 실외로 빠지도록 압력 유지	
진 동	알맞은 방진대 설치			특히 지정않음
전 압 조 건	전압 ±1% 이내 주파수 ±0.5% 이내		특히 지정하지 않는다.	
조 명	500-1000lx			
소 음	50폰(phon) 이하		특히 지정하지 않는다.	

2. 길이 및 각도의 단위

2.1 길이의 단위

길이의 단위는 빛이 약 3억분의 1초 동안 진공 중을 진행하는 거리를 1m로 정의하고 있지만, 초기에는 그림 2-3과 같이 지구의 자오선(子午線)의 북극에서 적도까지 길이의 1,000만분의 1을 1metre라고 불리우는 새로운 단위가 1799년 제정되었다. 그리하여 1870년 파리에서 국제 회의가 개최되어 국제 도량형국이 설립되고 이것을 기초로 하여 1889년 그림 2-4와 같은 미터 원기가 제작되었다.

이 미터 원기의 눈금선의 굵기는 $6 \sim 8 \mu m$이고, 눈금선의 정확성 때문에 정도는 $0.2 \mu m$ 밖에 되지 않았다.

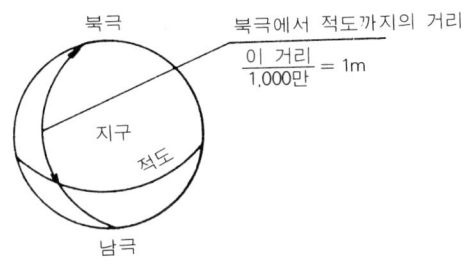

그림 2-3 초기의 1m 정의

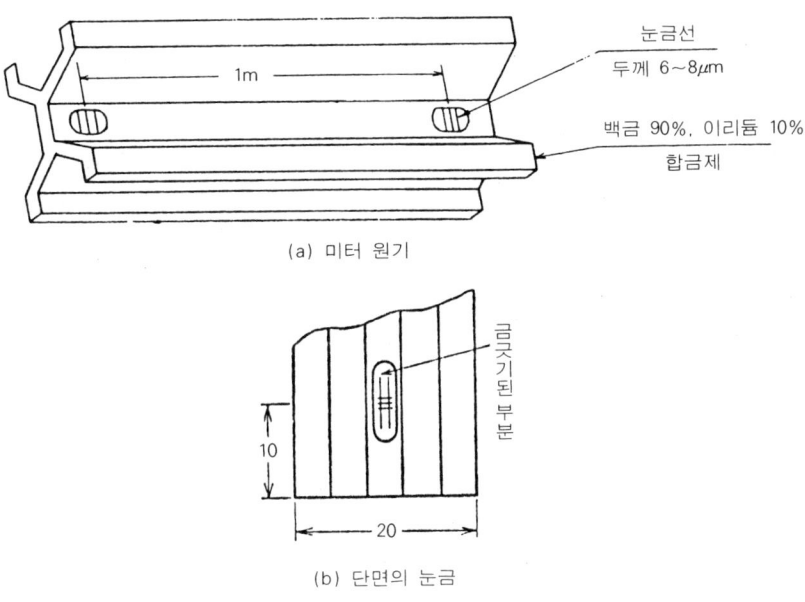

그림 2-4 미터 원기

공업의 발전에 따라 보다 고정도로 경년 변화(經年變化)가 없는 길이의 표준을 필요로 함에 따라 자연계에서 불변의 양을 이용하는 실험을 한 결과, 원소(元素)에서 방사되는 단색광의 파장을 이용하게 되었다. 1960년 10월 국제 도량형 총회에서 「1미터는 ^{86}Kr 원자의 준위 $2p_{10}$과 $5d_5$ 사이의 천이(遷移)에 대응하는 등적색 스펙트럼선이 진공 중에서의 파장의 1650763.73배와 같다」고 정의되었다. 따라서 미터 원기에 의한 정의는 폐지되었다.

그러나 항공, 우주 산업의 발전에 따라 보다 높은 광속도의 측정 정도 향상에 따라 1983년 제17차 국제 도량형 총회에서 현재와 같은 「1미터는 빛이 진공 중에서 1/299, 792, 458초 동안 진행한 거리이다」라고 정의하게 되었다.

이 미터의 보조 단위는 표 2-6와 같다.

표 2-6 길이 단위의 표

단 위	기호	환 산							
		km	m	dm	cm	mm	μm	nm	Å	pm
킬로미터	km	1	10^3	10^4	10^5	10^6	10^9	10^{12}	10^{13}	10^{15}
미 터	m	10^{-3}	1	10	10^2	10^3	10^6	10^9	10^{10}	10^{12}
데시미터	dm	10^{-4}	10^{-1}	1	10	10^2	10^5	10^8	10^9	10^{11}
센티미터	cm	10^{-5}	10^{-2}	10^{-1}	1	10	10^4	10^7	10^8	10^{10}
밀리미터	mm	10^{-6}	10^{-3}	10^{-2}	10^{-1}	1	10^3	10^6	10^7	10^9
마이크로미터 (미크론)	μm (μ)	10^{-9}	10^{-6}	10^{-5}	10^{-4}	10^{-3}	1	10^3	10^4	10^6
나노미터 (밀리미크론)	nm (mμ)	10^{-12}	10^{-9}	10^{-8}	10^{-7}	10^{-6}	10^{-3}	1	10	10^3
옹스트롬	Å	10^{-13}	10^{-10}	10^{-9}	10^{-8}	10^{-7}	10^{-4}	10^{-1}	1	10^2
피코미터	pm	10^{-15}	10^{-12}	10^{-11}	10^{-10}	10^{-9}	10^{-6}	10^{-3}	10^{-2}	1

현재 우리 나라는 한국 표준 과학 연구원(KRISS)에서 주파수 안정도가 10^{-11} 정도인 옥소 안정화 헬륨 네온 레이저를 보유하고 있어, 국가 길이의 표준 원기로 사용하고 있다.

2.2 각도의 단위

평면각의 단위는 도(degree)와 라디안(radian)으로 구분한다.

(1) 도(度)

1도(°)는 원주를 360 등분한 호(弧)의 중심에 대한 각도를 말하며 보조 단위로는 1°를 60등분한 분(1′)과 1°를 3600 등분한 초(1″)가 있다.

(2) 라디안(radian)과 스테라디안(steradian)

1라디안(1rad)은 원의 반지름과 같은 길이의 원호의 중심에 대한 각도를 말한다.

그림 2-5는 1라디안을 표시하고, 1라디안은 원주상에서 그 반지름의 길이와 같은 길이의 호

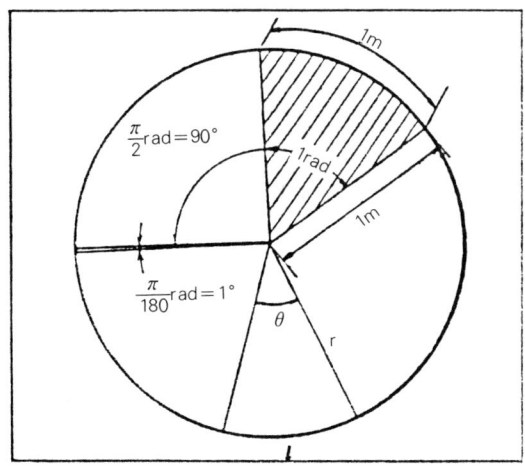
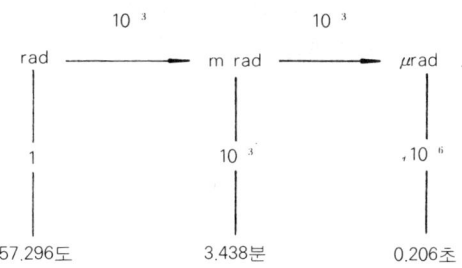

그림 2-5 라디안

를 끊어 얻은 2개의 반지름 사이에 끼는 평면각이다. 그림 2-6은 1스테라디안을 표시하며, 입체각의 단위로서 구의 중심을 정점으로 하여 그 구의 반지름을 1변으로 하는 정사각형의 면적과 같은 면적을 그 구의 표면에서 끊어내는 입체각이다.

숫자(數字)로 이용되고 있는 각도의 단위는 라디안이다. 예를 들면, $\theta \ll 1$일 때 $\sin\theta \fallingdotseq \theta$, 이때의 θ는 라디안이고, 도(°)는 아니다.

$$1\text{rad} = \frac{r}{2\pi r} \times 360°$$

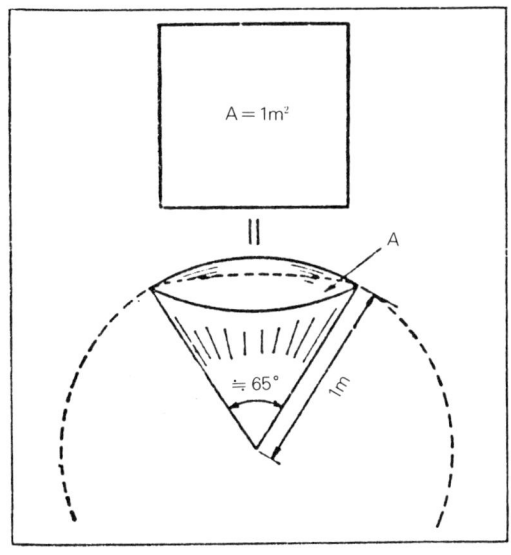

그림 2-6 스테라디안 정의

$$= \frac{180}{\pi}$$
$$= 57.29577951° 로 되며$$

역으로

$1° = 1.745329 \times 10^{-2} \text{rad}$
$\quad = 1/57.29578 \text{rad}$
$1' = 2.9089 \times 10^{-4} \text{rad}$
$\quad = 1/3437.75 \text{rad}$
$1'' = 4.8481 \times 10^{-6} \text{rad}$
$\quad = 1/206265 \text{rad}$

이다.

2.3 힘의 단위

힘의 단위는 뉴턴(N)이다.

$$1N = 1kg \cdot m/s^2$$

이것은 질량 1kg의 물체에 $1m/s^2$의 가속도가 작용했을 때의 힘을 의미한다. 지구상에서의 중력의 가속도 $9.8m/s^2$이 작용한 경우는

$$1kg.f = 1 \times 9.8 = 9.8N$$

따라서, $1N = 102gf ≒ 100gf$

3. 측정의 오차와 정도

3.1 오차

아무리 정확한 측정기를 가지고 주의하여 측정한다 하더라도 기기가 완벽하지 못하고 측정자의 판단력에도 한계가 있으므로 절대적으로 정확한 측정값을 얻기는 어렵다.

따라서, 측정값을 구했다 하더라도 측정하려는 본래의 값, 즉 참값과는 약간의 차이가 있다. 이때 측정값(measured value) x_i와 참값(true value) z와의 차이를 절대 오차 또는 오차라 하며, 오차와 참값 또는 측정값과의 비율을 상대 오차라 한다.

$$오차 = 측정값 - 참값$$
$$= x_i - z$$

상대 오차 = 오차/참값 또는 측정값

상대 오차는 보통 백분율(%)로 표시하여 백분율(%) 오차라고도 한다.

3.2 오차의 분류

오차는 그 발생 원인을 기준으로 다음과 같이 분류한다.

오차
- 계통오차(systematic error)
  - 기기 오차(instrumental error)
  - 환경 오차(environment error)
  - 이론 오차(theoretical error)
  - 개인 오차(presonal error)
- 과실 오차(erratic error)
- 우연 오차(accidental error)

(1) 계통 오차

계통 오차란 동일 측정 조건하에서 어떤 일정한 영향을 주는 원인에 의하여 생기는 오차, 즉 동일 조건 상태에서 항상 같은 크기와 같은 부호를 가지는 오차이다. 계통 오차는 주로 측정기, 측정 방법 및 피측정물의 불완전성과 환경의 영향에 의해 생기는 오차이다.

예) 측정력의 영향(접근량, 측정기, 피측정물 또는 표준편의 휨), 선도기의 눈금 오차, 측정 온도의 편차에 의해서 생기는 피측정물과 도기의 길이 변화차

㉠ 계기 오차 : 측정기가 불완전하거나 사용상의 제한 등으로 생기는 오차를 말한다. 기차의 원인으로는 눈금의 부정확, 기어와 나사의 피치 오차 등 제조상의 부득이한 원인에 의해서 측정기에 이미 존재하는 오차와 마모, 용수철의 피로 등 시일의 경과로 인하여 지시의 변화가 생기는 오차가 있다.

기차는 보다 정확한 측정기를 사용하면 구할 수 있다. 표준기, 표준 시료 등을 사용하여 측정기가 나타내는 값과 그 참값과의 관계를 구하는 것을 교정(校正)이라고 한다.
- ⓒ 환경 오차 : 온도, 압력, 습도 등 측정 환경의 변화에 의해 특정기의 특정량이 규칙적으로 변화하기 때문에 생기는 오차를 환경 오차라 한다.
- ⓒ 개인 오차 : 측정자의 개인적인 버릇에 의하여 생기는 오차를 말하며, 측정 방법의 개선에 의하여 줄일 수 있다.
- ⓔ 이론 오차 : 사용하는 공식이나 근사 계산 등으로 인하여 생기는 오차를 이론 오차라 한다.

(2) 과실 오차

측정자의 부주의로 발생하는 오차를 말한다. 이것은 주의해서 측정하고, 그 결과를 정리하면 줄일 수 있다.

(3) 우연 오차

측정자와는 관계 없이 우연하고도 필연적으로 생기는 오차이다. 따라서 이 오차는 아무리 노력해도 피할 수 없고 항상 측정값에 나타난다. 그러므로, 측정 횟수가 많을 때에는 정(+)과 부(-)의 우연 오차가 나타나는 기회가 거의 같아지며, 이 오차는 서로 상쇄되어 그 총합은 0에 가깝게 된다.

3.3 측정 정도의 변천

측정 정도는 시대와 함께 변화하고 있다. 그 변화는 기계의 가공 정도 발전에 따라 더욱 가속화되었으며 가공 정도, 측정 정도는 그림 2-7과 같이 2000년에는 나노미터(nm)의 정도가 실현 가능할 것 같으며, 기술 발전의 속도는 눈부실 정도이다.

기계 가공에 관련된 정밀 측정의 역사는 다른 계측 기술에 비교해서 그렇게 오래되지는 않았다. 왜냐 하면 측정을 요하는 가공 기술이 비교적 새로운 것이고, 대량 생산에 의한 호환성(interchangeability)이 요구된 시대가 거의 원점이라 볼 수 있다. 그림 2-8은 각 시대에 따른 길이 정의의 변천이다.

그림 2-9는 공작 기계의 정도, 측정 기기의 정도, 길이 표준의 시대에 따른 변천이다. 측정 기기 부분에서는 치수 측정기의 측정 정도에 표면 형상 측정 정도까지도 나타내고, 정도는 수십~100mm 정도의 치수일 때의 값을 표시하고 있다.

각각의 대수 곡선상에서 정도는 향상되고 있으며, 특히 1900년 전후에서 더욱 급한 곡선으로 변화하고 있다. 표면의 미세한 단차나 요철의 측정에는 오늘날에 분자(分子) 수준에 도달하고 있으며, 그 구배는 더욱 급격한 양상을 나타내고 있다.

제2장 정밀 측정에 있어서의 일반 사항   35

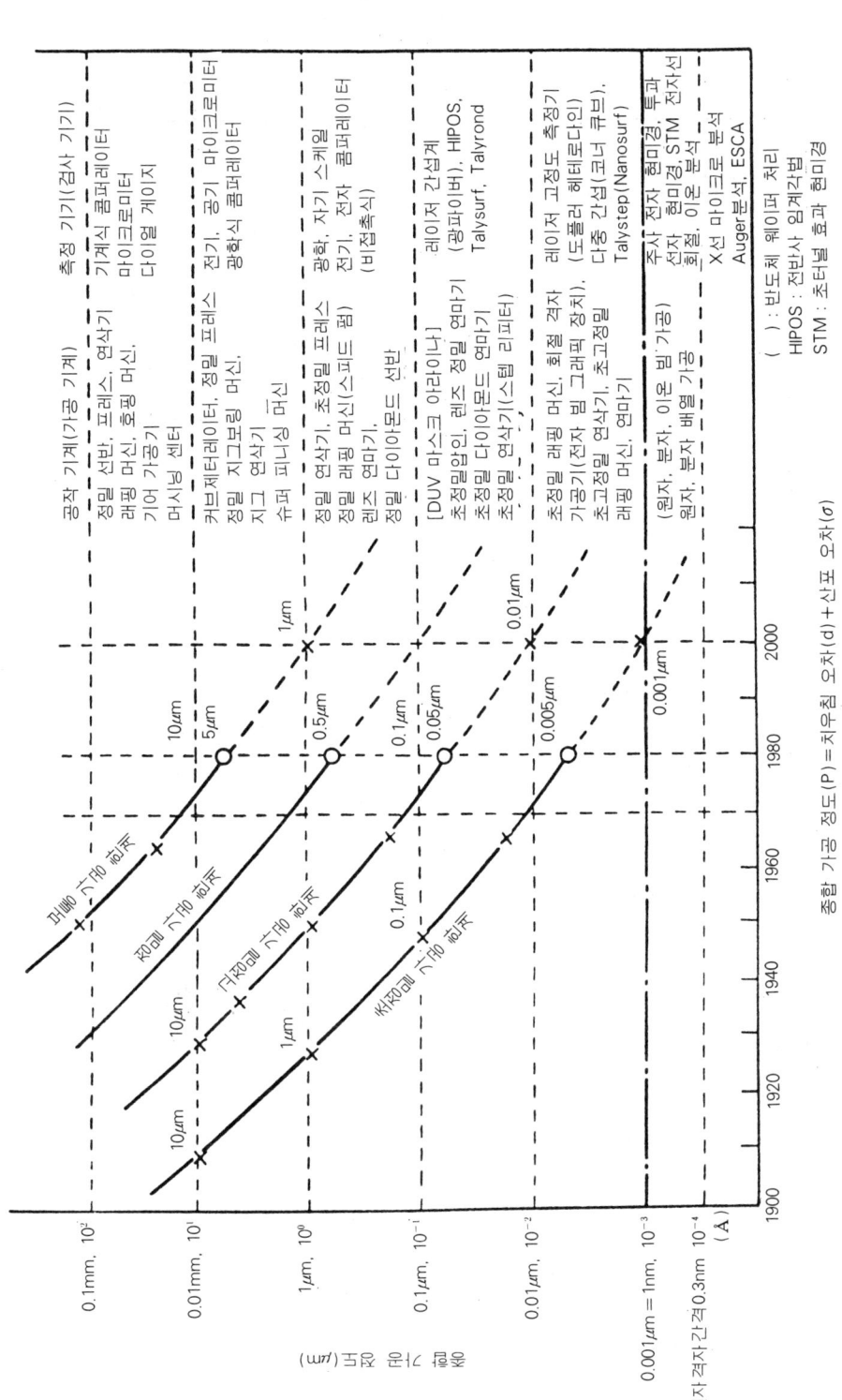

그림 2-7 종합 가공 정도의 연대

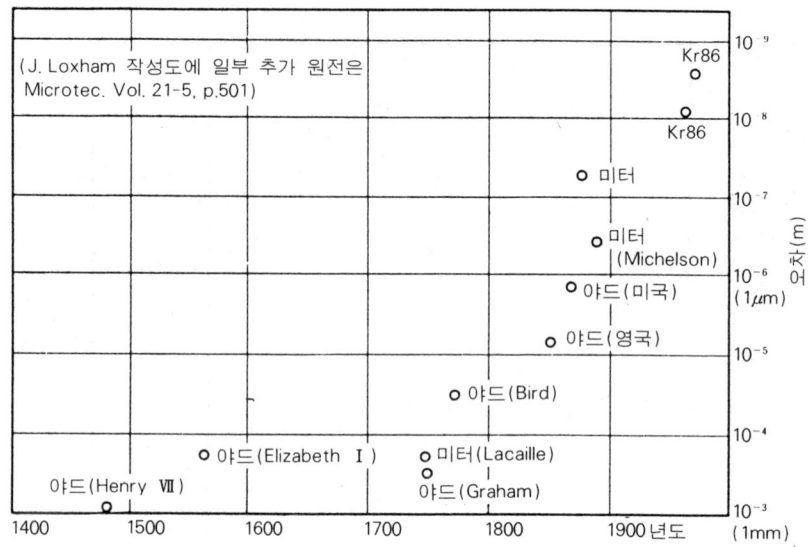

그림 2-8 각 시대에 있어서 길이 정의의 변천

길이 측정의 정도에 있어서 길이 표준기, 게이지, 둥근축, 구멍의 측정 정도는 측정 결과를 기초로 해서 나타내면 그림 2-10과 같다. 측정 정도내에는 정확도와 정밀도가 포함되어 있고, 세로축은 편위와 산포를 포함한 측정 오차를 측정 길이로 나누어서 상대값으로 나타내고 있다. 게이지 블록의 정밀도는 나노미터(nanometer) 수준이지만, 정도는 0.01~0.02 μm이다.

3.4 치수 측정 정도에 영향을 미치는 오차 요인

치수 측정 정도에 영향을 미치는 요인은 표준(S=Standard), 시료(W=Work), 측정기(I=Instrument), 측정자(P=Person) 및 환경(E=Environment)의 5종류로 분류하고, 그 머리 문자를 따서 SWIPE라 하며 각각 다음과 같은 오차 요인 항목이 있다.

(1) 표준기의 영향

  a) 소급성(traceability)
  b) 형상의 적합성
  c) 열팽창 계수
  d) 교정 주기
  e) 안정성
  f) 탄성 특성
  g) 지지 위치(Airy point, Bessel point 등)

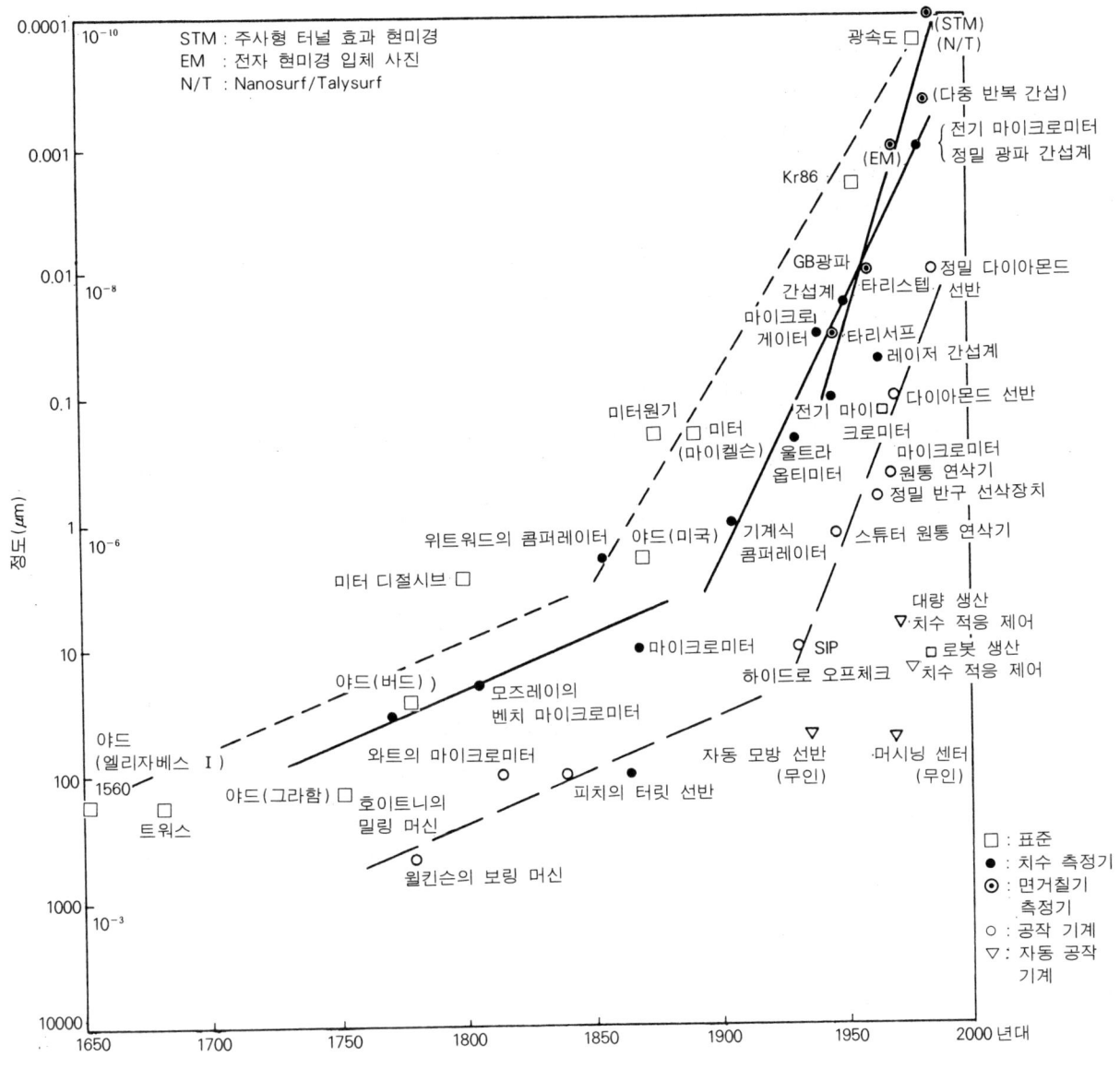

그림 2-9 측정 정도, 공작 기계의 변천

(2) 측정물의 영향

a) 형상 오차, 재질
b) 관련 특성(표면 거칠기, 파상도, 흠집 등)
c) 탄성적 성질
d) 표면 결함
e) 청정

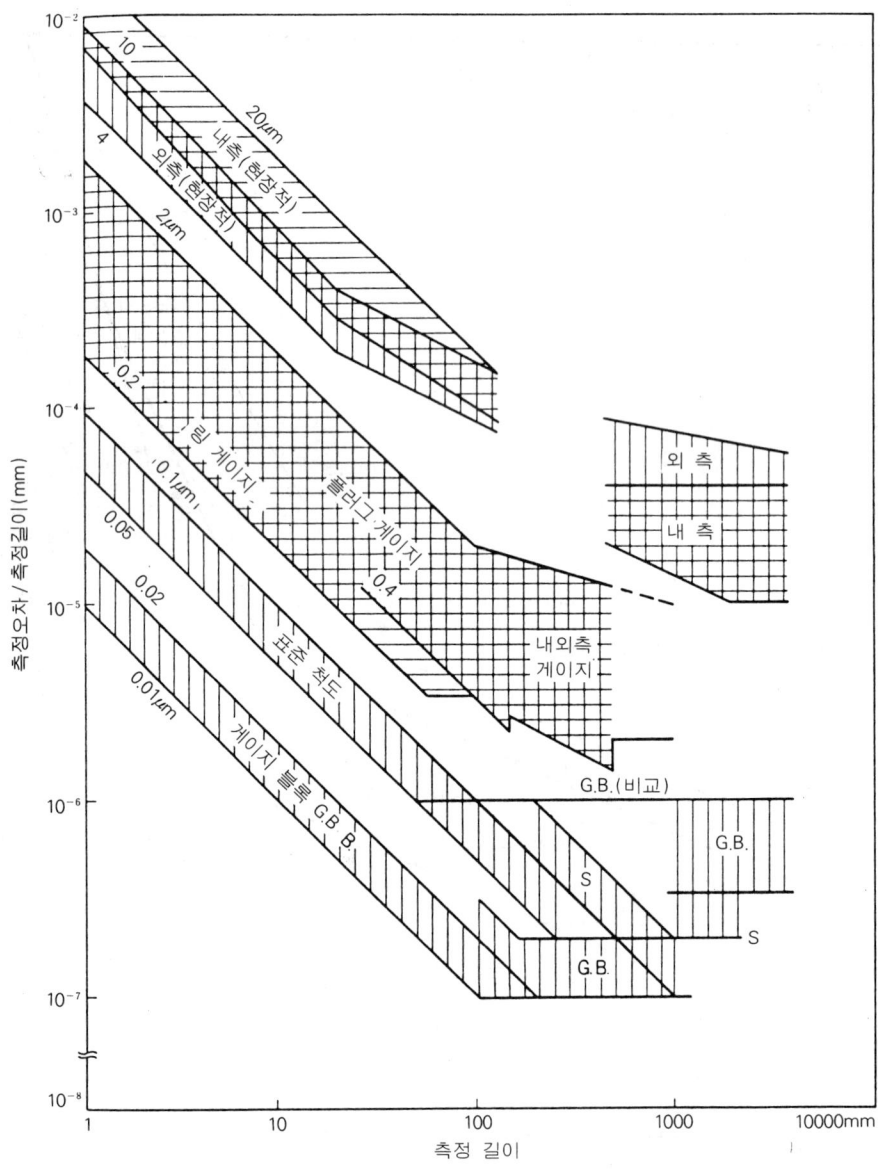

그림 2-10 길이 측정 정도의 현황

f) 온도 균일성(열평형)
g) 크기
h) 지지 방법
i) 측정 대상의 명확화
j) 기준면(데이텀 형체)

(3) 측정기의 영향

  a) 구조
  b) 정도에 알맞은 배율
  c) 교정 배율
  d) 마찰, 백래시, 히스테리시스 및 영점 변화
  e) 확대 기구에 들어오는 전기, 빛, 공기의 작용
  f) 표준기와 측정기와의 접촉 형상의 차
  g) 측정력
  h) 측정자의 마모
  i) 안내면, 이동 부위의 마모
  j) 변형
  k) 보조구(침, 볼, V-블록, 직선자 등)
  l) 반복 정밀도
  m) 디지털 오차

(4) 작업자의 영향

  a) 교육 훈련, 연습
  b) 숙련
  c) 정밀 측정의 감각
  d) 측정에 대한 전문적인 견해
  e) 충실감
  f) 기획성(경제적으로)
  g) 판단력
  h) 정도 평가 능력
  i) 측정 비용

(5) 환경의 영향

  a) 측정 표준 온도에서의 편차
  b) 열평형
  c) 열팽창
  d) 온도 변동(온도 구배)
  e) 공기의 흐름
  f) 손에서의 열전도
  g) 광선이 투과하는 공기의 굴절률의 변화
  h) 먼지

i) 진동
　　j) 적당한 조명
　　k) 소음
　　l) 전원, 전자적 노이즈

3.5 측정과 검사

공작물의 치수, 형상, 표면 거칠기 등이 요구하는 공차대로 가공되었는가를 확인하기 위해서는 가공 작업중이나 가공 작업후에 검사(inspection) 또는 측정(measurement)을 한다.

지정한 산포 한계내, 즉 공차내에 있는지의 여부를 확인하여 합격(OK), 불합격(NG)을 결정하는 것이 검사이다. 이에 대해, 측정이란 공작물 치수의 측정값에 단위를 붙여서 표시한다.

측정에는 측정하려는 양을 직접 측정 기기와 비교하여 재는 직접 측정과 측정하려는 양과 일정한 관계를 가지고 있는 다른 양을 재어 계산으로 그 양의 측정값을 구하는 간접 측정이 있다.

3.6 정도(精度)

측정기의 정도는 각 측정기의 구조, 원리, 특성 등에 따라 다르게 되며, 고정밀 측정기일수록 감도가 크기 때문에 측정시 특별한 주의가 필요하다. 그림 2-11은 각 길이 측정기의 정밀도를 나타내고 있다.

측정기를 이용해서 구한 측정값의 정도(accuracy)에는 오차의 원인에 따라서 정확도(accuracy)와 정밀도(precision)로 구분할 수 있다. 정도는 측정기가 나타내는 값 또는 측정 결과의 정확성과 정밀성을 포함한 종합적인 상태를 말한다. 측정 목적에 따라서 정확도가 요구될 경우와 정밀도가 좋아야 할 경우가 있기 때문이다.

측정 기기의 정도에 있어서, 정확도와 정밀도를 구분해서 고려할 수 있다. 예를 들면, 어떤 측정기의 정도가

　　정도 : $\pm 2\mu m$

　　측정 오차 : $\pm (2.5 + \dfrac{L}{100})\mu m$　　여기서 L : 측정 길이(mm)

로 표시되었을 때, 정도 $\pm 2\mu m$는 정밀도를 표시하는 산포의 폭으로 생각할 수 있다. 전체 측정 오차 $\pm (2.5 \pm \dfrac{L}{100})\mu m$는 정밀도와 정확도를 포함한 종합 정도로서

$$\pm (\sqrt{2.5^2 - 2^2} + \dfrac{L}{100}) = \pm (1.5 + \dfrac{L}{100})\mu m$$

의 편위를 갖는다고 생각하는 것이 좋다. 후자(後者)는 실제 기차로서 검사나 교정에 의해 보정할 수가 있다. 이것에 대해서 전자(前者)의 $\pm 2\mu m$의 산포는 측정할 때에 측정 기기의 상태가 변동하고 측정값이 흩어지기 때문에 우연 오차가 들어가게 되는 것이다.

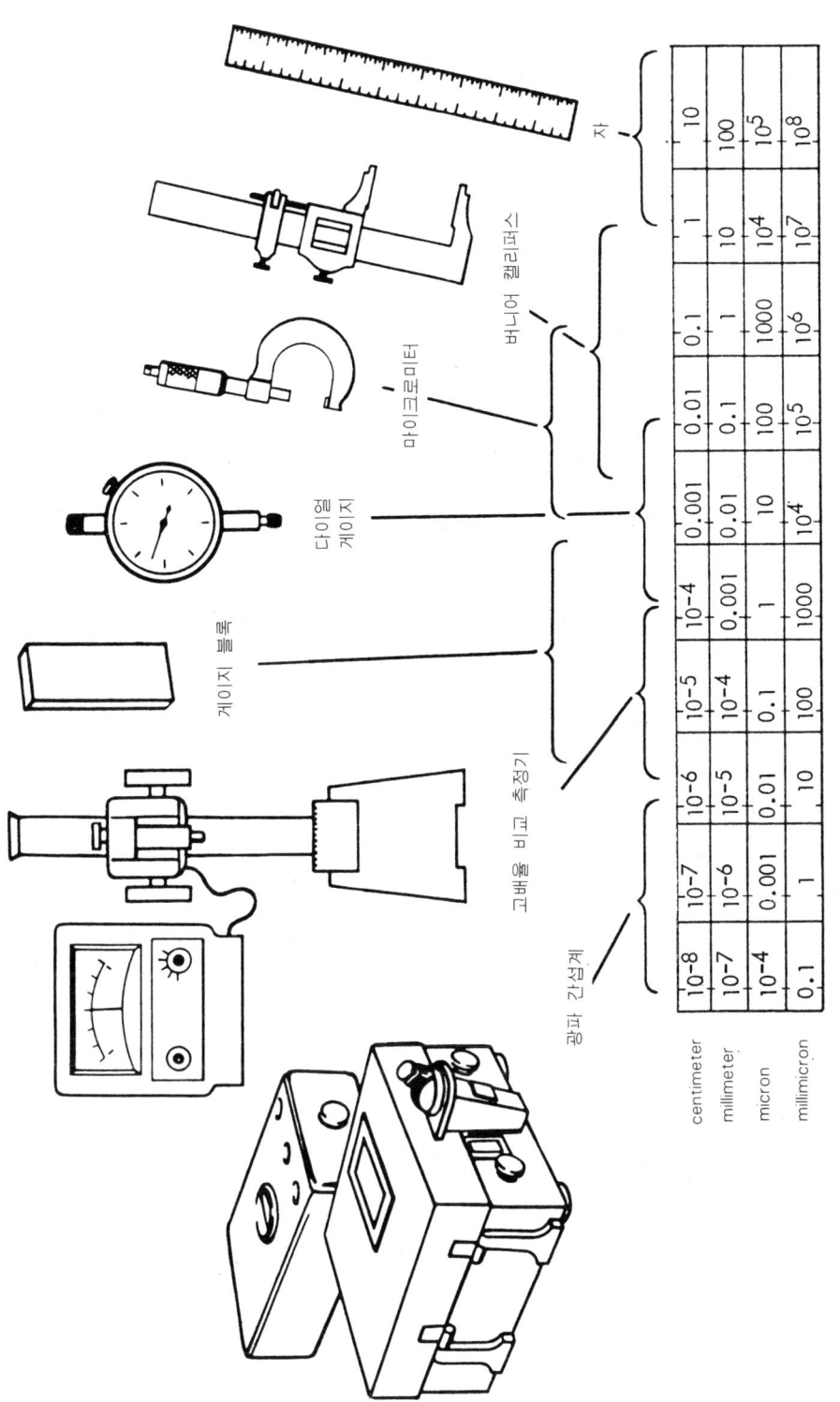

그림 2-11 각종 길이 측정기의 정도

각종의 원인에 의한 오차를 $\pm e_1$, $\pm e_2$, $\pm e_3 \cdots$, e_n이고, 이것에 의한 종합 오차를 $\pm e$라고 하면 오차 전파의 공식(propagation of errors formulas)에 의해

$$e^2 = e_1^2 + e_2^2 + e_3^2 + \cdots + e_n^2 \tag{2.1}$$

이 된다.

3.7 최소 눈금

측정기에 각인된 눈금 가운데 최소의 1눈금의 읽음값을 최소 눈금이라고 한다. 예를 들면, 마이크로미터에 있어서는 슬리브의 축방향 눈금이 0.5mm이고, 심볼상의 원주 눈금이 0.01mm까지 읽을 수 있다면, 마이크로미터의 최소 눈금은 0.01mm이다. 이때, 눈금선 간격(scale spacing)을 병기한다. 눈으로 읽을 때 눈금선 간격은 0.5~2mm, 눈금선의 굵기는 0.1mm가 적당하다.

3.8 감도(感度)

지침을 가진 측정기에 있어서 다음 표현과 같이 측정량의 변화에 대한 지시 눈금의 변화의 정도(程度)를 감도(sensitivity)라 한다.

$$감도 = \frac{지시\ 눈금의\ 변화}{피측정량의\ 변화}$$

3.9 간접 측정 오차

측정 결과 y의 부정확도 U_y는 항상 우연 오차 및 모든 개개의 양이 파악되지 않은 계통 오차에서 구할 수 있다.

y의 값을 x_1, $x_2, \cdots, x_n$인 측정값으로부터 구한 간접 측정의 오차에 영향을 받는다면

$$y = f(x_1, x_2, \cdots, x_n) \tag{2.2}$$

로 생각할 수 있다.

(1) 편위 오차

x_1, $x_2, \cdots x_n$에 각각 δx_1, $\delta x_2, \cdots, \delta x_n$의 편위 오차가 있을 때 y의 측정값은 δy의 편위를 갖고

$$y + \delta y = f(x_1 + \delta x_1, x_2 + \delta x_2, \cdots, x_n + \delta x_n) \tag{2.3}$$

로 된다.

우변을 테일러 전개해서 δx_1, $\delta x_2, \cdots, \delta x_n$의 2차 이상의 미소항을 생략하면

$$y + \delta y = f(x_1, x_2, \cdots, x_n) + \frac{\partial f}{\partial x_1}\delta x_1 + \frac{\partial f}{\partial x_2}\delta x_2 + \cdots + \frac{\partial f}{\partial x_n}\delta x_n$$

로 된다. 따라서

$$\delta y = \frac{\partial f}{\partial x_1}\delta x_1 + \frac{\partial f}{\partial x_2}\delta x_2 + \cdots\cdots + \frac{\partial f}{\partial x_n}\delta x_n$$

의 식을 얻을 수 있다.

윗식에서

$$\frac{\partial f}{\partial x_1}\delta x_1,\ \frac{\partial f}{\partial x_2}\delta x_2,\ \cdots\cdots,\ \frac{\partial f}{\partial x_n}\delta x_n$$

의 각각을 부분 오차(partial error)라 하고, δy를 합성 오차(resultant error)라 부른다.

(2) 산포 오차

식 $y=f(x_1, x_2,\cdots\cdots,x_n)$에 의한 간접 측정에 있어서 $x_1, x_2,\cdots\cdots, x_n$에 각각의 분산이 $\sigma_1^2, \sigma_2^2,\cdots\cdots,\sigma_n^2$인 독립한 산포 오차가 있는 경우, y의 분산 σ_y를 계산한다.

이 경우 (2.1)식의 δy의 분산은 통계량 δy의 자승 평균이기 때문에 (2.2)식의 양변에 자승 평균을 취하면

$$\begin{aligned}E(\delta y^2) &= E\left\{\left(\frac{\partial f}{\partial x_1}\delta x_1 + \frac{\partial f}{\partial x_2}\delta x_2 + \cdots\cdots + \frac{\partial f}{\partial x_n}\delta x_n\right)^2\right\} \\ &= \left(\frac{\partial f}{\partial x_1}\right)^2\sigma_1^2 + \left(\frac{\partial f}{\partial x_2}\right)^2\sigma_2^2 + \cdots\cdots + \left(\frac{\partial f}{\partial x_n}\right)^2\sigma_n^2 \\ &\quad + E\left\{\frac{\partial f}{\partial x_1}\frac{\partial f}{\partial x_2}\delta x_1 \delta x_2 + \cdots\cdots\right\}\end{aligned}$$

여기서 E는 기대값을 나타낸다. 윗식의 우변의 전후항은 각각의 오차가 독립인 조건에서 0이 되므로 결국

$$\delta y^2 = \left(\frac{\partial f}{\partial x_1}\right)^2\sigma_1^2 + \left(\frac{\partial f}{\partial x_2}\right)^2\sigma_2^2 + \cdots\cdots + \left(\frac{\partial f}{\partial x_n}\right)^2\sigma_n^2$$

따라서

$$\sigma y = \sqrt{\left(\frac{\partial f}{\partial x_1}\right)^2\sigma_1^2 + \left(\frac{\partial f}{\partial x_2}\right)^2\sigma_2^2 + \cdots\cdots + \left(\frac{\partial f}{\partial x_n}\right)^2\sigma_n^2} \tag{2.4}$$

을 얻을 수 있다. 이 식을 오차의 전파 법칙(law of propergation of errors)이라 부르며, 이 법칙은

① 개개의 간접 측정량의 분산이 정해져 있을 때의 간접 측정 분산의 결정을 할 수 있다.

② 간접 측정에 대한 오차가 측정 목적에 지정되어 있을 때는 개개의 간접 측정값의 정도에 대한 요구를 정할 수 있다.

계수 $\dfrac{\partial f}{\partial x_i}$는 수학적으로 편미분 계수라 부른다.

(예) KS B 5201에 의한 치수 $E_1=1.007\text{mm}\pm0.2\mu\text{m},\ E_2=1.38\text{mm}\pm0.2\mu\text{m},\ E_3=5.$

500mm±0.2μm 및 E_4=40.000mm±0.4μm의 게이지 블록을 조합하여 e=47.887mm 치수를 조합하였다고 하자. 이 경우의 편미분 계수의 값은 1이다. KS B 5201에 의한 게이지 블록의 공차는 확률 P=99.7%의 보증 오차 한계로 간주하고, 계통 오차와 측정의 불확실도를 포함 계수 2/3를 사용하여 P=95%로 환산하면, 이 게이지 블록의 조합 치수 불확실도는 95% 확률에 의해

$$\sigma y = \pm\sqrt{\left(\frac{2}{3}\cdot 0.2\right)^2 + \left(\frac{2}{3}\cdot 0.2\right)^2 + \left(\frac{2}{3}\cdot 0.2\right)^2 + \left(\frac{2}{3}\cdot 0.4\right)^2}$$
$$= \pm 0.35\mu m$$

이다.

4. 정밀 측정기의 분류

4.1 측정 방식

(1) 측정기 방식에 따른 분류

측정 방식에는 편위법, 영위법, 치환법, 보상법 등이 있는데, 이와 같은 방법들은 피측정물(측정 대상)의 공차, 용도, 범위 등을 고려하여 적절한 방식을 선택하여 측정하도록 한다.

① 편위법(deflection method)

측정하고자 하는 물체의 작용에 의하여 측정기의 지침에 변위를 일으켜, 이 변위를 눈금과 비교함으로써 측정을 행하는 방식을 편위법이라고 한다. 예를 들면, 그림 2-12의 용수철 저울에 피측정물을 올려놓았을 경우, 피측정물의 중량에 의해 용수철에 변위를 일으켜 이것을 지침의 편위량으로 지시하는 방식이다. 대표적인 측정기로는 다이얼 게이지, 스프링식 지시 저울, 전류계, 전압계 등이 있다.

② 영위법(zero method)

측정하려고 하는 양과 같은 크기의 기준량과 피측정물을 평형시켜 계측기의 지시값이 0을 나타낼 때 기준량의 크기로부터 측정값을 구하는 방식을 영위법이라 한다(그림 2-13). 영위법은 편위법보다 정도가 높지만, 측정에 걸리는 시간이 많이 걸리는 등의 단점이 있다. 대표적인 측정기로는 마이크로미터(micrometer), 휘스톤 브리지, 전위차계 등이 있다.

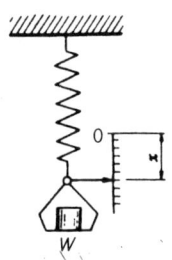

그림 2-12 편위법에 의한 측정

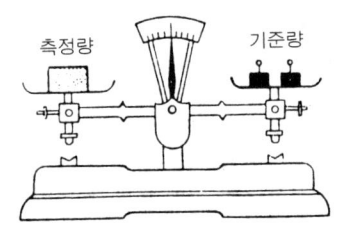

그림 2-13 영위법에 의한 측정

(2) 측정 방식에 따른 분류

① 직접 측정(direct measurement)

일정한 길이나 각도가 표시되어 있는 측정기를 사용하여 피측정물의 치수를 직접 재는 방식이다. 예를 들면 버니어 캘리퍼스, 마이크로미터 등으로 부품을 측정하는 것 등이 이에 속한다.

② 간접 측정(indirect measurement)

측정량과 일정한 관계에 있는 개개의 양을 측정하여, 그 측정값으로부터 계산에 의하여 측정하는 방식을 말하며, 그 대표적인 예로는 사인바를 이용하여 부품의 각도를 측정, 3침을 이용하여 나사의 유효 지름을 측정, 지름을 측정하여 원주 길이를 환산, 롤러를 이용하여 테이퍼 각을 측정하는 등 주위 현장에서 많이 사용되고 있는 방식이다.

③ 비교 측정(comparison measurement)

이미 알고 있는 표준(또는 기준)량과 비교하여 측정하는 방식으로, 게이지 블록을 이용하여 높이를 정밀 측정한다든가, NPL식 각도 게이지를 이용하여 부품의 각도를 비교 측정하는 방법 등이 있다. 비교 측정은 대부분 정밀 측정 또는 고정밀 측정에 많이 활용되고 있으며, 그 대표적인 비교 측정기로는 인디케이터, 전기, 공기 마이크로미터 등이 있다.

④ 절대 측정(absolute measurement)

정의에 따라 결정된 양을 실현시키고, 그것을 이용하여 측정하는 것 또는 조립량의 측정을 기본량만의 측정으로 유도하는 것을 절대 측정이라 한다.

그 대표적인 예로는 광파 간섭법(光波干涉法)에 의한 게이지 블록의 치수 측정, 자유 낙하하는 물체가 어떤 시간에 통과하는 거리를 이용한 가속도 측정 등이 있다.

4.2 도기(standard)

(1) 선도기(line standard)
두 개의 눈금선 간격에 의해 치수를 표시하는 것
예) 표준척, 금속자

(2) 단도기(end standard)
양단면의 간격이 일정한 치수로 표시하도록 한 것으로, 양단면은 평면, 원통면 또는 구(球)면의 어느 것인가로 되어 있다.
예) 게이지 블록(gauge block), 플러그 게이지(plug gauge), 링 게이지(ring gauge)

4.3 지시 측정기
측정중에 표점이 눈금을 따라 이동하거나 눈금이 표선을 따라 이동하는 측정기이다.
예) 버니어 캘리퍼스, 마이크로미터 등

4.4 시준기(視準器)
기계적인 접촉을 광학적으로 확대하여 측정하는 것.

4.5 인디케이터(indicator)
일정량의 조정 또는 지시에 사용하는 것.

4.6 게이지(gauge)

측정중에 움직이는 부분을 갖지 않는 것.
예) 드릴 게이지, 반지름 게이지, 피치 게이지, 한계 게이지 등

5. 측정에 있어서의 주의 사항

5.1 온도의 영향

모든 물체는 온도가 변화하면 늘어나거나 줄어든다. 이것을 열팽창이라고 하며 팽창, 수축하는 비율은 물체를 구성하는 물질 고유의 것으로, 그것을 물질의 열팽창 계수라고 한다.

공업적 길이 측정에 대한 표준 온도를 1932년 이후부터는 ISO에 의해서 국제적으로 정해져 있다. 일반적으로 열팽창 계수 α인 물체의 치수가 L이고, 온도가 δt만큼 변화하면

$$\delta L = L \cdot \alpha \cdot \delta t \tag{2.5}$$

만큼 변화한다. 즉 변화량 δL은 치수, 열팽창 계수 및 온도의 변화량에 비례한다. 강에 대해서는 보통 $\alpha=(11.5\pm1.5)\times10^{-6}/℃$이지만, 각 종 재료의 열팽창 계수는 표 2-8과 같으며, 열평형에 걸리는 시간은 표 2-9와 같다.

표 2-7 각종 재료의 열팽창 계수

(단위 : $10^{-6}/℃$)

재 료	선팽창 계수	재 료	선팽창 계수
납 (연)	29.2	니 켈	13.0
아 연	26.7	철	12.2
마 그 네 슘	26.1	강	11.5
일 렉 트 론	24.0	크 롬 강	10.0
알 루 미 늄	23.8	백 금	9.0
주 석	23.0	유 리	8.1
듀 랄 루 민	22.6	크 롬	7.0
은	19.7	초 경 합 금	5.5
구 리 · 황 동	18.	스 테 인 리 스 강 (SUS 24B)	10.4
양 은	18.0		
청 동	17.5	고 탄 소 강 (0.8~1.6%C)	9.6~10.9
순 철	11.7		
콘 스 탄 탄	15.2	석 영 유 리	0.5
금	14.2		

예를 들어 $L=100$mm이고, $\alpha=11.5\times10^{-6}/℃$인 강을 $\delta t=1℃$로 하면 치수 변화 δL은

$$\delta L = 100 \times 11.5 \times 10^{-6} \times 1℃$$
$$= 1.15\mu m$$
$$\fallingdotseq 1\mu m$$

표 2-8 온도의 열평형에 걸리는 시간

플러그게이지(plug gauge)			평형에 걸리는 시간	
지름 (mm)	길이 (mm)	중량 (gf)	5℃→1℃ 분	5℃→0.1℃ 분 (시간)
30	15	83	16	66(약 1)
60	30	660	83	348(약 6)
100	35	2150	175	785(약 13)
100	60	3700	243	803(약 14)

5.2 측정력에 의한 변형

정밀 측정기의 측정력이 그다지 크지 않으면 측정력에 의한 변형은 일반적으로 무시할 수 있다. 그러나 0.5μm 차원의 정도를 요구하는 경우에는 문제가 된다.

(1) 후크(Hook)의 법칙에 의한 변형

후크의 법칙에 의한 변형만이 발생하는 경우, 평면의 피측정물과 평면의 측정자를 사용할 때이다.

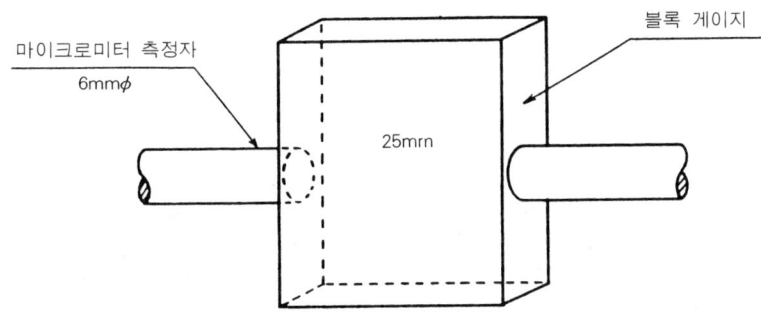

그림 2-14 후크의 법칙에 의한 변형

단면적 $A\,\mathrm{mm}^2$, 길이 $L\,\mathrm{mm}$의 물체에 측정력 $P\,\mathrm{N}$을 가했을 때의 수축량 δL은

$$\delta L = \frac{Pl}{AE} \tag{2.6}$$

여기서, $E = $ 영률[N/mm²]

예를 들면, 지름 10mm, 길이 200mm의 강봉을 연직으로 10N(≒1kgf)의 측정압으로 측정하면

$$A = \frac{3.14 \times 10^2}{4} = 78.54\,\mathrm{mm}^2, \quad E = 210 \times 10^3\,\mathrm{N/mm}^2$$

$$\delta L = \frac{10}{78.54} \times \frac{200}{210 \times 10^3} = 0.00012\,\mathrm{mm} = 0.12\,\mu\mathrm{m}$$

이러한 작은 값은 현장 측정에서는 거의 무시할 수 있다.

(2) 헤르츠(Hertz) 법칙에 의한 변형

실제 측정에서 변형이 문제로 되는 것은 측정자의 대부분이 구(球) 또는 평면이기 때문에 구(球)끼리, 2개의 평면 사이의 구(球), 2개의 평면 사이의 원통 등에 있어서는 측정력이 작아도 변형이 발생한다. 이때 측정력이 탄성 한도 이내의 경우는 탄성 변형을 발생하고, 측정력이 탄성 한도 이상일 때는 소성 변형을 발생한다.

탄성 변형량을 H. Hertz(독일, 1881년)가 어떤 가정을 기초로한 실험식은 다음과 같다.

① 측정자의 끝면이 구면(球面)과 구면의 경우(그림 2-15)

$$\delta = 1.9 \sqrt[3]{P^2\left(\frac{1}{d}+\frac{1}{D}\right)} (\mu m) \tag{2.7}$$

d : 작은 구의 지름(mm)
D : 큰 구의 지름(mm)
P : 측정력(kgf)

② 구면과 평면일 경우(그림 2-16)

$$\delta = 1.9 \sqrt[3]{\frac{P^2}{D}} (\mu m) \tag{2.8}$$

③ 직경이 같은 2개의 구면일 때(그림 2-17)

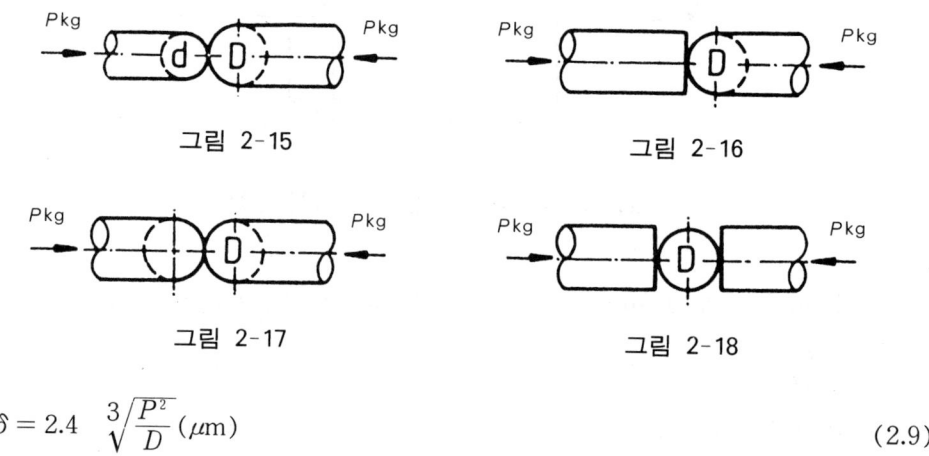

그림 2-15 그림 2-16

그림 2-17 그림 2-18

$$\delta = 2.4 \sqrt[3]{\frac{P^2}{D}} (\mu m) \tag{2.9}$$

④ 구면과 2평면일 경우(그림 2-18)

$$\delta = 3.8 \sqrt[3]{\frac{P^2}{D}} (\mu m) \tag{2.10}$$

⑤ 평면과 원통일 경우 [Bochmann의 실험식(1928)](그림 2-19)

$$\delta = 0.46 \frac{P}{L} \sqrt[3]{\frac{1}{D}} (\mu m) \tag{2.11}$$

L : 접촉 길이

⑥ 2평면과 원통형일 경우(그림 2-20)

$$\delta = 0.92 \frac{P}{L} \sqrt[3]{\frac{1}{D}} (\mu m) \tag{2.12}$$

⑦ 구면(d)과 원통(D)일 경우(그림 2-21)

$$\delta = 2.1 \sqrt[3]{P^2} \frac{\sqrt[4]{\left(\frac{1}{d} + \frac{1}{D}\right)\frac{1}{d}}}{\sqrt[6]{\frac{2}{d} + \frac{1}{D}}} \tag{2.13}$$

⑧ 직각을 이루어 교차하는 원통과 원통일 경우(그림 2-22)

$$\delta = 2.1 \frac{\sqrt[3]{P^2}}{\sqrt[12]{d \cdot D(d+D)^2}} \tag{2.14}$$

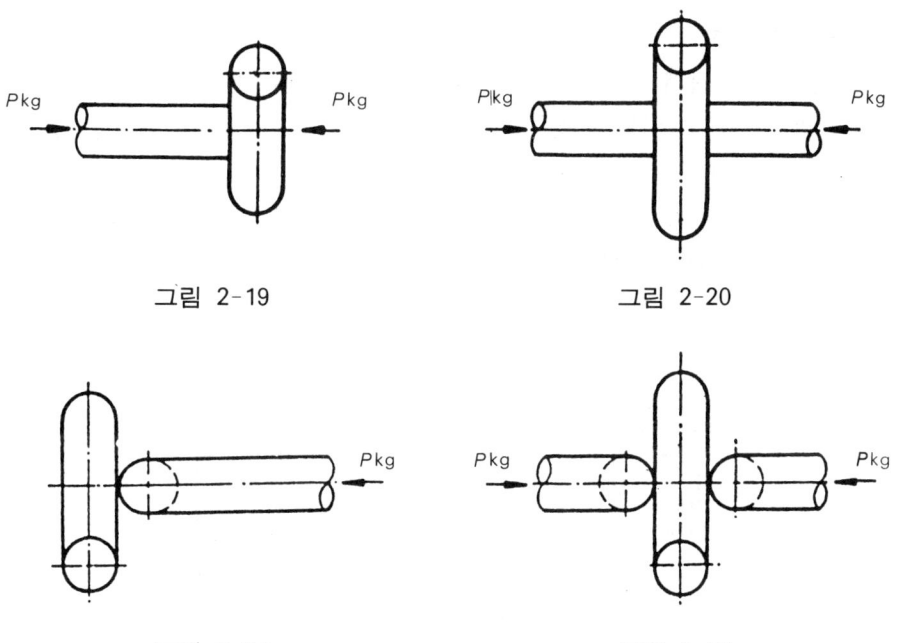

그림 2-19   그림 2-20

그림 2-21   그림 2-22

예제)

측정력 $P=500\text{gf}$, 초경합금 측정자 $\phi 6.00\text{mm}$ 평면의 마이크로미터로 10mm의 강구의 직경을 그림 2-23과 같이 측정할 때 변형량 δL은

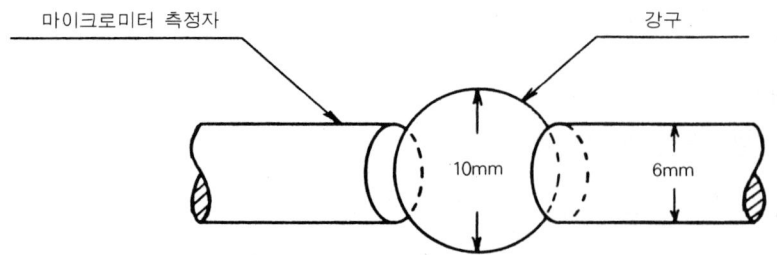

그림 2-23 마이크로미터로 강구의 측정

$$\delta L = 3.8 \times \sqrt[3]{\frac{P^2}{D}}$$
$$= 3.8 \times \sqrt[3]{\frac{0.5^2}{10}} = 1.11 \, \mu m$$
$$\fallingdotseq 1.1 \, \mu m$$

5.3 굽힘에 의한 변형

길이가 긴 봉 모양의 물체는 정반과 같은 면 위에 놓으면 접촉면의 평면도 오차때문에 어느 위치에서 물체가 지지되고 있는지 전혀 알 수 없다. 지점의 위치에 따라 물체는 자중때문에 구부러져 치수가 변하여 측정 오차가 생기게 된다.

그러므로, 이러한 긴 물체는 날 또는 롤러에 의해 길이 방향에 직각인 2개의 선(線)으로 지지하는 것이 좋다. 이러한 경우에는 지지점이 명확하기 때문에 측정 결과에 보정(補正)을 할 수가 있다.

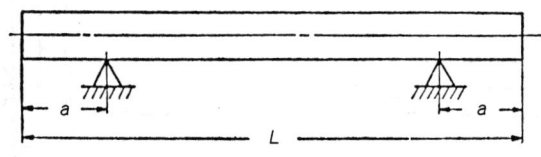

그림 2-24 긴 물체의 지지

(1) 에어리 점(Airy point)

블록 게이지와 같이 양 끝면(측정면)이 항상 평행으로 유지되어야 할 필요가 있는 물체는 a = 0.2113L로 한다. 이때의 지지점을 에어리 점이라 한다.

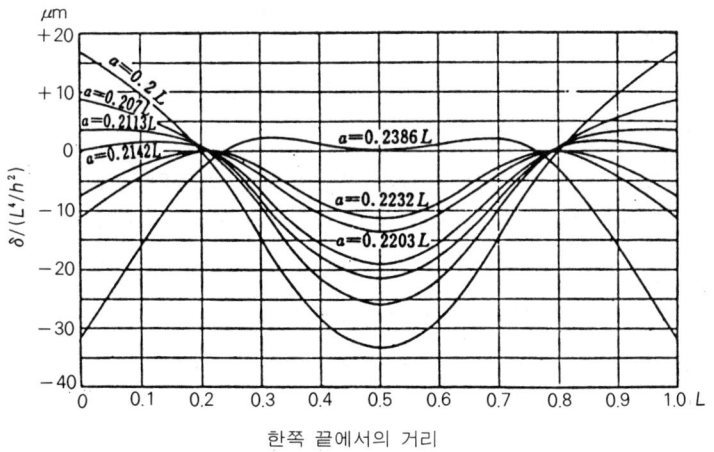

그림 2-25 직사각형 단면 강제 곧은자의 휨량

(2) 베셀 점(Bessel point)

중심선상에 눈금을 새긴 선도기에서는 전체의 측정 오차를 최소로 하기 위하여 $a=0.2203L$로 지지한다. 이 점을 베셀 점이라 한다.

또한 전체 길이를 이용하는 곧은자(직선자)는 $a=0.2232L$로 지점을 취한다. 이때는 전체 길이에 대해 휨이 최소이고 양끝과 중앙의 휨이 동일하다.

5.4 아베의 원리

아베의 원리(Abbe's principle)란 고정도(高精度)한 길이 측정 시스템을 실현하기 위해서는 피측정물과 측정 시스템 눈금선과는 동일 축선상에 위치하여야 한다는 것이다.

그림 2-26과 같이 피측정물의 중심선과 눈금선 B가 완전히 평행해도 현미경 중심 C가 A(또는 B)에 대해서 완전히 수직이 아니고 각도 θ만큼 기울여져 있다면 측정값은 그림 (b)와

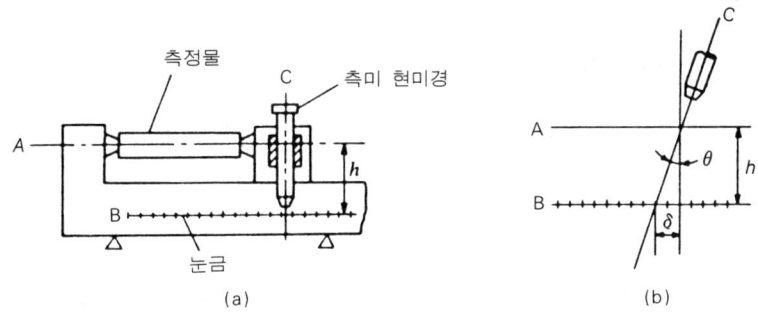

그림 2-26 아베의 원리에 벗어난 경우의 측정 오차

같이 표시할 수 있고 $\delta ≒ h\theta$만큼의 무시할 수 없는 오차를 발생하게 된다.

그러나, 그림 2-27과 같이 피측정물의 중심선과 눈금선을 일치시키면 그림 (b)와 같이 눈금선 B가 B'처럼 각도 θ만큼 경사져도 그 오차 $\delta ≒ \ell\theta^2/2$이다. 이것은 2차적인 오차로서 대부분의 경우 무시할 수 있다.

즉, 정도가 높은 측정기 또는 기계를 제작하려면 측정 시스템의 눈금선과 측정하려고 하는 대상이 동일선상에 오도록 설계하지 않으면 안 된다. 그렇게 되지 않을 때는 그림 2-28과 같이 측미 현미경의 기울기가 있더라도 측정 오차의 영향이 나타나지 않도록 연구하지 않으면 안 된다. 그 대책으로는 그림 2-28과 같이 측정 대상(피측정물) A의 양측에 평행하게 등간격으로 2개의 눈금 B_1, B_2를 설치하여 두 측정값의 평균, 즉 $(B_1+B_2)/2$를 측정값으로 취하

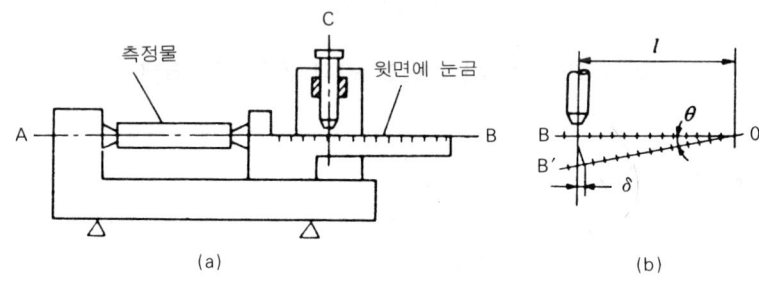

그림 2-27 아베의 원리에 맞는 측정기의 오차

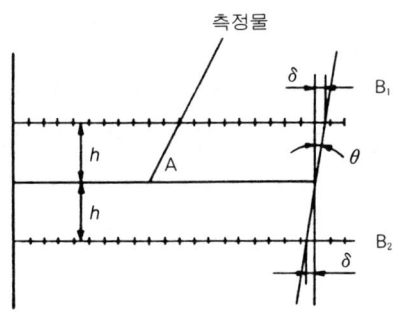

그림 2-28 아베의 원리를 만족시킬 수 없는 경우 오차를 보정하는 한 방법

면 기울기 θ의 영향은 제거된다.

아베의 원리의 적용은 주위의 측정기, 기계에서 흔히 볼 수 있다. 그림 2-29는 선반 공구대의 위치 결정의 예이다. 선반에서 정밀 부품 가공을 위해서는 공구 끝부분(절삭날)의 위치를 정확하게 설정하지 않으면 안 된다. 그러나, 공구 끝부분은 그림과 같이 핸들과 눈금으로 이루어진다.

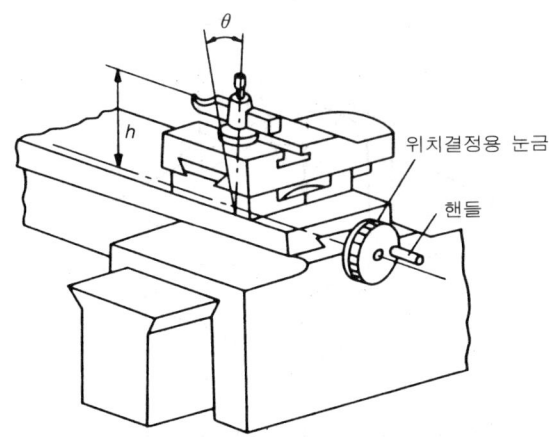

그림 2-29 선반의 공구대는 아베의 원리에 맞지 않는다

그림의 눈금에 의한 가로 이송대의 위치 결정은 아베의 원리에 준해 있다. 즉, 눈금은 링 형상이지만 그 중심선상의 이송 기구에 의하여, 그것과 같은 평면내에 있는 가로 이송대의 위치가 결정되기 때문이다. 그러나, 긴요한 공구 선단 위치는 눈금 중심선으로부터 h만큼 떨어진 위치에 있으므로 공구를 포함한 공구대의 기울기 θ(이 값은 가로 이송대의 위치에 의해서도 변동한다)가 오차에 영향을 미친다. 이 높이 방향의 치우침 h가 오차 발생의 원인으로 되어 있다.

그러므로, 그림 2-30과 같은 구조로 한다면 아베의 원리에 적합한 고정도(高精度)의 선반으로 바뀌게 된다.

현실적으로, 기계의 이동 부분이 1축뿐일 경우는 극히 드물고 보통은 3축 이상의 방향으로 이동시키지 않으면 안 된다. 그렇게 하면 1축은 아베의 원리를 만족할 수 있지만 2축 이상으로 되면 이 원리를 지키는 것은 상당히 어려워진다. 예를 들면, 그림 2-31에 나타내는 3차원 측정기의 대표적인 구조에 있어서 Z축은 아베의 원리에 맞추는 것이 가능하지만 X축과 Y축은 측정 길이 방향과 기준 스케일의 연장선상에서 멀어져 버리기 때문에 아베의 원리가 성립

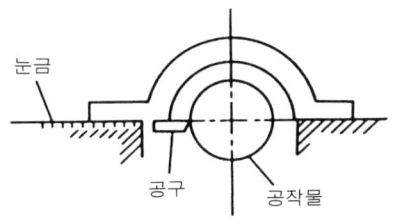

그림 2-30 아베의 원리를 만족하는 선반

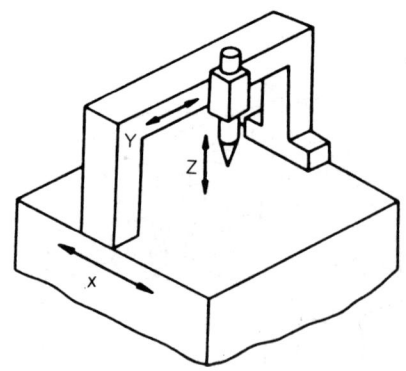

그림 2-31 3차원 측정기(아베의 원리를 적용하기 힘들다)

되지 않는다. 따라서, 이같은 경우에는 발생하는 오차를 가능한 한 제거 또는 보정할 수 있는 연구가 되어지지 않으면 안 된다.

5.5 그밖의 주의 사항

(1) 접촉 오차

측정기의 측정면이 마모되거나 측정면이 평행이 아닐 때 발생하는 오차로서, 그 방지책은 다음의 2가지 방법이 고려된다.
① 부품과 동일 형상의 기준을 이용한다.
② 평행도가 좋은 측정기를 이용한다.

(2) 마모

측정 기기를 오래 사용하면 마모에 의해 오차가 발생한다. 그 종류는 다음과 같다.
① 측정면의 마모
피측정물에 직접 접촉하기 때문에 발생하는 마모. 예) 마이크로미터 측정면의 마모
② 운동부(슬라이딩부)의 마모
예) 다이얼 게이지 스핀들 랙(rack)의 마모.

(3) 시차

기준선과 눈금선과의 사이에 단차가 있으므로 해서 눈의 위치에 따라 읽음값이 다르다. 이 차를 시차(視差)라 부른다.

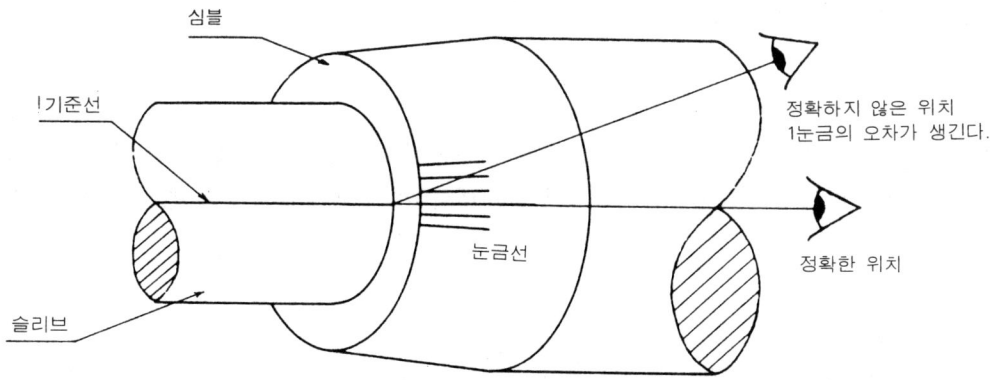

그림 2-32 마이크로미터에서의 시차

6. 측정 결과의 정리

개개의 측정값이 측정값의 목적량(目的量)으로 되는 경우는 비교적 적고, 많은 경우는 어떠한 처리 혹은 정리를 해서 유효하고 신뢰성 있는 양으로 표시하게 된다. 이것을 기초로 해서 판정과 조처가 취해진다. 따라서, 여기서는 이러한 계산 과정에서의 문제, 측정값의 처리법에 대해서 알아보기로 하자.

6.1 유효 숫자

유효 숫자(significant figures)란 하나의 수(數) 중에 의미를 가지는 숫자이다.

일반적으로 측정치는 같은 양을 몇 번 측정하여 얻은 값의 평균값으로 나타낸다. 예를 들면, 어떤 치수를 측정한 결과 측정치로 18.76mm를 얻었을 때 수학적으로는 18.76000······ 이라는 뜻이지만 공학적으로는 맨 끝 숫자인 6은 반올림하여 6이 되었기 때문에 측정한 치수를 L이라 하면, L은 다음 범위에 있다.

$$18.755 \leq 18.76 < 18.765$$

일반적으로 측정치는 맨 끝의 숫자까지 뜻이 있으나 그 이하 자리의 수치는 알 수 없다. 위와 같이 숫자 등에서 뜻이 있는 숫자를 유효 숫자라 한다.

예) 수 치	자릿수		
① 18.76	4		
② 2.50	3	맨 끝의 0은 뜻이 있으므로 유효 숫자로 간주한다.	2.50mm를 μm로 나타내려면 $2.50 \times 10^3 \mu$m이라고 쓴다.
③ 38000	5	0은 유효 숫자로 간주한다.	유효 숫자가 두 자리일 때는 38×10^3이라 쓴다.
④ 0.012	2	자리를 정하기 위한 0은 유효 숫자로 간주하지 않는다.	

측정치는 수치를 필요한 자릿수의 유효 숫자로 끝맺음한 것이다. 수치의 맺음법에 대해서는 KS A 0021에 규정되어 있다(표 2-9참조).

측정값은 대부분 참값에 근사하게 얻어져야 하는데, 얼마만큼 참값에 접근하느냐가 문제이다. 여기에서 대두되는 것이 유효 숫자이며, 유효 숫자의 행수는 소수점과는 상관 없다. 예를 들면 18.6의 유효 숫자는 3행, 0.186의 유효 숫자도 3행이 된다.

그러나, 숫자의 우측에 0을 붙이면 0도 유효 숫자로 간주된다. 예를 들어, 18.6과 18.60을 비교하여 보자. 18.6은 소수점 아래 첫째 자리까지만 보증되고 소수점 아래 둘째 자리는 어떠한 숫자도 들어갈 수 있게 된다. 그러나 18.60은 소수점 아래 둘째 자리에는 0이외의 어떠한

표 2-9 수치의 맺음법

수치	유효 숫자 자릿수	맺 음 법	끝맺음값
42.53	3	3+1 자리를 반올림	42.5
42.48	2	2+1 자리를 반올림	42
42.48	3	3+1 자리를 반올림	42.5
42.35	3	3+1 자리의 반올림하는 숫자가 정확히 5이거나 또는 버릴 것인지 올릴 것인지 모를 때는 짝수가 되게 한다.	42.4
42.45	3		42.4

수도 들어갈 수 없게 된다. 그래서 18.6은 3자리의 유효 숫자를 가지며, 18.60은 4자리의 유효 숫자가 된다.

6.2 유효 숫자의 사칙 연산

(1) 가감산(加減算)

측정값의 가감 계산은 오차가 가장 큰 쪽의 수치를 찾아서, 그것보다 한 행(行)더 끊어 계산한 다음, 마지막 행을 사사 오입(四捨五入)한다.

$$57.2 + 0.032 - 3.5171$$

을 계산하면, 우선 오차가 가장 큰 57.2를 기준으로 소수점 이하 2자리까지 정리한다.

즉, $57.2 + 0.03 - 3.52 = 53.71$을 계산하고, 그 결과를 사사 오입하여 53.7을 얻는다.

(2) 곱셈, 나눗셈의 계산

역시 유효 숫자가 적은 쪽의 숫자를 찾아 모든 수치를 그것과 같은 유효 숫자가 되도록 정리하여 계산하고 최후의 행을 사사 오입한다. $a = 42.31$, $b = 5.68$의 경우 $a \times b = X$를 계산할 때 그대로 계산하면 $X = 240.3208$이 된다. 그러나 유효 숫자를 고려하면

$$42.305 \leq a \leq 42.315$$
$$5.675 \leq b \leq 5.685$$
$$\overline{240.080 \leq a \times b \leq 240.560}$$

여기서, 240.080과 240.560을 비교하여 보면 유효 숫자는 3행이 된다. 그래서 이 경우에는 a를 42.3으로 b와 같은 유효 숫자 자리를 유지하여 $a \times b = 42.3 \times 5.68 = 240.264$로 되어 소수 첫째 자리에서 사사 오입하여 $X = 240$으로 한다. 나눗셈의 경우도 같다.

6.3 계산 과정에서의 오차

지금 A, B를 오차가 없는 정확한 수라 하고 m, n을 각각 A, B의 상대 오차라고 한다면

(1) 하나의 수 A가 오차를 포함할 때 두 수의 합

A가 m이라는 상대 오차를 가지고 있다면

$$\begin{cases} \text{오차가 없는 경우에는} \\ \quad A+B=C \\ \text{오차를 포함하는 경우에는} \\ \quad (A+mA)+B=D \end{cases}$$

로 되므로 결과에 있어서의 절대 오차는

$$D-C=(A+mA)+B-(A+B)=mA$$

로 된다. 그러므로 상대 오차는

$$\frac{mA}{A+B} = \frac{m}{1+\frac{B}{A}} \tag{2.15}$$

으로 되어 상대 오차는 m보다 적어진다. 즉, 하나의 수에 포함되어 있는 절대 오차는 상대 오차보다 적은 영향을 계산 결과에 미친다.

(2) 하나의 수가 오차를 포함하고 있는 경우의 두 수의 차

A가 m이라는 상대 오차를 가지고 있다면
오차가 없는 경우에는

$$A-B=C$$

오차를 포함하는 경우에는

$$(A+mA)-B=D$$

로 되어 절대 오차는

$$D-C=(A+mA)-B-(A-B)=mA \tag{2.16}$$

상대 오차는

$$\frac{mA}{A-B} = \frac{m}{1-\frac{B}{A}}$$

으로 되어 상대 오차는 항상 m보다 커지게 된다. 즉 "하나의 수가 오차를 가지고 있는 경우, 두 수의 차는 최초의 상대 오차보다도 커지게 된다". 특히 두수 A, B가 거의 같은 경우에 상

대 오차는 더욱 커지게 된다.

(3) 하나의 수가 오차를 포함하는 경우, 곱셈과 나눗셈에서 하나의 수가 $m\mathrm{A}$라는 오차를 갖는 경우에는

$$(A+mA)\times B=D$$

오차가 없는 경우에는

$$A\times B=C$$

이때의 상대 오차는

$$D-C=(A+mA)\times B-A\times B=m.A.B$$

상대 오차는

$$\frac{mA\times B}{A\times B}=m$$

이 되므로, 이 경우의 상대 오차는 같게 된다.

(4) 두 개의 수가 오차를 포함하는 경우의 곱셈

오차를 포함하지 않는 경우에는

$$A\times B=C$$

오차를 갖는 경우에는

$$(A\times mA)\times(B+mB)=D$$

이므로, 이때의 상대 오차는

$$D-C=(A+mA)\times(B+nB)-A\times B$$
$$=A\times B(m+n+m\cdot n)$$
$$\fallingdotseq A\times B(m+n)$$

으로 되어 상대 오차는

$$\frac{A\times B(m+n)}{A\times B}=m+n$$

즉, "오차를 포함하고 있는 두 수의 곱셈 또는 나눗셈에 있어서 상대 오차는 각각의 수의 상대 오차의 전체 합과 같다."

6.4 근사 계산

측정에 있어서의 근사 계산은 큰 수치와 작은 수치에 대하여 주로 행하여지고 있다. 예를 들면, 정밀한 측정에서 보정(補正)하는 경우의 보정량은 그 측정값 자신에 비하여 무시할 수 있도록 매우 작은 값으로, 보정값의 계산에서는 엄밀한 식을 쓸 필요가 없고 근사적으로 계산하면 좋다.

즉, $\quad \dfrac{1}{1\pm\varepsilon} \fallingdotseq 1\mp\varepsilon$

여기서 ε은 1에 대하여 작은 정수로 하고 mn은 + 또는 −정수로 한다.

예) $\dfrac{1}{4.04} = \dfrac{1}{4} \times \dfrac{1}{1.01} = \dfrac{1}{4} \times \dfrac{1}{1+0.01} \fallingdotseq \dfrac{1}{4} \times (1-0.01) = 0.248$

$(1\pm\varepsilon)^m \fallingdotseq 1\pm m\varepsilon$

예) $(1.03)^2 = (1+0.03)^2 \fallingdotseq 1+2\times 0.03 = 1.06$ ·················· 정밀한 값 = 1.0609

$(1\pm\varepsilon)(1\pm\delta) \fallingdotseq 1\pm\varepsilon\pm\delta$

예) $5.995 \times 1.009 = 6(1-0.005)(1+0.009)$
$\fallingdotseq 6(1-0.005+0.009)$
$= 6 \times 1.004 = 6.024$ ································ 정밀한 값 = 6.02373

$\dfrac{1\pm\varepsilon}{1\pm\delta} = 1\pm\varepsilon\mp\delta$

예) $\dfrac{1.005}{0.989} = \dfrac{1+0.005}{1-0.011} \fallingdotseq 1+0.005+0.011 = 1.016$

$\dfrac{(1\pm\varepsilon)^m}{(1\pm\delta)^n} \fallingdotseq 1\pm m\varepsilon\pm n\delta$

예) $\dfrac{\sqrt{1.005}}{\sqrt{0.989}} = \dfrac{(1+0.005)^{\frac{1}{2}}}{(1-0.011)^{\frac{1}{2}}} \fallingdotseq 1 + \dfrac{1}{2}\times 0.005 + \dfrac{1}{2}\times 0.011 = 1.008$

또한, 삼각 함수의 근사식은 다음과 같으며 θ는 radian이며 매우 작은 값이다.

$\sin(\pm\theta) \fallingdotseq \pm\theta \qquad\qquad \sin(\pm\theta) \fallingdotseq \pm\theta\pm\dfrac{\theta^3}{6}$

$\cos(\pm\theta) \fallingdotseq 1 \qquad\qquad \cos(\pm\theta) \fallingdotseq 1-\dfrac{1}{2}\theta^2$

$\tan(\pm\theta) \fallingdotseq \pm\theta \qquad\qquad \tan(\pm\theta) \fallingdotseq \pm\theta\pm\dfrac{1}{3}\theta^3$

6.5 최소 자승법

(1) 최소 자승법의 원리

최소 자승법은 어떤 특정한 데이텀에 관련된 오차의 편위를 평가하기 위하여 측정 분야에서

폭넓게 사용된다.

2개의 종속 변수와 관련된 실제 직선에서 변수 y가 직선자를 따라 일정한 간격의 위치 x에서 결정된다.

측정값을 (x_1, y_1), (x_2, y_2),……,(x_n, y_n)이라고 하자. 직선에 대한 방정식은 $Y=ax+b$로 표시할 수 있고, 여기서 a는 직선의 경사를 나타내는 상수 즉, 기울기이고, b는 y축의 절편이다.

그림 2-33에서 보면 임의의 직선인 OP는 측정점 (x_1, y_1), (x_2, y_2), … (x_n, y_n)과 관련되고, x_1에서 y_1을 예측하기 위해서 이 직선 즉, $y_1=Y_1=ax+b$를 사용하면 측정점 N을 구할 수 있다.

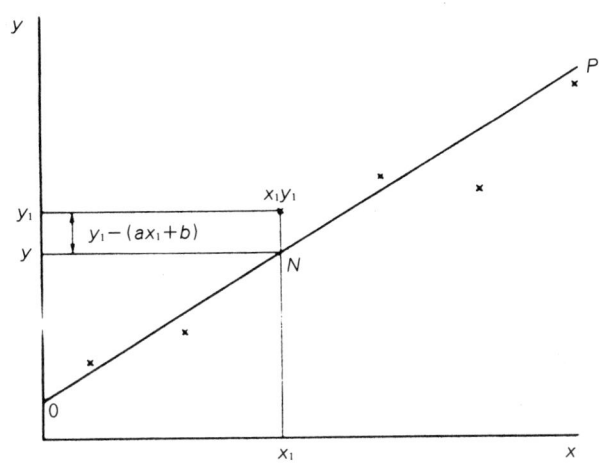

그림 2-33 최소 자승법에 의한 진직도의 결정

따라서, 예측한 값과 실제값과의 차이는 $y_1-(ax_1+b)$이 될 것이다. 필요로 하는 직선은 최소 자승법에 의하여 측정된 값에 대해서 최적 직선을 선택해야 한다. 최소 자승법이란 수직으로 측정된 편차의 자승의 합이 최소가 되는 하나의 선을 선택해서 이루어진다.

점 (x_1, y_1)을 취하는 데 있어서, 최소 자승 직선에서 이 점(x_1, y_1)까지의 편차의 자승은 $|y_1-(ax_1+b)|^2$이 된다. 따라서 최소 자승 직선에서 각 점까지의 수직 거리 자승의 합은

$$\left.\begin{array}{l} U_1^2 = \{y_1-(ax_1+b)\}^2 \\ U_2^2 = \{y_2-(ax_2+b)\}^2 \\ \quad\vdots \\ U_n^2 = \{y_n^2-(ax_n+b)^2\}^2 \end{array}\right\} \quad (2.17)$$

이 되고, 이것의 총합 S는

$$S = \sum_{i=1}^{n}\{y_i-(ax_i+b)\}^2 \quad (2.18)$$

이 된다.

이 S를 최소로 하는 a 및 b는

$$\frac{\partial S}{\partial a}=0, \qquad \frac{\partial S}{\partial b}=0$$

로 정해진다. 이 식을 계산하면

$$\sum_{i=1}^{n}y_i = a\sum_{i=1}^{n}x_i + nb \tag{2.19}$$

$$\sum_{i=1}^{n}x_iy_i = a\sum_{i=1}^{n}x_i^2 + b\sum_{i=1}^{n}x_i \tag{2.20}$$

의 연립 방정식을 얻을 수 있다.

이 방정식을 풀고

$$\bar{x}=\frac{\sum_{i=1}^{n}x_i}{n}, \qquad \bar{y}=\frac{\sum_{i=1}^{n}y_i}{n}$$

의 관계를 이용하면

$$a = \frac{\sum_{i=1}^{n}\{(x_i-\bar{x})^2(y_i-\bar{y})\}}{\sum(x_i-\bar{x})^2}$$

$$= \frac{\sum xy - \dfrac{\sum x(\sum y)}{n}}{\sum x^2 - \dfrac{(\sum x)^2}{n}} \tag{2.21}$$

b는 $\bar{y}=a\bar{x}+b$에서 구한다.

$$b = \bar{y} - a\bar{x} \tag{2.22}$$

따라서 구하는 최소 자승 직선은

$$y = ax + b \tag{2.23}$$

로 표시된다.

표 2-10에서 a 및 b를 구해 보자.

표 2-10 측정 데이터의 예

														합계
x	1	2	3	4	5	6	7	8	9	10	11	12	13	91
y	17	18	24	31	33	37	33	36	41	44	57	57	54	481
x^2	1	4	9	16	25	36	49	64	81	100	121	144	169	819
xy	17	36	72	124	165	222	231	288	369	440	627	684	702	3966

식 (2-21)에서

$$a = \frac{3966 - \frac{481 \times 91}{13}}{819 - \frac{91 \times 91}{13}} = \frac{3966 - 3367}{811 - 637}$$

$$\therefore a = 3.29$$

$$\bar{y} = \frac{481}{13} = 37, \qquad \bar{x} = \frac{91}{13} = 7$$

식 (2-22)에서

$$37 = (3.29 \times 7) + b$$

$$\therefore b = 13.97$$

여기서 구하고자 하는 직선의 방정식은

$$y = 3.29x + 13.97$$

이다.

또한 3개의 종속 변수를 이용한 평면에 대한 방정식은 $z = ax + bx + c$로 주어지고, 점 (x_1, y_1, z_1)를 취하는 데 있어서 최소 자승 평면에서 각 점까지의 편차의 자승은 $\{z_1 - (ax + bx + c)\}^2$이 되고, 모든 점에 대해 편차 자승의 합은

$$S = \sum \{z - (ax + bx + c)\}^2$$

으로 나타낸다.

계산도 2개의 종속 변수와 마찬가지로 해석할 수 있다. 정밀 측정에 있어서 이 방법은 진직도, 평면도, 진원도 등의 기하 편차의 해석에 폭넓게 적용된다.

6.6 측정값의 통계적 해석

측정을 실시하기 전에 목적을 명확히 하고, 그 목적에 적절한 샘플링 방법, 측정 방법, 측정기의 선택, 측정값의 표시 방법 등을 고려하지 않으면 안된다.

표 2-11 측정의 목적, 샘플링 방법, 표시 방법

목 적	샘플링 방법	표시 방법
개개의 품질의 양, 불량의 판정	전수(數)	개개의 값
로트(lot)의 합격, 불합격	랜덤 샘플링	평균값, 표준 편차
로트의 성질	랜덤 샘플링	평균값, 표준 편차
공정 관리도 작성	랜덤 샘플링	평균값, 범위
요인 효과 측정	인자와 수준	층별
2개의 특성 관계 파악	한 쌍의 측정값	산포도, 상관 관계

(1) 정규 분포

측정시에 생기는 우연 오차나 표준화된 조건하에서 생산되는 제품의 특성 및 데이터의 분포는 그림 2-34와 같이 좌우 대칭인 종 모양의 곡선(bell-shaped curve)이 되는 경우가 많다.

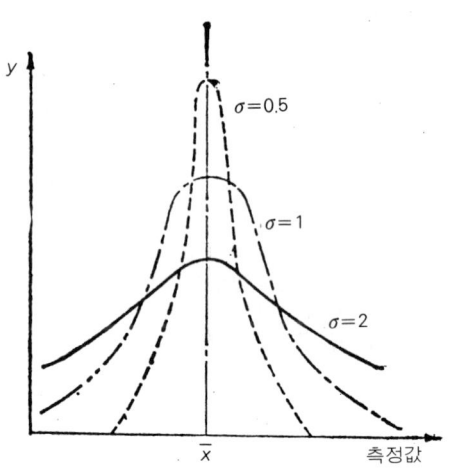

그림 2-34 정규 분포 곡선

분포의 평균값을 $\bar{x}$, 표준 편차를 σ라 하면 오차 확률은 가우스(Gauss)에 의하면 다음과 같이 나타낸다.

$$f(x) = \frac{1}{\sigma\sqrt{2\pi}} \exp\left| -\frac{1}{2}\left(\frac{x-\mu}{\sigma}\right)^2 \right| \tag{2.24}$$

여기서 x: 측정량의 크기, μ: 평균값(모평균), σ: 표준 편차

이러한 분포를 정규 분포(normal distribution)라 하고, $f(x)$를 확률 밀도 함수(probability density funtion)라 한다.

정규 분포는 $\bar{x}$와 σ로 정해지며, σ가 클수록 불균일이 크다.

그림 2-35의 가우스 확률 곡선의 참값에 대한 측정값, 시료 평균, 모평균의 관계를 표시하였다.

정규 분포에서는 평균값에 가까운 값은 나오기 쉽지만, 평균값에서 떨어진 데이터가 나올 확률은 적다. 기준 정규 분포에 있어서 측정값이 $\bar{x} \pm 1\sigma$ 사이에 있을 확률은 68.27%이고, $\bar{x} \pm 2\sigma$ 사이에 있을 확률은 95.45%이며, $\bar{x} \pm 3\sigma$ 사이에 있을 확률은 99.73%이다.

(2) 평균값(산술 평균): $\bar{x}$

서로 독립한 개개의 측정값 $x_1, x_2, x_3, \cdots, x_n$이 측정되었을 경우에는, 대표값으로 평균값을 사용하며 평균값 $\bar{x}$는 다음과 같이 나타낸다.

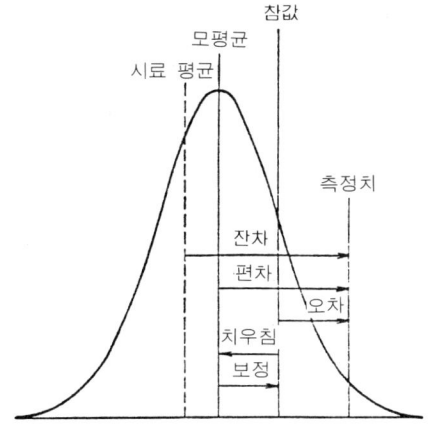
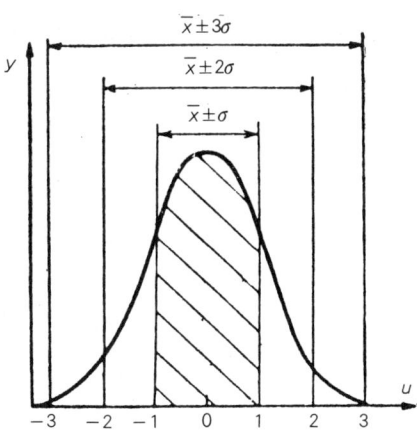

그림 2-35 측정값의 모집단   그림 2-36 기준 정규 분포와 확률

$$\bar{x} = \frac{x_1 + x_2 + \cdots + x_n}{n} = \frac{\sum x_i}{n} \qquad (2.25)$$

여기서 $\bar{x}$: 산술 평균, $x_1, x_2, \cdots, x_n$ = 측정값
   n : 측정 횟수

(3) 표준 편차

편차(deviation)란 측정 집단의 산술 평균으로부터 벗어남을 말하며, 평균 편차(D)는 측정에 사용된 측정기의 정도를 나타낸다.

$$D = \frac{\sum |d|}{n}$$

여기서, $d_1 = x_1 - \bar{x}$, $d_2 = x_2 - \bar{x}$, $d_n = x_n - \bar{x}$

시료의 표준 편차(standard deviation of a sample)는 다음과 같이 정의된다.

$$s = \sqrt{(d_1)^2 + (d_2)^2 + \cdots + (d_n)^2} \qquad (2.26)$$

$$= \sqrt{\frac{\sum (x_i - \bar{x})^2}{n-1}} \qquad (2.27)$$

$$= \sqrt{\frac{\sum x_i^2 - n\bar{x}^2}{n-1}}$$

모표준 편차 σ 는

$$\sigma = \sqrt{\frac{\sum (x_i - \bar{x})^2}{n}} \qquad (2.28)$$

로 나타내고 이 모표준 편차의 불편 추정값으로서 시료 표준 편차 s가 이용된다.

표준 편차에 따라 산포(precision)의 척도, 다시 말하면 측정의 정도가 주어진다.

제3장
정밀 측정의 실제(기초편)

1. 게이지 블록 밀착 및 교정

1.1 실습 목표
일반 측정실(표준실)이나 현장 측정에서 길이의 2차적인 표준이 되는 게이지 블록의 사용 및 정도 유지, 관리를 위한 올바른 사용법, 취급법 및 교정 방법을 익혀서 계측기의 소급성을 유지, 확립하는 데 있다.

1.2 사용 측정 기기
(1) 기준 게이지 블록(103품 또는 112품, 0급 이상)
(2) 측정용 게이지 블록(1급 또는 2급)
(3) 단색 광원 장치(monochromatic light source)
(4) 게이지 블록 비교 측정기(0.01μm, 0~100mm)
(5) 광선 정반(optical flat, 0급)
(6) 숫돌
  ① Black Granite stone : 강제(steel) 게이지 블록용
  ② Natural Alkansas stone : 강제 또는 초경합금 게이지 블록용
  ③ Sintered Alumimum Oxide stone : 강제 또는 초경합금 게이지 블록용
(7) 금속 표면 온도계
(8) 양가죽, 셀로판 종이, 핀셋 등

그림 3-1 옵티컬 플랫

(9) 벤젠, 에칠 알코올, 포플린, 방청유 등

1.3 게이지 블록의 특징 및 형상

게이지 블록은 길이의 기준인 광파장으로부터 직접 길이가 결정되므로 공장 등에서 길이의 기준으로 사용되고 있는 단도기(end standard)로서, 1898년 스웨덴의 요한슨(Johansson)에 의해서 최초로 제작되었다.

이 게이지 블록은 길이의 정도가 매우 높으며($0.01\mu m$), 서로 밀착(wringing)되는 특성을 가지고 있어 몇 개의 수로 조합하여 많은 치수의 기준을 얻을 수 있다.

게이지 블록의 종류에는 보통 요한슨 형(Johansson type), 호크 형(Hoke type), 캐리 형 (Cary type)의 3종류가 있으며, 일반적으로 요한슨 형이 많이 쓰이고, 호크 형은 주로 미국에서 많이 쓰이며, 얇은 치수(주로 0.05~1.00mm)에는 캐리 형이 사용되나 요즈음은 거의 생산되지 않는다. 각종 형상은 그림 3-2와 같다.

또한 게이지 블록 재질은 열처리한 강, 초경합금, 세라믹 등이 사용되며, 특수 용도로 용융 수정이 사용되고 있다. 각종 재질이 구비하여야 할 조건으로는

① 열팽창 계수가 적당할 것
② 치수의 안정성이 우수할 것
③ 충분한 거칠기를 얻을 수 있을 것
④ 내마모성이 클 것

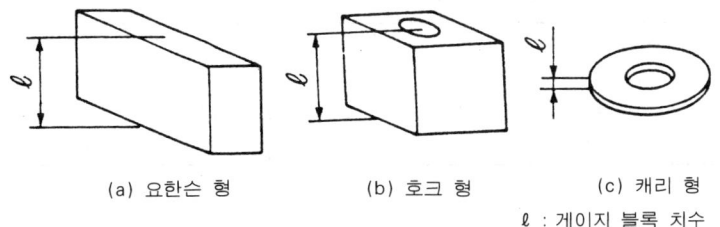

(a) 요한슨 형   (b) 호크 형   (c) 캐리 형

ℓ : 게이지 블록 치수

그림 3-2 각종 블록 게이지의 형상

⑤ 내식성이 좋을 것
⑥ 래핑 등의 가공성이 용이할 것

등이 있다.

표 3-1 게이지 블록 재질의 특성 비교치

재 질 물 성	세라믹	지르코늄	초경합금	강
경 도 [Hv]	1500	1350	1650	800
열팽창 계수 [$10^{-5}/k$]	3	10±1	5	11.5±1
굽힘강도 [kgf/mm^2]	100	130	200	200
영 률 [$\times 10^4 kgf/mm^2$]	2.9	2.1	6.3	2.1
포 아 송 비	2.9	0.3	0.2	0.3
비 중	2.9	6.0	14.8	7.8
열전도율 [$cal/cm \cdot s^{-}℃$]	2.9	0.007	0.19	0.13

1.4 게이지 블록의 치수 정도

게이지 블록 등급은 정밀도에 따라서 K, 0, 1급 및 2급의 4등급으로 분류하고 치수의 허용차와 평행도는 표 3-2와 같다.

측정면의 표면 거칠기는 K급 및 0급에서는 $0.06\mu m$ Rmax, 1급 및 2급에서는 $0.08\mu m$ Rmax를 초과하지 않아야 하며 경도는 Hv800 이상으로 한다.

또한, 게이지 블록의 치수는 그림 3-3과 같이 측정면상의 한 점으로부터 다른 측정면에 밀착시킨 동일 재료, 동일 표면 상태인 기준 평면까지의 거리 L로 나타낸다.

1.5 정도 검사

치수 정도의 검사에는 등급 검사와 치수 검사의 2종류로 구분하며 등급 검사는 게이지 블록의 지정된 등급의 치수 정도에 합격 여부를 점검하는 검사를 말하며, 치수 검사는 게이지 블록의 치수를 측정해서, 그 측정값을 보증하기 위한 검사이다. 따라서, 일반적인 용도에는 개개

표 3-2 치수공차(t_e) 및 허용치수 편차(t_v)

호칭 치수 l_n mm	K급		0급		1급		2급	
	치수공차 ± t_e μm	허용치수편차 t_v μm	치수공차 ± t_e μm	허용치수편차 t_v μm	치수공차 ± t_e μm	허용치수편차 t_v μm	치수공차 ± t_e μm	허용치수편차 t_v μm
0.5 ≤ l_n ≤ 10	0.2	0.05	0.12	0.1	0.2	0.16	0.45	0.3
10 < l_n ≤ 25	0.3	0.05	0.14	0.1	0.3	0.16	0.6	0.3
25 < l_n ≤ 50	0.4	0.06	0.2	0.1	0.4	0.18	0.8	0.3
50 < l_n ≤ 75	0.5	0.06	0.25	0.12	0.5	0.18	1	0.35
75 < l_n ≤ 100	0.6	0.07	0.3	0.12	0.6	0.2	1.2	0.35
100 < l_n ≤ 150	0.8	0.08	0.4	0.14	0.8	0.2	1.6	0.4
150 < l_n ≤ 200	1	0.09	0.5	0.16	1	0.25	2	0.4
200 < l_n ≤ 250	1.2	0.1	0.6	0.16	1.2	0.25	2.4	0.45
250 < l_n ≤ 300	1.4	0.1	0.7	0.18	1.4	0.25	2.8	0.5
300 < l_n ≤ 400	1.8	0.12	0.9	0.2	1.8	0.3	3.6	0.5
400 < l_n ≤ 500	2.2	0.14	1.1	0.25	2.2	0.35	4.4	0.6
500 < l_n ≤ 600	2.6	0.16	1.3	0.25	2.6	0.4	5	0.7
600 < l_n ≤ 700	3	0.18	1.5	0.3	3	0.45	6	0.7
700 < l_n ≤ 800	3.4	0.2	1.7	0.3	3.4	0.5	6.5	0.8
800 < l_n ≤ 900	3.8	0.2	1.9	0.35	3.8	0.5	7.5	0.9
900 < l_n ≤ 1000	4.2	0.25	2	0.4	4.2	0.6	8	1

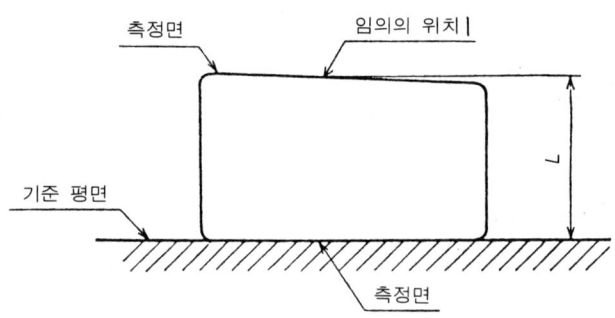

그림 3-3 게이지 블록 치수

의 게이지 블록 치수 오차를 보정해서 사용할 필요가 없기 때문에 등급 검사로 충분하지만, 표준으로 이용되고 있는 게이지 블록 등에는 치수 검사가 보통이다.

(1) 게이지 블록 평면도 측정

① 2.5mm를 초과하는 게이지 블록 측정면의 평면도 측정

호칭 치수가 2.5mm를 초과하는 게이지 블록 측정면의 평면도 측정은 광선 정반(optical flat)을 측정면에 밀착하지 않고 약간 경사시켜 포개놓은 다음, 단색광(monochromatic light)

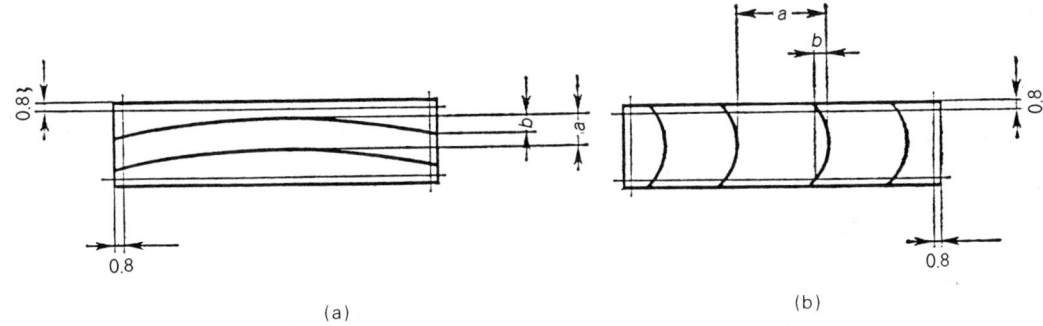

그림 3-4 평면도의 측정

을 비추어 간섭 무늬를 관찰한다. 광선 정반의 경사를 조절하면 그림 3-4의 (a), (b)와 같은 간섭 무늬가 나타난다. 이때 평면도는 다음 식으로 구한다.

$$\text{평면도} = \frac{b}{a} \times \frac{\lambda}{2} \quad \text{(여기서 } \lambda: \text{단색광의 파장)} \tag{3.1}$$

여기서 b/a는 광파 간섭계로 측정하면 정확하지만 보통은 눈대중으로 측정한다. 즉, 적색 간섭 무늬를 이용한다면 $\lambda = 0.6\mu m$, 평면도 $F = 0.1\mu m$로 되기 위해서는

$$\frac{b}{a} = \frac{0.1}{\frac{0.6}{2}} = \frac{1}{3}$$

따라서, 변위 b가 간섭 무늬 폭 a의 $\frac{1}{3}$ 이하인가를 판정하면 좋다.

② 2.5mm 이하의 게이지 블록 측정면의 평면도 측정

호칭 치수 2.5mm 이하의 경우에는 게이지 블록 한쪽 측정면에 광선 정반을 밀착한 상태에서 다른 측정면을 (a)와 같이 측정한다. 이처럼 밀착하지 않았을 때의 평면도 측정은 (a)와 같이 실시하지만 만일, 게이지 블록의 굽힘량이 커서 링 모양의 무늬가 나타날 때에는 평면도는 $n \times \frac{\lambda}{2}$로 구한다.

(2) 치수의 비교 측정

게이지 블록 치수의 측정에 이용되는 기계적 비교 측정 방법은 원칙적으로 KS 0급, 1급 및 2급의 게이지 블록이 적용되며 그것은 다음과 같다.

① 표준 게이지 블록

표준 게이지 블록의 치수는 원칙으로 광파 간섭 방법으로 측정하며, 그 오차가 명확하고, 피측정용 게이지 블록과 호칭 치수가 같은 것을 이용한다. 표준 게이지 블록의 재질 및 측정면의 형상은 피측정 게이지 블록과 같은 것이 바람직하며, 반드시 교정 성적서를 이용하여 피측정 게이지 블록의 오차를 보정해야 한다.

② 콤퍼레이터

게이지 블록의 치수와 평행도의 기계적 측정법에 사용하는 콤퍼레이터는 수직형과 수평형이 있는데, 수평형은 주로 호칭 치수가 큰 게이지 블록의 측정에 이용된다. 콤퍼레이터의 감도와 지시 안정도는 피측정 게이지 블록의 평행도 허용값의 1/5, 또는 그보다 적은 것이 바람직하다.

a. 수직형 콤퍼레이터

수직형 콤퍼레이터는 테이블상에 게이지 블록의 측정면을 올려 놓고 측정하기 때문에 게이지 블록 윗면의 측정면에 1개의 측정자를 접촉시키는 형식과, 테이블의 구멍을 통해서 측정밑면에도 측정자를 접촉시켜 상하 2개의 측정자의 읽음을 가산(加算)하는 형식이 있다(그림 3-5).

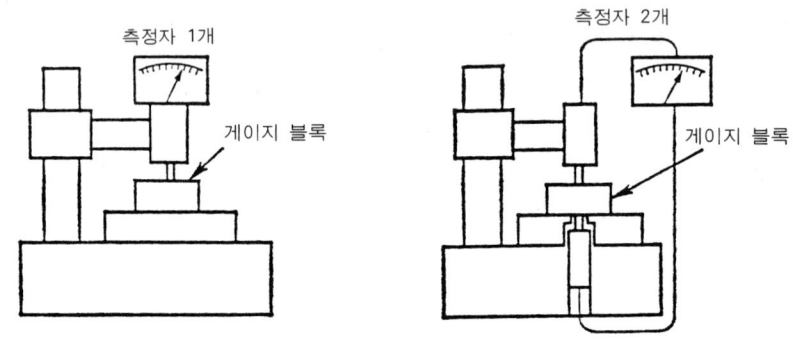

그림 3-5 수직형 콤퍼레이터

b. 수평형 콤퍼레이터

수평형 콤퍼레이터는 수평 방향의 긴 베드의 중앙 상면에 테이블이 있고 테이블상에 수평 방향으로 올려 놓은 게이지 블록 양 측정면에 측정자를 접촉시켜서 측정하기 때문에, 한쪽 방향의 측정자를 고정해서 측정하는 형식과 양 방향의 측정자의 읽음을 가산(加算)하는 형식이 있다.

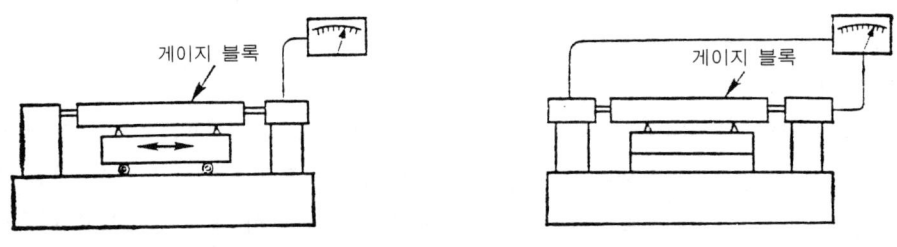

그림 3-6 수평형 콤퍼레이터

(3) 절대 측정법

지금까지의 비교 측정과는 달리 광파장(光波長)에 의한 측정을 절대 측정 방법이라고 한다. 게이지 블록을 광파장으로 측정하기 위해서는 광파 간섭계가 사용되며, 합치법과 계수법이 있다.

① 합치법

그림 3-7과 같이 간섭계내에 게이지 블록을 기준 평면에 밀착시켜서, 게이지 블록 측정 윗면과 기준 평면상에 단색광에 의한 간섭 무늬가 엇갈리게 나타난다.

비교 측정에 의해 게이지 블록의 대략의 길이를 측정해 두면, 간섭 무늬의 어긋남을 관측해서 광파장에 의한 측정을 할 수 있다. 이 방법에서 게이지 블록 길이 전체에 포함되는 간섭 무늬의 수를 읽을 필요는 없다.

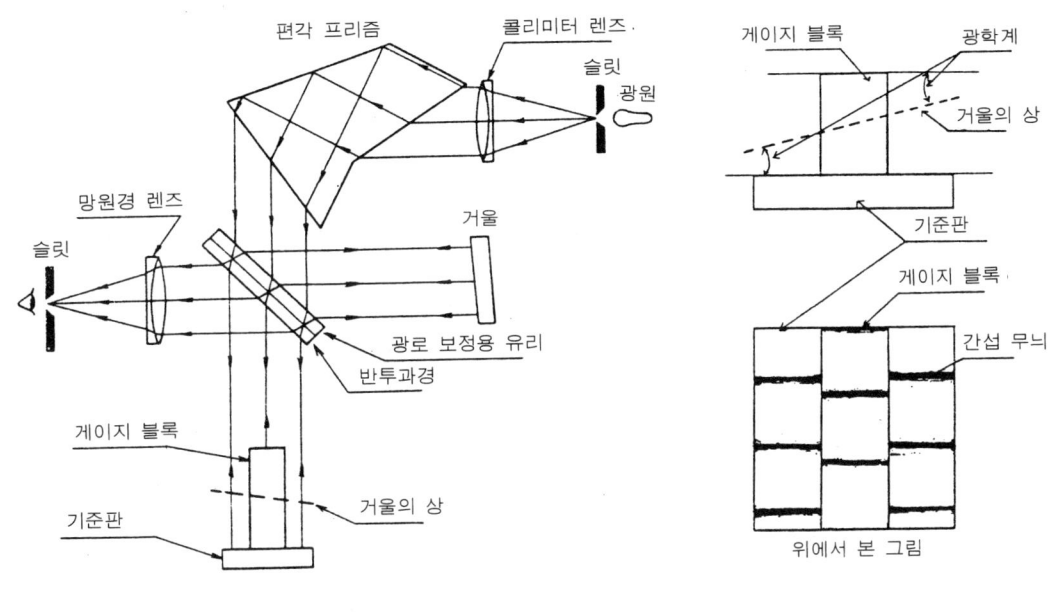

그림 3-7 간섭계의 광자적인 구조   그림 3-8 측정 원리

② 계수법(計數法)

게이지 블록 전체 길이에 포함되는 간섭 무늬의 전체 수와 단수(端數)의 합계에서 치수를 측정하는 방법이다. 간섭 무늬 수를 정확하게 계산해야 하며, 계수에 잘못이 발생하면 간단히 알 수 없기 때문에 실제는 거의 사용되지 않고 있다.

(4) 게이지 블록의 선택

게이지 블록을 구입할 때는 등급, 조합 종류 및 재질에 있어서 사용 목적에 알맞은 것을 선택해야 한다. 등급은 사용 목적에 따라서 표 3-4와 같이 선택할 수 있지만, 다목적용일 때에는, 그 중에서 최고 정도를 요하는 목적을 기준으로 한다.

게이지 블록의 밀착에는 광학적 밀착과 강압 밀착이 있는데, 앞쪽의 경우는 측정면의 평면도가 매우 좋을 때 특별한 압력을 가하지 않고 자연히 밀착되어 완전히 고착된 상태의 밀착이며, 뒤쪽은 두 측정면에 가벼운 힘을 가하여 밀착시키는 것을 말하며 대부분의 경우, 뒤쪽에 의한 밀착에 의한다.

2개의 게이지 블록의 단면을 깨끗하게 닦아서 서로 접촉시켜서 밀어주면 떨어지지 않게 된다. 이 현상을 밀착이라고 하며, 밀착력은 보통 10~30kgf 정도이다.

밀착하고자 할 때는 게이지 블록의 측정면을 깨끗한 천이나 세무 가죽 등으로 먼지나 이물

표 3-3 기준 게이지 블록의 관리 데이터의 예

관리번호 :	형 식		계측기 관리 카드
	측정범위		
주관리부서 :	제조번호		기준 게이지 블록
	도입년월일	년 월 일	단위 μm

호칭치수 mm	제조번호	제작사 측정값	비교 측정값	절대측정 (1) 93년	절대측정 (2) 年	절대측정 (3) 年	절대측정 (4) 年	절대측정 (5) 年	비 고
승인인, 검사인									

주) 측정값 : 중앙치수 오차만 기입.

표 3-4 게이지 블록의 사용 목적과 등급

등 급		사 용 목 적
참조용	K	표준용 블록 게이지의 정도 검사
		정밀 학술 연구용
표준용	0	검사용, 공작용 게이지 블록의 정도 점검, 측정기류의 정도 검사
검사용	1	게이지의 정도 검사
		기계 부품 및 공구 등의 검사
공작용	2	게이지의 제작
		측정기류의 정도 조정
		공구, 절삭 공구의 장치

게이지 블록의 중요한 특성은 밀착(wringing)할 수 있다는 것이다.
질이 없도록 깨끗이 닦는다. 이 때 게이지 블록에 기름이 묻었을 때는 휘발유, 알코올 등의 세척제로 닦아낸 다음 천이나 세무 가죽으로 닦는다.

(5) 게이지 블록의 밀착 방법

광선 정반(optical flat)을 사용하여 게이지 블록 측정면에 돌기(突起)의 유무를 확인한다. 돌기가 발견되면 잘 래핑(lapping)된 2,000메시 이상의 오일스톤(oil stone)에 몇 회 문질러 돌기를 제거한 뒤 다시 광선 정반으로 돌기를 확인한 후 밀착한다.

① 두꺼운 블록과 얇은 블록의 밀착

그림 3-9(a)와 같이 얇은 게이지 블록을 두꺼운 게이지 블록 측정면의 한쪽 끝에서 가볍게 밀어 넣어 흡착(吸着)되면 완전히 밀어 넣는다. 이때, 무리한 힘을 가하여 게이지 블록이 휘거나 미끄러지는 일이 없도록 주의해야 한다. 만일 게이지 블록이 서로 완전히 밀착되지 않으면 얇은 게이지 블록이 부분적으로 미소 변형이 생기게 되는데, 이때는 광선 정반(optical flat)으

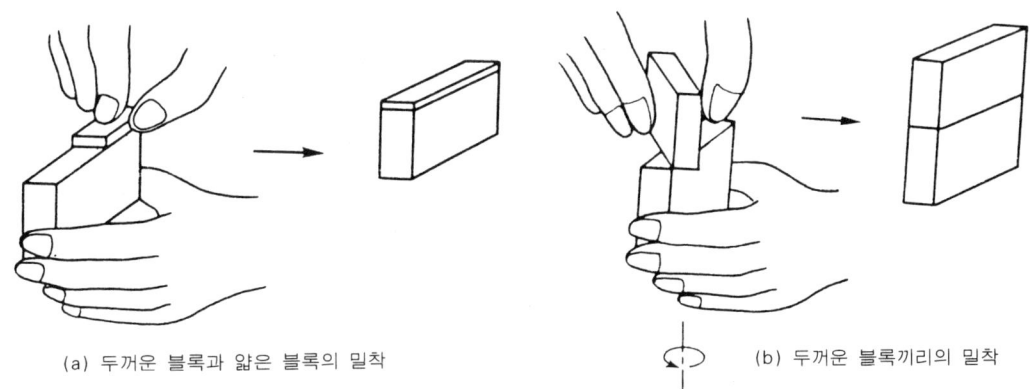

(a) 두꺼운 블록과 얇은 블록의 밀착   (b) 두꺼운 블록끼리의 밀착

그림 3-9 게이지 블록의 밀착 방법

로 확인하여 밀착이 완전하면 그림 3-10(a)와 같이 간섭 무늬가 일직선으로 나타나고, 밀착이 불완전한 경우에는 (b)와 같이 간섭 무늬가 불균일하게 휘어 보인다.

② 두꺼운 블록끼리의 밀착

그림 3-9(b)와 같이 2개의 게이지 블록을 중앙에서 직교시킨 상태에서 조금 문질러 흡착되면 화살표 방향으로 회전하여 두 게이지 블록을 합치시킨다.

(a) 바른 밀착   (b) 불량한 밀착

그림 3-10 밀착의 점검

(6) 게이지 블록의 치수 조합

게이지 블록을 이용하여 필요한 치수를 설정하는 데는 가능한한 밀착되는 블록 수를 적게 하는 것이 좋다. 밀착시키는 개수가 많으면 치수 오차와 밀착에 의한 오차, 온도에 의한 오차 등이 커지게 되고 게이지 블록 개개의 사용 횟수도 많게 되므로 측정면에 상처를 입기 쉬워 게이지 블록의 수명이 짧아지게 된다.

또한, 게이지 블록 조합시에는 사용 게이지 블록이 몇 개 조에 상당하는지 확인하여 알맞은 게이지 블록을 선택한다.

그러므로, 게이지 블록을 선택할 때는 설정한 치수의 가장 끝자리 수의 치수부터 고르며, 만일 소수점 아래 첫 자릿수가 5보다 큰 경우에는 5를 뺀 나머지 숫자를 고르고, 이 5는 그 윗 치수를 고를 때 포함시킨다. 다음에 두 가지 예를 들었다.

(7) 온도의 영향

일반적으로 금속은 온도가 상승하면 체적이 팽창하여 그 길이도 늘어난다. 이 팽창량은 열팽창 계수에 따라 다르며, 정밀 측정에서는 온도의 영향을 충분히 고려하지 않으면 큰 오차를 발생하게 된다.

그러므로, 측정시에는 가능한 한 게이지 블록과 피측정물을 동일한 온도에서 비교 측정하는 것이 좋으며, 20℃가 아닐 경우에는 열팽창 계수에 따라 치수차가 생기게 되므로 열팽창 계수의 차(差)가 2.0×10^{-5}/K 이내로 한다.

또한, 게이지 블록을 밀착시킬 때도 가능한 한 손이 접촉하는 시간을 짧게, 빠른 시간내에 하도록 하고 밀착후에는 치수 안정을 위하여 잠시 동안 방치한 후에 쓰도록 한다.

그림 3-11은 호칭 치수 100mm 게이지 블록을 5손가락과 3손가락으로 10분간 잡았다가 놓았을 때의 치수 변화의 상태를 나타낸다.

그림에서 보면 손을 놓은 다음 실온(室溫)으로 안정된 치수로 되기까지는 상당한 시간을 요하며 이 시간은 치수가 클수록, 또한 요구 정도가 높을수록 길게 된다.

표 3-5 게이지 블록 표준 조합

명 칭	개수	치수 단계 (mm)	호 칭 치 수 (mm)
112 개조	1	—	1.0005
	9	0.001	1.001, 1.002·············1.009
	49	0.01	1.01, 1.02·············1.49
	49	0.5	0.5, 1, 1.5 ·············24.5
	4	25	25, 50, 75, 100
103 개조	1	—	1.005
	49	0.01	1.01, 1.02·············1.49
	49	0.5	0.5, 1, 1.5 ·············24.5
	4	25	25, 50, 75, 100
76 개조	1	—	1.005
	49	0.01	1.01, 1.02·············1.49
	19	0.5	0.5, 1, 1.5 ·············9.5
	4	10	10, 20, 30, 40
	3	25	50, 75, 100
47 개조	1	—	1.005
	9	0.01	1.01, 1.02·············1.09
	9	0.1	1.1, 1.02 ·············1.9
	24	1	1, 2 ·············24
	4	25	25, 50, 75, 100
32 개조	1	—	1.005
	9	0.01	1.01, 1.02·············1.09
	9	0.1	1.1, 1.2 ·············1.9
	9	1	1, 2 ·············9
	3	10	10, 20, 30
	1	—	60
(+)9 개조	9	0.001	1.001, 1.002·············1.009
(−)9 개조	9	0.001	0.991, 0.992·············0.999
8 개조	4	15	125, 150, 175, 200
	2	50	250, 300
	2	100	400, 500
8 개조	8	—	1, 1.25, 1.5, 2, 3, 5(or 6), 10, 20

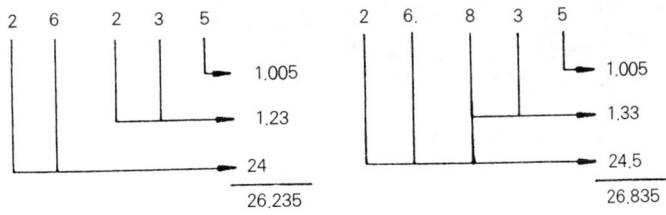

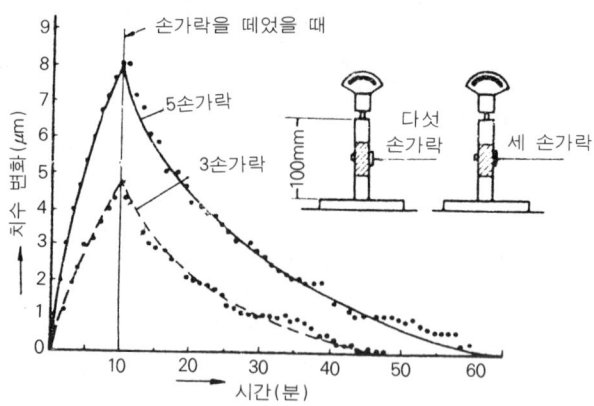

그림 3-11 체온에 의한 팽창

(8) 게이지 블록 부속품

① 둥근 형조(cylinderical jaw) : 내·외경 측정용
② 평형조(parallel jaw)
③ 스크라이버 포인트(scribe point)
④ 센터 포인트(center point)
⑤ 홀더(holder)
⑥ 베이스 블록(base block)
⑦ 삼각 직선자(triangular straight edge)

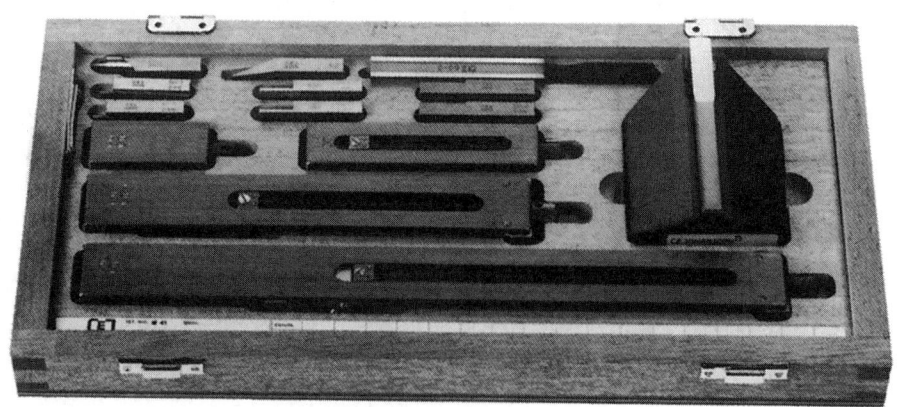

사진 3-1 게이지 블록의 부속품 세트

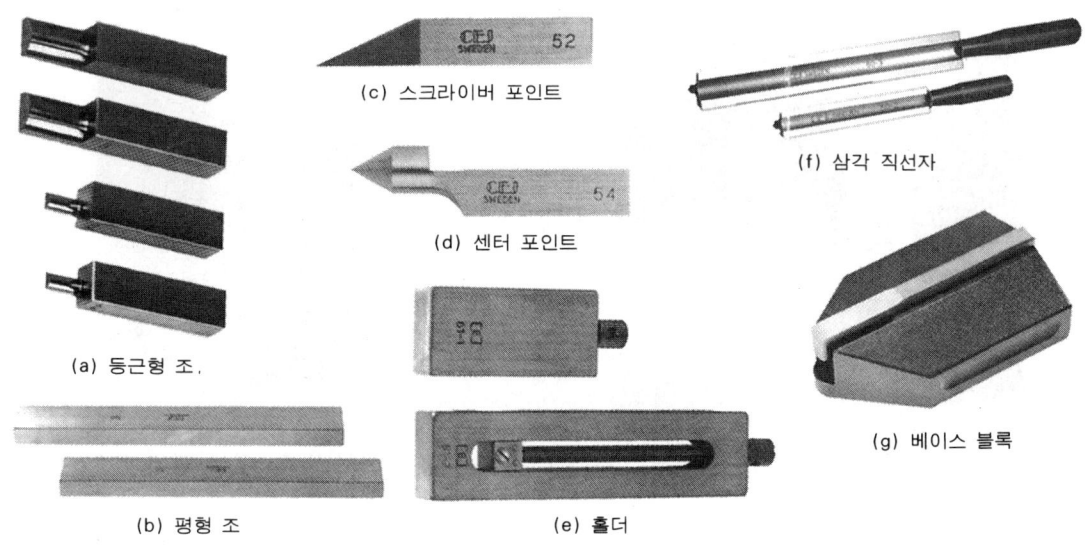

사진 3-2 게이지 블록의 부속품 명칭

1.6 취급상 주의 사항

게이지 블록을 사용하거나 취급할 때 가장 주의해야 할 점은 측정면에 상처를 주지 않도록 해야 하며 돌기가 제거되지 않은 상태에서 서로 밀착시키면 상대편 블록 게이지 측정면에도 상처를 주어 수명이 짧아진다. 따라서, 부딪히거나 떨어뜨렸을 때는 반드시 오일 스톤으로 돌기를 제거한 다음 광선 정반으로 확인하도록 한다. 또한, 녹이 슬지 않도록 사용후에는 반드시 방청유를 발라 먼지가 적고 습도가 낮은 곳에 안정된 상태로 보관해야 한다. 일반적으로 주의해야 할 점은 다음과 같다.

① 측정 테이블 윗면은 고무판이나 헝겊, 가죽 등을 입히고, 떨어뜨리지 않도록 가능한 한 테이블 바깥쪽에서 사용하지 않도록 한다.
② 온도가 정도에 큰 영향을 미치기 때문에 항온실에서 사용하는 것이 좋다.
③ 래핑 작업중 게이지 블록을 사용할 때는 래핑 분말이 게이지 블록 측정면에 묻지 않도록 주의한다.
④ 게이지 블록으로 게이지를 검사하거나 밀링, 연삭 등 가공 작업시 사용할 때는 보호 게이지 블록(wear block gauge)을 쓰는 것이 좋다(사진 3-3).

1.7 게이지 블록의 밀착 방법 및 순서

① 실습 테이블을 깨끗이 닦고, 단색 광원 장치(monochromatic light source), 게이지 블록 세트, 광선 정반, 깨끗한 천, 세무 가죽, 휘발유 등을 준비한다.
② 테이블 위에 단색 광원 장치를 설치해서 전원 스위치를 넣어 램프를 켠다. 이때, 주위가

사진 3-3 보호 게이지 블록

사진 3-4 단색 광원 장치

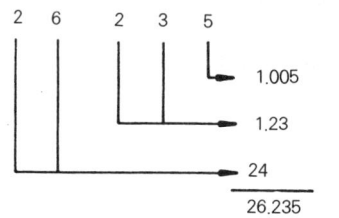

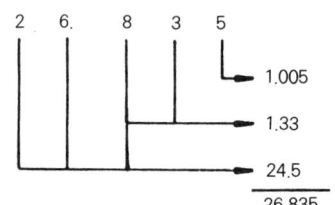

너무 밝으면 단색 광원에 의한 간섭 무늬가 보이지 않으므로 약간 어두운 것이 좋다.
③ 게이지 블록을 휘발유에 씻어서 방청유 및 불순물을 깨끗이 닦아낸다.
④ 조합할 게이지 블록을 선정한다. 이때, 적은 개수의 조합 숫자를 선택하는 것이 정도도 높고, 또한 밀착에 의한 마모도 작게 된다.

사진 3-5 광선 정반에 의한 돌기 검사

사진 3-6 돌기의 제거용 알칸사스 숫돌

⑤ 렌즈 페이퍼나 세무 가죽으로 깨끗이 닦은 광선 정반을 게이지 블록 측정면에 살며시 올려놓고 약간씩 움직이면서 자중에 의한 간섭 무늬 상태를 관찰한다(사진 3-5).
⑥ 이때 간섭 무늬가 불규칙하여 돌기가 있을 때는 돌기를 제거한다.

돌기의 제거는 사진 3-6과 같이 평면도가 양호한 알칸사스 오일 스톤(Alkansas oil stone) 위에 게이지 블록을 올려 놓고 약간의 힘을 일정하게 주면서 서서히 문지른다.

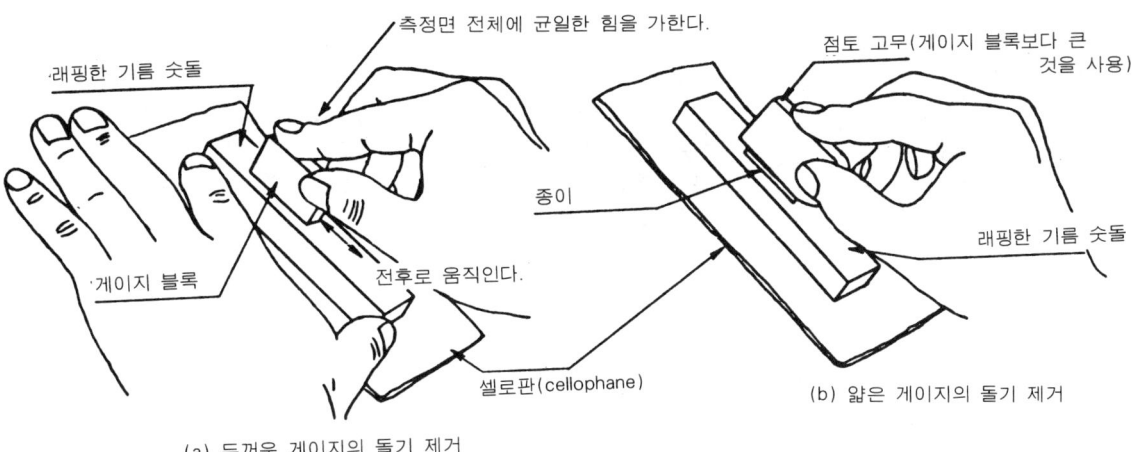

그림 3-12 돌기의 제거

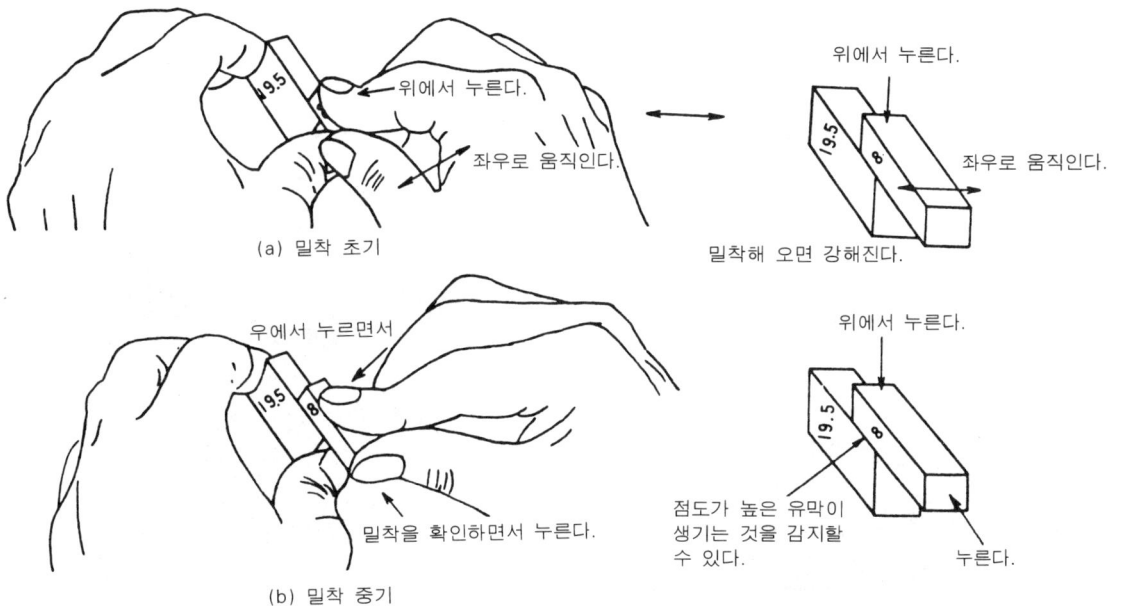

그림 3-13 밀착

⑦ 위와 같은 방법으로 돌기가 완전히 제거되었는가는 광선 정반으로 확인한다.
⑧ 평면도에 이상이 없는 게이지 블록은 앞에서 설명한 방법에 의해 두꺼운 것과 두꺼운 것, 얇은 것과 얇은 것, 두꺼운 것과 얇은 것의 밀착을 그림 3-13과 같이 여러번 연습한다.
⑨ 밀착이 끝난 후 게이지 블록은 광선 정반으로 밀착에 의한 평면의 이상 유무를 점검한다 (그림 3-14).

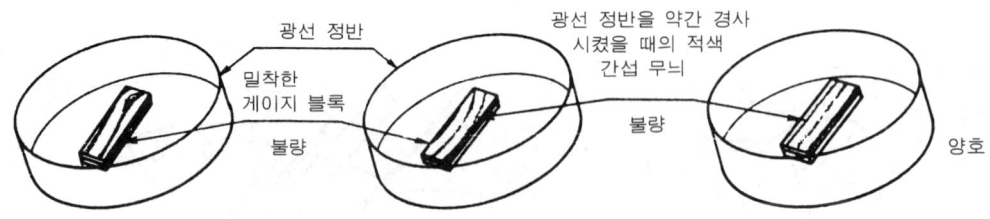

그림 3-14 밀착 상태의 검사

⑩ 게이지 블록 평면도값은 광선 정반을 이용하여 간섭 무늬의 모양에 따라서 구할 수 있다 (그림 3-15).

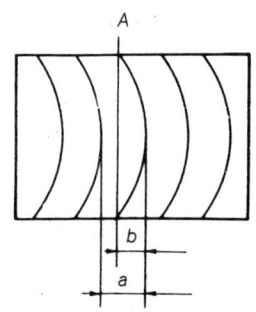

그림 3-15 간섭 무늬에 대한 평면도 측정

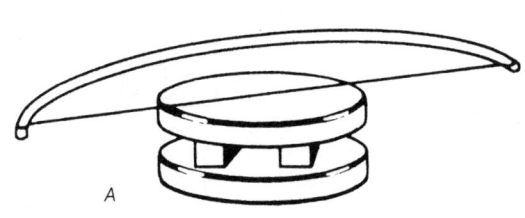

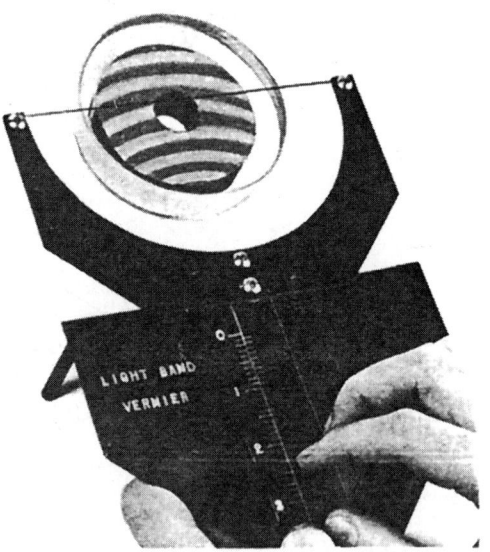

(Acme Scientific Co.)

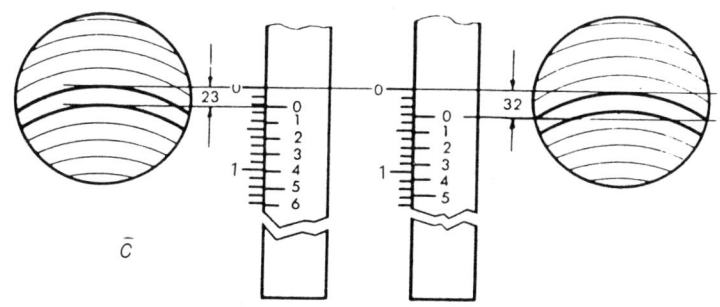

그림 3-16 간섭 무늬의 측정

간섭 무늬의 간격 및 휨량의 정밀한 측정은 광파 간섭계를 이용하면 되지만, 그림 3-16과 같이 간단한 버니어를 이용해서 즉석에서 측정할 수도 있다.

⑪ 밀착된 게이지 블록이 평면이 아니고 불균일한 평면으로 밀착된 경우에는 그림 3-17과 같이 간섭 무늬 모양에 의해 휨상태를 알 수 있다.

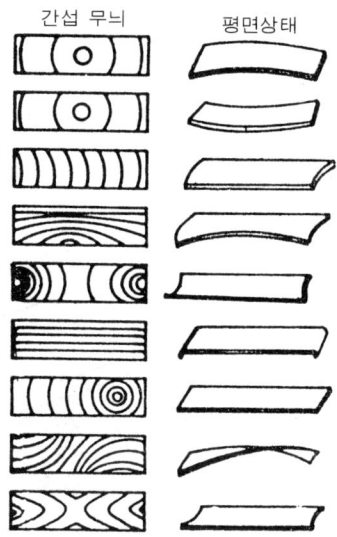

그림 3-17 간섭 무늬에 따른 게이지 블록 블록의 평면 상태

⑫ 몇 개의 게이지 블록을 밀착하였을 경우, 전체 치수에 미치는 영향은 거의 무시해도 좋다(보통은 0.03μm 이하).

1.8 게이지 블록의 교정 방법 및 순서

(1) 에칠 알코올, 아세톤 등을 이용하여 측정용 게이지 블록을 깨끗이 세척하여 게이지 블

록 표면에 묻은 보호막 및 불순물 등을 깨끗이 제거한다.
(2) 세척이 끝난 게이지 블록은 게이지 블록 테스터에 부착되어 있는 열 흡수판 또는 그림 3-18과 같이 정밀 정반 위에 올려 놓고, 측정실의 대기 온도와 열평형을 이룰 때까지 충분한 시간을 기다린다.

    50mm 미만의 게이지 블록 : 2시간 이상

    50mm 이상의 게이지 블록 : 4시간 이상

(3) 측정 테이블을 벤젠, 셀로판 종이 및 가제로 깨끗이 닦아낸다(그림 3-19).
(4) 정반에서 측정 테이블로 게이지 블록을 이동한다(그림 3-20).

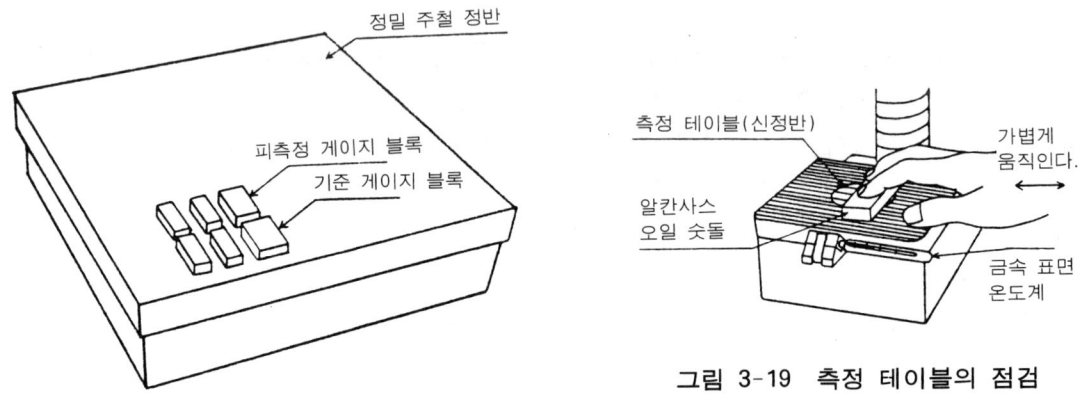

그림 3-18 게이지 블록의 온도 평형

그림 3-19 측정 테이블의 점검

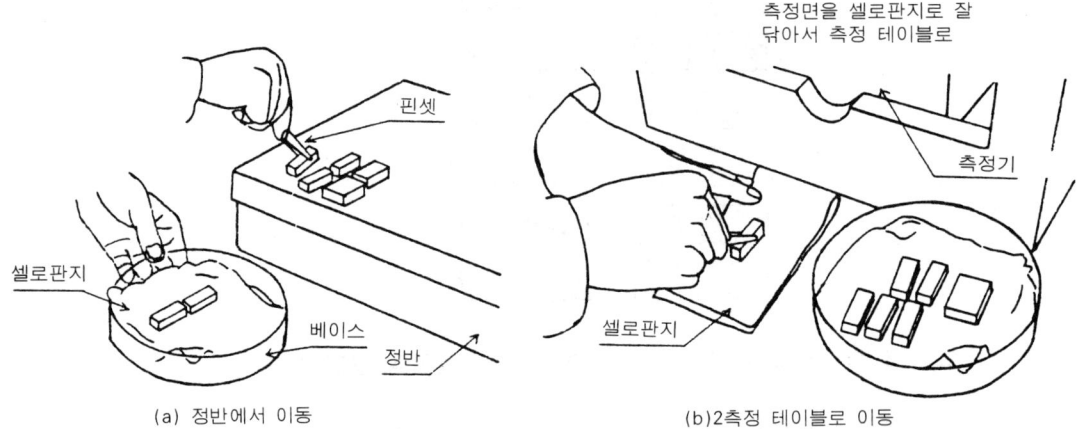

(a) 정반에서 이동

(b) 2측정 테이블로 이동

그림 3-20 정반에서 측정 테이블로 이동

(5) 측정 테이블에 옮긴 게이지 블록은 부드러운 털로 만든 공기 브러시로 측정면의 먼지를 깨끗이 털어낸다(그림 3-21).

제3장 정밀 측정의 실제(기초편) 87

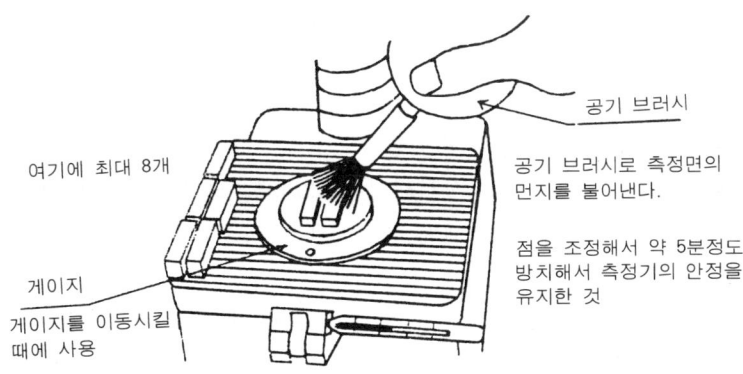

그림 3-21 측정 테이블에 방치

(6) 비교 측정의 측정점을 KS B 5201-1991을 참고로 해서 그림 3-22와 같이 확인한다.

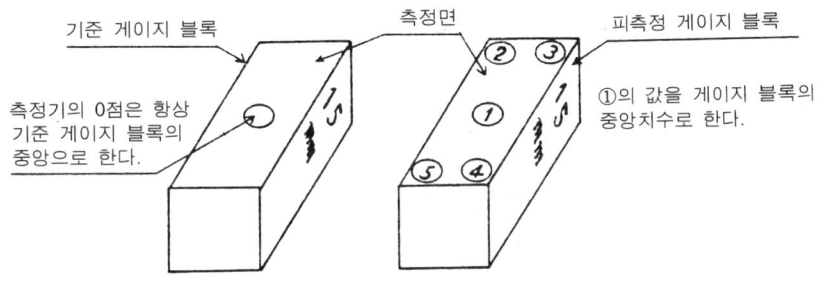

그림 3-22 비교 측정의 측정점

(7) 측정점 ①을 측정한다.

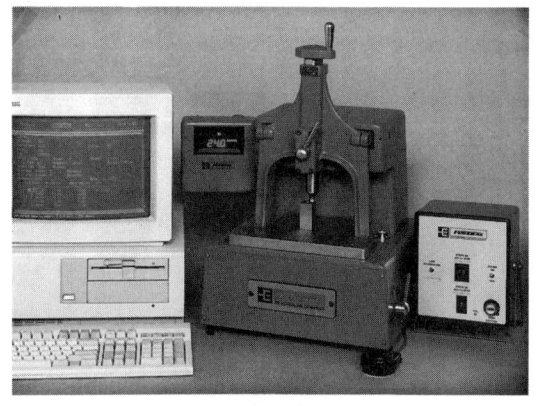

사진 3-7 게이지 블록 비교 측정기(Federal사)(데이터 처리 장치 부착)

0점(기준 게이지 블록 측정면의 중앙 위치, 그림 3-22 참조), 측정점 ①의 측정을 반복하고, 측정값이 3회 안정할 때까지 실시해서, 그 데이터를 데이터 기록 용지에 기입한다.

(8) 측정점 ②, ③을 반복한다.

(9) 측정점 ④, ⑤를 같은 방법으로 측정한다.

(10) 전 측정점에 있어서 재측정을 실시해서 0.02μm를 초과하는 차이가 없을 때는 측정을 종료한다. 그러나, 차이가 있을 때에는 원인을 제거하고 난 후 재측정한다.

① 0점의 이동 및 측정치의 변동 요인

    a. 1개의 게이지 블록 측정에 약 2분 가량 걸리는데, 이 2분 동안에 0.02μm의 변화를 초과하는 경우이다.

    b. 원인은 주로 먼지와 기름(유분)에 의한 경우가 많다.

    c. 먼지는 그림 3-23과 같이 셀로판 종이로 제거한다.

    d. 그림 3-24와 같은 기름 성분도 셀로판 종이로 제거한다(셀로판 종이 대신 부드러운 양가죽을 사용해도 좋다).

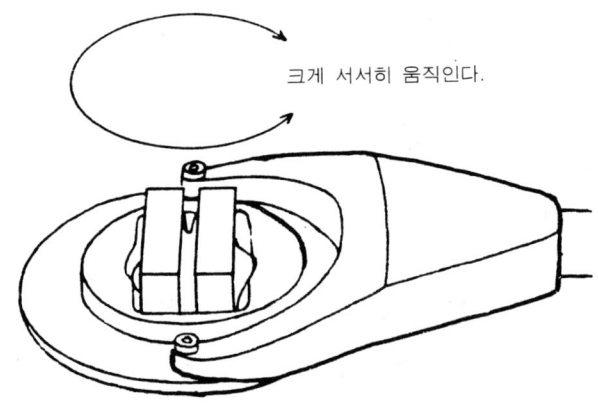

그림 3-23 먼지의 제거

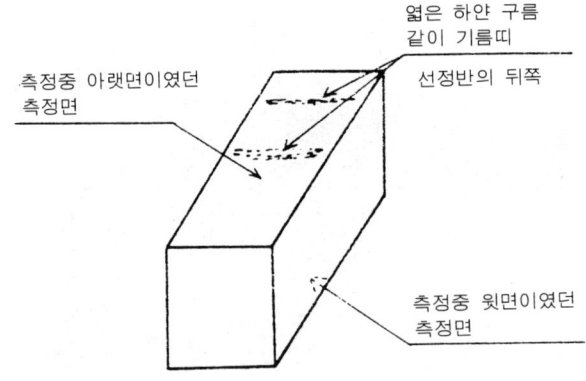

그림 3-24 측정면의 기름 성분

(11) 측정이 끝났으면 게이지 블록은 방청 처리를 하여 보관 상자에 차례로 넣어서 보관한다.
(12) 비교 측정기의 측정 테이블은 다음번 사용을 고려해서 방청 처리는 절대로 하지 않고 깨끗이 닦은 다음 셀로판 종이로 덮어서 보관한다(그림 3-25).

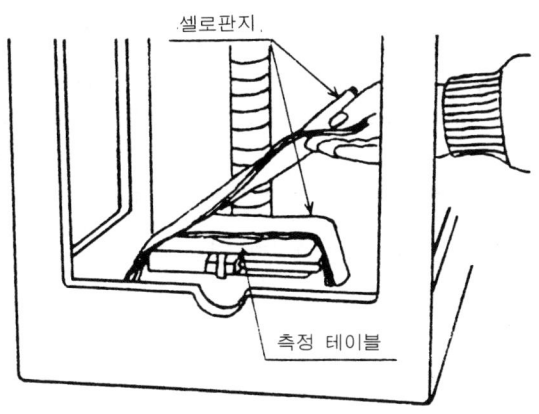

그림 3-25 측정기의 보관

1.9 측정값의 정리 및 계산
① 밀착 후의 치수 합계를 계산한다.
② 밀착 상태가 나쁜 게이지 블록은 간섭 무늬를 이용하여 평면도를 계산해 본다.
③ 평면도 계산시에는 반드시 사용하는 빛의 실제 파장(λ)을 대입하여 계산해야 한다.

그림 3-15의 경우
$a = 6$mm, $b = 4$mm, $\lambda = 0.64 \mu$m일 때

$$\text{평면도 } F = \frac{b}{a} \times \frac{\lambda}{2} = \frac{4}{6} \times \frac{0.64}{2} = 0.32 \mu\text{m}$$

로 된다.

④ 게이지 블록의 비교 측정은 기준 게이지 블록의 치수 오차를 보정해서 피측정 게이지 블록의 치수 오차를 계산한다.

1.10 결과 및 고찰
① 게이지 블록의 밀착은 어떤 방법이 가장 좋은지 알아본다.
② 밀착시 휘어진 게이지 블록의 평면도는 대략 얼마나 되는지 측정해 본다.
③ 밀착시 기름(oil)이 밀착층의 두께에 미치는 영향에 대해서 알아본다.

표 3-6 비교 측정 데이터 용지의 예

용지 B4의 세로 방향

단위 1/100 μm

	호칭치수 (mm)	제조번호	평면도 윗면	평면도 아랫면	기준기 오 차	측 정 치 ①	②	③	④	⑤	중앙치수 오차 (μm)	최대치수 오차 (μm)	최소치수 오 차 (μm)	평행도 (μm)	KS등급	외관,기타 비 고
기입예	25	807817	3	2	-6	20	16	16	12	17	+0.14	+0.14	+0.06	0.08	0	녹
	13	80001	1	0	0	-2	-2	-4	-5	-3	-0.02	-0.02	-0.05	0.03	00	
	12	809934	5	×	4	4	0	0	-2	0	+0.08	+0.08	+0.02	0.06	0	

측정일   년 월 일   측정자   회사명

④ 3개, 5개, 9개 등 밀착 개수가 많아짐에 따라 치수의 변화에 대해서 알아본다.
⑤ 게이지 블록의 측정시 발생하는 오차 요인에 대해서 조사해 보자.

2. 마이크로미터를 이용한 부품 측정

2.1 실습 목표
길이 측정에서 가장 기본이 되는 각종 마이크로미터의 측정 원리, 구조를 이해하고, 정확한 측정 방법 및 취급법을 습득하는 데 있다.

2.2 사용 측정 기기
1) 외측 마이크로미터(outside micrometer) - (0.01mm, 0~25, 25~50)
2) 내측 마이크로미터(inside micrometer)
3) 깊이 마이크로미터(depth micrometer)
4) 마이크로미터 스탠드(micrometer stand)
5) 정반 및 스탠드
6) 게이지 블록(10Pcs, 1급)
7) 피측정물
8) 링 게이지(내경 치수 25mm)
9) 0점 조정용 기준봉(치수 25mm)
10) 알코올, 방청유, 포플린

2.3 마이크로미터의 측정 원리
마이크로미터는 "나사의 이동량은 그 회전각에 비례한다"는 것을 이용한 대표적인 측정기로, 원리는 길이의 변화를 나사의 회전각과 직경에 의해 확대하여, 그 확대된 길이에 눈금을 붙여 미소의 길이 변화를 읽도록 한 측정기이다. 그림 3.26에 있어서 스핀들의 나사가 각도 a

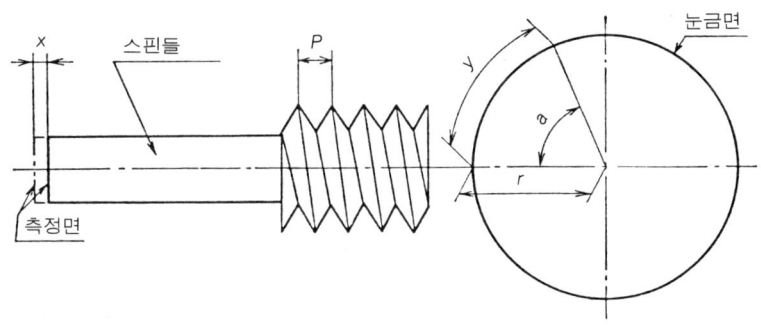

P : 나사피치(mm)　　x : 측정면의 이동량(mm)
r : 눈금면의 반경(mm)　y : 눈금면의 이동량(mm)
a : 나사의 회전각(rad)

그림 3-26 마이크로미터의 원리

만큼 회전하면, 측정면의 축방향 이동량 x 및 눈금면상의 원주 방향의 이동량 y는 각각 다음 식으로 구할 수 있다. 여기서 P는 피치이다.

$$x = \frac{\alpha}{2\pi} \cdot P \tag{3.2}$$

$$y = r \cdot \alpha = \frac{2\pi r}{P} \cdot x \tag{3.3}$$

이다. 따라서 확대율 $y/x = 2\pi r/P$이며, 나사의 피치가 작을수록 확대율은 작게 되고, 또한 눈금면의 반경을 크게 할수록 확대율은 크게 되고, 눈금을 가늘게 함에 따라 더 작은 측정값을 읽을 수 있다.

표준 마이크로미터는 나사의 피치를 0.5mm로 하고, 심블(thimble)의 원주 눈금은 50등분이기 때문에 심블 1눈금의 회전에 대한 스핀들의 이동량(M)은

$$M[\text{mm}] = 0.5[\text{mm}] \times \frac{1}{50} = \frac{1}{100} \text{mm}$$

로 되어 1/100mm의 최소 눈금으로 되어 있다.

(1) 구조

현재 보급되고 있는 마이크로미터는 수십종이 있으나, 이것을 용도별로 분류하면 외측용, 내측용, 깊이용, 전용(專用), 특수용 및 마이크로미터 헤드와 같이 6종류로 구분할 수 있다.

① 외측 마이크로미터

반원형 및 U자형을 한 프레임의 한쪽 방향에 마이크로미터 헤드, 그 반대편에 앤빌을 부착하고 앤빌의 측정면과 스핀들 측정면의 거리를 마이크로미터 눈금에 의해서 읽도록 한 측정기이다(그림 3-27).

② 마이크로미터 헤드

스핀들 나사의 회전에 대응해서 축선 방향으로 이동하는 측정면의 이송량을 슬리브 및 심블 눈금에 의해 읽을 수 있도록 한 측정기이다(그림 3-28).

③ 봉형 내측 마이크로미터(단체형)(그림 3-29)

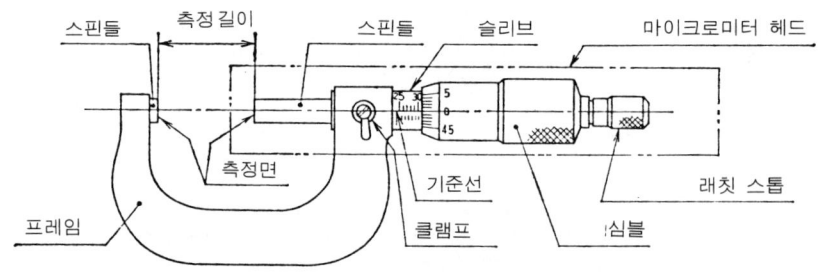

그림 3-27 외측 마이크로미터의 구조 및 주요부의 명칭

제3장 정밀 측정의 실제(기초편) 93

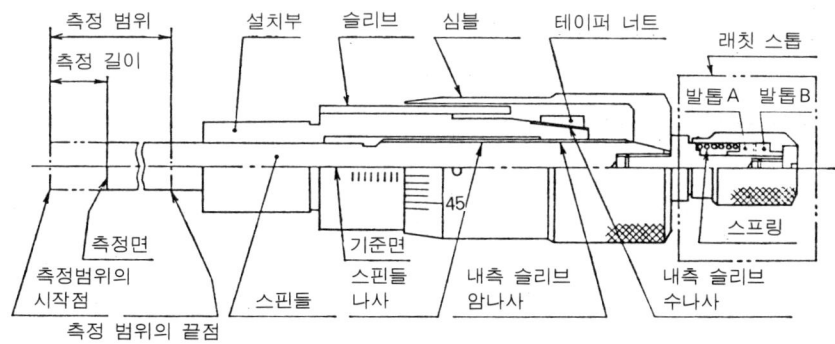

그림 3-28 마이크로미터 헤드의 구조 및 명칭

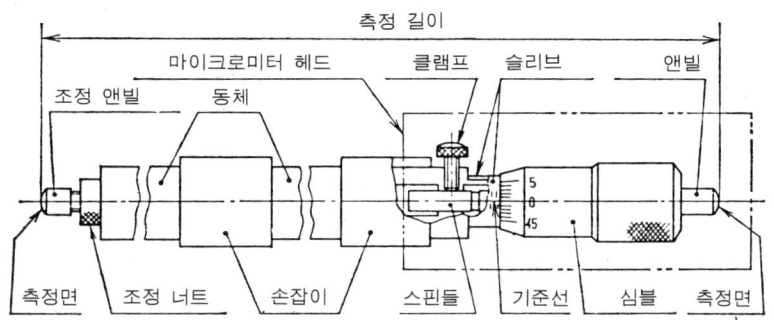

그림 3-29 봉형 내측 마이크로미터

④ 지시 마이크로미터

측정면에 대해서 수직 방향에 미동(微動)할 수 있는 앤빌을 구비하고, 앤빌의 이동량을 읽을 수 있도록 인디케이터를 내장한 마이크로미터이다(그림 3-30).

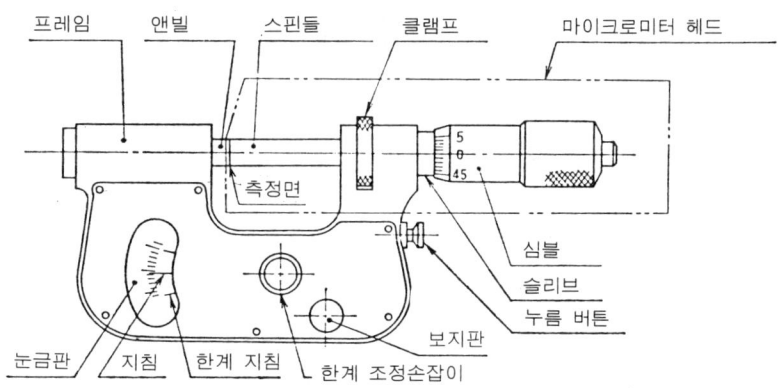

그림 3-30 지시 마이크로미터의 구조 및 명칭

⑤ 기어 이 두께 마이크로미터

인벌류트 기어의 걸치기 이 두께, 홈 등에 관련된 부품의 치수 측정에 이용하는 디스크형의 측정면을 구비한 외측 마이크로미터이다(그림 3-31).

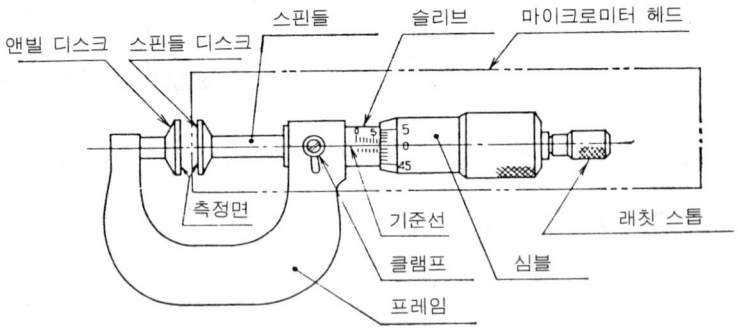

그림 3-31 디스크 마이크로미터의 구조 및 명칭

⑥ 깊이 마이크로미터

측정의 기준이 되는 평탄한 면을 가진 베이스와 그 기준면에 직교하는 축선 방향으로 이동하는 스핀들의 측정면과의 거리를 마이크로미터 헤드의 눈금에 의해 읽도록 한 측정기이다 (그림 3-32).

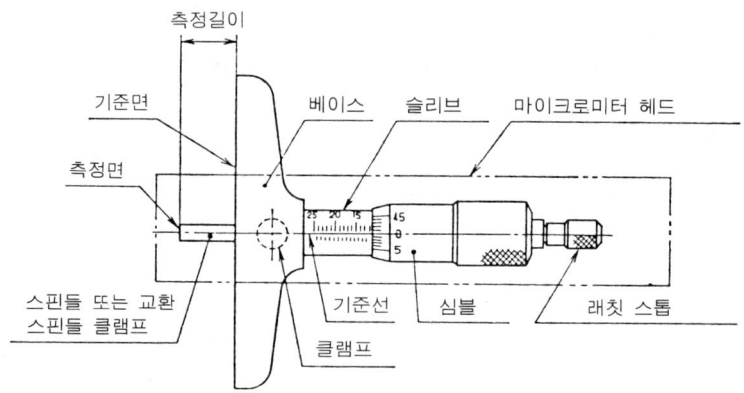

그림 3-32 깊이 마이크로미터

⑦ 캘리퍼형 내측 마이크로미터

2개의 죠(jaw)를 구비하고 있으며, 그 선단 측정면의 사이에서 측정을 한다. 아베의 원리를 만족시킬 수 없기 때문에 오차가 크다(그림 3-33).

2.4 눈금 읽는 방법

읽는 방법은 그림 3-34와 같이 슬리브 눈금 0.5mm 단위를 심블 단면 X—X선상에서 읽은

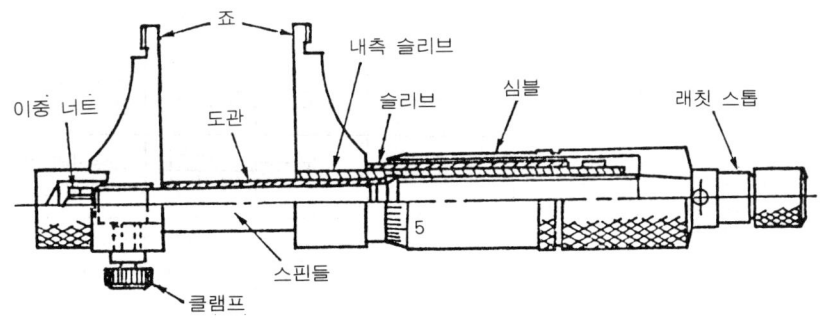

그림 3-33 캘리퍼형 내측 마이크로미터

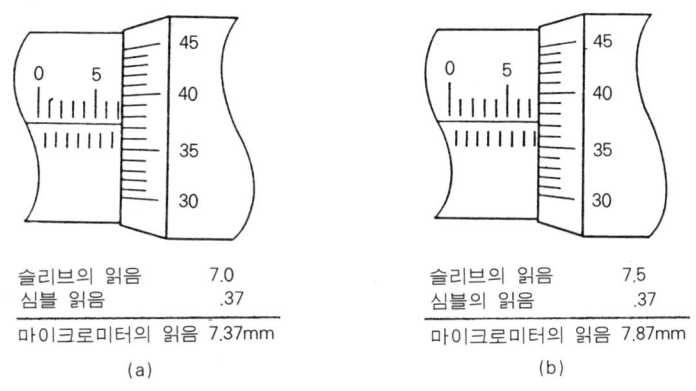

그림 3-34 눈금 읽는 방법(1)

값 7mm와 심블 눈금 0.01mm 단위를 슬리브의 기선 Y-Y선상에서 읽은 값 0.37mm를 더한다.

$$측정값 = 7mm + 0.37mm = 7.37mm$$

슬리브의 눈금을 읽을 때 눈금선이 0.5mm의 눈금을 잘못 읽는 것에 주의해야 한다.
그림 (b)에서는

$$측정값 = 7.5mm + 0.37mm = 7.87mm$$

이다. 따라서, 잘못 읽는 것을 방지하기 위해서는 버니어 캘리퍼스를 사용해서 확인할 필요가 있다.

다소의 숙련에 의하여 0.001mm까지 눈금을 등분해서 읽을 수 있다. 즉, 심블의 눈금선 간격이 슬리브의 기선 및 심블의 눈금선 굵기의 거의 5배 정도인 경우에는 그림 3-35와 같은 읽음 방식을 적용할 수 있다.

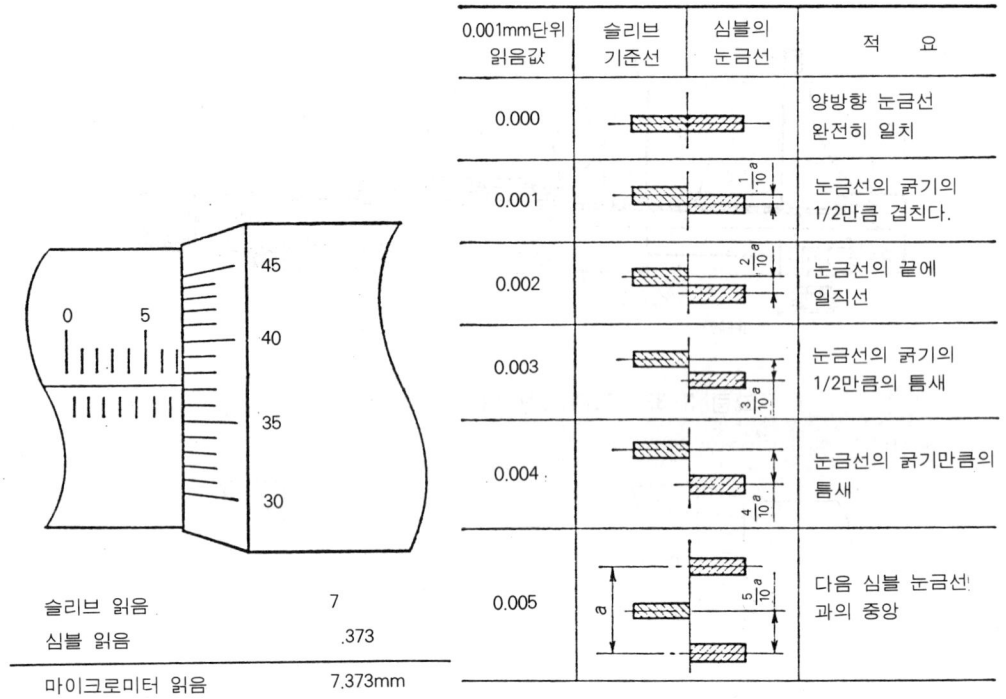

그림 3-35 마이크로미터 눈금 읽는 방법(2)

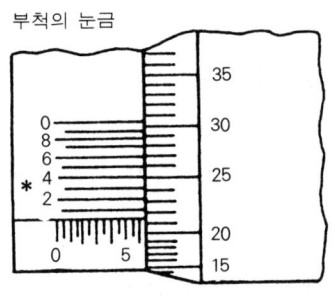

그림 3-36 버니어의 읽음

또한, 그림 3-36과 같은 버니어 마이크로미터에서는 슬리브 기선의 위쪽에 심블의 9눈금을 10등분한 버니어 눈금이 있어서 0.001mm까지 읽을 수 있다.

$$측정값 = 6mm + 0.21mm + 0.004(버니어) = 6.214mm$$

2.5 측정력

마이크로미터로 측정할 때 심블을 직접 회전하면 회전력이 커짐에 따라 피측정물에 흠집을 줄 수 있고, 측정 오차를 발생하기도 한다. 이것을 방지하기 위하여 일정한 측정력을 걸리도록 하고, 그 이상의 힘이 스핀들에 전해지지 않도록 래칫 스톱(ratchet stop)이나 프릭션 스톱(friction stop)이라고 하는 정압 장치를 부착하고 있다.

(1) 래칫 스톱

치형에 잘린 톱니 모양을 스프링으로 눌려서 밀어올리듯이 되어 있으며, 이같은 모양의 한 쌍의 톱니가 맞대어 있어서 일정의 측정력이 될 때까지 스핀들이 함께 회전하지만, 측정력이 초과될 때는 공회전한다.

(2) 마찰 스톱

심봉에 스프링이 밀착되어 감겨져 있기 때문에 일정의 측정력이 될 때까지는 스프링과 측면의 마찰 저항에 의해 스핀들이 함께 회전되지만 그 이후는 공전한다.

KS에서는 표 3-7과 같이 측정력을 규정하고 있다.

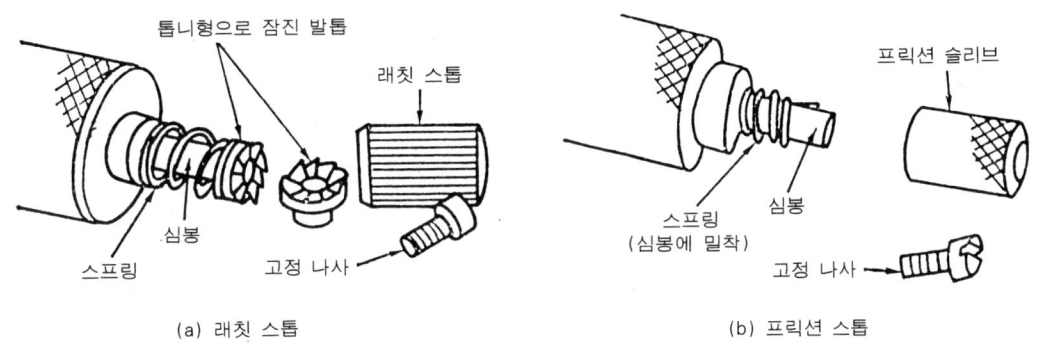

(a) 래칫 스톱 (b) 프릭션 스톱

그림 3-37 래칫 스톱

표 3-7 측정력

최대 측정 길이(mm)	측정력 N(gf)
300 이하	5~10 (510~1020)
300 초과 500 이하	8~15 (816~1530)

2.6 외측 마이크로미터의 영점(0) 조정

마이크로미터에 한하지 않고 어떠한 측정기에도 원점을 맞추지 않으면 얼마의 눈금값을 정확하게 읽어도 올바른 측정은 할 수 없다.

먼저, 앤빌과 스핀들의 측정면을 깨끗이 닦고, 깨끗한 가죽이나 포플린 등으로 닦아도 좋지만, 양 측정면 사이에 깨끗하고 얇은 종이를 가볍게 삽입해서 빼내면 좋다. 그리고, 래칫 스톱을 회전시키면서 앤빌과 스핀들의 측정면을 접촉시켜서 일단 정지하고, 래칫 스톱을 1회전 반~2회전 정도 공전시켜 측정력을 가한다. 이 상태는 손으로 3~4회 래칫 스톱을 회전시키는 것과 같다. 이때에 슬리브의 기선과 심블의 0점 눈금선이 완전히 일치하고 동시에 슬리브의 0눈금선이 절반 정도 보이는 것이 좋다. 이 확인을 2~3회 반복한다.

25mm 이상의 측정에 사용하는 마이크로미터는 양 측정면을 접촉시킬 수 없기 때문에 0점 조정용 기준봉, 또는 게이지 블록을 이용해서 확인한다(그림 3-38 참조).

만일, 슬리브의 기선과 심블의 0눈금선이 완전히 일치하지 않을 경우에는 0점을 조정해야만 한다. 조정 방법에는 슬리브에서 조정하는 방법과 심블에서 조정하는 방법이 있다.

① 심블의 0 눈금선과 슬리브의 기선의 차가 ±0.01mm 이내인 경우, 0점 확인을 한 상태에서 스핀들을 클램프로 동시에 고정한 후 슬리브 기선의 뒤쪽에 있는 구멍에 키 스패너(key spanner)를 끼워서 슬리브를 회전시켜 슬리브의 기선을 0점 눈금에 맞춘다.

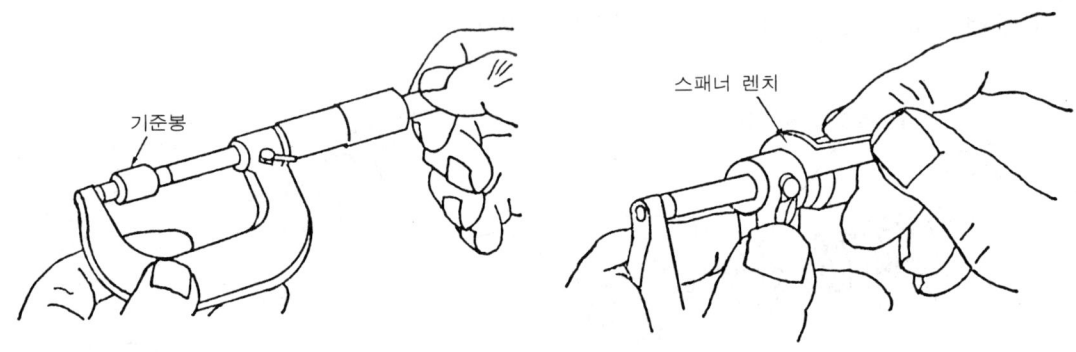

그림 3-38 기준봉에 의한 0점 조정   그림 3-39 슬리브에 의한 0점 조정

② 심블의 0눈금선과 슬리브의 기선의 차가 ±0.01mm 이상의 경우, ①과 같이 0점 확인을 한 상태에서 스핀들을 클램프로 고정하고 래칫 스톱을 키 스패너로 그림 3-40과 같이 풀고 심블을 래칫 스톱 방향으로 누르면서 움직여 심블의 0점 눈금선을 슬리브의 기선에 맞춘다. 그리고 래칫 스톱을 키 스패너로 조여서 심블을 고정한다. 0점을 다시 확인하여

그림 3-40 심블에 의한 0점 조정

그 차가 ±0.01mm이내이면 ①항과 같은 조정법으로 조정한다.

다음에 나사의 마찰 등에 의해 나사부에 흔들거림이 있는 경우에는 테이퍼 너트를 조여서 흔들거림 없이 스핀들이 작동하도록 조정한다.

2.7 외측 마이크로미터에 의한 측정

(1) 지지 방법

마이크로미터는 양손으로 지지하는 방법과 한 손으로 지지하는 방법이 있다. 양손으로 지지하는 경우에는 왼손으로 프레임을 확실히 쥐고 오른손으로 래칫 스톱을 지지한다(그림 3-41).

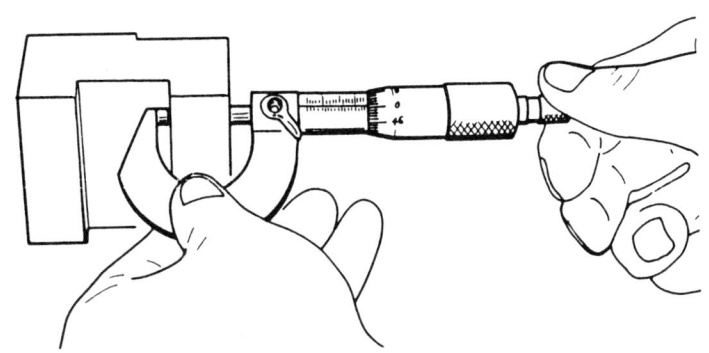

그림 3-41 양손에 의한 지지

한 손으로 지지하는 경우에는 프레임을 새끼손가락으로 지지한다. 이 경우에는 래칫 스톱에 손가락이 닿게 하지 않고 직접 심블을 회전하기 때문에 측정력에 주의하지 않으면 안된다.

측정에 장시간 사용하는 경우는 체온에 의한 오차가 발생하기 때문에 마이크로미터는 스탠드에 취부시켜서 사용한다(그림 3-43).

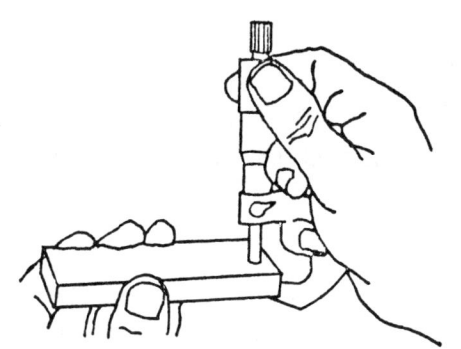

그림 3-42 한 손에 의한 지지

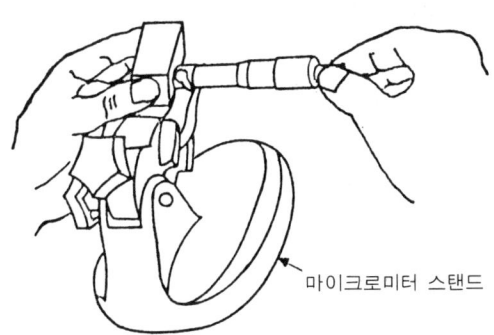

그림 3-43 마이크로미터 스탠드

또한 소형 부품의 측정에는 마이크로미터 스탠드를 사용하면 편리하다.

(2) 측정

평행면의 측정에는 면에 대해 스핀들의 축선을 수직으로 하는 것이 중요하며 앤빌과 스핀들을 측정면에 밀착시켜 측정력을 가한후 최소 치수를 읽는다. 원통 외경의 측정에는 V블록이나 홈이 있는 치구에 올려 놓고 측정하는 것이 편리하며, 원통의 축선에 대해 스핀들의 축선을 수직으로 해야 하며, 그림 3-44와 같이 스핀들을 약간씩 움직여 가면서 원주 방향의 최대점, 축방향의 최소점을 구해 측정력을 가해서 측정값을 읽는다.

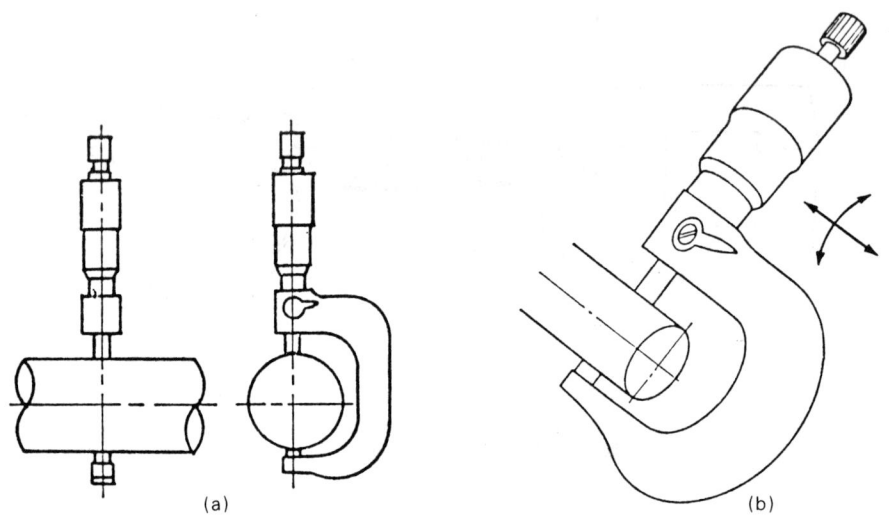

그림 3-44 외경의 측정

2.8 내측 마이크로미터에 의한 측정

① 캘리퍼형 내측 마이크로미터의 경우

　a. 구멍 내경의 측정

　　구멍 내경면에 대해서 내측 마이크로미터의 2개의 측정 죠가 수직이 되도록 삽입하고, 래칫 스톱을 돌려서 양 피측정면을 내경면에 접촉한다. 다음에 래칫 스톱을 회전시키면서 측정용 죠를 그림 3-45와 같이 축방향, 원주 방향으로 가볍게 움직이면서 축방향, 원주 방향의 최대점을 구해서 측정력을 가해 측정값을 읽는다.

　b. 홈 폭의 측정

　　내측 마이크로미터의 측정면과 피측정면은 반드시 수직이 되어야 하며 구멍 내경의 측정과 마찬가지로 내측 마이크로미터의 양 측정면을 피측정면에 접촉시켜 래칫 스톱을 회전시키면서 내측의 측정 죠를 그림 3-46과 같이 가볍게 움직여 홈 폭의 방향으로 최소

제3장 정밀 측정의 실제(기초편) 101

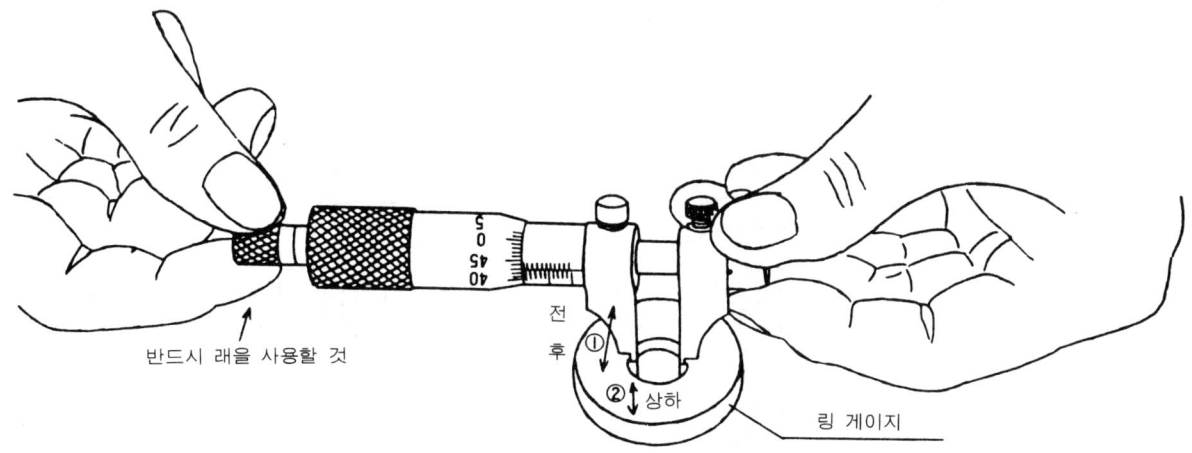

그림 3-45 구멍의 지름 측정 방법

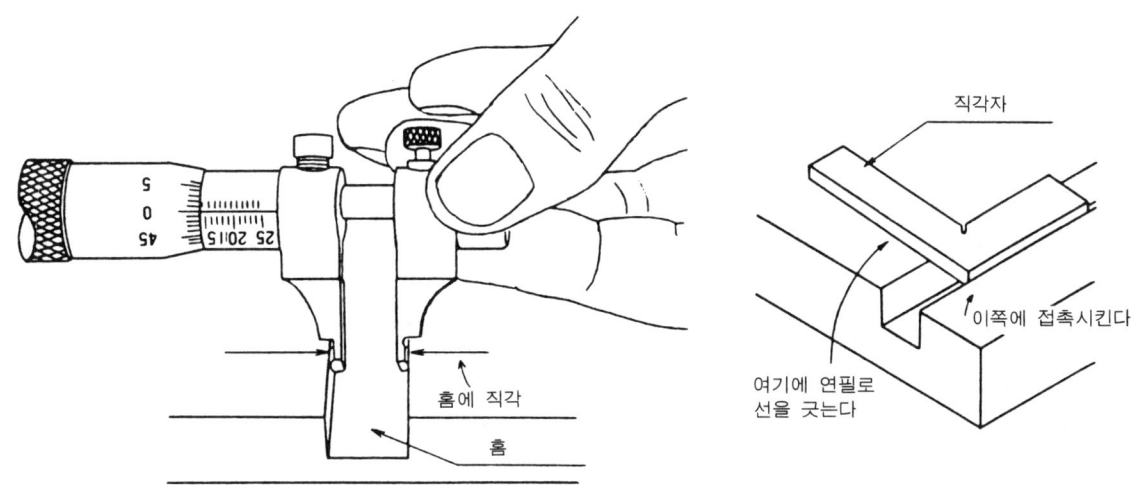

그림 3-46 홈 폭의 측정 방법

점, 측정 죠의 상하 방향에서 최대점을 구해서 측정력을 가한후 측정값을 읽는다.
② 봉형 내측 마이크로미터에 의한 측정

래칫 스톱에 의한 정압 장치가 부착되어 있지 않기 때문에 측정력은 0점 확인을 할 때와 마찬가지로 가하도록 한다. 측정력이 걸리는 경우는 손의 감각만으로 판단하지 않으면 안 되기 때문에 신중하게 측정력을 가하지 않으면 안 된다.

a. 구멍 내경의 측정

내측 마이크로미터의 측정면과 피측정면은 수직이 되지 않으면 안 되며 내측 마이크로미터의 한쪽 앤빌을 피측정면에 닿게 하고, 그 점을 지점으로 해서 심블을 가볍게 회전시키면서 반대편의 앤빌을 그림 3-47과 같이 원주 방향, 축방향으로 움직여 원주 방향에서 최대점, 축방향에서 최소점을 구하여 측정력을 가한후 측정값을 읽는다.

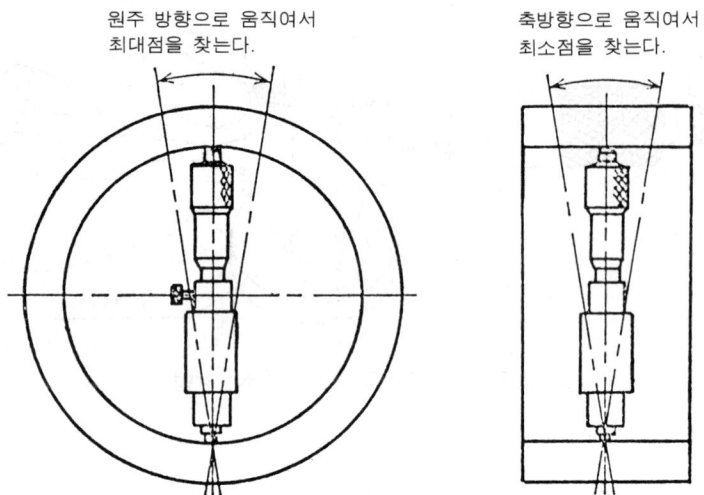

그림 3-47 봉형에 의한 구멍의 내경 측정

b. 홈 폭의 측정

이 경우도 내측 마이크로미터의 측정면과 피측정면은 수직으로 되어야 하며 구멍 내경의 측정과 마찬가지로 내측 마이크로미터의 한쪽 앤빌을 피측정면에 닿게 하고, 그 점을 지점으로 하여 심블을 가볍게 회전시키면서 다른 쪽의 앤빌을 그림 3-48과 같이 전후, 상하로 움직여서 전후, 상하 방향의 최소점을 구해 측정력을 가한후 측정값을 읽는다.

외측 마이크로미터를 이용하여 0점을 확인하는 경우는 외측 마이크로미터를 어떤 일정한 치수를 설정해서 스핀들을 고정시킨다. 그 치수를 내측 마이크로미터로 홈 폭의 측정 요령으

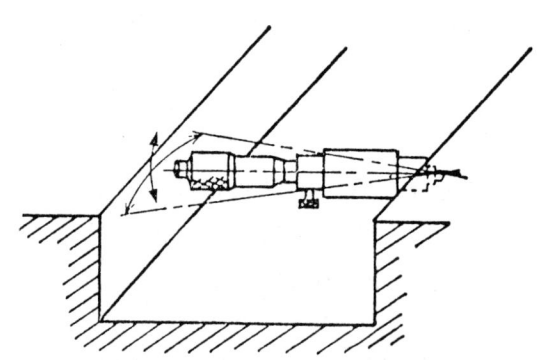

그림 3-48 봉형에 의한 홈 폭의 측정

로 측정하여 외측 마이크로미터의 지시값과 내측 마이크로미터의 측정값을 확인하여 조정한다.

2.9 깊이 마이크로미터에 의한 측정

0점 조정은 외측 마이크로미터와 같으며 단체형(單體型) 깊이 마이크로미터의 경우는 정반 등 평면도가 좋은 기준면에 깊이 마이크로미터의 기준면을 밀착시키고 래칫 스톱을 회전시켜 측정면을 정반에 밀착시켜 측정력을 가한후 0점을 확인하지만, 그림 3-49와 같은 로드 교환형 깊이 마이크로미터에서는 게이지 블록 등 치수 정도가 좋은 2개의 블록을 이용하여 그림 3-50과 같이 설치한 후 같은 방법으로 0점 조정한다.

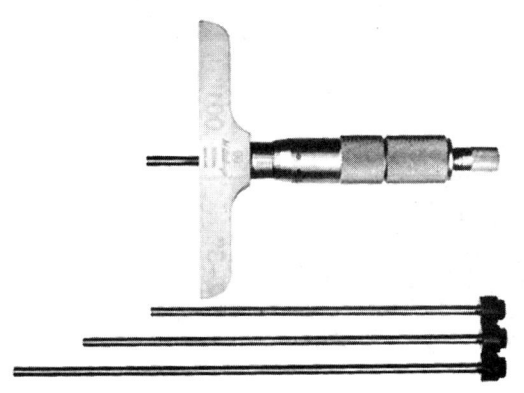

그림 3-49 로드 교환형 깊이 마이크로미터

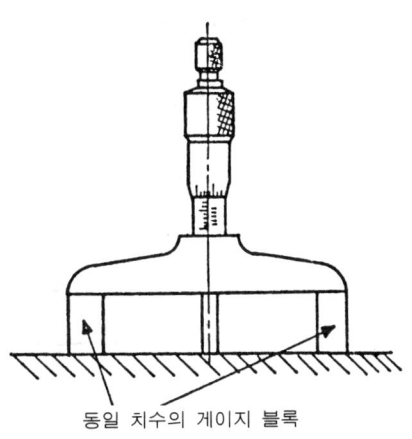

그림 3-50 로드 교환형 깊이 마이크로미터의 0점 조정

측정은 그림 3-51과 같이 피측정물의 기준면에 안정하게 측정기의 기준면을 접촉시키고 양면을 균일한 힘으로 누르면서 래칫 스톱을 회전시켜 측정력을 가한후 측정값을 읽는다. 깊이 마이크로미터의 기준면의 한쪽만 피측정면에 접촉시켜서 측정해야 하는 경우에는 베이스가 뜨지 않도록 하는 것이 가장 중요하다.

2.10 측정시 주의 사항

1) 피측정물의 형상, 치수, 요구 정도 등에 대해 알맞는 측정기를 선택해서 사용해야 한다.
2) 피측정물 및 마이크로미터의 각 부위를 깨끗이 닦은 후 측정을 하도록 한다.
3) 0점 확인은 측정을 할 때와 같은 자세로 확인해야 한다. 특히 대형 마이크로미터를 사용하는 경우는 사용할 때의 자세가 다르면 자중에 의한 변형도 변하기 때문에 양 측정면간의 거리가 변하게 된다. 측정중에도 때때로 0점 확인을 하도록 한다.

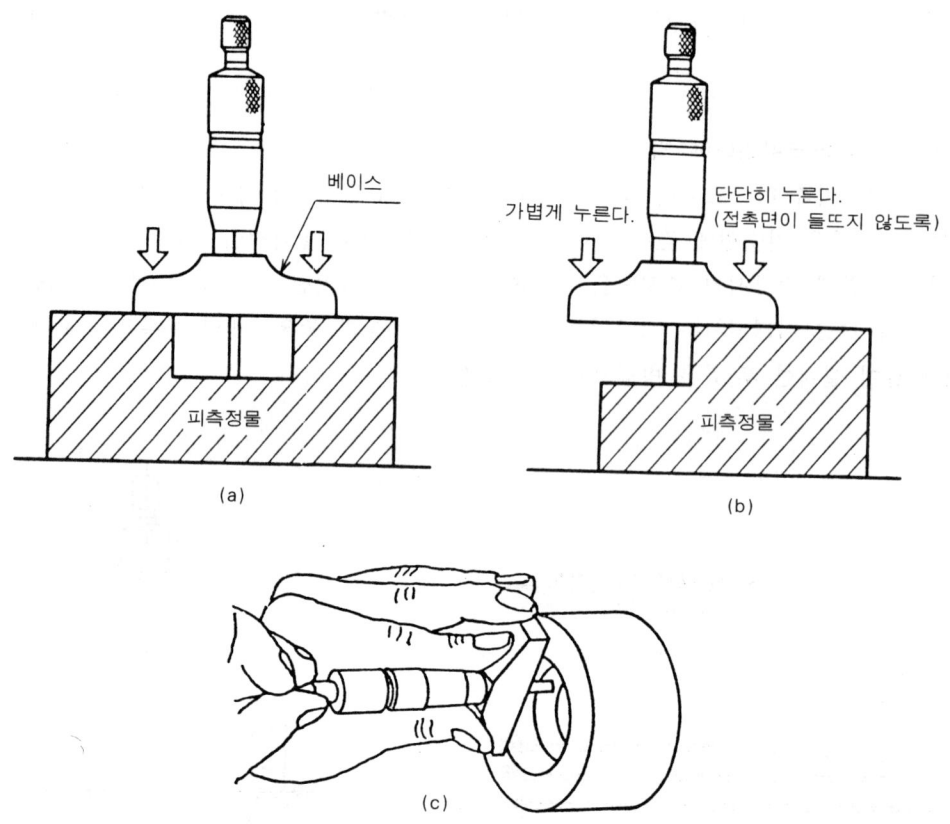

그림 3-51 깊이 마이크로미터에 의한 측정

4) 측정력은 0점 조정을 할 때와 피측정물을 측정할 때에도 동일하게 해야 한다.
5) 온도에 의한 영향을 고려해서 피측정물과 마이크로미터의 온도차가 없는 상태에서 측정하도록 한다.
6) 피측정물은 반드시 정지한 상태에서 측정해야 한다. 운동중에 측정하면 대단히 위험하고, 또한 정도도 떨어진다.
7) 보관시에는 마이크로미터의 측정면 및 전체를 깨끗한 헝겊 등으로 잘 닦아서 앤빌면과 스핀들면을 약간 간격을 둔다. 양 측정면을 접촉시켜 놓으면 열팽창에 의해 스핀들에 변형이 발생된다.

표 3-8은 마이크로미터의 종합 오차를 나타내고 있다.

2.11 측정 방법 및 순서

(1) 측정 준비

① 각 마이크로미터의 측정면과 슬리브 등을 포플린으로 깨끗이 닦아낸다.

표 3-8 각종 마이크로미터의 종합 오차

단위 : μm

최대 측정 길이(mm)	외측 마이크로미터	봉형 내측 마이크로미터	깊이 마이크로미터
25 이하	± 4	—	± 7
25 초과 50 이하	± 4	—	± 8
50 초과 75 이하	± 5	± 6	± 9
75 초과 100 이하	± 5	± 6	± 9
100 초과 125 이하	± 6	± 7	±10
125 초과 150 이하	± 6	± 7	±10
150 초과 175 이하	± 7	± 8	±11
175 초과 200 이하	± 7	± 8	±11
200 초과 225 이하	± 8	± 9	±12
225 초과 250 이하	± 8	± 9	±13
250 초과 275 이하	± 9	±10	±14
275 초과 300 이하	± 9	±10	±15

② 각 마이크로미터의 0점을 확인하고 틀릴 때에는 0점 조정을 한다.

(2) 측정

① 피측정물을 포플린으로 깨끗이 닦는다.
② 외측 마이크로미터를 이용하여 그림 3-53의 피측정물을 측정 위치 120°씩 변화시키면서 3회 측정해서 평균값을 구한다(그림 3-52).
③ 내경 마이크로미터를 이용하여 내경을 120° 간격으로 3회 측정하여 평균값을 구한다.
④ 깊이 및 단차를 깊이 마이크로미터를 이용하여 3회씩 측정하여 평균값을 구한다.

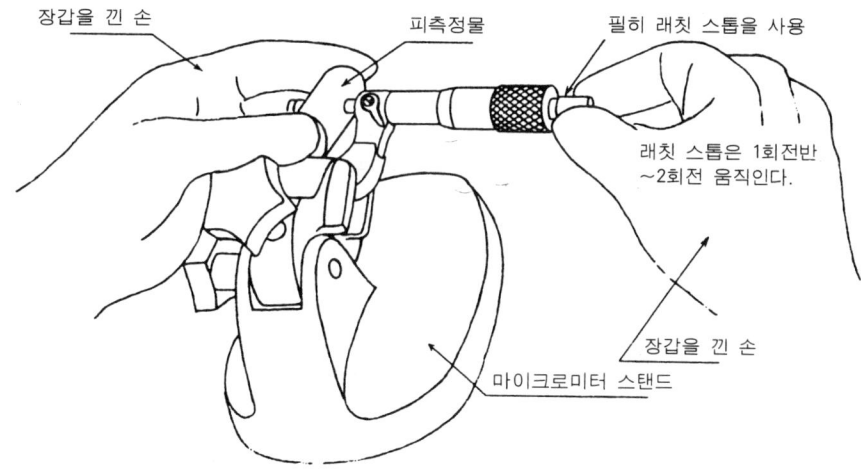

그림 3-52 외경의 측정

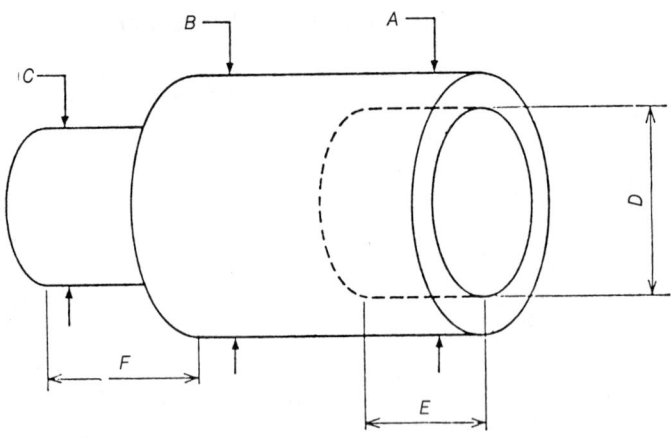

그림 3-53 피측정물

⑤ 측정이 완료되었으면 측정기의 각 부위를 깨끗이 닦아서 방청 처리하여 보관 상자에 넣어서 보관한다.

2.12 측정값의 정리 및 계산

각 측정값은 정리하여 표 3-9와 같이 정리한다.

2.13 결과 및 고찰

표 3-9 측정값의 정리

측 정 개 소	측 정 값 (mm)	평 균 값 (mm)
A		
B		
C		
D		
E		
F		

3. 콤퍼레이터(comparator)에 의한 비교 측정

3.1 실습 목표
콤퍼레이터의 구조, 원리를 배우고, 각종 콤퍼레이터의 사용법을 터득하여 정밀한 비교 측정법을 익히는 데 그 목적이 있다.

3.2 사용 측정 기기
1) 기계식 콤퍼레이터, 전기식 콤퍼레이터
2) 게이지 블록(103조, 1급)
3) 피측정물
4) 콤퍼레이터 스탠드
5) 방청유, 휘발유, 알코올, 천 등

3.3 콤퍼레이터의 원리 및 구조
공업용 콤퍼레이터는 게이지 블록 또는 표준 게이지를 기준으로 해서 피측정물의 직경 또는 길이를 비교, 결정하는 데 사용되는 측정기이며, 확대 방법으로는 기계적, 광학적, 유체식, 전기적 방법 등이 있다.

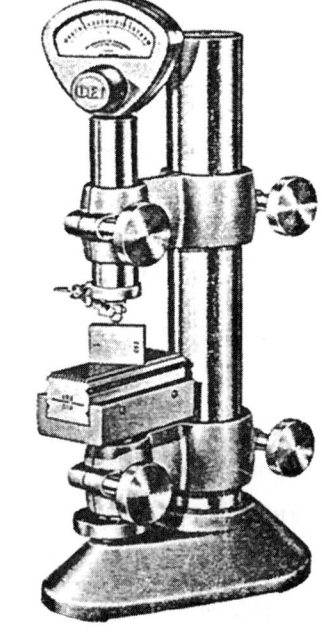

그림 3-54 비교 측정

(1) 기계적 콤퍼레이터(mechanical comparator)
확대 기구로 지렛대, 기어, 평행 박판 등을 이용한 각종의 기계적 콤퍼레이터는 공장용의 측정기로서 확대 사용되고 있다.

기계적 콤퍼레이터는 다른 형식과는 달리 가격이 싸며, 전기, 공기 등의 외부로부터의 공급원을 필요로 하지는 않지만 비교적 운동 부분이 많아서 마찰이 크고, 백래시때문에 정도가 나쁘고, 기구의 관성에 의한 진동에 대해 민감한 결점이 있는 것이 많다.

① 단일 레버식 콤퍼레이터

기구적으로 가장 간단한 확대 기구는 단일 레버를 이용한 것이지만, 100~1000배의 확대를 하는 경우, 지침을 형성하는 긴 쪽의 암(arm)을 100mm 이상 하는 것은 곤란하기 때문에 짧은 암은 1~0.1mm 정도여야 한다.

그림 3-55는 그 대표적인 Minimeter로, (a)는 그 원리를 표시한 것으로 스핀들 M의 움직임에 대응해서 지렛대 W가 나이프 에지(knife edge) S를 지점으로 회전하고 그 양을 지침이 $\dfrac{l_2}{l_1}$ 배로 확대해서 표시한다.

미니미터는 눈금 1, 2, 5, 10μm(배율은 각각 1000, 500, 200, 100)로 60 눈금 및 20 눈

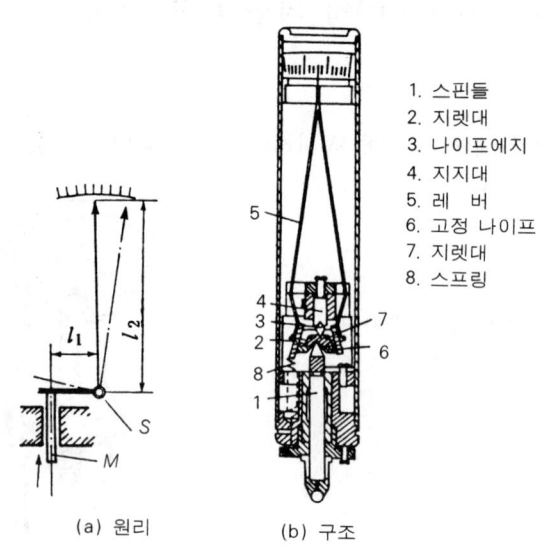

1. 스핀들
2. 지렛대
3. 나이프에지
4. 지지대
5. 레 버
6. 고정 나이프
7. 지렛대
8. 스프링

(a) 원리 (b) 구조

그림 3-55 Minimeter와 그 원리

금이 있으며 1000배에서는 약 ±0.5μm의 오차가 있다.

② 이중 레버식 콤퍼레이터

피봇 베어링으로 떠받쳐진 레버를 2단으로 사용해서 큰 배율을 얻는 이중 레버에는 대표적인 것으로 그림 3-56과 같은 Comparator가 있다. 이것은 W_1(10배) 및 W_2(80배)인 2개의 레버에 의해서 800배로 확대한 것으로 최소 눈금은 1μm, 측정 범위는 ±50μm, 측정력은 250gf이다.

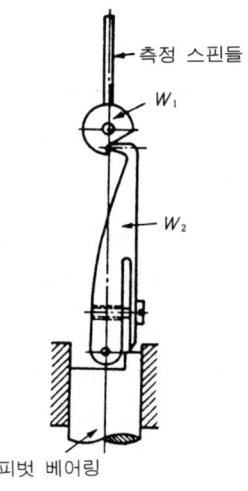

그림 3-56 콤퍼레이터의 확대 기구

③ 레버-기어식 콤퍼레이터

레버와 기어(기어 호 및 소형 기어)의 조합에 의해 확대하는 콤퍼레이터로, 오래 전부터 많은 종류의 제품이 있다.

그림 3-57은 그 대표적인 Orthotest로, 측정 스핀들 M의 직선 운동은 레버 W의 짧은 가로대에 작용해서, 그 지점 B 주위로 회전시켜 긴 쪽의 가로대를 가진 기어 호(弧)가 지침을 가진 소형 기어 R을 회전시킨다.

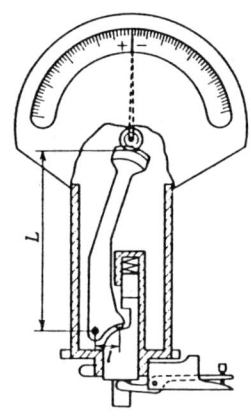

그림 3-57 오로도테스트의 구조

④ 비틀림 박판(薄片)식 콤퍼레이터

그림 3-58은 스웨덴의 H. Abramson이 1933년 고안한 것으로, Mikrokator는 비틀림 박판 기구에 의한 순전한 기계적 확대 기구를 이용한 콤퍼레이터이다.

장방형 단면의 금속 박편은 중앙에서 반대 방향으로 비틀어져 있으며 중앙에 지침을 가지고 있다. 금속 박편 일단은 판스프링으로 고정되고, 다른 단은 판스프링에 의해서 측정 스핀들에 붙어 있다. 측정 스핀들이 상하로 움직이면 박판의 좌단이 우측으로 움직이고, 고정 눈금에 대해서 지침이 선회(旋回)한다. 지침의 회전각, 박편의 늘어남 및 힘의 관계는 박판의 치수와 재료의 성질에 따라 정해지게 된다.

최소 눈금 및 측정 범위가 $2\mu m$, $\pm 50\mu m$에서부터 $0.02\mu m$, $\pm 1\mu m$가 제작되고 있으며 측정력은 약 250gf이다.

(2) 광학적 콤퍼레이터(optical comparator)

광학적 콤퍼레이터에는 광레버식과 광파 간섭식이 있다. 광학적 확대 기구에는 눈금이 고정된 기준선에 대해서 이동하도록 만들 수 있기 때문에 관측이 편리하고 비교적 광범위, 고배율로 시차 없이 측정할 수 있는 있는 등 편리한 점이 있으나, 투영식의 것은 밝은 실내에서 눈금을 읽기가 곤란하고, 현미경식은 공업적 측정기로서 부적당한 결점이 있다.

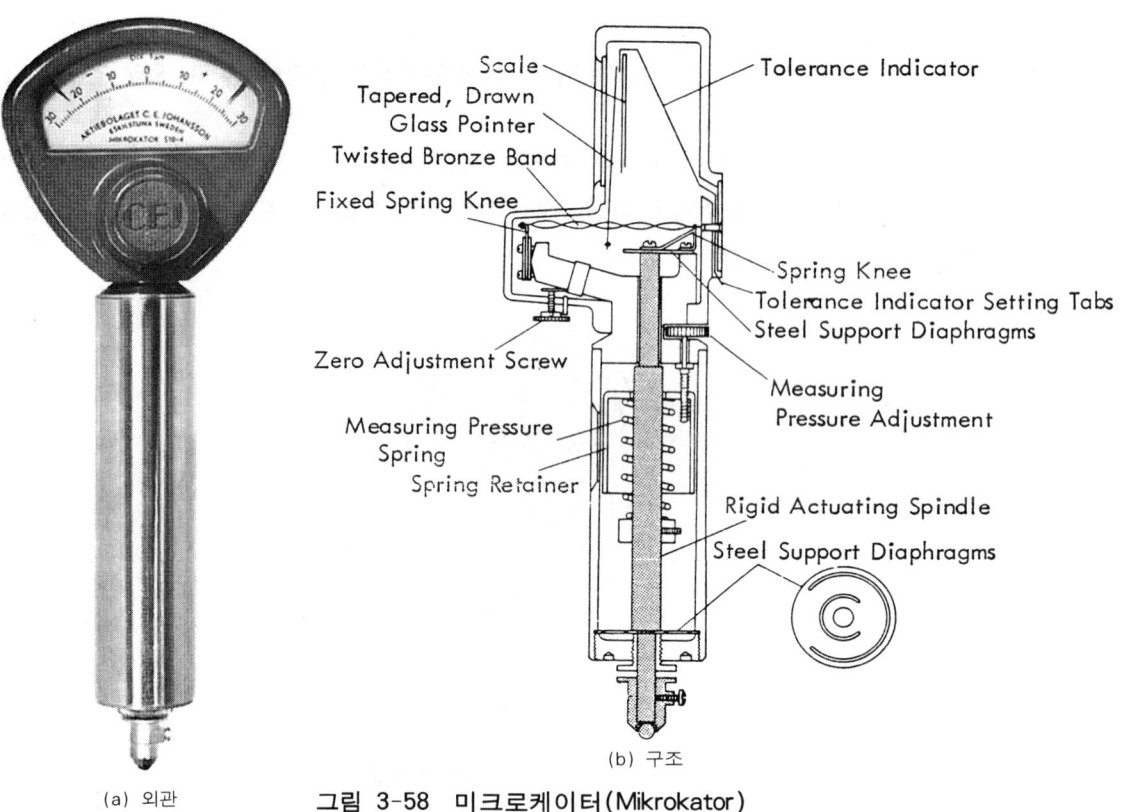

그림 3-58 미크로케이터(Mikrokator)

① 광레버식 콤퍼레이터

그 대표적인 측정기는 그림 3-59와 같은 Optimeter로, 광학적인 경사 거울을 가진 오토콜리메이션 망원경(autocollimating telescope)으로 되는 것으로, 그 구조 원리는 외부의 광(光)에 의해서 조명된 집점경 S상의 눈금자(눈금 범위 ±100μm)에서 나온 광선은 대물 렌즈 O를 통하여 평행 광선으로 되고, 측정자 T에 의해서 움직이는 경사 거울 M에 도달한다. 여기서 반사된 광선은 집점경(集点鏡)의 다른 부분에 눈금자의 상을 맺히기 때문에 여기에 있는 고정 지표(指標)에 의해서 접안 렌즈 E를 통해 읽을 수가 있다.

② 광파 간섭식 콤퍼레이터

Michelson 간섭계의 원리를 이용해서 접촉식 콤퍼레이터를 만들 수 있다.

(3) 기계-광학적 콤퍼레이터

기계 및 광학적 확대 기구를 조합해서 눈금상의 광점(光點)의 이동에 의해 눈금을 읽는 기계-광학적 콤퍼레이터에는 기계적 확대 기구로 기계적 레버, Eden스프링, 비틀림 박편 등을 이용하며, 광학적 확대 기구에는 광레버 등이 사용된다.

종류에는 기계적 레버와 광레버를 조합해서 Mikrolux, E.M.Eden이 설계한 Eden 스프링식,

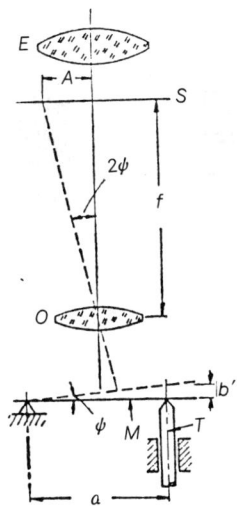

그림 3-59 Optimeter의 원리

그밖에 비틀림 박편식 등이 있다.

3.4 측정시 주의 사항
1) 매우 고정도 측정이므로 기준기 및 피측정물에 묻은 먼지, 기름 등을 완전히 제거한 후에 측정하도록 한다.
2) 감도가 예민하므로 취급에 주의해야 한다.
3) 가능한 한 항온, 항습실에서 측정해야 하며, 측정값에 진동의 영향을 배제할 수 있도록 방진 테이블을 사용하도록 해야 한다.
4) 기계적 콤퍼레이터는 눈금 읽음시 시차에 주의해야 한다.
5) 전기적 콤퍼레이터는 전원을 넣고 수십분의 시간이 경과한 후에 측정하도록 한다.
6) 게이지 블록 등 표준기는 반드시 교정한 성적서를 비치하도록 해야 한다.
7) 피측정물의 모양에 따라서 적절한 형상의 측정자를 사용해서 오차를 줄이도록 한다(그림 3-60).

3.5 측정 방법 및 순서
1) 피측정물의 형상에 적절한 측정 방법을 결정한다.
2) 측정기를 깨끗한 천으로 잘 닦아내어 먼지, 기름 등 불순물을 제거한다. 다이얼 인디케이터는 제품 공차의 1/5~1/10 정밀도를 갖는 것을 선택하도록 한다.
3) 피측정물도 같은 방법으로 깨끗이 닦고, 특히 돌기 상태를 확인한다.

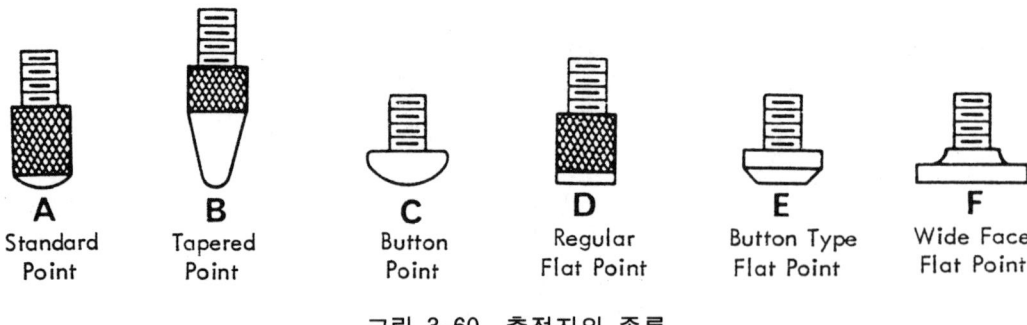

그림 3-60 측정자의 종류

4) 전기식 콤퍼레이터는 전원을 넣는다.
5) 피측정물의 도면 치수와 같은 게이지 블록을 조합하여 콤퍼레이터의 측정면에 올려 놓는다.
6) 게이지 블록의 측정면에 그림 3-61의 (a)와 같이 측정자를 접촉하도록 조정한다.
7) 다이얼이 회전하는 인디케이터일 때는 (c)와 같이 0점 다이얼을 돌려서 지침의 눈금에 0

사진 3-8 다이얼 게이지를 이용한 높이 측정

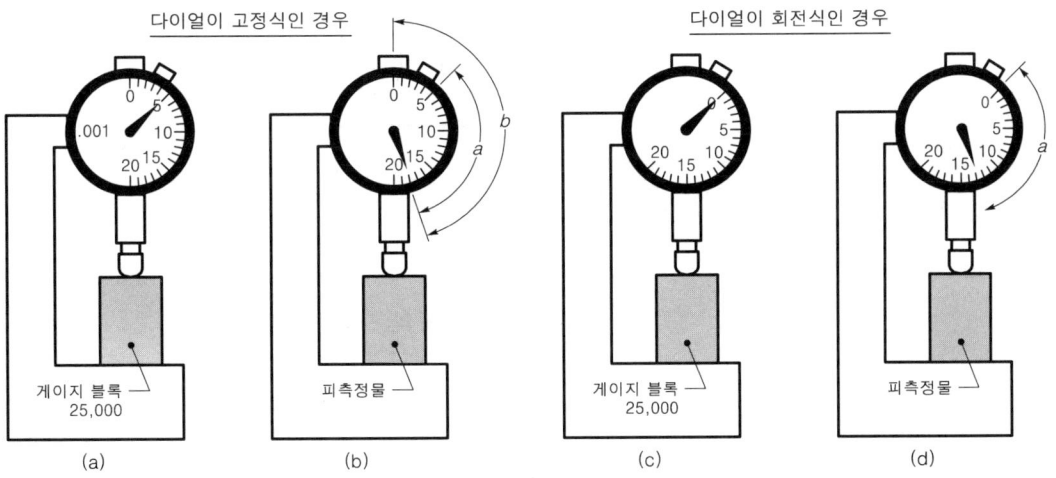

그림 3-61 비교 측정

점이 되게 한다.
8) 세팅된 측정기의 측정면에 게이지 블록 대신 피측정물을 올려 놓는다.
9) 게이지 블록의 치수에서 벗어난 지침의 변위값을 읽는다. 그림 3-61 (a)~(b)에서 보면, 변위량은 +(b-5)이고 (c)~(d)에서는 +a이다.
10) 지침의 변위를 계산하여 게이지 블록의 치수에 가감하여 피측정물의 치수를 계산한다.

3.6 측정값의 정리 및 계산
1) 여러 번 측정하여 개인 오차를 없애고 안정된 값을 취한다.
2) 측정된 값은 도면과 함께 성적서를 작성한다.

측정 예

시료의 도면 치수

h_1 : 51.900±0.05

h_2 : 54.900±0.01

우선, h_1의 높이를 측정하기 위해서 게이지 블록을 51.900mm로 조합시킨다. 여기에 측정자를 접촉시키고 0점 세팅을 한다. 게이지 블록 대신 시료를 올려 놓고 바늘이 0 위치보다 8눈금이 시계바늘 회전 방향으로 더 돌아갔다면 기준 치수 51.900에 0.008mm를 더하면 된다. 즉, 51.900+0.008=51.908mm가 h_1의 높이이다. 다음 h_2의 높이를 측정하기 위해 게이지 블록을 54.900mm로 조합한다. 여기에 측정자를 대고 0점 세팅을 한다. 게이지 블록 대신에 시료를 올려 놓고 바늘이 0위치보다 2눈금이 시계바늘 회전 방향의 반대로 돌아갔다면 기준

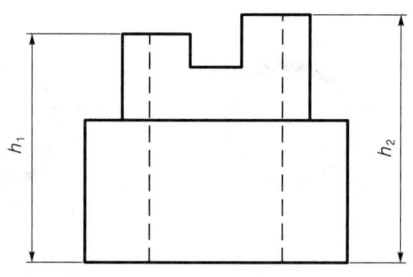

그림 3-62 피측정물의 도면 예

치수 54.900에서 0.002mm를 빼면 된다. 즉, 54.900-0.002=54.898mm가 h_2의 높이가 된다.

이것을 정리하면

h_1 : 51.908mm

h_2 : 54.898mm

① 여러 번 측정하여 개인 오차를 없애고 안정된 값을 구한다.
② 시료의 형상을 도면으로 작성한다.

3.7 결론 및 고찰

1) 온도 변화에 따른 치수 오차는 어떻게 나타나는지 알아보자.
2) 콤퍼레이터의 배율에 따라 측정값이 어떻게 변하는지 조사해 보자.
3) 게이지 블록의 성적서를 참고하여 보정했을 때와 보정하지 않았을 때의 측정값을 비교하여 보자.
4) 콤퍼레이터의 오차 요인은 주로 어디서 발생하는지 알아보자.
5) 콤퍼레이터와 관련된 감도(sensitivity)와 최소 눈금(resolution)의 결과는 어떠한 관계가 있는지 생각해 보자.
6) 게이지 블록을 이용하여 인디케이터의 오차를 퍼센트(%)로 표현해 보자.

4. 실린더 게이지(cylinder gauge) 및 텔레스코핑 게이지(telescoping gauge)에 의한 내경 측정

4.1 실습 목표
내경 측정기인 텔레스코핑 게이지와 실린더 게이지의 구조 및 측정 원리를 파악하고 정밀한 내경 측정법을 익히는 데 있다.

4.2 사용 측정 기기
1) 실린더 게이지(cylinder gauge) — 캠식, 쐐기식
2) 텔레스코핑 게이지(telescoping gauge)
3) 외측 마이크로미터(outside micrometer) ; 0~25, 25~50mm
4) 마이크로미터 스탠드(micrometer stand)
5) 버니어 캘리퍼스(vernier calipers)
6) 피측정물
7) 알코올, 부드러운 가죽 등

4.3 실린더 게이지의 측정 원리
내경의 정밀 측정 대상에는 내경, 구멍의 진원도, 원통도, 진원도, 내면의 표면 거칠기 등이 있지만, 어느 항목도 축에 비해서 고정도의 측정이 곤란하고, 특히 구멍이 작아지면 더 힘들다.

따라서, 실린더 게이지나 텔레스코핑 게이지는 기준기와 비교하여 내경 측정이나 내측 홈의 폭을 측정하는 데 편리하게 사용할 수 있는 측정기이다.

(1) 캠(cam)식 실린더 게이지의 원리
캠식 실린더 게이지는 그림 3-63의 구조에서 보는 바와 같이, 치수의 변화량을 측정자

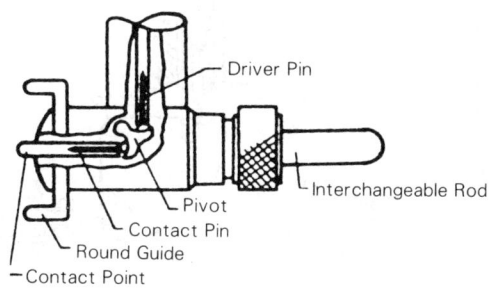

그림 3-63 캠식 실린더 게이지의 구조

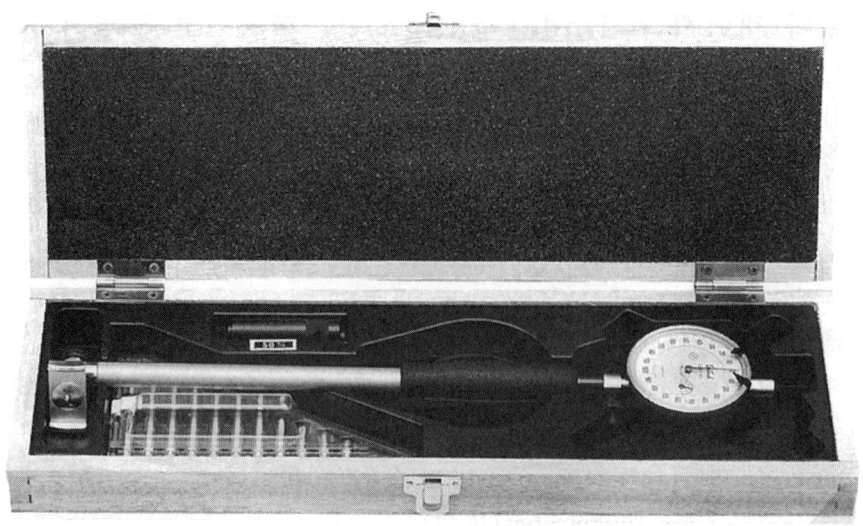

사진 3-9 캠형 실린더 게이지

(contact pin)에 의해 캠에 전달되고 캠의 전도자(pivot)에 의해 압봉(drive pin)에 전달되어 다이얼 게이지의 스핀들을 움직여서 지침과 눈금으로 지시하게 된다. 또한, 전도자는 측정자의 움직임을 지시기에 전달하는 것으로, 측정자의 움직임을 정확하게 직각 방향으로 전달하지 않으면 오차가 발생하는 중요한 부분으로, 그 종류는 그림 3-64와 같다.

전도자는 캠형이 많이 쓰이지만 작은 구멍의 측정시는 쐐기식도 쓰인다.

(2) 쐐기식 실린더 게이지의 원리

피측정물의 내경 크기에 따라 앤빌이 신축되며, 앤빌의 신축에 따라 앤빌과 접촉되어 있는 쐐기(wedge)의 미끄럼면을 따라 스핀들이 상하로 이동하게 된다. 이 스핀들에 다이얼 게이지 측정자가 연결되어, 이 신축량이 다이얼 게이지에 지시된다.

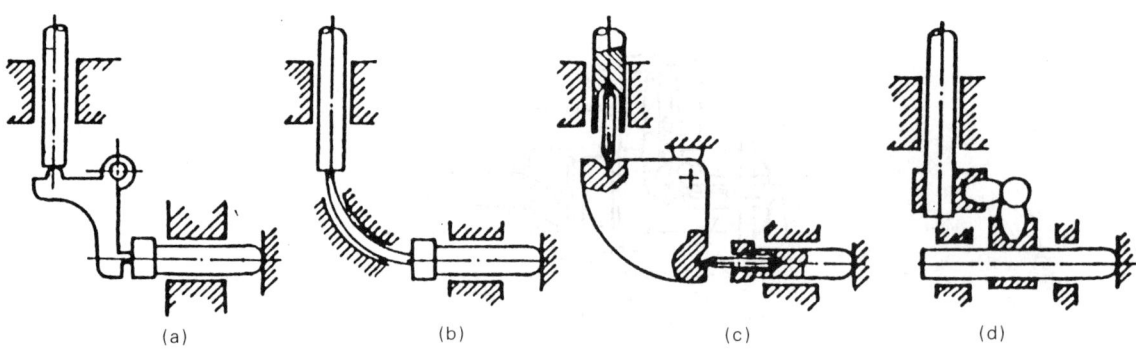

그림 3-64 각종 전도자의 종류

제3장 정밀 측정의 실제(기초편) 117

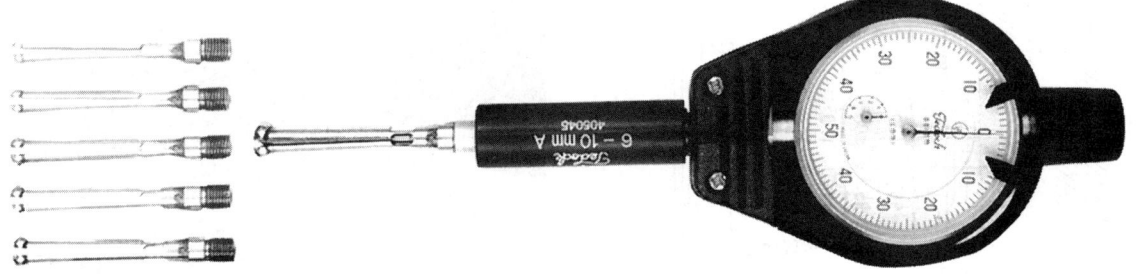

사진 3-10 쐐기식 실린더 게이지

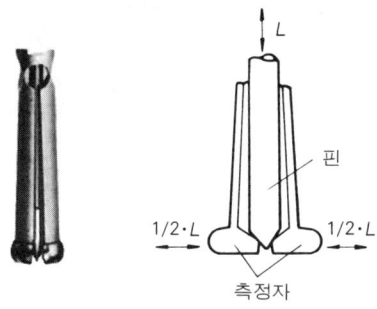

그림 3-65 쐐기의 구조

4.4 텔레스코핑 게이지(telescoping gauge)의 원리

테레스코핑 게이지(사진 3-11)는 T자 모양을 한 측정기로, 측정자 부분은 경도가 높은 공구강으로 되어 있으며, 측정자 끝부분은 반구(半球)로 되어 있는 내경 측정기이다.

피측정물의 크기에 따라 측정자가 스프링에 의해 신축하게 되어 있다. 내경을 측정할 때는 먼저 피측정물에 그림 3-66의 A처럼 텔레스코핑 게이지를 삽입한 상태에서 클램프 조임나사

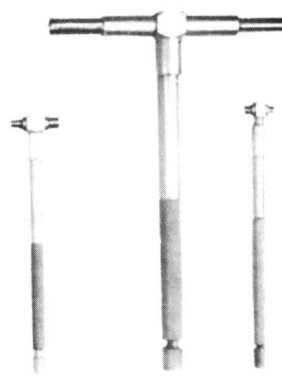

사진 3-11 텔레스코핑 게이지

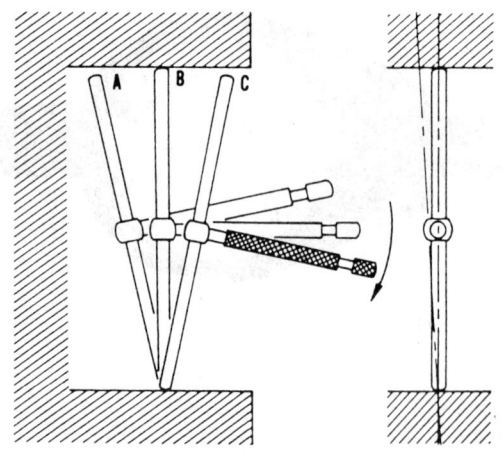

그림 3-66 내경의 측정 방법

사진 3-12 내경의 측정 예

를 약간 조인 다음, B→C로 움직여서 내경 치수인 B상태에서의 치수를 외측 마이크로미터를 이용하여 직접 측정한다.

이외에, 내경을 측정할 수 있는 측정기는 단체형 내측 마이크로미터, 3점식 내측 마이크로미터, 캘리퍼형 내측 마이크로미터, 측장기 등이 있다.

그림 3-67은 실린더 게이지로는 측정이 불가능한 내측 치수의 측정 장면이다. 특히, 텔레스코핑 게이지는 짝수 홈을 가진 원의 직경 측정에 아주 유용하게 사용할 수 있다.

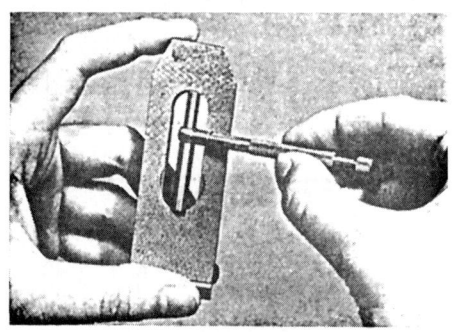

그림 3-67 좁은 홈에 있어서의 치수 측정

4.5 측정시 주의 사항

1) 실린더 게이지를 기준 링 게이지에 0점 조정할 때는 전후(前後)로는 최대값, 좌우(左右)로는 최소값을 선택해야 한다.

2) 실린더 게이지를 마이크로미터나 게이지 블록을 이용하여 0점 조정할 때는 항상 최소값을 취하도록 한다.
3) 실린더 게이지에 부착되어 있는 다이얼 게이지는 무리한 충격을 가하지 않도록 특히 주의한다.
4) 쐐기형 실린더 게이지 취급시 앤빌 부분을 무리하게 취급하지 않도록 한다.
5) 텔레스코핑 게이지의 치수를 마이크로미터로 측정할 때는 가능한 한 측정압을 최소로 한다.
6) 실린더 게이지를 이용하여 내경 측정시, 링 게이지 축심과 다이얼 게이지 스핀들의 축심이 일치한 상태에서 측정한다.

4.6 측정 방법 및 순서

1) 측정전에 피측정물, 실린더 게이지, 마이크로미터 등의 측정기를 불순물이 없도록 깨끗이 청소한다.
2) 피측정물의 치수를 도면 또는 버니어 캘리퍼스 등을 이용하여 직접 측정하여 사용할 실린더 게이지 및 텔레스코핑 게이지를 선정한다.

   보통, 실린더 게이지의 측정 범위는 6~10, 10~18, 18~35, 35~60, 60~100mm정도이고, 텔레스코핑 게이지는 8~12, 12~19, 19~32, 32~54, 54~90, 90~150mm 등으로 구분한다.
3) 다음에는 피측정물 치수에 알맞은 교환 로드를 선택한다. 교환용 로드는 보통 2~3mm 간격으로 제작되며, 2~3mm 간격 사이에는 0.5, 1.0, 1.5, 2.0, 2.5mm의 와셔를 사용하

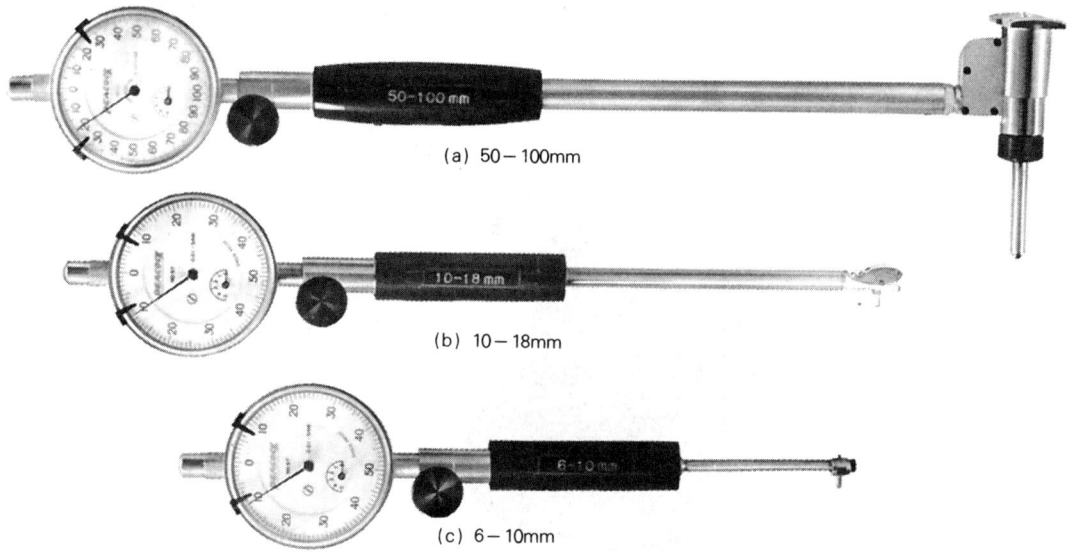

사진 3-13 피측정물 치수 측정에 알맞은 실린더 게이지의 선택

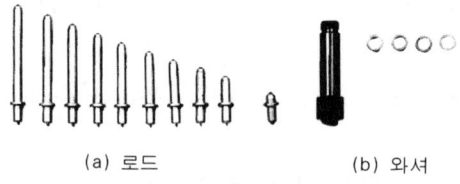

(a) 로드　　　(b) 와셔

사진 3-14 교환용 로드

여 측정할 수 있다.

4) 피측정물의 도면 치수를 이용하거나 또는 버니어 캘리퍼스로 측정한 값에 알맞은 기준 게이지를 준비한다.

　　기준 게이지는 보통 그림 3-68과 같이 게이지 블록을 조합하거나 마스터 링 게이지를 이용하지만, 정도가 낮은 측정에서는 외측 마이크로미터를 사용한다.

5) 기준 게이지의 치수에 실린더 게이지를 그림 3-70과 같이 삽입하여 최소점에서의 다이얼 게이지의 장침(長針)과 단침(短針)의 위치를 기억하고, 장침은 눈금판을 돌려서 0점을 장침에 맞춰서 0점 조정을 한다.

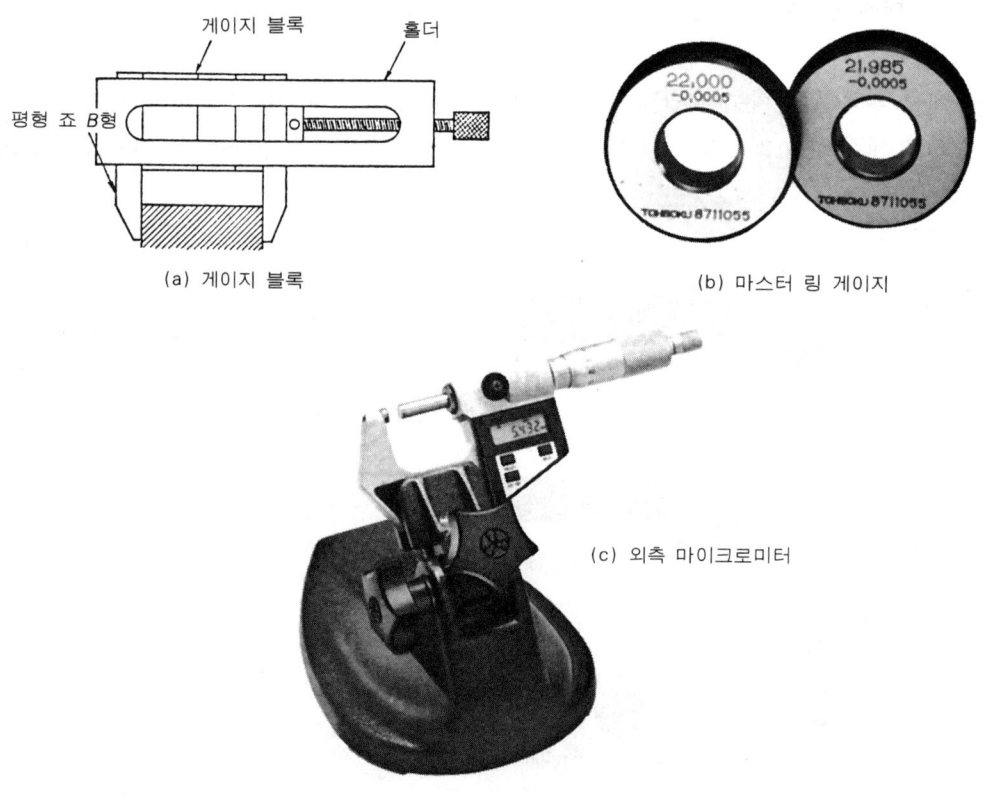

그림 3-68 기준 게이지

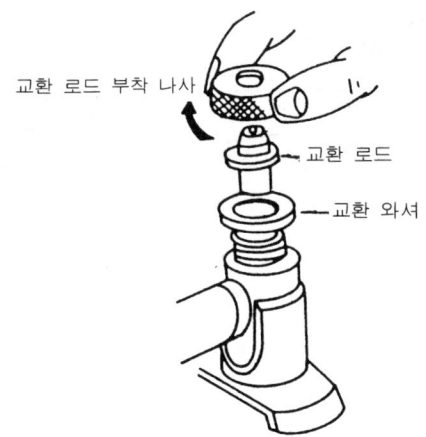

그림 3-69 로드의 부착

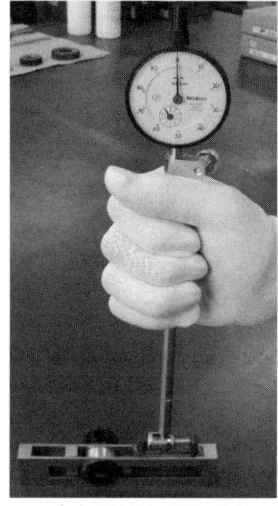
(a) 게이지 블록 이용

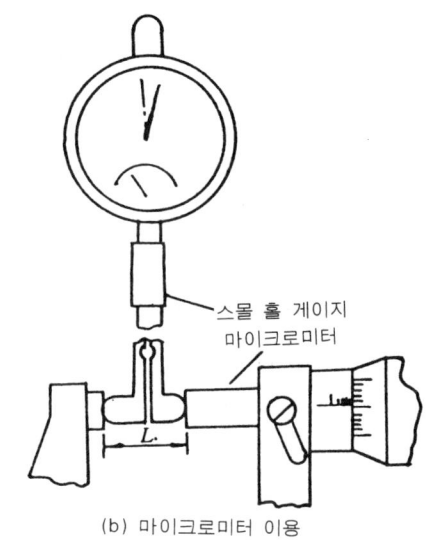
(b) 마이크로미터 이용

그림 3-70 실린더 게이지의 0점 조정

6) 실린더 게이지 측정 부위를 피측정물에 삽입하여 그림 3-71과 같이 좌우로 움직이면서 다이얼 게이지에 지시하는 최소값을 읽는다.

7) 피측정물에서 읽은 최소값에서 기준 게이지에서 세팅한 값을 뺀 다음, 기준 치수에 이 값을 가감하여 측정값을 구한다.

8) 다이얼 게이지의 지침이 기준 치수에서의 위치보다 시계바늘 회전 방향으로 초과하여 회전하였으면 피측정물의 치수는 기준 치수보다 편위량만큼 작은 치수이고, 시계바늘 회전 방향의 반대로 회전되었으면 기준 치수보다 편위량만큼 큰 치수이다.

9) 텔레스코핑 게이지로 내경을 측정할 때는 피측정물에 텔레스코핑 게이지를 삽입하여 좌

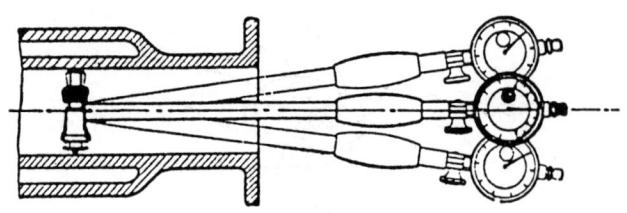

그림 3-71 내경의 측정

우로 움직여 측정자가 중심축을 포함한 직경을 지날 때의 적당한 감촉으로 클램프 나사로 고정시켜서 외측 마이크로미터에 의해 텔레스코핑 게이지의 치수를 측정하여 측정값을 구한다.
10) 텔레스코핑 게이지는 감촉에 의한 측정이므로 기준 링 게이지 등과 비교 측정법을 반복 연습하는 등 숙련을 요한다.
11) 내경 측정시 진원도에 따른 오차를 파악하기 위하여 90°씩 회전하여 측정한다.

4.7 측정값의 정리 및 계산
1) 올바른 방법으로 여러 번 측정하여 평균값을 취한다.
2) 텔레스코핑 게이지에서 내경 측정시 실제값과 비교하여 오차를 줄이도록 자기 나름대로의 촉감을 익힌다.
3) 기준 치수에서 벗어난 값을 가감시켜 측정값을 계산한다.
예를 들면, 기준 치수 : 29.900
편위량 : +0.050
측정값 : 29.900+0.05=29.950

4.8 결과 및 고찰
측정값을 비교하여 오차의 원인을 파악하고, 최대한 줄이도록 한다.
1) 마이크로미터를 기준기로 사용할 때 마이크로미터의 기기 오차에 따른 측정값의 변화는 얼마인가?
2) 실린더 게이지의 지시 안정도에 따른 오차는 어느 정도인가?
3) 기준 게이지로 게이지 블록, 링 게이지, 마이크로미터를 사용할 때 각각의 오차의 크기와 0점 조정의 편리성은 어떠한 관계가 있는지 알아보자.
4) 텔레스코핑 게이지는 어떤 부품의 측정에 편리한지 알아보자.

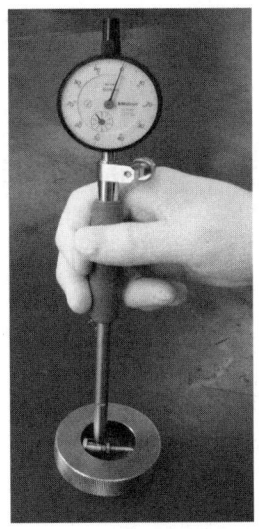

그림 3-72 실린더 게이지를 이용한 안지름 측정

5. 하이트 마이크로미터를 이용한 높이 측정

5.1 실습 목표
하이트 마이크로미터(height micrometer), 하이트 게이지(height gauge) 등의 높이 측정기의 구조 및 사용법을 익히며, 이 측정기를 사용하여 정밀한 높이 측정을 실현하는 데 있다.

5.2 사용 측정 기기
1) 하이트 마이크로미터(0.001mm, 0~300mm)
2) 하이트 게이지(0.02, 0~300mm)
3) 지렛대식 다이얼 테스트 인디케이터(0.002mm)
4) 정반(300×450mm)
5) 기준 게이지 블록(11mm 또는 15mm)
6) 피측정물
7) 세무 가죽, 가죽, 천, 알코올, 방청유

5.3 하이트 마이크로미터의 구조
고정도의 단도기(端度器)로서 게이지 블록을 사용하지만, 게이지 블록을 이용하여 사용자가 원하는 치수를 얻기 위해서는 여러 개의 게이지 블록을 밀착해서 조합한다. 이 경우, 체온 등의 영향을 받기 쉽기 때문에 사용에 어려움이 있다. 하이트 마이크로미터는 이러한 난점을 해소하기 위해서 미리 게이지 블록을 밀착해 두고, 이것을 마이크로미터 헤드에 의해 임의의 위치로 기준면을 설정할 수 있도록 한 것이다. 높이 측정의 기준기로서 또는 비교 측정기로서 정도가 높은 측정을 할 수 있다.

하이트 마이크로미터는 피치 0.5mm의 정밀 이송 나사를 사용하고 있으며 유효 이동량은 20mm이다. 눈금은 원주를 500등분하기 때문에 1눈금이 0.001mm이며, 상하 방향의 이송은 마이크로미터 1눈금 움직임에 0.001mm이다. 최근에는 수치가 디지털로 읽을 수 있는 카운터를 부착하는 것이 많이 사용되고 있다. 또한, 측정 블록과 간격 블록은 블록 홀더에 조립되어 정밀 이송 나사에 의해 동시에 상하로 이동하지만, 이 이동에는 본체 내부의 양측면에 있는 V홈의 중앙을 롤러, 정밀 원통에 의해 안내되기 때문에 덜거덕거림이 없이 매끄럽고 정확하게 움직인다. 밑면에 부착된 3개의 다리는 초경합금을 사용하였기 때문에 내마모성이 크다(그림 3-73).

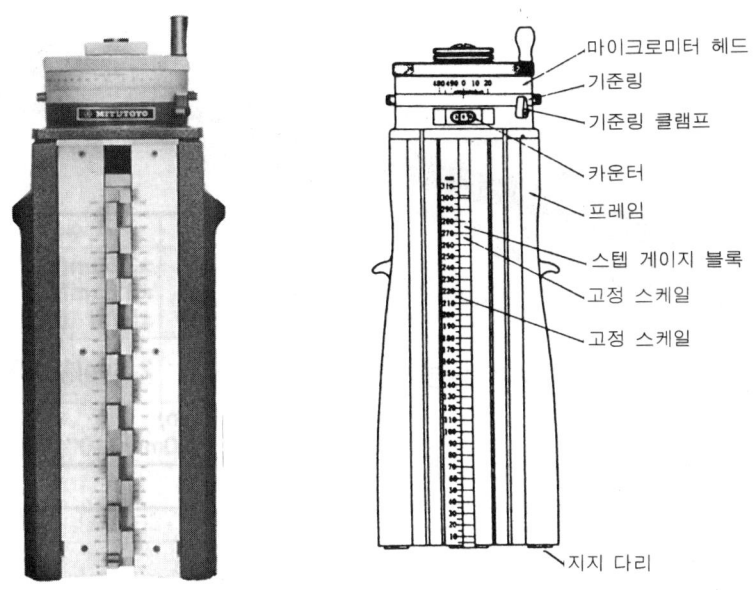

그림 3-73 하이트 마이크로미터

5.4 하이트 마이크로미터의 종류

하이트 마이크로미터 ─┬─ 수직 전용 : 정밀 길이 측정
　　　　　　　　　　├─ 수직, 수평 겸용 : 정밀 측정 및 계측기 교정
　　　　　　　　　　└─ 게이지 블록의 응용 : 버니어 캘리퍼스, 3차원 측정기, 정밀
　　　　　　　　　　　　공작 기계 등의 교정에 사용

그림 3-74 수직, 수평 겸용 하이트 마이크로미터

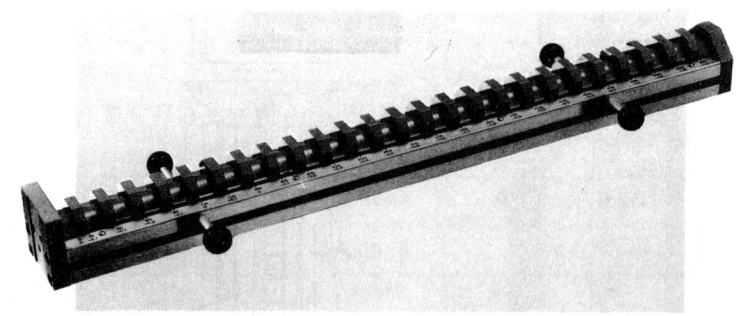

그림 3-75 게이지 블록 응용 하이트 마이크로미터(스텝 게이지 블록)

5.5 하이트 마이크로미터의 사용 방법

예를 들면, 98.500의 높이를 얻는 경우에 있어서 게이지 블록과 같이 직접 손으로 밀착시킬 필요가 없다. 그림 3-76에서 본체 중앙에 나란하게 배열된 측정 블록(윗면에서 다음 윗면까지 또는 아랫면에서 다음 아랫면까지)의 간격은 20mm이기 때문에, 그 높이에 가까운 게이지 블록의 상면은 90mm이다. 여기서, 최상부의 핸들을 돌려서 그 보다 수치가 8.500 만큼 게이지 블록을 이동시켜서 필요로 하는 98.500의 높이를 얻을 수가 있다.

(1) 취급 방법

측정 블록 윗면(또는 아랫면)이 고정 스케일의 10mm의 눈금선에 일치했을 때, 마이크로미터 헤드의 0눈금과 기선이 일치해서 카운터는 0.00을 지시한다.

그림 3-76에서 Ⓐ 부위와 Ⓑ 부위의 측정값 읽음을 예 1과 예 2에서 나타내고 있다.

예 1)

    윗면 Ⓐ의 높이는 그림 3-76의 스케일에서 270
        그림 3-77의 카운터에서   3.62
        그림 3-78의 심블에서   0.001
                             273.621

예 2)

    아랫면 Ⓑ의 높이는 그림 3-76의 스케일에서 260
        그림 3-77의 카운터에서   3.62
        그림 3-78의 심블에서   0.001
                             263.621

그림 3-79에서와 같이 최하단 블록 5mm의 측정면을 사용하는 경우에는 카운터의 표시값에 5.00을 가산한다.

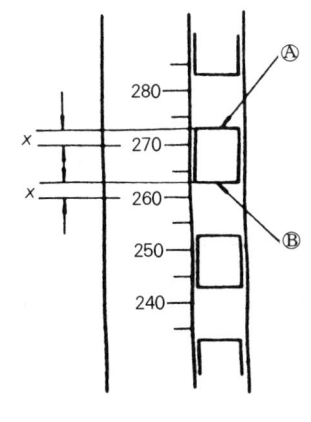

그림 3-76 고정 스케일

그림 3-78 마이크로미터 헤드

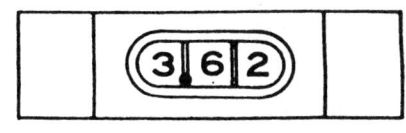

그림 3-77 카운터

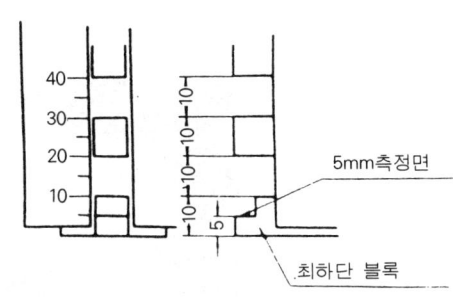

그림 3-79 최하단 블록

(2) 사용 방법

① 0점 조정

각 측정 블록의 측정면이 정반면에서 정확한 위치에 있고 카운터 및 마이크로미터 헤드는 정확한 값을 지시하고 있는가를 확인하는 경우, 최하단 블록의 아랫면이 정반면에 접촉한 위치에 있어서 카운터는 3자리 모두 0이 되고, 마이크로미터 헤드의 0 눈금과 기선이 일치해야 한다.

그러나, 최하단 블록의 아랫면이 정반면에 접촉하는 위치를 정확히 찾아내는 것은 곤란하기 때문에 보통 11mm의 게이지 블록과 고정도의 지렛대식 다이얼 테스트 인디케이터 또는 전기마이크로미터를 사용해서 0점 확인을 한다(전기 마이크로미터를 이용하는 것이 높은 정도를 실현할 수 있다).

그림 3-80(a)와 같이 측정 블록의 앞쪽에 11mm의 기준 블록을 설치하고, 그 11mm의 기준블록 윗면에 테스트 인디케이터(또는 전기 마이크로미터)의 측정자를 접촉시켜서 눈금값을 읽고, 다음에 그림 3-80(b)와 같이 측정자를 하이트 마이크로미터의 최하단 블록의 10mm 측정면의 중앙 부분으로 이동시킨 다음, 마이크로미터 헤드를 천천히 회전시켜서 그 측정면이 11mm 기준 블록과 같은 높이가 되도록 한다.

이때, 각 측정면은 고정 스케일 눈금보다 1mm씩 위에 있기 때문에 카운터의 수치는 1.00을 지시하고, 마이크로미터 헤드는 0눈금과 기선이 일치시키도록 한다. 혹시, 마이크로미터 헤

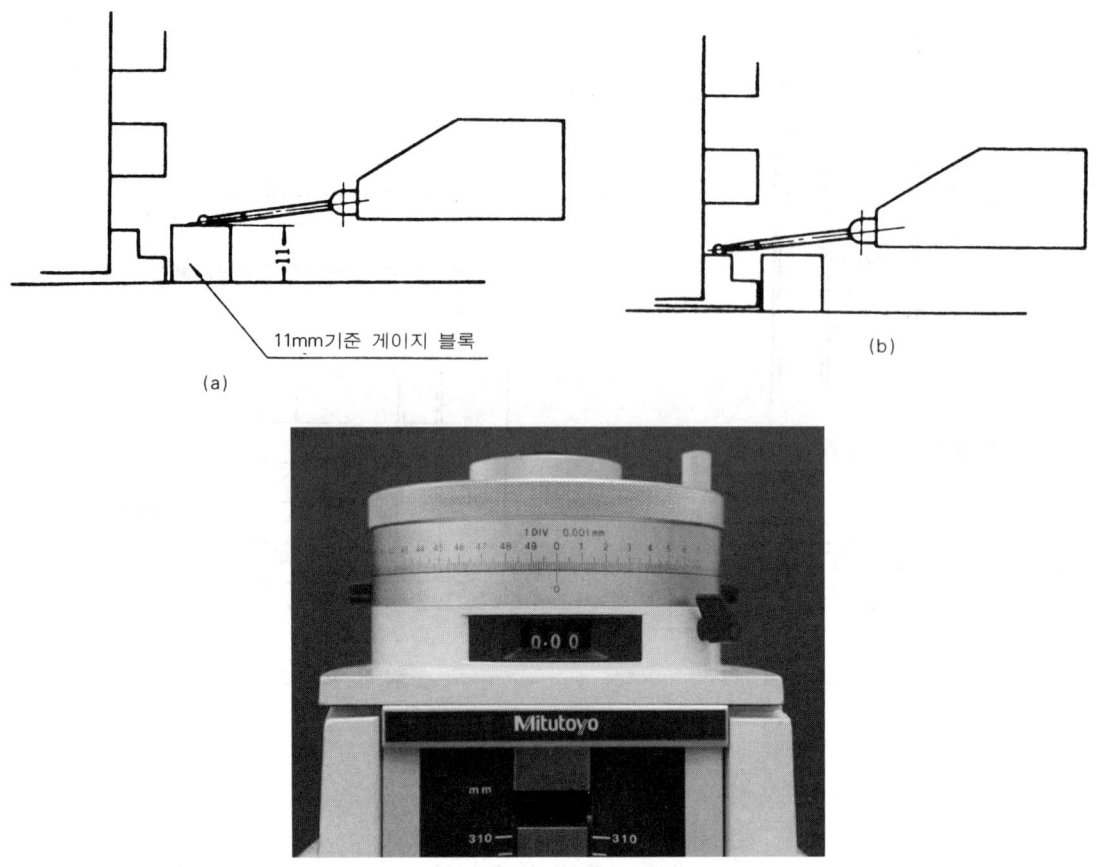

그림 3-80 0점 조정

드의 0눈금선이 기선에 대해서 2~3눈금 정도 벗어나면 기선 링 클램프를 풀어서 0선과 일치시킨 다음 클램프시키면 된다. 이렇게 하여 각 측정 블록의 높이와 마이크로미터 헤드의 읽음을 정확하게 맞출 수가 있다.

(3) 비교 측정

11mm 기준 블록을 이용하여 0점 조정을 끝마친 하이트 마이크로미터의 각 측정면의 높이는 윗면은 5, 10, 30, 50, 70, 90, ……, 290이고 아랫면의 높이는 0, 20, 40, 60, ……, 280으로 각 측정면은 20mm 간격이다.

이 20mm 간격을 마이크로미터 헤드 및 정밀 숫나사를 이용하여 상하 이동시키기 때문에 윗면에 있어서는 5mm~310mm까지, 아랫면에 있어서는 0~300mm까지의 범위에 있어서 0.001mm 단위까지 높이의 기준을 설정할 수 있다.

하이트 마이크로미터는 단독으로 측정이 불가능하기 때문에 일반 측정에는 테스트 인디케이터와 함께 사용한다. 미리 측정물의 중앙값에 하이트 게이지에 부착된 테스트 인디케이터의 측정자를 접촉시켜서 눈금값을 읽고, 다음에 하이트 마이크로미터의 각 블록 중에서 가장 가까운 블록면의 중앙에 테스트 인디케이터의 측정자를 살며시 움직인 다음 하이트 마이크로미터의 마이크로 헤드를 테스트 인디케이터의 눈금값이 피측정물과 같을 때까지 회전시켜서 피측정물을 비교 측정한다.

5.6 하이트 마이크로미터의 정도

하이트 마이크로미터는 사용상 간편하기 때문에 광범위하게 사용되고 있다. 그렇지만 취급에 있어서는 고정도 정밀 측정 기기이고 또한 오차가 발생하기 쉬운 요인이 많기 때문에 충분한 주의가 필요하다.

측정의 불확실도를 크게 나누면 표 3-10과 같이 9개의 요인으로 분류된다. 측정 범위 0~300mm, 최소 눈금 0.001mm의 하이트 마이크로미터를 $20 \pm 0.5°C$, 습도 50%의 실험 환경에서 각각 요인의 오차를 표준 편차로 한 결과는

- 정반과 전기 마이크로미터에 의한 불확실도(①, ②)

    $\sigma_{1,2} = 6.97 \times 10^{-2} \mu m$

- 게이지 블록의 불확실도(③)

    $\sigma_3 = 14.0 \times 10^{-2} \mu m$

- 측정 블록의 평행도에 의한 불확실도(④)

    $\sigma_4 = 4.41 \times 10^{-2} \mu m$

- 눈금선과 기선의 합치도(合致度)에 따른 불확실도(⑤)

    $\sigma_5 = 5.52 \times 10^{-2} \mu m$

- 마이크로미터 헤드의 나사 이송에 따른 불확실도(⑥)

    $\sigma_6 = 12.86 \times 10^{-2} \mu m$

- 마이크로미터 헤드의 되돌림에 따른 불확실도(⑦)

    $\sigma_7 = 12.68 \times 10^{-2} \mu m$

지금, ④의 경우에 있어서는 10대의 하이트 마이크로미터를 이용하여 높이 50mm, 150mm, 300mm의 위치에서 측정을 한 데이터이다.

이상의 결과에서 살펴보면

① 하이트 마이크로미터의 불확실도 σ_a는

$$\sigma_a = \sqrt{(\sigma_{1,2})^2 + \sigma_3^2 + \sigma_4^2 + \sigma_5^2} \qquad (3.4)$$
$$= 17.16 \times 10^{-2} \mu m$$

따라서 $2\sigma_a = 0.34 \mu m$

② 하이트 마이크로미터 기구에 기인하는 불확실도

$$\sigma_b = \sqrt{\sigma_6^2 + \sigma_7^2} = 18.06 \times 10^{-2} \mu m$$

따라서 $2\sigma_b = 0.36 \mu m$

여기서, 기구에 기인하는 불확실도를 줄이기 위해 마이크로미터 헤드의 회전시 항상 일정 방향(진행 방향)에서 이송을 하면 ⑦에 의한 오차를 제거할 수 있다(표 3-10 참조).

표 3-10 하이트 마이크로미터에 있어서 불확실도의 주원인

No.	요 인	내 용
1	정반에 있어서 불확실도	사용면의 평면도 영향
2	인디케이터(스탠드 포함)에 있어서의 불확실도	인디케이터의 지시 안정도 및 동시에 사용하는 스탠드 베이스면의 평면도 영향
3	게이지 블록의 불확실도	게이지 블록 치수의 불확실도
4	측정 블록 평면도에 의한 불확실도	하이트 마이크로미터 기준 밑면과 측정 블록면의 평면도에는 허용값이 있고, 측정시 측정자가 접촉하는 위치가 항상 변하는 것에 따른 영향
5	눈금과 기선의 합치도에 의한 불확실도	합치도의 확인을 눈으로 직접 읽기 때문에 발생하는 산포
6	마이크로 헤드의 나사 이송에 의한 불확실도	마이크로 헤드의 이송 나사 피치 정도에 의한 영향
7	마이크로 헤드의 되돌림시의 불확실도	마이크로미터의 전진과 후퇴시의 지시값 차이
8	측정자에 의한 불확실도	숙련도, 개인의 습관 등의 영향
9	환경에 의한 불확실도	온도, 습도, 진동에 의한 영향

(1) 부속품

일반적으로 표준 부속품으로는 0점 조정용 게이지 블록(11mm 정도)과 특별 부속품으로는

그림 3-81 라이저 블록(300mm, 600mm)

측정 범위를 확장시키기 위한 라이저 블록(riser block), 실린더 게이지 세팅용 기준 블록 등이 있다.

이 라이저 블록을 이용하면 5~300mm 하이트 게이지 1대를 이용하여 5~900mm까지도 0.001mm 단위까지 측정이 가능하다.

5.7 측정시 주의 사항

1) 측정은 20℃의 항온실에서 측정하는 것이 원칙이지만, 작업 현장을 측정하는 경우는 온도 변화가 적은 장소를 선택하고, 또한 기준기와 측정물과의 온도차가 없도록 장시간 방치하여 두어야 하며, 최소 한도 4시간은 유지하여야 한다.
2) 평면도

측정 블록의 측정면과 3점 지지대 면(面)의 평행도는 1μm 이하로 되어 있지만, 정반의 평면도도 고려해야 한다. 하이트 마이크로미터와 피측정물 및 측정용 스탠드 위치의 3점의 평면도가 나쁜 경우, 측정 결과에는 3자가 서로 영향을 미치므로 사전에 고정도의 기포관식 수준기나 전기 수준기로 평면도를 확인한다.

3) 먼지 및 진동

측정 블록의 열처리 경도는 H_RC 64 이상이지만 먼지에는 이보다 큰 경도값을 갖는 것도 있기 때문에 홈집을 받지 않도록 충분히 주의한다. 또한, 측정기의 측정자가 먼지 부분의 장애를 받아서 측정 오차의 원인이 되기도 한다. 따라서 측정 기준이 되는 정반상의 청결에 특히 주의해야 한다.

또한 정반을 지지하고 있는 테이블이 불안정하고, 진동이 있는 장소에서 측정하면 안정한 측정 결과를 얻을 수 없다.

4) 5mm 단차가 있는 최하단 측정 블록의 아랫면을 정반면에 닿지 않도록 한다.
5) 상하동작의 상한 및 하한 부근에서는 마이크로미터 헤드를 주의하면서 천천히 회전시키도록 한다.
6) 백래시를 제거하기 위하여 반드시 한쪽 방향으로 회전하면서 사용하도록 한다.
7) 하이트 게이지에 부착되어 있는 지렛대식 다이얼 테스트 인디케이터(이하 테스트 인디케이터라 한다)는 충격에 약하므로 특히 주의한다.

5.8 측정 방법 및 순서

1) 정반을 깨끗이 닦고 정반상에 하이트 마이크로미터, 피측정물, 하이트 게이지, 게이지 블록 등을 올려 놓는다.
2) 하이트 게이지에 테스트 인디케이터를 홀더와 클램프를 사용하여 부착한다.
3) 0점 조정용 게이지 블록을 이용하여 하이트 마이크로미터의 0점을 조정한다(그림 3-82).
4) 하이트 게이지를 이동시켜 테스트 인디케이터의 측정자를 피측정물의 측정면에 그림 3-

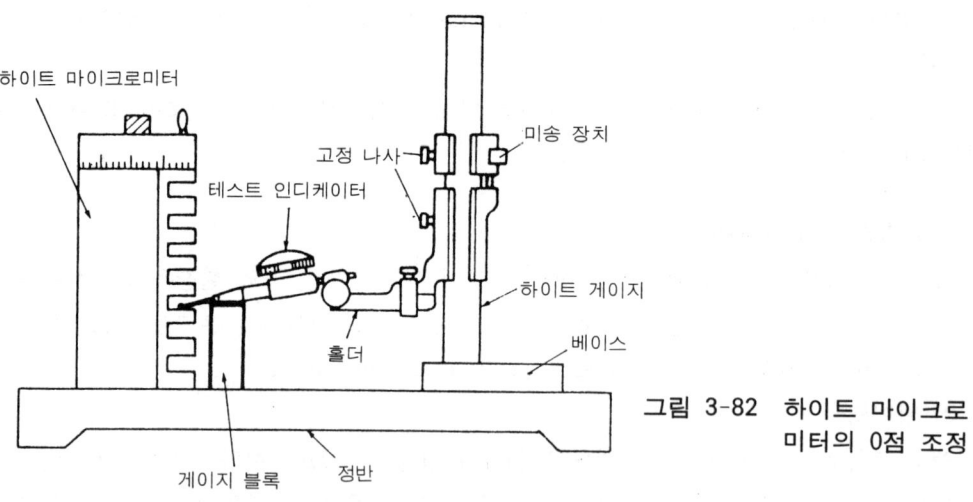

그림 3-82 하이트 마이크로 미터의 0점 조정

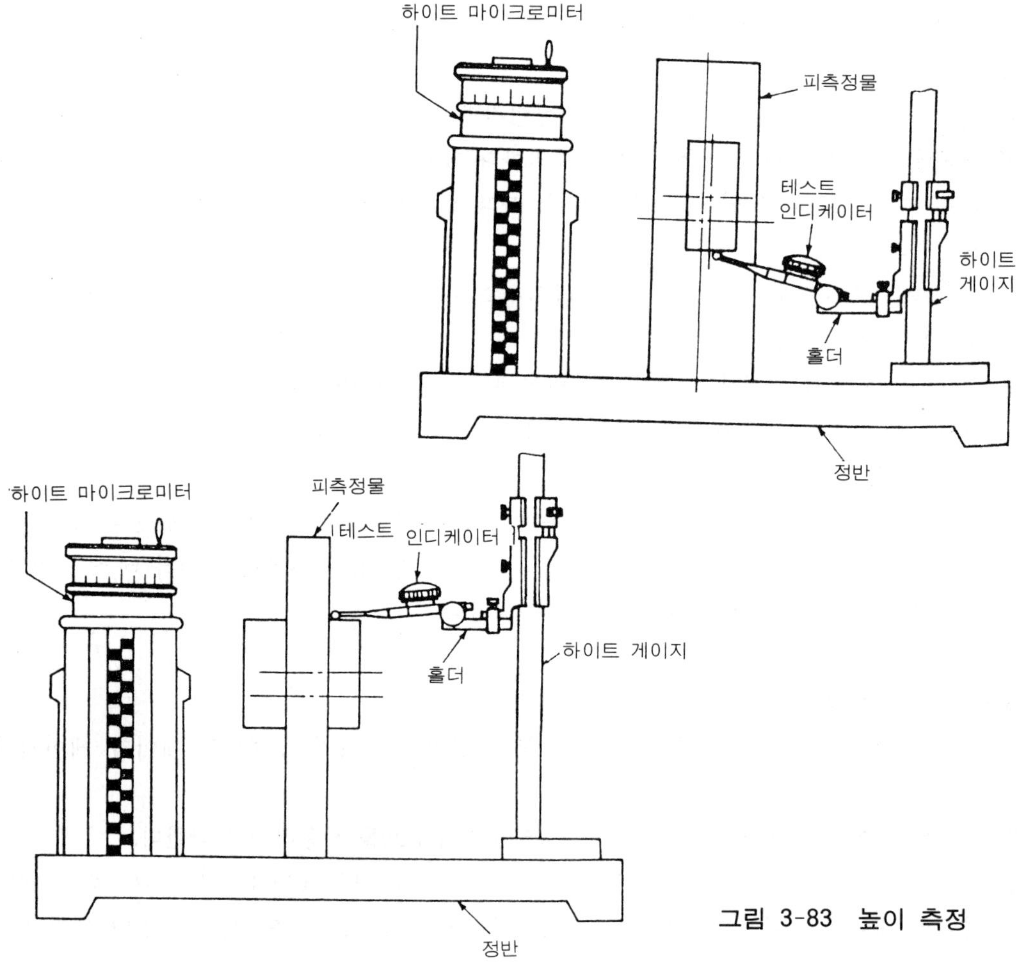

그림 3-83 높이 측정

83(a)와 같이 접촉시켜서 고정 나사로 슬라이더를 고정시킨 다음, 미동 나사를 돌려서 테스트 인디케이터의 지침을 임의의 눈금에 일치시켜 0점을 설정한다.
5) 하이트 게이지 베이스를 살며시 움직여서 테스트 인디케이터의 측정자를 하이트 마이크로미터 블록의 측정면(윗면 또는 아랫면)에 밀어 넣는다.
6) 하이트 마이크로미터 상부에 있는 마이크로미터 헤드를 돌려서 테스트 인디케이터 지침이 4)항에서 세팅한 눈금에 맞춘다.
7) 4)항~6)항 과정을 다시 한번 반복하여 오차를 줄인다.
8) 이때 하이트 마이크로미터의 눈금을 읽으면 피측정물의 높이가 된다.
9) 측정 부분이 내경이나 외경일 때는 측정자를 좌측에서 우측, 또는 우측에서 좌측으로 움직이면서 최대값 또는 최소값을 찾는다.
10) 읽는 방법은 10mm 간격의 눈금은 측정자가 삽입된 게이지 블록의 높이를 고정 스케일로 읽고, 0.01mm 단위는 카운터에서, 0.001mm 단위는 마이크로 헤드에서 각각 읽는다 (그림 3-84).

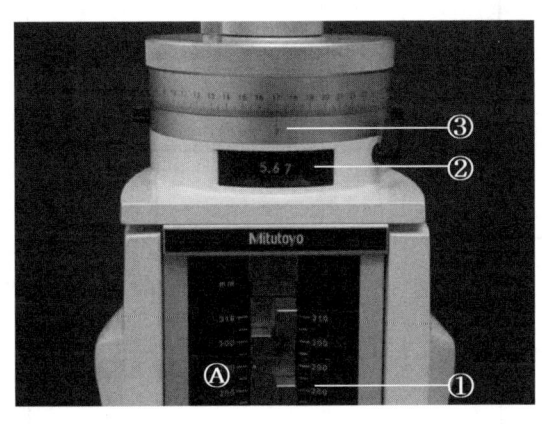

Ⓐ면의 높이　　　　280mm
① 고정스케일　　　5.67mm
② 카운터　　　　　0.000mm (+
③ 딤블　　　　　285.670mm

그림 3-84 하이트 마이크로미터의 눈금읽는 방법

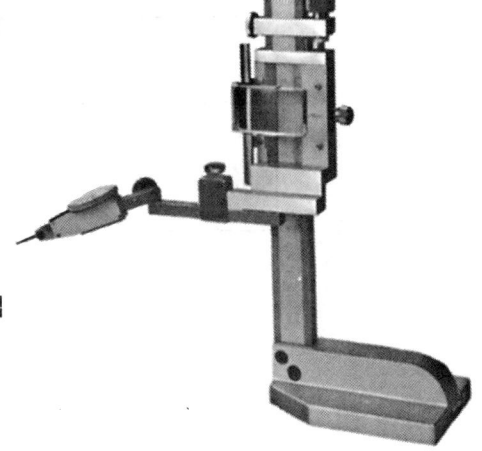

그림 3-85 인디게이터 부착

(높이 측정 예 1)
1) 각 단높이 ①, ②, ③, ④를 차례로 측정한다.
2) a 및 b를 구한다.
3) c 및 d를 높이 측정치로 계산한다.
4) 대칭도 s를 계산한다.

$$대칭도(s) = |②-①| - |④-③|$$

5) 구멍 중심간 높이 e를 계산한다.

$$e = \frac{⑧+⑦}{2} - \frac{⑥+⑤}{2}$$

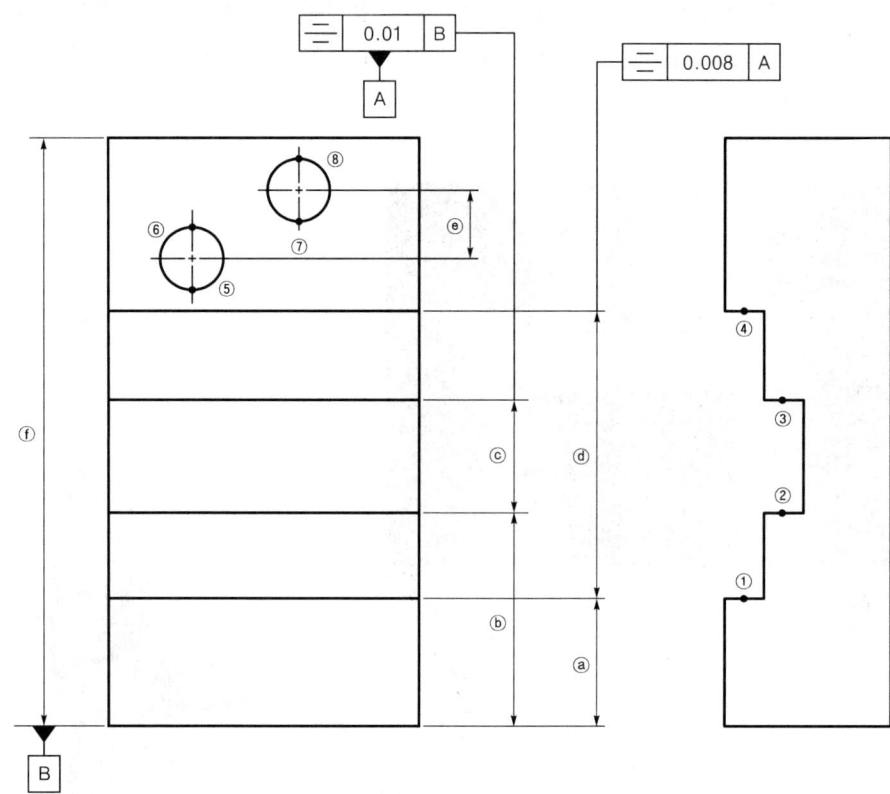

그림 3-86 높이 측정(1)

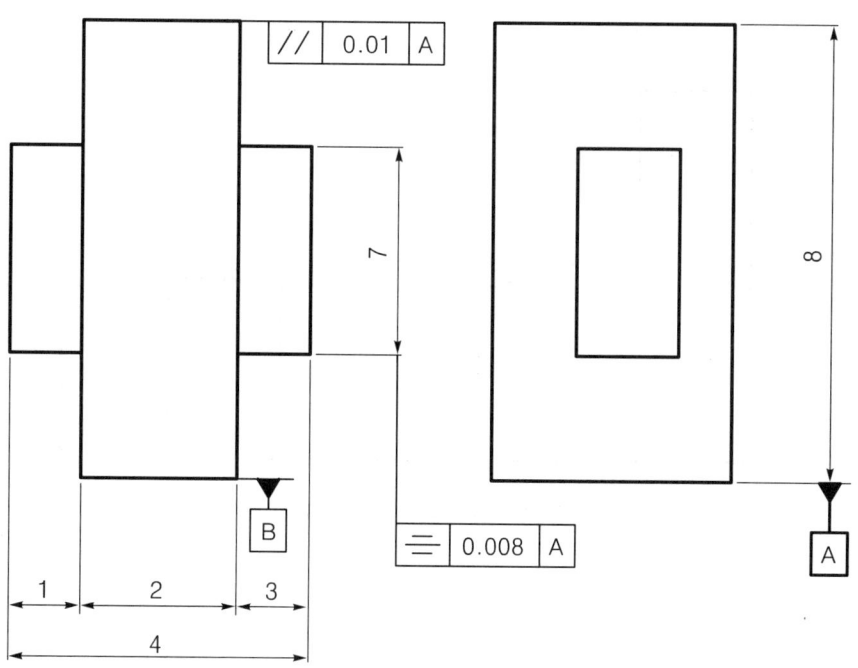

그림 3-87 높이 측정(2)

(높이 측정 예 3)

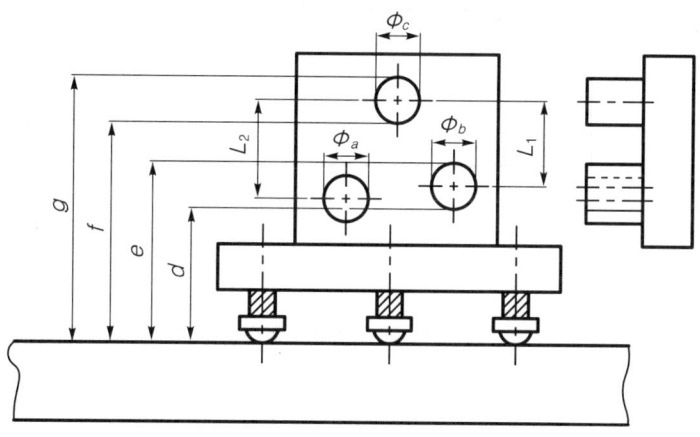

그림 3-88 높이 측정(3)

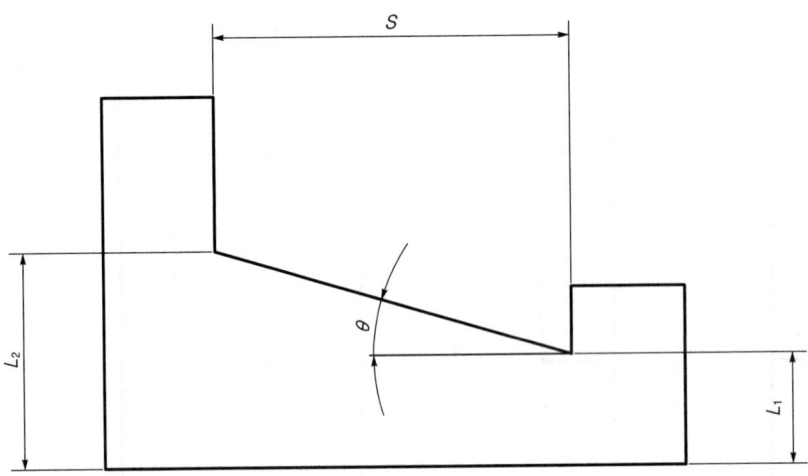

그림 3-89 높이 측정(4)

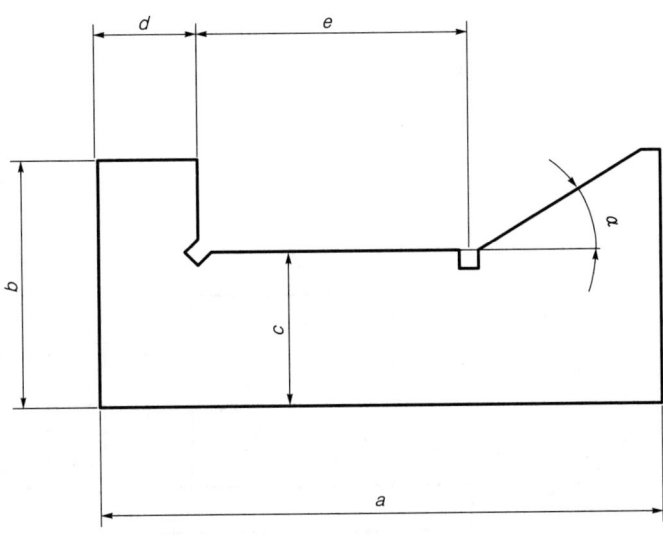

그림 3-90 높이 측정(5)

5.9 측정값의 정리 및 계산

1) 측정을 여러번하여 안정된 값을 구한다.
2) 측정된 값은 기록표에 정리하고 복잡한 형상은 피측정물을 스케치하여 기록하는 것이 좋다.
3) 측정값은 정반면을 기준으로 한 값이기 때문에 계산에 유의한다.

5.10 결과 및 고찰

6. 롤러(roller)를 이용한 경사각 측정

6.1 실습 목표
어떠한 각을 이루고 있는 물체를 삼각 함수를 이용하여 일정한 직경으로 제작된 동일한 치수의 2개의 롤러(원통 게이지)와 게이지 블록을 이용하여 정밀하게 각도를 측정하는 원리와 측정법을 익히며, 이 방법을 이용하여 복잡한 각도를 이루고 있는 물체의 각도 측정법에 응용하는 데 있다.

6.2 사용 측정 기기
1) 게이지 블록 (10조, 1급)
2) 하이트 마이크로미터 (0.001mm, 0~300mm)
3) 하이트 게이지 (0.02mm, 0~300mm)
4) 테스트 인디케이터(0.002mm, 0~0.28mm)
5) 정반(300×500mm)
6) 앵글 플레이트(angle plate) (100×100mm 이상)
7) 롤러(roller) (ϕ5,000×2개)
8) 피측정물
9) 방청유, 알코올, 포플린 등

6.3 측정 원리
각은 두 변의 길이의 비에 의하여 표시되므로 정밀한 길이 측정을 통하여 삼각법에 의해 그림 3-91과 같은 각을 측정할 수 있다.

그림 3-91에서 피측정물의 각도를 α라 하면

$$\sin\alpha = H / (D+L) \tag{3.5}$$

$H : h_2 - h_1$

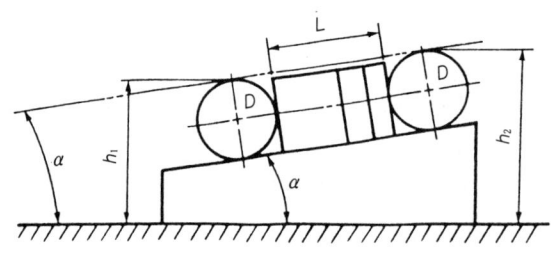

그림 3-91 경사각 측정 원리

    L : 게이지 블록 치수
    D : 롤러의 직경
의 식으로 구할 수 있다.

  이밖에도 롤러와 게이지 블록을 응용하면 여러 가지 형태의 각을 응용해서 측정할 수 있다.

6.4 측정시 주의 사항

1) 롤러는 2개의 치수차가 없는 것을 사용해야 한다.
2) 그림 3-92와 같이 롤러의 직경이 너무 커서 게이지 블록면이 롤러 중심 이하로 접촉되어서는 안 된다. 빗변의 길이($D+L$)가 $2\Delta \ell$ 만큼 짧아질 우려가 있기 때문이다.
3) 측정중 진동이나 흔들림이 있어서는 안 된다.
4) 측정 방향을 항상 일정하게 해야 한다.

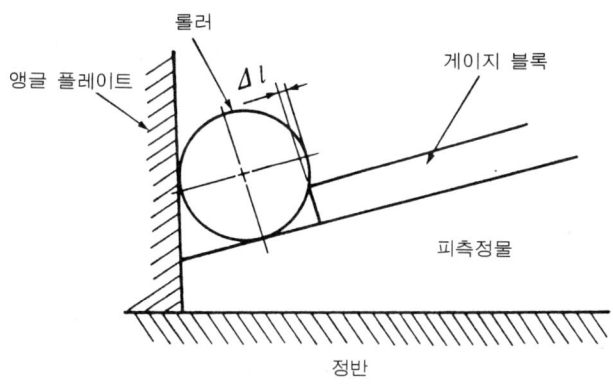

그림 3-92 접촉 오차

6.5 측정 방법 및 순서

1) 정반, 피측정물, 하이트 마이크로미터 등을 깨끗이 닦아서 먼지, 기름 등을 완전히 제거한다.
2) 정반 위에 하이트 마이크로미터를 올려 놓고 기준 게이지 블록을 이용하여 0점 조정을 한다.
3) 하이트 마이크로미터 근처에 피측정물, 앵글 플레이트, 롤러 등을 이용하여 그림 3-93과 같이 설치해서 높이 h_1을 측정한다.
4) 그림 3-94와 같이 게이지 블록과 또 하나의 롤러를 설치하여 높이 h_2를 측정한다.
5) h_1과 h_2 측정시 테스트 인디케이트의 지침이 롤러의 최고점에 도달했을 때의 지침의 위

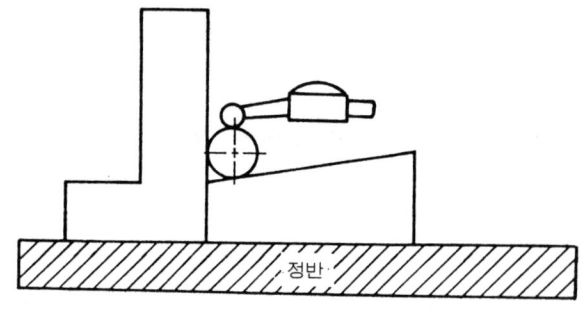

그림 3-93 h_1의 측정

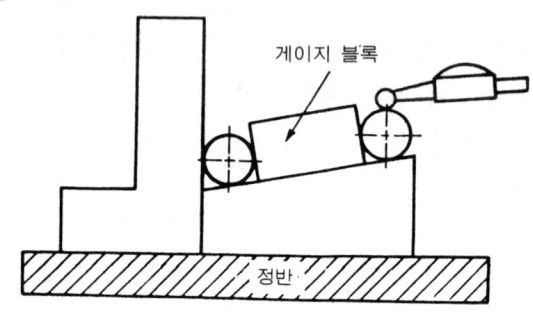

그림 3-94 h_2의 측정

치를 기억한다. 즉, 다이얼의 지침이 오른쪽 방향으로 최대로 돌아간 위치를 말한다.
6) 다음에, 하이트 마이크로미터의 가장 가까운 치수의 블록에 테스트 인디케이터의 측정자를 삽입하고 심블을 돌려서 5)항에서와 같은 눈금이 되도록 한다.
7) 다시 한번 5)~6)항을 반복하여 지침에 변화가 없는지 확인한다. 지시값이 틀리면 조정하여 반복 확인한다.
8) 위와 같은 조작을 통하여 높이 h_1과 h_2를 하이트 마이크로미터에서 읽는다.
9) 롤러의 직경 D는 외측 마이크로미터로 측정한다.
10) 측정값 D, h_1, h_2를 이용하여 피측정물의 각도 α를 초단위까지 구한다.

6.6 측정값의 정리 및 계산

1) 여러번 측정하여 안정된 값을 구한다.
2) 롤러의 직경 D, 높이 h_1, h_2와 게이지 블록 치수 L을 공식에 대입하여 각도 α를 계산한다.

$$\alpha = \sin^{-1} \frac{h_2 - h_1}{(D+L)}$$

3) 분(分)단위까지는 삼각 함수표에서 찾고, 초(秒)단위는 보간법에 의해서 구한다.

(계산 예) $D : 6.896$mm
   $L : 50$mm
   $h_1 : 27.256$mm
   $h_2 : 32.949$mm

라면 공식에 대입하여 풀면

$$\sin \alpha = \frac{H}{D+L}$$

에서 식을 변형하면

$$\alpha = \sin^{-1} \frac{H}{D+L} \quad\quad (여기서,\ H = h_2 - h_1)$$

$$= \sin^{-1} \frac{32.949 - 27.256}{6.896 + 50}$$

$$= \sin^{-1} \frac{5.693}{56.896}$$

$$= \sin^{-1}(0.100059)$$

$$= 5.7426° \rightarrow 도(°)\ 분(')\ 초('')로\ 환산하면\ 5°44'\ 33''$$

$$\therefore\ \alpha = 5°44'\ 33''$$

6.7 결과 및 고찰

$\alpha = 5°44'\ 33''$

1) $1\ \mu$m의 길이 측정의 오차가 생길 때 몇 초의 각도차가 발생하는가?
2) 경사면의 평면도가 좋지 못할 때 측정에 유의해야 할 점은?
3) 롤러의 지름이 0.01mm 정도 차이가 있으면 각도는 얼마만큼 오차가 발생하나?
4) 2개의 롤러 지름의 차가 δd일 경우 각도 α에 미치는 영향을 알아보자.

7. 사인바(sine bar)를 이용한 각도 측정

7.1 실습 목표
간단한 단일 각도 형상을 가진 공작물의 각도를 삼각법을 이용한 측정기인 사인바를 사용하여 정밀 각도 측정법을 익히고, 각종 사인바를 활용하여 부품의 각도 측정에 응용하는 데 있다.

7.2 사용 측정 기기
1) 사인바(sine bar)……100mm, 1급
2) 게이지 블록 (gauge block)……76품, 1급
3) 앵글 플레이트 (angle plate)……100×100mm
4) 다이얼 게이지(dial gauge)……(0.001mm, 0−1.0mm)
5) 다이얼 게이지 스탠드(dial gauge stand)
6) 정반(surface plate)……300×450mm
7) 버니어 캘리퍼스(0.05mm, 0~200mm)
8) 피측정물
9) 세무 가죽, 천, 휘발유, 알코올 등

7.3 측정 원리
사인바는 삼각 함수의 사인(sine)을 응용한 측정기로, 일정한 빗변을 가지고 있어서 각도를 측정하거나 또는 임의의 각을 설정하기 위한 것이며, 검사실에서의 측정 혹은 지그의 제작 등에 사용된다.

사인바의 구조는 그림 3-95에 표시한 바와 같이, 곧은자의 양단에 열처리해서 연삭한 2개의 롤러를 끼워맞춘 것으로서 호칭 치수는 롤러간의 중심 거리로 나타낸다.

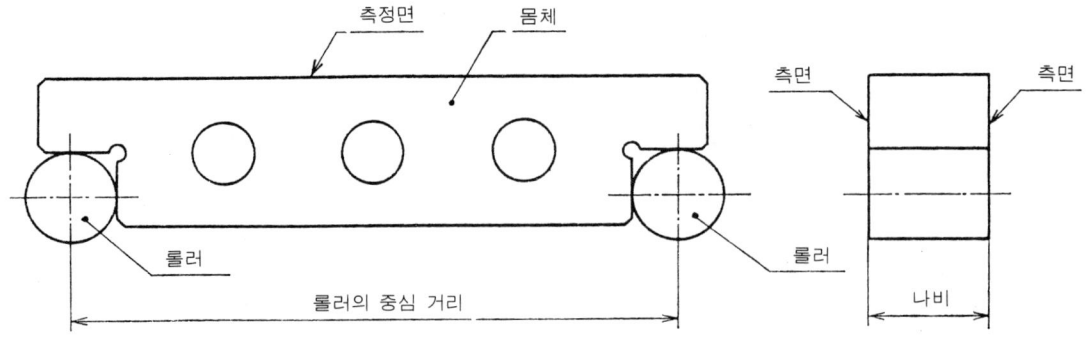

(a) 측정원리

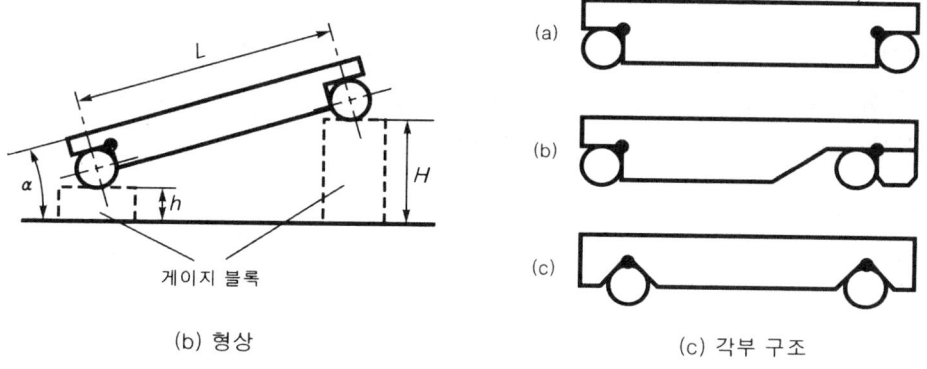

(b) 형상 (c) 각부 구조

그림 3-95 사인바

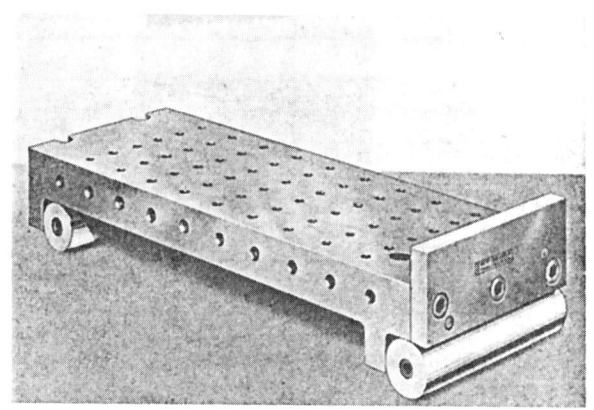

그림 3-96 사인 블록

그림 3-97 사인 테이블

KS에서는 사인바의 등급은 그 정밀도에 따라 1급과 2급의 2등급으로 구분되며 정밀도에는 측정면의 평면도, 롤러 지름의 차, 진원도, 진직도 및 중심 거리, 롤러 사이의 평행도, 측면과 롤러간의 평행도, 롤러 측면이 이루는 각도, 종합 정밀도 등을 규정하고 있다.

또한, 대형 물체의 각도측정에 사용되고 있는 호칭 치수 200mm 이상이며 측정면의 폭이 넓은 사인 블록(sine block)과 사인 테이블 등도 있다.

(1) 각도의 설정

그림 3-98과 같이 롤러 중심간 거리가 L인 사인바의 한쪽 롤러 밑에 높이 H인 게이지 블록을 고여서 각도 α가 설정되었다면 직각 삼각형의 사인 법칙(정현 법칙)에서

$$\sin\alpha = \frac{H}{L} \tag{3.6}$$

또는 $H = L \times \sin\alpha$

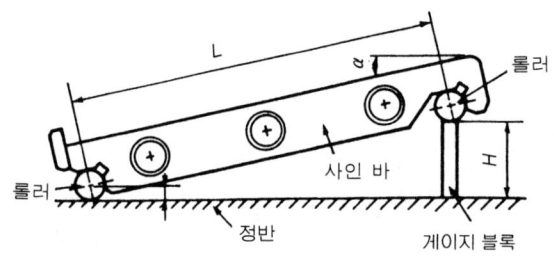

그림 3-98 측정 원리

(2) 각도의 설정 정도

사인바에 의한 설정 각도 α의 오차 $\Delta\alpha$는 주로 롤러의 중심 거리의 오차 ΔL 및 롤러의 중심선과 측정면과의 평행도 오차를 포함한 설정 높이의 오차 ΔH에 따라 발생한다.

$\sin\alpha = \frac{H}{L}$ 식을 미분하면

$$\Delta\alpha = \left(\frac{\Delta H}{H} - \frac{\Delta L}{L}\right) \tan\alpha \text{ (rad)} \tag{3.7}$$

1rad=206265(sec)이며 또한 $\Delta\alpha$의 최대 오차는 각 항의 절대값의 합으로 표시된다.

즉, $\Delta\alpha = 206265\left(\frac{\Delta H}{H} + \frac{\Delta L}{L}\right)\tan\alpha$(초)

로 된다.

이 ΔH 및 ΔL의 오차 곡선은 각각 그림 3-99의 $\Delta\alpha_H$ 및 $\Delta\alpha_L$과 같은 경향을 표시하고, 그 양자의 오차가 동시에 발생하면 설정 각도 오차는 더해져서 $\Delta\alpha$로 된다. 이 오차 곡선이 나타내는 바와 같이, 설정 각도가 45°를 초월하면 오차는 급격하게 증대되기 때문에 사인바는

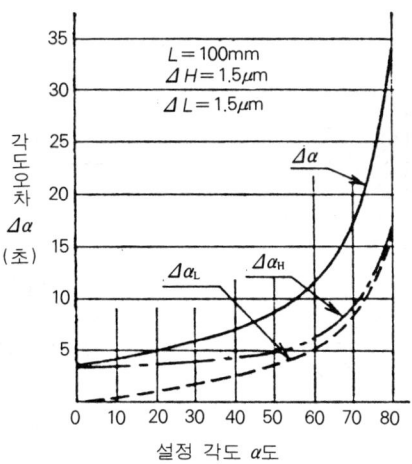

그림 3-99 사인바에 있어서의 각도 설정 오차

45°보다 큰 각도 설정에는 사용하지 않도록 한다.

그리고, 설정 각도 오차는 사인바 측정면의 평면도 오차는 물론 각 부품의 형상 오차나 작업시의 온도의 영향에 의한 오차, 또는 각도 측정시에 설치 방향이나 측정 방향이 정확하지 않아서 발생하는 오차도 포함된다.

7.4 사인바의 사용 방법

(1) 일반 각도의 설정

설정 각도를 α라 하면 조립할 게이지 블록의 치수 $H = L \cdot \sin\alpha$로 산출한다. 예를 들어 $L = 100$mm, 설정 각도 $\alpha = 10°30'$의 경우

$$H = 100 \times \sin 10°30' = 18.224 \text{mm}$$

(2) 설정 각도의 45°보다 큰 경우

설정 각도가 크게 되면 설정 오차가 급격히 증가하기 때문에, 그림 3-100과 같이 정확한 직각 게이지(직각자 또는 직각 블록 등)를 병용하고 이것을 기준으로 해서 설정 각도 α의 여각 $(90° - \alpha)$ 또는 $(\alpha - 90°)$를 사인바로 만들도록 한다. 즉 $\alpha = 65°$라면 $90° - 65° = 25°$, 또는 $\alpha = 125°$라면 $125° - 90° = 35°$를 설정한다.

7.5 측정시 주의 사항

1) 큰 각의 측정에는 오차가 크기 때문에 45° 이하에서만 사용하도록 한다.
2) 다이얼 게이지 눈금은 시차를 줄이기 위하여 눈금선의 정면에서 읽도록 한다.

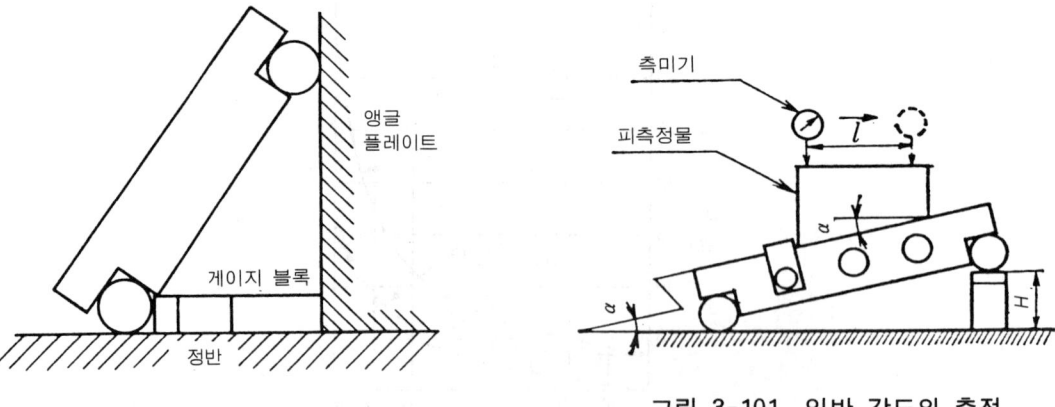

그림 3-100 큰 각도의 설정

그림 3-101 일반 각도의 측정

3) 측정전 사인바의 측정면의 돌기 상태를 확인한다.

7.6 측정 방법 및 순서
1) 정반, 사인바, 앵글 플레이트 등을 깨끗이 닦아서 먼지, 기름 등을 완전히 제거한다.
2) 정반 위에 그림 3-102와 같이 앵글 플레이트를 왼쪽에 설치하고 사인바의 측정면에 피측정물을 접촉시켜 시각적으로 피측정물의 윗면과 정반면이 평행하도록 게이지 블록을 우측의 롤러에 고인다.
3) 이때, 대강의 게이지 블록 치수를 구하는 요령은 미리 피측정물의 치수를 버니어 캘리퍼스로 측정하여 계산한다(그림 3-103).

$$L : x = \ell : (H-h)$$
$$\therefore x = \frac{(H-h)L}{\ell}$$

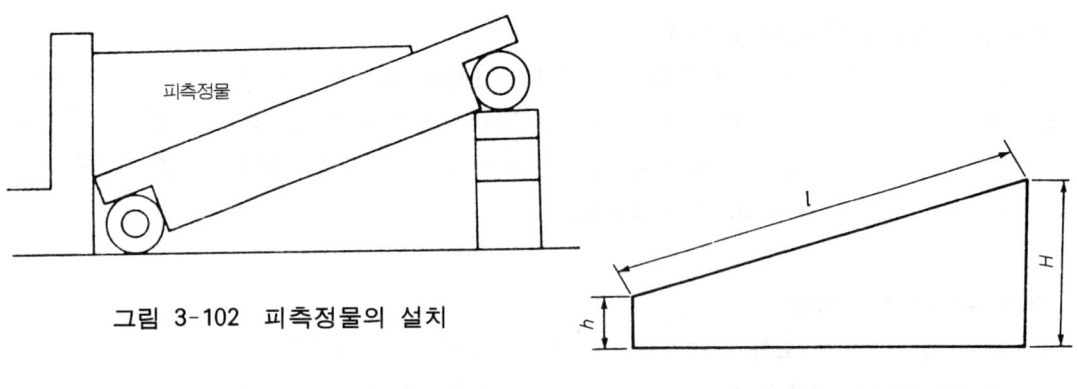

그림 3-102 피측정물의 설치

그림 3-103 피측정물

L : 사인바의 길이 (100mm 또는 200mm)

x : 게이지 블록 설정 치수

4) 다이얼 게이지(0.001mm, 0~1.0mm)를 스탠드에 고정시켜서 피측정물의 측정면에 다이얼 게이지 스핀들이 수직이 되도록 설치한다(사진 3-15).

사진 3-15 측정 준비

5) 그림 3-104와 같이 다이얼 게이지 눈금이 측정 범위의 1/2 이내로 움직이도록 측정면에 접촉시킨 후 다이얼 게이지를 좌우로 움직여서 그림 3-105처럼 m점과 n점의 다이얼 게이지 지시차를 구한다.

6) m점과 n점의 지시차를 이용하여 가감할 게이지 블록의 치수는 다음과 같이 계산한다.

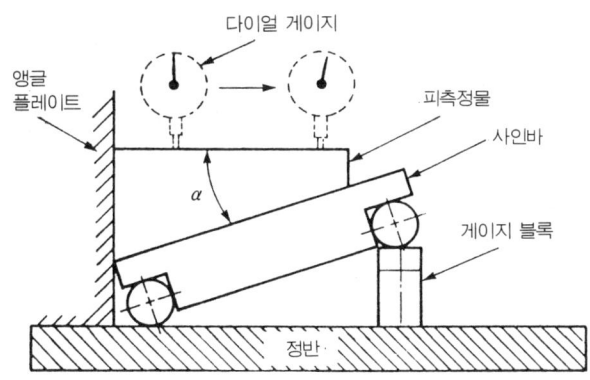

그림 3-104 측정

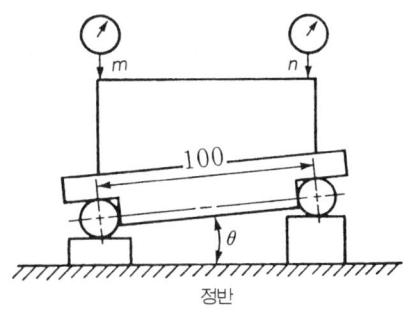

그림 3-105 104 m, n점을 이용한 보정

$$\ell' : h' = L : x$$

$$\therefore x = \frac{h' \times L}{\ell'}$$

ℓ' : 측정면에서 다이얼 게이지를 좌우로 이동한 거리(m점에서 n점까지의 거리)
h' : m점과 n점에서의 지시값의 차
L : 사인바의 호칭 치수
x : 가감시킬 게이지 블록의 치수

7) 보정할 게이지 블록 치수 x를 가감시킨 게이지 블록 치수를 재조립한 후 5) 6)항 순으로 반복 측정한다.
8) m점과 n점의 간격은 가능한 한 길게 취하는 것이 좋으며, 두 점의 높이차가 1~2 μm 범위가 될 때까지 5)~7)항을 반복한다.
9) 측정이 끝났으면 게이지 블록 높이 H를 이용하여 각도를 삼각 함수표나 공학용 계산기를 이용하여 계산한다.

예를 들어 $L = 100$mm이고, 게이지 블록 치수(H)가 34.250mm라면

$$\sin \alpha = \frac{34.25}{100} \text{에서} \quad \theta = \sin^{-1} 0.3425 = 20.0292$$

그러므로 $\alpha = 20°1'45''$

7.7 측정값의 정리 및 계산

1) 호칭 치수가 100mm인 1급 사인바의 정도가 ±1.5μm이므로 계산에 의한 각도 단위가 초($''$) 이하로 계산된다고 해서 그대로 믿어서는 안 된다.
2) 삼각 함수표에서 구한 함수값이 분($'$) 단위일 때는 비례법에 의해서 초($''$) 단위로 계산 한다. 그러나 일반적으로는 공학용 계산기를 이용하여 간단하게 계산한다.
3) 다이얼 게이지의 지시차가 2~3μm의 근소한 값을 가질 때는 이 값을 측정 간격으로 나누어 이것을 각도로 환산하여 보정할 수 있다.
4) 모든 측정이 끝났으면 각 측정 기기를 깨끗이 닦고, 방청 처리하여 보관 상자에 넣어서 보관한다.

7.8 결과

예) $\sin \alpha = \frac{34.250}{100} = 0.3425$

$\therefore \alpha = 20°1'45''$

7.9 결론 및 고찰
1) 사인바의 호칭 치수 오차가 측정값에 미치는 영향에 대해 알아보자.
2) m, n점의 지시차가 1~2μm일 때 보정전과 보정후의 측정 결과에 대해서 알아보자.

8. 사인 센터(sine bar with center)를 이용한 테이퍼 측정

8.1 실습 목표
사인 센터의 구조 및 측정 원리를 이해하고 테이퍼에 있어서 테이퍼 각과 테이퍼 양의 정의 및 정확한 측정 방법과 그 데이터의 처리 능력을 익힌다.

8.2 사용 측정 기기
1) 사인 센터(sine bar with center) (200mm)
2) 게이지 블록(gauge block) (103조, 1급)
3) 정반(surface plate) (300×500mm)
4) 다이얼 게이지(dial gauge) (0.001mm, 0~1mm)
5) 다이얼 게이지 스탠드
6) 피측정물
7) 휘발유, 알코올, 천, 방청유 등

8.3 측정 원리
원추 테이퍼에 있어서 원추의 직경 D와 길이 L과의 비, 즉 D/L를 직경 $D=1$로 환산한 값을 테이퍼 또는 테이퍼 양($1/x$)이라고 하며 원추의 각도를 테이퍼 각이라 한다.

그림 3-106에 있어서 테이퍼 비는 원칙적으로 $1/x$로 표시하고 다음 식으로 나타낸다.

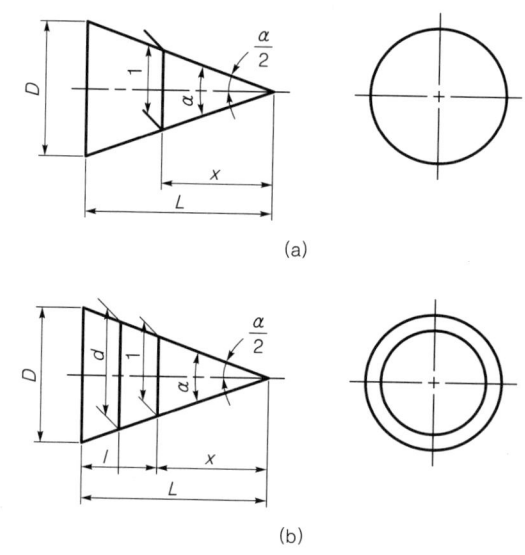

그림 3-106 테이퍼 및 테이퍼 각

$$\frac{1}{x} = \frac{D}{L} = 2\tan\frac{\alpha}{2}$$

테이퍼의 비 $\frac{1}{x}$에 상당하는 테이퍼 각도 α의 값은

$$\alpha = 2\tan^{-1}\frac{1}{2x}[\text{rad}] \ \text{또는} \ \alpha = \frac{360}{\pi} \cdot \tan^{-1}\frac{1}{2x}[°] \tag{3.8}$$

로 된다.

테이퍼의 측정 방법에는 다음과 같은 여러 가지 방법이 있다.
① 표준 테이퍼 게이지에 의한 방법
② 광학적인 방법
③ 사인바, 사인 센터에 의한 방법
④ 강구 또는 롤러를 이용하는 방법
⑤ 접촉자에 의한 방법
⑥ 테이퍼 측정기에 의한 방법

등이 있으나 본 실습에서는 사인 센터를 이용한 측정법에 대해서 설명한다.

사인 센터는 그림 3-107과 같이 사인바와 같은 구조로 되어 있으며, 측정면에 양 센터를

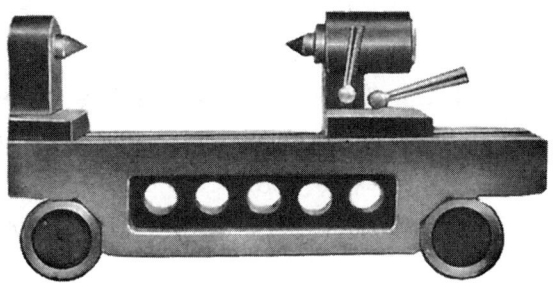

그림 3-107 사인 센터

부착한 것이다. 밑면에 있는 롤러 중심간 거리는 일정한 치수로 정확히 제작되었으므로, 사인 센터 밑면의 한쪽 롤러에 피측정물 각도에 상당하는 게이지 블록을 조합해서 고이면 상면 테이퍼 모선이 정반면과 평행하게 된다. 이때, 사인 센터 롤러 중심간의 호칭 치수와 게이지 블록 치수 관계에서 테이퍼 각 α를 구할 수 있다.

$$\sin\frac{\alpha}{2} = \frac{H}{L}$$

$$\therefore \alpha = 2\sin^{-1}\frac{H}{L} \tag{3.9}$$

H : 조합한 게이지 블록 치수

L : 사인 센터 롤러 중심간 거리

로 되며 테이퍼 양 $\dfrac{1}{x}=2\tan\dfrac{\alpha}{2}$ 의 식에 대입하여 구할 수 있다.

8.4 측정시 주의 사항
1) 다이얼 게이지는 측정 오차를 줄이기 위하여 반드시 수직으로 설치하도록 한다.
2) 게이지 블록을 떨어뜨리거나 다른 물체에 부딪쳐서 돌기가 생기지 않도록 주의해야 한다. 만일, 돌기가 생겨 밀착되지 않을 경우에는 오일스톤(oil stone)으로 돌기를 제거한 후 사용하도록 한다.
3) 사인 센터에 게이지 블록을 고일 때 게이지 블록 측정면에 충격을 주어 게이지 블록을 상하지 않도록 주의한다.
4) 테이퍼 각을 구할 때 비례법에 의해서 초단위까지 구해야 한다.
5) 피측정물을 90° 또는 180° 회전시킨 상태에서도 측정을 해서 테이퍼 각의 상태를 파악하도록 한다.

8.5 측정 방법 및 순서
1) 정반 및 사인 센터의 불순물을 깨끗한 천으로 닦아내고 다음에 알코올을 묻혀서 깨끗이 닦는다.
2) 정반 위에 사인 센터를 올려 놓고 깨끗이 닦은 피측정물을 양 센터에 지지한다.
3) 다음에 피측정물의 위쪽 테이퍼 모선이 정반면과 대략 평행하도록 게이지 블록을 조합하여 사인 센터의 롤러밑에 고인다(그림 3-108).
4) 처음 게이지 블록을 고일 때는 대강의 게이지 블록 치수를 다음과 같이 간단히 구한다 (그림 3-109).

$$L: \ell = x : \dfrac{D-d}{2}$$
$$\therefore x = \dfrac{(D-d)L}{2\ell}$$

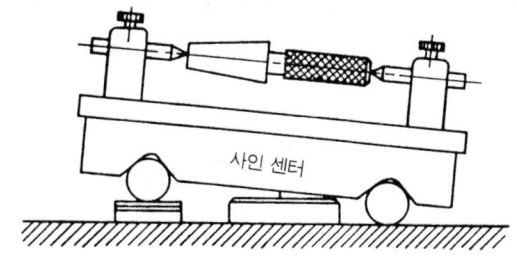

그림 3-108 사인 센터의 설치

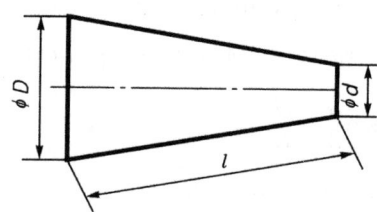

그림 3-109 테이퍼 시편

L : 사인 센터의 롤러 중심간 거리(mm)

x : 고여야 할 게이지 블록 치수(mm)

5) 그림 3-110과 같이 다이얼 게이지를 정반면에 수직으로 설치하여 피측정물 테이퍼의 양 끝단의 높이차가 몇 μm인지 측정한다.

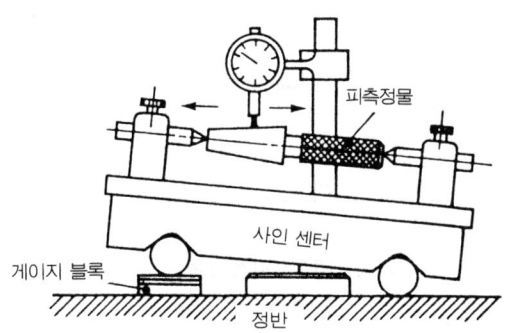

그림 3-110 측정

6) 양 끝단의 높이차를 이용하여 가감하여야 할 게이지 블록 치수를 산출한다.

$$L : \Delta x = \ell : y \qquad \therefore \Delta x = \frac{L \cdot y}{\ell}$$

Δx : 가감하여야 할 게이지 블록 치수

L : 롤러 중심간 거리

ℓ : 테이퍼 모선의 측정 부분 길이

y : 테이퍼 양단의 다이얼 게이지의 지시차(μm)

윗식을 이용하여 $x+\Delta x$로 정확한 게이지 블록 치수를 구한다.

7) 다시 게이지 블록을 가감하여 테이퍼 양 끝단의 높이차가 1~2μm 정도가 될 때까지 반복한다.
8) 게이지 블록 치수 H와 사인 센터의 롤러 중심간 거리 L을 이용하여 $\alpha = 2\tan^{-1}\frac{H}{L}$ 를 구한다.
9) 삼각 함수 수표집에 의해서 구배 각을 초단위까지 구하여 이 각을 2배하여 테이퍼 각 α 를 계산한다.
10) 테이퍼 양 ($\frac{1}{x}$)은 $\frac{1}{x} = 2\tan\frac{\alpha}{2}$의 관계식에 의해서 계산한다.

8.6 측정값의 정리 및 계산

측정 예 : 측정할 시료의 치수를 버니어 캘리퍼스로 대강 재어 보고 윗식에 의해 게이지 블록의 치수를 구해 보면

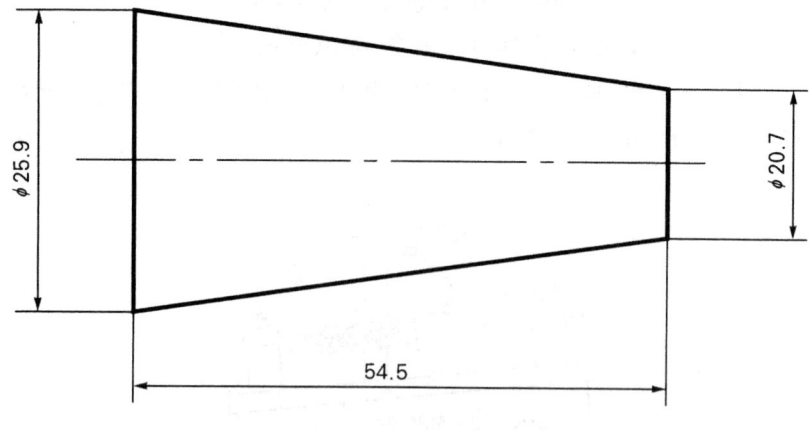

그림 3-111 피측정물

1) $L : \ell = x : \dfrac{D-d}{2}$

$\therefore x = \dfrac{(D-d)L}{2\ell}$ [L:롤러 중심간 거리(200mm)]

$200 : 54.9 = x : \dfrac{27.4 - 20.7}{2}$

$\therefore x = \dfrac{(27.4 - 20.7) \times 200}{2 \times 54.9}$

$= 12.20$

2) 측정에 의한 게이지 블록 높이의 보정값 x'가 +0.07이라고 한다면 $x' = 0.07$

3) $H = x + x'$
   $= 12.20 + 0.07$
   $= 12.27$

로 구해 12.27mm의 게이지 블록을 한쪽 롤러에 고이고, 다이얼 게이지를 좌우로 이동시켜 평행을 찾았다면 다음 계산에 의해 테이퍼 각을 구해 낸다.

4) $\sin\dfrac{\alpha}{2} = \dfrac{H}{L}$

$\sin\dfrac{\alpha}{2} = \dfrac{12.27}{200}$

$= 0.061$

$\alpha = 2 \sin^{-1} \dfrac{H}{L}$ 에서

$$\therefore \alpha = 7°2'52''$$

또 테이퍼 양은

5) $\dfrac{1}{x} = \dfrac{D}{L} = 2\tan\dfrac{\alpha}{2}$

$\dfrac{1}{x} = 2\tan\dfrac{7°2'52''}{2}$

$\quad = 2\tan 3°31'26''$

$\quad = 0.1232$

$\therefore \dfrac{1}{x} \fallingdotseq 0.1232$

$x = \dfrac{1}{0.1232}$

$\quad \fallingdotseq 8.119$

그러므로 $\dfrac{1}{x}$ 은 $\dfrac{1}{8.119}$ 로 표시한다.

8.7 결과 및 고찰

① α(테이퍼 각) $= 7°2'52''$

② $\dfrac{1}{x} = \dfrac{1}{8.119}$

1) 테이퍼 부의 모선 길이와 다이얼 게이지 지시값의 차와는 어떤 관계가 있는가?
2) 다이얼 게이지를 수직으로 설치하지 않으면 이에 따른 오차량은 무시할 수 있는가?
3) 양 센터의 축선이 일치하지 않고 0.05mm 정도 편위되었다면 테이퍼 양에 미치는 영향은 어느 정도인가?
4) 테이퍼를 정밀하게 측정할 수 있는 방법들에 대해서 알아보자.

9. 더브테일(Dovetail) 측정

9.1 실습 목표
더브테일(dovetail)의 운동 원리와 용도를 익히고 공작 기계에서 가공된 각종 더브테일의 정밀 측정법을 배우는 데 있다.

9.2 사용 측정 기기
1) 롤러(roller)   : ($\phi 5.00 \sim \phi 8.00$)
2) 외측 마이크로미터 : (0.01, 0~25mm)
                      (0.01, 25~50mm)
3) 내측 마이크로미터 : (0.01, 5~25mm)
4) 깊이 마이크로미터 : (0.01, 25~50mm)
                      (0.01, 0~25mm)
5) 게이지 블록   : (2급, 76품)
6) 피측정물(내·외측 더브테일)
7) 방청유, 알코올, 포플린 등

9.3 외측 더브테일의 측정 원리
더브테일은 기계 부품의 운동을 정확하게 전달하거나 또는 두 부품의 체결용으로 사용되며 끼워 맞춤부에 비둘기 꼬리 모양을 한 암·수 한쌍으로 밑면이 위쪽으로 빠져나가지 못하게 한 형식으로, 측정 방법은 다음과 같이 형상에 따라서 여러 가지가 있다.

(1) 외측 더브테일의 측정
그림 3-112와 같이 더브테일에 대·소 2세트의 롤러를 양 홈에 삽입해서 외측 치수 M_1과 M_2를 측정해서 각도 α를 계산한다.

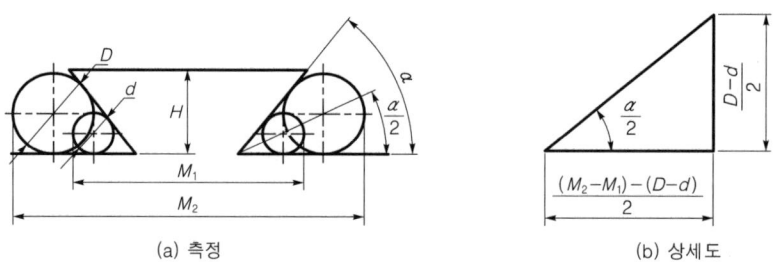

(a) 측정   (b) 상세도

그림 3-112 더브테일의 측정

사진 3-16 측정 방법

작은 롤러의 직경을 d, 큰 롤러의 지름을 D라 하면

$$\tan \frac{\alpha}{2} = \frac{(D-d)/2}{\{(M_2-M_1)-(D-d)\}/2}$$

$$= \frac{D-d}{(M_2-M_1)-(D-d)}$$

$$\therefore \alpha = 2\tan^{-1} \frac{D-d}{(M_2-M_1)-(D-d)} \tag{3.10}$$

로 된다.

소단 거리 S_1은 그림 3-113의 M값(M_1 및 M_2)으로부터 계산할 수 있다.

$$S_1 = M - \left(\frac{D}{2} + \frac{D}{2}\right) - 2x$$

여기서, $x = \dfrac{\dfrac{D}{2}}{\tan \dfrac{\alpha}{2}} = \dfrac{D}{2\tan \dfrac{\alpha}{2}}$ 이므로

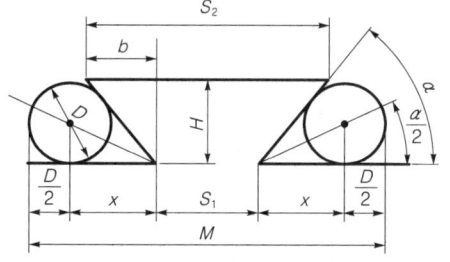 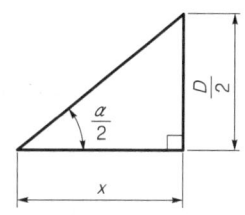

그림 3-113 소단 거리의 계산

$$S_1 = M - D - 2x = M - D - 2\left(\frac{D}{2\tan\frac{\alpha}{2}}\right) = M - D - \frac{D}{\tan\frac{\alpha}{2}}$$

$$= M - D\left(1 + \frac{1}{\tan\frac{\alpha}{2}}\right) = M - D\left(1 + \cot\frac{\alpha}{2}\right) \tag{3.11}$$

로 된다. 대단 거리 S_2는 높이 H를 측정한 다음 계산한다.

$$S_2 = S_1 + 2b$$

여기서, $b = \dfrac{H}{\tan\alpha}$ 이므로

$$S_2 = S_1 + 2 \cdot \frac{H}{\tan\alpha}$$
$$= S_1 + 2H\cot\alpha \tag{3.12}$$

로 된다.

9.4 내측 더브테일의 측정 원리

그림 3-114의 밑 왼쪽 그림에서 대·소 롤러 2개를 접촉하고 중심을 연결한 직각 3각형에서

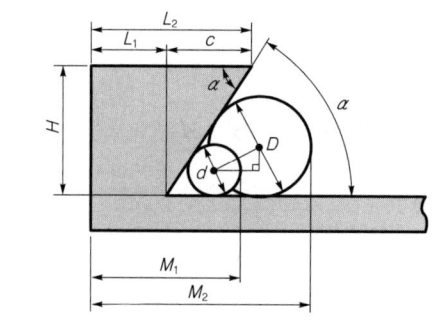

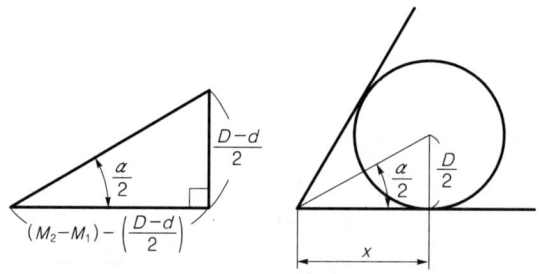

그림 3-114 내측 더브테일의 각도 측정

3각 함수를 이용하여 각도를 구하는 공식을 유도하면

$$\tan\frac{\alpha}{2} = \frac{\frac{D-d}{2}}{(M_2-M_1)-\left(\frac{D-d}{2}\right)}$$

$$= \frac{D-d}{2(M_2-M_1)-(D-d)}$$

$$\therefore \alpha = 2\tan^{-1}\frac{D-d}{2(M_2-M_1)-(D-d)} \tag{3.13}$$

가 된다.

그림 3-114와 같이 내측의 더브테일을 측정할 경우 $d=6.000$, $D=9.000$mm이고 그림 3-117에서 외측 마이크로미터를 이용하여 $M_1=19.500$mm, $M_2=23.950$mm일 때 식 (3.13)을 이용한 각도는

$$\alpha = 2\tan^{-1}\frac{D-d}{2(M_2-M_1)-(D-d)} \text{ 이므로}$$

$$\alpha = 2\tan^{-1}\frac{9.0-6.0}{2(23.95-19.50)-(9.0-6.0)}$$

$$= 2\tan^{-1}\left(\frac{3.0}{5.9}\right)$$

$$= 53°54'16''$$

이다. 또한, 소단 거리 L_1을 구하는 공식을 유도하여 보면

$$L_1 = M_2 - \frac{D}{2} - x$$

$\left(\text{그림 3-114 밑의 직각 3각형에서 } \tan\frac{\alpha}{2} = \frac{\frac{D}{2}}{x} \text{이고, } x = \frac{\frac{D}{2}}{\tan\frac{\alpha}{2}} \text{이므로 위 식의 } x\text{에}\right.$

대입하면 아래의 식(3.14)가 된다$\Big)$

$$L_1 = M_2 - \frac{D}{2} - \frac{\frac{D}{2}}{\tan\frac{\alpha}{2}}$$

$$= M_2 - \frac{D}{2}\left(1+\frac{1}{\tan\frac{\alpha}{2}}\right) \tag{3.14}$$

대단 거리 L_2를 구하는 공식을 유도하여 보면

$$L_2 = L_1 + C$$

$$= L_1 + \frac{H}{\tan\alpha} \tag{3.15}$$

$\left(\text{그림 3-114의 위쪽 그림에서 } \tan a = \dfrac{H}{c} \text{에서 } c = \dfrac{H}{\tan a} \text{ 를 위 식의 } c \text{ 대신에 대입하면}\right.$
$\left. L_2 = L_1 + \dfrac{H}{\tan a} \text{ 가 된다}\right)$

(측정 예) : 소단 거리 L_1을 계산하기 위해 그림 3-114에서 $M_2 = 23.950$, $D = 9.000$mm, $a = 53°54'16''$를 식(3.14)에 대입하면

$$L_1 = M_2 - \dfrac{D}{2}\left(1 + \dfrac{1}{\tan\dfrac{a}{2}}\right)$$

$$= 23.95 - \dfrac{9}{2}\left(1 + \dfrac{1}{\tan\dfrac{53°54'16''}{2}}\right)$$

$$= 10.600 \text{mm}$$

이다.

또 대단 거리 L_2를 계산하기 위해 깊이 마이크로미터를 이용하여 $H = 20.400$mm를 측정하여 식(3.15)에 대입하면

$$L_2 = L_1 + \dfrac{H}{\tan a}$$

$$= 10.600 + \dfrac{20.400}{\tan 53°54'16''}$$

$$= 25.474 \text{mm}$$

이다.

또한, 내측 더브테일은 그림 3-115와 같이 대·소 2세트의 롤러를 이용하여 각도 a 및 S_1, S_2를 측정할 수 있다.

$$a = 2\tan^{-1}\dfrac{D-d}{(M_2 - M_1) - (D-d)}$$

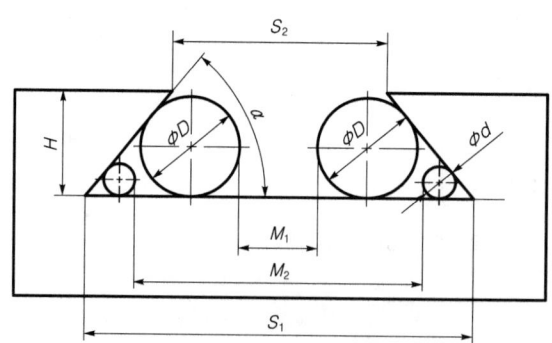

그림 3-115 내측 더브테일 측정(2)

$$S_1 = M_2 + d\left(1 + \cot\frac{\alpha}{2}\right) \tag{3.16}$$

$$S_2 = S_1 - 2H\cot\alpha \tag{3.17}$$

9.5 측정시 주의 사항
1) 진원도 및 원통도가 양호한 롤러를 사용해서 측정해야 한다.
2) M_1, M_2 측정시 최대, 최소점 선택에 주의해야 한다.
3) 측정시 자세에 따른 시차에 유의해야 한다.

9.6 측정 방법 및 순서
1) 측정기, 피측정물, 롤러들을 깨끗이 닦아 먼지·기름 등의 불순물을 제거한다.
2) 외측 마이크로미터, 내측 마이크로미터, 깊이 마이크로미터의 0점 조정을 한다.
3) 롤러의 지름 D, d를 측정한다.
4) 그림 3-116과 같이 외측 더브테일의 M_1 및 M_2를 측정한다.

 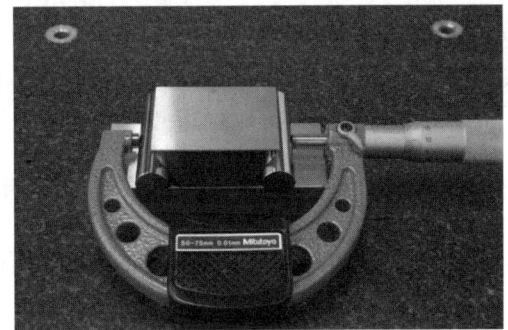

(a) M_1의 측정   (b) M_2의 측정

그림 3-116 외측 더브테일의 측정 방법

5) 그림 3-117과 같이 내측 더브테일의 M_1 및 M_2를 측정한다.
6) 깊이 마이크로미터를 이용하여 높이 H를 측정한다(그림 3-118).
7) 측정값을 이용하여 각도 α 소단 거리 L_1, L_2 및 S_1, S_2를 계산한다.

9.7 측정값의 정리 및 계산
측정 데이터를 정리하여 계산한 후 기록한다.

(계산 예) : 그림 3-116의 경우

1) 지름이 다른 2세트의 롤러를 이용하여 다음과 같은 측정값을 얻었을 때

측정값이 $\begin{cases} d : \phi 4.010, \ D : \phi 8.000 \\ M_1 : 51.318, \ M_2 : 62.120 \end{cases}$ 일 때, 더브테일 각도(α)는?

$$\alpha = 2\tan^{-1}\frac{D-d}{(M_2-M_1)-(D-d)}$$

$$= 2\tan^{-1}\frac{8.000-4.010}{(62.12-51.318)-(8.0-4.01)}$$

$$= 60°43'4''$$

(a) M_1의 측정

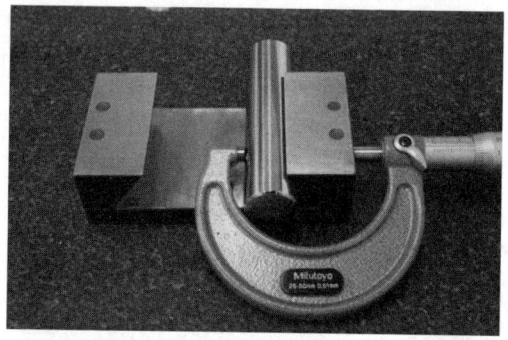
(b) M_2의 측정

그림 3-117 내측 더브테일의 측정 방법

2) 그림 3-117(a)와 같이 내측 더브테일에서 작은 지름의 롤러를 접촉하여 외측 마이크로미터로 M_1을 측정하고, (b)와 같이 큰 지름의 롤러를 접촉하여 M_2를 측정한다. 그리고 각도 α와 소단 거리 L_1을 구한다. 또 깊이 마이크로미터를 이용하여 H를 측정하여 대단 거리 L_2를 구할 수 있다.

$\begin{cases} \phi d : 4.012, \ \phi D : 8.000 \\ M_1 : 14.698, \ M_2 : 20.170, \ H : 9.992 \end{cases}$

공식에 대입하여 풀어 보면

$$\alpha = \tan^{-1}\frac{D-d}{2(M_2-M_1)-(D-d)}$$

$$= 2\tan^{-1}\frac{8-4.012}{2(20.17-14.698)-(8-4.012)}$$

$$= 59°39'10''$$

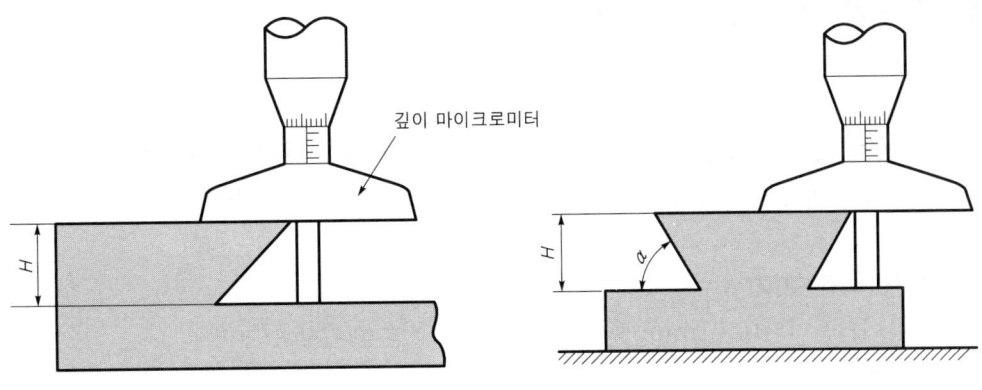

(a) 내측 더브테일 (b) 외측 더브테일

그림 3-118 높이 H의 측정

$$L_1 = M_2 - \frac{D}{2}\left(1 + \frac{1}{\tan\frac{\alpha}{2}}\right)$$

$$= 20.17 - \frac{8}{2}\left(1 + \frac{1}{\tan\frac{59°39'10''}{2}}\right)$$

$$= 9.193 \text{mm}$$

$$L_2 = L_1 + H \cot \alpha$$

$$= 9.193 + 9.992 \times \cot 59°39'10''$$

$$= 15.043 \text{mm}$$

9.8 결과 및 고찰

1) 외측 더브테일 : $\alpha = 60°43'4''$
2) 내측의 더브테일

    α : $59°39'10''$

    L_1 : 9.193mm

    L_2 : 15.043mm

3) 더브테일 측정시 측정값에 영향을 미치는 오차의 원인은 무엇인지 알아보자.
4) 더브테일에서 가장 중요한 측정 요소는 어떠한 항목인지 알아보자.
5) 깊이 마이크로미터의 효율적인 0점 조정법에 대해서 알아보자.

10. 롤러를 이용한 테이퍼 측정

10.1 실습 목표
테이퍼의 정의 및 사용법을 배우고, 테이퍼의 표시 방법과 테이퍼 플러그 게이지(taper plug gauge) 및 테이퍼 링(taper ring) 게이지의 정밀 측정법을 익히는 데 있다.

10.2 사용 측정 기기
1) 외측 마이크로미터(0.01mm, 0~25mm, 25~50mm, 50~75mm)
2) 측정용 롤러(ϕ5,000×2EA)
3) 게이지 블록(76품, 1급)
4) 정반(250mm×450mm)
5) 피측정물
6) 휘발유, 알코올, 방청유, 천 등

10.3 테이퍼의 측정 원리
원추 테이퍼의 측정은 여러 가지 방법이 있으며 여기에서는 롤러와 게이지 블록, 그리고 마이크로미터를 이용하여 간단하게 측정하는 방법에 대해서 소개한다.

이 방법은 다른 측정기를 사용하는 것보다 정도는 낮으나 일반 현장에서 간단히 측정할 수 있기 때문에 자주 이용되며 마이크로미터 대신에 측장기를 이용하면 더 한층 정밀도를 높일 수 있다.

그림 3-119와 같이 정반 위에 원추형 테이퍼 플러그 게이지를 올려 놓고 진원도, 원통도가

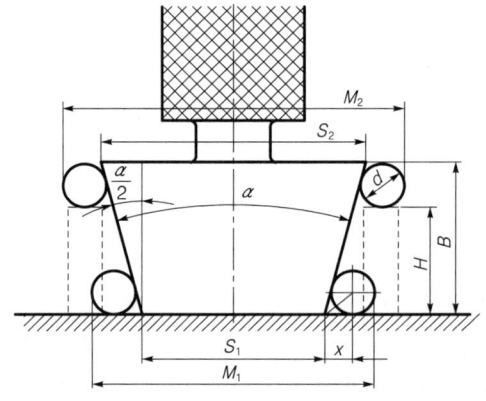

그림 3-119 롤러에 의한 테이퍼 측정

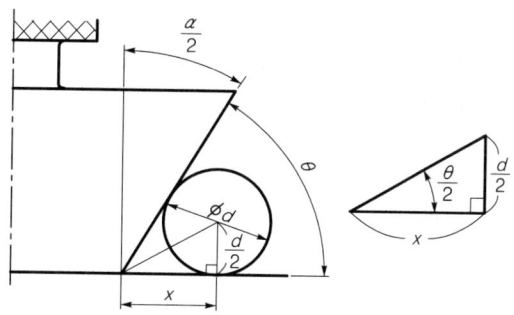

그림 3-120 테이퍼 측정의 계산

양호한 2개의 동일한 치수를 가진 롤러를 테이퍼 좌·우측 모선에 하나씩 접촉시키고, 외측 마이크로미터를 이용하여 M_1을 측정한다. 다음에, 동일한 치수의 2개의 게이지 블록을 테이퍼 양쪽에 놓고 동일한 방법으로 M_2를 측정한다.

M_1과 M_2의 관계에서 테이퍼 각과 테이퍼 양을 구할 수 있다.

$$\text{테이퍼 각}\left(\frac{\alpha}{2}\right) = \tan^{-1}\frac{M_2 - M_1}{2H} \tag{3.18}$$

$$\alpha = 2\tan^{-1}\frac{M_2 - M_1}{2H}$$

$$\text{테이퍼 양}\left(\frac{1}{x}\right) = \frac{M_2 - M_1}{H} \tag{3.19}$$

그림 3-120에서 소단 지름 S_1은 다음과 같이 구할 수 있다.

$$\theta = 90° - \frac{\alpha}{2}, \quad S_1 = M_1 - d - 2x$$

그림 3-120에서 $x = \dfrac{d/2}{\tan\dfrac{\theta}{2}}$ 이고, $\theta = 90° - \dfrac{\alpha}{2}$ 이므로

$$x = \frac{d/2}{\tan\left\{\dfrac{\left(90° - \dfrac{\alpha}{2}\right)}{2}\right\}}$$

$$S_1 = M_1 - d - 2\frac{d/2}{\tan\left\{\dfrac{\left(90° - \dfrac{\alpha}{2}\right)}{2}\right\}} = M_1 - d\left\{1 + \frac{1}{\tan\dfrac{\left(90° - \dfrac{\alpha}{2}\right)}{2}}\right\} \tag{3.20}$$

$$S_2 = S_1 + 2B\tan\frac{\alpha}{2} \tag{3.21}$$

여기서, H : 게이지 블록 치수
B : 테이퍼 부의 길이

이 된다.

그림 3-120에서 $M_1=33.434$, $M_2=45.702$, $d=7.000$, $H=50.000$인 경우 테이퍼 각도, 테이퍼 양, 소단 지름을 계산하면 다음과 같다.

① 테이퍼 각(α)

$$\alpha = 2\tan^{-1}\frac{M_2-M_1}{2H} = 2\tan^{-1}\frac{45.702-33.434}{2\times 50} = 13°59'18''$$

② 테이퍼 양($1/x$)

$$\text{테이퍼 양}\left(\frac{1}{x}\right) = \frac{M_2-M_1}{H} = \frac{45.702-33.434}{50} = 0.24536$$

$$\frac{1}{x} = 0.24536, \quad x = \frac{1}{0.24536} = 4.076$$

$$\therefore \frac{1}{x} = \frac{1}{4.076}$$

③ 소단 지름(S_1)

$$S_1 = M_1 - d\left\{1+\frac{1}{\tan\dfrac{\left(90°-\dfrac{\alpha}{2}\right)}{2}}\right\} = 33.434 - 7.000\left(1+\frac{1}{\tan\dfrac{90°-6°59'39''}{2}}\right)$$

$$= 18.523\text{mm}$$

그림 3-121과 같이 게이지 블록을 이용하지 않고 작은 지름 d, 큰 지름 D인 2종류의 롤러를 이용하여 테이퍼를 측정할 수 있다.

$$\tan\frac{\theta}{2} = \frac{\dfrac{D-d}{2}}{\dfrac{(M_2-M_1)-(D-d)}{2}} = \frac{D-d}{(M_2-M_1)-(D-d)}$$

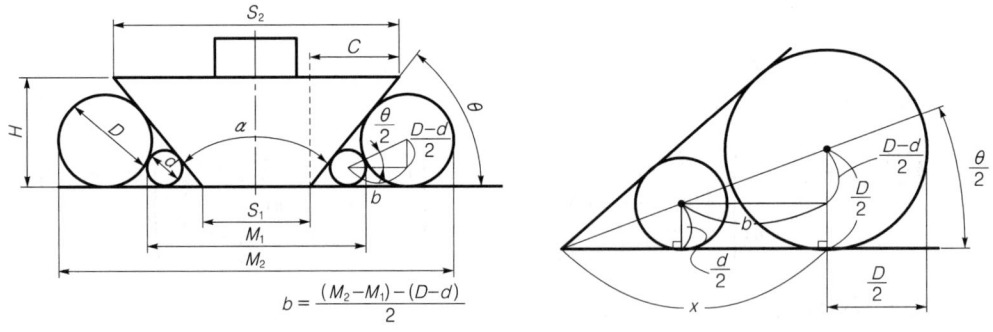

그림 3-121 롤러 2세트를 이용한 테이퍼 측정의 계산

$$\theta = 2\tan^{-1}\frac{D-d}{(M_2-M_1)-(D-d)} \quad (3-22)$$

그림 3-121에서 $\alpha = 180° - 2\theta$ 이다.

마이크로미터를 이용하여 $M_2 = 46.840$, $M_1 = 38.474$, $D = 9.989$, $d = 5.997$mm인 경우, 위 식(3-21)에 대입하면 다음과 같이 계산할 수 있다.

$$\theta = 2\tan^{-1}\frac{D-d}{(M_2-M_1)-(D-d)} = 2\tan^{-1}\frac{9.989-5.997}{(46.840-38.474)-(9.989-5.997)}$$

$$= 84°\,46'\,17''$$

$\alpha = 180° - 2\theta$ 이므로

$$\alpha = 180° - 2(84°\,46'\,17'') = 10°\,27'\,26''$$

그림 3-121의 밑그림에서 소단 지름 S_1을 구하는 공식은

$$S_1 = M_2 - D - 2x = M_2 - D - 2\left(\frac{D/2}{\tan\frac{\theta}{2}}\right) = M_2 - D\left(1 + \frac{1}{\tan\frac{\theta}{2}}\right) \quad (3-23)$$

이다 $\left(\text{그림 3-121에서 } x = \frac{d/2}{\tan\frac{\theta}{2}} \text{이므로 위 식의 } x \text{ 대신에 대입한다}\right)$.

그림 3-121에서 $M_2 = 46.840$, $D = 9.989$, $\theta = 84°\,46'\,17''$인 경우 식(3-22)에 대입하면 소단 지름은

$$S_1 = M_2 - D + \left\{\frac{1}{\tan\left(\frac{84°\,46'\,17''}{2}\right)}\right\} = 46.840 - 9.989\left\{1 + \frac{1}{\tan\left(\frac{84°\,46'\,17''}{2}\right)}\right\}$$

$$= 25.906\text{mm}$$

또 대단 지름 S_2를 구하는 공식을 유도하여 보면

$$S_2 = S_1 + 2H\tan\frac{\alpha}{2} \quad (3-23.1)$$

로 계산할 수 있다.

대단 지름 S_2를 계산하기 위해 하이트 마이크로미터를 이용하여 $H = 50.00$mm를 구하고 $\alpha = 10°\,27'\,26''$, 소단 지름 $S_1 = 25.906$mm를 식(3-23)에 대입하면 다음 값이 된다.

$$S_2 = S_1 + 2H\tan\frac{\alpha}{2} = 25.906 + 2\times 50\tan\frac{10°\,27'\,26''}{2} = 35.057\text{mm}$$

10.4 측정시 주의 사항

1) 외측 마이크로미터로 M_1과 M_2의 측정시 롤러가 정반면이나 게이지 블록 측정면에서 절대로 들뜨지 않도록 해야 하며, 들뜨게 되면 큰 오차가 발생하게 된다.

2) M_1과 M_2의 측정시에는 롤러가 들뜨지 않은 상태에서 최대값을 측정값으로 한다.
3) 측정에 사용하는 롤러는 측정 오차를 줄이기 위하여 진원도, 원통도가 양호한 동일한 치수의 것을 사용해야 한다.
4) 롤러 형상에 의한 오차를 줄이기 위하여 M_1에서 측정한 롤러의 위치와 M_2를 측정할 때의 롤러 위치가 같게 하도록 한다.
5) 테이퍼 부위가 긴 테이퍼는 측정시 쓰러질 우려가 많으므로 안정성 있는 자세로 측정하여야 한다.
6) 그림 3-122와 같이 테이퍼의 중심선에 롤러의 중앙 부위가 접촉하도록 설치하고 측정하여야 한다.

10.5 측정 방법 및 순서

1) 먼저 정반면, 롤러, 게이지 블록 등을 깨끗이 닦아서 먼지·기름 등을 완전히 제거한다.
2) 외측 마이크로미터를 깨끗이 닦고, 0점 조정을 한다.
3) 정반 위에 측정할 피측정물을 올려 놓고 롤러의 중앙이 테이퍼 면에 접하도록 롤러를 설치한다.
4) 외측 마이크로미터를 이용하여 안정된 자세로 M_1을 측정한다(그림 3-123).
5) 동일한 치수의 게이지 블록을 피측정물의 양면에 설치하고, 그 위에 롤러를 올려 놓은 다음 M_2를 측정한다(사진 3-17).
6) M_1 및 M_2의 측정시 원추 테이퍼의 축심과 롤러의 중심이 일치하도록 하고 동시에 측정

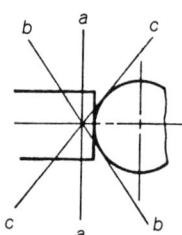
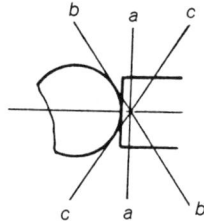

그림 3-122 롤러와 마이크로미터와의 접촉부

그림 3-123 M_1의 측정 방법   사진 3-17 M_2의 측정 방법

단면이 수직이 되도록 해야 하며 그림 3-122와 같이 b-b, c-c와 같이 롤러가 상하, 좌우로 흔들리면 측정값이 변화하게 되어 정확한 측정을 할 수가 없으므로 a-a처럼 최대값을 얻도록 해야 한다.

7) 계산에 의하여 테이퍼 양($1/x$)과 테이퍼 각(α)을 구한다.
8) 테이퍼 양의 유효숫자는 소수 3자리까지 구하며, 테이퍼 각은 공학용 계산기로 초단위까지 구한다.

10.6 측정값의 정리 및 계산

위와 같은 방법으로 구한 측정값을 정리해 테이퍼 양과 테이퍼 각을 계산하여 기입한다.

(계산 예) $M_1 = 34.908$ mm, $M_2 = 37.956$ mm, $H = 24$ mm, $d = 5.000$ mm라면

$$\text{테이퍼 양}\left(\frac{1}{x}\right) = \frac{M_2 - M_1}{H} = \frac{37.956 - 34.908}{24} = 0.127$$

$$\frac{1}{x} = 0.127, \quad x = \frac{1}{0.127} = 7.874 \quad \therefore \quad \frac{1}{x} = \frac{1}{7.874}$$

테이퍼 각(α)

$$\tan\frac{\alpha}{2} = \frac{M_2 - M_1}{2H} = \frac{37.956 - 34.908}{2 \times 24} = 0.063$$

$$\frac{\alpha}{2} = \tan^{-1}\frac{M_2 - M_1}{2H} \text{에서}$$

$$\frac{\alpha}{2} = 3°38'0'' \quad \therefore \quad \alpha = 7°16'01''$$

소단 지름 S는 그림 3-119와 3-120을 이용하여

$$S_1 = M_1 - d\left\{1 + \frac{1}{\tan\left(\frac{90° - \alpha/2}{2}\right)}\right\} = 34.908 - 5.00\left(1 + \frac{1}{\tan\frac{90° - 3°36'17''}{2}}\right)$$

$$= 24.657 \text{ mm}$$

10.7 결과 및 고찰

예) • 테이퍼 각 = $7°12'34''$ • 테이퍼 양($1/x$) = $1/7.874$
    • 소단 지름 = 24.657 mm

1) 마이크로미터로 값 측정 시 3 μm의 오차가 발생하였을 때 테이퍼 각에 미치는 영향에 대해서 알아보자
2) 또한, 테이퍼 양, 소단 지름에는 어느 정도의 영향을 미치는가?
3) 테이퍼의 종류와 정밀도에 대해서 알아보자.
4) 테이퍼 각을 가장 정밀하게 측정할 수 있는 방법들에 대해서 조사해 보자.

11. 브이 블록(V-block)의 측정

11.1 실습 목표
V-블록의 측정 원리 및 측정법을 통하여 각도 및 교점을 정밀 측정하고 각도의 변화에 따른 롤러 높이차의 확대율을 익혀서 진원도, 원통도 등의 기하 형상을 효율적으로 측정하는 데 있다.

11.2 사용 측정 기기
1) 하이트 마이크로미터(Height micrometer) : 0.001mm, 5~300mm
2) V-블록(V-block) : 60°, 90°, 120°
3) 외측 마이크로미터(outside micrometer) : 0.01mm, 0~25mm
4) 롤러(roller) : $\phi 6.000$, $\phi 25.000$
5) 하이트 게이지(height gauge) : 0.02mm, 0~300mm
6) 테스트 인디케이터(lever type dial test indicator) : 0.002mm, 0~0.28mm
7) 정반(surface plate)
8) 알코올, 방청유, 천 등
9) 기준 게이지 블록(master gauge block) : 10조, 1급

11.3 측정 원리
V-블록은 정밀 측정뿐만 아니라 정밀 부품의 가공 및 생산 현장에서 원통형 부품의 지지 및 치구로서 많이 활용되고 있으며, 여러 항목 중에서 V-블록의 각도 및 교점의 높이가 중요한 요소이기 때문에 각도 및 교점 측정법에 대해서 설명한다.

그림 3-124에서

d : 작은 롤러의 직경
D : 큰 롤러의 직경
H_1 : 정반면에서 작은 롤러 윗면 모선까지의 높이
H_2 : 정반면에서 큰 롤러 윗면 모선까지의 높이

라고 하면, 그림 3-124의 V-블록을 각도 측정에서 롤러 2개를 접촉한 중심을 연결하여, 직각 3각형을 만들기 위해 확대를 하면 그림 3-124(b)와 같이 된다. 그림 3-124(b)에서 V-블록의 각도 a를 구하는 공식을 유도하면

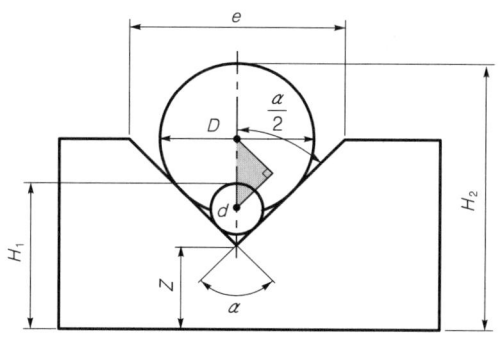

(a) V-블록에서 롤러 2개를 접촉한 상태

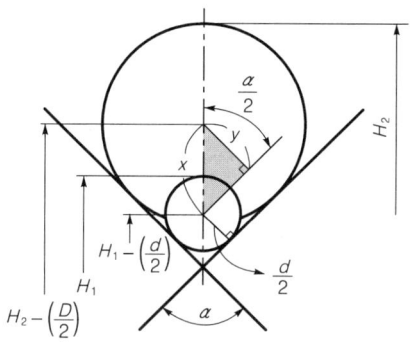

(b) V-블록의 각도 α 계산

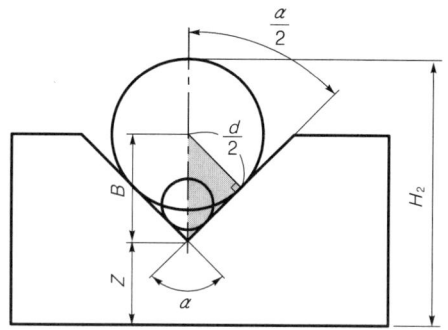

(c) V-블록에서 홈의 정점 Z 계산

그림 3-124 V-블록 측정

$$\sin\frac{\alpha}{2} = \frac{y}{x} \text{에서}$$

$$x = \left(H_2 - \frac{D}{2}\right) - \left(H_1 - \frac{d}{2}\right)$$

$$y = \frac{D}{2} - \frac{d}{2} \text{이므로}$$

$$\sin\frac{\alpha}{2} = \frac{\frac{D}{2} - \frac{d}{2}}{\left(H_2 - \frac{D}{2}\right) - \left(H_1 - \frac{d}{2}\right)}$$

$$= \frac{\frac{D-d}{2}}{(H_2 - H_1) - \frac{D-d}{2}} = \frac{D-d}{2(H_2 - H_1) - (D-d)}$$

$$\therefore \alpha = 2\sin^{-1}\frac{D-d}{2(H_2 - H_1) - (D-d)} \qquad (3.24)$$

가 된다.

그림 3-124(c)에서 V-블록 홈의 정점 Z를 구하는 공식을 유도하면

$$\sin \frac{\alpha}{2} = \frac{\frac{D}{2}}{B}$$

$$B = \frac{\frac{D}{2}}{\sin \frac{\alpha}{2}}$$

$$Z = H_2 - \frac{D}{2} - B = H_2 - \frac{D}{2} - \frac{\frac{D}{2}}{\sin \frac{\alpha}{2}}$$

$$= H_2 - \frac{D}{2}\left(1 + \frac{1}{\sin \frac{\alpha}{2}}\right) \tag{3.25}$$

과 같이 된다.

위 식에서 미지수 d, D, 그리고 H_1과 H_2이므로 d, D, H_1, H_2를 측정하면 각도 α 및 교점의 높이 Z를 구할 수 있다.

그러나 롤러 중심간의 길이가 매우 짧기 때문에 길이 측정의 미소한 오차가 발생하여도 각도 α에 미치는 영향은 매우 크기 때문에 정밀한 방법은 아니지만 3각법을 이용한 각도 측정의 응용으로 여러 방면에 걸쳐서 이용되고 있는 중요한 실습 중의 하나이다.

11.4 측정시 주의 사항

1) $1 \mu m$의 오차에도 각도에 많은 영향을 미치기 때문에 먼지·기름 등을 완전히 제거하고 측정하도록 한다.
2) 테스트 인디케이터의 측정 방향은 항상 일정하여야 한다(피측정물에서 측정할 때의 진입 방향과 하이트 마이크로미터 블록에서의 진입 방향이 일치해야 오차를 줄일 수 있다).
3) 롤러는 진원도, 원통도가 양호한 것을 사용해야 한다.
4) 정반의 형상 오차(평면도 오차)에 따른 오차를 최소화하기 위하여 피측정물인 V-블록과 하이트 마이크로미터는 가능한 한 가까이 놓고 측정하도록 한다.
5) 하이트 마이크로미터는 상하의 측정 범위를 초과하여 움직이지 않도록 한다.
6) V-블록의 형상 및 요철에 의해 측정값이 변하므로 측정 전에 사용면의 돌기를 제거하고 측정하도록 한다.
7) 테스트 인디케이터는 충격에 약하므로 주의해야 한다.
8) 테스트 인디케이터 눈금 읽음시 시차에 의한 오차를 줄이기 위하여 눈금판에 대해서 항상 수직 방향에서 읽도록 한다.

11.5 측정 방법 및 순서

1) 정반, 롤러, 피측정물 등을 깨끗이 닦아서 먼지·기름 등을 완전히 제거한다.
2) 정반상에 하이트 마이크로미터, V-블록, 하이트 게이지를 올려 놓는다.
3) 하이트 게이지에 테스트 인디케이터를 부착시킨다.
4) 기준 게이지 블록을 이용하여 그림 3-125와 같이 하이트 마이크로미터의 0점 조정을 실시한다.

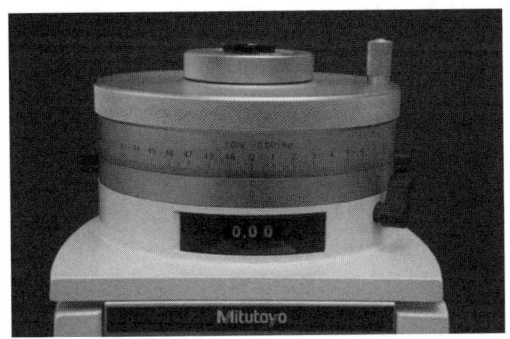

그림 3-125 하이트 마이크로미터의 0점 조정

5) 그림 3-126과 같이 V-블록 V홈에 작은 직경의 롤러를 올려 놓고 정반면에서 롤러 윗면까지의 높이 H_1을 측정한다.
6) 작은 롤러 대신 큰 직경(D)의 롤러를 V-블록의 V홈에 올려 놓고 5)항과 같은 방법으로 높이 H_2를 측정한다(그림 3-127).
7) H_1과 H_2를 측정할 때는 비교 측정이므로 롤러의 최대 높이를 지시하는 인디케이터의 눈금을 기억하거나 또는 0점으로 조정하고, 하이트 마이크로미터의 측정면에 인디케이터의 측정자를 넣어서 롤러에서의 지시점과 같은 위치에 지침이 오도록 하이트 마이크로미터의 심볼을 돌려서 확인한 뒤 그때의 하이트 마이크로미터의 눈금을 읽어서 H_1, H_2값을 측정한다.

그림 3-126 높이 H_1의 측정

그림 3-127 높이 H_2의 측정

8) 외측 마이크로미터를 이용하여 롤러의 직경 d, D를 측정한다.
9) 롤러의 직경 d, D와 높이 H_1, H_2를 이용하여 각도 α 및 교점의 높이 Z를 구한다.

11.6 측정값의 정리 및 계산

롤러의 직경 d, D 및 높이 H_1, H_2를 이용하여 다음 공식으로 각도 α를 구한다.

$$\alpha = 2\sin^{-1}\left\{\frac{D-d}{2(H_2-H_1)-(D-d)}\right\}$$

H_1 또는 H_2로부터 Z를 계산한다.

$$Z = H_2 - \frac{D}{2}\left(1+\frac{1}{\sin\frac{\alpha}{2}}\right) = H_1 - \frac{d}{2}\left(1+\frac{1}{\sin\frac{\alpha}{2}}\right)$$

계산 결과를 기록한다.

(측정 예) : 위의 방법으로 측정하여
  $D : \phi 20.012$ mm, $d : \phi 9.988$
  $H_1 : 39.037$, $H_2 : 26.995$

를 얻어 공식에 대입하여 α와 Z를 구하면

① $\alpha = 2\sin^{-1}\dfrac{D-d}{2(H_2-H_1)-(D-d)}$

  $= 2\sin^{-1}\dfrac{20.012-9.988}{2(39.037-26.995)-(20.012-9.988)}$

  $= 90°57'0''$

② $Z = 26.995 - \dfrac{9.988}{2}\left(1+\dfrac{1}{\sin\dfrac{90°17'34''}{2}}\right)$

  $= 14.996$ mm

11.7 결과 및 고찰

1) 높이 H_1과 H_2의 측정값에 $1\,\mu$m의 측정 오차가 있을 때 각도에 미치는 영향은 어느 정도인지 알아보자.
2) V-블록 각을 정밀 측정할 수 있는 방법은 어떠한 것들이 있는지 알아보자
3) 테스트 인디케이터의 진입 방향에 따른 오차는 어느 정도인지 조사해 보자.

12. 수준기 이용 진직도 측정

12.1 실습 목표
진직도의 정의 및 수준기의 구조, 원리를 파악하고, 그 사용법을 습득함과 동시에 정반 및 기타 기계 부분의 진직(眞直)을 요하는 부분의 진직도를 정밀하게 측정하는 데 있다.

12.2 사용 측정 기기
1) 수준기(200mm, KS 1종)
2) 직선자(straight edge)
3) 마그네틱 베이스(magnetic base)
4) 정반(1000×750mm)
5) 포플린, 알코올, 방청유 등

12.3 진직도의 측정

(1) 진직도의 정의
기계의 직선 부분이 이상 직선으로부터 어긋남의 크기를 말하며, 이상 직선이란 직선 부분 위의 두 점을 지나는 기하학적인 직선을 말한다.

표시 방법은 진직도 ____mm 또는 ____μm 라고 표시한다.

(2) 측정 방법
① 나이프 에지(knife edge)와 틈새 게이지(feeler gauge)에 의한 방법

그림 3-128과 같이 정반 위에 나이프 에지를 올려 놓고 정반과의 틈을 틈새 게이지에

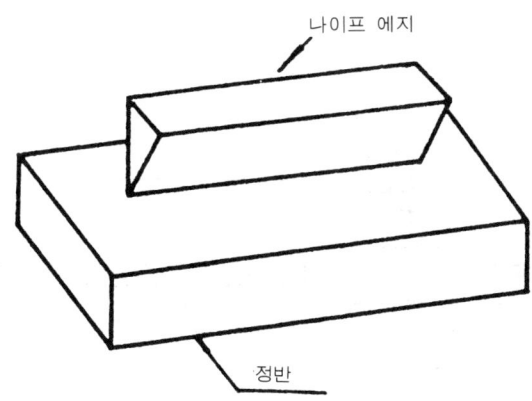

그림 3-128 나이프 에지에 의한 진직도 측정

의해 측정하는 방법이다.
② 중심 받침대(센터 지지대) 및 측미기에 의한 법

그림 3-129와 같이, 이상 축심에 의하여 회전시켜 축에 직각인 단면에 대한 진동의 최대값과 최소값의 차를 측미기로 측정하여, 그 단면에서의 축심의 흔들림으로 진직도를 구한다. 단면 위치를 축에 따라 바꾸어 가며 S의 최대값을 구한다. 즉, 인디케이터 눈금 전체 움직인 양(FIM)의 $\frac{1}{2}$이 진직도가 된다.

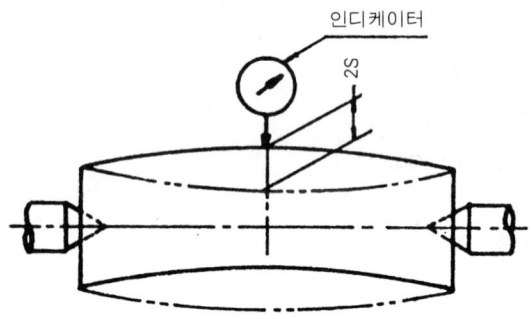

그림 3-129 센터대와 측미기에 의한 진직도 측정

③ 강선에 의한 법

그림 3-130과 같이 강선을 베드 미끄럼면 위에 진직으로 당겨 놓고, 이것을 똑바로 위에서 관측할 수 있도록 측미현미경을 일정한 위치에 고정하고(예를 들면 왕복대 위에) 이동 거리 전체에 있어서 측미 현미경에 나타난 최대차로 구한다.

④ 테스트바(test bar)와 측미기에 의한 법

그림 3-131과 같이 테스트 바를 센터 사이에 끼워 왕복대 위에 고정한 측미기를 여기에 대고 이동시켜 측미기에 나타난 최대값을 취한다.

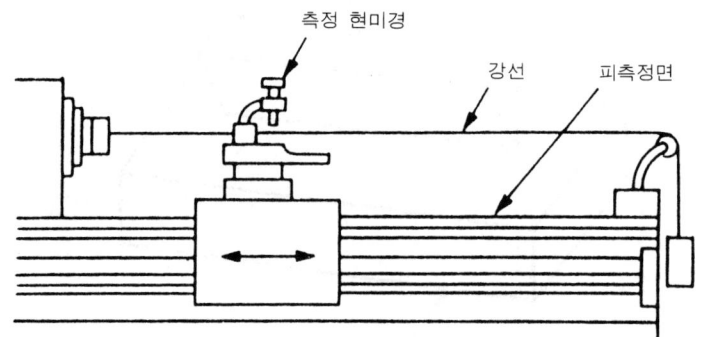

그림 3-130 팽창시킨 강선에 의한 진직도의 측정

⑤ 얼라인먼트 망원경 또는 망원경 등의 광학축을 기준으로 하여 측정하는 법,
    그림 3-132와 같이 얼라인먼트 망원경 등 광학적 측미기에 의해 반사경의 경사량을 측정하여 진직도를 구한다.
⑥ 수준기(기포관식, 또는 전자식), 오토콜리메이터에 의한 방법
    그림 3-133과 같이 수준기 또는 오토콜리메이터로 그 점의 연속적인 경사각을 측정하여, 이 값으로부터 진직도를 계산한다.

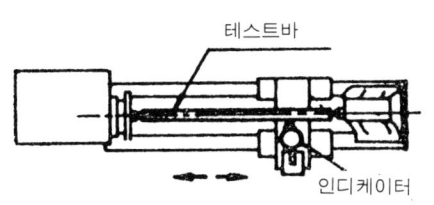

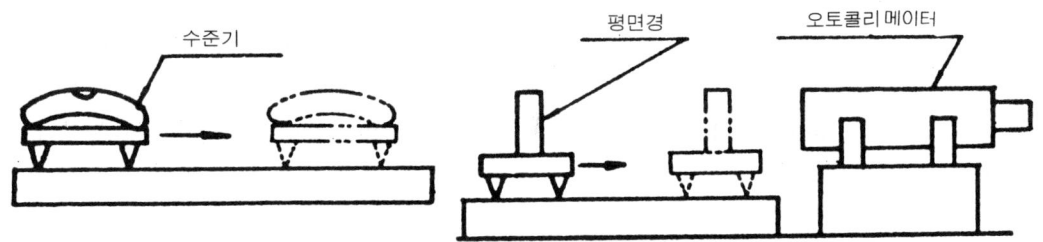

그림 3-131 테스트 바와 측미기에 의한 진직도 측정

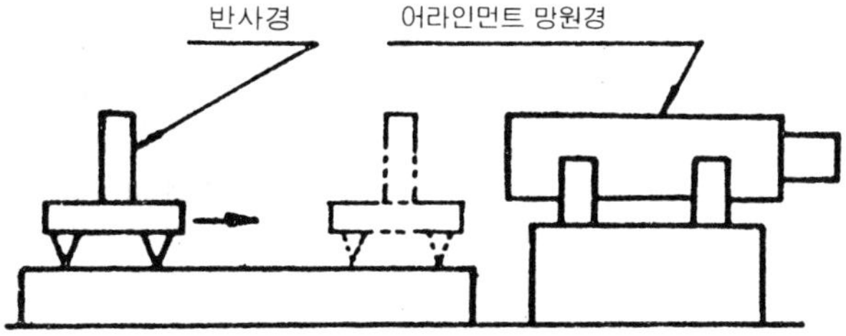

그림 3-132 얼라인먼트 망원경에 의한 진직도 측정

그림 3-133 수준기 또는 오토콜리메이터에 의한 진직도 측정

⑦ 레이저 간섭계에 의한 방법

(3) 수준기의 원리

수준기는 수평 또는 수직을 정하는 데 사용되며, 그 외에 수평 또는 수직으로부터 약간의 경사를 측정하는 데 사용한다.

수준기의 경사각은 눈금을 읽어서 각도로 환산되며, 경사각을 라디안(radian)으로 나타내면 그림 3-134에서

$$\theta = \frac{L}{R} \quad (\theta : \text{radian}) \tag{3.26}$$

로 되며, 한 눈금의 길이를 a, 한 눈금의 경사에 상당하는 각도 ρ(초), 곡률 반경을 R이라 하면

$$\frac{2\pi R}{a} = \frac{360 \times 60 \times 60}{\rho}$$

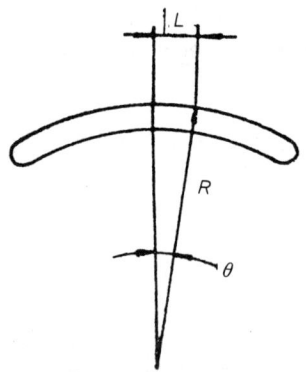

그림 3-134 수준기의 경사

$$\therefore \rho = 206265 \times \frac{a}{R} = k\frac{a}{R}$$

또는 $R = k\dfrac{a}{\rho}$ (3.27)

수준기의 감도는 기포관 속의 기포를 한 눈금 편위시키는 데 필요한 경사를 말하며, 이 경사는 밑변 1m에 대한 높이 또는 각도로 초로 표시한다. 즉, 1m의 밑변을 가진 직각 삼각형의 높이를 mm로 표시하며, 0.02mm/m, 0.05mm/m 및 0.1mm/m로 분류된다. 이것을 각도로 표시하면 다음과 같다.

$$1'' = 4.8481 \times 10^{-4} \text{rad}$$

이며, 작은 범위에서의 라디안(radian)은 거의 탄젠트(tangent) 값으로 되기 때문에, 보통 각도 1초는 1m에 대해서 $4.85\mu m$(약 $5\mu m$)의 높이가 된다. 그러므로, 이 3종류의 수준기 기포관에서는 0.02mm/m는 4초가 되며, 0.05mm/m는 10초, 0.1mm/m는 20초가 되며, 각각 1 눈금에 상당한다.

또한 정밀 수준기 사진 3-18과 같이 본체, 주기포관, 부기포관으로 구성되어 있다. 주기포관

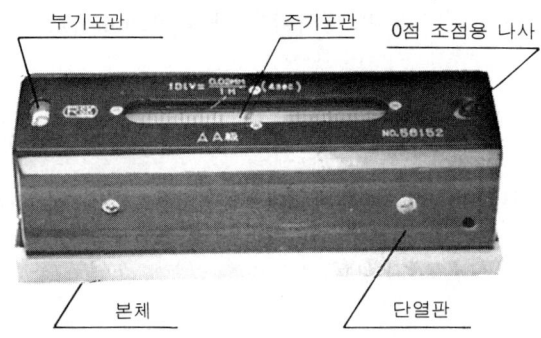

사진 3-18 정밀 수준기

의 눈금은 약 2mm의 등간격으로 조정 나사에 의해서 기포를 $\frac{1}{10}$ 눈금까지 조절할 수 있다.

한편, 전기식 수준기는 그림 3-135와 같이 진자의 선단에 차동 변압기를 접속시켜, 진자의 변위를 전기 신호로 증폭해서 미터로 읽을 수 있다. 이 방식에는 지시 범위 ±8′, ±100″, ±25″, 최소 눈금 20″, 4″, 1″의 3단계로 전환할 수 있다. 지침의 안정 시간은 1초라고 하는 짧은 시간이며, 전기식이기 때문에 원격 측정이 가능하고 효율이 좋기 때문에 최근에 많이 사용되고 있다.

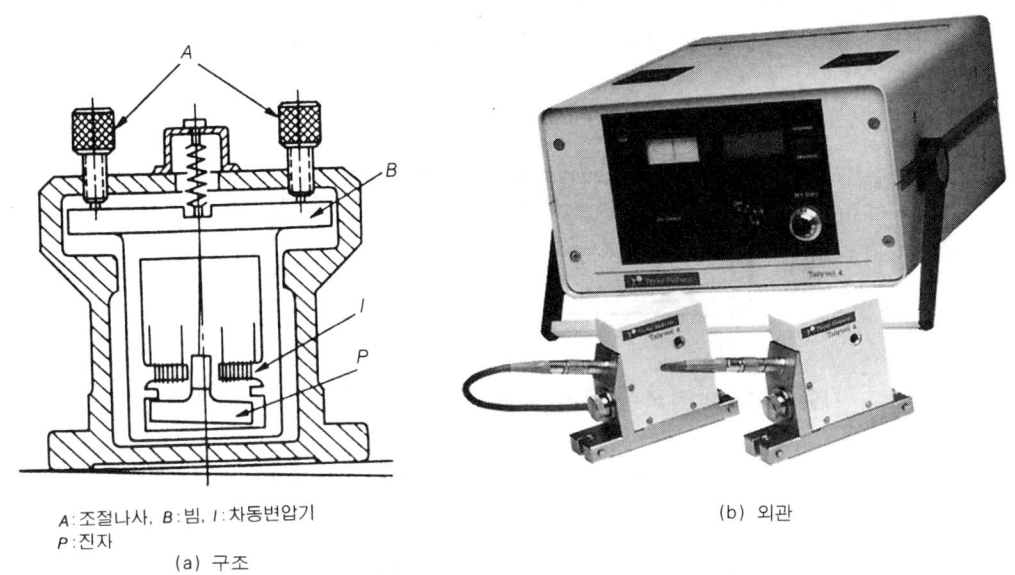

A: 조절나사, B: 빔, I: 차동변압기
P: 진자
(a) 구조　　　　　　　　　　　(b) 외관

그림 3-135 전기식 수준기

12.4 수준기의 종류 및 사용법

(1) 수준기의 종류

a. 기포관식 수준기 : 평형 수준기(flat level)
　　　　　　　　　　각형 수준기(square level)
　　　　　　　　　　특수형 수준기 { 일반용 수준기
　　　　　　　　　　　　　　　　　방직용 수준기 등

b. 전기식 수준기

c. 등급에 의한 분류

　　　　　　　1종 : 0.02mm/m (≒4초)
　　　　　　　2종 : 0.05mm/m (≒10초)
　　　　　　　3종 : 0.1mm/m　(≒20초)

(2) 수준기 사용법(영점 조정)

수준기를 정반 위에 올려놓고 기포관의 눈금을 읽고, 정반의 동일면에 있어서 다시 180° 회전하여 기포관의 눈금을 읽어, 읽음값이 같을 때는 수준기의 밑면과 기포관이 평행이고, 읽음값이 다를 때는 기포관 조절 나사를 돌려서 기포관의 한쪽을 상하로 조절하고, 위와 같은 조작을 되풀이하여 기포관을 정반면과 평행으로 맞춘다.

기포의 크기는 온도에 따라 변하며, 기포의 크기를 조절하기 위해 기포실이 있고, 기포실 아래에 수준기를 길이 방향으로 세워서 흔들면 기포의 크기를 조절할 수 있다.

그러나 기포의 길이는 온도에 의해 계속 변하기 때문에 그림 3-137과 같이 수준기의 읽음

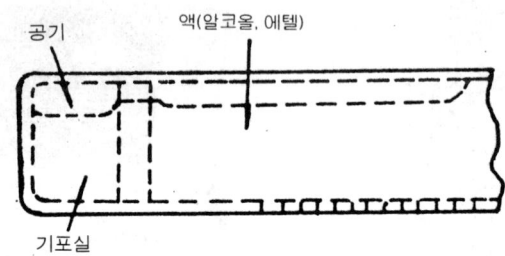

그림 3-136 기포의 크기 조정(수준기를 반대로 한 상태)

은 좌, 우 양쪽을 읽어서 평균을 구하는 것이 좋다. 기포의 끝부분이 기포관에 새겨진 눈금의 기선을 기준으로 수준기의 이동 방향(진행 방향)으로 움직였다면 읽음의 부호는 +이고, 이동 방향의 반대 방향으로 기포가 움직였다면 부호는 -로 간주한다.

그림 3-137에서 읽음값 A는

$$A = \frac{(+2.5)+(+2.2)}{2} + 2.35$$

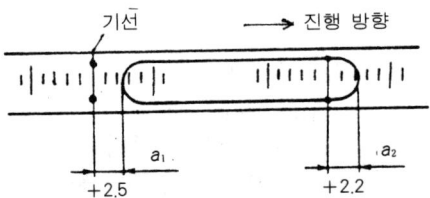

그림 3-137 수준기의 읽음

(3) 수준기의 시험 방법

기포관 시험기에 의해 수준기의 기포관을 기울게 하여 기포의 지시 오차(좌우 눈금의 전진, 후퇴 오차)를 측정하여 그림 3-139와 같이 기록하며 평행도, 평면도, 대칭도 등도 측정한다.

주기포관의 지시 오차는 사진 3-19와 같은 수준기 교정용 시험기(small angle generator)

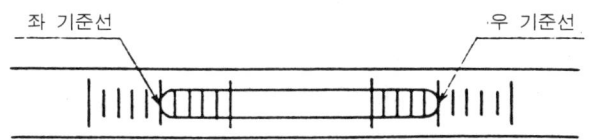

그림 3-138 주기포관의 눈금

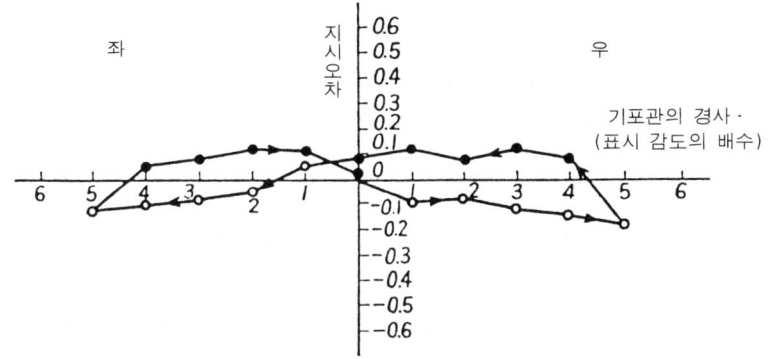

비 고 1. 부기포관이 있는 쪽을 왼쪽으로 한다.
     2. 오차의 부호는 기포가 눈금선의 오른쪽에 있을 때 +로 한다.

그림 3-139 주기포관의 지시 오차

그림 3-140 기포관 시험기

를 이용하여 교정한다.

(4) 수준기의 조정법

수준기의 영점 조정, 즉 기포의 완전한 수평 조절을 위해서는 정반을 완전히 수평으로 조정한 상태에서 수준기의 조정 나사를 조작해서 기포를 기준선으로 조정하면 되지만, 정반이 완전한 수평이 아닌 상태에서도 정반을 3점 지지한 지지대와 수준기의 기포관 조절 나사의 조작에 의해 완전한 수평을 만들 수가 있다. 이 경우, 정반을 설치할 때에는 진동이 없는 안정한 장소를 선택해야 한다.

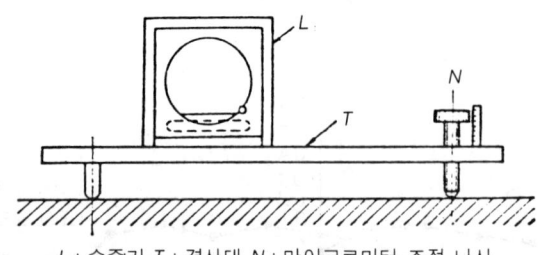

L : 수준기 T : 경사대 N : 마이크로미터 조정 나사

사진 3-19 수준기 교정기(small angle generator)

① 정반을 그림 3-141과 같이 경사 조절대(좌측 2개, 우측 1개소) 위에 설치하고 수준기의 부기포관을 이용해서 정반을 거의 수평 위치로 조절한다.

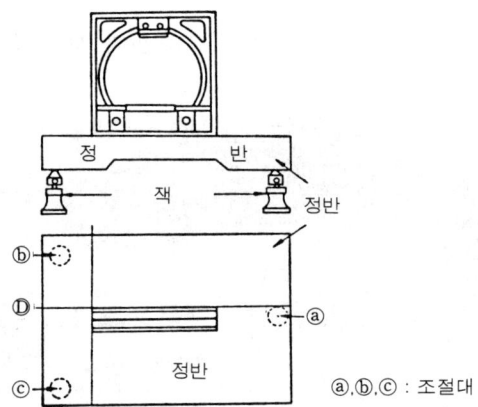

그림 3-141 수준기에 의한 정반의 조정

② 다음에 수준기를 90° 회전시켜 놓고, 부기포관의 기포가 중앙에 오도록 정반의 경사 조절대를 조절한다.
③ 기포가 완전히 중심에서 정지하면, 수준기를 그림 3-142와 같이 그 위치에서 180°, 즉 역방향으로 회전한다. 그때 기포가 ②의 상태와 같으면 수준기는 눈금 중심에 정확하게 수평을 유지한 상태다. 그러나 눈금 중심으로 기포가 되돌아가지 않고, ②의 경우보다 기포가 벗어나면 틀린상태이기 때문에, 중심에서 벗어난 눈금 수의 절반, 즉 2눈금 벗어났

그림 3-142 수준기와 정반의 상태

으면 1눈금만 조정한다.
④ 이것을 중심으로 조정하기 위해서는 수준기를 그 상태의 위치에서 조정 나사를 조작해서 기포를 1눈금만 중심 방향으로 움직인다.
⑤ 위와 같은 조작으로 기포가 완전히 중심에서 멈추면, 다시 한번 수준기를 같은 위치에서 180° 회전시킨 상태에서도 기포가 중심에서 멈추면 수준기와 정반이 완전한 수평을 이루고 있는 상태다.
⑥ 완전한 수평을 얻은 후에는 조정 나사를 움직이지 않도록 이중 너트로 고정한다. 이때, 나사의 끼워맞춤 오차에 의해 조정 나사에 미소한 움직임이 발생해서 기포의 위치가 약간 변동하기 때문에 주의하지 않으면 안 된다.

12.5 진직도의 측정 원리

수준기 1눈금이 경사진 경우, 밑변 거리에 대한 경사량은 다음 식으로 산출할 수 있다. 감도를 0.02mm/m로 하면

$$1000 : 0.02 = \ell : k$$

ℓ : 밑변 거리
k : 1눈금 편위된 경사량

a를! 수준기 읽음이라 하면

$$1000 : 0.02 \times a = \ell : k$$

즉, 감도를 E라 하면

$$1000 : E \times a = \ell : k$$

로 된다.

기포관 1눈금은 0.02mm/m이고, 수준기의 밑변 거리를 200mm로 하면 기포 1눈금의 편위

에 대한 수준기 양단의 높이차는

$$0.02 \times \frac{200}{1000} = 0.004 \text{mm} = 4 \mu \text{m}$$

가 된다.

그러므로, 진직도는 그림 3-143과 같이 피측정면을 순차적으로 2점 연쇄법(連鎖法)에 의해 경사각을 측정하며 편위량은 BC에서 ak, CD에서 bk로 되며, 기준선 AB에 대하여 D점의 편위는 $ak+bk$로 된다(a, b는 수준기의 읽음, k는 기포가 1눈금 편위에 상당하는 높이차이다).

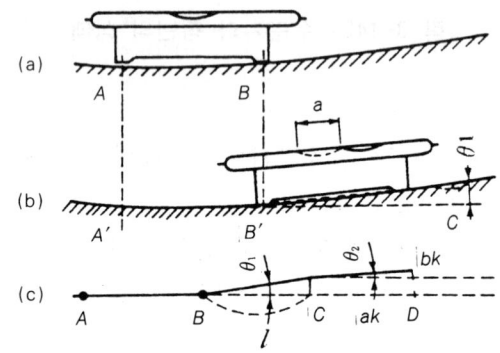

그림 3-143 2점 연쇄법에 의한 진직도 측정 원리

이와 같이 원점을 0(zero)으로 하여 각 측정점마다의 높이차를 순차적으로 합산하여 원점을 기준으로 한 직선에 의해 각 점의 높이를 구할 수 있다.

그림 3-144에서 수준기를 이용하여 Ox 방향으로 같은 간격으로 측정한 값을 z_1, z_2, z_3, ……, z_n이라 하면

$$x_1 = x_0 \qquad z_1 = z'_1$$
$$x_2 = 2x_0 \qquad z_2 = z'_1 + z'_2$$

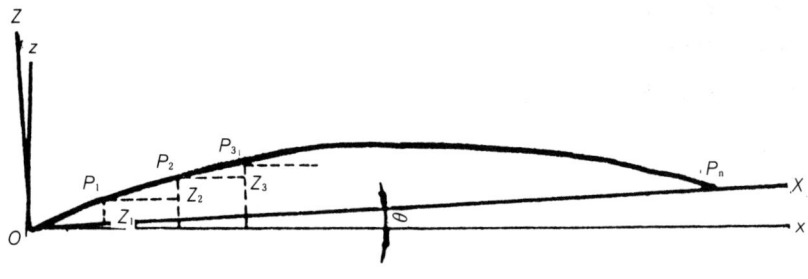

그림 3-144 진직도 측정 원리

$$x_3 = 3x_0 \qquad z_3 = z_1' + z_2' + z_3'$$
$$\vdots$$
$$x_n = nx_0 \qquad z_n = z_1' + z_2' + z_3' + \cdots + z_n' = \sum_{i=1}^{n} z_i'$$

로 된다.

진직도는 두 점을 0(zero)으로 하는 이상 직선에서의 최대값과 최소값의 차로 구하므로, O점과 P_n점을 0으로 하기 위해서는 수평면을 기준으로 하는 좌표 Ox, Oz로부터 새로운 좌표 OX, OZ로 좌표축을 회전하면

$$X_i = x_i \cos\theta + z_i \sin\theta$$
$$Z_i = -x_i \sin\theta + z_i \cos\theta$$

로 되며, θ가 대단히 작고, z_i도 작은 값이라면

$$\cos\theta \fallingdotseq 1 \qquad \sin\theta \fallingdotseq \theta \qquad z_i \sin\theta = 0$$

로 된다. 윗식은 다시

$$X_i = x_i$$
$$Z_i = z_i - x_i \theta$$

로 되며 따라서

$$\tan\theta = \frac{z_n}{x_n}, \qquad \theta \fallingdotseq \frac{z_n}{x_n}$$

으로 하면 윗식은 다시

$$X_i = x_i$$
$$Z_i = z_i - z_n \left(\frac{x_i}{x_n}\right) \tag{3.28}$$

로 된다. 예를 들면 그림 3-145에 있어서 z_n을 $+10\mu\mathrm{m}$라 하고 측정 횟수를 10회로 하면, 새로운 좌표 OX에서의 편위량은

$$Z_1 = P_1 X_1 = z_1 - z_n \cdot \frac{x_1}{x_n} = z_1 - 10 \times \frac{1}{10} = z_1 - 1$$
$$Z_2 = P_2 X_2 = z_2 - z_n \cdot \frac{x_2}{z_n} = z_2 - 10 \times \frac{2}{10} = z_2 - 2$$
$$Z_3 = P_3 X_3 = z_3 - z_n \cdot \frac{x_3}{x_n} = z_3 - 10 \times \frac{3}{10} = z_3 - 3$$
$$\vdots \qquad \vdots$$

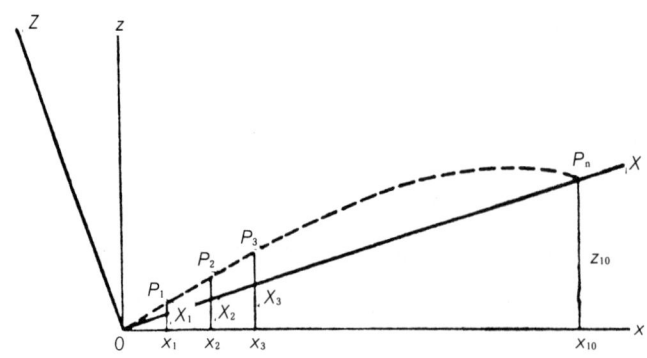

그림 3-145 기준 좌표축의 회전 변환

$$Z_{10} = P_{10}X_{10} = z_{10} - z_n \cdot \frac{x_{10}}{x_n} = 10 - 10 \times \frac{10}{10} = 0$$

와 같이 구할 수 있다.

그러므로, 표 3-11과 같이 측정값, 누적값, 보정값을 차례로 계산하여 진직도를 구할 수 있다.

표 3-11 수준기에 의한 진직도 측정값의 정리

측정점	측정 위치	읽음값 좌	읽음값 우	$\frac{1}{2}$(좌+우)	누적치	보정치	누-보	기준선에 대한 높이차(μm)
0					0	0	0	0
1	0— 200	+2.0	+1.3	+1.65	+1.65	+1.50	+0.15	+0.60
2	200— 400	+2.5	+1.8	+2.15	+3.80	+3.00	+0.80	+3.20
3	400— 600	+0.4	−0.3	+0.05	+3.85	+4.50	−0.65	−2.60
4	600— 800	+2.1	+1.5	+1.80	+5.65	+6.00	−0.35	−1.40
5	800—1000	+2.2	+1.5	+1.85	+7.50	+7.50	0	0

진직도 = 최대값 − 최소값
   = 3.20 − (−2.60)
   = 5.8(μm)

12.6 측정시 주의 사항

1) 고정밀 측정이기 때문에 먼지, 기름 등의 불순물을 완전히 제거한 후 측정에 임해야 한다.
2) 수준기의 기포는 온도 변화에 의하여 빠르게 신축(伸縮)하므로 측정중 체온이 전달되지 않도록 장갑을 착용해야 하며, 가능한 한 빠른 시간내에 측정을 끝내야 한다.
3) 측정중 피측정면 위에 다른 물건을 올려놓거나 몸을 기대서는 안 된다.
4) 측정시는 수준기의 기포가 완전히 정지하여 안정된 후에 측정하여야 하며, 특히 시차를 줄이기 위하여 일정한 방향에서 눈금을 읽어야 한다.

5) 지반이 확고하고, 진동이 없는 곳에서 측정하여야 한다.
6) 수준기는 충격에 약하므로 취급에 특히 주의해야 한다.

12.7 측정 방법 및 순서

(1) 측정 준비

① 피측정면 및 수준기 등을 깨끗한 천에 알코올 등을 묻혀서 먼지, 기름 등의 불순물을 제거한다.
② 정반을 스크류 잭(screw jack)에 의해 3점 지지하고, 수준기의 부기포관을 이용하여 정반을 거의 수평 상태로 조정한다.
③ 다음에 사진 3-20과 같이 수준기를 설치하고 스크류 잭을 조작하여 수준기의 기포를 눈금 중심에 맞춘다.

사진 3-20 수준기의 0점 조정

④ 기포가 완전히 정지한 후 수준기를 같은 위치에서 180°, 즉 반대 방향으로 회전한다. 이때 기포가 ③상태와 같이 눈금 중심에 들어오면 수준기 및 정반이 완전 수평을 이루고 있는 경우이지만, 만일 기포가 중심에서 벗어나 있다면 수준기 및 정반의 상태가 어떠한 경우인지 그림 3-142를 참고하여 확인한다.
⑤ 수준기와 정반의 수평 상태를 확인하였으면, 수준기 조정법을 이용하여 정반 및 수준기가 완전 수평이 되도록 조절한다.
⑥ 그러나, 수준기 기포관의 감도가 정밀할수록 기포의 움직임이 아주 민감하여 한번의 조작으로는 쉽게 되지 않는 경우가 많아 감도 0.05mm 이상 0.02mm, 0.01mm의 정밀급에서는 기포가 약간의 진동과 미세한 경사에서도 민감하게 움직인다. 또한, 수준기를 한

쪽 방향으로 급격하게 움직이면 기포는 관성으로 멈출 위치를 초과하여 이동하므로 안정될 때까지 상당한 시간이 걸리므로 신중하게 해야 한다.

⑦ 완전한 수평 상태가 조정된 후 기포관 조절 나사가 움직이지 않게 이중 너트(double nut)로 완전히 조여야 한다. 이때, 너트의 끼워맞춤 오차에 의해 조정 나사에 이동이 생겨 기포의 위치가 약간 이동될 수 있으므로 주의해야 한다.

(2) 측정

① 수평 조정이 끝났으면 그림 3-146과 같이 직선자를 측정 부위에 설치하고 움직이지 않도록 마그네틱 스탠드로 고정한다.

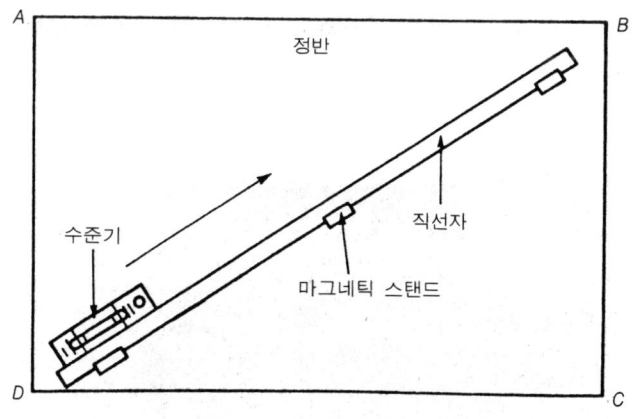

그림 3-146 진직도의 측정

② 측정 시작점에 수준기를 설치하고 직선자의 안내면에 밀착시킨다.
③ 기포가 안정된 후 그림 3-147과 같이 좌, 우측의 눈금을 부호에 유의하면서 읽는다.
④ 0-200, 200-400,…… 순으로 마지막 구간까지 계속해서 측정한다. 측정값은 표 3-11과 같이 진직도 계산 양식을 작성하여 계산한다.

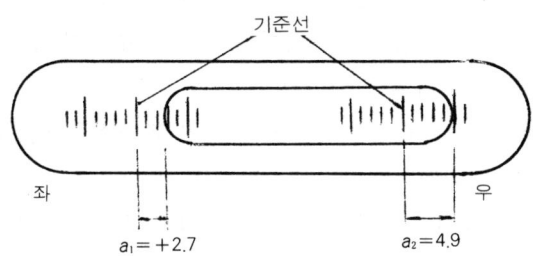

그림 3-147 눈금 읽음

⑤ 기준면에서의 높이차(최대값-최소값)로서 진직도를 구한다.

12.8 측정값의 정리
1) 이와 같이 측정한 측정값을 표 3-11과 같이 계산하여 정리한다.
2) 진직도는 기준선에서의 높이차를 최대값-최소값으로 한다.

12.9 결과 및 고찰
1) 수준기 사용시 발생하는 쉬운 오차에는 어떤 것이 있는가?
2) 시차에 의한 오차는 어느 정도까지 발생하는가?
3) 수준기의 0점 조정시 가장 효율적인 방법은 어떠한 것들이 있는가?
4) 수준기의 다른 용도에 대해서 조사해 보자.
5) 최소 자승법, 최소 영역법에 의한 진직도 측정법에 대해서 알아보자.
6) 진직도의 데이터 처리법의 종류와 그 정도(精度)에 대해서 알아보자.

13. 나사 측정

13.1 실습 목표
나사는 기계 요소 중에서도 가장 많이 사용되는 중요한 부품이므로, 나사의 구성 요소인 각 결정량을 정밀하게 측정하는 기술을 익히는 데 있다.

13.2 사용 측정 기기
1) 벤치 콤퍼레이터(bench comparator)
2) 투영기 또는 공구 현미경
3) 삼침 세트(three wire set)
4) 게이지 블록(10pcs)
5) 피측정물(미터 나사, 유니파이 나사)
6) 방청유, 세척제, 휘발유, 천 등

13.3 나사의 측정 대상
나사의 종류를 용도별로 분류하면 체결용 나사, 테이퍼 나사, 이송 나사 등이 있으며 나사의 검사 방법으로는 게이지에 의한 방법, 나사부의 각 요소(바깥 지름, 골지름, 유효 지름, 각도, 피치 등)을 각각 단독으로 측정하는 방법이 있다.

일반적으로 체결용의 볼트, 너트류는 나사용 한계 게이지로서, 관용 테이퍼 나사 게이지와 관용 평행 나사 게이지로서 검사한다.

나사의 표기 방법은 기호로 나타내며 원칙적으로 소문자는 수나사, 대문자는 암나사를 나타낸다. 또한 나사의 결정량은 바깥 지름, 유효 지름, 산의 반각, 안지름, 피치 등이다.

① 수나사의 바깥 지름 d, 암나사의 골지름 D(major diameter) : 수나사의 산봉우리 또는 암나사의 골 밑에 접하는 가상적인 원통의 지름을 수나사 바깥 지름 또는 암나사의 골지름이라 한다.

② 수나사의 골지름 d_1, 암나사의 안지름 D_1(minor diameter) : 수나사의 골 밑 또는 암나사의 산봉우리에 접하는 가상적인 원통의 지름을 수나사의 골지름 또는 암나사의 안지름이라고 한다.

③ 유효 지름 d_2, D_2(effective diameter, pitch diameter) : 축선(軸線)에 평행으로 측정한 나사홈의 폭과 산의 폭이 같아지는 것과 같은 가상적인 원통의 지름을 유효 지름이라 한다. 또한, 나사홈의 폭이 규정 피치의 1/2인 것과 같은 원통의 지름을 단독 유효 지름(single effective diameter)이라고 한다.

④ 피치(pitch) : 나사의 축선을 포함한 단면에서 서로 이웃하는 산에 대응하는 두 점을 축선에 평행하게 측정한 거리를 피치(pitch)라 한다.

⑤ 리드(lead) : 나사를 1회전시킬 때 나사산이 축방향으로 움직이는 거리를 리드라고 한다. 한 줄 나사에서는 피치와 리드가 같다.
⑥ 플랭크(flank) : 나사산의 산마루와 골 밑을 연결하는 면
⑦ 나사산의 반각(half angle of thread) α_1, α_2 : 축선을 포함한 단면에서 측정한 서로 이웃하는 두 개의 플랭크가 이루는 각도를 말한다.

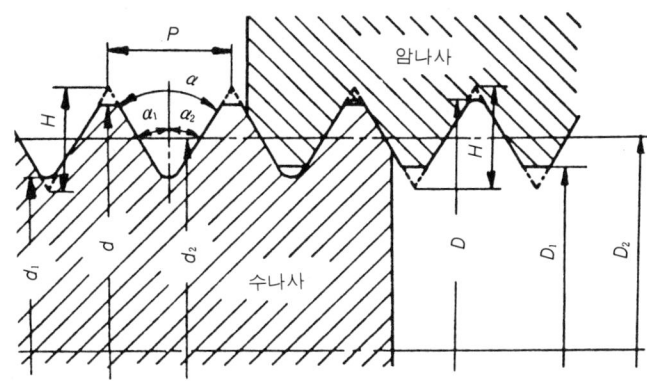

그림 3-148 평행 나사의 결정량

13.4 나사의 오차와 그 영향

(1) 유효 지름 당량

암나사와 수나사의 끼워맞춤시에는 먼저 피치 P와 산의 반각 $\alpha/2$의 값이 같지 않으면 안 되지만, 실제로는 다소의 오차를 피할 수 없다.

그림 3-148과 같이 유효 지름 D_2의 정확한 암나사에 피치 오차 δP 혹은 반각 오차 $\delta\frac{\alpha}{2}$가 있는 수나사를 끼워 맞추기 위해서는 수나사의 유효 지름이 암나사의 유효 지름 D_2보다 약간 (f_1 또는 f_2) 작게 되지 않으면 안 된다.

이 f_1 및 f_2를 각각 피치 오차 및 반각 오차의 유효 지름 당량(effective diameter equivalent)이라 하며, 일반적으로 다음 식으로 나타낸다.

$$f_1 = \delta P \cdot \cot\frac{\alpha}{2} \tag{3.29}$$

$$f_2 = \delta\frac{\alpha}{2} \cdot \frac{2H_1}{\sin\alpha} \ (\delta\frac{\alpha}{2} \text{는 rad단위}) \tag{3.30}$$

또는 $f_2 = \delta\frac{\alpha}{2} \cdot \frac{0.582H_1}{\sin\alpha}[\mu m]$ ($\delta\frac{\alpha}{2}$는 분, H_1은 mm 단위)

여기서 δP는 암나사 길이 내에 어떤 임의의 산과 산의 단일 또는 누적 피치 오차의 절대값의 최대값, 또는 $\delta\frac{\alpha}{2}$는 반각 오차의 절대값의 최대값이다.

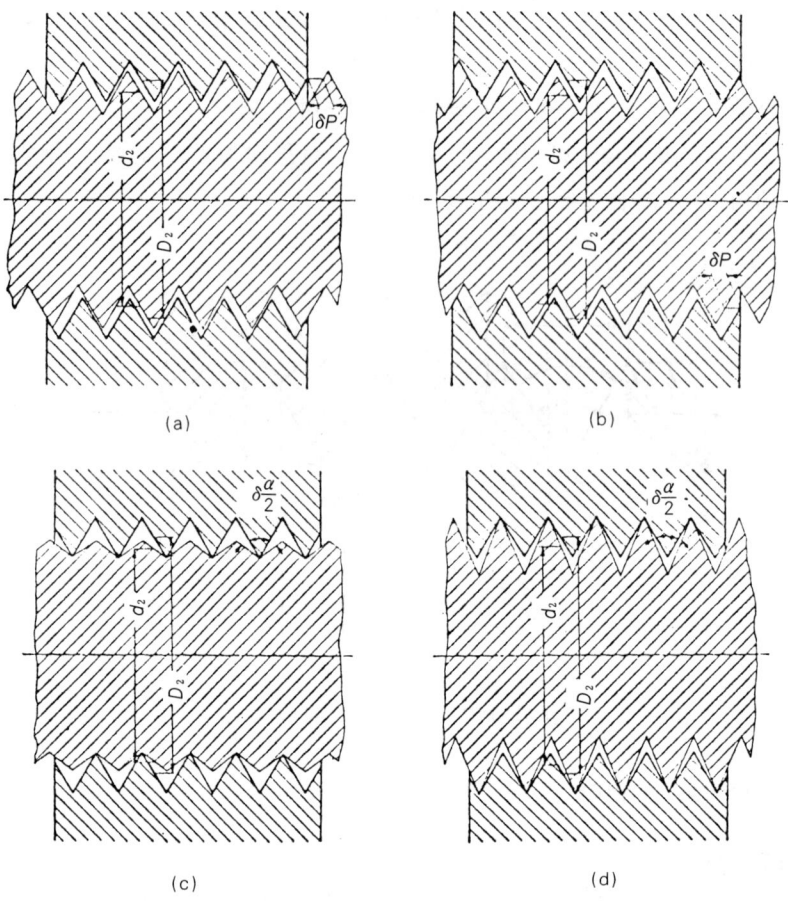

그림 3-149 피치 오차 δP(a)(b) 및 산의 반각 오차 $\delta\frac{\alpha}{2}$(c)(d)

끼워맞춤 길이 L가운데 최대피치 오차 δP가 있는 경우에 필요한 수나사와 암나사의 유효 지름의 차 f_1의 식은 그림 3-150(a)의 관계로부터 구할 수 있다. 또한, 반각 오차 $\delta\frac{\alpha}{2}$ 가 있는 경우에 필요한 유효 지름의 차 f_2는 그림 (b)에 있어서 $f_2 = FG$로 표시할 수 있다. $\varDelta FGH$ 에서

$$2FG = 2FH / \sin\frac{\alpha}{2}$$

이며, 또한 FH는 B를 중심으로 하는 원호로 생각하면

$$FH = BF\ S\frac{\alpha}{2}$$

이다. 따라서 $\varDelta DEB$에서

$$BD = 2BF = \frac{H}{\cos\left(\frac{\alpha}{2} + \delta\frac{\alpha}{2}\right)}$$

이므로

$$f_2 \fallingdotseq \frac{H_1}{\sin\frac{\alpha}{2}\cdot\cos\frac{\alpha}{2}}\delta\frac{\alpha}{2} = \frac{2H_1}{\sin\alpha}\delta\frac{\alpha}{2}$$

이다.

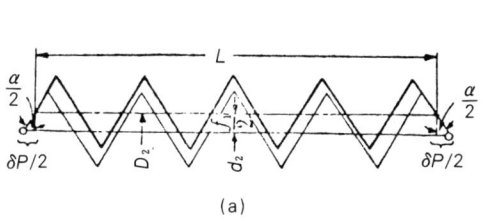
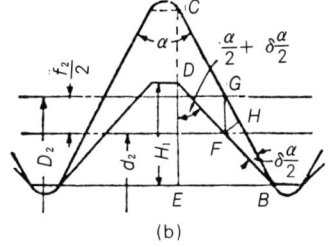

그림 3-150 피치 오차(a) 및 반각 오차(b)

미터 및 유니파이 나사의 유효 지름 당량(μm)은 보통 다음 식을 이용한다.

$$f_1 = 1.732\delta P, \qquad f_2 = 0.436P\,\delta\frac{\alpha}{2}$$

(P는 mm, δP는 μm, $\delta\frac{\alpha}{2}$는 분(分) 단위이다)

단독 유효 지름 d_2, D_2 수나사와 암나사의 피치 오차 및 반각 오차의 유효 지름 당량을 각각 f_1, F_1 및 f_2, F_2라 하면 수나사와 암나사의 종합 유효 지름 d_{2w}, D_{2w}는

$$d_{2w} = d_2 + (f_1 + f_2) \tag{3.31}$$
$$D_{2w} = D_2 - (f_1 + f_2) \tag{3.32}$$

로 되며, 원활한 끼워맞춤이 되기 위한 조건은

$$d_{2w} \leqq D_{2w}$$

이다.

13.5 수나사의 측정 원리

(1) 바깥 지름 및 골지름 측정

외경 d는 원통과 같이 측정할 수 있지만, 한쪽 방향의 측정면은 1산에, 다른 측정면은 2산에 접촉하도록 하고, 축에 직각으로 측정하는 것이 좋다. 측정에는 인디케이터가 부착된 마이크로

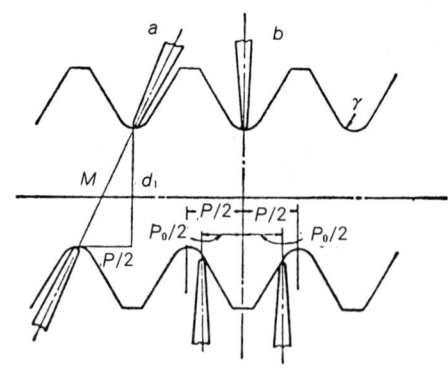

그림 3-151 골지름의 측정

미터가 편리하며 일정한 측정압으로 1 μm 정도의 정밀도로 측정할 수 있다. 이 경우에도 게이지 블록(또는 롤러 게이지)에 대한 비교 측정이 가장 정도가 좋다.

골지름 d_1의 측정에는 골바닥에만 접촉할 수 있도록 가는 원추 또는 측정자를 이용한다. 그림 3-151의 (a)방법에서는 골지름 d_1은 측정값 M으로부터 다음 식으로 구할 수 있다.

$$d_1 = M - \frac{P^2}{8M} + \frac{rP^2}{4M^2} \tag{3.33}$$

또한, (b)의 방법에서는 직접 d_1을 얻을 수 있지만 두 개의 측정자의 간격은 나사의 실제 피치 P와 같도록 할 필요가 있으며, 오차 $\delta p = \frac{p - p_0}{2}$ 인 경우에는 $\frac{-\delta p^2}{8(r - r')}$ 만큼 보정 (r'는 측정자의 곡률 반경)을 필요로 한다.

그러나 보통 나사 플러그 게이지의 골지름은 측정하지 않는 항목으로 규정되고 있다.

(2) 유효 지름의 측정

유효 지름의 측정은 플랭크에 접하는 적당한 측정자를 이용하며, 사용 측정기로는 마이크로미터, 측장기, 지침 측미기 등으로 요구 정밀도에 알맞은 측정기를 선택하고, 측정자는 그림 3-152와 같이 각종 모양 중에서 선택한다.

① 삼침법(three wire method)

KS에서 유효 지름의 측정 방법으로 규정하고 있는 가장 정밀도가 높은 방법으로, W.Taylor(영국, 1988년)에 의해서 발표되고, 그후 E. M. Eden(L. P. L)과 G. Berndt 교수에 의해서 발전되어 온 방법이다.

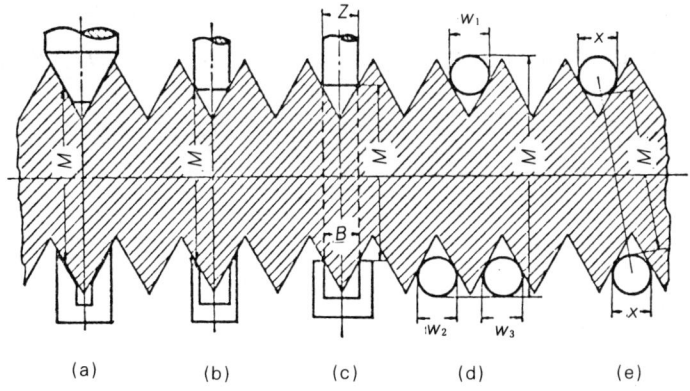

그림 3-152 유효 지름의 측정

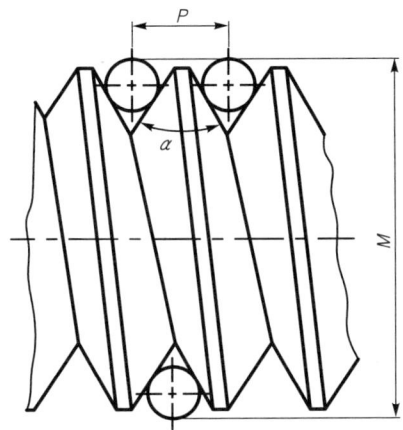

그림 3-153 삼침법에 의한 유효 지름의 측정

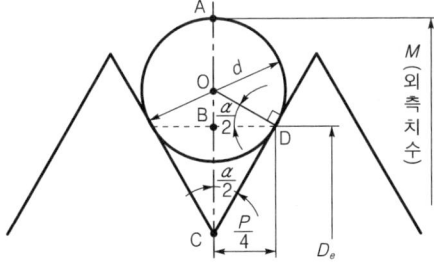

그림 3-154 유효 지름의 측정 원리

그림 3-153과 같이 3침을 나사홈에 접촉시킨 다음 바깥 치수(M)를 측정하여 구하는 방법이다. 그림 3-154처럼 나사부분에 최적 3침을 접촉시키고 유효 지름(D_e)을 구하는 공식을 유도해 보면

3각형 OCD에서

$$\overline{AO} = \frac{d}{2}$$

$$\sin\frac{\alpha}{2} = \frac{\overline{OD}}{\overline{OC}}$$

$$\overline{OD} = \frac{d}{2}, \quad \overline{OC} = \frac{d/2}{\sin\frac{\alpha}{2}}$$

3각형 BCD에서

$$\tan\frac{\alpha}{2} = \frac{\overline{BD}}{\overline{BC}} \text{ 에서}$$

$$\overline{BD} = \frac{p}{4}$$

$$\overline{BC} = \frac{\frac{p}{4}}{\tan\frac{\alpha}{2}} \text{ 이므로}$$

$$\overline{OB} = \overline{CO} - \overline{BC} \quad \cdots\cdots\cdots ①$$

$$\overline{AB} = \overline{AO} + \overline{OB} \quad \cdots\cdots\cdots ②$$

유효 지름 $D_e = M - 2\,\overline{AB}$ 에서

① $\overline{OB} = \left(\dfrac{\frac{d}{2}}{\sin\frac{\alpha}{2}} - \dfrac{\frac{p}{4}}{\tan\frac{\alpha}{2}} \right)$

② $\overline{AB} = \dfrac{d}{2} + \left(\dfrac{\frac{d}{2}}{\sin\frac{\alpha}{2}} - \dfrac{\frac{p}{4}}{\tan\frac{\alpha}{2}} \right)$

$$D_e = M - 2\,\overline{AB}$$

$$= M - 2\left\{ \frac{d}{2} + \left(\frac{\frac{d}{2}}{\sin\frac{\alpha}{2}} - \frac{\frac{p}{4}}{\tan\frac{\alpha}{2}} \right) \right\} = M - d - 2\left(\frac{\frac{d}{2}}{\sin\frac{\alpha}{2}} - \frac{\frac{p}{4}}{\tan\frac{\alpha}{2}} \right)$$

$$= M - d\left(1 + \frac{1}{\sin\frac{\alpha}{2}}\right) + \frac{p}{2\tan\frac{\alpha}{2}} \tag{3.34}$$

식 (3.34)에서 나사산 각이 60°인 미터나사인 경우 유효 지름(D_e)은 식 (3.34)의 α에 60°를 대입하여 계산하면 식 (3.35)와 같이 된다.

$$\begin{aligned}D_e &= M - d\left(1 + \frac{1}{\sin 30°}\right) + \frac{p}{2\tan 30°} \\ &= M - d\left(1 + \frac{1}{0.5}\right) + \frac{p}{2 \times \frac{1}{\sqrt{3}}} = M - 3d + 0.866025 \times p \end{aligned} \tag{3.35}$$

식 (3.34)에서 나사산 각이 55°인 인치 계열의 휘트워스 나사인 경우 유효 지름(D_e)은 식 (3.34)의 α에 55°를 대입하여 계산하면 다음과 같이 된다.

$$D_e = M - 3.16568d + 0.960491 \times p$$

(측정 예)

미터 나사의 측정에서 피치가 2.0mm이고 최적 선지름(3침의 지름)이 1.443mm인 3침을 접촉하고 외측 마이크로미터로 측정하여 외측 치수 $M = 20.156$mm이었다. 이때 나사의 유효 지름을 계산하여라.

(풀이)

$D_e = M - 3d + 0.866025 \times p$ 의 공식에서 $M = 20.156$과 $p = 2.0$을 대입하여 풀면

$$D_e = 20.156 - 3 \times 1.443 + 0.866025 \times 2 = 17.559 \text{mm}$$

또 그림 3-154에서 최적 3침의 지름을 구하는 공식을 유도하여 보면 직각 3각형 OBD에서

$$\cos\frac{\alpha}{2} = \frac{\overline{BD}}{\overline{OD}} = \frac{\frac{p}{4}}{\frac{d}{2}} = \frac{2p}{4d} = \frac{p}{2d}$$

$$2d = \frac{p}{\cos\frac{\alpha}{2}}$$

$$\therefore d = \frac{p}{2\cos\frac{\alpha}{2}} \tag{3.36}$$

식 (3.36)에서 미터 나사의 나사산 각이 60°인 경우 α 대신에 60°를 대입하면 다음과 같은 식이 된다.

$$d = \frac{p}{2\cos\frac{60°}{2}} = \frac{p}{2 \times 0.866} = 0.57735 \times p$$

3침의 최적 선지름을 d_w 라고 하면 다음과 같다.

$$d_w = 0.57735 \times p \tag{3.37}$$

(측정 예)

미터 나사에서 유효 지름을 측정할 때 피치 1.25mm인 경우 3침의 최적 선지름 d_w를 구하여라.

(풀이)

$$d_w = 0.57735 \times p = 0.57735 \times 1.25 = 0.722 \text{mm}$$

표 3-12 나사 측정용 3침의 적용(1)

3점 지름 d_w [mm]	적용하는 나사의 종류와 피치 또는 산수		
	미터 나사 (피치 mm)	유니파이 나사 (산수)	휘트 워드 나사 (산수)
0.1155	0.2	—	—
0.1443	0.25	—	—
0.1732	0.3	80	—
0.2021	0.35	72	—
0.2309	0.4	64	—
0.2598	0.45	56	—
0.2887	0.5	48	—
0.3464	0.6	44 40	—
0.4330	0.7 0.75 0.8	36 32	—
0.5196	0.9	28	—
0.5774	1	24	—
0.7217	1.25	20	20
0.7954	—	18	18
0.8949	1.5	16	16
1.0227	1.75	14	14
1.1547	2	13	—
1.1932	—	12	12
1.3016	—	11	11
1.4434	2.5	10	10

표 3-13 나사 측정용 3침의 적용(2)

3점 지름 d_w [mm]	적용하는 나사의 종류와 피치 또는 산수		
	미터 나사 (피치 mm)	유니파이 나사 (산수)	휘트 워드 나사 (산수)
1.5908	—	9	9
1.7897	3	8	8
2.0454	3.5	7	7
2.3863	4	6	6
2.5981	4.5	—	—
2.8868	5	5	5
3.1817	5.5	4½	4½
3.5794	6	4	4
4.0908	—	—	3½
4.4055	—	—	3¼
4.7726	—	—	3
4.9801	—	—	2⅞
5.2065	—	—	2¾
5.4544	—	—	2⅝
5.7271	—	—	2½

표 3-14 나사 측정용 3침의 호칭 지름

호칭 지름 [mm]	적용하는 나사 종류와 피치 또는 산수		호칭 지름 [mm]	적용하는 나사 종류와 피치 또는 산수	
	미터 나사	유니파이 나사		미터 나사	유니파이 나사
0.1155	0.2	—	1.0227	1.75	14
0.1443	0.25	—	1.1547	2	13
0.1732	0.3	80	1.1932	—	12
0.2021	0.35	72	1.3016	—	11
0.2309	0.4	64	1.4434	2.5	10
0.2598	0.45	56	1.5908	—	9
0.2887	0.5	48	1.7897	3	8
0.3464	0.6	44, 40	2.0454	3.5	7
0.4330	0.70, 0.75, 0.8	36, 32	2.3863	4	6
0.5196	—	28	2.5981	4.5	—
0.5774	1	24	2.8868	5	5
0.7217	1.25	20	3.1817	5.5	4½
0.7954	—	18	3.5794	6	4
0.8949	0.5	16			

* 미터 나사는 피치(mm), 유니파이 나사는 25.4mm에 대한 산수

KS에서는 측정 조건으로서 표 3-14와 같이 규정하고 있다. 즉, 3침의 치수 정도는 표시 직경과 호칭 직경과의 차 ±2.5μm, 표시 침경의 상호차 0.5μm 이하, 진원도(60°V-블록에 의한 3점법) 0.5μm 이하, 원통도 0.5μm 이하이다. 또한, 게이지면의 표면 거칠기는 원칙적으로 0.25, 경도는 Hv660 이상으로 규정하고 있다.

표 3-15 3침법에 있어서 측정력 및 3침과 측정면의 접촉 길이

피치 P [mm]	산 수 (25.4mm에 대해)	측 정 력 N(gf)	3침과 측정면의 접촉 길이 [mm]
0.2~0.5	80~48	1.67~ 2.26{170~ 230}	4~ 6
0.6~1	44~24	4.41~ 5.39{450~ 550}	4~ 6
1.25~4	20~ 6	8.83~10.79{900~1100}	6~ 8
4.5이상	5이하	8.83~10.79{900~1100}	8~10

② 광학적인 유효 지름 측정법

유효 지름은 투영기, 공구 현미경 등의 광학적 측정기에서 나사 축선에 직각으로 운동하는 측정 테이블의 전후 이동량을 읽어서 직접 구할 수 있다.

그림 3-155와 같이 수평면 내에 나사의 축선 AB가 측정 축선 CD에 대해서 약간 기울어졌다면, 유효 지름의 측정값 M은 플랭크 a에서는 과대(過大), b에서는 과소(過小)가 된다. 그러므로 이 두 값의 평균값 $\frac{1}{2}(M_1+M_2)$는 2차량까지 바른 값을 가지기 때문에 보통은 서로 이웃하는 두 플랭크에서 측정해야 한다. 그러나, 이 방법도 고정도를 요하는 측정에는 사용할 수 없으며 최적 조리개 직경을 이용해야 하며, 그렇지 않을 때는 필히 보정을 필요로 한다.

(2) 피치 측정

피치 오차에는 1피치에 대한 단일 피치 오차(simple pitch error)와 2피치 이상 떨어진 산

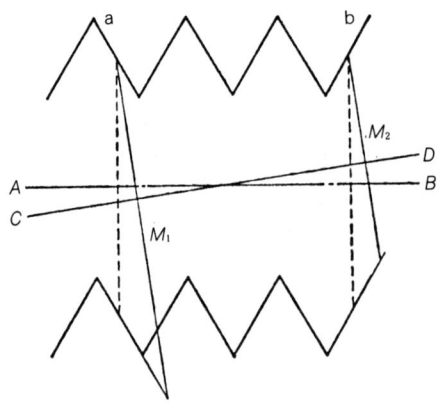

그림 3-155 유효 지름의 광학적 측정

간격의 합계에 대한 누적 피치 오차(cumulative pitch error)가 있다. 표 3-16은 단일 피치 오차 및 누적 피치 오차를 계산하는 예를 나타내며, 그림 3-156은 이것을 그래프로 도시하고 있다.

표 3-16 피치 오차

단위 : μm

나사홈 번호	단일 피치 δP	누적 오차 $\Sigma \delta P$	나사홈 번호	단일 오차 δP	누적 오차 $\Sigma \delta P$
0	0	0	5	+0.2	−1.8
1	+1.0	+1.0	6	−1.4	−3.2
2	+0.8	+1.8	7	−1.5	−4.7
3	−0.6	+1.2	8	+0.8	−3.9
4	−3.2	−2.0	9	+2.0	−1.9

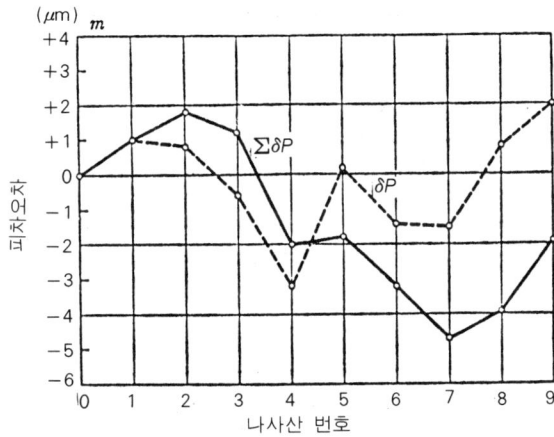

그림 3-156 단일 피치오차 δP 및 누적 오차 $\sum \delta P$

피치의 측정은 그림 3-157과 같이 피치 측정기로 측정하나, 보통은 광학적인 방법으로 간단히 측정할 수 있다. 광학적인 방법으로는 투영기나 공구 현미경을 이용하여 측정하며, 나사

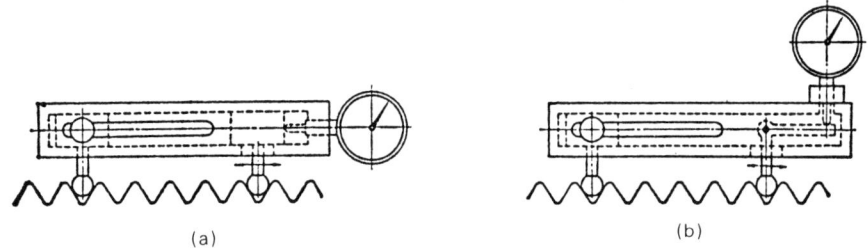

그림 3-157 피치 비교 측정기

산의 측면에 스크린의 십자선을 정확하게 맞춘 뒤 좌우 이동 마이크로미터를 이용하여 인접한 산의 동일 방향의 플랭크에 십자선을 다시 맞추어, 그때의 마이크로미터 읽음의 차로서 피치를 구할 수 있다.

그러나 그림 3-158과 같이, 나사의 축선 AB에 대한 측정 테이블의 이동 방향 CD의 경사 때문에 발생하는 오차를 2차량까지 제거하기 위하여 나사의 좌측 플랭크를 이용한 피치와 우측 플랭크를 이용한 피치를 각각 측정하여 평균값을 구해야 한다.

$$P_1 = \frac{1}{2}(P_1 + P_1')$$
$$P_2 = \frac{1}{2}(P_2 + P_2')$$

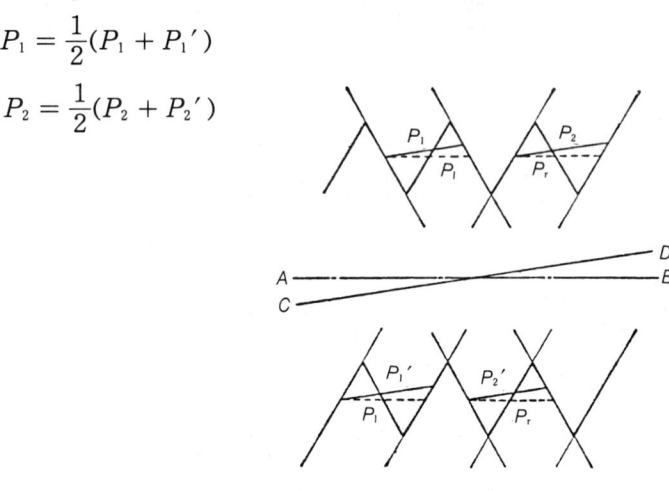

그림 3-158 피치의 광학적 측정

(3) 산의 반각 측정

나사산의 각도 측정은 실제로 광학적인 방법을 이용하며, 형판 접안렌즈에 새겨진 표준 윤곽과 나사산의 형상을 합치시켜 표준 윤곽의 각도로서 산각을 구하는 방법과 투영기나 공구 현미경에서 각도 스크린과 십자선에 의해서 산의 각도를 측정할 수 있다.

그러나, 그림 3-159와 같이 측정 축선 CD와 나사의 축선 AB가 일치되지 않았을 때는

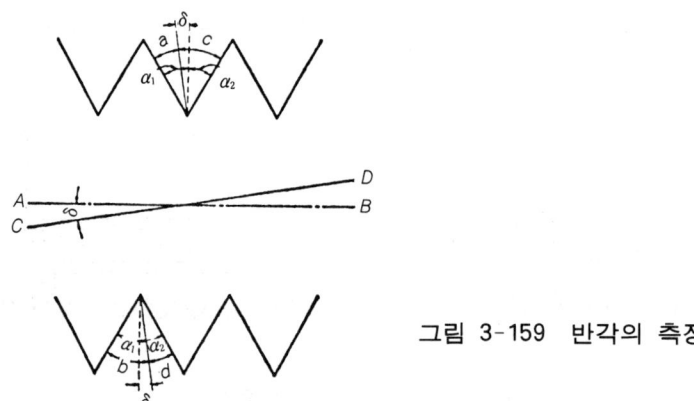

그림 3-159 반각의 측정

$\frac{1}{2}$(a+b)로 좌반각을 구하고, $\frac{1}{2}$(c+d)로 우반각을 계산한다.

13.6 암나사의 측정 원리

암나사의 측정은 수나사보다는 어렵고, 일반적으로 큰 오차가 발생한다. 직경이 작은 것은 측정이 곤란한 것이 많고, 지름 10mm 이하의 암나사의 측정은 실제로 불가능하기 때문에 역으로 플러그 나사게이지에 의한 점검으로 만족한다.

(1) 유효 지름의 측정

암나사의 유효 지름 D_2는 강구를 측정자로 이용해서 횡형 옵티미터(optimeter) 같은 광학적 비교 측정기 또는 정밀한 측장기로 측정하며, 구의 형상 오차때문에 비교 측정만이 가능하다.

구(球)의 직경을 x로 하면 유효 지름 D_2는 피측정물 및 표준편에 대한 읽음값 M 및 M_0로부터 다음 식을 얻을 수 있다.

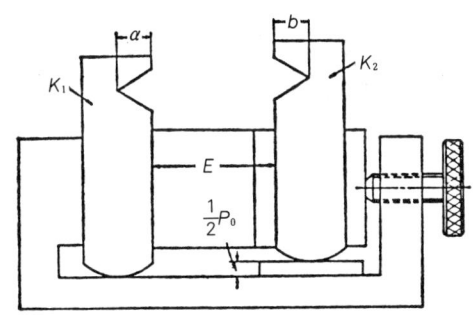

그림 3-160 암나사 유효 지름 측정용 표준편   그림 3-161 내경 측정 장치에 의한 유효 지름 및 피치의 측정

$$D_2 = K + E + (M - M_0) + x\left(\frac{1}{\sin \alpha/2} - \frac{1}{\sin \alpha_0/2}\right)$$

$$- \frac{1}{2}P\cot\frac{\alpha}{2} + C_1 + (C_2 - C_2').$$

여기서, E = 게이지 블록 치수 $K = a + b$ = 표준편의 내측 치수
C_1 : 경사 위치 보정 C_2 : 피측정물에 대한 탄성 변형 보정
C_2' : 표준편에 대한 탄성 변형 보정

3침법의 경우에 최적 침경이 있듯이, 암나사 측정에도 반각 오차의 영향이 0이 되는 최적값이 있다. 또한 내측 마이크로미터의 측정자(내경용)를 나사 측정용 측정자로 교체해서 나사의

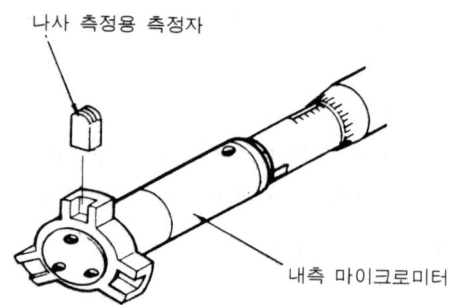

그림 3-162 내측 마이크로미터와 나사 측정자

유효 지름을 직접 구할 수 있다.

(2) 피치 및 각도의 측정

암나사의 피치 측정은 암나사용 피치 측정기(예를 들면 그림 3-163의 NPL식)로 측정할 수가 있다.

각도 측정은 암나사를 수나사처럼 측정하는 것은 어렵기 때문에, 주형으로 복제(replica)해서 수나사를 만들어 이것을 공구 현미경이나 만능 측정 현미경으로 측정한다.

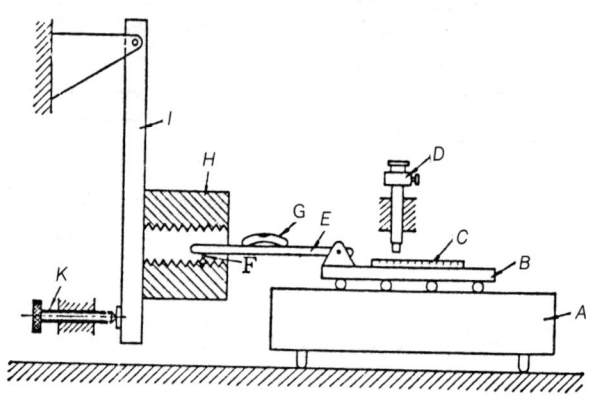

그림 3-163 PTR 만능 측정기

13.7 측정시 주의 사항

1) 나사의 축선과 측정 테이블의 측정 축선을 일치시켜야 한다.
2) 산의 각도를 측정할 때 양센터 지지대를 리드각만큼 경사시켜 선명한 상(像)을 만들어서 측정해야 한다.
3) 눈의 위치를 항상 같게 하여 시차를 없애야 한다.

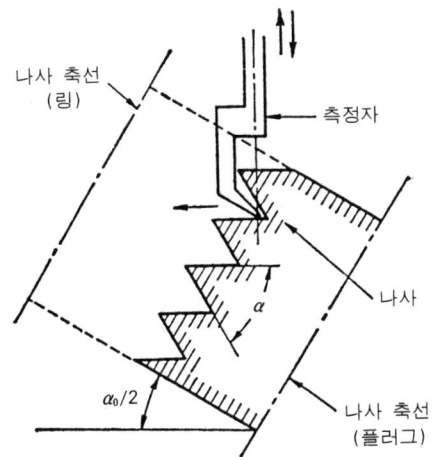

그림 3-164 나사산형 측정기의 측정 원리

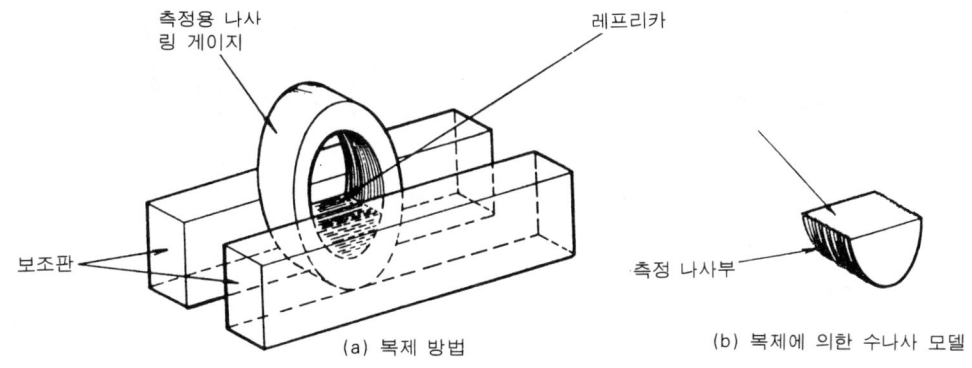

그림 3-165 주형의 복제에 의한 암나사의 측정

4) 각도 스크린으로 각도를 측정할 때, 버니어 눈금 읽음에 주의한다.
5) 광학적인 방법으로 유효 지름을 측정할 때 최적 조리개 직경을 이용해야 한다.

13.8 측정 방법 및 순서

측정 항목 바깥 지름, 유효 지름, 피치, 산의 반각 중에서 바깥 지름은 일반적인 측정법과 마찬가지로 측정이 가능하기 때문에 나머지 3가지 항목에 대해서 설명한다.

(1) 피치의 측정

① 투영기(또는 공구 현미경) 및 피측정물을 깨끗이 닦는다.
② 투영기에 전원을 넣고 피측정용 나사를 경사 센터 지지대에 설치한다.

③ 나사의 축선 또는 나사산의 끝부분이 재물대의 X방향과 일치하도록 조절한다.
④ 선명한 상을 얻기 위하여 핀트를 맞춘다.
⑤ 스크린상의 십자선에 나사산 윤곽의 대략의 유효 지름 근처의 플랭크면을 일치시키고 마이크로미터의 값 L_1을 읽는다.
⑥ 재물대를 이송시켜 완전한 나사산의 숫자 n만큼 움직인 다음 ⑤와 같이 플랭크면을 스크린 십자선에 맞춘 다음 마이크로미터값 L_2를 읽는다.
⑦ 피치를 계산한다.

$$P = \frac{L_2 - L_1}{n}$$

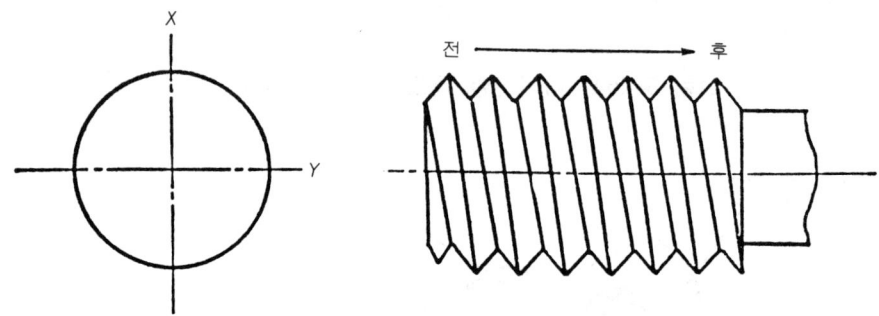

그림 3-166 피치의 측정 개소

(2) 각도의 측정

① 경사 조정 지지대를 리드각만큼 경사시킨 다음, 상이 선명하게 맺히도록 핀트를 맞춘다.
② 스크린(또는 접안 렌즈) 십자선의 교점에 좌반각을 측정하기 위하여 좌측 플랭크를 맞춘 다음, 그림 3-167과 같이 스크린을 회전시켜 십자선의 기선과 플랭크를 일치

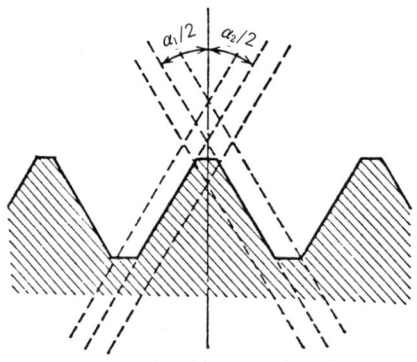

그림 3-167 나사 반각의 측정

시킨 후에 각도 눈금 α_1을 읽는다.

③ 다음에 우반각을 측정하기 위하여 우측 플랭크를 ②와 같은 방법으로 측정하여 측정값 β_1을 읽는다.

④ 나사 축선의 틀어짐에 따른 오차를 줄이기 위하여 그림 3-168과 같이 반대쪽 나사산의 반각 α_2, β_2를 측정해 평균값을 구하여 나사 플랭크 각도를 측정한다.

$$\alpha = \frac{\alpha_1 + \alpha_2}{2}, \quad \beta = \frac{\beta_1 + \beta_2}{2}$$

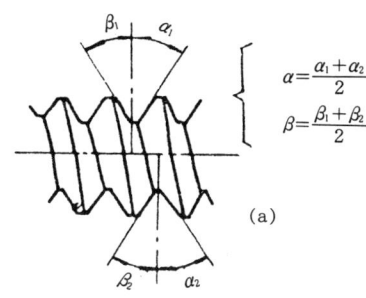
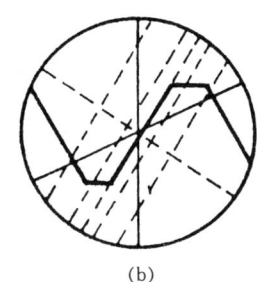

그림 3-168 나사산의 각도 측정

(3) 유효 지름의 측정

가. 3침법에 의한 유효 지름 측정

① 3침 직경은 $d_w = \dfrac{P}{2\cos \alpha/2}$ 공식 및 표 3-12, 13에 의해서 구한 것을 이용하여 피측정용 나사에 취부시킨다.

② 3침을 그림 3-169와 같이 나사의 플랭크에 접촉시키고 외측 치수 M을 벤치 마이크로미터 또는 외측 마이크로미터로 측정한다.

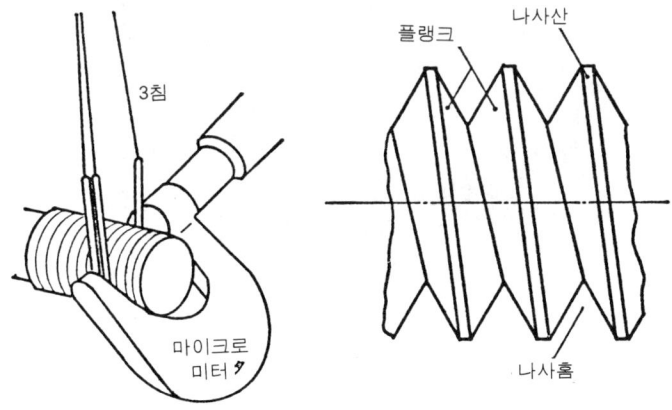

그림 3-169 3침에 의한 유효 지름 측정

③ 측정 개소는 그림 3-170과 같이 X, Y 방향 및 중앙, 양 끝단 부위, 합계 6개소를 측정한다.

④ 측정값 M을 이용하여 유효 지름 d_2를 계산한다.

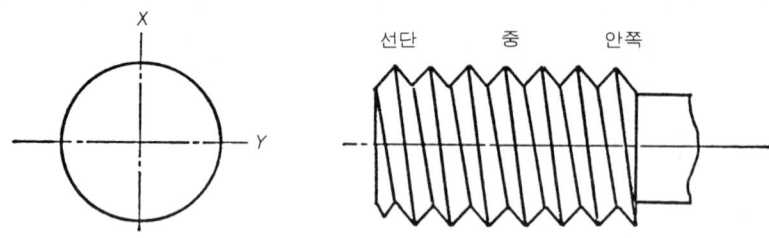

그림 3-170 유효 지름의 측정 개소

나. 나사 마이크로미터를 이용한 유효 지름의 측정

① 먼저 나사 마이크로미터와 수나사 등을 깨끗이 닦아서 먼지·기름 등을 완전히 제거한다.

② 수나사의 피치가 1.515mm인 경우 측정자는 피치 1~1.75mm에 사용하는 측정자를 선택한다. 사진과 같이 V홈의 측정자는 나사 마이크로미터의 앤빌 부분에, 원뿔형 측정자는 스핀들 부분에 끼운다.

③ 나사 마이크로미터를 마이크로미터 스탠드에 고정시킨다.

④ 스핀들을 회전시켜 V홈 측정자와 원뿔형 측정자를 접촉시켜서 0점 조정을 한다.

⑤ 사진에서와 같이 수나사를 손으로 잡고 마이크로미터의 래치 스톱을 돌려 측정자를 나사산에 접촉시켜 측정력을 가한 다음 눈금을 읽는다. 이 측정값이 바로 유효 지름이다.

사진 3-20.1 나사 마이크로미터를 이용한 유효 지름 측정

13.9 측정값의 정리 및 계산

(1) 피측정용 나사의 기준 치수 및 보조 치수

나사의 종류	나사의 호칭	산 각 α	피치 P	외경 d	유효 지름 d_2	리드각 ψ	3침 지름의 계산값	호칭침의 지름 d_w
			mm	mm	mm			

$$\psi = \tan^{-1}\frac{P}{\pi d_2}, \quad d_w = \frac{P}{2\cos\frac{\alpha}{2}}$$

(2) 외경 및 유효 지름

나사산의 번호		1	2	3	4	5	6	…
바깥 지름	측정값							
	오 차							
	KS 평가							
안쪽 지름	측정값 M							
	계산값							
	오 차							
	KS 평가							

$$d_2 = M - 3d\omega + 0.866025P \quad \text{(미터, 유니파이 나사의 경우)}$$

(3) 피치 및 오차 선도(그림 3-171 참조)

나사산의 번호	0	1	2	3	4	5	6	…
측정값 L_n								
단일 피치 오차 δP								
누적 피치 오차 $\sum\delta P$								
KS 평가								

$$\delta P = L_n - L_{n-1} - P$$
$$\sum \delta P = L_n - (L_0 + nP)$$
(μm)

주) 끼워맞춤 길이에 상당하는 범위 내에 있어서 단일 피치 오차 및 누적 피치 오차 가운데 절대값의 최대의 것을 구한다.

(4) 나사산의 반각

측정 개소	나사의 선단		나사의 후단	
	좌반각	우반각	좌반각	우반각
측정값 $\frac{\alpha'}{2}$				
측정값 $\frac{\alpha}{2}$				
오 차				
KS 평가				

$$\frac{\alpha}{2} = \tan^{-1}\frac{\tan t\frac{\alpha'}{2}}{\cos\psi}$$

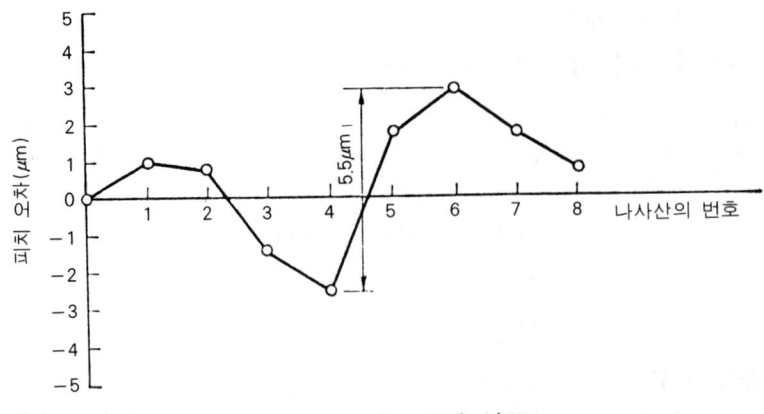

그림 3-171 오차 선도

13.10 결과 및 고찰

1) 나사의 외경, 유효 지름, 피치(단일, 누적), 산의 반각 오차를 측정하여 그 결과를 도면과 비교하여 본다.
2) 각도 측정시 경사 센터대를 왜 리드각만큼 경사시켜야 하는지 알아보자.
3) 피치의 측정 결과를 단일 피치 오차와 누적 피치 오차로 구분하여 오차 선도를 작성하여 두 오차 선도의 상태를 비교하여 보자.

14. 내측 테이퍼 측정

14.1 실습 목표
테이퍼의 표시 방법과 테이퍼 게이지의 구조 및 측정 원리를 습득하여 테이퍼 링 게이지의 정밀 측정법을 익히는 데 있다.

14.2 사용 측정 기기
1) 깊이 마이크로미터(depth micrometer) : 0.01, 0~50mm
2) 정밀 볼 : $\phi 5 \sim \phi 20$
3) 게이지 블록 : 47pcs, 1급
4) 정반 : 400×600, 1급
5) 외측 마이크로미터(outside micrometer) : 0.01, 0~25, 25~50

14.3 측정 원리
테이퍼 링 게이지의 경우는 테이퍼 플러그 게이지보다는 측정이 까다롭다.

그림 3-172와 같이 테이퍼부의 직경이 큰 경우에는 같은 직경의 2개의 볼과 게이지 블록을 이용하여 측정할 수 있다.

$$\tan\alpha = \frac{M_2 - M_1}{2H}$$

$$D_1 = M_1 + d\left\{1 + \cot\frac{1}{2}(90° - \alpha)\right\} \quad (3.38)$$

$$D_2 = M_1 - 2B\tan\alpha \quad (3.39)$$

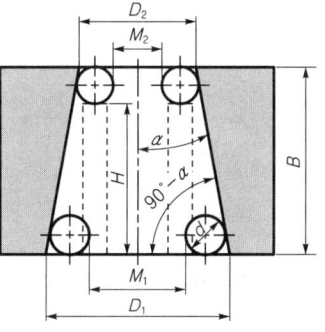

그림 3-172 큰 직경의 테이퍼 링 게이지 측정

로 계산한다.

그림 3-173.1은 작은 지름 d와 큰 지름 D의 볼 2개를 이용하여 테이퍼 링 게이지에 접촉한 상태의 그림이고 그림 3-173.2에 볼 2개를 접촉하여 중심을 연결한 상태의 반쪽을 확대하여 내측 테이퍼 α를 측정하는 공식을 유도하면

$$x = H_2 - H_1 - \frac{D}{2} + \frac{d}{2}, \quad \sin\frac{\alpha}{2} = \frac{\frac{D-d}{2}}{x}$$

$$\therefore \sin\frac{\alpha}{2} = \frac{\frac{D-d}{2}}{(H_2 - H_1) - \frac{D}{2} + \frac{d}{2}} = \frac{D-d}{2(H_2 - H_1) - (D-d)}$$

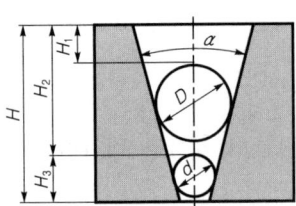
그림 3-173.1 테이퍼 링 게이지의 측정

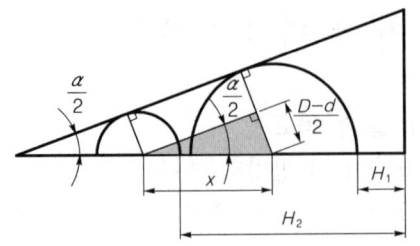
그림 3-173.2 볼 2개를 접촉하여 볼의 중심을 연결한 상태

$$\therefore a = 2\sin^{-1}\frac{D-d}{2(H_2-H_1)-(D-d)} \qquad (3.40)$$

가 된다. 그림 3-173.3에서 대단 지름 S_1을 구하는 공식을 유도하면

$S_1 = 2y_1 + 2x_1$ 이므로

$\cos\dfrac{a}{2} = \dfrac{\dfrac{D}{2}}{y_1}$ 에서

$y_1 = \dfrac{\dfrac{D}{2}}{\cos\dfrac{a}{2}} = \dfrac{D}{2} \cdot \dfrac{1}{\cos\dfrac{a}{2}}$

$= \dfrac{D}{2} \cdot \sec\dfrac{a}{2}$

그림 3-173.3에서 x_1은

$\tan\dfrac{a}{2} = \dfrac{x_1}{H_1 + \dfrac{D}{2}}$

$x_1 = \left(H_1 + \dfrac{D}{2}\right)\tan\dfrac{a}{2}$

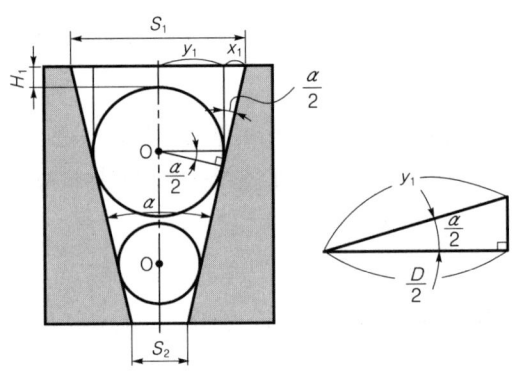
그림 3-173.3 볼 2개를 접촉한 상태

와 같이 된다.

대단 지름을 구하는 공식 $S_1 = 2y_1 + 2x_1$ 에

x_1, y_1을 각각 대입하면

$$S_1 = 2\left(\dfrac{D}{2}\sec\dfrac{a}{2}\right) + 2\left\{\left(H_1 + \dfrac{D}{2}\right)\tan\dfrac{a}{2}\right\}$$

$$= D\sec\dfrac{a}{2} + (2H_1 + D)\tan\dfrac{a}{2} \qquad (3.41)$$

가 된다.

그림 3-174에서 소단 지름 S_2는

$$S_2 = 2y_2 - 2x_2 = 2(y_2 - x_2)$$

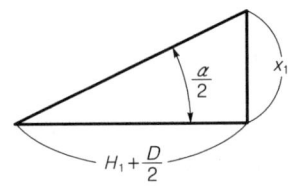
그림 3-173.4 큰 볼 D가 접촉한 상태에서의 직각 3각형

그림 3-174의 3각형 ABC에서

$$\cos\frac{\alpha}{2} = \frac{\frac{d}{2}}{y_2}$$

$$\therefore y_2 = \frac{1}{\cos\frac{\alpha}{2}} \times \frac{d}{2}$$

$$= \frac{d}{2}\sec\frac{\alpha}{2} \quad \cdots\cdots\cdots ①$$

3각형 CDE에서

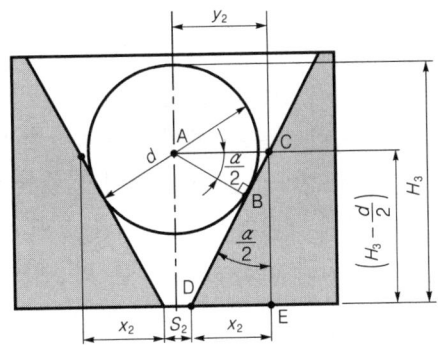

그림 3-174 작은 볼을 테이퍼에 접촉한 상태

$$\tan\frac{\alpha}{2} = \frac{x_2}{H_3 - \frac{d}{2}}$$

$$\therefore x_2 = \left(H_3 - \frac{d}{2}\right)\tan\frac{\alpha}{2} \cdots ②$$

위에서 구한 ①식과 ②식을 아래의 공식에 대입하면 다음 식과 같이 된다.

$$S_2 = 2y_2 - 2x_2 = 2\left(\frac{d}{2}\sec\frac{\alpha}{2}\right) - 2\left\{\left(H_3 - \frac{d}{2}\right)\tan\frac{\alpha}{2}\right\}$$

$$= d\sec\frac{\alpha}{2} - 2\left(H_3 - \frac{d}{2}\right)\tan\frac{\alpha}{2} = d\sec\frac{\alpha}{2} - (2H_3 - d)\tan\frac{\alpha}{2} \quad (3.42)$$

또한, 내측 테이퍼는 표준 테이퍼 게이지에 의한 검사와 접촉에 의한 방법이 있다.

표준 테이퍼 게이지를 이용해서 검사하는 경우에는 게이지가 공작물상에 어느 정도 삽입되었는가를 2개의 표시선 또는 단차에 의한 허용 한계에 따라 관측한다.

접촉에 의한 검사에서 내측 테이퍼의 경우에는 표준 테이퍼 플러그 게이지에 청색의 그림물감 또는 광명단을 일정한 두께로 칠해서 검사한다. 칠한 광명단의 두께는 색으로 판별하지만, 두께는 게이지 및 공작물의 표면 거칠기, 형상 오차 등을 고려해서 정한다.

게이지와 공작물을 살며시 맞추어 끼우고, 축 방향으로 가볍게 힘을 가하면서 약간 회전시킨 후 조용히 빼낸다.

게이지에 바른 청색 물감 또는 광명단이 공작물에 묻은 상태로부터 테이퍼 또는 테이퍼 각도의 정도를 판정한다. 이 경우 미리 상태와 정도와의 관계를 조사해서 판정의 기준을 정해둘 필요가 있다.

14.4 측정시 주의 사항

1) 볼(ball)은 진원도가 양호한 것을 사용하도록 한다.
2) H_1, H_2값의 측정시에는 정확한 최소값을 측정해야 한다.
3) 테이퍼 링 게이지 내측에 볼 삽입시 볼과 피측정물에 상처가 생기지 않도록 주의한다.
4) 깊이 마이크로미터 0점 조정시는 평면이 양호한 정반을 사용하도록 한다.

14.5 측정 방법 및 순서

1) 정반, 게이지 블록, 측정기 등을 깨끗이 닦아서 먼지·기름 등을 제거한다.
2) 외측 마이크로미터, 깊이 마이크로미터의 0점 조정을 한다. 0~25mm 깊이 마이크로미터는 정반면 또는 게이지 블록면을 이용하고, 25~50 깊이 마이크로미터는 그림 3-175와 같이 2개의 25mm 게이지 블록을 이용하여 0점 조정한다.
3) 정반상에 테이퍼 링 게이지를 올려 놓고 큰 직경의 볼을 그림 3-176과 같이 내측에 삽입하고, 깊이 마이크로미터를 이용하여 H_1 치수를 측정한다.
4) 같은 방법으로 작은 직경의 볼을 삽입하고 H_2 치수를 측정한다.
5) 외측 마이크로미터 또는 깊이 마이크로미터를 이용하여 테이퍼 링 게이지의 높이 H를 측정한다.
6) 외측 마이크로미터를 이용하여 볼의 직경 d 및 D를 측정한다.
7) 측정값 d, D, H_1, H_2 및 H_3를 이용하여 각도 a, 소단 지름 S_1, 대단 지름 S_2를 계산한다.
8) 측정기를 잘 닦아서 방청 처리하고, 각각의 상자에 넣어서 보관한다.

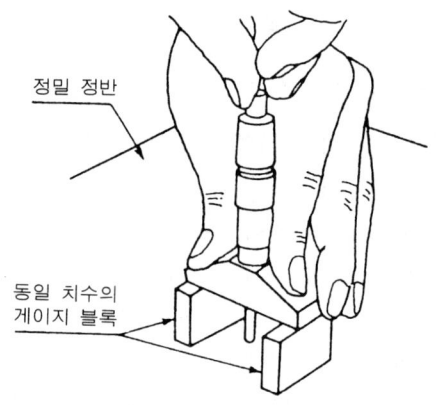

그림 3-175 깊이 마이크로미터의 세팅

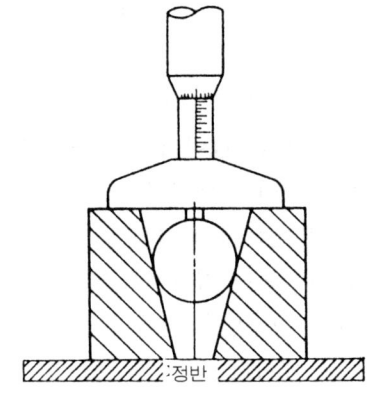

그림 3-176 H_1의 측정

14.6 측정값의 정리 및 계산

1) 먼저 볼의 지름 d, D와 H_1, H_2의 측정값으로부터 테이퍼의 각 a를 계산한다.
2) 테이퍼의 각 a와 H_3값을 이용하여 소단 지름 S_2를 계산한다.
3) 마지막으로 소단 지름 S_2와 테이퍼 각 a를 이용하여 대단 지름 S_1을 계산한다.

(계산 예) 측정 데이터가 다음과 같다.

$H_1 = 9.990$, $H_2 = 19.937$, $D = 26.382$, $d = 23.732$

$H = 60.000$, $H_3 = H - H_2 = 40.063$

① 테이퍼 각도 α의 계산

$$\alpha = 2\sin^{-1}\frac{D-d}{2(H_2-H_1)-(D-d)}$$

$$= 2\sin^{-1}\frac{26.382-23.732}{2(19.937-9.990)-(26.382-23.732)}$$

$$= 17°40'48''$$

② 대단 지름 S_1의 계산

$$S_1 = D\sec\frac{\alpha}{2} + (2H_1+D)\tan\frac{\alpha}{2}$$

$$= 26.382\sec\frac{17°40'48''}{2} + (2\times9.990+26.382)\tan\frac{17°40'48''}{2}$$

$$= 33.910\text{mm}$$

③ 소단 지름 S_2의 계산

$$S_2 = d\sec\frac{\alpha}{2} - (2H_3-d)\tan\frac{\alpha}{2}$$

$$= 23.732\sec\frac{17°40'48''}{2} - (2\times40.063-23.732)\tan\frac{17°40'48''}{2}$$

$$= 15.247\text{mm}$$

소단 지름으로부터 직접 계산하면 다음과 같이 간단히 구할 수 있다.

$$S_1 = S_2 + 2H\tan\frac{\alpha}{2} = 15.247 + 2\times60\times\tan\frac{17°40'48''}{2}$$

$$= 33.910\text{mm}$$

④ 테이퍼 양 $1/x$의 계산

$$1/x = 2\tan\frac{\alpha}{2} = 0.311, \quad x = \frac{1}{0.311} = 3.215$$

그러므로 $\frac{1}{x}$은 $\frac{1}{3.215}$로 표시한다.

14.7 결과 및 고찰

1) 볼의 지름 오차에 따른 테이퍼 각의 오차는 어느 정도 발생하는가?
2) 25~50mm 깊이 마이크로미터의 0점 조정시 발생되는 오차의 크기는 어느 정도인가?
3) 테이퍼 각 α의 오차가 소단 지름과 대단 지름에 어느 정도 영향을 미치는가?
4) 측정한 테이퍼 각과 표준 테이퍼 플러그 게이지에 의한 검사 방법과는 어떠한 관계가 있는지 알아보자.
5) 내측 테이퍼(테이퍼 링 게이지)의 측정법의 종류와 그 측정 정도에 대해서 알아보자.

15. 버니어 캘리퍼스 및 하이트 게이지의 교정

15.1 실습 목표
기초적 범용 길이 측정기인 버니어 캘리퍼스, 하이트 게이지의 구조, 측정 원리, 각종 측정 방법 및 교정법 등을 익혀서 계측기의 유지, 관리를 올바르게 하는 데 있다.

15.2 사용 측정 기기
1) 버니어 캘리퍼스(vernier calipers) : 0.05mm, 0-150mm
2) 하이트 게이지(height gauge) : 0.02mm, 0-300mm
3) 정밀 정반(precision surface plate) : 400×600mm
4) 피측정물
5) 단차 게이지 블록(step gauge block) : 0-300mm
6) 기름 숫돌, 포플린, 방청유, 윤활유 등

15.3 버니어 캘리퍼스
버니어 캘리퍼스는 스케일과 퍼스를 일체로 한 측정기로서, 기계 가공 현장에서는 대단히 많이 사용되고 있다. 현장용 측정기 가운데서는 정도가 낮은 쪽에 속하고 있지만 그렇다고 해서 정도가 나쁘다는 것은 아니다. 측정기는 요구되는 정도, 피측정물의 형상에 따라서 잘 분간해서 써야 하고 여러 가지의 측정기와 측정법이 있는 것이다. 버니어 캘리퍼스는 $\frac{5}{100}$mm 까지의 정도밖에 나오지 않는 데는 틀림이 없지만, 바른 사용 방법만 익히면 대단히 유용한 측

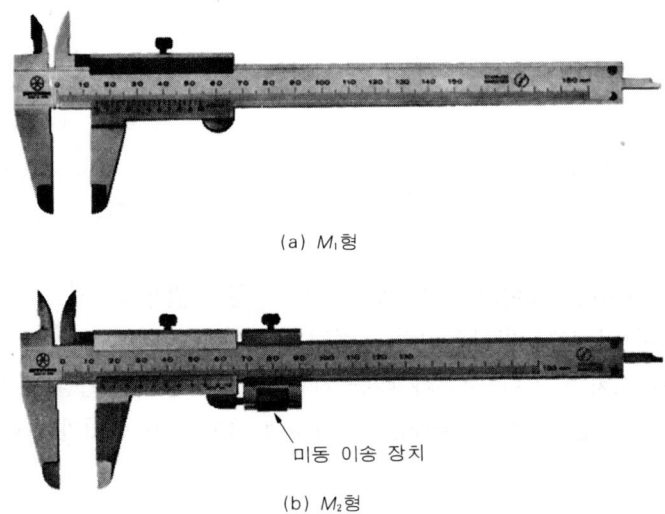

(a) M_1형

(b) M_2형

미동 이송 장치

사진 3-21 버니어 캘리퍼스

정기이다.

버니어 캘리퍼스에는 용도에 따라서 여러 가지 종류가 있다. 종류에는 M_1형, M_2형, CM형으로 구분하고 있다. 그 최대 측정 길이는 어느 것도 1000mm이다. 그러나, 규정엔 없어도 현장에서는 3000mm의 것도 사용되고 있다.

M형은 가장 많이 사용되고 있는 형으로, 아들자가 홈형이고 외측 측정을 하는 턱 외에 내측 측정용의 주둥이, 깊이 측정용의 깊이자가 붙어 있다(일반적으로 최대 측정 길이가 300mm 이하의 것이 있다). 이 M형 가운데, 아들자를 미소 이동 시킬 수 없는 것을 M_1형, 이송에 따라서 미소이동이 가능한 것을 M_2형이라고 한다(사진 3-21).

(1) 버니어 캘리퍼스의 종류

① M_1형 버니어 캘리퍼스

슬라이더가 홈형으로 내, 외측용 턱 및 주둥이가 있으며, 호칭 치수 300mm 이하의 것에는 깊이 측정용 깊이자(depth bar)가 부착되어 있다. 최소 읽음값은 0.05mm이고, 호칭 치수는 150, 200, 300, 600, 1000mm 등이 있으며, 가장 많이 사용되고 있다(사진 3-21(a)).

② M_2형 버니어 캘리퍼스

M_1형과 비슷한 구조로 슬라이더를 미동 이송시킬 수 있는 미동 장치가 부착되어 있는 것이 M_1형과 다른 점이다.

최소 읽음값은 0.02mm이며, 호칭 치수는 130mm, 180mm, 280mm, 600mm, 1000mm 등이 있다. 아들자의 눈금은 어미자 눈금의 24.5mm를 25등분한 것과 49mm를 50등분한 것이 사용되고 있다(사진 3-21(b)).

③ CM형 버니어 캘리퍼스

슬라이더가 홈형으로 턱의 선단으로 내측 측정도 가능하며, 미동 장치에 의해 치수를 조정할 수 있다. 최소 읽음값은 0.02mm이고, 호칭 치수는 M_1형과 비슷하다.(그림 3-179)

④ 그 밖의 캘리퍼스

위의 3종류 외에 아들자의 눈금 부위를 상자형으로 만든 CB형 버니어 캘리퍼스가 있으며, 눈금을 읽기 쉽도록 버니어 대신 다이얼을 장착한 다이얼 캘리퍼스(그림 3-177(a)), 또한 눈금을 디지털로 대체한 디지매틱 캘리퍼스(그림 3-177(b)) 등이 있다.

(2) 버니어(vernier) 눈금의 원리

버니어(아들자)의 눈금에는 두 종류가 있다. 하나는 어미자의 1눈금보다 약간 작은 눈금을 가진 것으로, 순 버니어라 하고 다른 하나는 어미자의 1눈금보다 약간 큰 눈금을 가진 것으로 역 버니어라 한다. 일반적으로 버니어 캘리퍼스, 하이트 게이지의 버니어에는 순 버니어가 사용되고 역 버니어는 거의 사용되지 않는다.

또한, 순 버니어에는 보통 버니어와 롱 버니어(long vernier)가 있다.

표 3-17 눈금 기입 방법

어미자의 눈금(mm)	아들자의 눈금 매김 방법	최소 지시 눈금값(mm)
1	9mm를 10등분	0.1
	19mm를 10등분	
	19mm를 20등분	0.05
	39mm를 20등분	
	49mm를 50등분	0.02

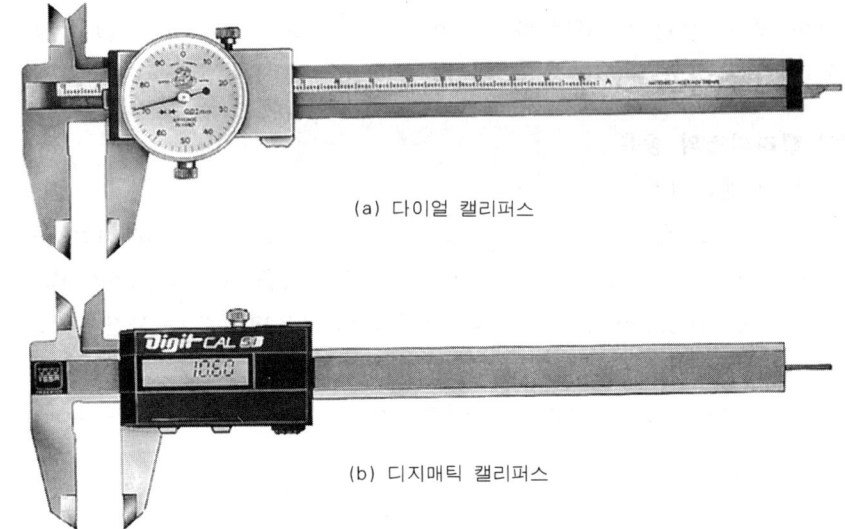

(a) 다이얼 캘리퍼스

(b) 디지매틱 캘리퍼스

그림 3-177 기타 캘리퍼스

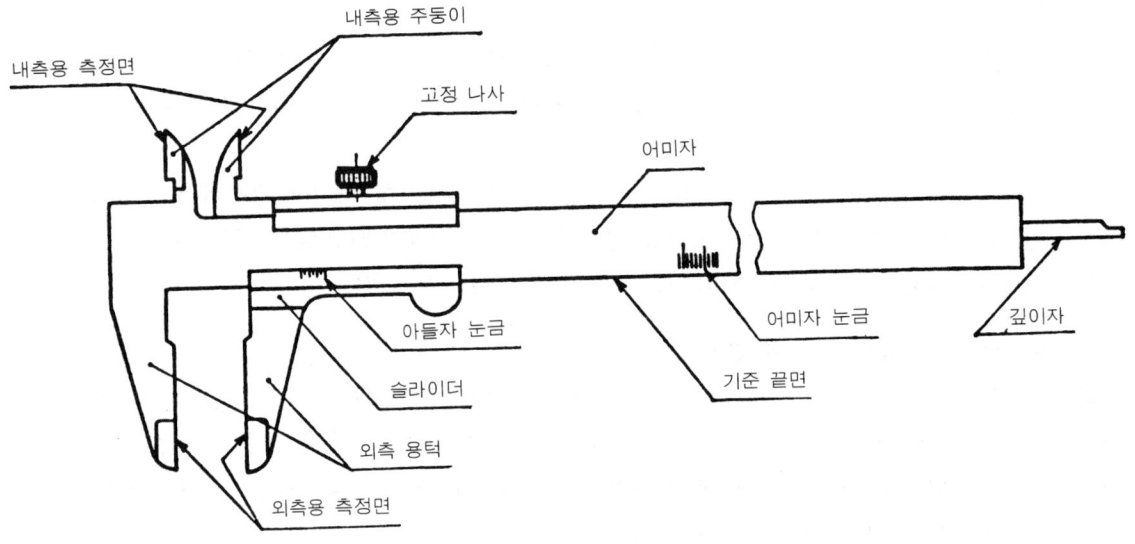

그림 3-178 M형 버니어 캘리퍼스

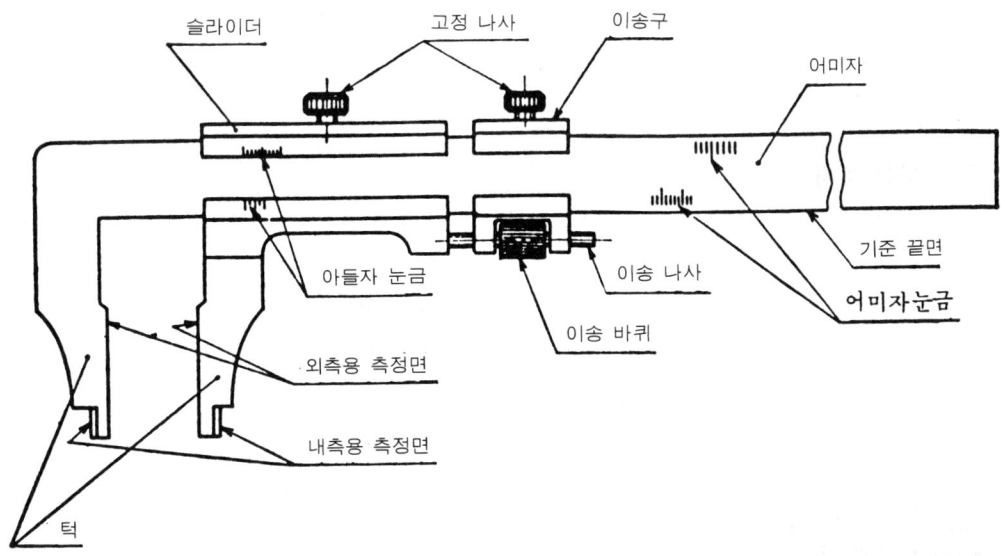

그림 3-179 CM형 버니어 캘리퍼스

가장 많이 사용되는 버니어 눈금으로서 어미자의 $(n-1)$ 눈금을 n등분한 것으로 되어 있다.

그림 3-180에서

S : 어미자의 1눈금의 간격
V : 버니어의 1눈금의 간격
C : 버니어로 읽을 수 있는 최소 측정치
$(n-1)S = nV$

$V = \dfrac{(n-1)S}{n}$

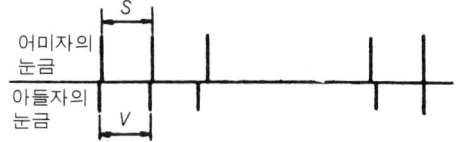

그림 3-180 아들자 눈금 방법

$C = S - V = S - \dfrac{(n-1)S}{n} = S - S + \dfrac{S}{n} = \dfrac{S}{n}$

즉, 버니어의 1눈금은 어미자의 1눈금보다 $\dfrac{S}{n}$ 만큼 작다. 그러므로, 버니어의 0위치에 가깝게 있는 어미자의 눈금을 읽고, 이 눈금과 버니어의 0선 사이의 부분은 어미자와 버니어의 1눈금 차이, 즉 S/n의 몇 배가 되므로 어미자 눈금의 진행 방향에 있어서 어미자 눈금과 버니어 눈금이 일치하는 곳의 버니어 눈금을 읽으면 어미자 눈금값의 아래 자릿수가 구해진다.

그림 3-181은 1mm 눈금의 어미자로서, 어미자 19mm를 20등분하여 어미자와 버니어를 표시한 것이며, 읽는 방법은 다음과 같다.

버니어의 눈금은 어미자 19mm 눈금을 20등분 하였으므로 어미자 1눈금과 버니어 1눈금 크기의 차이는

$$C = S - V = \frac{S}{n} = \frac{1}{20}(\text{mm})$$

이다.

(3) 눈금 읽는 방법

버니어 캘리퍼의 눈금은 0.05mm와 0.02mm로 되어 있지만, 보통 0.05mm를 많이 사용하고 있다.

외측 또는 내측 등을 측정했을 때 눈금의 읽는 방법을 살펴보자.

그림 3-181의 보통 버니어 캘리퍼스에서는 (b)의 경우 본척은 124mm를 초과하였고, 부척 (vernier)에서는 16번째 눈금이 본척의 눈금과 일치하고 있다.

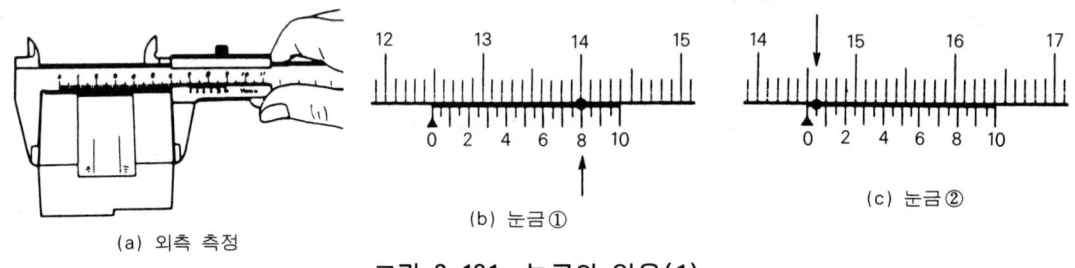

그림 3-181 눈금의 읽음(1)

$$\text{읽음값(b)} = 124.0 + 16 \times \frac{1}{20}$$

$$= 124.80\text{mm}$$

그림(c)의 경우는 본척의 첫 번째 눈금이 본척의 눈금과 일치하고 있다.

$$\text{읽음값(c)} = 145.0 + 1 \times \frac{1}{20}$$

$$= 145.05\text{mm}$$

그림 3-182에서 보면 (b)의 경우, 본척의 눈금에 부척의 0눈금이 닿는 위치는 112mm를 초과하고 있다. 그 초과량을 본척의 눈금과 부척의 눈금이 일치하는 곳을 찾는다.

(b)의 경우 : $112.0 + 12 \times \frac{1}{20} = 112.60\text{mm}$

(c)의 경우 : $70.0 + 13 \times \frac{1}{20} = 70.15\text{mm}$

(4) 사용 방법

① 외측 측정

그림 3-183과 같이 외측용 턱(jaw)을 벌려서 2개의 측정 턱 사이에 피측정물을 삽입하여

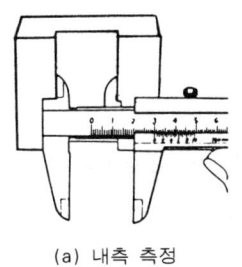
(a) 내측 측정

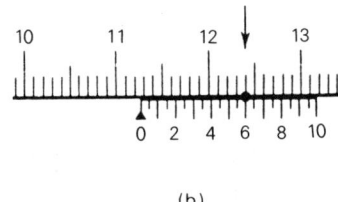
(b)

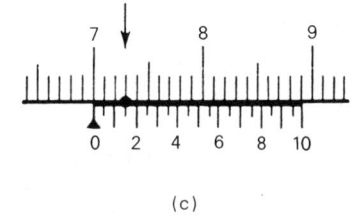
(c)

그림 3-182 눈금의 읽음(2)

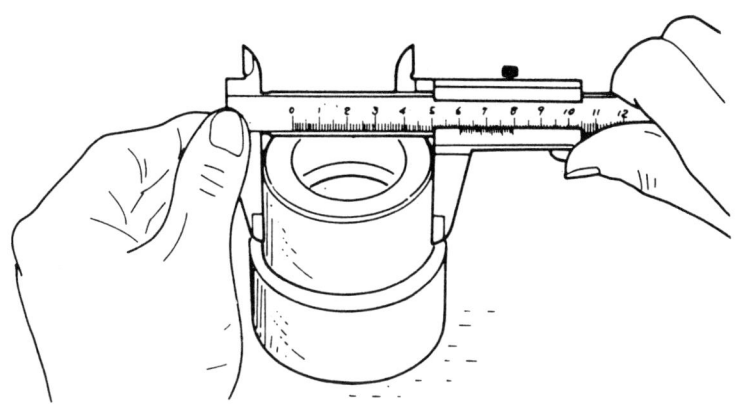

그림 3-183 외측 측정

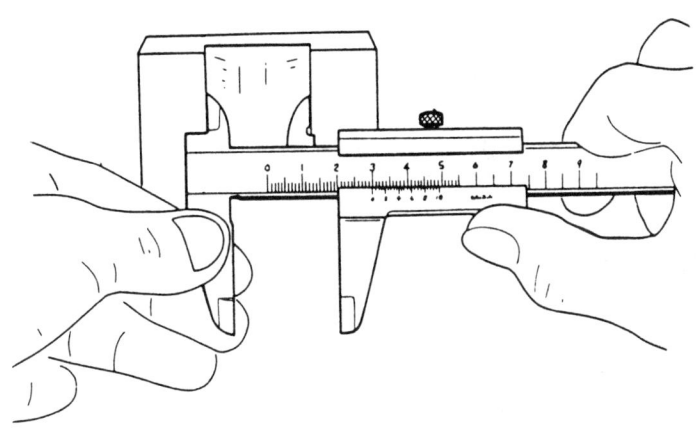

그림 3-184 내측 측정

측정용 턱을 조용히 접촉시켜서 눈금을 읽는다.
  ② 내측 측정
  그림 3-184와 같이 내측 측정용 주둥이를 측정 부위에 삽입하여 본척의 턱을 한쪽의 측정

면에 접촉시킨 상태에서 부척의 턱을 벌려서 다른 측정면에 정확히 접촉시킨다. 이때, 버니어 캘리퍼스의 눈금을 읽는다.

③ 깊이 측정

깊이 측정은 깊이자(depth bar)를 이용하여 그림 3-185와 같이 피측정물의 가장자리에 기준면을 확실하게 접촉시킨 상태에서 깊이자가 측정면에 닿도록 슬라이더를 움직여서 어미자와 아들자(vernier)의 눈금을 읽는다.

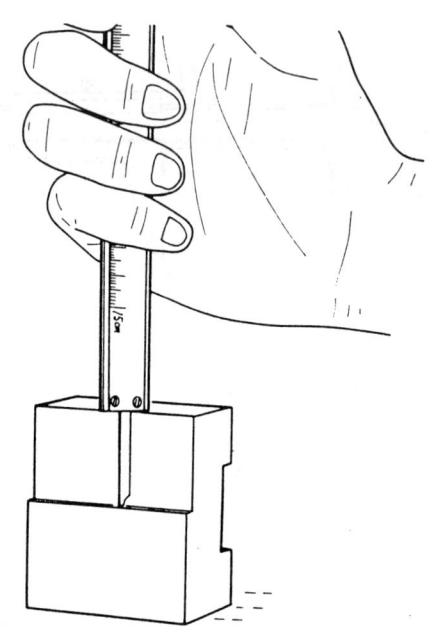

그림 3-185 깊이 측정

④ 단차 측정

그림 3-186과 같이 어미자의 기준 단면을 측정 기준면에 접촉시킨 상태에서 아들자를 측정

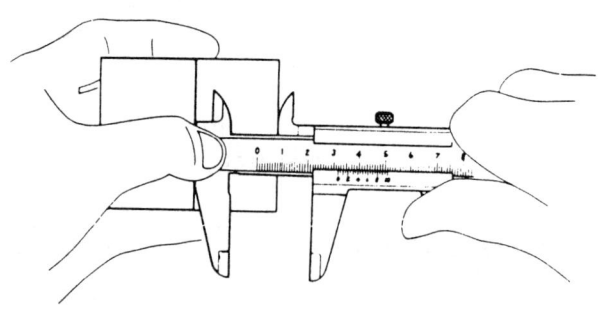

그림 3-186 단차 측정

면에 닿도록 움직여서 단차 등을 측정한다.

(5) 성능

버니어 캘리퍼스 성능 가운데서 가장 중요한 항목은 기차(器差)로, 각종 치수의 게이지 블록을 이용하여 평가한다.

외측 측정면에 대해서는 외측 측정면 사이에 게이지 블록을, 내측 측정에 대해서는 게이지 블록과 그 부속품을 이용하여 필요한 치수를 설정하여 기차를 측정한다. 그러나, 이러한 조작은 번거롭기 때문에 대개는 그림 3-187과 같이 사전에 게이지 블록을 밀착시켜 소정의 치수로 결합시켜 놓은 스텝 게이지 블록을 사용한다.

그림 3-187 스텝 게이지 블록

표 3-18은 버니어 캘리퍼스의 기차로 현장에서 많이 사용하는 최소 눈금 0.05mm, 측정 범위 0~150mm인 경우는 ±0.05mm이나, 측정 범위가 200mm인 경우는 ±0.08이다.

표 3-20은 종합 오차이다. 종합 오차란「각종 요인에 의해 발생하는 전체의 오차를 포함한 종합적인 오차」로 버니어 캘리퍼스로 부품의 측정할 때에 어느 정도 오차가 있을 것인지 추정

표 3-18 버니어 캘리퍼스의 기차의 허용값(KS B 5203)

단위 : mm

측정 길이 \ 최소 눈금값	0.1	0.05	0.02
0			±0.02
0 초과 100 이하	±0.05	±0.05	±0.03
100 초과 200 이하			
200 초과 300 이하		±0.08	±0.04
300 초과 400 이하	±0.10		
400 초과 500 이하		±0.10	±0.05
500 초과 600 이하			
600 초과 700 이하	±0.15	±0.12	±0.06
700 초과 800 이하			
800 초과 900 이하		±0.15	±0.07
900 초과 1000 이하			

비 고 : 이 표의 값은 20℃에서의 값이다.

표 3-19 버니어 캘리퍼스의 성능 측정 방법(KS B 5203)

번호	항 목	측 정 방 법		측정 기구
1	외측 측정의 기차	외측 측정면 사이에 게이지 블록을 끼우고, 측정면의 안쪽 및 바깥쪽 끝을 측정하여, 버니어 캘리퍼스의 지시값에서 게이지 블록의 치수를 뺀다.	게이지 블록	KSB 5201(게이지 블록)에 규정하는 1급 게이지 블록
2	내측 측정의 기차	게이지 블록과 그 부속품을 사용하여 고정한 내측 치수를 내측 측정면으로 측정하여 버니어 캘리퍼스의 지시값에서 게이지 블록의 치수를 뺀다.	평형조 홀더 게이지 블록	KS B 5201에 규정하는 1급 게이지 블록 및 동 부속서에 규정하는 게이지 블록의 부속품인 홀더 및 평형조 A형

표 3-20 종합 오차(KS B 5203)

단위 : mm

최소의 눈금값 최대 측정 길이	0.1	0.05	0.02
150	±0.1	±0.08	±0.05
200	±0.1	±0.08	±0.05
300	±0.1	±0.10	±0.06
600	±0.15	±0.13	±0.08
1000	±0.20	±0.18	±0.11

하는 것으로, 수입 검사시 평가할 항목은 아니다.

(6) 점검 관리

버니어 캘리퍼스는 정도도 그다지 높지 않고, 가격도 낮은 측정기이지만 적절한 관리와 점검을 통하여 그 정도를 유지시키면 수명을 배가시킬 수 있다. 그림 3-188은 사용후에 실시해야 할 일상적인 점검 사항을 나타내고 있다.

15.4 하이트 게이지

하이트 게이지는 그 이름과 같이, 높이를 측정함과 동시에 금긋기의 작업용 공구이다.

버니어 캘리퍼스가 퍼스와 스케일을 하나로 하여 아들자 눈금을 붙인 것이고, 스케일을 세우고 서피스 게이지를 한 몸으로 하여 아들자 눈금을 붙인 것이다. 구조는 버니어 캘리퍼스의

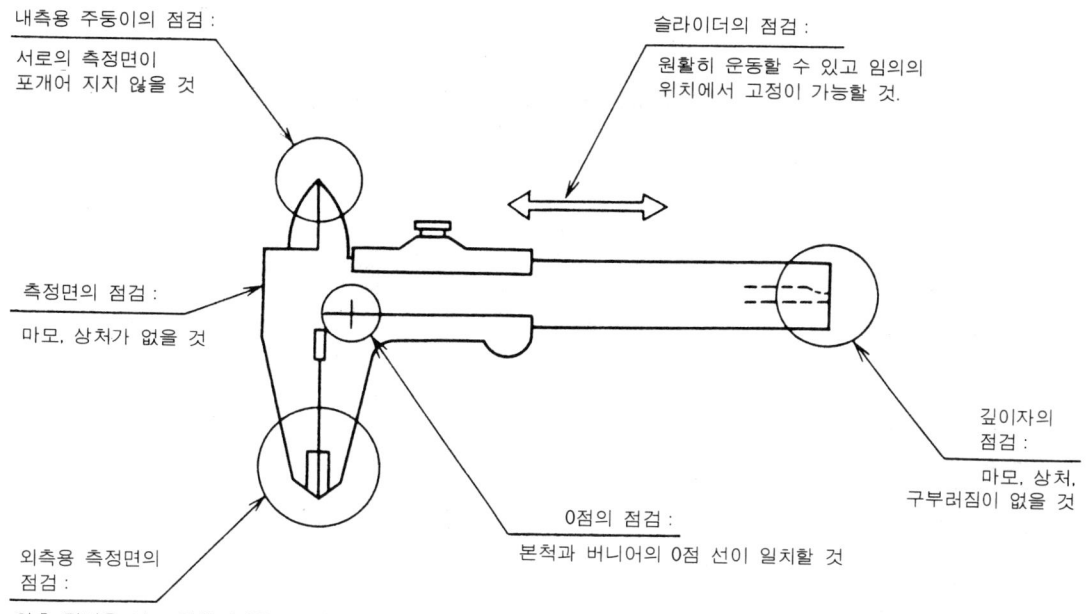

그림 3-188 점검 항목

어미자를 스케일로 세워 고정한 모양이고 사용 방법, 눈금의 읽는 방법도 버니어 캘리퍼스와 거의 같고 어미자를 따라 위 아래로 이동하는 슬라이더가 붙어 있다. 슬라이더에는 턱이 붙어 있고, 이 턱에 스크라이버가 스크라이버 클램프에 의해서 세트되어 있다.

베이스의 밑면으로부터 스크라이버의 밑면(측정면)까지의 높이가 눈금에 나타나게 된다. 눈금의 읽음은 어미자 눈금과 아들자 눈금의 합친 곳을 읽는 것이고, 버니어 캘리퍼스와 같이 읽는 방법이다.

금긋기 작업에 사용할 때는 슬라이더를 이동시켜 필요한 치수를 어미자 눈금과 아들자 눈금에 따라서 치수를 맞추고 슬라이더의 고정 나사와 스크라이버 클램프의 고정 나사를 잠근다. 이렇게 해서 베이스를 정반 위에서 이동시키면 가공물에 금긋기를 할 수 있다.

읽는 눈금도 버니어 캘리퍼스와 같으며, $\frac{1}{20}=0.05$mm, $\frac{1}{50}=0.02$mm가 있다(사진 3-22, 그림 3-189).

(1) 하이트 게이지의 종류

하이트 게이지는 HB형, HM형, HT형 3종류가 있으며 호칭 치수는 300mm, 600mm, 1000mm이다.

① HM형 하이트 게이지(그림 3-190(a))

튼튼하고 금긋기에 적절하며 슬라이더가 홈형으로 비교적 긴 형이다. 스크라이버의 측정면

226

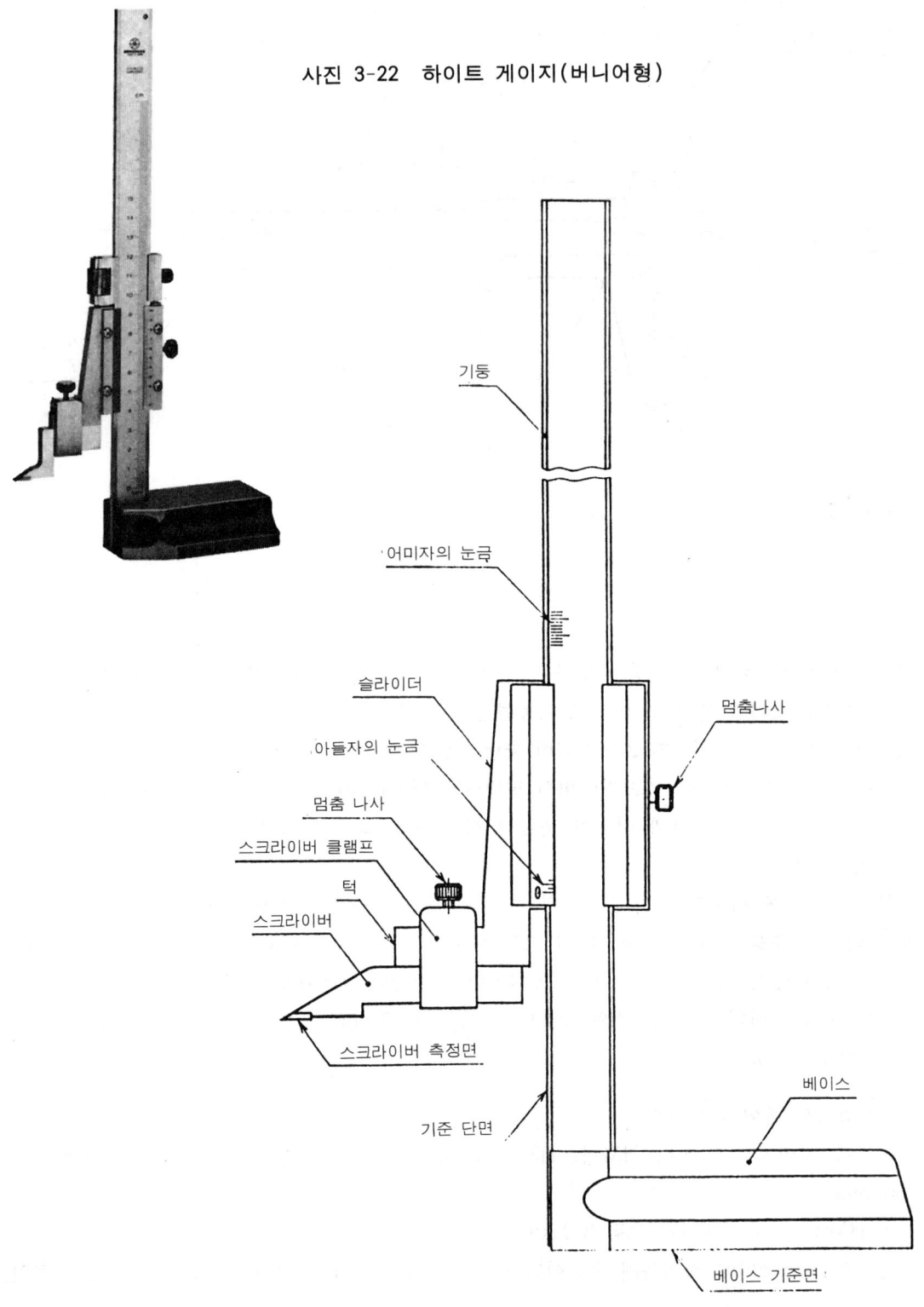

사진 3-22 하이트 게이지(버니어형)

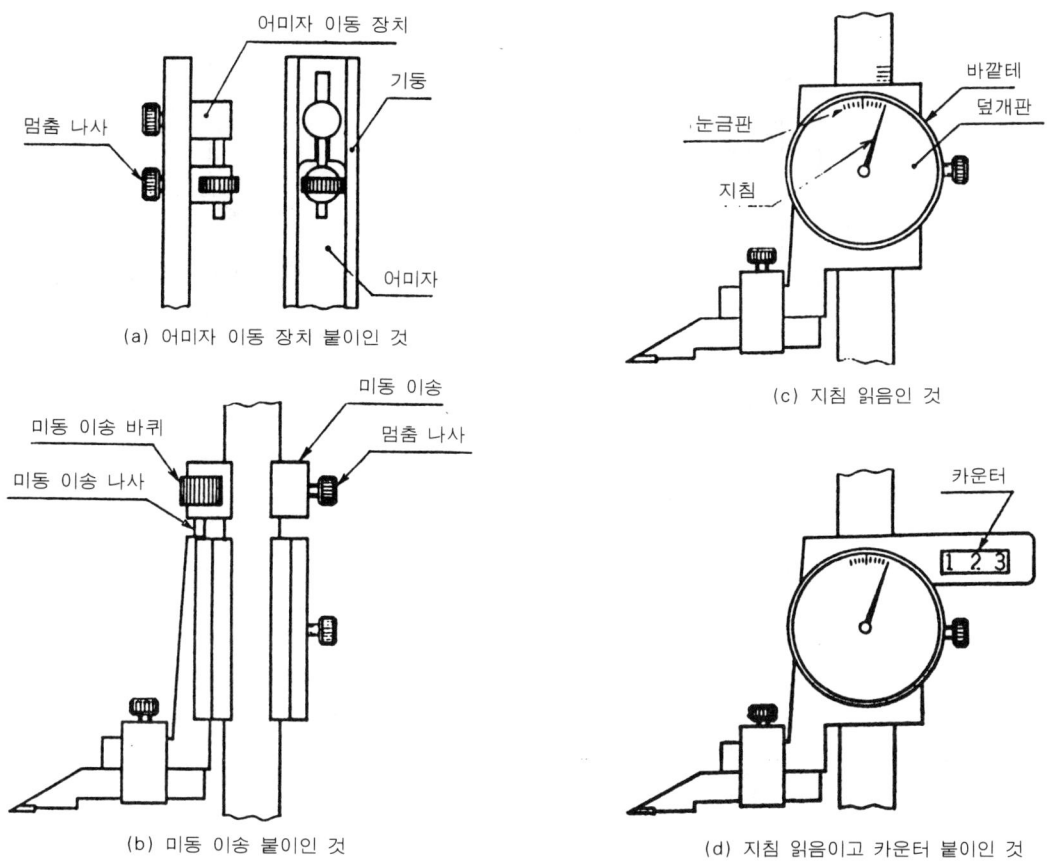

그림 3-189 하이트 게이지(KS B 5322)

과 베이스의 밑면을 정반상에서 동일 평면상에 일치시켰을 때 어미자의 기점과 아들자의 0눈금이 합치되는 구조이기 때문에, 슬라이더를 이동시켰을 때의 아들자의 읽음값은 베이스의 밑면에서 슬라이더의 측정면까지의 높이가 된다.

② HB형 하이트 게이지(그림 3-190(b))

가벼워서 측정에 적당하고, 슬라이더가 상자형으로 버니어를 조정할 수 있다. HM과 마찬가지로 베이스 밑면에서의 스크라이버의 측정면까지의 높이를 측정값으로 하지만, 스크라이버 밑면은 베이스 밑면(0점)까지 내려갈 수 없다.

③ HT형 하이트 게이지(그림 3-190(c))

표준형으로 가장 많이 사용되고 있으며, 특징은 어미자가 이동 가능한 것이다. 틀 속에 어미자가 들어 있기 때문에 이동 장치에 의해서 어미자를 이동시킬 수가 있다. 또한, 정확하게 눈금을 읽기 위해서 확대용 렌즈가 부착되어 있다.

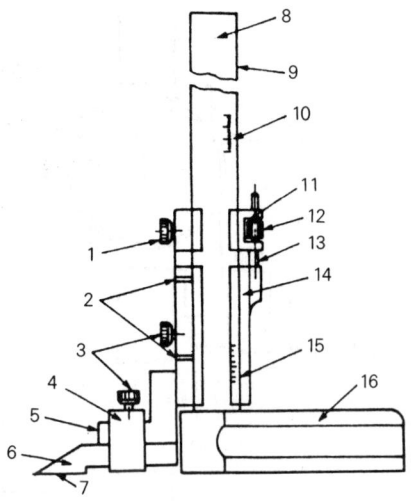

1, 3. 고정 나사 2. 누름 나사 4. 스크라이버 클램프
5. 조 6. 스크라이버 7. 측정면 8. 어미자
9. 기준 단면 10. 어미자의 눈금 11. 이송구
12. 이송 바퀴 13. 이송 나사 14. 아들자
15. 아들자의 눈금 16. 베이스

(a) HM형 하이트 게이지

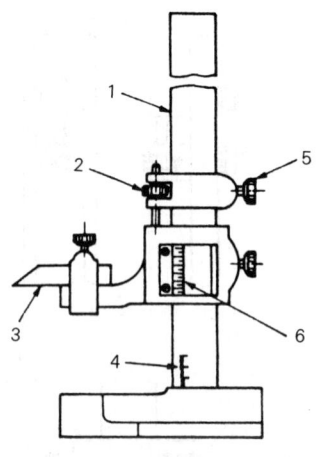

1. 어미자 2. 이송바퀴 3. 측정면
4. 어미자의 눈금 5. 고정 나사
6. 아들자의 눈금

(b) HB형 하이트 게이지

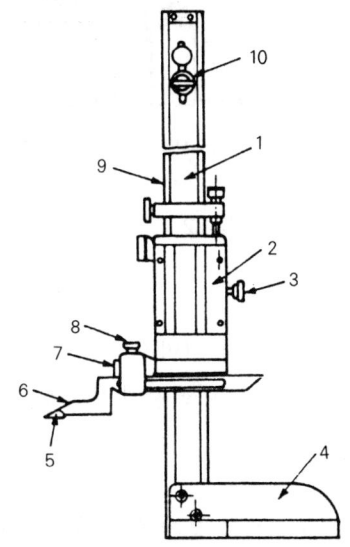

1. 어미자 2. 슬라이더 3. 고정 나사
4. 베이스 5. 측정면 6. 스크라이버
7. 조 8. 스크라버 고정 나사
9. 기준 끝면 10. 어미자 이송 장치

(c) HT형 하이트 게이지

그림 3-190 하이트 게이지

④ 기타의 하이트 게이지

 그 밖의 하이트 게이지로는 다이얼을 이용하여 눈금을 표시하는 다이얼식 하이트 게이지와 눈금을 디지털 방식으로 읽을 수 있는 디지매틱 하이트 게이지 등이 있으며, 본체에 리니어

제3장 정밀 측정의 실제(기초편) 229

스케일을 장착하여 게이지 블록 없이 높이를 정밀하게 측정할 수 있는 1차원 높이 측정기가 많이 이용되고 있다.

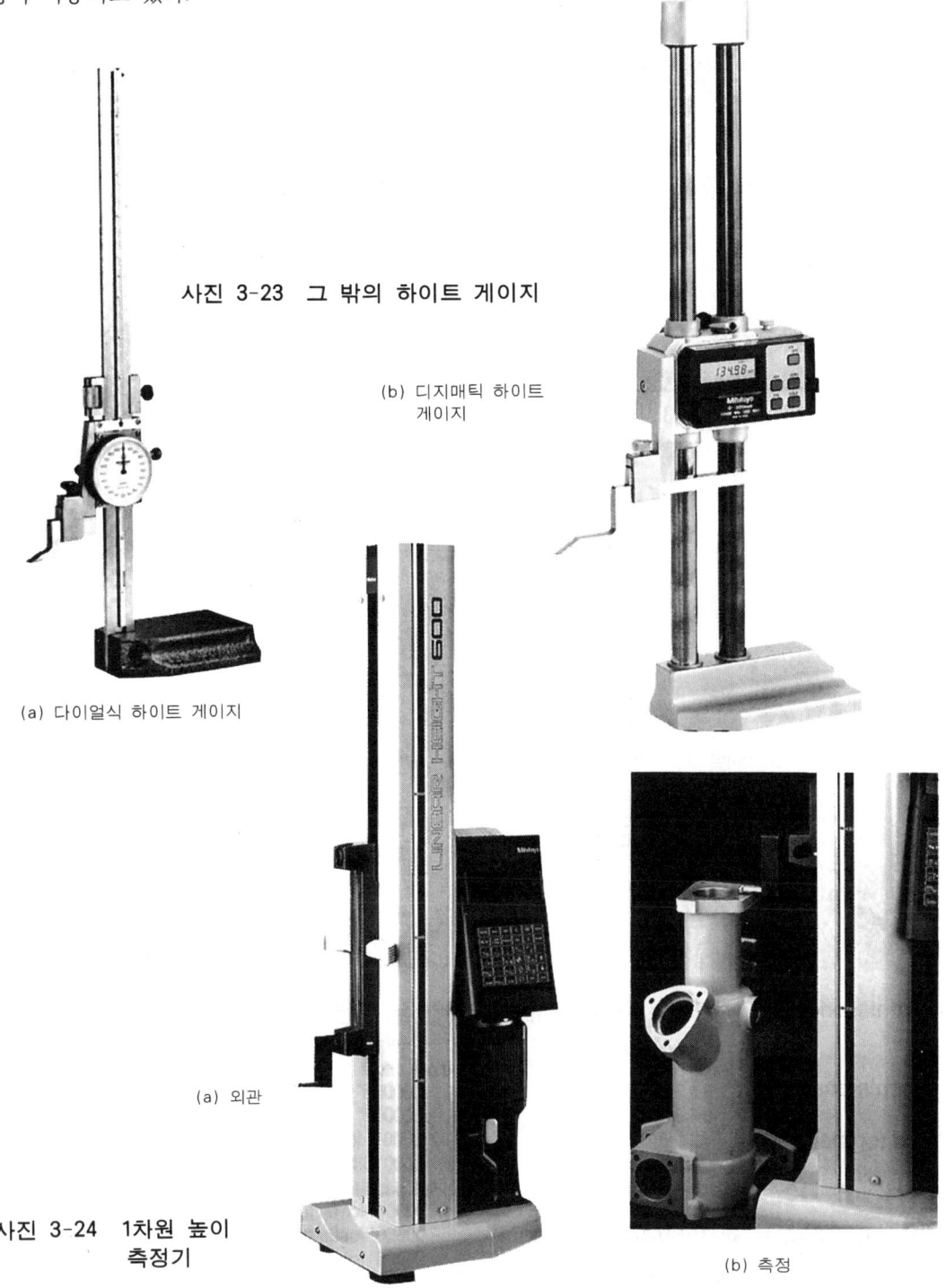

사진 3-23 그 밖의 하이트 게이지

(a) 다이얼식 하이트 게이지
(b) 디지매틱 하이트 게이지

사진 3-24 1차원 높이 측정기

(a) 외관
(b) 측정

(2) 눈금 읽는 방법

하이트 게이지의 최소 눈금은 0.05, 0.02mm의 두 종류가 있으며, 보통 0.02mm가 많이 사용되고 있다.

눈금 기입 원리는 버니어 캘리퍼스와 같으며 기입 방법은 표 3-21과 같다.

표 3-21 아들자의 눈금 방법

어미자의 눈금량 mm	아들자의 눈금 방법	최소 읽음값 mm
1	39mm를 20등분	0.05
	49mm를 50등분	0.02

눈금 읽는 방법은 버니어 캘리퍼스와 같으며, 먼저 아들자의 0눈금이 어미자의 눈금을 지시하는 값을 1mm 단위로 읽는다. 다음에 어미자와 아들자의 눈금이 일치하는 아들자의 눈금을 읽는다. 즉, 그림 3-191에서 보면

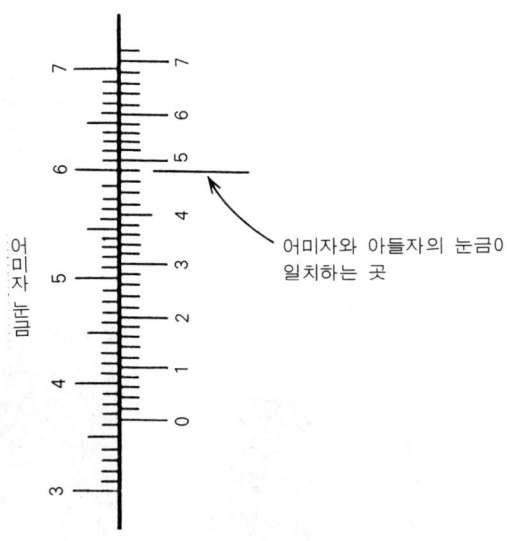

그림 3-191 눈금 읽는 방법

어미자의 눈금 36.0

아들자의 눈금 $24 \times \dfrac{1}{50} = 0.48$

따라서, 읽음값 = 36.0 + 0.48
= 36.48mm가 된다.

(3) 사용 방법

하이트 게이지는 가공 현장에 가공시 기본이 되는 금긋기에서부터 간단한 높이의 측정은 물론 스크라이버 대신 인디케이터, 전기 마이크로미터 헤드 등을 장착하면 고정밀도의 높이 측정까지 다양한 측정이 가능하다.

① 금긋기

현장에서 주로 사용하는 방법으로, 정반상에 베이스 밑면과 스크라이버 측정면을 접촉시킨 상태를 0점으로 조정하여 필요로 하는 치수를 설정하여 금긋기를 한다(그림 3-192).

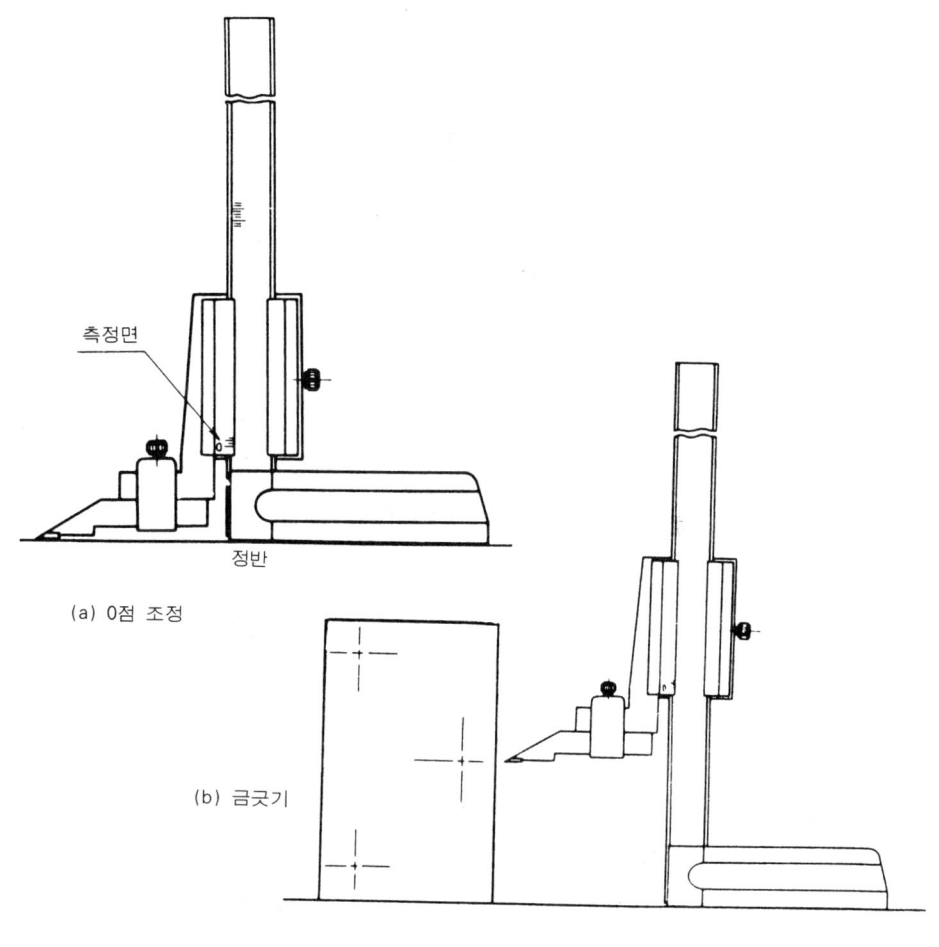

그림 3-192 금긋기

베이스 밑면과 스크라이버 측정면과의 평행도가 나쁠 때는 스크라이버의 두 개의 날모서리 높이가 실제로는 각각 틀리기 때문에, 동일한 치수로 설정했어도 날모서리에 따라서 금긋기의 높이가 다르게 나타나므로 주의해야 한다.

② 스크라이버 측정면에 의한 높이 측정

금긋기와 같은 방법으로 0점 조정을 마친 후 피측정물의 기준면을 정밀 정반상에 올려 놓고, 측정면에 스크라이버의 측정면을 가볍게 접촉시킨 후 눈금값을 읽는다. 이때, 측정면이 홈의 윗면일 때는 그림 3-193(c)와 같이 측정 블록을 밀착 또는 고정시킨 상태에서 간접적으로 블록의 윗면을 측정하여 홈의 윗면 높이로 한다.

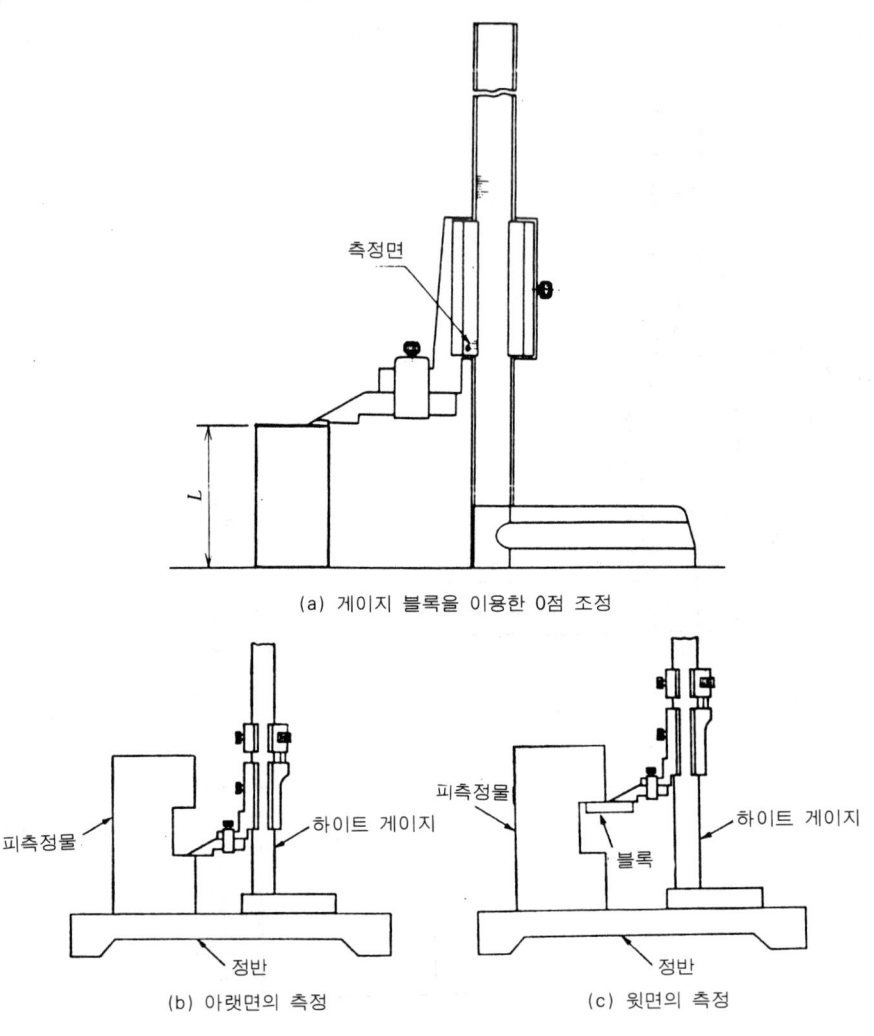

그림 3-193 스크라이버 측정면을 이용한 높이 측정

③ 인디케이터에 의한 비교 측정

정밀한 측정법에서 일반적으로 정도가 ±0.002mm 정도인 하이트 마이크로미터(height micrometer)와 병행하여 측정이 이루어지기 때문에 게이지, 금형, 기타 정밀한 부품의 치수 측정에 많이 이용되고 있다(그림 3-194).

④ 기타

그 밖에 깊이 측정용 측정자를 이용하여 그림 3-195와 같이 일반 공차 정도의 깊이 및 구멍 위치를 테이퍼 측정자를 이용하여 한번에 측정할 수 있다.

(4) 성능

하이트 게이지는 금긋기, 부품의 직접 측정 및 비교 측정에 많이 사용되는 측정기로, 반드시 기준 평면인 정반상에서 사용한다. 성능의 평가 항목 중에서 기차의 평가는 피측정물을 측정

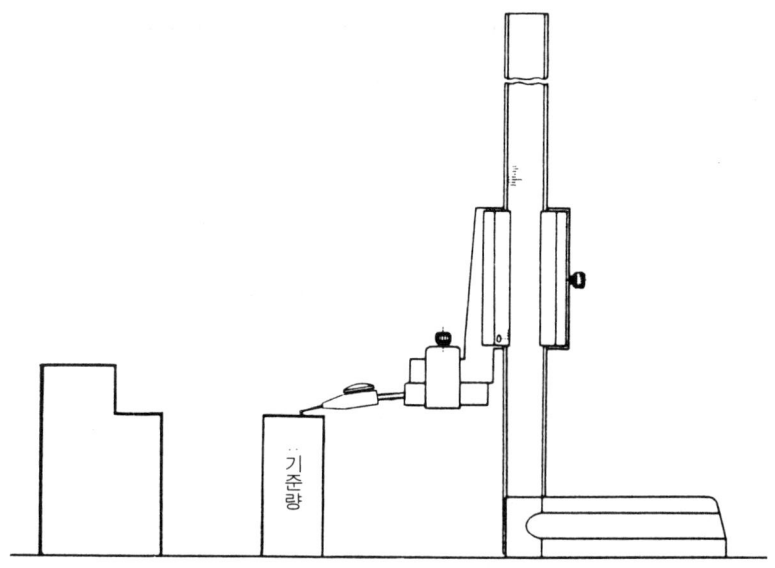

그림 3-194 비교 측정

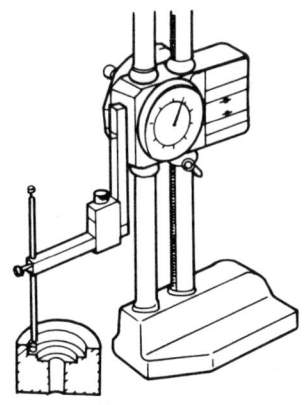

그림 3-195 깊이 측정

하는 방법과 마찬가지로 게이지 블록을 이용하여 구한다(표 3-22).

표 3-22 기차 측정

항 목	측정 방법	그림 보기
기 차	정밀 정반 위에 놓여진 게이지 블록을 하이트 게이지의 스크라이버 측정면 사이에 끼우고 측정하여, 하이트 게이지의 읽음으로부터 게이지 블록의 치수를 빼서 구한다.	(게이지 블록, 하이트 게이지, 정밀 정반)

기차와 종합 오차의 허용치는 표 3-23, 표 3-24와 같으며, 사용자측에서는 기차의 측정으로 충분하다.

표 3-23 하이트 게이지의 기차 허용치

단위 : mm

측정 길이 \ 눈금량 또는 최소 읽음값	0.05	0.02 또는 0.01
0	±0.05	±0.02
0을 초과 200 이하		±0.03
200을 초과 400 이하	±0.08	±0.04
400을 초과 600 이하	±0.10	±0.05
600을 초과 800 이하	±0.12	±0.06
800을 초과 1000 이하	±0.15	±0.07

비 고 : 이 표의 값은 20℃에서의 것으로 한다.

표 3-24 종합 오차

단위 : mm

최대 측정 길이 \ 눈금량 또는 최소 읽음값	0.05	0.02 또는 0.01
250 이하	±0.08	±0.05
300	±0.10	±0.06
600	±0.19	±0.08
1000	±0.18	±0.11

(5) 점검 관리

일상적인 점검, 유지 관리는 정기적 또는 수시로 실시하고, 그림 3-196과 같이 외관, 스크라이버, 베이스 기준면 등을 점검하고, 이상 발생시는 수리한다.

제3장 정밀 측정의 실제(기초편) 235

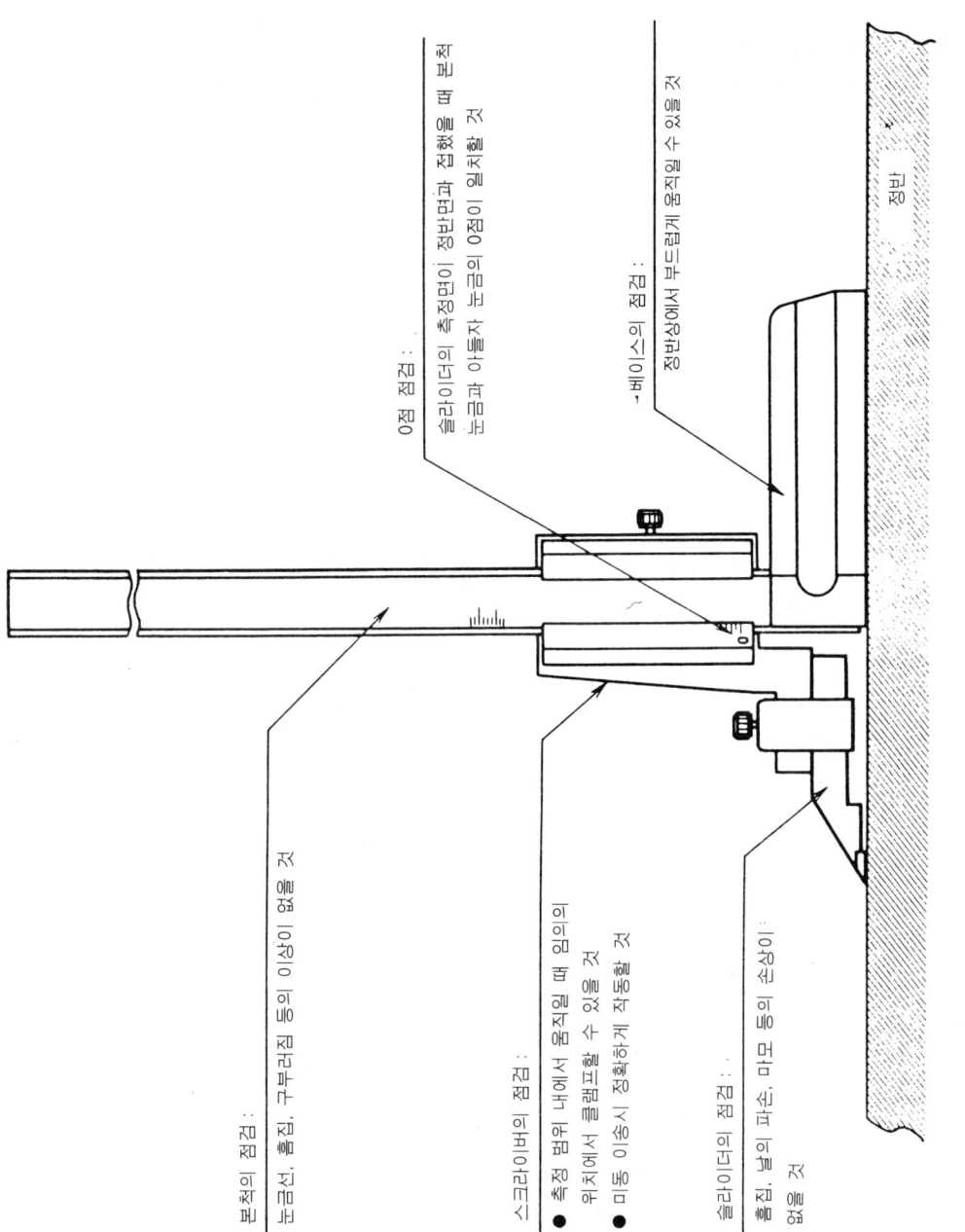

그림 3-196 점검

15.5 측정시 주의 사항

[버니어 캘리퍼스]

(1) 사용 전에 주의 사항

① 먼저 측정면, 슬라이딩면, 눈금면 등을 깨끗이 닦아서 먼지나 쇳가루 등을 깨끗이 제거해야 한다.

② 0점 조정이 정확한 가를 반드시 확인해야 한다. 0점 조정 오차가 있으면 측정후 오차를 보정해 주어야 한다. 또한, 틈새에 빛이 들어올 정도면 보통 3~5μm 정도의 간격이라 판단하면 된다.

(2) 사용 중의 주의

① 버니어 캘리퍼스는 아베의 원리에 맞는 구조가 아니기 때문에 그림 3-197과 같이 외측 측정용 턱의 안쪽에서 측정하는 것이 좋다.

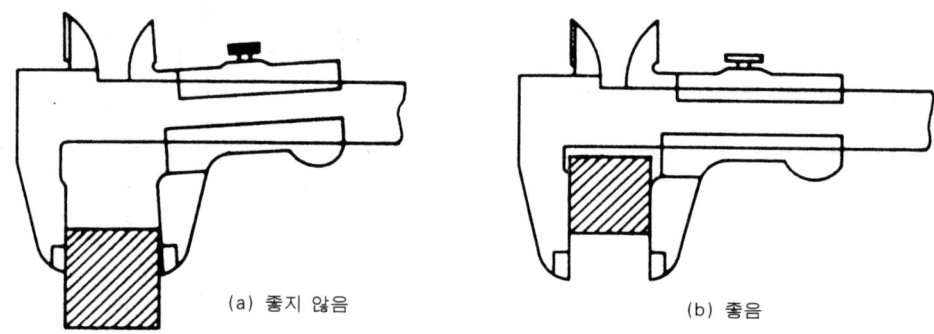

(a) 좋지 않음　　　　　　(b) 좋음

그림 3-197 아베의 원리에 따른 측정 위치

② M형 버니어 캘리퍼스는 외측 측정면의 끝부분이 얇기 때문에 마모되기 쉽다. 따라서, 가능한 한 안쪽에서 측정하도록 한다.

③ 외측, 내측 및 깊이 측정면은 그림 3-198과 같이 피측정물에 정확하게 접촉시켜야 오차가 적다.

④ 내측 측정에 있어서는, 특히 안지름 측정에는 최대값을(그림 3-199), 내측 홈 측정에는 거꾸로 최소값을 측정값으로 취하는 데 주의한다.

⑤ 보통 버니어 캘리퍼스는 정압 장치가 없다. 따라서, 필요 이상의 측정력을 가하지 않도록 주의한다.

⑥ M형 버니어 캘리퍼스로 내경을 측정할 때, 특히 작은 구멍의 측정에는 구조상 약간의 오차가 발생한다. 더욱이 그림 3-200과 같이 실제값 d_0가 측정되지 않고 d_1이 측정된다.

표 3-25 작은 구멍 측정 오차

단위 : mm

d_0	$B=(t_2+\bar{t}_2+C)$				
	0.3	0.4	0.5	0.6	0.7
1.5	0.030	0.050	0.090	0.12	0.17
2	0.023	0.041	0.060	0.09	0.13
2.5	0.018	0.032	0.050	0.07	0.10
3	0.015	0.027	0.042	0.06	0.08
3.5	0.013	0.023	0.036	0.05	0.07
4	0.011	0.020	0.031	0.045	0.06
4.5	0.010	0.017	0.028	0.038	0.05
5	0.009	0.014	0.026	0.033	0.047
6	0.008	0.013	0.021	0.029	0.041
7	0.007	0.011	0.018	0.026	0.036
8	0.007	0.010	0.016	0.023	0.033
9	0.006	0.009	0.013	0.020	0.028
10	0.005	0.008	0.012	0.017	0.023

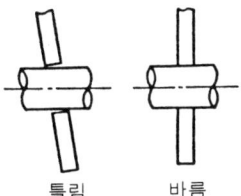 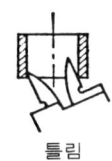 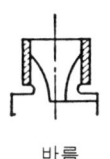 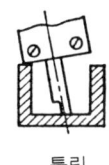 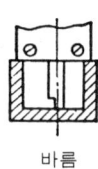

틀림　바름　　　틀림　바름　　　틀림　바름

그림 3-198 측정면의 접촉 오차

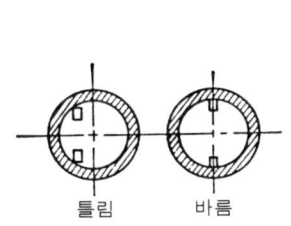

그림 3-199 구멍의 내경 측정

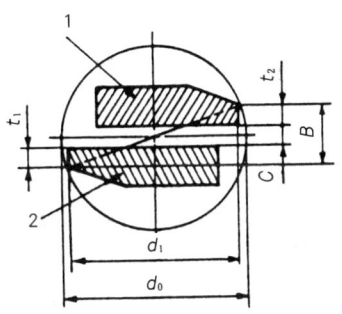

그림 3-200 내경 측정의 오차

이 경우, 내경 측정면의 두께 t_1, t_2와 틈새 C가 큰 영향을 미친다. 여기서 $t_1+t_2+C=B$의 값을 0.3~0.7mm까지 0.1mm 간격으로 오차를 계산하면 표 3-25와 같다.

⑦ 피측정물이 회전 가공되고 있는 피측정물은 측정하지 말하야 한다. 우선 위험하고, 또한 측정면의 마모가 커진다.

⑧ 특히, 대형 버니어 캘리퍼스에서는 수직과 수평으로 사용할 때에 측정값에 약간의 오차가 발생하기 때문에 항상 일정한 자세로 사용해야 한다.

또한 .대형 버니어 캘리퍼스에서는 2명(측정자 1명, 보조자 1명)이 측정하는 것이 바람직하다.

⑨ 눈금 읽음시 시차가 발생하기 쉬우므로 항상 눈금선에 대하여 수직 방향에서 읽도록 주의한다.

(3) 사용 후의 주의 사항

① 사용 후는 각 측정면 및 눈금 부위를 깨끗이 닦고 슬라이딩 부분에는 측정기 윤활유를 급유한다.
② 대형 버니어 캘리퍼스는 어미자가 휘지 않도록 보관 상자에 넣어 둔다.
③ 각 부분을 점검하여 상처 등 이상이 있으면 곧 보수를 하고 점검한다.

[하이트 게이지]

① 정반은 평면도가 좋은 정밀 정반을 사용해야 한다. 정반의 사용면은 깨끗하게 하고, 금속 정반의 상처, 돌기 등은 알칸사스 기름 숫돌(Alkansas oil stone)로 문질러서 제거한다 (그림 3-201).

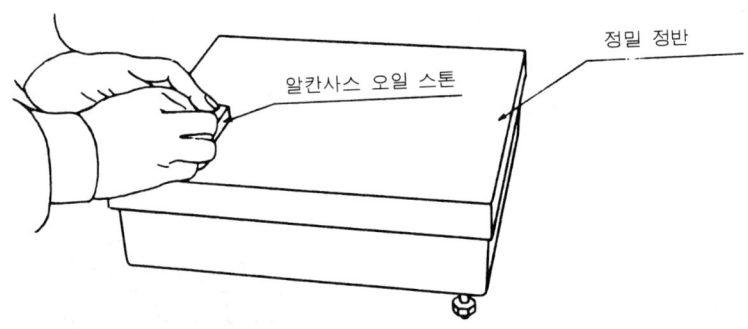

그림 3-201 정밀 정반의 평면도 수정

② 하이트 게이지는 아베의 원리에 위배되기 때문에, 그림 3-202와 같이 가능한 한 스크라이버의 길이를 짧게 부착하여 오차를 줄이도록 하도록 한다.
③ 금긋기할 때는 반드시 스크라이버가 작업중 움직이지 않도록 고정 나사로 슬라이더를 완전히 조여야 한다.
④ 측정 전에는 0점을 확인하여 조정을 하며, 그렇지 않을 경우는 오차만큼 측정값에 보정하도록 한다.
⑤ 스크라이버 날끝은 초경 합금팁이 붙어 있어서 날카롭기 때문에 상처를 입지 않도록 주

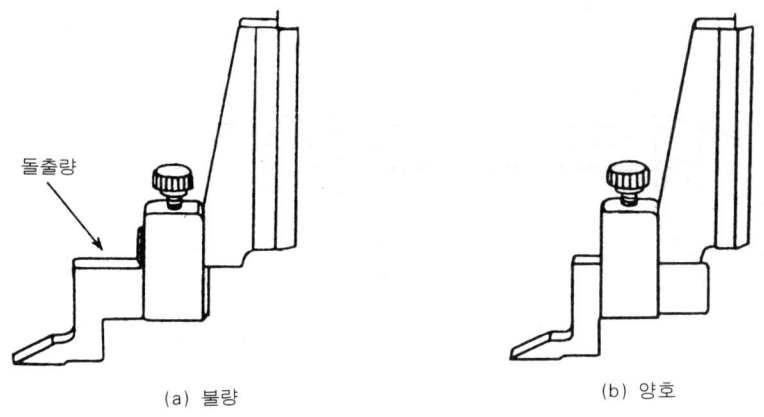

그림 3-202 스크라이버의 부착

의한다.

15.6 버니어 캘리퍼스의 교정 방법 및 순서

① 버니어 캘리퍼스, 스텝 게이지 블록(또는 게이지 블록 세트+게이지 블록 부속품)을 깨끗이 닦아서 테이블에 설치한다. 이때 안정을 위하여 단차 게이지 블록을 정반 위에 설치하면 더욱 좋다.

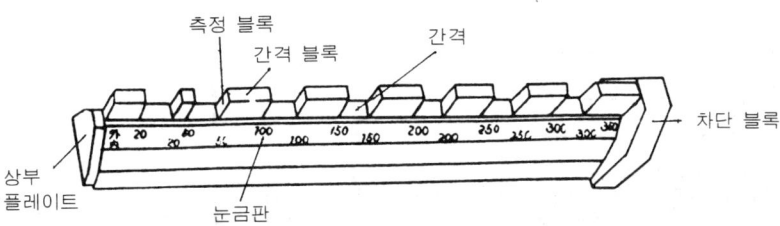

그림 3-203 단차 게이지 블록(버니어 캘리퍼스 및 하이트 게이지 교정용)

② 다음에 슬라이더를 전 범위에 걸쳐서 작동시켜 본다(그림 3-204).
작동상태가 불량한 것은 수리를 실시하고, 원활한 상태로 움직이는 계측기를 교정 대상으로 한다.

③ 어미자와 아들자의 측정면을 접촉시켜서 0점을 확인한다(그림 3-205).
0점이 맞지 않으면 수리를 실시한다. 양 측정면의 틈새는 일반적으로 그림 3-206과 같이 마이크로미터로 0.02mm의 틈새를 만든 다음, 그 틈새와 버니어 캘리퍼스 내, 외측 측정면의 틈새를 비교하면 편리하다.

④ 외측 측정의 기차를 측정한다(그림 3-207).

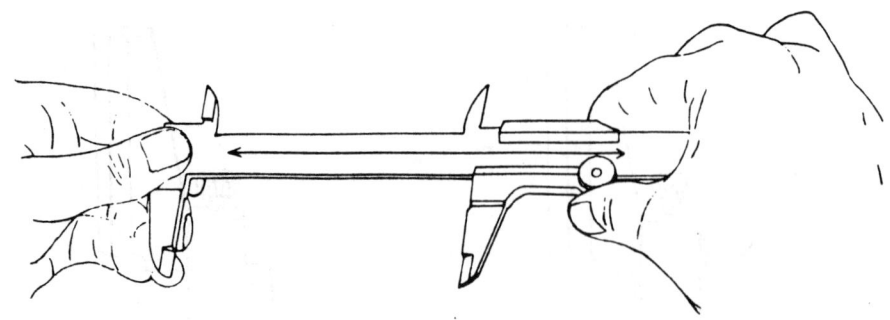

그림 3-204 슬라이더 작동 상태 점검

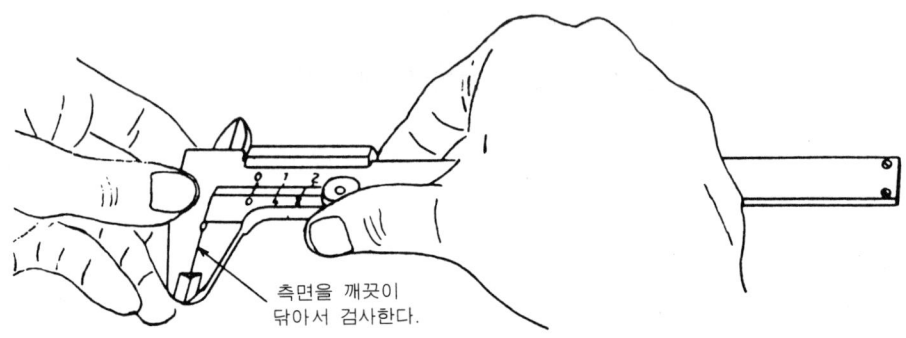

측면을 깨끗이 닦아서 검사한다.

그림 3-205 0점 확인

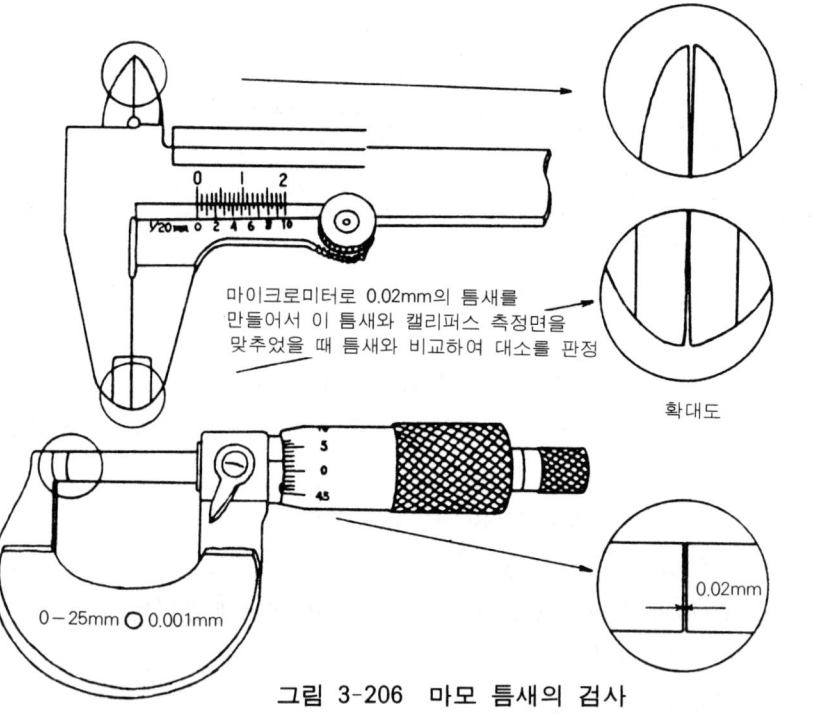

마이크로미터로 0.02mm의 틈새를 만들어서 이 틈새와 캘리퍼스 측정면을 맞추었을 때 틈새와 비교하여 대소를 판정

확대도

0.02mm

0-25mm ○ 0.001mm

그림 3-206 마모 틈새의 검사

제3장 정밀 측정의 실제(기초편) *241*

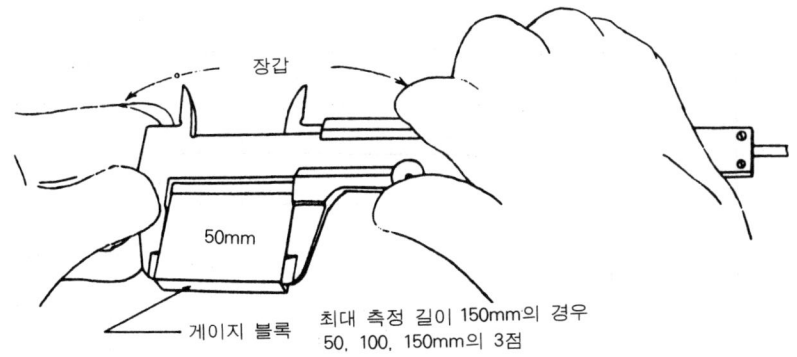

그림 3-207 기차 측정

⑤ 내측 측정의 기차를 측정한다.
　내측 측정은 그림 3-208과 같이 게이지 블록 홀더를 이용하여 게이지 블록 치수를 설정하여 측정한다.

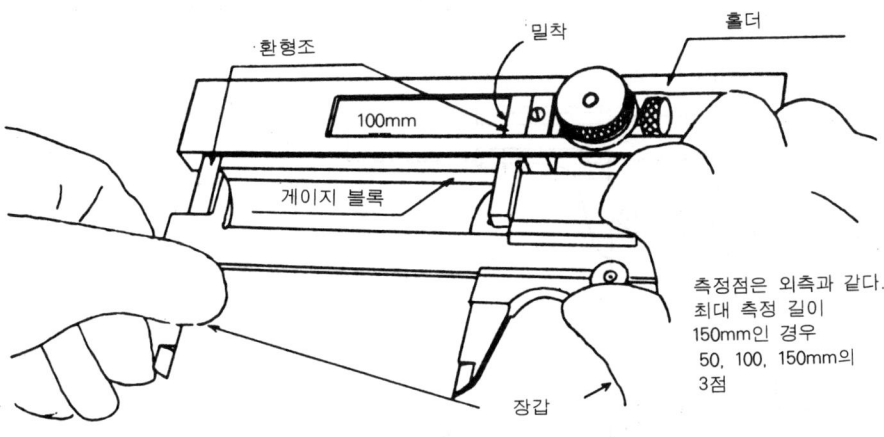

그림 3-208 내측의 기차 측정

⑥ 이상과 같은 내, 외측의 기차 측정은 능률적이지 못하기 때문에, 일반적으로 그림 3-209와 같은 교정용 단차 게이지 블록을 사용하여 기차를 측정한다.
⑦ 측정된 기차를 기록표에 정리한다.

15.7 하이트 게이지의 교정 방법 및 순서
① 스텝 게이지 블록과 정반, 그리고 하이트 게이지를 잘 닦아서 먼지, 기름 등을 완전히 제거한다.
② 슬라이더의 작동이 원활한지 전 범위에 걸쳐서 움직이고, 이상 유무를 점검한다. 이상이

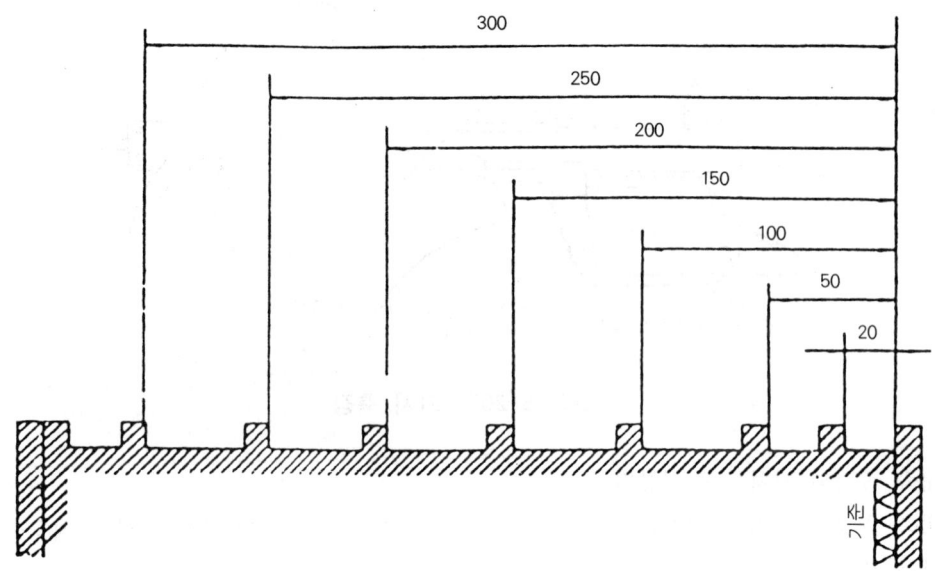

그림 3-209 교정용 스텝 게이지 블록

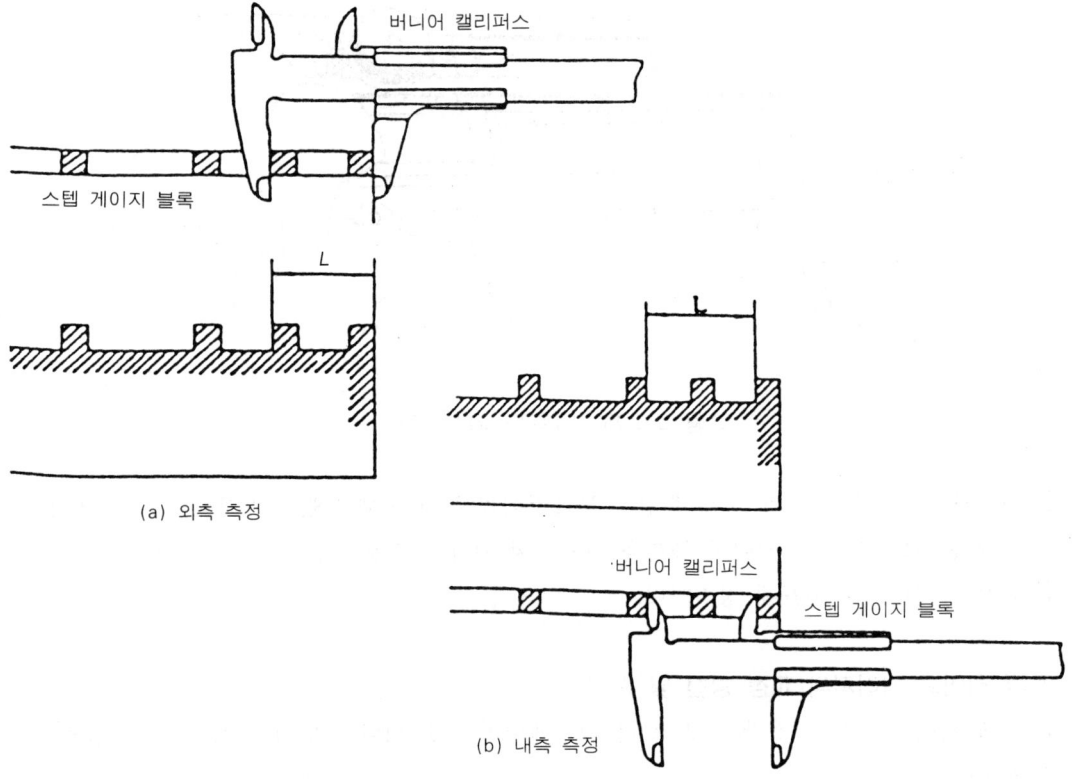

그림 3-210 단차 게이지 블록에 의한 버니어 캘리퍼스 교정

있으면 수리를 한다(그림 3-211).
③ 하이트 게이지를 그림 3-212와 같이 정반상에 올려 놓고, 스크라이버 측정면이 정반면에 닿도록 슬라이더를 움직여서 0점을 확인된다. 0점이 벗어났으면 그림 3-213과 같이 조정한다.

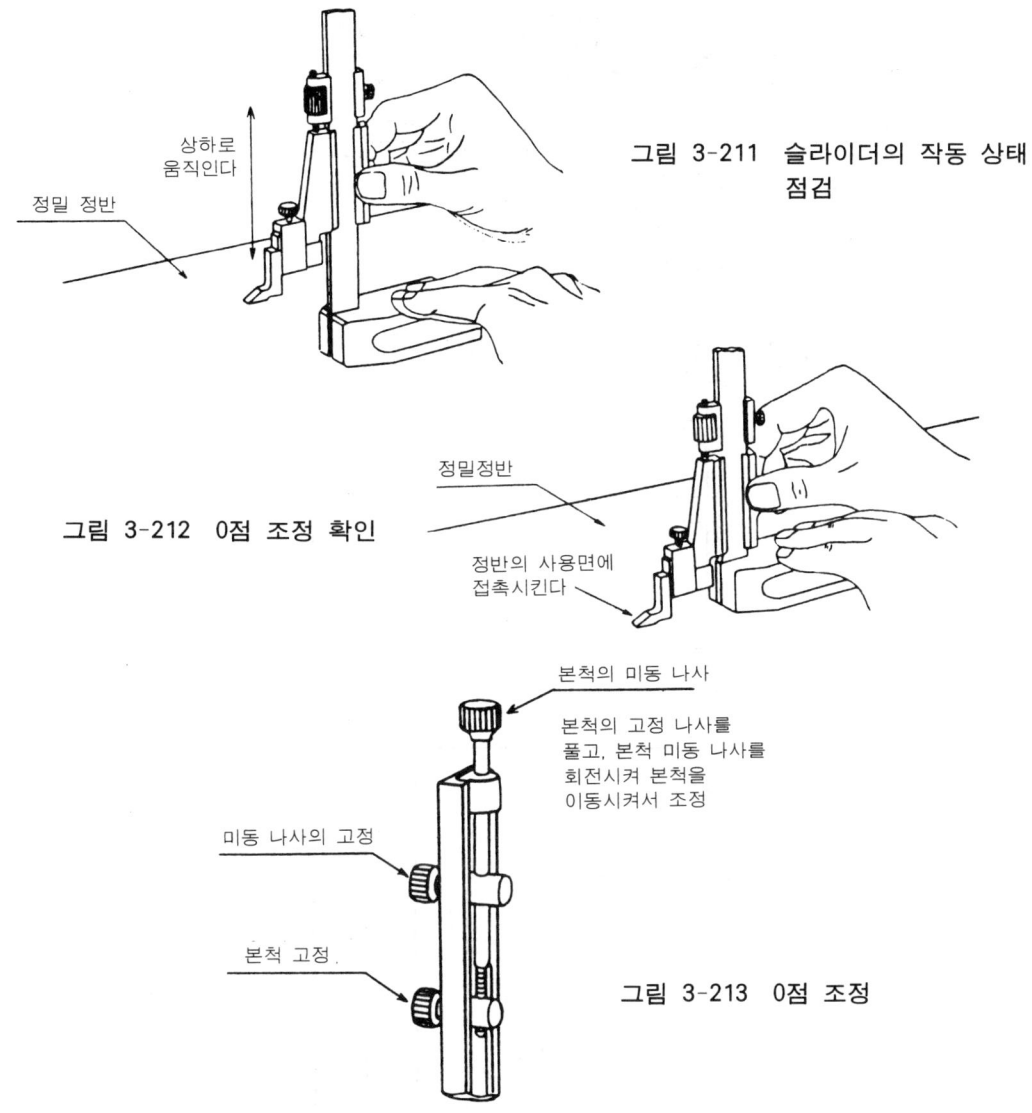

④ 게이지 블록을 이용하여 기차를 측정한다. 기차는 게이지 블록 치수를 기준 치수로 하여 하이트 게이지를 이용하여 그림 3-214와 같이 측정한다.
 기차의 측정 전에 반드시 표준기와 측정기의 온도를 일치시키기 위하여 30분 이상 측정실에 보관한 후 실시한다.

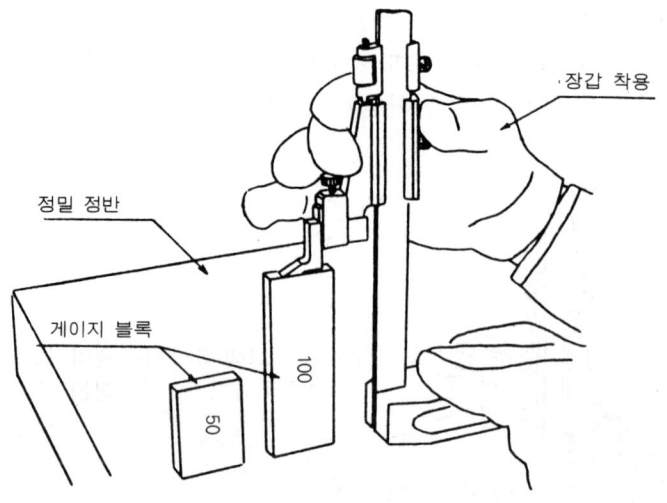

그림 3-214 기차 측정

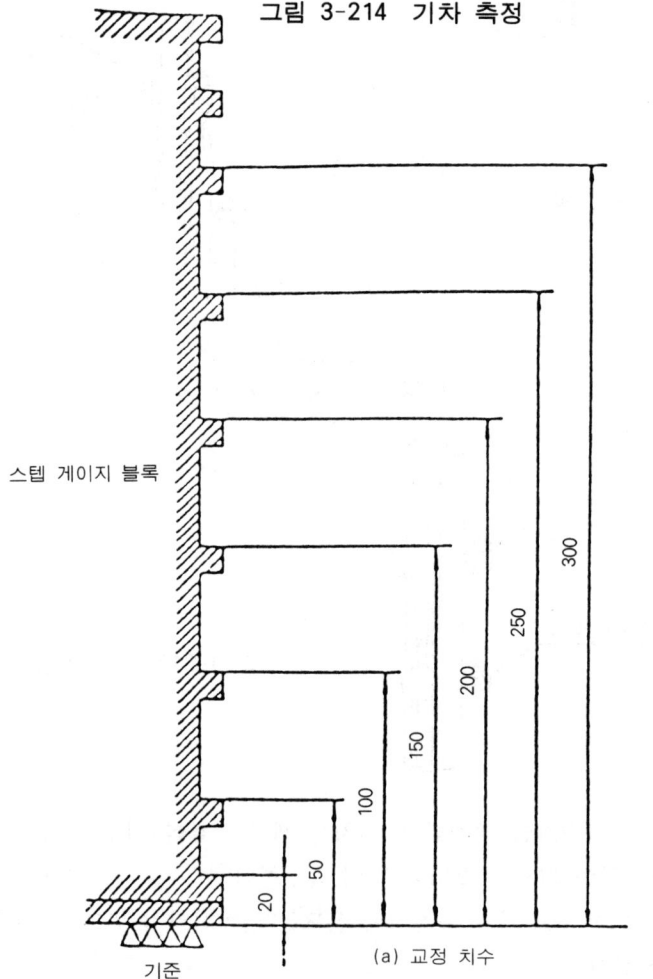

(a) 교정 치수

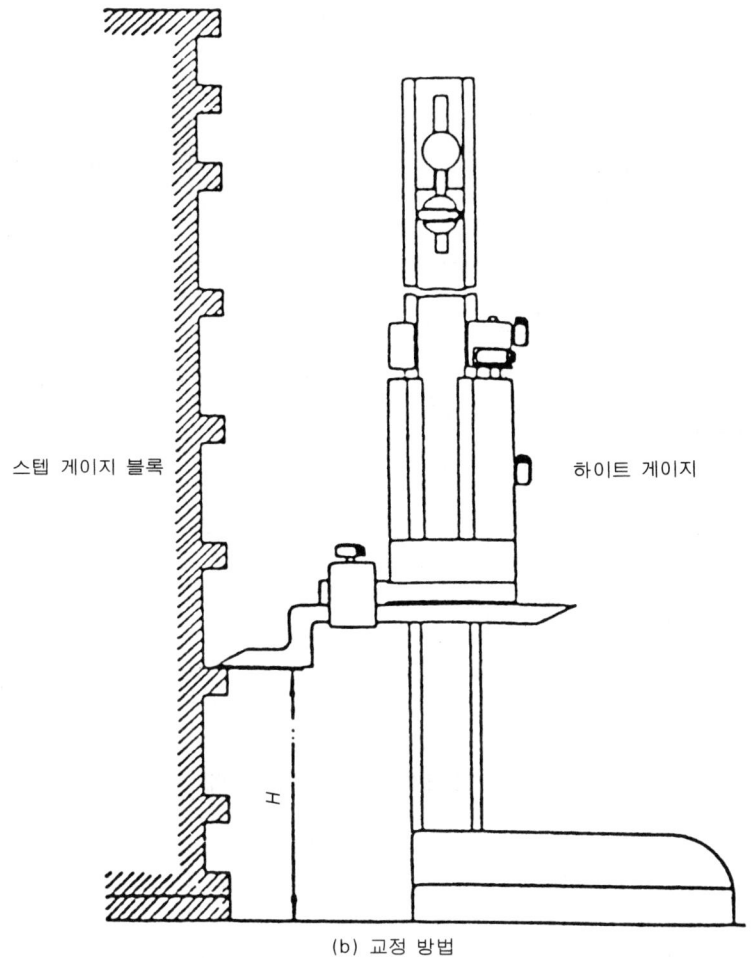

(b) 교정 방법

그림 3-215 스텝 게이지 블록을 이용한 교정

⑤ 그러나, 보통은 단차 게이지 블록을 이용하여 그림 3-215와 같이 실시하는 것이 편리하고 더 효율적이다.

⑥ 기차=측정값-기준 치수(게이지 블록 치수)로 계산하여 기록표에 기록한다.

15.8 측정치의 정리 및 계산

기차(器差)는 각각 버니어 캘리퍼스, 하이트 게이지 기록표에 기입하여 회사의 규격과 비교하여 등급을 판정한다(표 3-26, 표 3-27).

표 3-26 버니어 캘리퍼스 관리 카드 예

관리번호 :	측정범위								계측기 관리 카드
	최소읽음값								버니어 캘리퍼스
주관부서 :	형 식								
	제조번호								
	도입년월일		년 월 일						단위 : mm

년 월 일	측정면의 마모		기 차							비 고	합격	승인	검사자
			외 측				내 측						
	내측	외측	0	50	100	150	50	100	150				
1993.10.13			0	0	0	+0.05	0	0	+0.05				
└ 기록 예													

표 3-27 하이트 게이지 기록 카드의 예

관리번호 :	측정범위								계측기 관리 카드
	최소읽음값								하이트 게이지
주관부서 :	형 식								
	제조번호								
	도입년월일		년 월 일						

년 월 일	측정면의		기 차							비 고	합격	승인	검사자
			높 이										
	측정면	베이스	0	50	100	150	200	250	300				
1993.10.13			0	−0.02	−0.02	−0.02							
└ 기록 예													

15.9 결론 및 고찰

① 버니어 캘리퍼스의 기차 및 종합 정도의 차이점에 대해서 조사해 보자.
② 디지매틱 캘리퍼스의 정도와 최소 눈금과의 관계에 대해서 알아보자.
③ 버니어 눈금 방식을 적용한 측정기의 정밀측정법에 대해서 알아보자.

제4장
정밀 측정의 실제(응용편)

1. 오토콜리메이터를 이용한 진직도 측정

1.1 실습 목표
오토콜리메이터의 측정 원리 및 사용법을 익히고, 또한 오토콜리메이터를 사용하여 정밀 직선자의 진직도 및 기계 부분의 진직을 요하는 곳, 즉 공작 기계의 베드면의 진직도, 정반의 진직도 등의 응용 측정 방법을 배우는 데 있다.

1.2 사용 측정 기기
1) 오토콜리메이터(autocollimator)
2) 평면경(mirror)
3) 반사경 대(reflector base)
4) 변압 장치(transformer)
5) 마그네틱 스탠드(magnetic stand) : 2개
6) 직선자(straight edge)
7) 정반(surface plate)

1.3 진직도의 측정법의 종류
진직도란 기계의 직선 부분이 이상 직선(직선 부분 위의 두 점을 지나는 기하학적 직선)으로부터 어긋남의 크기를 말한다. 표시 방법은 진직도 _____ mm, 또는 _____ μm로 표시한다.

진직도의 측정 방법은
　① 오토콜리메이터에 의한 방법
　② 수준기에 의한 방법
　③ 기준면과 비교하는 방법
　④ 나이프 에지(knife edge)와 틈새 게이지(feeler gauge)에 의한 방법
　⑤ 측미기에 의한 방법
　⑥ 강선(steel wire)에 의한 방법
등이 있다.

1.4 오토콜리메이터의 구조 및 원리

오토콜리메이터는 반사경과 망원경의 관계 위치가 기울기로 변했을 때, 망원경 내의 상(像)의 위치가 이동하는 것을 이용하여 미소 각도를 측정하고, 이 각도를 이용하여 진직도, 평면도를 계산하는 데 사용한다. 망원경에 맺히는 상의 이동량은 반사경과 망원경과의 거리에는 무관하며, 그림 4-1과 같이 조명된 광원측 표선(target graticule, 십자선)은 대물 렌즈의 집점

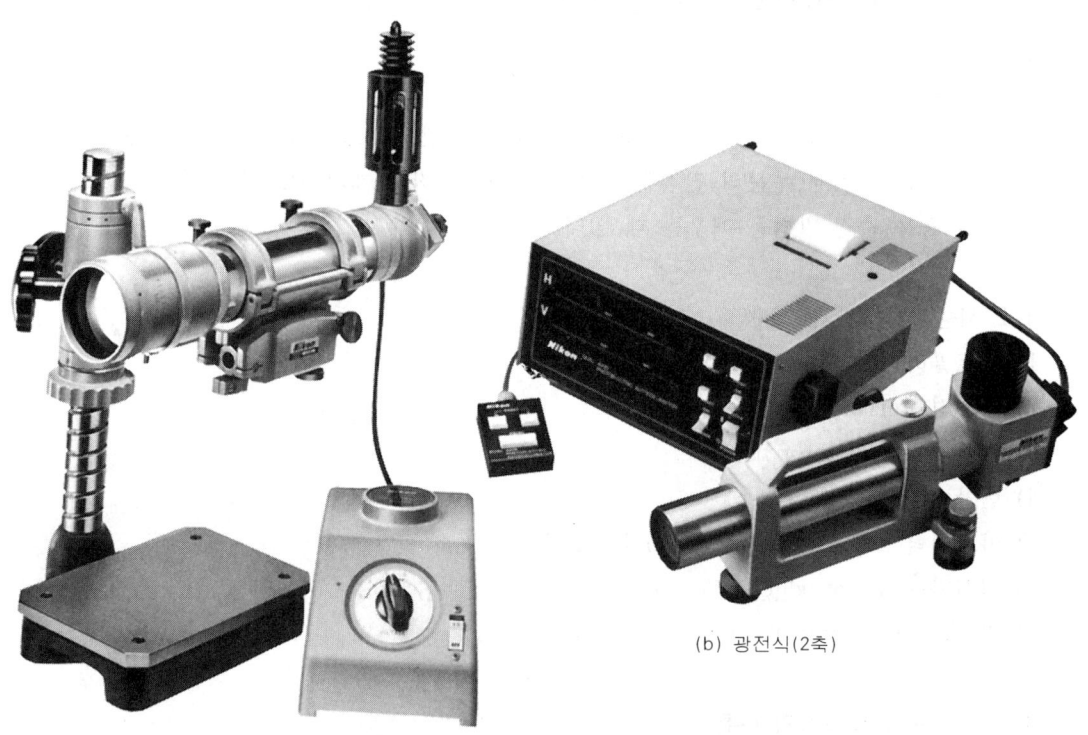

　　　(a) 광학식　　　　　　　　　　(b) 광전식(2축)

사진 4-1 오토콜리메이터의 예

위치에 놓여 있고, 광원에서 나온 광은 반투과 프리즘에 의해 90°로 광로를 바꾸어 대물 렌즈로 향한다. 대물 렌즈를 통하여 평행 광선으로 측정면 위에 놓인 반사경 대에 투사된다. 이 반사 광선은 다시 대물 렌즈로 입사되고, 다시 대물 렌즈에 의해 집점면에 만들어지는 광원측 표선상의 위치가 그곳에 있는 접안경측 눈금에 의해 측정된다. 십자선상의 이동량을 d, 대물 렌즈의 집점 거리를 f라 하고, 평면경의 기울기를 θ라 했을 때

$$d = f \cdot \tan 2\theta \fallingdotseq 2f\theta \tag{4.1}$$

의 관계식이 성립한다. 즉, d를 측정함에 따라 반사경의 경사각 θ를 알 수가 있다.

예를 들어, $f_1 = 500$mm라 할 때 $1'$의 각도 변화에 따른 상의 이동량 d를 구해 보면

$$1' = 2.9089 \times 10^{-4} \text{rad}$$

이므로

$$\begin{aligned} d &= 2f\theta = 2f \times 2.9089 \times 10^{-4} \\ &= 2 \times 500 \times 2.9089 \times 10^{-4} \\ &= 0.29 \text{mm} \end{aligned}$$

로 된다. 따라서, 일정 각도에 따른 눈금폭을 접안경 눈금에 각인하여 사용한다.

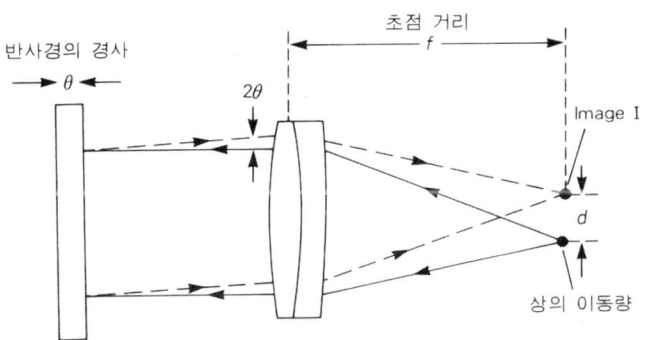

그림 4-1 반사면의 기울기와 반사상의 이동량

이 변화를 간단히 측정하기 위하여 오토콜리메이터의 집점경과 망원경에 각각 십자선과 조준(調準) 눈금선을 새겨놓고, 반사되어 온 집점경 십자선 상(像)이 기준점과의 편위량을 접안경의 눈금, 또는 측정 장치에 의해 읽어서 반사경의 기울기 또는 각도를 구할 수 있다. 그러므로 오토콜리메이터는 각도 측정, 진직도 측정, 평면도 측정 등에 사용된다.

그림 4-2는 대표적인 오토콜리메이터의 측정원리이다.

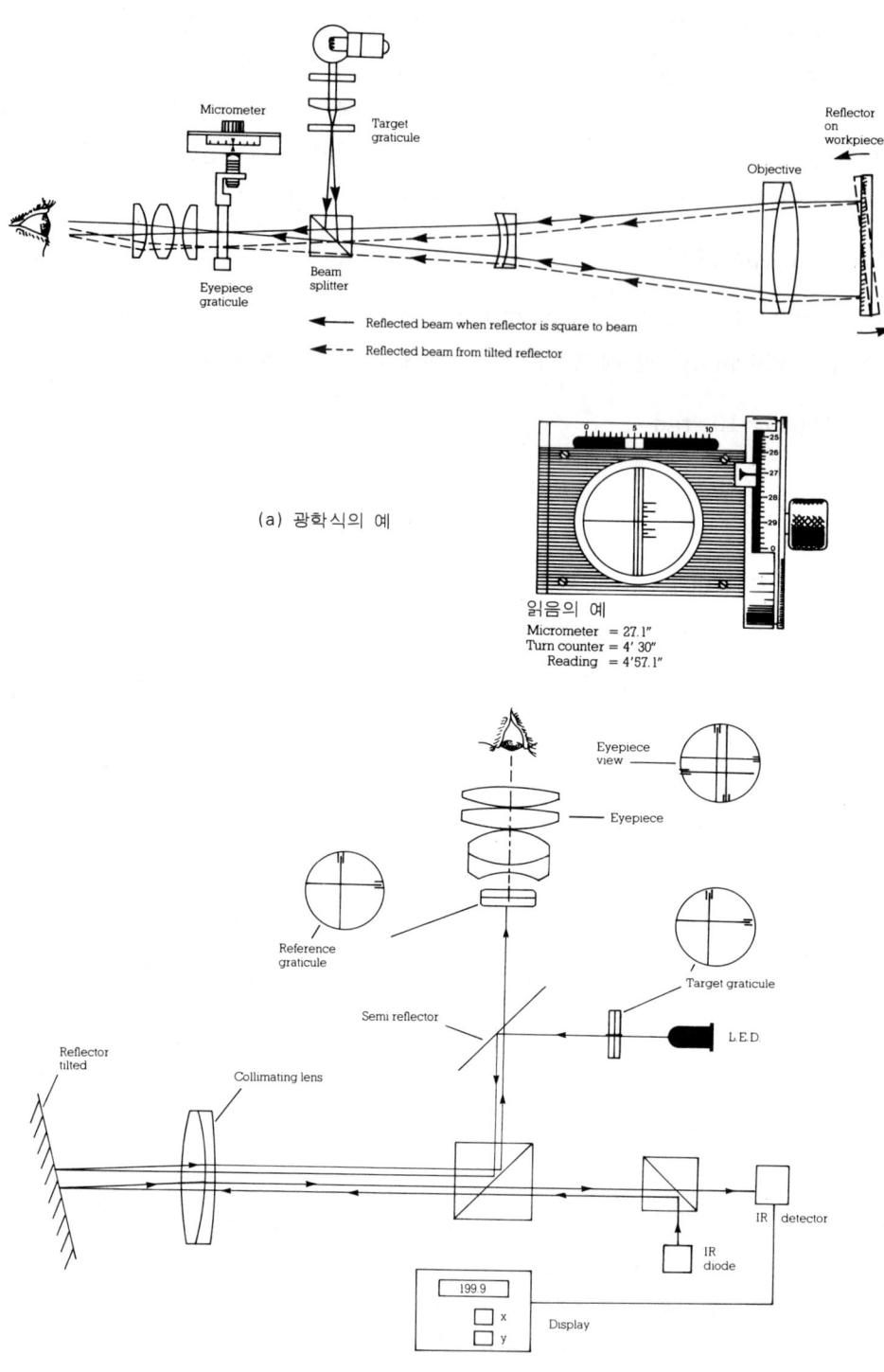

(a) 광학식의 예

(b) 광전식의 예

그림 4-2 오토콜리메이터의 원리

(a) 다면경(12면경)　(b) 다면경(8면경)
(c) 측정용 평면경(1)　(d) 측정용 평면경(2)　(e) 펜타 프리즘(pentagonal prism)

사진 4-2　오토콜리메이터의 부속품

1.5 주요 부속품

오토콜리메이터는 평면 반사경을 사용해서 진직도, 평면도, 평행도의 측정 및 펜타 프리즘(penta prism)을 사용해서 직각도 등을 측정하고, 또한 다각 프리즘(polygon prism) 또는 각도 게이지를 사용해서 할출대(割出台), 회전 테이블의 교정에 사용된다.

1.6 진직도 측정 원리

오토콜리메이터에 의한 진직도(straightness) 측정은 각 구간에 대한 위치의 변화가 각으로 측정되어 각도에 의해 진직도를 계산하며, 그 이론은 다음과 같다.

호도법에 의한 각도의 단위는 라디안(radian)으로 표시되며, 매우 정밀하게 산출할 수 있다.

$$1\text{rad} = 57.295779°$$

이며, 거꾸로

$$1° = 0.0174532\text{rad}$$
$$1' = 0.000290888\text{rad}$$
$$1'' = 0.00000484813\text{rad}$$

이다.

즉, 그림 4-3과 같이 $1''$는 1,000mm에 대한 약 $4.85\mu m$의 편위로 되며, 이를 이용하여 각 구간에서의 경사각을 측정하여 길이의 단위로 환산하며, 그 최대값과 최소값의 차로 진직도를

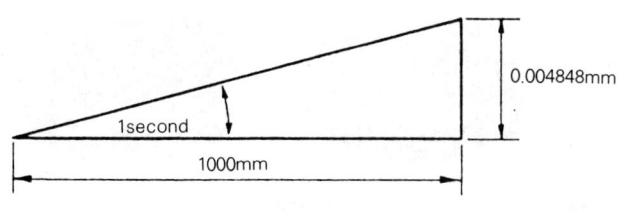

그림 4-3 1초에 대한 높이차

나타낸다. 예를 들면, 반사경 대의 길이(span)가 105mm일 때 1″에 대한 길이값은

$$1{,}000 : 0.00485 = 105 : x$$

즉 1″에 대한 길이(높이)의 변위, $x \fallingdotseq 0.5\mu m$에 상당한다.

진직도의 측정 원리는 수준기를 이용하는 방법과 같으며, 그림 4-4에서 반사경의 다리 간격과 같은 간격으로 움직이면서 측정한다. 이때, 그때그때의 경사를 평행광축을 가진 오토콜리메이터로 측정한다. 각 측정점간의 높이차는 각각 누적되어 그림 4-5와 같이 진직도를 구할

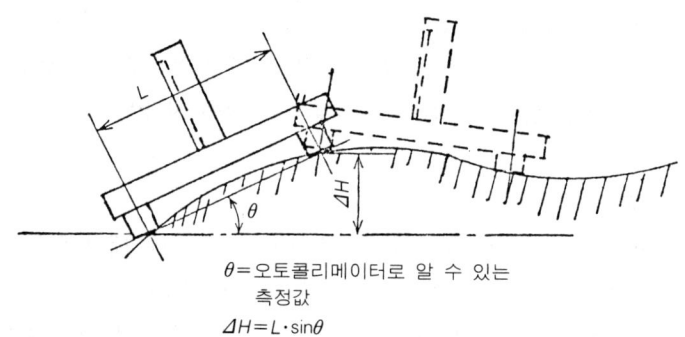

θ=오토콜리메이터로 알 수 있는 측정값
$\Delta H = L \cdot \sin\theta$

그림 4-4 2점 연쇄법

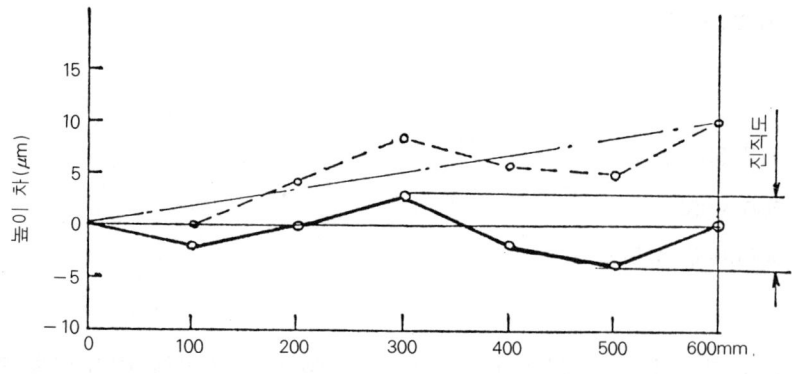

그림 4-5 오토콜리메이터에 의한 진직도 측정

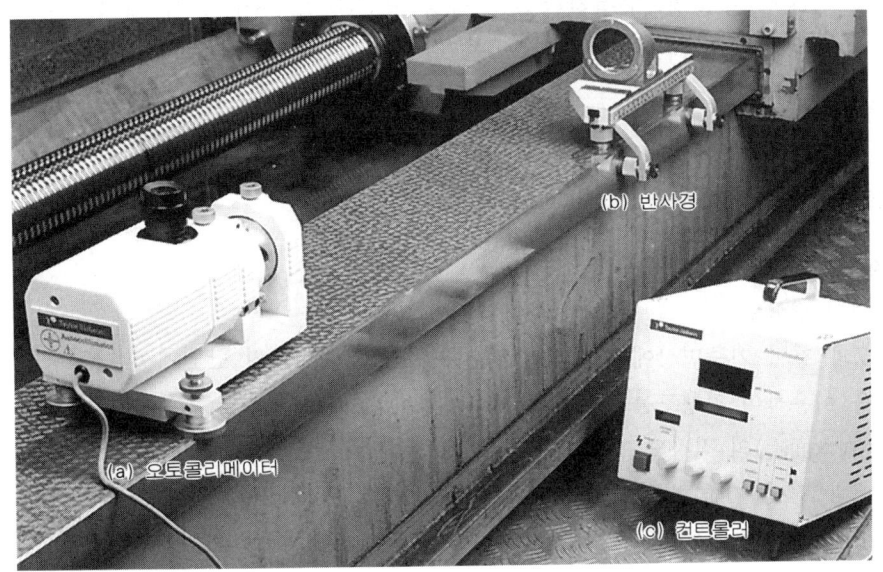

사진 4-3 공작 기계 안내면의 진직도 측정예

수가 있다.

측정 원리는 그림 4-6에서 $OP_1, P_2, P_3, \cdots\cdots, P_n$은 측정면을 표시하며 O에서 P_1까지 측정한 후, 다시 P_1에서 P_2까지 측정할 때 기준점의 0(zero)가 아닌 z_1만큼 높아진 상태를 기준으로 하여 측정하기 때문에 $z_1, z_2, z_3, \cdots\cdots, z_n$만큼 오차가 누적되어 나타난다. 그러므로, Ox축을 θ만큼 회전하여 2점을 0(zero)으로 하는 이상 직선에서의 최대값과 최소값의 차로서 수준기에서와 마찬가지로 수식에 의해서 구할 수 있다.

예를 들면, 그림 4-6에서와 같이 최종 누적 오차 z_n을 $+10\mu m$라 하고, 측정 횟수를 10회라 하면 새로운 좌표 OX에 의한 편위는

$$Z_1 = P_1X_1 = z_1 - z_n \frac{x_1}{x_n} = z_1 - 10 \times \frac{1}{10}$$
$$= z_1 - 1$$
$$Z_2 = P_2X_2 = z_2 - z_n \frac{x_2}{x_n} = z_2 - 10 \times \frac{2}{10}$$
$$= z_2 - 2$$
$$Z_3 = P_3X_3 = z_3 - z_n \frac{x_3}{x_n} = z_3 - 10 \times \frac{3}{10}$$
$$= z_3 - 3$$

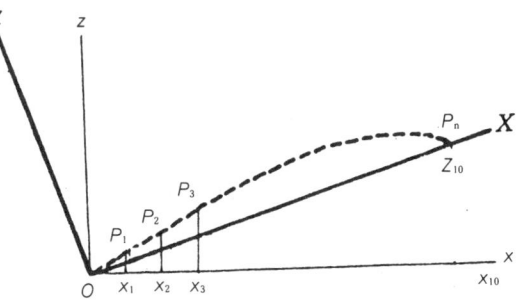

그림 4-6 기준 좌표축의 회전 변환

로 되며, 이와 같이 0점을 원점으로 잡고, 기준선을 회전하여 측정 종점에 기준선을

일치시키기 위해서는 최종 누적값(z_n)을 측정 횟수(n)로 나누어 각 점에 비례 배분하여 보정하여 누적값과 보정값의 차($z_1 - z_n \frac{x_1}{x_n}$)를 길이 단위(mm, μm)로 바꾸어 진직도를 구한다.

1.7 오토콜리메이터의 사용법

(1) 미소 각도의 변화 측정

① 양단면의 평행도

그림 4-7과 같이 기준면상에서의 상(像)의 위치와 피측정물의 단면에서 나타나는 상의 각도 변화량을 이용하여 평행도를 측정한다.

② 육면체(六面體)의 직각도

그림 4-8과 같이 기준 반사면에 의한 십자선 상(像)의 읽음값과 기준 다면 프리즘(polygon prism)을 통한 피측정물의 반사면에 의한 십자선 상의 읽음값과의 차를 구한다.

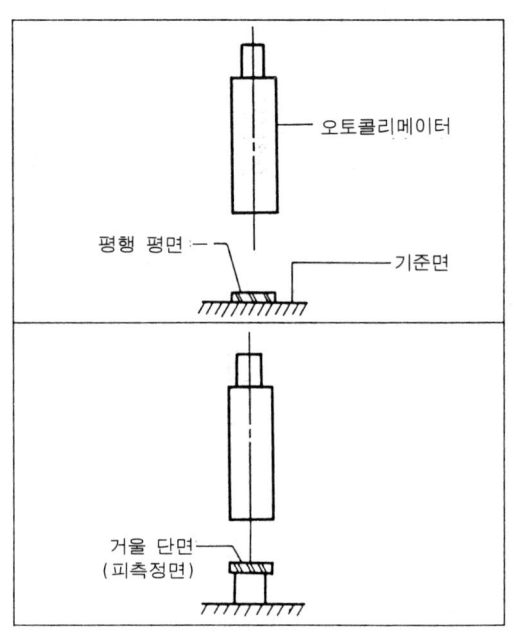

그림 4-7 단면의 평행도 측정

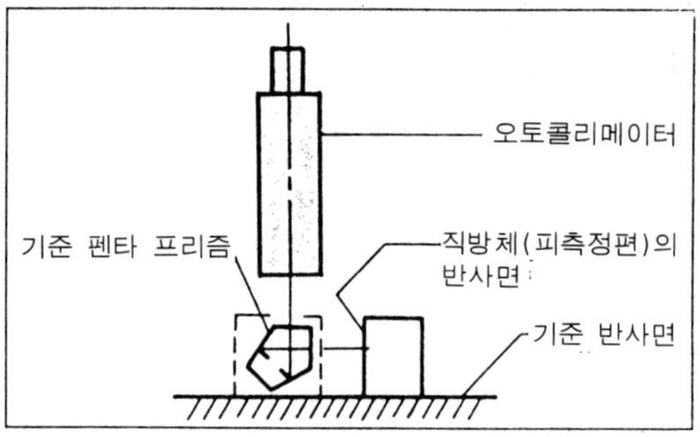

그림 4-8 육면체 직각도 측정

(2) 치수 변화의 측정

① 길이 변화의 측정

기준편과 피측정편과의 사이에 반사경 대를 걸치고 반사경 대 위에는 반사경을 고정하고 반사경에 의한 십자선 상의 이동량 α를 읽도록 한다. 반사경 대의 다리 간격을 l이라 하면, 피측정편의 길이의 미소 변화 $\Delta d = \ell \sin\alpha$식으로 산출한다(그림 4-10).

② 안내면의 진직도 측정

그림 4-9와 같이 반사경이 부착된 반사경 대를 안내면상에서 밑변의 길이만큼 이동시켰을 때 반사경에 의한 십자선 상(像)의 이동량을 읽어서 진직도를 측정한다.

(3) 각도 기준을 이용한 측정

① 다면경(polygon mirror)을 이용한 분할 정도의 측정

다면경을 기준으로 해서 회전 테이블이나 할출대(割出台)의 분할 정도를 측정한다. 보통 360°를 8등분한 8면경, 12등분한 12면경으로 45°, 30°단위의 정밀 각도 비교 측정에 이용된다(그림 4-11).

(4) 기타

① 상하 운동 방향의 주행 진직도 측정

오토콜리메이터를 상하 방향으로 설정해서 측정하는 것이 곤란할 때에는 그림 4-12와 같이 기준 펜타 프리즘(penta prism)과 병행하면 오토콜리메이터를 수평 방향으로 설정해서 측정할 수 있다.

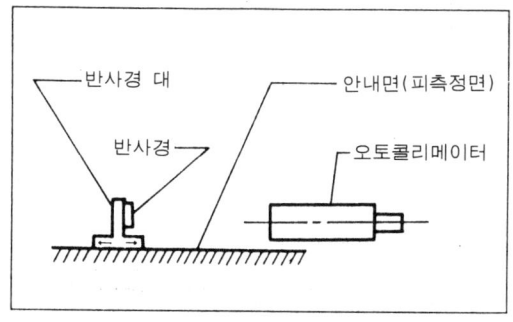

그림 4-9 안내면의 진직도

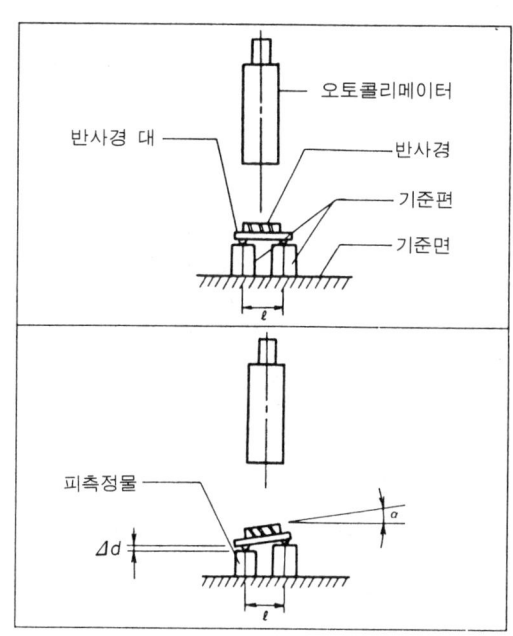

그림 4-10 길이 변화의 측정

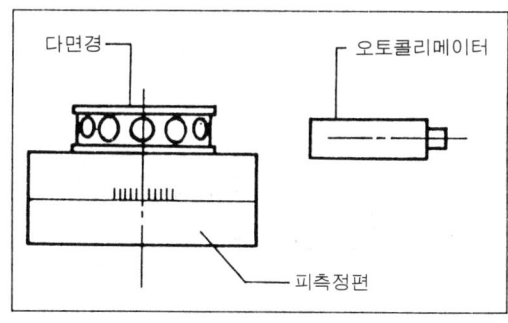

그림 4-11 다면경(polygon mirror)을 이용한 분할 정도의 측정

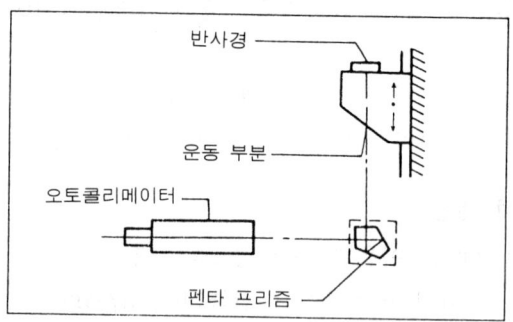

그림 4-12 상하 운동의 진직도 측정

② 재물대의 주행 진직도 측정

동일정반상에 재물대와 오토콜리메이터를 설치하고, 재물대면 위에 반사경을 주행방향과 직각으로 설치해서 재물대의 움직임을 연속적으로 기록계에 기록하여 진직도를 측정한다(그림 4-14).

③ 각도 게이지에 의한 비교 측정

그림 4-13과 같이 기준 각도 게이지를 이용하여 반사면에 의한 십자선 상의 읽음값과 반사면에 의한 십자선상의 읽음값과의 차를 구하여 각도를 정밀 비교 측정한다.

④ 단면의 흔들림 측정

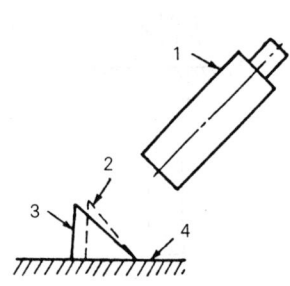

1. 오토콜리메이터
2. 피측정편
3. 기준편
4. 기준면

그림 4-13 각도 게이지에 의한 비교 측정

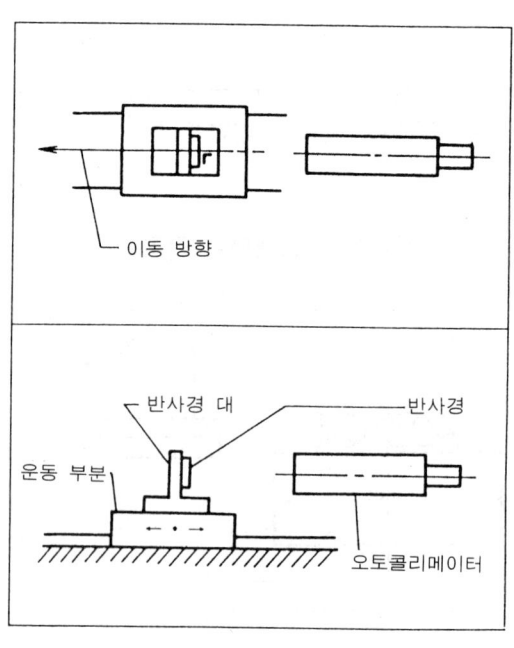

그림 4-14 재물대의 주행 진직도 측정

그림 4-15와 같이 나사를 회전시키면서 단면에 의한 십자선 상의 이동량을 읽어서 흔들림을 측정한다.

⑤ 탄성편(彈性片)의 휨에 의한 경사각 측정

그림 4-16에 있어서 평면경 M을 피측정면 위에 설치하고 평면경 M에 의한 십자선 상의 이동량을 읽어서 경사각을 계산한다.

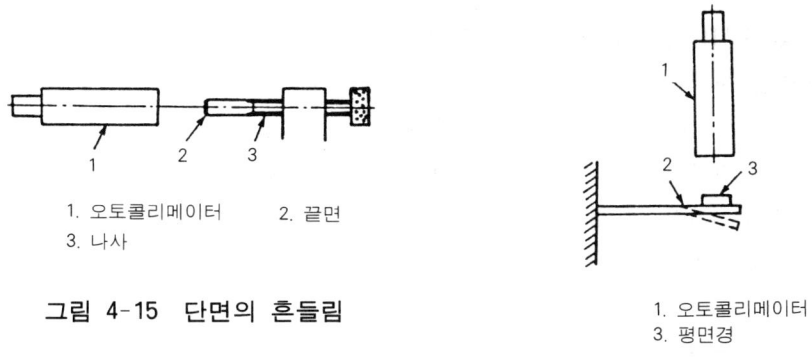

1. 오토콜리메이터 2. 끝면
3. 나사

그림 4-15 단면의 흔들림

1. 오토콜리메이터
3. 평면경

그림 4-16 탄성체의 휨

1.8 측정시 주의 사항

1) 고정밀 측정이므로 먼지, 기름, 그 밖의 불순물은 알코올 등으로 깨끗이 제거하고 측정해야 한다.
2) 오토콜리메이터의 받침대를 사용하는 경우에는 받침대가 약하거나 지반의 진동 등에 의하여 피측정면과 오토콜리메이터의 상대 위치가 변동하여 측정의 기준인 오토콜리메이터 광축이 피측정면에 대해 바르지 못하여 측정의 정도 및 신뢰도가 떨어지기 때문에 측정전에 받침대의 불량 여부를 확인해야 한다.
3) 정반의 온도 변화에 대해서도 오차가 생길 수 있으므로, 측정시에는 단시간 내에 측정을 행하여야 하며, 항온실 내에서의 측정은 보다 높은 정도를 기대할 수 있다.
4) 측정값의 부호

오토콜리메이터도 수준기와 마찬가지로 부호가 같으며 그림 4-17과 같이 기준면에서부

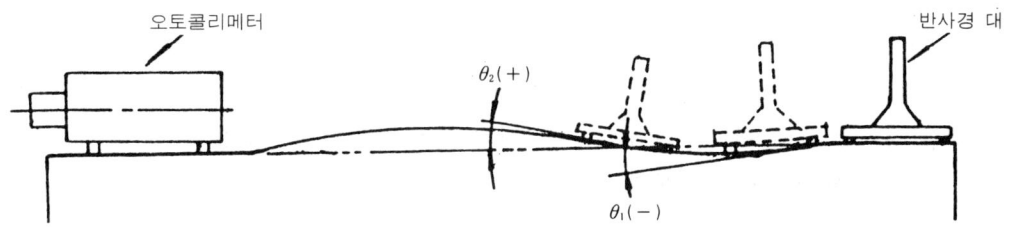

그림 4-17 오토콜리메이터 읽음의 부호

터 측정 부분이 높으면 (+), 낮으면 (-)로 규정하여 둔다.
5) 눈의 눈금 읽음 위치를 일정하게 하지 않으면 시차가 발생하므로 일정한 방향에서 측정해야 한다.
6) 반사경 대를 이동할 때 반사경 대의 밑변 거리(span=105mm)만큼씩 정확하게 이동해야 한다.

1.9 측정 방법 및 순서(정반 대각선의 진직도 측정)

1) 정반의 측정면을 깨끗한 천으로 기름, 먼지 등을 완전히 제거한다.
2) 정반의 지지점을 조정하여 측정면을 수평 상태로 조절한다.
3) 정반 측정면의 측정하고자 하는 부분에 반사경 대를 오토콜리메이터의 광축에 평행하게 이동하기 위해 직선자(straight edge)나 강철자(steel rule)를 사용하여 안내면을 설정하고, 고정구(magnetic stand)를 이용하여 고정시킨다(그림 4-18, 그림 4-19).

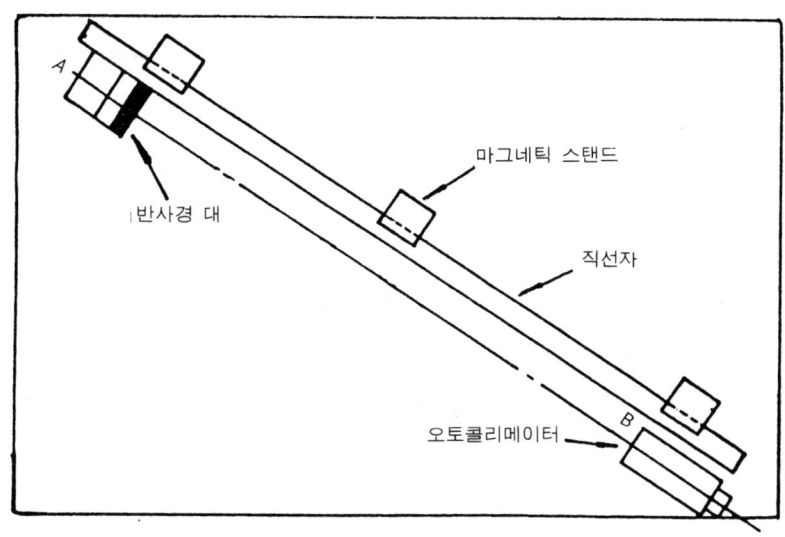

그림 4-18 정반의 진직도 측정

4) 오토콜리메이터를 정반상에 올려 놓고 수평이 되도록 3점이 지지되어 있는 높이 조절 나사를 돌려서 오토콜리메이터에 부착되어 있는 원형 기포관을 보면서 수평을 맞춘다.
5) 전압 장치를 통해 전원을 오토콜리메이터에 연결하고 반사경 대를 측정 시작점에 설치하여 오토콜리메이터의 경통과 대략 일직선으로 설치한다.
6) 그림 4-20과 같이 눈을 반사경과 같은 높이로, 오토콜리메이터와 횡방향으로 약간 경사 방향에서 반사경을 바라 보았을 때, 상(像)과 반사경이 거의 일직선이 되도록 오토콜리

제4장 정밀 측정의 실제(응용편) 261

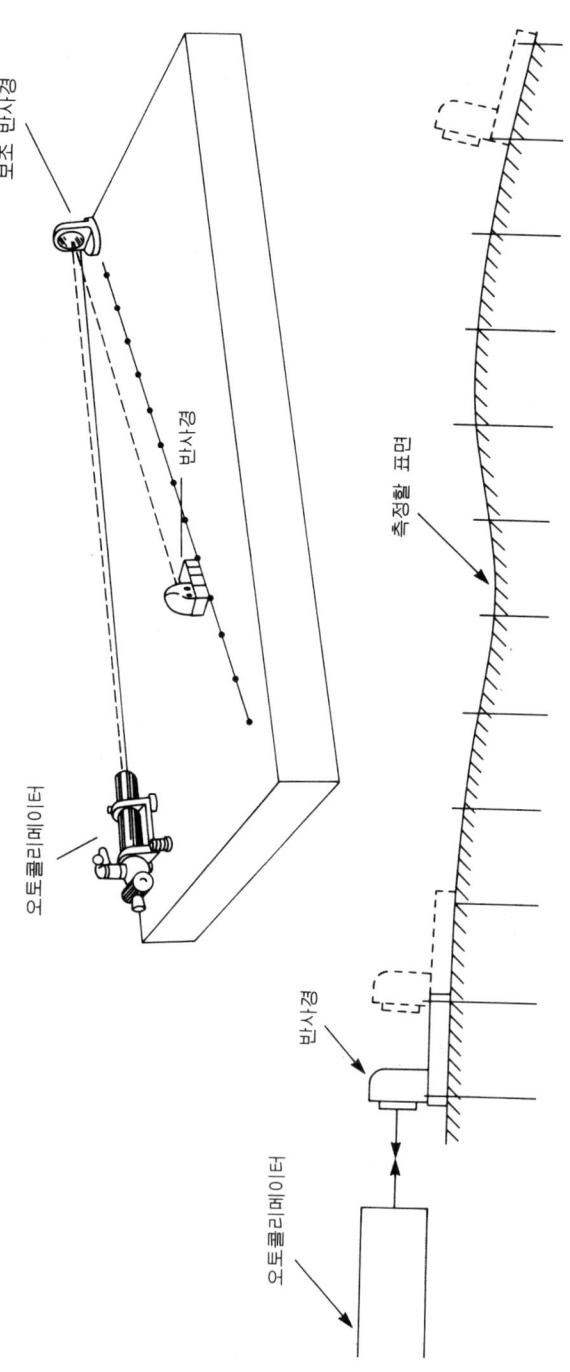

그림 4-19 보조 반사경을 사용해서 측정하는 경우

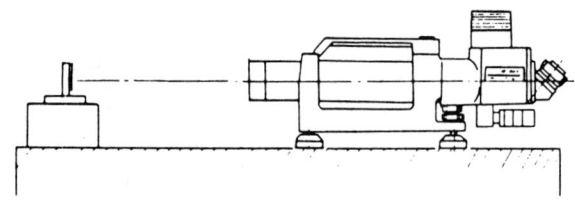

그림 4-20 상의 조절

메이터의 자세를 2개의 조절 나사를 수정한다.

7) 접안 렌즈의 시야를 보면서 오토콜리메이터를 천천히 좌우로 움직이면서 그림 4-21과 같이 시야에 반사상의 십자선이 나타나면 정지한다.
8) 상이 나타나면 반사경 대를 측정의 시작점에 정확하게 설치하고 그림 4-22와 같이 상

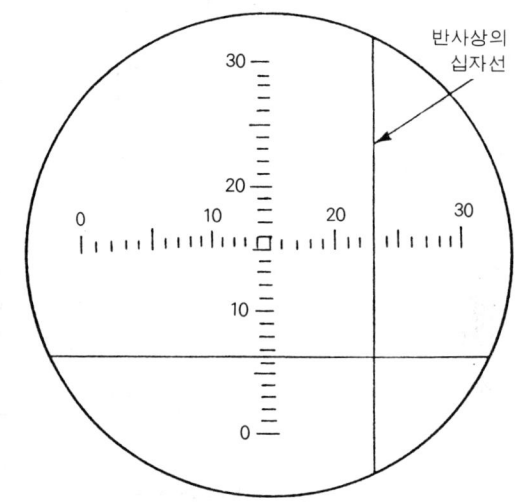

그림 4-21 접안경 시야

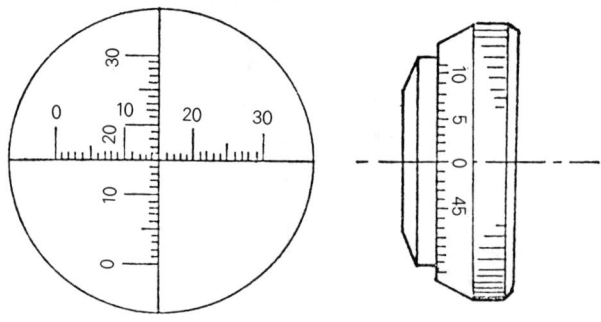

그림 4-22 상의 조정 방법

의 위치를 접안경 시야의 X축의 임의의 눈금에 맞춘 다음, 마이크로미터의 눈금을 "0" (zero)점 세팅한다.

9) 다음에 반사경 대의 밑변 거리(보통 105mm)만큼 연속적으로 움직이면서, 각 위치에서 상의 변화를 측정하여 기록한다.
10) 위와 같은 방법에 의해 얻은 측정값을 계산하여 정리한다.
11) 반사상 십자선의 X축상을 기준으로 측정할 때는 수직면에서의 벗어남, 즉 직정규 등의 측면 측정이며, Y축상을 기준으로 측정할 때는 수평면에서의 벗어남, 즉 정반 등의 진직 도 측정에 이용한다.

표 4-1 진직도 측정값의 계산 방법

측정점	I 반사경의 위치	II 오토콜리 메이터의 읽음 i_j	III 최초 읽음 과의 차 θ_j	IV 105mm에 대한 높이차 $\delta_j(\mu m)$	V 누적값 Δ_i	VI 보정값 Δ_i'	VII 기준선에서의 높이차 E_j
0	0				0	0	0
1	0~1	i_0	$\theta_0=i_0-i_0=0$	$\delta_0=l\theta_0=0$	$\Delta_0=\delta_0=0$	$\Delta_0'=(1/n)\Delta_{n-1}(-1)$	$E_0=\Delta_0+\Delta_0'$
2	1~2	i_1	$\theta_1=i_1-i_0$	$\delta_1=l\theta_1$	$\Delta_1=\delta_0+\delta_1$	$\Delta_1'=(2/n)\Delta_{n-1}(-1)$	$E_1=\Delta_1+\Delta_1'$
3	2~3	i_2	$\theta_2=i_2-i_0$	$\delta_2=l\theta_2$	$\Delta_2=\delta_1+\delta_2$	$\Delta_2'=(3/n)\Delta_{n-1}(-1)$	$E_2=\Delta_2+\Delta_2'$
4	3~4	i_3	$\theta_3=i_3-i_0$	$\delta_3=l\theta_3$	$\Delta_3=\delta_1+\delta_2+\delta_3$	$\Delta_3'=(4/n)\Delta_{n-1}(-1)$	$E_3=\Delta_3+\Delta_3'$
5	4~5	i_4	$\theta_4=i_4-i_0$	$\delta_4=l\theta_4$	$\Delta_4=\delta_1+\cdots+\delta_4$	$\Delta_4'=(5/n)\Delta_{n-1}(-1)$	$E_4=\Delta_4+\Delta_4'$
…	…	…	…	…	…	…	…
$n-1$	$(n-2)$~$(n-1)$	i_{n-2}	$\theta_{n-2}=i_{n-2}-i_0$	$\delta_{n-2}=l\theta_{n-2}$	$\Delta_{n-1}=\sum_0^{n-2}\delta j$	$\Delta_{n-2}'=\{(n-1)/n\}\times\Delta_{n-1}\times(-1)$	$E_{n-2}=\Delta_{n-2}+\Delta_{n-2}'$
n	$(n-1)$~n	i_{n-1}	$\theta_{n-1}=i_{n-1}-i_0$	$\delta_{n-1}=l\theta_{n-1}$	$\Delta_{n-1}=\sum_0^{n-1}\delta j$	$\Delta_{n-1}'=(n/n)(\Delta_{n-1})(-1)=(\Delta_{n-1})$	$E_{n-1}=\Delta_{n-1}+\Delta_{n-1}'=0$

1.10 결 과

진직도 _____ μm, _____ mm

1) 눈의 위치에 따라 어느 정도의 오차가 발생하는가?
2) 진직도 측정법에는 어떠한 방법들이 있는가?
3) 만약 상이 밝게 나타나지 않으면 원인은 무엇인가?
4) 상이 흔들릴 경우는 어떤 영향때문인가?
5) 초점 거리 $f=400$mm, 최소 측정 각도 $\theta=1''$일 때 접안경의 눈금 간격은 얼마로 하여야 하는가?

표 4-2 진직도 측정값의 계산 예

측정점	반사경의 위치 (mm)	오토콜리메이터의 읽음치	최초의 읽음치로부터의 차 (초)	105mm에 대한 높이차(μm)	누적값(μm)	보정값(μm)	기준선에서의 높이차(μm)
0	0	0 .0″	.0	.00	.00	.00	.00
1	0~105	9′12.0″	.0	.00	.00	+0.75	+0.75
2	105~210	9′13.0″	+1.0	+0.50	+0.50	+1.50	+2.00
3	210~315	9′15.0″	+3.0	1.50	+2.00	+2.25	+4.25
4	315~420	9′ 9.0″	−3.0	−1.50	+0.50	+3.00	+3.50
5	420~525	9′ 6.0″	−6.0	−3.00	−2.50	+3.75	+1.25
6	525~630	9′10.0″	−2.0	−1.00	−3.50	+4.50	+1.00
7	630~735	9′14.0″	+2.0	1.00	−2.50	+5.25	+2.75
8	735~840	9′ 5.0″	−7.0	−3.50	−6.00	+6.00	.00
9	840~945	9′13.0″	+1.0	+0.50	−5.50	+6.75	+1.25
10	945~1050	9′ 8.0″	4.0	−2.00	−7.50	+7.50	.00

진직도 = 최대값 − 최소값
　　　 = 4.25 − 0 = 4.25 [μm]

2. 오토콜리메이터에 의한 평면도 측정

2.1 측정 목표
기계 부품의 대부분은 기준면이나 직선 운동의 안내면 등에 평면이 사용되며, 그 상태는 기계의 품질, 성능을 좌우하게 된다.

본 실습에서는 평면도의 정의를 알고, 오토콜리메이터 또는 수준기 등의 취급법 및 이를 사용하여 기계의 평면 부분, 정반 및 기타 평면을 요하는 부분의 평면도 측정법을 익히는 데 있다.

2.2 사용 측정 기기
1) 오토콜리메이터(autocollimator)
2) 직선자(straight edge) 또는 강철자(steel rule)
3) 마그네틱 스탠드(magnetic stand) : 2개 이상
4) 평면경(mirror)
5) 반사경 대(reflector base)
6) 천, 알코올, 방청유 등

2.3 평면도의 정의
기계의 평면 부분이 이상 평면과의 어긋남의 크기를 평면도라 한다. 이상 평면(理想平面)이란 평면 부분 중에 3점을 포함하는 기하학적인 평면을 말한다.

즉, 평면도의 표시 방법은 이상 평면을 기준으로 하여 평면 부분의 가장 높은 점과 가장 낮은 점을 지나는 2개의 평면을 만들고 이 두 평면 사이의 거리로서 나타내며 평면도 _____ mm, 평면도 _____ μm이라 표시한다.

2.4 평면도의 측정 방법

(1) 빛의 간섭에 의한 평면도 측정
게이지 블록, 마이크로미터의 측정면, 스냅 게이지의 측정면 등과 같이 정밀 가공된 면에 대하여 정상적으로 광선을 반사시키면 빛의 간섭 무늬가 나타나고, 이 간섭 무늬를 이용하여 평면도를 측정할 수 있다.

그림 4-23과 같이 측정면 위에 광선 정반을 살며시 접근시킬 경우, 측정면과 광선 정반 사이의 각도(공기 구배)가 이루어지고, 여기에 단색광(monochromatic light)을 비추면 간섭 무늬가 나타나는데, 이 간섭 무늬를 이용하여 피측정물의 평면도를 측정한다.

광선 정반의 평면도 F는 기준 평면을 이용하여 광파 간섭 무늬를 측정하여 다음 식에 대입

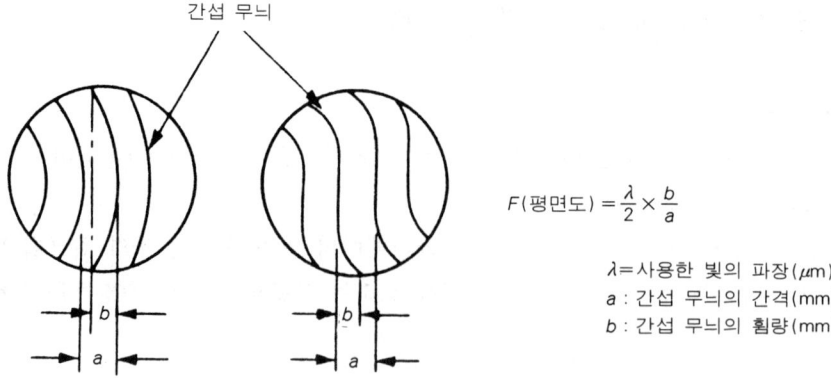

그림 4-23 광선 정반에 의한 평면도의 측정

한다.

$$F(평면도) = \frac{\lambda}{2} \times \frac{b}{a}$$

λ : 사용한 빛의 파장(μm)
a : 간섭 무늬의 간격(mm)
b : 간섭 무늬의 휨량(mm)

(2) 정반과 인디케이터에 의한 평면도 측정

평면도의 측정은 피측정물이 작을 때는 일반적으로 그림 4-24와 같이 정밀 정반 위에 받침판 또는 경사 테이블을 올려 놓고, 그 위에 측정할 기계 부분을 설치해서 인디케이터(지렛대식 테스트 인디케이터, 지침 측미기, 전기 마이크로미터, 공기 마이크로미터 등)를 이용하여 평면 부의 3점을 동일한 높이로 조절한다. 즉, 3점으로부터 정해지는 이상 평면과 측정면이 평행이 되도록 하고 측미기를 정반면에 평행으로 이동시키면서 측정면을 측정하였을 때 눈금의 최대값과 최소값의 차로서 구한다.

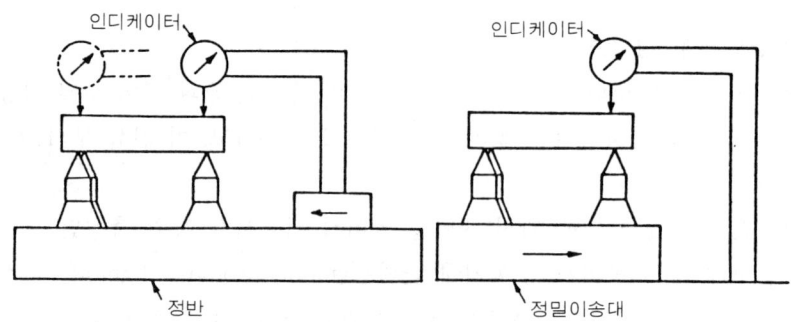

그림 4-24 정반과 인디케이터에 의한 평면도 측정

(3) 수준기 및 오토콜리메이터에 의한 평면도 측정

수준기, 오토콜리메이터 등을 사용하여 경사각을 연속적으로 측정하여 그 값으로부터 평면도를 계산한다.

정반과 같이 큰 평면 부위의 평면도를 측정할 때는 그림 4-25와 같이 피측정면을 나누고 수준기(기포관식 또는 전기식), 오토콜리메이터, 레이저 측정기 등을 이용하여 이상 평면으로부터의 편차를 구한다.

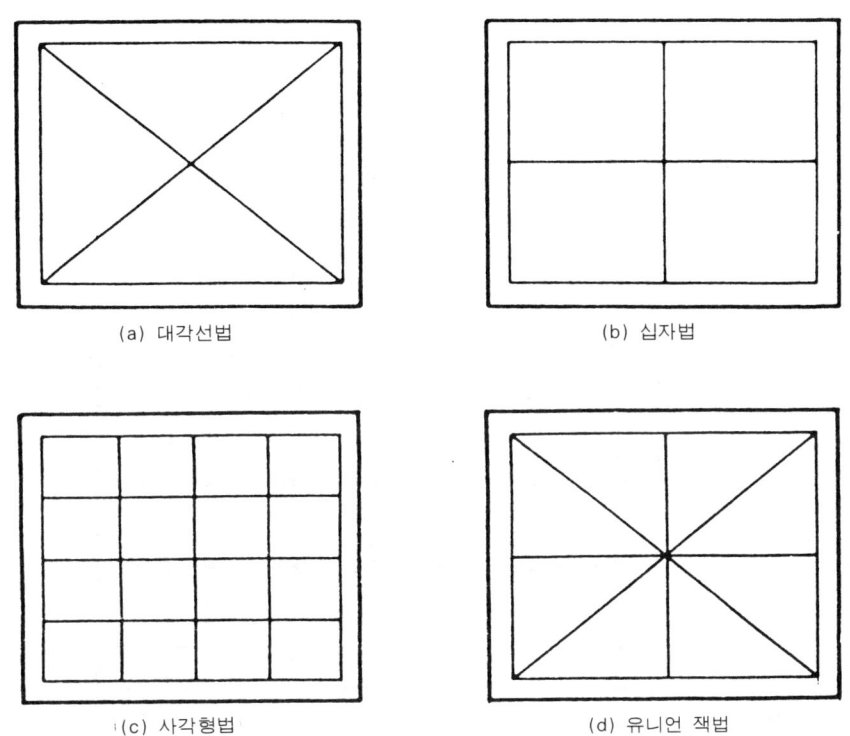

그림 4-25 평면도 측정 방법의 종류

① 최소 자승법에 의한 평면도 측정

그림 4-26과 같이 측정면의 측정 위치(x, y)로부터의 높이차(z) 최소 제곱 평면을 구한다. 주어진 (x_1, y_1, z_1) $(x_2, y_2, z_2), \cdots\cdots, (x_n, y_n, z_n)$으로부터 평면의 방정식 Z는

$$Z = ax + bx + c \tag{4.48}$$

로 되며, 여기서 계수 a 및 b는 제2장에서

$$a = \frac{\sum y_m^2 \sum x_m z_m - \sum x_m y_m \sum y_m z_m}{\sum x_m^2 \sum y_m^2 - (\sum x_m y_m)^2} \tag{4.49}$$

그리고
$$b = \frac{\sum y_m^2 \sum y_m z_m - \sum x_m y_m \sum x_m z_m}{\sum x_m^2 \sum y_m^2 - (\sum x_m y_m)^2} \tag{4.50}$$
로 정의되었다.

여기서

$x_m : x - \bar{x}$
$y_m : y - \bar{y}$
$z_m : z - \bar{z}$

이다.

여기서, 평면도는 최소 제곱 평면으로부터 높이차 $E = z_m - Z$로 구한다.

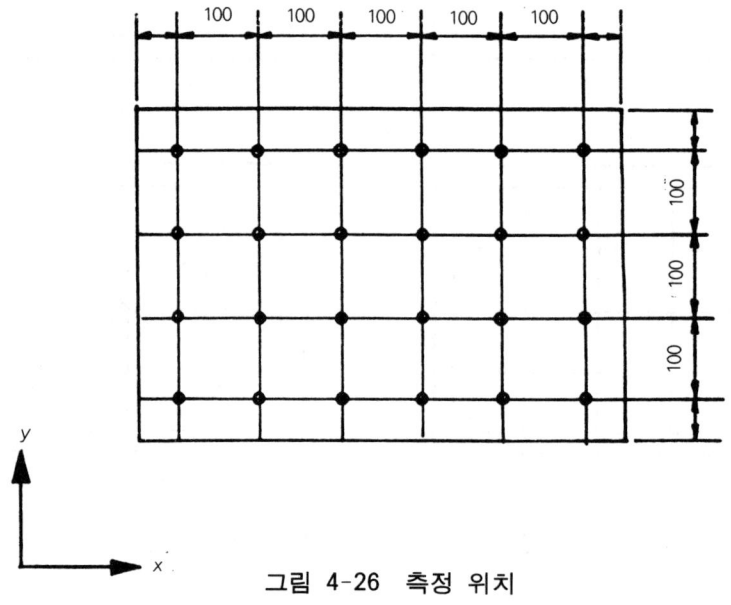

그림 4-26 측정 위치

② 외단 3점 기준법

이 방법은 측정 평면의 3점을 기준 평면으로 취하는 방법으로, 보통 오토콜리메이터 등을 이용하여 유니언 잭 방식에 의해 데이터를 계산한다.

이론적으로 정확하기 때문에 가장 많이 사용되는 방식으로, 국내에서도 대부분의 평면도 측정은 이 방식을 이용한다. KS에서는 최소 영역법을 원칙으로 하고 있으나 실용상 3점 기준 또는 2점 기준으로 취하는 방법이 많이 사용되고 있다.

이와 같이, 큰 평면일 경우에는 피측정면에 직접 오토콜리메이터나 수준기 등을 이용하여

표 4-3 평면도 측정값의 정리

측정선 y_0				측정선 y_{100}			
x (mm)	y (mm)	누적치 (μm)	보정값 (μm)	x (mm)	y (mm)	누적치 (μm)	보정값 (μm)
0	0	0	0	0	100	0	+2
100	0	+4	+4	100	100	+3	+5
200	0	+7	+7	200	100	+6	+8
300	0	+9	+9	300	100	+7	+9
400	0	+11	+11	400	100	+9	+11
500	0	+14	+14	500	100	+11	+13
측정선 y_{200}				측정선 y_{300}			
x (mm)	y (mm)	누적치 (μm)	보정값 (μm)	x (mm)	y (mm)	누적치 (μm)	보정값 (μm)
0	200	0	+6	0	300	0	+10
100	200	+2	+8	100	300	+1	+11
200	200	+2	+8	200	300	+1	+11
300	200	+4	+10	300	300	0	+10
400	200	+4	+10	400	300	−1	+9
500	200	+5	+11	500	300	−3	+7

측정선 x_0		
x (mm)	y (mm)	누적값 (μm)
0	0	0
0	100	+2
0	200	+6
0	300	+10

높이차나 경사 각도를 측정할 수 있는 측정기를 이용하여 평면도를 측정한다.

측정 방법은 그림 4-27과 같이 유니언 잭(union jack) 방식으로 각 측정선을 결정한 다음, 진직도 측정법과 동일하게 AC, AE, AG 등 8개 구간을 표 4-5와 같이 측정하여 기록한다.

평면도 측정과 진직도 측정의 순서는 같지만, 다만 최초에 2개의 대각선을 측정해서 그 교점에 있어서의 치수 편차가 동일하도록 수정한다.

평면 측정의 경우에는 반사경의 지점 거리를 105mm로 하며 각 측정 선분은 예를 들면 AE, GC가 지점 거리의 배수(倍數)로 되어야 하며, 교점 M은 측정점으로 되지 않으면 안 된다. 다만, 실제로는 배수로 되지 않기 때문에 M점을 측정점으로 해서 가능한 한 A, C, E, G점 근처가 되도록 한다.

보조 반사경을 이용하여 측정값을 읽을 경우에는 그림 4-28과 같이 오토콜리메이터를 설치하여 측정한다.

이 방법은 먼저 오토콜리메이터를 1위치에, 보조 반사경을 1위치에 대해서 측정 반사경에

표 4-4 최소 제곱법에 의한 기준 평면의 결정

X (mm)	Y (mm)	Z (μm)	$X-\bar{X}$ $=X_m$	$Y-\bar{Y}$ $=Y_m$	$Z-\bar{Z}$ $=Z_m$	$(x_m)^2$	$(y_m)^2$	$x_m y_m$	$x_m z_m$	$y_m z_m$	ax_m	by_m	$Z=$ ax_m+by_m	$E=$ z_m-Z (μm)
0	0	0	−250	−150	−8.5	62500	22500	37500	2175	2125	−3.18	−1.10	−4.28	−4.22
100	0	+4	−150	−150	−4.5	22500	22500	22500	675	675	−1.91	−1.10	−3.01	−1.49
200	0	+7	−50	−150	−1.5	2500	22500	7500	75	225	−.64	−1.10	−1.74	.24
300	0	+9	+50	−150	+0.5	2500	22500	−7500	25	−75	.64	−1.10	−.46	.96
400	0	+11	+150	−150	+2.5	22500	22500	−22500	375	−375	1.91	−1.10	.81	1.69
500	0	+14	+250	−150	+5.5	62500	22500	−37500	1375	−825	3.18	−1.10	2.08	3.42
0	100	+2	−250	−50	−6.5	62500	2500	12500	1625	325	−3.18	−.37	−3.55	−2.95
100	100	+5	−150	−50	−3.5	22500	2500	7500	525	175	−1.91	−.37	−2.27	−1.23
200	100	+8	−50	−50	−0.5	2500	2500	2500	25	25	−.64	−.37	−1.00	.50
300	100	+9	+50	−50	+0.5	2500	2500	−2500	25	−25	.64	−.37	.27	.23
400	100	+11	+150	−50	+2.5	22500	2500	−7500	375	−125	1.91	−.37	1.54	.96
500	100	+13	+250	−50	+4.5	62500	2500	−12500	1125	−225	3.18	−.37	2.81	1.69
0	200	+6	−250	+50	−2.5	62500	2500	−12500	625	−125	−3.18	.37	−2.81	.31
100	200	+8	−150	+50	−0.5	22500	2500	−7500	75	−25	−1.91	.37	−1.54	1.04
200	200	+8	−50	+50	−0.5	2500	2500	−2500	25	−25	−.64	.37	−.27	−.23
300	200	+10	+50	+50	+1.5	2500	2500	2500	75	75	.64	.37	1.00	.50
400	200	+10	+150	+50	+1.5	22500	2500	7500	225	75	1.91	.37	2.27	−.77
500	200	+11	+250	+50	+2.5	62500	2500	12500	625	125	3.18	.37	3.55	−1.05
0	300	+10	−250	+150	+1.5	62500	22500	−37500	−375	225	−3.18	1.10	−2.08	3.58
100	300	+11	−150	+150	+2.5	22500	22500	−22500	−375	375	−1.91	1.10	−.81	3.31
200	300	+11	−50	+150	+2.5	2500	22500	−7500	−125	375	−.64	1.10	.46	2.04
300	300	+10	+50	+150	+1.5	2500	22500	7500	75	225	.64	1.10	1.74	−.24
400	300	+9	+150	+150	+0.5	22500	22500	22500	75	75	1.91	1.10	3.01	−2.51
500	300	+7	+250	+150	−1.5	62500	22500	37500	−375	−225	3.18	1.10	4.28	−5.78

$\bar{x} = \dfrac{\sum x}{n}$ $\bar{y} = \dfrac{\sum y}{n}$ $\bar{z} = \dfrac{\sum z}{n}$ $\sum xm^2$ $\sum ym^2$ $\sum x_m y_m$ $\sum x_m z_m$ $\sum y_m z_m$ 평면도 $= 3.58 - (-5.78) = 9.36(\mu m)$

$= \dfrac{6000}{24}$ $= \dfrac{3600}{24}$ $= \dfrac{204}{24}$ $= 7.0 \times 10^5$ $= 3.0 \times 10^5$ $= 0$ $= 8900$ $= 2200$

$= 250$ $= 150$ $= 8.5$

$a = 0.0127$ $b = 0.00733$

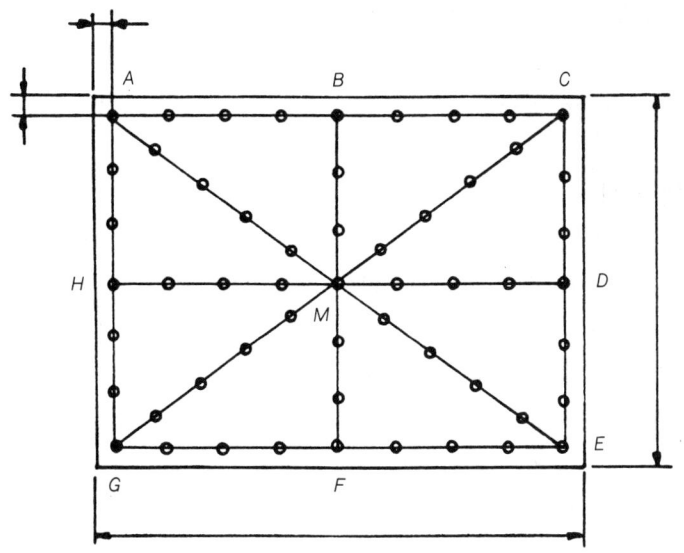

그림 4-27 측정 위치

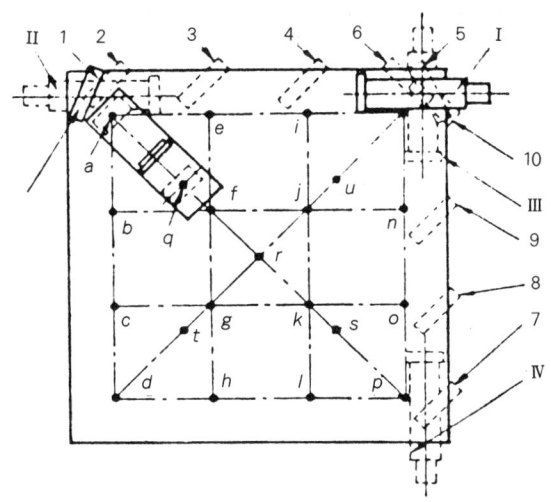

그림 4-28 보조 반사경을 이용한 평면도 측정법

의해 대각선 ap상의 각 점의 경사를 측정하고, 측정 반사경의 지점 거리에 있어서 a점을 기준으로 하여 각 점의 높이를 구한다.

다음에 보조 반사경만을 2, 3, 4위치로 이동하여 같은 방법으로 측정반사경에 의해 ad, eh, il상의 각 점을 구한다.

이번에는 오토콜리메이터를 II에 설치하고, 보조 반사경을 5, 6의 위치에 있어서 대각선

dm과 pm상의 각 점을 측정하고, 같은 방법으로 III과 7, 8, 9위치에서 dp, co, bn상의 각 점, IV와 10의 위치에서 am상의 각점을 각각 측정하면 오토콜리메이터를 3번만 위치를 변경해서 전 측정점을 측정할 수 있다.

2.5 측정시 주의 사항
1) 고정도를 요하는 측정이기 때문에 먼지, 기름 등을 완전히 제거한 후 측정해야 한다.
2) 측정 전 정반의 수평을 수준기를 이용하여 정확하게 조정해야 한다.
3) 오토콜리메이터는 광학적 측정기이므로 충격을 가해서는 안 된다.
4) 측정중 피측정면 위에 다른 물체를 올려 놓거나 또한 손이나 몸으로 기대면 오차가 발생하므로 주의해야 한다.
5) 실내 온도의 변화가 적은 항온실에서 측정하여야 하며, 진동이나 먼지가 발생하지 않는 곳에서 측정해야 한다.
6) 눈금 읽음시 시차가 발생하기 쉬우므로 항상 동일한 위치에서 읽도록 한다.

2.6 측정 방법 및 순서
1) 측정 전에 오토콜리메이터 및 정반면 등을 깨끗이 닦아내어 먼지, 기름 등을 완전히 제거한다.
2) 정반의 측정면이 수평으로 설치되었는지 확인한다.
3) 정반면에 반사경의 이동 위치를 확정한다.
4) 평면도 계산을 간단히 하기 위하여 사용면의 변에 평행한 각 측정선상의 측정점의 수는 홀수로 하고, 그 간격은 원칙적으로 그림 4-30에 따른다.
5) 대각선 교점을 측정점으로 취하기 위하여 그림 4-30을 고려해서 중앙점이 합치될 수 있도록 한다.

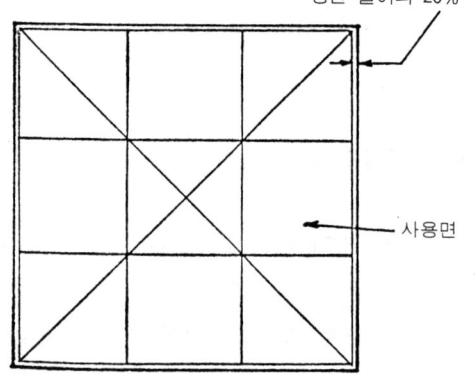

사용면의 길이 또는 폭 (mm)	측정점의 간격 (mm)	측정 점수
250	110	3
400	90	5
630	140	5
1,000	155	7
1,600	190	9
2,000	190	11
2,500	240	11

그림 4-30 측정점의 간격 및 측정 수

그림 4-29 정밀 정반의 측정 위치

6) 오토콜리메이터를 안정된 테이블 위에 올려 놓고 측정 위치를 조절한다.
7) 오토콜리메이터의 경통과 반사경이 거의 일직선으로 나란하도록 조절한다(그림 4-31).

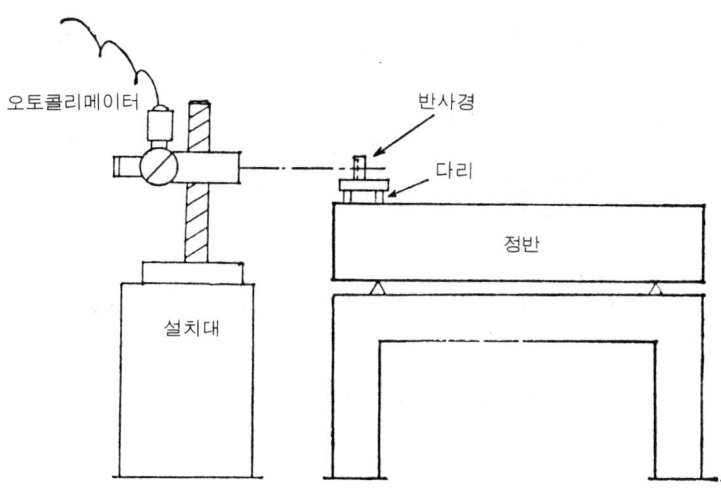

그림 4-31 오토콜리메이터의 설치

8) 오토콜리메이터에 전원을 넣고 반사경을 A의 위치에서 접안경의 십자선을 맞추고, 마이크로미터의 값을 0으로 조정한다.

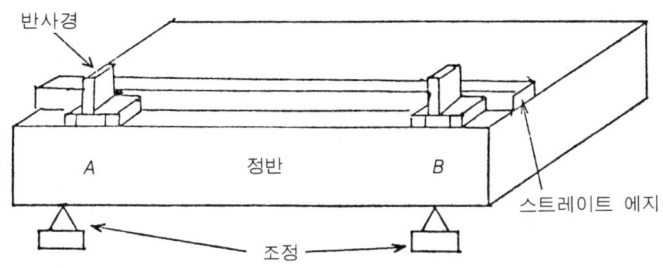

그림 4-32 반사경의 이동 위치

9) 반사경을 B위치로 이동하면서 편위되는 십자선의 위치를 마이크로미터를 통하여 차례로 읽는다.
10) 측정 번호에 따라서 반사경을 이동하고, 반사광이 지시하는 십자선 위치를 읽어서 기록한다.
11) 기록 데이터를 기초로 하여 기준면에서의 진직도 및 평면도를 계산한다.

12) 대각선의 교점의 높이를 일치시키고 각 기준 측정점(3점)을 연결하는 이상 평면을 취하여 평면도를 계산한다.

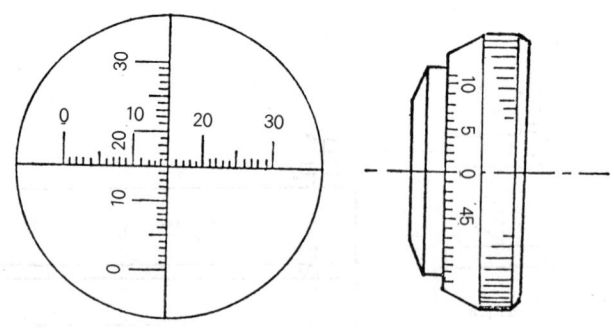

그림 4-33 표선의 맞추는 방법

2.7 측정값의 정리 및 계산

그림 4-34와 같이 측정 구간을 설정하여 표 4-5와 같은 측정 데이터를 얻었을 때, 평면도는 다음과 같이 계산한다.

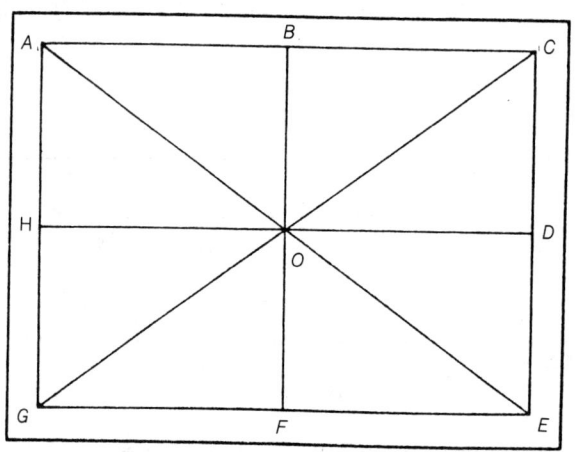

그림 4-34 평면도 측정을 위한 측정선의 표시

ACG 세 점을 연결하는 기준 평면을 이상 평면으로 설정하여 평면도를 계산하기로 한다.
1) 먼저 G-C 측정선의 진직도를 계산한다(표 4-6).
2) A-E 측정선을 계산한다. 대각선(M점)을 일치시키기 위하여 A-E의 M점의 높이 + 6.0과 AE의 0점의 높이가 같도록 경사 보정한다(표 4-7).

표 4-5 각 측정선의 측정 평균값

측정점	측 정 선							
	A-C	A-E	A-G	G-C	G-E	C-E	B-F	H-D
0								
1	9′0″	9′10″	9′16″	8′53″	10′15″	9′13″	9′5″	8′30″
2	8′58″	9′10″	9′18″	8′57″	10′17″	9′11″	9′7″	8′36″
3	8′54″	9′8″	9′18″	8′57″	10′7″	9′19″	9′7″	8′38″
4	8′54″	9′8″	9′8″	8′55″	10′9″	9′19″	8′57″	8′34″
5	8′50″	9′6″	9′8″	8′55″	10′11″	9′9″	8′59″	8′30″
6	8′54″	9′2″	9′16″	8′49″	10′13″	9′11″	8′57″	8′24″
7	9′0″	9′2″		8′49″	10′11″			8′36″
8	8′58″	9′0″		8′49″	10′13″			8′32″
9		9′2″		8′49″				
10		9′4″		8′57″				

표 4-6 G-C의 계산

측정점	측정위치 (mm)	읽음값	최초의 읽음으로 부터의 차(초)	105mm에 대한 높이차 (μm)	누적값 (μm)	평행 보정 (μm)	보정값 (μm)	ACG면에 대한 높이 (μm)
G 0					0			0
1	0~105	8′53″	0.0	0.0	0.0			0
2	105~210	8′57″	+4.0	+2.0	+2.0			+2.0
3	210~315	8′57″	+4.0	+2.0	+4.0			+4.0
4	315~420	8′55″	+2.0	+1.0	+5.0			+5.0
M 5	420~525	8′55″	+2.0	+1.0	+6.0			+6.0
6	525~630	8′49″	-4.0	-2.0	+4.0			+4.0
7	630~735	8′49″	-4.0	-2.0	+2.0			+2.0
8	735~840	8′49″	-4.0	-2.0	0.0			0
9	840~945	8′49″	-4.0	-2.0	-2.0			-2.0
C 10	945~1050	8′57″	+4.0	+2.0	0			0

3) A-C, A-G 측정선의 각각의 진직도를 구한다(표 4-8, 표 4-9).
   이상의 계산 결과를 그림으로 나타나면 그림 4-35와 같다.
4) C-E 측정선을 계산한다. 여기서 C점은 0, E점은 -4로 이미 설정되었기 때문에 누적값 중 E점의 +2.0은 -4.0으로 비례 경사 보정시켜야 한다(표 4-10).
5) 같은 방법으로 G-E를 계산한다(표 4-11).
6) H-D, B-F 측정선을 계산한다. H-D, B-F의 경우에는 M점에 의한 수정과 측정 끝 부분에 있어서의 비례 보정을 필요로 한다. 즉, H-D에 있어서 시작점 H가 표 4-9에서는 +5인데, 표 4-5의 누적값에서는 0이기 때문에 전체적으로 +5만큼 평행 이동시킨

표 4-7 A-E의 계산

측정점	측정위치 (mm)	읽음값	최초의 읽음으로 부터의 차(초)	105mm에 대 한 높이차 (μm)	누적값 (μm)	평행 보정 (μm)	보정값 (μm)	ACG면에 대한 높이 (μm)
A 0					0		0	0
1	1~105	9′10″	0	0	0		+2.0	+2.0
2	105~210	9′10″	0	0	0		+4.0	+4.0
3	210~315	9′8″	−2.0	−1.0	−1.0		+6.0	+5.0
4	315~420	9′8″	−2.0	−1.0	−2.0		+8.0	+6.0
M 5	420~525	9′6″	−4.0	−2.0	−4.0		+10.0	+6.0
6	525~630	9′2″	−8.0	−4.0	−8.0		+12.0	+4.0
7	630~735	9′2″	−8.0	−4.0	−12.0		+14.0	+2.0
8	735~840	9′0″	−10.0	−5.0	−17.0		+16.0	−1.0
9	840~945	9′2″	−8.0	−4.0	−21.0		+18.0	−3.0
E 10	945~1050	9′4″	−6.0	−3.0	−24.0		+20.0	−4.0

표 4-8 A-C의 계산

측정점	측정위치 (mm)	읽음값	최초의 읽음으로 부터의 차(초)	105mm에 대 한 높이차 (μm)	누적값 (μm)	평행 보정 (μm)	보정값 (μm)	ACG면에 대한 높이 (μm)
A 0					0		0	0
1	0~105	9′0″	0	0	0		+2.0	+2.0
2	105~210	8′58″	−2.0	−1.0	−1.0		+4.0	+3.0
3	210~315	8′54″	−6.0	−3.0	−4.0		+6.0	+2.0
B 4	315~420	8′54″	−6.0	−3.0	−7.0		+8.0	+1.0
5	420~525	8′50″	−10.0	−5.0	−12.0		+10.0	−2.0
6	525~630	8′54″	−6.0	−3.0	−15.0		+12.0	−3.0
7	630~735	9′0″	0	0	−15.0		+14.0	−1.0
C 8	735~840	8′58″	−2.0	−1.0	−16.0		+16.0	0

표 4-9 A-G의 계산

측정점	측정위치 (mm)	읽음값	최초의 읽음으로 부터의 차(초)	105mm에 대 한 높이차 (μm)	누적값 (μm)	평행 보정 (μm)	보정값 (μm)	ACG면에 대한 높이 (μm)
A 0					0		0	0
1	1~105	9′16″	0	0	0		+1.0	+1.0
2	105~210	9′18″	−2.0	+1.0	+1.0		+2.0	+3.0
H 3	210~315	9′18″	+2.0	+1.0	+2.0		+3.0	+5.0
4	315~420	9′8″	−8.0	−4.0	−2.0		+4.0	+2.0
5	420~525	9′8″	−8.0	−4.0	−6.0		+5.0	−1.0
G 6	525~630	9′16″	0	0	−6.0		+6.0	0

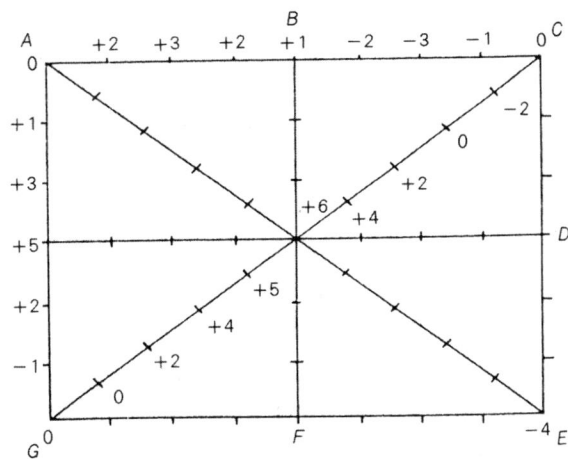

그림 4-35 계산 결과

표 4-10 C-E의 계산

측정점	측정위치 (mm)	읽음값	최초의 읽음으로 부터의 차(초)	105mm에 대한 높이차 (μm)	누적값 (μm)	평행 보정 (μm)	보정값 (μm)	ACG면에 대한 높이 (μm)
C 0					0		0	0
1	0~105	9′13″	0	0	0		−1.0	−1.0
2	105~210	9′11″	+2.0	−1.0	−1.0		−2.0	−3.0
D 3	210~315	9′19″	+6.0	+3.0	+2.0		−3.0	−1.0
4	315~420	9′19″	+6.0	+3.0	+5.0		−4.0	+1.0
5	420~525	9′9″	−4.0	−2.0	+3.0		−5.0	−2.0
E 6	525~630	9′11″	−2.0	−1.0	+2.0		−6.0	−4.0

표 4-11 G-E의 계산

측정점	측정위치 (mm)	읽음값	최초의 읽음으로 부터의 차(초)	105mm에 대한 높이차 (μm)	누적값 (μm)	평행 보정 (μm)	보정값 (μm)	ACG면에 대한 높이 (μm)
G 0					0		0	0
1	0~105	10′15″	0	0	0		+1.0	+1.0
2	105~210	10′17″	+2.0	+1.0	+1.0		+2.0	+3.0
3	210~315	10′7″	−8.0	−4.0	−3.0		+3.0	0.0
F 4	315~420	10′9″	−6.0	−3.0	−6.0		+4.0	−2.0
5	420~525	10′11″	−4.0	−2.0	−8.0		+5.0	−3.0
6	525~630	10′13″	−2.0	−1.0	−9.0		+6.0	−3.0
7	630~735	10′11″	−4.0	−2.0	−11.0		+7.0	−4.0
E 8	735~840	10′13″	−2.0	−1.0	−12.0		+8.0	−4.0

다음, C-E와 같은 방법으로 비례 보정한다(표 4-12).
7) 같은 방법으로 B-F 측정선을 계산한다(표 4-13).

표 4-12 H-D의 계산

측정점	측정위치 (mm)	읽음값	최초의 읽음으로 부터의 차(초)	105mm에 대한 높이차 (μm)	누적값 (μm)	평행 보정 (μm)	보정값 (μm)	ACG면에 대한 높이 (μm)
H 0					0	+5.0	0	+5.0
1	0~105	8'30"	0	0	0	+5.0	-2.0	+3.0
2	105~210	8'36"	+6.0	+3.0	+3.0	+8.0	-4.0	+4.0
3	210~315	8'38"	+8.0	+4.0	+7.0	+12.0	-6.0	+6.0
M 4	315~420	8'34"	+4.0	+2.0	+9.0	+14.0	-8.0	+6.0
5	420~525	8'30"	0.0	0.0	+9.0	+14.0	-10.0	+4.0
6	525~630	8'24"	-6.0	-3.0	+6.0	+11.0	-12.0	-1.0
7	630~735	8'36"	+6.0	+3.0	+9.0	+14.0	-14.0	0
D 8	735~840	8'32"	+2.0	+1.0	+10.0	+15.0	-16.0	-1.0

표 4-13 B-F의 계산

측정점	측정위치 (mm)	읽음값	최초의 읽음으로 부터의 차(초)	105mm에 대한 높이차 (μm)	누적값 (μm)	평행 보정 (μm)	보정값 (μm)	ACG면에 대한 높이 (μm)
B 0					0	+1.0	0	+1.0
1	1~105	9'5"	0	0	0	+1.0	+1.0	+2.0
2	105~210	9'7"	+2.0	+1.0	+1.0	+2.0	+2.0	+4.0
M 3	210~315	9'7"	+2.0	+1.0	+2.0	+3.0	+3.0	+6.0
4	315~420	8'57"	-8.0	-4.0	-2.0	-1.0	+4.0	+3.0
5	420~525	8'59"	-6.0	-3.0	-5.0	-4.0	+5.0	+1.0
F 6	525~630	8'57"	-8.0	-4.0	-9.0	-8.0	+6.0	-2.0

8) 최종 결과를 그림 4-36과 같이 그래프에 기입하고, 그림 4-37과 같이 입체화시켜 보면 평면 상태를 명확히 알 수 있으며 평면도는 최대값-최소값=_____ mm, _____ μm로 계산한다.

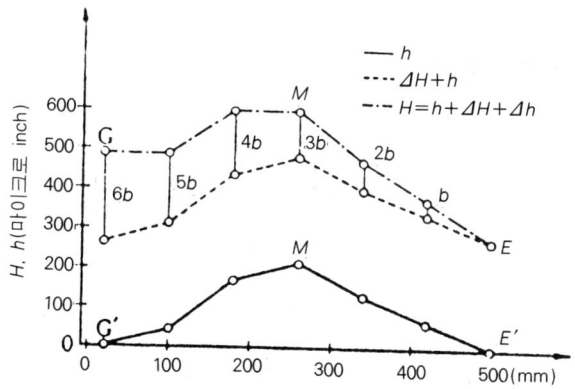

그림 4-36 오토콜리메이터에 의한 평면도 측정에 있어서의 수정

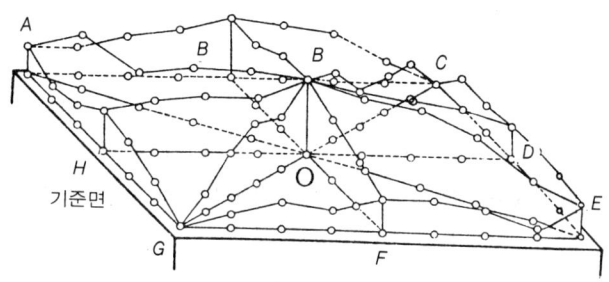

그림 4-37 측정 결과의 입체도

2.8 결과 및 고찰

1) 측정시 오차가 나는 주원인은 무엇인가 알아보자.
2) 최소 자승법, 최소 영역법에 의한 평면도 측정법에 대해서 알아보자.
3) 정반의 규격 및 등급에 따른 허용차는 어떻게 다른지 알아보자.

3. 투영기 이용 부품 측정

3.1 실습 목표
투영기의 구조 및 원리를 파악하고 또한 투영기의 사용법을 익혀서 소형 부품의 길이 및 형상 측정법을 배우는 데 있다.

3.2 사용 측정 기기
1) 투영기(profile projector) 및 그 부속품
2) 피측정물
3) 게이지 블록(10pcs)
4) 천, 방청유 등

3.3 측정 원리
투영기는 확대 실상을 스크린에 투영시켜, 두 눈으로 자유롭게 관찰할 수 있도록 해서, 윤곽의 형상이나 치수를 측정하는 광학적 측정기로서, 측정력에 의한 오차가 없고 복잡한 형상의 피측정물을 쉽게 측정할 수 있다. 최초의 투영기는 1900년경 미국의 Bausch & Lomb라는 광학 회사에서 제작되었다.

그림 4-38은 투영기의 기본적인 광학계를 나타내는 것으로 광원(L), 집광 렌즈(C), 투영 렌즈(P) 및 스크린(S)의 4개 부분으로 되어 있다.

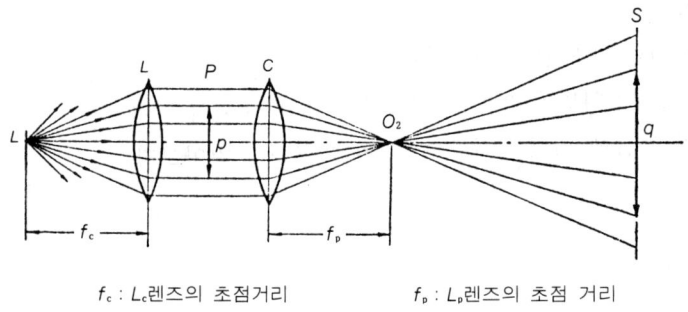

f_c : L_c렌즈의 초점거리 f_p : L_p렌즈의 초점 거리

그림 4-38 광학적 구조

상(像)이 정확하게 결상되지 않는 위치에 피측정물이 놓여 있을 때 생기는 배율 오차를 줄이기 위하여 투영 렌즈의 뒤쪽 초점에 조리개를 놓는 텔레센트릭(telecentric) 광학계로 만든다.

보통의 투영기에는 투영 렌즈와 스크린의 위치가 고정되어 있으므로 렌즈의 교환에 의해서

배율을 바꿀 수 있으며, 흔히 사용되고 있는 배율은 10, 20, 50, 100배 등이며 이 밖에도 5, 15, 25배 등도 특수하게 사용된다.

3.4 투영기의 형식

투영기는 사용 목적이나 편리한 측정을 위하여 여러 종류의 것이 사용되지만, 일반적으로 광학 조명계의 위치에 따라 상향식, 하향식 및 수평식 투영기로 구분한다.

① 상향식 투영기

상향식 투영기는 그림 4-39에서와 같이 윤곽 조명 광학계가 재물대의 아래에 위치하여 조명 광속(光速)이 아래에서 재물대에 수직으로 상승하게 되어 있다. 광축이 재물대에 수직으로 통과하므로 통상 수직형(V형)이라고 부른다.

투영기의 본체를 작업대 또는 책상 위에 올려 놓을 수 있는 bench type과 본체를 건물의 바닥에 설치할 수 있는 floor type이 있으며, 용도면에서 보면 floor type은 비교적 큰 시료의 측정에 적합하고, bench type은 소형의 시료에 알맞다.

② 하향식 투영기

이 형식은 윤곽 조명 광학계가 재물대의 위쪽에 위치하여 윤곽 조명 광속이 위에서 아래로

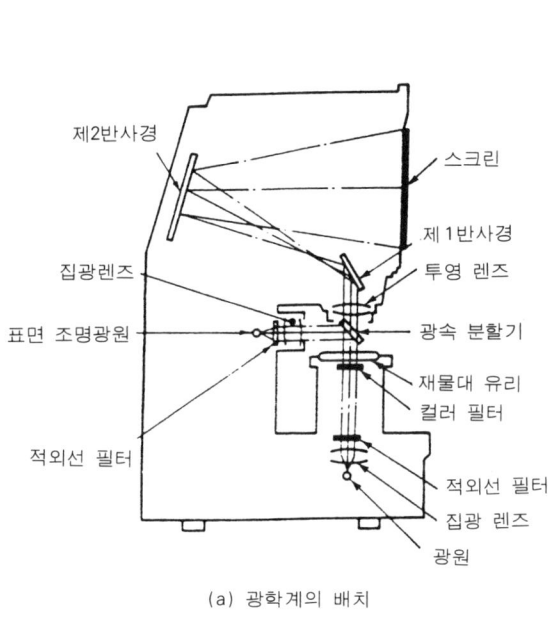

(a) 광학계의 배치

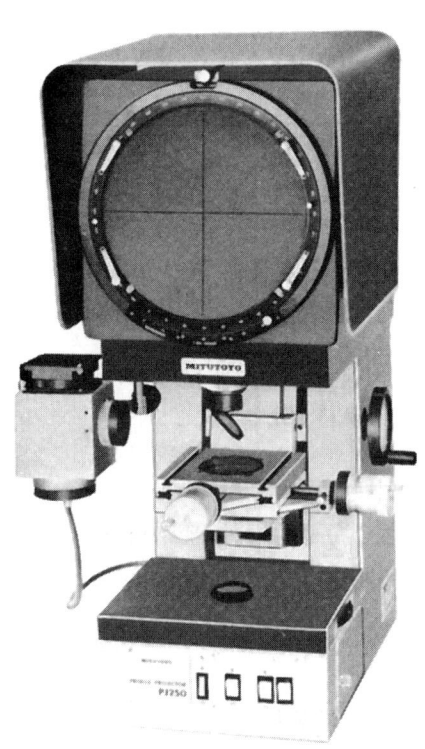

(b) 대표적인 예(bench type)

그림 4-39 상향식 투영기

통과하도록 되어 있다.

구조는 그림 4-40과 같으며, 1개의 반사경으로 광로를 변경시켜 스크린에 투영시키고 있으며 보통 데스크(D)형이라고 불리어진다. 주로 측정 물체가 작고 가벼운 시계 공업, 전자 공업, 라미나 종류의 프레스 부품 등의 측정에 많이 사용된다.

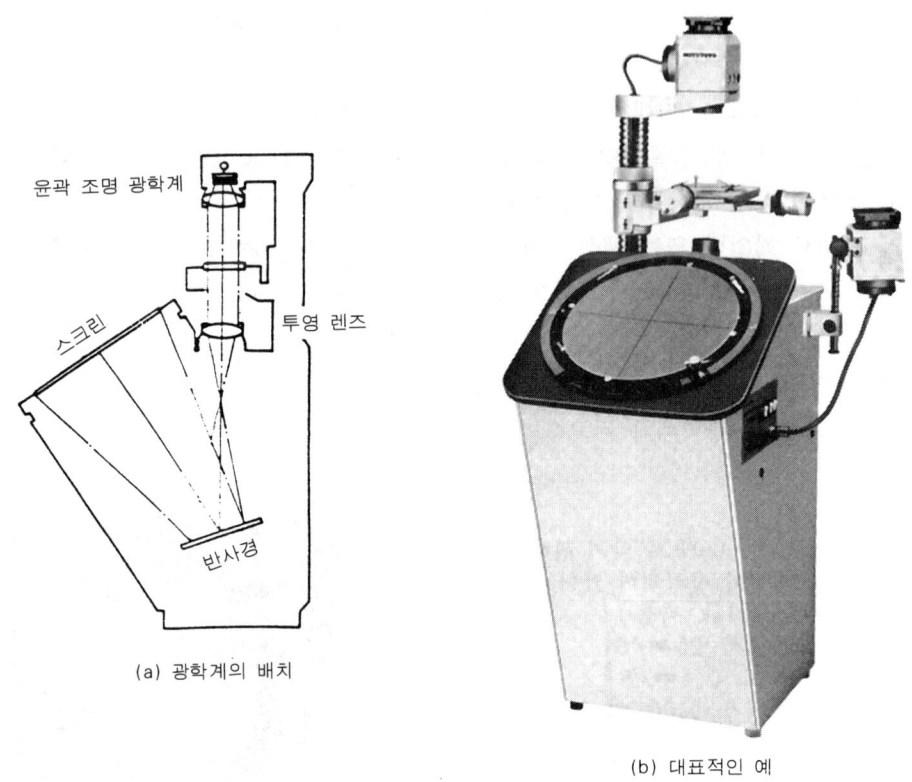

(a) 광학계의 배치

(b) 대표적인 예

그림 4-40 하향식 투영기

③ 수평식 투영기

수평식 투영기는 윤곽 조명 광학계로부터 나오는 광속이 수평으로 입사하여 재물대 위의 피측정물을 비추어 준다. 이 형식은 재물대가 튼튼하고, 또한 측정시 재물대의 윗면을 기준면으로 사용할 수 있기 때문에 기계 부품 등의 측정을 효과적으로 할 수 있다(그림 4-41).

3.5 투영기의 구조

(1) 투영 스크린

투영기에 의한 측정법은 두 가지로 구분할 수 있는데, 그 중 첫 번째는 투영기 본래의 사용

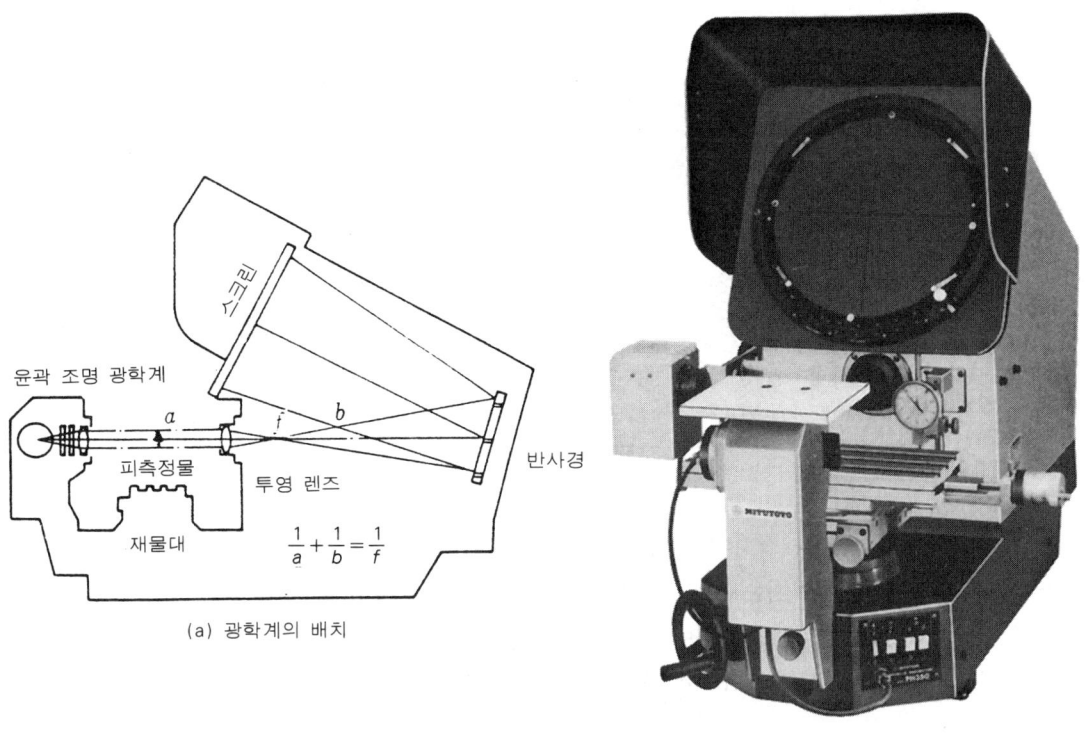

그림 4-41 수평식 투영기

방법으로 피측정물의 확대 투영상의 크기를 측정, 또는 다른 기준자와 비교해서 그 값을 투영 배율로 나누어서 치수를 알 수 있는 방법이며, 이 경우, 측정 정도는 투영 배율과 투영 스크린 상에 있어서 확대상의 비교 측정 오차로 결정된다. 두 번째는 공구 현미경과 마찬가지로 회전 재물대와 스크린상의 십자선을 이용해서 좌표 측정을 할 수 있기 때문에 스크린의 크기에 관계 없이 재물대의 측정 범위 내의 피측정물은 측정이 가능하며, 재물대의 이동 정도(精度) 및

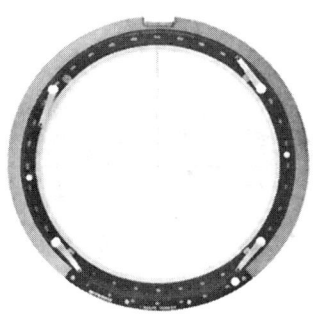

그림 4-42 각도 스크린

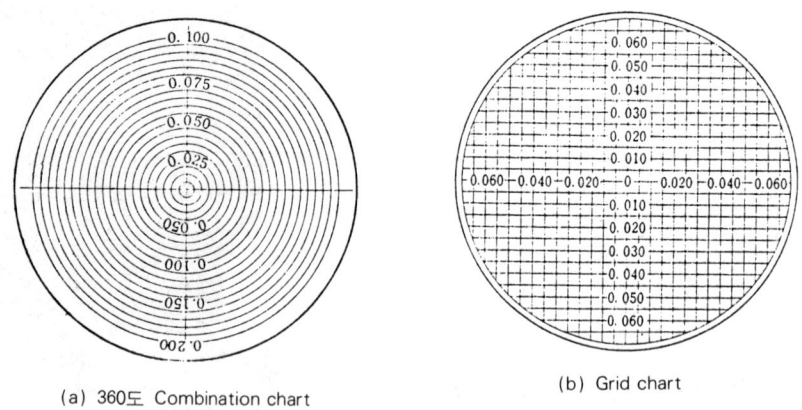

(a) 360도 Combination chart   (b) Grid chart

그림 4-43 차 트

투영 스크린상의 확대상과 십자선의 합치(合致) 정도에 따라서 측정 정도가 결정된다.

스크린은 투영상이 비춰지는 것으로, 젖빛 유리 위에 십자선이 조각된 것으로, 이 스크린에 피측정물의 확대 영상을 그린 폴리에스테르 필름(polyester film)을 올려 놓고 투영상과 비교하기도 하고, 각도 스크린(protracter)도 있다.

(2) 재물대

피측정물을 투영 광학계에 대해서 공간적으로 위치, 자세에서 정확하게 설치할 수 있는 것이 재물대이며, 전후 좌우로 이동 가능하며 그 이동량은 각 축에 부착된 마이크로미터와 게이지 블록을 조합하여 고정도로 측정할 수 있다. 또한 광축 방향으로 이동할 수 있기 때문에 핀트를 정확히 조절할 수 있다.

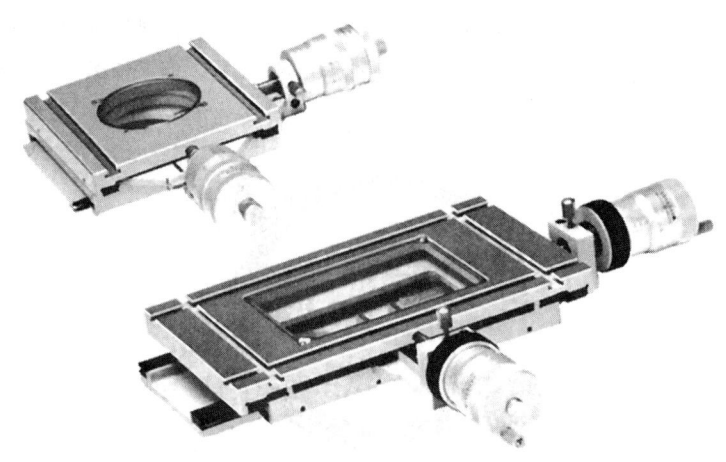

그림 4-44 재물대

(3) 조명 광학계

투영상의 밝기는 집광 렌즈에 의해 좌우되며, 또한 약간의 핀트맞춤의 오차가 발생하여도 투영 배율의 오차가 생기지 않는 텔레센트릭(telecentric) 조명법을 사용해야 한다.

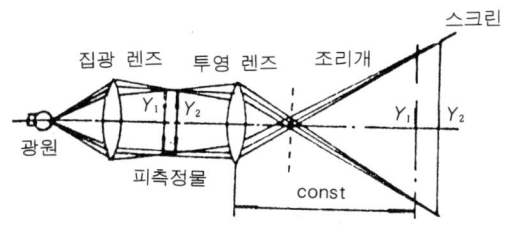

그림 4-45 텔레센트릭 광학계   그림 4-46 비텔레센트릭 광학계

또한, 물체의 표면을 관찰하려면 수직 반사 조명법을 사용하며, 이 수직 반사 조명의 경우에는 텔레센트릭 조명보다 투영상의 밝기에 중점이 있고, 측정 정도는 약간 떨어진다.

(4) 투영 렌즈

보통 많이 사용되고 있는 투영 배율은 $10\times$, $20\times$, $50\times$, $100\times$이고 특수하게 $5\times$, $25\times$ $200\times$ 등이 있으며, 투영기에 있어서 투영 렌즈의 성능이 직접 투영기의 성능을 지배하며, 사용자가 보정이나 수정할 수 있는 수단이 없거나 곤란하다.

투영 렌즈는 투영 배율이 정확하고 그림 4-47과 같이 일그러지는 왜곡(歪曲) 현상이 없어야 한다. 또한 해상력(상이 선명하게 보이는 정도)이 양호하여야 하며 재물대에서 렌즈까지의 거리, 즉 작동 거리가 클수록 피측정물의 설치가 편리하다.

그 밖에 센터 지지대, V홈 지지대, 바이스(vise)대 등이 있다.

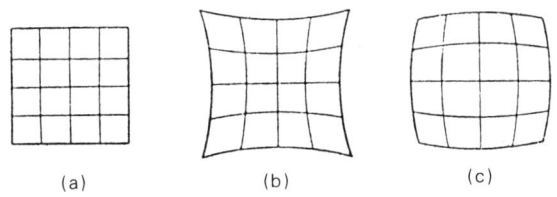

그림 4-47 상의 일그러짐

3.6 측정법

측정법은 피측정물의 형상, 길이, 각도 등의 측정 목적 등에 따라서 적당한 방법을 선택하는 것이 좋고, 형상이 특수한 것일 때는 여러 가지의 부속품을 활용하면 쉽고, 정도가 높으며 능

률적인 측정이 가능하다.

(1) 기준자에 의한 측정

이 방법은 피측정물에 기준자를 접촉해서 치수 측정을 하는 방법과 같은 요령으로, 스크린에 확대 투영된 상에 직접 기준 눈금자를 이용하여 치수 측정을 하는 것으로, 확대 배율에 따라서 측정 정도를 높일 수 있다. 사용되는 눈금자는 보통 유리제로 1눈금이 0.5mm 또는 1mm로 200~400mm 길이의 것이 사용된다.

따라서, 투영상의 임의 2점간의 거리를 측정하기 위하여 그림 4-48과 같이 눈금자를 스크린면에 접촉시켜 2점간의 거리를 각각 측정한다. 투영시 스크린상에서 0.2mm까지 정확하게 측정할 수 있다면 피측정물에서는 배율이 10×이면 20μm, 20×이면 10μm까지 읽을 수 있다.

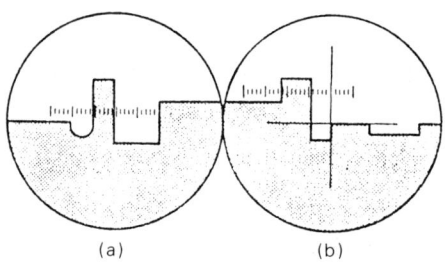

그림 4-48 눈금자에 의한 측정

(2) 기준 도형(차트)과 비교 측정

그림 4-49와 같이 복잡한 형상의 각 부분의 치수를 한번에 측정할 수 있으며, 특히 극좌표나 직각 좌표로 각 부를 측정하면 힘들고 전체의 치수, 형상 분포를 빠르게 파악하기 어려운 형상의 측정에 위력을 발휘할 수 있는 방법이다.

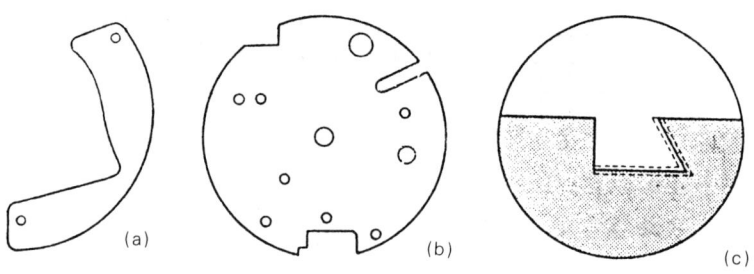

그림 4-49 기준 도형과의 비교

(3) 직각 좌표 측정

일반적으로 재물대를 이용하여 XY 방향의 이동에 의한 상의 움직이는 방향과 스크린상의 십자선의 조정을 측정 시작 전에 확인할 필요가 있다.

피측정물의 좌표 기준을 먼저 조정하고 다음에 재물대를 좌우, 전후로 움직여 가면서 피측정물의 위치를 마이크로미터로 읽는다(사진 4-4).

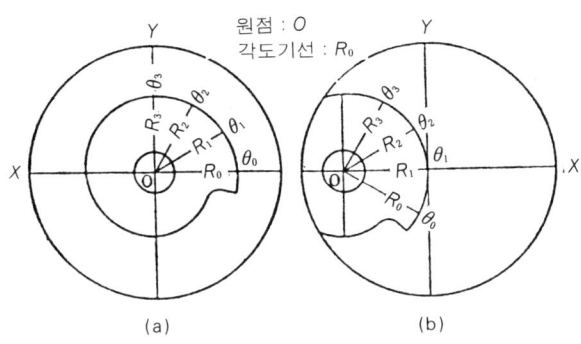
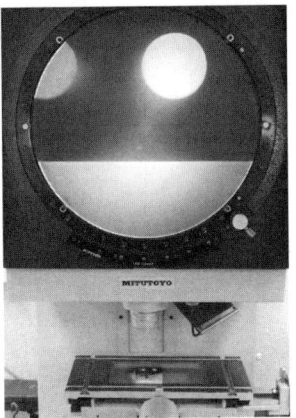

그림 4-50 소형 원판 캠의 측정

사진 4-4 투영기를 이용한 부품의 측정

(4) 극좌표 측정

회전 테이블을 이용하여 그 회전각과 X 또는 Y 이동량을 이용해서 극좌표에 의한 측정을 행한다.

측정은 원점을 설정한 다음, 측정점을 스크린상의 십자선의 교점에 일치시킨 후에 회전 테이블의 회전각과 좌표 이동량을 읽는다.

소형 캠(그림 4-50) 등의 측정에 적합하며, 측정할 수 있는 범위는 R값이 회전 테이블의 중심을 광축으로 했을 때 X의 이동량 내에 한한다.

(5) 각도의 측정

각도를 가진 피측정물의 측정에는 각도 회전 스크린을 이용하는 것이 가장 적합하다. 이 스크린의 회전 중심을 가로지르는 십자선이 한쪽 선을 측정하려고 하는 투영상의 한 변에 일치시킨 다음, 각도 눈금을 읽고 다음에 상의 다른 한 변에 십자선의 한 선을 이용하여 합치시킨 후에 읽은 각도 차에 의해서 상의 각도를 구할 수 있다. 그림 4-51은 각도 측정의 한 예다.

(6) 나사의 측정

일반적으로 경사 센터대와 회전 스크린을 이용한다. 나사 축단면의 산형 측정에는 그림 4-52와 같이 투과 조명계를 투영 광축에 대해서 나사의 리드각 β만큼 경사시켜 정확한 단면 투영을 할 수 있지만, 나사 측정 전용이 아닌 일반 투영기에서는 투과 조명계를 경사시키는

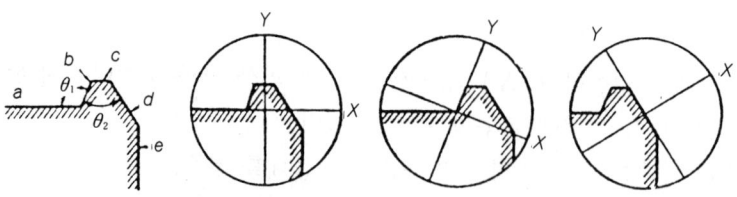

그림 4-51 회전 스크린에 의한 각도의 측정

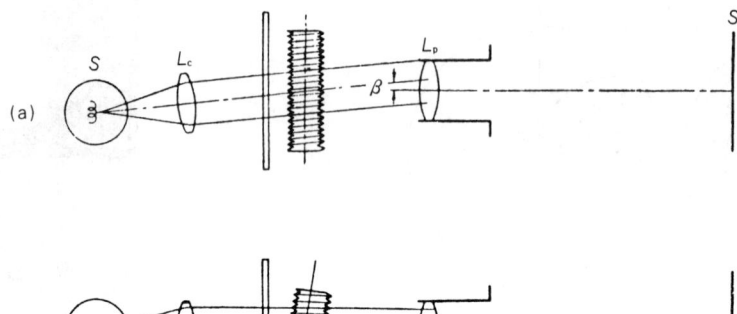

그림 4-52 나사산 측정

구조가 없기 때문에 그림 4-52(b)와 같이 나사를 투영 광축에 대해서 리드각만큼 경사시켜 투영하는 것이 보통이다.

(7) 곡률 반경 측정

곡률 반경의 측정은 보통 곡률 게이지를 사용하지만, 투영기나 공구 현미경 등 광학적 방식의 2차원 좌표 측정기를 이용하면 쉽게 측정할 수 있다. 그림 4-53과 같이 곡률 게이지를 이용하여 곡률 반경 R을 측정할 때 곡률 게이지의 기준 평면과 피측정물상의 높이차를 $h(=\overline{BD})$로 하여 다음과 같이 계산할 수 있다.

$$\overline{AD} = \overline{CD} = r$$

$$R^2 = (\overline{OD})^2 + (\overline{AD})^2 = (R-h)^2 + r^2$$

$$\therefore R = \frac{h^2 + r^2}{2h}$$

투영기에서는 h와 $\overline{AC}$를 좌표 측정하면 R를 구할 수 있다. 예를 들면, $\overline{AC}/2 = r = 15.000$mm일 때 $h = 2.500$mm의 값을 측정하였다면

제4장 정밀 측정의 실제(응용편) 289

그림 4-53 곡률 게이지 예

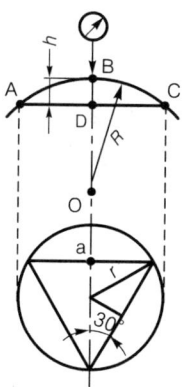

그림 4-54 곡률 반경을 구하는 방법

$$R = \frac{h^2 + r^2}{2h} = \frac{(2.500)^2 + (15.000)^2}{2 \times 2.500}$$

$$= 46.25\text{mm}$$

가 된다.

3.7 측정시 주의 사항

1) 투영기의 설치 장소는 항습, 항온이여야 하며 진동, 먼지, 습기 및 온도 변화가 적은 장소를 택해야 한다.
2) 물체의 영상을 측정하는 것이므로 밝은 창이나 조명등이 스크린을 향하여 있지 않아야 하며, 부득이한 경우는 차광막을 설치한다.
3) 초점 거리를 정확히 해야 한다.
4) 측정 전 마이크로미터의 이동 축선과 피측정물의 이동 축선을 정확히 맞춰야 한다.
5) 시차를 줄이기 위하여 스크린의 수직 방향에서 측정해야 한다.
6) 연속하여 장시간 사용하면 램프의 수명이 급격하게 짧아지므로 30분 정도 측정 후 램프를 냉각시켜 가며 사용해야 한다. 전구의 수명은 필라멘트 온도의 39승에 반비례하는 것으로 알려져 있다.

3.8 측정방법 및 순서

1) 피측정물 및 투영기를 깨끗이 닦아서 불순물을 완전히 제거한다.
2) 투영기에 전원을 넣는다.

3) 조명을 선택한다.
   ① 피측정물의 전체 또는 일부의 윤곽 측정용에는 투과 조명을 사용한다.
   ② 표면의 모양, 형상 등 빛이 투과하지 않는 형체의 측정시에는 반사 조명을 사용한다.
   ③ 표면의 형상 모양과 윤곽을 동시에 측정해야 할 경우에는 투과, 반사 공용 조명을 선택한다.

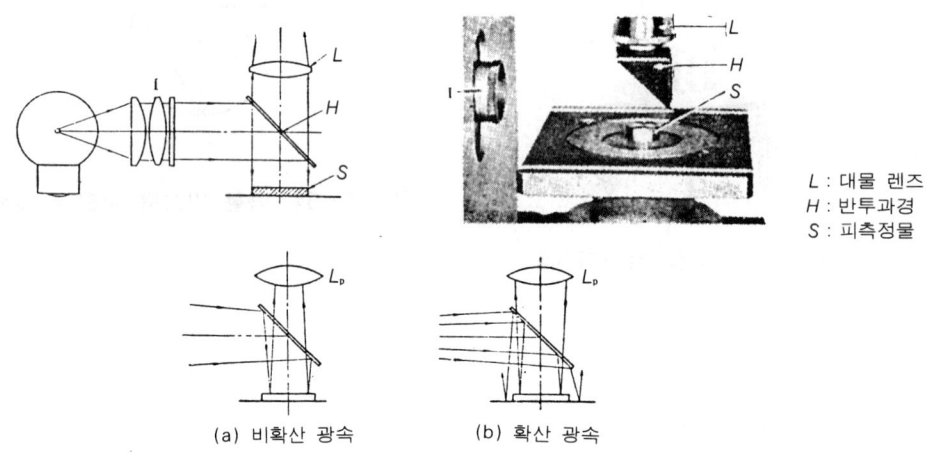

L : 대물 렌즈
H : 반투과경
S : 피측정물

(a) 비확산 광속   (b) 확산 광속

그림 4-55 수직 반사 조명 장치

4) 피측정물의 크기, 공차 등에 따라서 측정에 사용할 투영기의 배율(보통 $10 \times \sim 100 \times$)을 결정한다.
5) 피측정물을 재물대 위에 올려 놓고 재물대를 상하로 움직여서 초점을 정확하게 조정한다.
   이때, 피측정물의 측정면은 투영 광축에 대해서 수직으로 설치하고, 원통형 부품의 지지는 브이 블록 지지대 또는 양 센터 지지대 등을 이용한다.
6) 스크린상의 X축과 재물대 운동의 X축이 평행하도록 재물대를 조정한다. 이때, 피측정물의 한쪽 끝면을 그림 4-56과 같이 스크린 십자선의 X축에 닿게 한 다음, 재물대를 좌우로 움직이면서 조정한다.
7) 측정시 X, Y좌표의 기준면을 십자선에 일치시키고 각 축의 마이크로미터값을 읽는다 (그림 4-57에서는 A, B면을 기준으로 한다).
8) 각 길이 측정 항목을 측정한다.
9) 곡률 반경의 경우에는 그림 4-58과 같이 먼저 (a)처럼 h값의 기준을 설정해서 (b)와 같이 임의의 h값을 설정하고, 거리 ℓ (위치 7~8)을 (c), (d)와 같이 측정해서 구한다.
10) 그 밖에 각도, 나사의 피치, 나사산의 각도 등도 측정 실습한다.
11) 각각의 측정값을 계산한다. 측정이 끝났으면 전원을 끄고 주위를 정리한다.

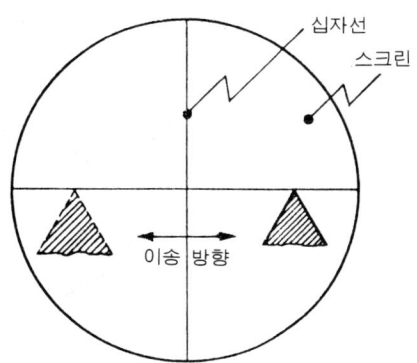

그림 4-56 스크린 십자선과 재물대 운동과의 평행 조정

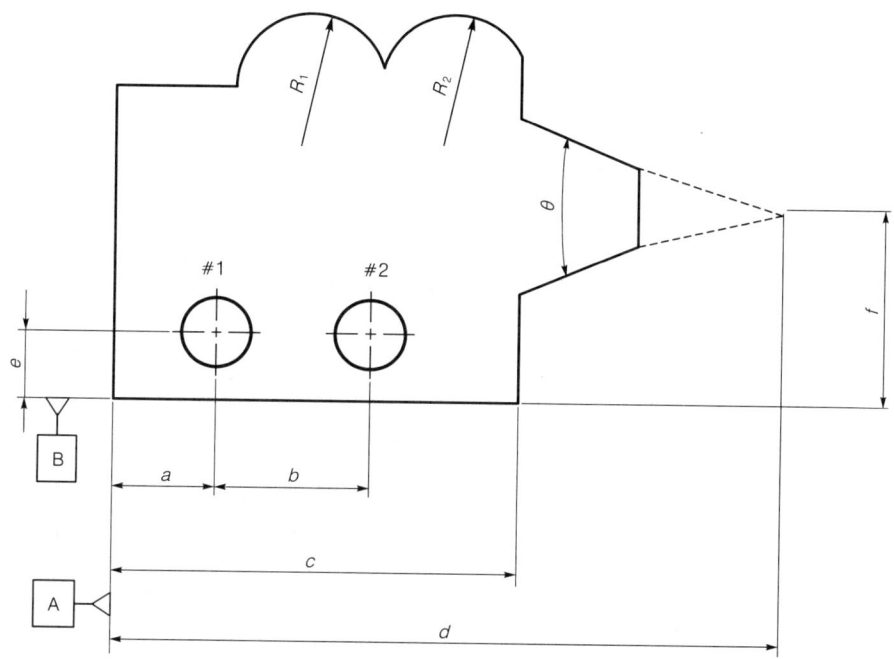

그림 4-57 피측정물의 예

12) 투영기 스크린의 청소는 알코올이나 벤젠 등을 사용하지 않고 물에 연성 세제를 약간 녹인 다음 부드러운 헝겊으로 깨끗이 닦아낸다. 렌즈의 경우, 약간의 먼지는 부드러운 깃털이나 붓 등으로 가볍게 털어낸다.

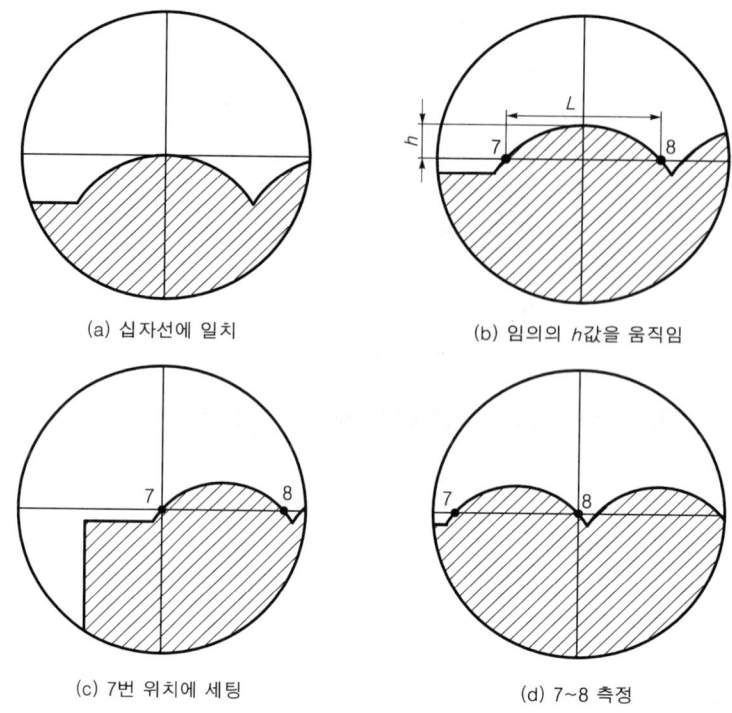

(a) 십자선에 일치 (b) 임의의 h값을 움직임

(c) 7번 위치에 세팅 (d) 7~8 측정

그림 4-58.1 곡률 반경 측정

(측정 예) 그림 4-58.2에서 구멍을 측정하기 위해 사진 4-50.1과 같이 피측정물을 재물대 위에 올려 놓고 스크린 상의 X축과 피측정물의 기준면(밑면)을 일치시킨다. X축의 마이크로미터 헤드를 회전시켜 구멍부위의 ①②③④에 접촉시켜 마이크로미터 값을 읽어 거리를 구한다.

측정부분이 구멍(안지름)일 때에는 Y축의 마이크로미터 헤드를 회전시켜 최대값 또는 최소값을 찾는다. 구멍 d_1은 ②-①, 구멍 d_2는 ④-③으로 계산한다. 구멍 사이의 중심 거리 B는 $\left(③+\dfrac{d_2}{2}\right)-\left(①+\dfrac{d_1}{2}\right)$으로 계산하면 된다.

(계산 예) 마이크로미터 값을 읽어 ① 7.898mm, ② 16.435mm, ③ 24.917mm, ④ 33.440mm를 얻었다면

구멍 $d_1 = 16.435 - 7.898 = 8.540\text{mm}$

구멍 $d_2 = 33.440 - 24.917 = 8.520\text{mm}$

두 구멍 사이의 중심 거리

$B = \left(24.917 + \dfrac{8.520}{2}\right) - \left(7.898 + \dfrac{8.540}{2}\right)$

$\quad = 17.010\text{mm}$

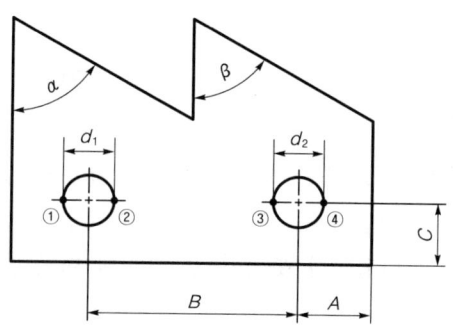

그림 4-58.2 부품의 구멍 측정

3.9 측정값의 정리 및 계산

측정값을 계산하여 각 도면에서 요구하는 측정 결과를 정리하고 계산한다.

오차를 줄이기 위하여 여러 번 측정하여 평균값을 구한다(사진 4-5).

3.10 결과 및 고찰

결과를 정리한다.

예) 길이, 각도, 곡률 반경, 나사산의 반각, 나사의 피치 등

① 투영기에서 원통 부품을 측정할 때 실제 치수보다 작게 나오는 이유는 무엇인지 생각해 보자.

② 투영기에서 발생하는 오차의 주원인은 무엇인가?

③ 데이터 처리 장치를 부착하여 측정할 때는 어떤 이점이 있는지 알아보자.

④ 데이터 처리 장치를 이용한 측정값의 예

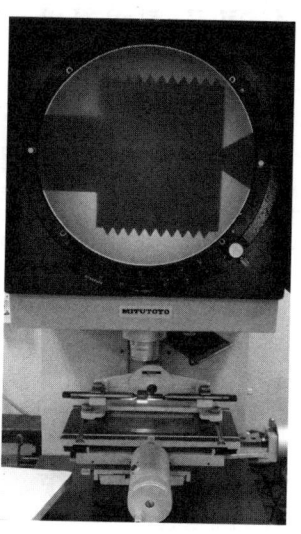

사진 4-5 투영기를 이용한 나사 측정

```
ALIGN (0-5) ? 1
ALIGN (0-5) ? 2
SELECT (1. 2. 3) ? 2
X : 1      OR    Y : 2    ? 2
B : ?      3
(5) 4 POINT CIRCLE
(5) -001
P(r, θ)   =    9.732              30°38′06″
   D      =    3.990
(5) -002
P(r, θ)   =    9.626              59°48′57″
   D      =    3.988
(7) INTERSECTION
(7) -003
P(X, Y)   =    23.707             5.290
(7) INTERSECTION
(7) -004
P(X, Y)   =    12.165             13.457
(7) INTERSECTION
(7) -005
P(X, Y)   =    7.842              11.977
```

4. 공구 현미경에 의한 부품 측정

4.1 실습 목표
공구 현미경의 구조 및 원리를 배우고, 현미경에 의해 확대, 관측하여 각 종 제품의 길이, 각도, 형상 및 윤곽 등을 측정하며, 또한 좌표의 측정, 나사 요소의 측정 등 복잡한 형상의 측정을 익히고 공구 현미경의 부속품에 대한 사용법을 터득하여 소형 부품의 품질 향상에 기여하는 데 있다.

4.2 사용 측정 기기
1) 공구 현미경(측정 범위 70×50mm)
2) 공구 현미경 부속품
3) 피측정물
4) 게이지 블록(10pcs, 1급)
5) 알코올, 천 등

4.3 현미경의 구조
공구 현미경 및 만능 측정 현미경은 길이, 각도, 형상 및 윤곽 등을 정밀하게 측정하고 검사하기 위한 측정기로서 그 용도는 지극히 넓다. 각종 기계 기구의 정밀 부품, 치공구, 검사 기구 및 나사(나사 게이지) 등의 제원 등도 용이하게 측정할 수 있다.

만능 측정 현미경은 정밀한 기준자를 내장하여 정밀도와 측정 능률 향상을 주안으로 해서 제작된 것으로, 특히 정밀 측정실 등의 좋은 환경에서 사용하는 것이 보다 그 진가를 발휘한다.

공구 현미경은 마이크로미터와 게이지 블록의 조합에 의해 길이를 측정하는 것으로, 공장 현장에서 사용하고 있으나 공구 현미경이라 하면 고정밀도의 측정기로서 정밀 측정실에서도 그 위력을 발휘하고 있다. 만능 측정 현미경이나 공구 현미경 어느 것이나 모두 풍부한 부속품이 있어 모든 측정에 알맞은 측정법을 선정할 수 있는 이점이 있다.

그림 4-59는 공구 현미경의 구조를 나타내고 있는데, 크게 분류하면 테이블과 관측 현미경으로 구성되어 있고 테이블은 일반적으로 베드의 안내 레일에 의해 좌우(또는 전후)로 움직이는 십자 이동 테이블과 그 위에 각도 및 극좌표 측정을 가능하게 하는 회전 테이블로 되어 있다.

테이블은 고정도의 측정을 하기 위해 진직도가 매우 양호하며 측정 조작이 용이하게 되어 있다. 테이블 내부에는 강구 또는 롤러를 사용하여 좌우 운동을 마찰 없이 정확하게 전달할 수 있으며 좌우, 전후로 움직이는 테이블은 서로 직각으로 이동하며 좌표 측정에서 측정 오차가 생기지 않게 하기 위하여 베드면의 진직도는 정밀하게 제작되어 있다.

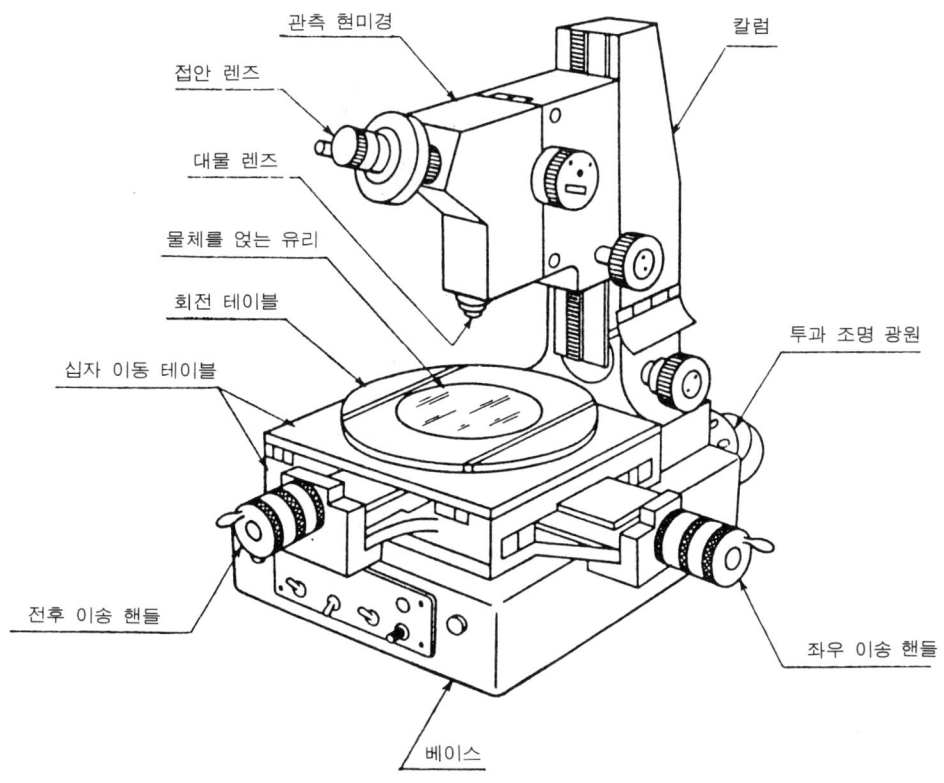

그림 4-59 공구 현미경의 구조

    테이블의 베드 또는 한쪽의 테이블에 부착되어 있는 좌우, 전후 이송 핸들에 의해 임의의 양만큼 정확하게 테이블을 이동할 수가 있으며 마이크로미터 대신에 표준척과 읽음장치 또는 디지털 헤드를 장착한 것도 있다.

4.4 공구 현미경의 광학계
    공구 현미경은 광학적으로 확대 관측 또는 위치 결정을 하며, 길이나 각도의 측정을 행하는 측정이다.

    그림 4-60은 공구 현미경 광학계의 기본구성을 표시하고 있다. 광원 Q에서 나온 빛은 집광렌즈(콘덴서 렌즈) K를 통하여 텔레센트릭(telecentric) 조리개 B_1에 한번 상을 맺고, 적당한 크기의 빛을 콜리메이터 렌즈(collimator lens)에 보낸다. 콜리메이터 렌즈를 통과한 빛은 광원 또는 조리개 각 점에 대응하여 각각의 움직임을 가진 평행 광속군(光速群)으로 되어 피측정물 T를 조명한다. 조명된 영상은 대물 렌즈 ob에 들어간다.

    이 경우, 점광원일 때는 콜리메이터 렌즈에서 나온 빛은 완전한 평행 광선으로 되나 광원이 자체의 크기를 가지고 있으므로 어떤 경사를 가진 평행 광선군으로 된다. 조리개의 직경이 변

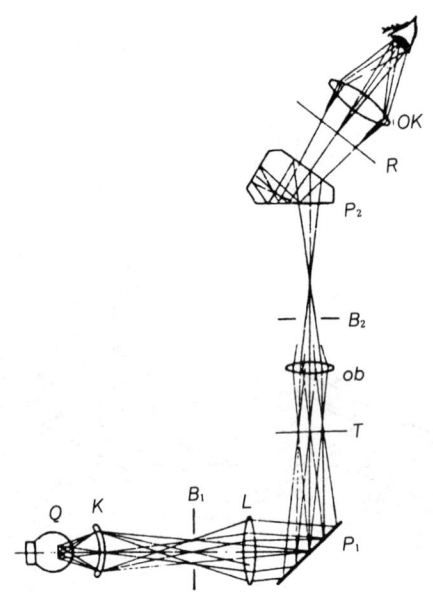

그림 4-60 공구 현미경의 기본적 광학계

화하면 기울기의 각도가 변화한다.

광원의 필라멘트의 크기가 무시할 수 없을 정도이기 때문에 점광원이 아니고 면광원이 된다. 이 면광원을 지름 B의 조리개를 통해서 나오는 빛으로 생각하면 집광 렌즈의 초점에 놓인 점광원의 광속군은 평행이 되지만 그림 4-61과 같이 면광원의 경우, $2\alpha = B/F$를 가진 광속군이 된다.

윤곽이 예리한 피측정물이면 평행 광선에 조명되지 않아도 문제가 없으나, 원통이나 원만한 곡면 위에서 생기는 측정의 오차를 알아보기 위해 그림 4-62의 경우를 살펴보면

원통을 측정하는 경우, 조명에 사용되는 광선의 일부분은 표면에서 반사된다.

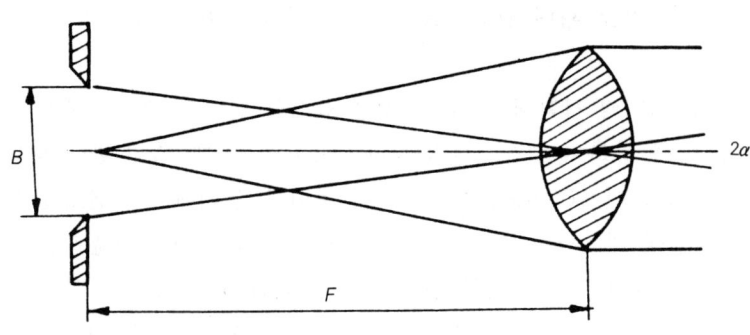

그림 4-61 조리개를 거친 광학계

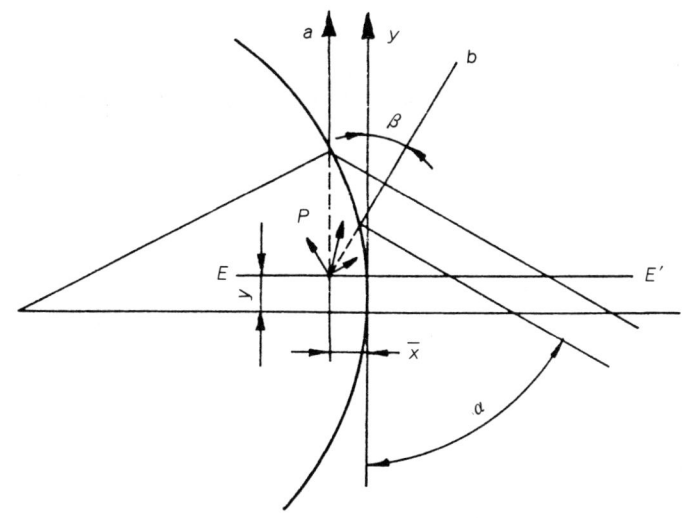

그림 4-62 원통면의 반사에 의한 반영

광축 y에 대하여 a의 각도를 가진 광선은 원통면에서 반사되어 광축과 β의 각도 방향으로 향한 광선 b가 연장되어 만나는 점 P가 조명된 것처럼 보이게 된다. 따라서, 관측자는 P가 놓여 있는 평면 $E-E'$ 선상에 초점을 맞추게 되고 실제의 지름보다 $2\bar{x}$만큼 작게 측정된다.

이 $\bar{x}$는 1939년 독일의 N. Günther가 지름 $d=4\sim195\text{mm}$인 10개의 연삭 원통을 $2a=B/F=0.0057\sim0.1140$으로 실험한 결과에 따라 조리개의 직경은

$$D = 0.183\, F \sqrt[3]{\frac{1}{d}} \tag{4.51}$$

    D : 조리개의 직경
    d ; 피측정물의 지름
    F : 콜리메이터 렌즈의 초점 거리

로 된다. 대부분의 공구 현미경은 이 공식으로 계산해서 정확한 측정을 할 수 있으나, 제작업체에서 지름에 따른 조리개의 직경을 계산해 놓은 표를 첨부하는 경우가 대부분이다.

또한 텔레센트릭 광학계는 핀트 맞춤의 오차가 있어도 측정 배율에 오차가 생기지 않는 특징이 있다. 즉, 핀트 맞춤이 부정확하여도 투영상의 중심을 측정하면 배율 오차는 생기지 않는다.

4.5 공구 현미경 부속품

① 중심 지지대(center support or cradle)

환봉, 나사, 호브 등 양 센터에 의해 피측정물을 지지하기 위한 것으로, 형상 및 치수 측정에

사용한다.

② V형 지지대(V-support)

중심 구멍이 없고 좌우가 같은 직경이 아닌, 즉 센터에 의해 지지될 수 없는 제품의 측정에 적합하다.

③ 형판 접안 렌즈(templet eyepiece)

각종 나사의 산형, 동심원, 기어 형상 등이 그려져 있어 나사산의 형상, 기어의 이의 크기, 소형 구멍의 위치 측정 등에 응용된다.

④ 할출 중심 지지대(dividing center support)

중심 지지대의 한쪽 방향의 축심을 그 축심의 주위를 정확하게 회전하고 그 회전각을 각도 눈금에 의해 읽도록 한 측미경에 의해 측정하는 것으로, 호브나 캠 등의 측정이나 나사 게이지 모선(母線)의 선택 등에 사용된다.

⑤ 반사 조명 장치(epi-illuminator)

공구 현미경에서 반사 조명에 의해 관측하는 피측정물, 즉 투과 조명에 의해서 측정할 수 없는 표면의 형상 등을 측정하기 위해서는 현미경 경통의 아래쪽에 설치한 수직 낙사 조명 장치나 대물 렌즈 주위에 부착한 경사 낙사 조명(傾斜落射照明) 장치를 이용하여 피측정물에 직접 조명한다.

⑥ 이중상 접안경(double image microscope)

이 부속품은 관측 현미경 전체 혹은 그 접안 렌즈와 교환해서 하나의 피측정물에 의해 발생하는 2개의 상의 합치(合致)나 접촉을 이용해서 구멍의 중심 간격이나 직경 또는 선(線) 간격이나 피치 등을 측정하는 것이다.

⑦ 광학적 접촉자(optical feeler)

깊은 구멍이나 내측 테이퍼의 내경, 슬롯, 키홈, 노즐 등의 형상을 측정하는 경우에는 현미경에서 정확한 윤곽을 잡기가 어렵기 때문에 접촉자(feeler)를 이용한다.

그림 4-63는 대물 렌즈와 교환해서 사용하는 것으로, 저전압 광원 램프 Q에 의해 조명된 유리판 M에는 그림에 표시한 바와 같이 3조의 2중선이 각인되어 있는데, 그 상은 회전 프리즘 S에 반사하고 대물 렌즈에 의해 확대된 접안 렌즈의 집점(集點) 유리상에 (b)와 같이 맺힌다. 측정자의 직경은 일반적으로 3mm 정도이나 특수한 작은 구멍 측정 등에는 그보다 작은 직경(1mm 이하)으로 교환할 수 있다. 측정력은 보통 10g 정도로 다이얼에 의해 힘의 방향을 변화할 수 있다.

⑧ 나이프 에지(knife edge)

환봉(丸棒)이나 나사 등의 윤곽을 측정하는 경우, 윤곽 관측 오차때문에 윤곽의 경계를 관측하기가 어렵다. 그러므로, 나이프 에지의 날면을 피측정물에 접촉시켜서 칼날 부위의 상을 읽어서 피측정물의 윤곽을 측정한다.

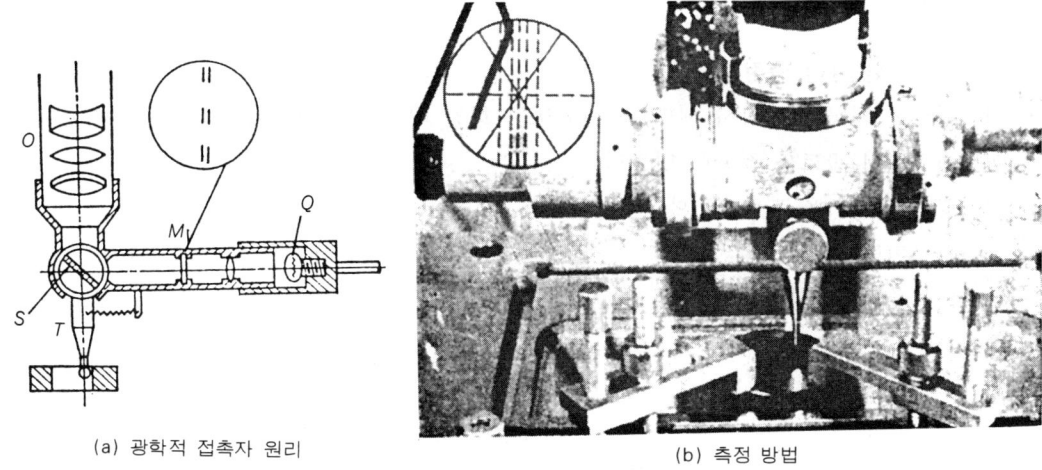

(a) 광학적 접촉자 원리 (b) 측정 방법

그림 4-63 광학 접촉자에 의한 내경 측정

⑨ 투영 장치

공구 현미경에서는 접안 렌즈를 통해서 육안 관측하는 것이 본래의 사용법이지만, 현미경 상부에 반사경과 유리 스크린을 부착하여 접안 렌즈의 형판이나 각도 기준선과 피측정물의 상을 동시에 확대 투영시켜서 측정할 수 있다.

⑩ 수직 측정 장치

피측정물의 높이나 깊이를 측정하기 위해서는 여러 가지 방법이 있으나, 보통은 공구 현미경 경통의 상하 운동부에 앤빌을 설치하고 칼럼에 다이얼 게이지 스탠드를 부착하여 게이지 블록을 병행하면 높이를 측정할 수 있다.

⑪ 기타의 부속품

그 외에 좌표(x, y) 데이터를 이용하여 깊이, 각도, 원의 직경 등의 계산을 자동 처리할 수 있는 데이터 처리 장치와 현미경 상부에 고정해서 기록 사진을 촬영하는 장치, 각도를 측정하기 위한 회전 테이블 등이 있다.

4.6 측정시 주의 사항

1) 피측정물의 초점을 정확하게 맞춘 다음 측정하여야 한다.
2) 진동 및 흔들림이 없는 곳에서 측정해야 한다.
3) 윤곽 측정시에는 알맞은 조리개의 직경을 조절한다.
4) 측정 테이블의 이동 방향과 마이크로미터 헤드 축선은 동일 방향이어야 한다.
5) 시차에 의한 오차가 크므로 항상 일정한 위치에서 측정하여야 한다.
6) 접안 렌즈 십자선과 테이블의 이동 방향을 평행으로 설정한 후 측정해야 한다.

4.7 측정 방법 및 순서

(1) 투영에 의한 길이 측정

① 피측정물을 깨끗이 닦아서 센터 지지대 또는 회전 테이블 위에 올려 놓고 경통을 상하로 이동시키면서 핀트를 정확히 맞춘다.
② 접안경의 십자선을 피측정면에 일치시킨다.
③ 마이크로미터 헤드를 회전하여 측정 테이블을 좌우로 이송하면서 그림 4-64와 같이 회전테이블을 미소 회전하여 피측정물의 측정 기준면과 테이블의 이동 방향을 평행으로 조정한다.

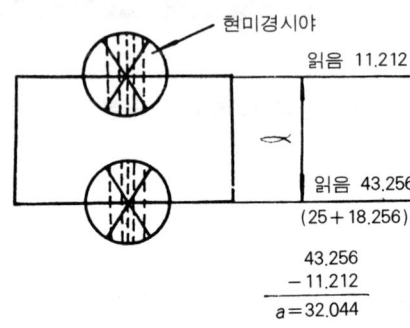

그림 4-64 길이 측정

④ 그림 4-64와 같이 피측정물의 측정면 한쪽에 접안경 내의 십자선의 X축과 측정면을 일치시킨 다음, 마이크로미터값(X_1)을 읽는다.
⑤ 다음에 테이블을 이동하여 다른 측정면에 같은 축선을 일치시킨 다음, 마이크로미터값 (X_2)을 읽는다.
⑥ 위의 두 읽음값의 차(X_2-X_1)가 피측정물의 길이 l이 된다.

(2) 직각 좌표 측정

① 그림 4-65와 같이 측정 기준면을 접안 렌즈 내의 십자선과 일치하게 조정한다.
② 십자 이동 테이블을 움직여서 측정점을 십자선의 교정에 일치시켜 차례로 1, 2, 3, 4의 측정점의 X, Y좌표값을 읽는다.
③ #5, #6의 구멍의 위치 측정은 동심원의 형판 접안 렌즈를 사용하여 측정 구멍과 접안 렌즈상의 원이 동심이 되도록 정확하게 맞춘후 X, Y좌표값을 읽는다.

(3) 극좌표 측정

이 측정은 회전 테이블상의 각도 눈금과 십자 이동 테이블의 좌우 또는 전후 움직임에 의해

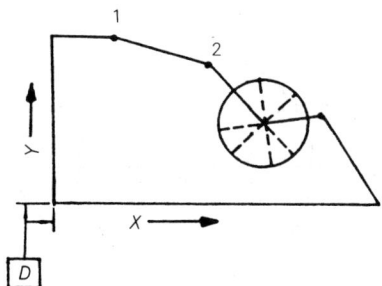

그림 4-65 좌표 측정

캠등의 윤곽을 구하는 데 이용한다.
① 테이블의 회전 중심을 접안 렌즈 내 십자선의 교점에 정확하게 맞춘다.
② 피측정물을 테이블에 올려 놓고 극좌표의 원점을 회전 중심에 맞춘 다음, 그림 4-66과 같이 십자선의 X축을 기준점에 맞춘다.
③ 다음에 회전 테이블을 순차적으로 $\theta_1, \theta_2, \theta_3, \cdots\cdots$씩 회전시키면서 Y축 방향은 움직이지 말고 X_1, X_2, X_3를 측정한다.

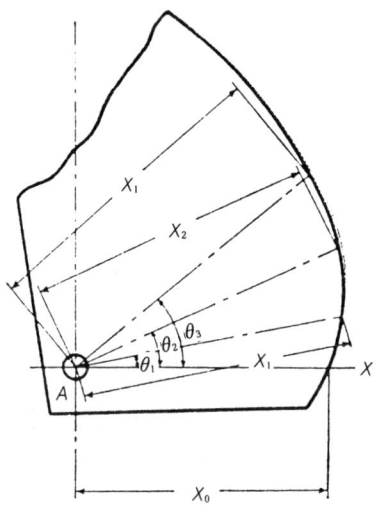

그림 4-66 극좌표 측정 예

(4) 내경의 측정
① 형판 접안 렌즈 또는 각도 접안 렌즈의 십자선을 테이블의 이동 방향과 평행하도록 조정한다.
② 그림 4-67과 같이 구멍의 좌측 윤곽에 수직선을 일치시켰을 때의 테이블 이송의 읽음값

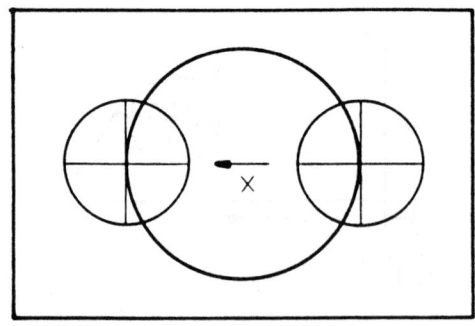

그림 4-67 내경 측정

    X_1을 구한다.
③ 다음에 테이블을 좌우로 이송하여 우측의 윤곽에 십자선이 접했을 때 X_2를 읽어서 직경 $D=X_2-X_1$으로 구한다.
④ 직각 좌표나 극좌표의 원점을 결정하기 위해 필요한 구멍의 가상 중심의 좌표는 각각

$$X_0 = \frac{X_1+X_2}{2}, \quad Y_0 = \frac{Y_3+Y_4}{2}$$

로 구한다.

(5) 중심 거리의 측정

① 피측정물을 측정 테이블 위에 올려 놓는다.
② 초점을 정확히 맞춘다.
③ 피측정물의 이동 축선과 마이크로미터의 이동 축선을 일치시킨다.
④ 마이크로미터로 테이블을 이송하여 그림 4-68과 같이 구멍의 좌우, 전후 윤곽의 측정값

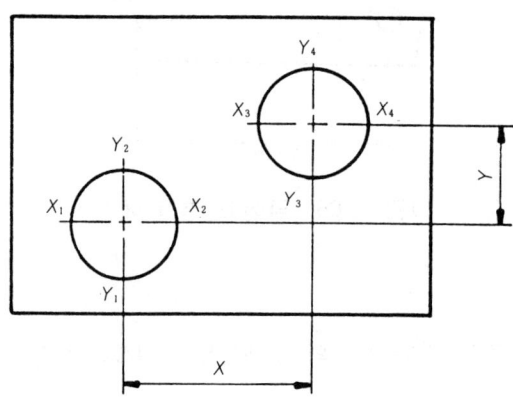

그림 4-68 X, Y좌표 측정

X_1, X_2, Y_1, Y_2 및 X_3, X_4, Y_3, Y_4를 측정한다.

⑤ 다음 식에 의해 V 및 H값을 계산한다.

$$X = \frac{X_1+X_2}{2} - \frac{X_3+X_4}{2}$$

$$Y = \frac{Y_1+Y_2}{2} - \frac{Y_3+Y_4}{2}$$

(6) 테이퍼의 측정

① 위와 같이 축선 및 초점을 정확히 맞춘다.
② 피측정물의 직경에 따른 최적 조리개 직경을 맞춘다.
③ 위쪽 테이퍼 모선의 한 점에서 접안경의 십자선의 교점을 맞춘 후 X_1, Y_1 좌표값을 읽는다.
④ 다음에 Y축 방향의 마이크로미터 헤드를 회전하여 접안경의 십자선의 교점에 아래쪽 테이퍼 모선을 일치시킨다(이때 X축은 움직이지 않는다).
⑤ 이때 Y축 방향 마이크로미터의 값을 읽는다.
⑥ 이 상태에서 X축 마이크로미터로 테이블을 L만큼 이송하여 오른쪽 접안경의 십자선에 d점을 일치시킨 후 좌표값을 읽는다.
⑦ 같은 방법으로 C점의 좌표값을 측정한다.
⑧ 테이퍼 반각(θ) 및 테이퍼량($\frac{1}{x}$)은 다음 식으로 구한다.

$a(X_1, Y_1)$, $b(X_2, Y_2)$, $c(X_3, Y_3)$, $d(X_4, Y_4)$라고 하면

$$\tan\theta = \frac{(Y_4-Y_3)-(Y_2-Y_1)}{2L}$$

$$\frac{1}{x} = \frac{(Y_4-Y_3)-(Y_2-Y_1)}{L}$$

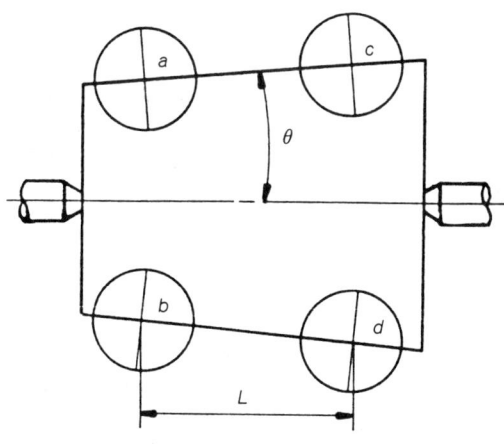

그림 4-69 테이퍼 측정

(7) 나사의 피치 측정

① 피측정물을 양 센터 지지대에 중심을 지지한다.
② 핀트를 정확하게 맞춘다.
③ 접 안렌즈상의 십자선과 나사의 중심축을 평행하게 조정한다.
④ 형판 접안경의 나사 산형을 이용하여 피치를 측정할 때는 그림 4-71과 같이 나사의 플랭크에 기준 산형을 일치시킨 다음, Y축을 고정시킨채로 측정할 만큼의 피치 수만큼 테이블을 X방향으로 이동한 후, 다시 기준 산형에 나사의 플랭크를 일치시켜서 피치를 구한다.
⑤ 형판 대신에 각도 접안 렌즈의 십자선을 이용하는 경우에는 그림 4-71과 같이 십자선 중의 하나를 나사산의 플랭크상과 일치시켜서 X축의 눈금값을 읽는다(X_1).
⑥ Y축을 고정시킨 상태에서 X축을 3~4피치 이상 이송한 후, 같은 방향의 나사 플랭크면에 십자선을 맞추고, 그때의 마이크로미터의 눈금을 읽는다(X_2).
⑦ 마이크로미터 읽음의 차(X_2-X_1)를 나사 피치 수 n으로 나누어서 피치를 계산한다.

$$P = \frac{X_2 - X_1}{n}$$

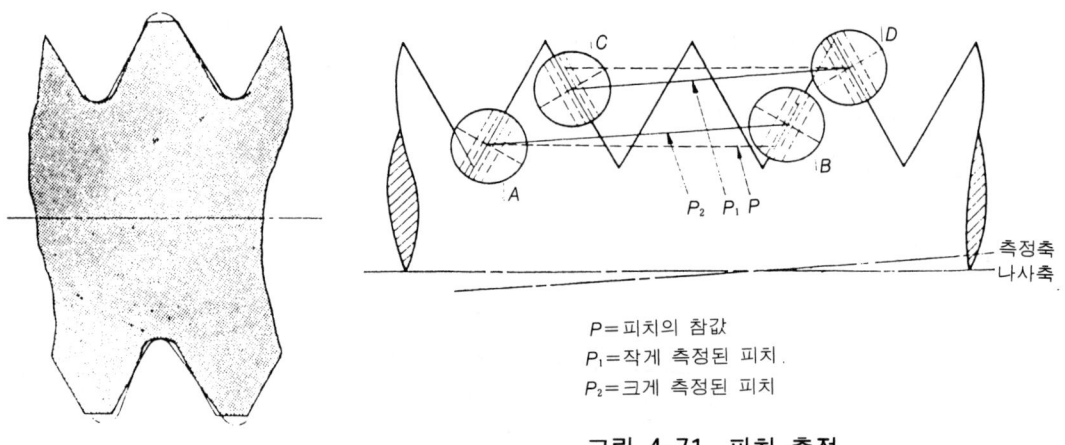

그림 4-70 유효 지름 측정
(형판 접안 렌즈)

P=피치의 참값
P_1=작게 측정된 피치
P_2=크게 측정된 피치

그림 4-71 피치 측정

(8) 나사산의 각도 측정

① 양 센터 지지대에 피측정물을 설치하고 핀트를 정확하게 맞춘다.
② 플랭크면의 상을 선명하도록 나사의 리드각(lead angle)만큼 센터대를 기울인다.
③ 각도 접안 렌즈를 이용하여 각도를 측정하는 경우에는 플랭크에 각도 접안경의 각도 형

상을 일치시켜 형판 접안 렌즈의 호칭 각도를 읽어서 각도를 측정한다.
④ 영상에 의한 측정은 회전 테이블을 회전하거나 또는 접안 렌즈 십자선을 이용하여 나사 플랭크면에 접안경 십자선을 일치시켰을 때의 각도 눈금에 의해서 구한다.
⑤ 나사산의 반각은 좌반각(α_1, α_2), 우반각(β_1, β_2)을 측정하여 평균을 취하여 나사 플랭크 각도를 계산한다.

$$좌반각(\alpha) = \frac{\alpha_1 + \alpha_2}{2}$$

$$우반각(\beta) = \frac{\beta_1 + \beta_2}{2}$$

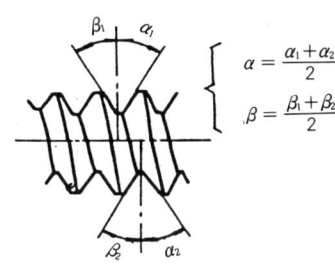

그림 4-72 나사산 각도 측정

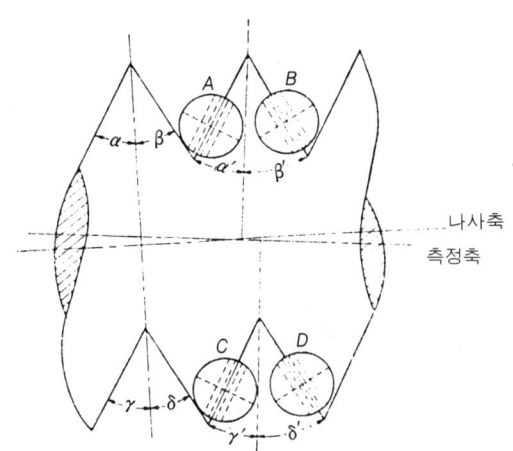

그림 4-73 나사산의 반각 측정(측정의 오차)

⑥ 이와 같이, 평균값을 취하는 것은 나사 중심선의 조정시 발생하는 각도 오차를 제거할 수 있다.
⑦ 플랭크에 십자선 또는 각도선을 맞추는 요령은 영상과 점선 사이에 약간의 희미한 빛이 보일 정도의 틈새를 유지하면서 그 틈새가 일정하게 되도록 한다.

4.8 측정값의 정리 및 계산
각 측정 항목별로 측정한 측정값을 양식에 정리한 후 기록한다.

4.9 결과 및 고찰
1) 가장 큰 오차의 원인은 무엇이며, 어느 정도까지 오차가 발생할 수 있는지 알아보자.
2) 나사 각도 측정시 리드각의 조정은 어떻게 정확히 조절할 수 있는지 알아보자.
3) 최적 조리개 직경이 맞지 않았을 때 발생하는 오차에 대하여 생각해 보자.

5. 표면 거칠기 측정

5.1 실습 목표

최근의 가공 기술의 진보에 따라 가공면의 기능은 동특성, 내하중성, 기밀성 및 외관 품질에 대한 요구가 엄격해지고 있으며, 표면 거칠기는 가공면에 요구되는 기능 및 품질에 관계가 있다.

본 실습에서는 표면 거칠기의 정의 및 표시 방법을 이해하고, 각종 표면 거칠기 측정기의 원리 및 구조를 이해하며, 또한 표면 거칠기의 측정 방법 및 표시 방법 등을 습득하여 가공면이 설계 도면에 규정된 대로 만들어져 있는지의 확인·검사, 가공 기계의 성능 평가, 가공면에 요구되는 기능에 대하여 최적 상태인가를 판단하는 자료를 얻을 수 있도록 하는 데 있다.

5.2 사용 측정 기기

1) 표면 거칠기 측정기(촉침식) : Ra, Rz, Rq, RSm, $Rmr(c)$, Pa 등
2) 데이터 처리 시스템
3) 피측정물
   - 표면이 기계가공된 수종류의 것
   - 가공 조건(절삭 속도, 이송 속도, 절입량)이 다른 것 등
4) 경사 조정대
5) 포플린, 알코올, 방청유, 점토 고무 등

5.3 표면 거칠기

공작물의 표면에 기하학적인 이상 평면을 기준으로 하여 전체의 형상 오차는 평면도, 진직도 등의 형상 오차이며, 그 일부를 기하학적으로 관찰했을 때의 작은 요철은 표면 거칠기 및 파상도에 속한다.

표면 거칠기 및 파상도를 살펴보면 표면 거칠기는 작은 간격으로 나타나는 표면의 요철이며 "거칠다", "매끄럽다"하는 감각의 근본이 되는 것으로, 표면 거칠기란 대상물의 표면에서 랜덤하게 발췌한 각 부분에 있어서 Ra, Rz 및 Rq 등의 평균값으로 정의한다. 또한, 파상도는 거칠기에 비하여 보다 큰 간격으로 거듭 나타나는 기복이며, 요철이다.

성능에 표면 거칠기가 관련되는 분야에는 윤활, 마찰, 마모, 접촉 기구, 유체, 진동, 피막, 광학, 전자 등이 있으며 그 구체적인 예는 표 4-13과 같다. 그림 4-74는 가공과 표면 거칠기와의 관계를 비용면에서 나타내고 있다.

표 4-13 표면 거칠기와 성능(기능)

성능(기능)	적용 예	성능(기능)	적용 예
내마모성 원활한 움직임	공작 기계의 안내면	치수 측정의 신뢰성	한계 게이지류 측정기의 측정면
끼워맞춤 관계	축과 베어링	원활한 공기의 흐름	공기 마이크로미터 노즐
부하(負荷) 성능 원활한 전달	기어의 플랭크	밀착력 향상 치수의 고정도화	게이지 블록의 측정면
치핑 방지 절삭 성능 향상	바이트 날 끝	구조 강도 개선	축의 칼라
고정도 회전 저(低)마찰 계수	베어링	광학 에너지기의 손실 방지	레이저 등의 반사경
기준 평면의 확보	Optical flat	집적도 향상 신뢰성 향상	반도체 재료 표면

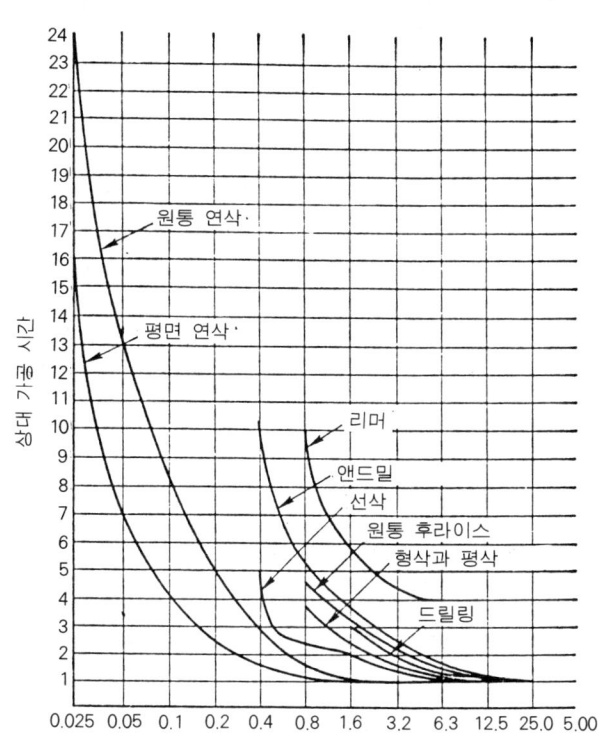

그림 4-74 가공법에 따른 시간과 거칠기와의 상대 비용

5.4 표면 거칠기의 정의 및 표시

표면 거칠기 표시법에는 KS B ISO 4287에 따라 산술 평균 편차, 최대 높이, 요소의 평균 너비, 제곱 평균 편차 등이 있으며 국제적으로는 Ra의 사용 빈도가 가장 높다.

(1) 산술 평균 편차(arithmetical mean deviation of the assessed profile— Pa, Ra, Wa)

그림 4-75와 같이 거칠기 곡선에서 중심선 방향의 기준 길이 ℓ을 발췌해서 그 부분의 중심선을 X축, 종배율의 방향을 Y축으로 하여 $y = Z(x)$로 표시했을 때, 다음 식에서 구한 값을 마이크로미터(μm)로 나타낸 것을 산술 평균 편차라 한다.

$$Pa, \ Ra, \ Wa = \frac{1}{\ell} \int_0^\ell |Z(x)| dx \tag{4.52}$$

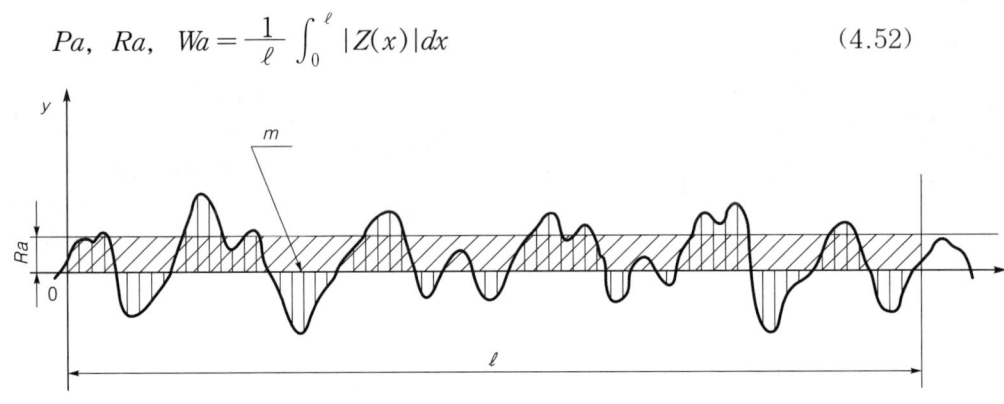

그림 4-75 산술 평균 거칠기의 표시 방법

Ra는 국제적으로 가장 많이 사용되는 표면 거칠기 표시 방법으로, 결국은 중심선으로부터 위쪽 산부분의 면적의 합을 S_1, 중심선으로부터 아래쪽 면적의 합을 S_2로 할 때, 이들의 면적 S_1과 S_2의 총합, 즉 $S_1 + S_2 = S$를 구하여, 이 S를 기준 길이 ℓ로 나눈 값이 Ra가 된다.

$$\frac{S_1 + S_2}{\ell} = \frac{S}{\ell} = Ra$$

Ra는 산술 평균 편차를 나타내므로, 어떤 한 개의 특이한 산이나 골이 있어도 평균화되어 측정값에 미치는 영향은 크지 않으며, 보통 그림 4-76과 같이 몇 개의 연속된 기준 길이(sampling length)에서 구하여 이들의 평균을 Ra값으로 한다.

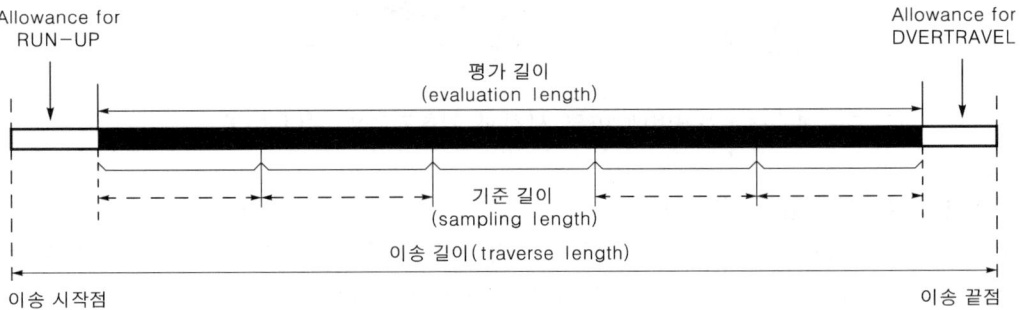

그림 4-76 기준 길이, 평가 길이, 이송 길이와의 관계

Ra를 구할 때 쓰는 컷오프(cut off)값은 원칙적으로 ……mm, 0.08 mm, 0.25 mm, 0.8 mm, 2.5 mm, 8 mm, ……의 수열을 이용하며, 평가 규칙 및 절차는 KS B ISO 4288을 적용한다. 측정값의 표시 방법은 산술 평균 편차 _____ μm, 컷오프값 _____ mm 또는 μm Ra λc _____ mm로 한다. 또한, 가공 방법에 따른 컷오프값의 선택은 표 4-15(a)에 따른다.

표 4-14 가공법과 컷오프값

가공법	0.25	0.8	2.5	8.0	25.0
밀링 가공		O	O	O	
보링		O	O	O	
선삭		O	O		
연삭	O	O	O		
평삭			O	O	O
리밍		O	O		
브로우칭		O	O		
다이아몬드 보링	O	O			
다이아몬드 선삭	O	O			
호닝	O	O			
래핑	O	O			
슈퍼 피니싱	O	O			
버핑	O	O			
폴리싱	O	O			
성형		O	O	O	
방전 가공	O	O			
버니싱		O	O		
인발		O	O		
압출		O	O		
몰드		O	O		
전해 연마		O	O		

(2) 최대 높이(maximum height of profile — Pz, Rz, Wz)

최대 높이는 거칠기 곡선에서 기준 길이만큼 채취한 부분의 평균선에 평행한 두 직선으로 채취한 부분을 끼웠을 때, 이 두 직선의 간격을 거칠기 곡선의 세로 배율 방향으로 측정하여 이 값을 마이크로미터(μm)로 표시한 것을 말한다(그림 4-77).

최대 높이를 구할 때는 표 4-15(b)와 같이 기준 길이를 0.08, 0.25, 0.8, 2.5, 8, 25(mm) 의 6종류로 한다.

동일한 표면에 대하여 거칠기를 측정할 때, 그 값을 Rz 또는 Ra로 나타낼 때는 그림 4-78과 같이 산의 형상이 같은 높이의 삼각형상일 때는 $Rz = 4 \times Ra$의 관계이지만, 대부분의 가공면은 대략으로만 성립하고, 보통은 Rz가 Ra의 4~7배가 되며, 심한 경우 연삭이나 래핑 가공된 표면은 Rz가 Ra의 7~14배까지 되는 경우도 있다.

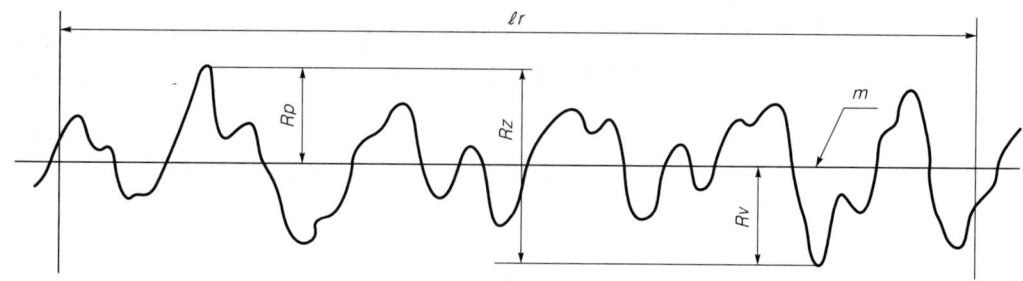

비고 : Rz를 구하는 경우에는 홈이라고 간주되는 보통 이상의 높은 산 및 낮은 골이 없는 부분에서 기준 길이만큼 뽑아낸다.

그림 4-77 Rz를 구하는 방법

표 4-15 Ra 및 Rz 측정시의 기준 길이, 평가 길이

(a) Ra를 구할 때의 컷오프값 및 평가 길이의 표준값

Ra의 범위(μm)		기준 길이	평가 길이
초 과	이 하	ℓr(mm)	ℓn(mm)
(0.006)	0.02	0.08	0.4
0.02	0.1	0.25	1.25
0.1	2.0	0.8	4
2.0	10.0	2.5	12.5
10.0	80.0	8	40

(b) Rz를 구할 때의 기준 길이 및 평가 길이의 표준값

Rz의 범위(μm)		기준 길이	평가 길이
초 과	이 하	ℓr(mm)	ℓn(mm)
(0.025)	0.10	0.08	0.4
0.10	0.50	0.25	1.25
0.50	10.0	0.8	4
10.0	50.0	2.5	12.5
50.0	200.0	8	40

*( ) 안은 참고값이다.

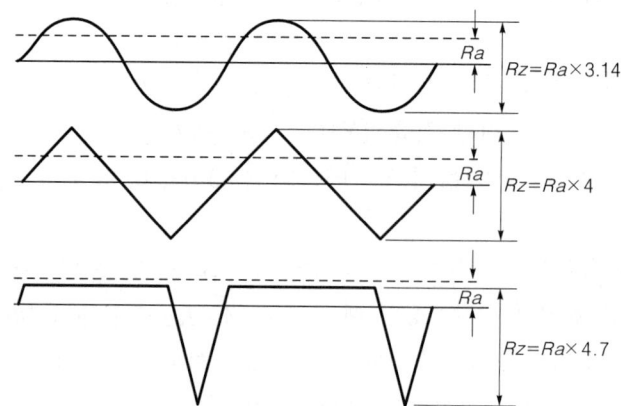

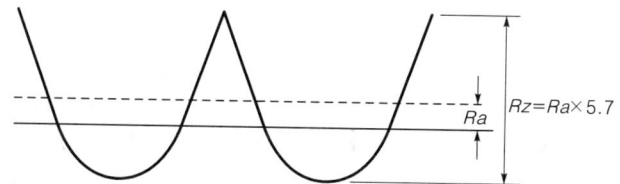

그림 4-78 같은 Ra값을 가지지만 Rz가 다른 단면 곡선

표 4-16 거칠기 값과 거칠기 수, 삼각 기호

중심선 평균 거칠기 Ra	최대 높이 Rz	십점 평균 거칠기 구 Rz	거칠기 번호 N	삼각 기호
0.0013a	0.05S	0.05Z		
0.025a	0.1S	0.1Z	N 1	
0.05a	0.2S	0.2Z	N 2	▽▽▽▽
0.10a	0.4S	0.4Z	N 3	
0.20a	0.8S	0.8Z	N 4	
0.40a	1.6S	1.6Z	N 5	
0.80a	3.2S	3.2Z	N 6	▽▽▽
1.6a	6.3S	6.3Z	N 7	
3.2a	12.5S	12.5Z	N 8	
6.3a	25S	25Z	N 9	▽▽
12.5a	50S	50Z	N 10	
25a	100S	100Z	N 11	▽
50a	200S	200Z	N 12	
100a	400S	400Z		

* 기존의 십점 평균 거칠기(Rz)는 ISO 규격 개정시 삭제되었으며 현행 Rz는 최대 높이를 나타낸다.

(3) 단면 곡선의 전체 높이(total height of profile – Pt, Rt, Wt)

평가 길이 내에서 최대 단면 곡선 산 높이 Zp와 최대 단면 곡선 골 깊이 Zv의 합을 말한다.

$$Pt, Rt, Wt = \max(Zpi) + \max(Zvi)$$

- Pt, Rt, Wt는 기준 길이가 아니라 평가 길이에 대해 정의되기 때문에, 단면 곡선에 있어서 다음 관계가 성립한다.

$$Pt \geq Pz\,;\ Pt \geq Rz\,;\ Wt \geq Wz$$

- Pz가 Pt와 같은 경우에는 Pt를 사용할 것을 권장한다.

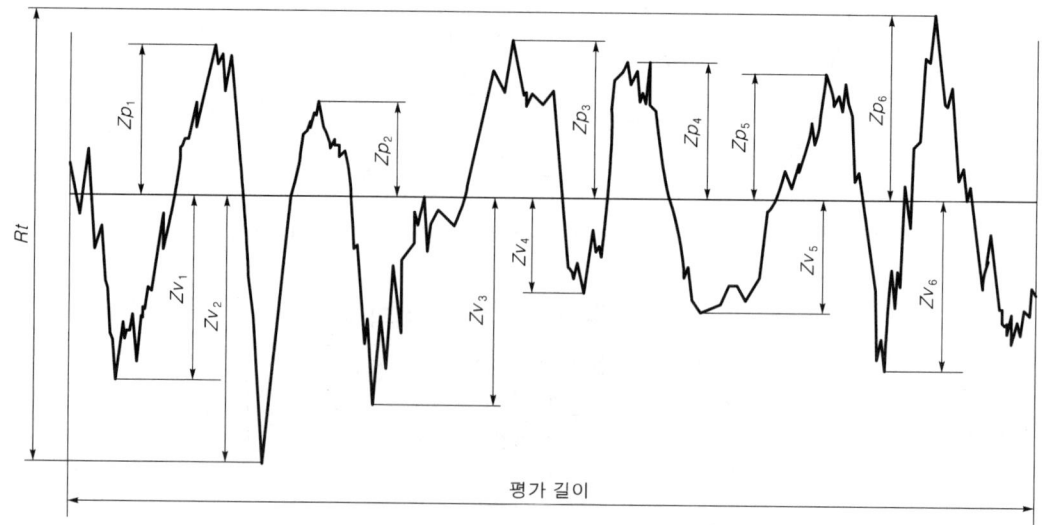

그림 4-79 단면 곡선의 전체 높이 구하는 방법

(4) 십점 평균 거칠기(구 Rz)

ISO에서는 삭제된 규격으로 과거의 기술 자료에 따라 이 규격을 사용할 때에는 별도의 표기 등으로 구분하여 기술하는 것이 바람직하다.

구 Rz는 거칠기 곡선에서 그 평균선의 방향에 기준 길이만큼 뽑아내어 이 표본 부분의 평균선에서 세로 배율의 방향으로 측정한 가장 높은 산봉우리부터 5번째 산봉우리까지의 표고(Yp)의 절대값의 평균값과 가장 낮은 골바닥에서 5번째까지의 골바닥의 표고(Yv)의 절대값으로 평균값과의 합을 구하여, 이 값을 마이크로미터(μm)로 나타낸 것을 말한다.

$$구\ Rz = \frac{|Yp_1 + Yp_2 + Yp_3 + Yp_4 + Yp_5| + |Yv_1 + Yv_2 + Yv_3 + Yv_4 + Yv_5|}{5}$$

여기서, Yp_1, Yp_2, Yp_3, Yp_4, Yp_5 : 기준 길이 ℓ 에 대응하는 샘플링 부분의 가장 높은 산봉우리에서 5번째까지의 표고

Yv_1, Yv_2, Yv_3, Yv_4, Yv_5 : 기준 길이 ℓ 에 대응하는 샘플링 부분의 가장 낮은 골 바닥에서 5번째까지의 표고

Rz 역시 이상한 긁힘이나 요철의 효과를 줄이는 방법으로 단 1개의 기준 길이 내에서 평균화하므로 짧은 표면일 때 유용하며 Rz나 Rt보다는 돌출부분의 영향을 적게 받는다.

십점 평균 거칠기를 구할 경우의 기준 길이는 원칙적으로 0.08, 0.25, 0.8, 2.5, 8, 25(mm)의 6종류로 하며 기준 길이의 표준값은 특별히 지정할 필요가 없는 한 표 4-17에 따르며 표시 방법은 십점 평균 거칠기 ___ μm 기준 길이 ___mm 또는 ___ μm $Ra\ L$ ___mm로 나타내며, 표면 거칠기를 지정할 때에는 특별히 필요가 없는 한 표 4-18의 표준

수열을 사용하고 표면 거칠기를 지시할 때에는 수열에서 선정한 수치 뒤에 Z를 붙여서 표시하였다.

표 4-17 구 Rz를 구할 때의 기준 길이 및 평가 길이의 표준값

Rz의 범위(μm)		컷오프값	평가 길이
초 과	이 하	ℓ(mm)	ℓn(mm)
(0.025)	0.10	0.08	0.4
0.10	0.50	0.25	1.25
0.50	10.0	0.8	4
10.0	50.0	2.5	12.5
50.0	200.0	8	40

*( ) 안은 참고값이다.

표 4-18 구 Rz의 표준 수열

	0.125	1.25	**12.5**	125	1250
	0.160	**1.60**	16.0	160	**1600**
	0.20	2.0	20	**200**	
0.025	0.25	2.5	**25**	250	
0.032	0.32	**3.2**	32	320	
0.040	**0.40**	4.0	40	**400**	
0.050	0.50	5.0	**50**	500	
0.063	0.63	**6.3**	63	630	
0.080	**0.80**	8.0	80	**800**	
0.100	1.00	10.0	**100**	1000	

비고 : 굵은 글씨로 나타낸 공비 2의 수열을 사용하는 것이 바람직하다.

(5) 제곱 평균 편차(root mean square deviation of the assessed profile- Pq, Rq, Wq)

평균값 계산의 또 하나로, 통계 및 학계에 널리 알려진 거칠기 표시 방법으로 중심선에서 거칠기 곡선 $f(x)$까지의 편차에 제곱을 기준 길이 ℓ의 구간으로 적분하고, 그 구간에서 평균한 값의 평방근을 말한다. 즉, 자승 평균 평방근 높이에 해당된다.

$$Pq, Rq, Wq = \sqrt{\frac{1}{\ell} \int_0^\ell Z^2(x)\,dx}$$

예를 들어, 산술 평균 편차와 Rq의 값을 비교해 보면, Rq는 좀 더 큰 값에 비중을 두는 것으로 같은 평균값인

    3, 4, 5   2, 4, 6   1, 4, 7

의 경우, 산술 평균 편차는 모두 4로 같으나 Rq 값은 $\sqrt{16.6}$, $\sqrt{18.6}$, $\sqrt{22.0}$으로 큰 값의 비중은 커지고 작은 값의 데이터는 비중이 작아짐을 알 수 있다. Rq의 이점은 전기적 필터에서 위상에 의한 영향이 산술 평균 편차에는 영향을 주지만 Rq에는 영향이 거의 무시되거나 없앨 수 있기 때문이다. 또한, 통계적으로 보아도 Rq가 산술 평균 편차보다는 훨씬 의미 있는 값이다.

(6) 요소의 평균 너비(PSm, RSm, WSm)

거칠기 곡선에서 그 평균선의 방향에 기준 길이(ℓ)만큼 뽑아내어 이 부분에서 하나의 산 및 그것에 이웃한 하나의 골에 대응한 평균선의 길이의 합(이하 요철의 간격이라 한다)을 구하여 이 다수의 요철 간격을 산술 평균한 값을 말한다.

$$PSm,\ RSm,\ WSm = \frac{1}{m}\sum_{i=1}^{m} Xs_i$$

여기서, Xs_i : 요철의 간격, m : 기준 길이 내에서의 요철 간격의 개수

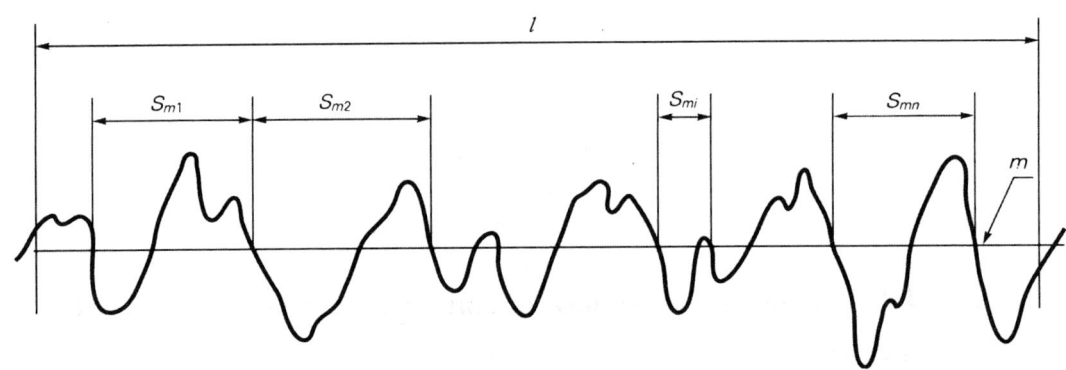

그림 4-80 요소의 평균 너비

그림 4-81 주기적 및 비주기적 단면의 RSm 측정을 위한 거칠기 기준 길이

RSm (mm)	거칠기 기준 길이(ℓr) (mm)	거칠기 평가 길이(ℓn) (mm)
$0.013 < RSm \leq 0.04$	0.08	0.4
$0.04 < RSm \leq 0.13$	0.25	1.25
$0.13 < RSm \leq 0.4$	0.8	4
$0.4 < RSm \leq 1.3$	2.5	12.5
$1.3 < RSm \leq 4$	8	40

(7) 제곱 평균 기울기 ($P\Delta q$, $R\Delta q$, $W\Delta q$)

기준 길이 내에서 세로축 기울기 dZ/dX 제곱평균값으로, 단면 곡선의 제곱 평균 기울기는 요소의 평균 너비(RSm)와 혼동하지 않아야 한다. 단면 곡선상 산의 정점은 표면 사양상 두드러진 것이지만 윤곽선의 형성에는 한 부분밖에 되지 않는다. 평균 파장은 경사면의 모든 점의 간격도 정점 간격과 다름없이 포함하는 복합적인 파라미터이다.

평균 기울기는 평면의 상태를 평가하는 데 유용한 파라미터이며, 다음의 3가지 경우에 유용하다.

① 접촉 : 평균 거칠기는 경도(hardness)나 탄성과 관계 있으므로 접촉시 표면의 내성(crushavility)의 지표가 된다.
② 광학 : $R\Delta q$가 작으면 표면은 좋은 반사체라 할 수 있다.
③ 마찰 : 마찰성과 접착성 역시 평균 기울기에 따라 달라진다.

(8) 단면 곡선의 실체비 [material ratio of the profile - $Pmr(c)$, $Rmr(c)$, $Wmr(c)$]

공업상 표면에서 가장 공통적으로 사용되는 것은 면과 면이 상대 운동할 때의 지탱면을 제시하는 것으로, 이것은 마모로 나타내기 때문에 마모율, 접촉률이라 하며 마모의 결과를 모형화하는 데 쓰여 왔다. 그림 4-82와 같이 평가 길이 내에 있는 단면 곡선의 중심선에 평행하게 절단 위치를 잡고 그 선이 거칠기 표면과 접촉하는 부분의 길이를 평가 길이에 대한 비율로 나타낸 것을 단면 곡선의 실체비(부하 길이율)라 한다.

$$Pmr(c), \ Rmr(c), \ Wmr(c) = \frac{M\ell(c)}{\ln}$$

베어링률이 비록 마모를 모형화하고는 있지만 표면의 면적이 아니라 길이의 단면이고, 파상도나 형상에 의한 차이는 무시하며, 실제로 하중이 주어지면 탄성 변형을 일으킨다. 또한, 각각의 표면 양상이 마모의 역할을 하므로 실제로는 두 접촉면이 포함되어야 하며, 기하학적인 개념에서 정점들을 통과하는 선에 의해 깨끗하게 깎인다는 것도 비현실적이기 때문에 실제의 운전 시험을 대신할 수는 없다.

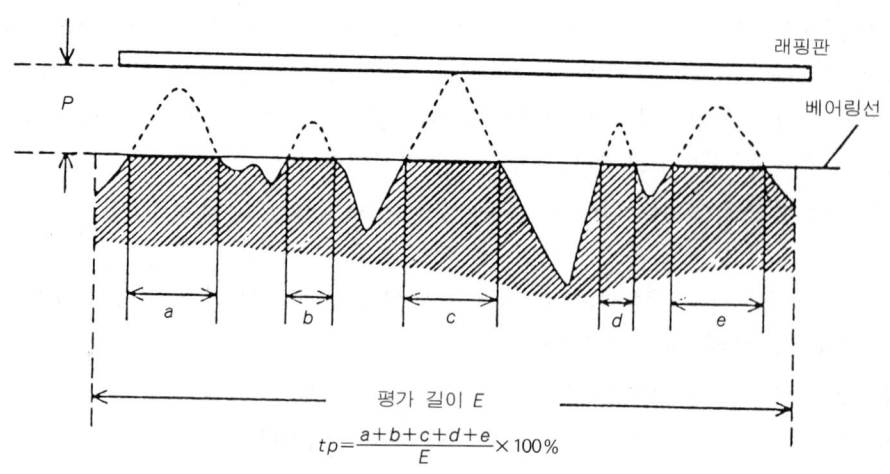

그림 4-82 단면 곡선의 실체비

(9) 단면 곡선의 실체비 곡선 [material ratio curve of the profile(Abott Firestone curve)]

실체비 곡선은 단독으로 쓰이지는 않고 그림 4-83과 같이 전 $Rmr(c)$에 대해서 그림을 그려 놓은 베어링률 곡선이 자주 쓰이며 마모의 성질 등을 예측할 수 있다.

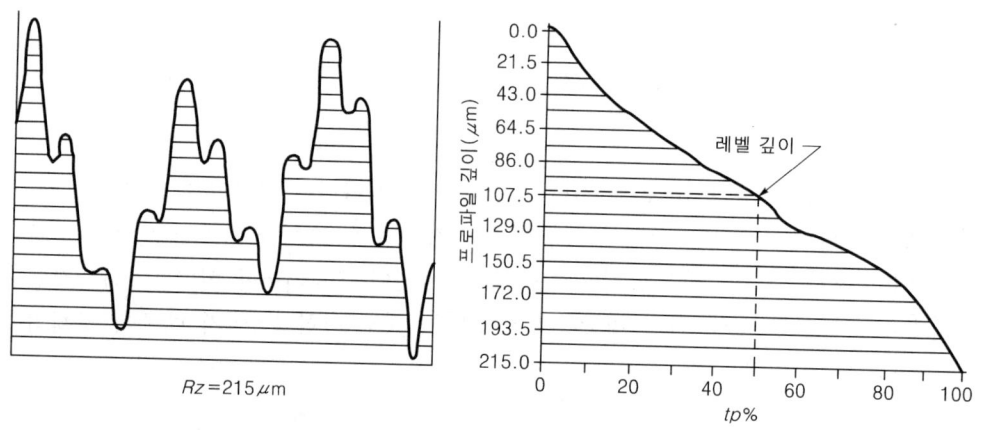

그림 4-83 단면 곡선의 실체비 곡선

그림 4-84의 (a)처럼 베어링률 곡선이 볼록하면 접촉 면적이 넓어서 마모가 잘 안 되는 형태이고, (c)처럼 오목하면 상대적으로 마모가 빠르다.

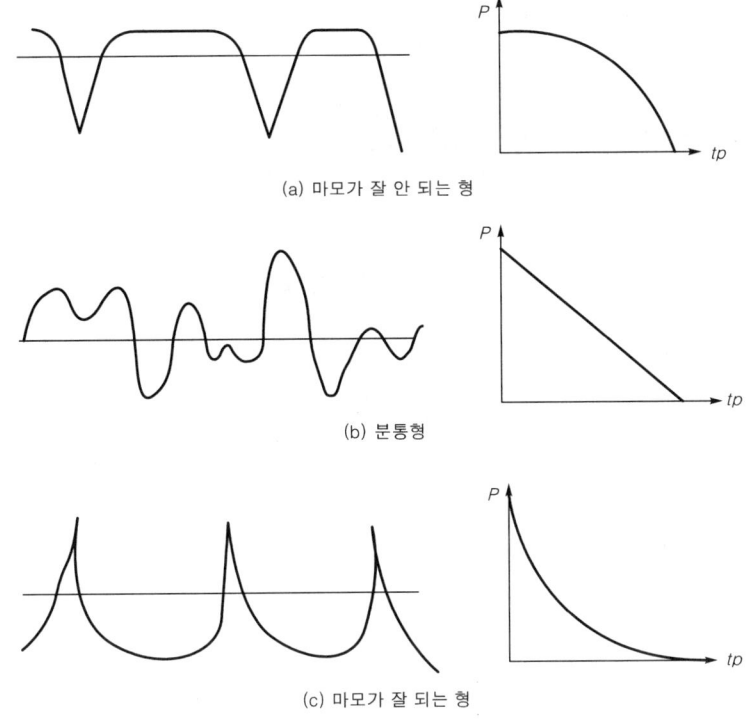

그림 4-84 베어링률

5.5 규격에 쓰이는 용어

1) 단면 곡선 : 피측정면에 수직인 평면으로 절단했을 때, 그 자른면에 나타나는 윤곽, 즉 요철의 곡선을 말한다.
2) 기준 길이(sampling length) : 단면 곡선의 특성을 구하기 위해 이용하는 단면 곡선의 X축 방향 길이
3) 평가 길이(evaluation length) : 단면 곡선의 X축 방향 길이(1개 이상의 기준 길이를 포함)
4) 파라미터에 관한 용어
① P-파라미터 : 단면 곡선에서 계산되는 파라미터(Pa, Pz, Pq, $Pmr(c)$ 등)
② R-파라미터 : 거칠기 곡선에서 계산되는 파라미터(Ra, Rz, Rq, $Rmr(c)$ 등)
③ W-파라미터 : 파상도 곡선에서 계산되는 파라미터(Wa, Wz, Wq, $Wmr(c)$ 등)
5) 단면 곡선 필터 : 단면 곡선을 장파와 단파 성분으로 분리하는 필터
① λs 단면 곡선 필터 : 거칠기 성분과 그보다 짧은 파장 성분과의 경계를 정의하는 필터
② λc 단면 곡선 필터 : 거칠기 성분과 파상도 성분과의 경계를 정의하는 필터
③ λf 단면 곡선 필터 : 파상도 성분과 그 보다 긴 파장 성분과의 경계를 정의하는 필터

6) 기계적 필터(mechanical filtration)

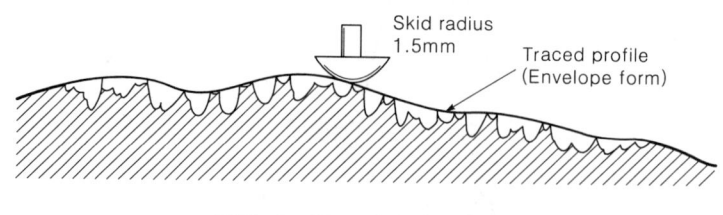

그림 4-85 기계적인 필터

7) 전기적 필터(electrical filtration)

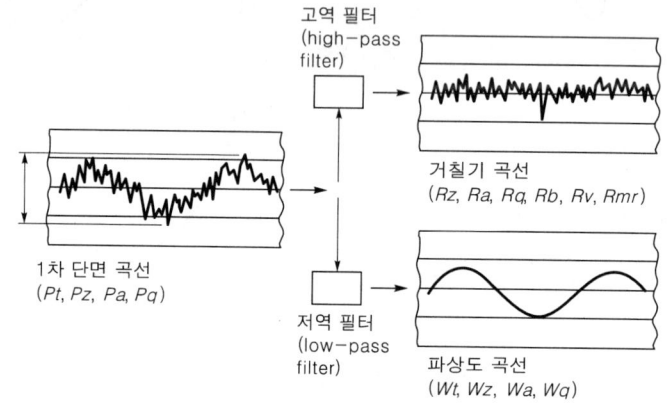

그림 4-86 고역 필터(high-pass filter)와 저역 필터(low-pass filter)의 영향

이 값을 정한 목적은 Ra, Rz, Rq 등을 구할 때 기준 길이의 경우와 마찬가지로 파상도의 성분은 제거할 수 있기 때문에, 컷오프값을 선택하는 기준은 Rz, Ra 경우 기준 길이와 마찬가지로 생각할 수 있다.

그림 4-87은 컷오프의 특성을 나타내며, 그림 4-89는 동일한 단면 곡선을 컷오프값을 변화시키면서 기록한 것이다.

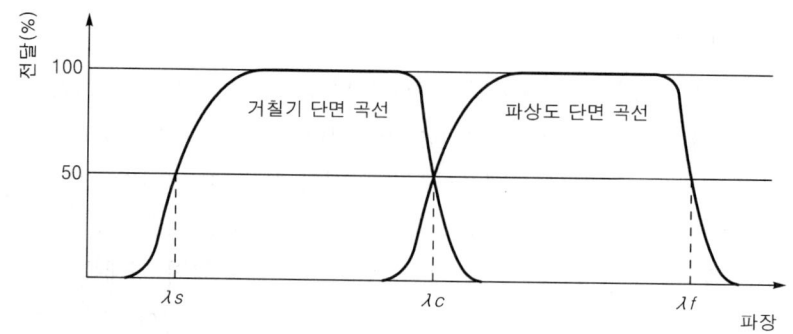

그림 4-87 거칠기 및 파상도 단면 곡선을 구하기 위한 필터의 전달 특성

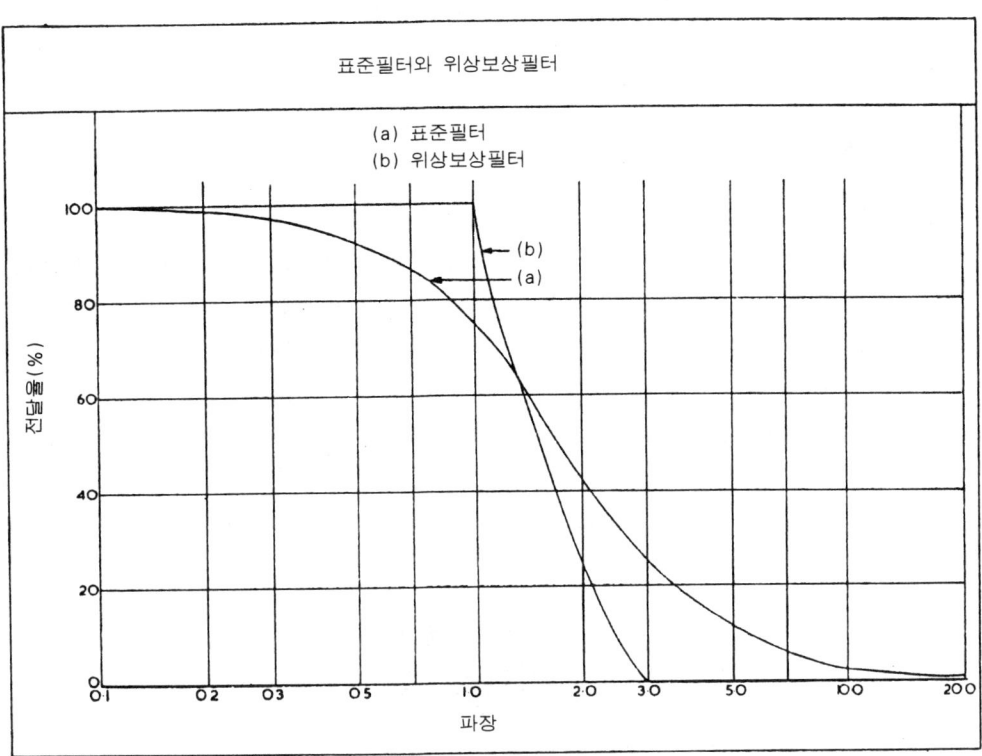

그림 4-88 표준 필터와 위상 보정 필터의 특성 비교

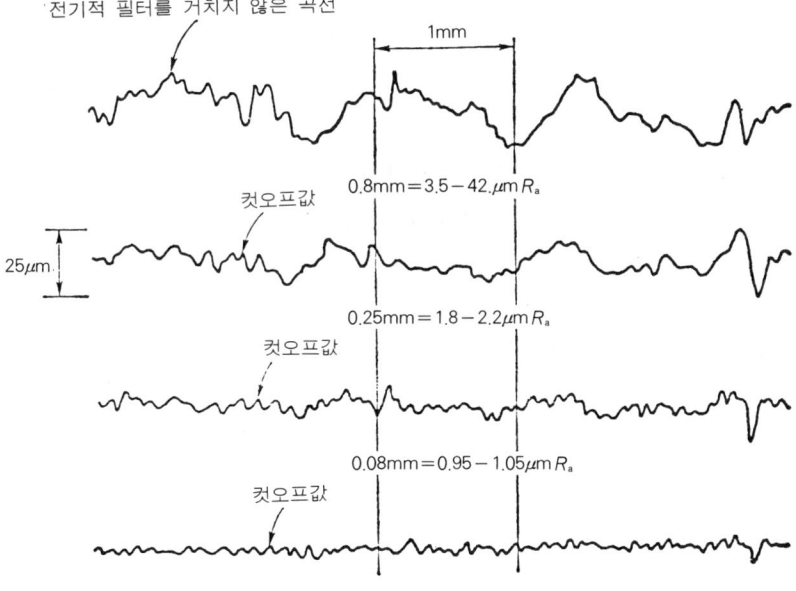

그림 4-89 컷오프값과 기록 도형

8) 거칠기 곡선의 중심선 : 거칠기 곡선의 평균선에 평행한 직선을 그었을 때, 이 직선과 거칠기 곡선으로 둘러싸인 면적이 이 직선에 대해 상·하의 양측이 같게 되는 직선을 말한다.

5.6 표면 거칠기 측정법

(1) 감능적 비교법

촉각 또는 시각으로 거칠기 견본 또는 비교용 표준편과 비교하는 방법이다. 촉각은 비교적 작은 거칠기에, 시각은 비교적 큰 값의 거칠기 판정에 이용되며, 시각적인 방법의 경우에 주의할 것은 면적 효과 또는 형상 효과이다. 따라서 비교되는 것과 표준편과의 면적이 크게 다르거나 또는 형상이 다르면 비교가 곤란하다. 가공법이 달라도 곤란하다.

촉각에 의한 경우는 그림 4-90과 같이 새끼손가락을 제외한 나머지 손가락을 오므리고 손바닥을 위로 향하여 손에 힘을 뺀 상태에서 손톱으로 가볍게 표면을 문질러 보아 비교 표준편과 피측정물과의 감각이 같을 때 피측정면의 거칠기는 비교 표준편의 호칭 표면 거칠기로 한다.

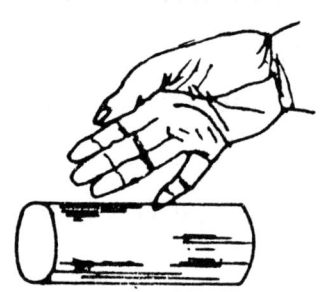

그림 4-90 손톱에 의한 표면 거칠기 측정

(2) 경사 절단법

그림 4-91과 같은 각도로 실제 표면을 절단하면 100배까지 확대해서 관측이 가능하다.

이 방법은 표면 거칠기만을 측정하는 것이 아니라, 가공 변질층의 깊이를 구하는 경우에도 유효하다.

(3) 촉침식 표면 거칠기 측정법

표면 거칠기 측정기를 대표하는 것으로, 기계 가공 공장에서 사용되고 있는 표면 거칠기 측정기라고 하면 촉침식을 일컫는 정도이며, 가공면을 촉침을 연속적으로 이동하여 요철을 검출하며, 그때의 촉침의 운동을 확대하여 지시 또는 기록하는 방법이다.

표 4-19 표면 거칠기의 측정 방법

방 법	측정기	도시(圖示)
감능적(촉각 또는 시각)에 의한 비교법	거칠기 견본	 선삭용 : 원통
	비교용 표준편	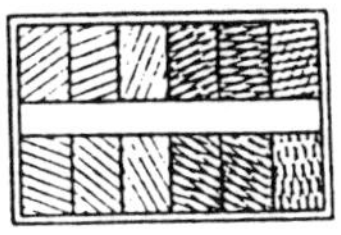
경사 절단법	절단 용구 현미경	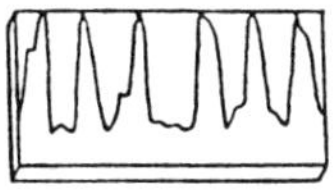
촉침법	지시계 또는 기록계를 가진 촉침식 측정기	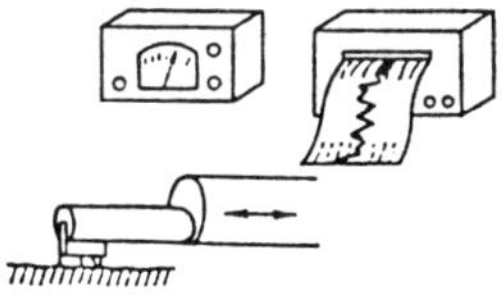
광 절단법	광 절단 현미경	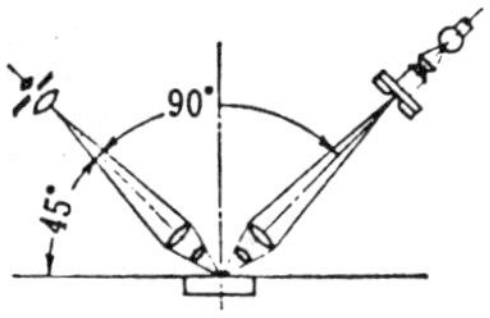
광학적 반사법	반사식 거칠기 측정기	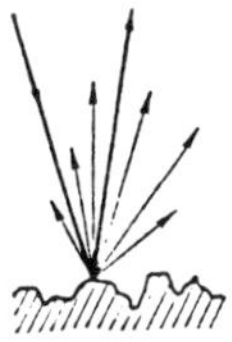
광파 간섭법	현미 간섭계	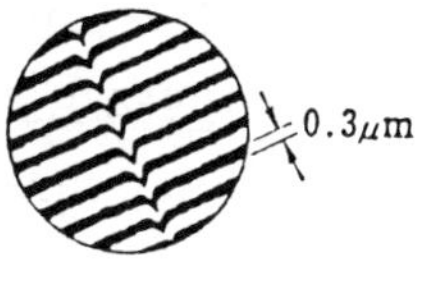 0.3μm

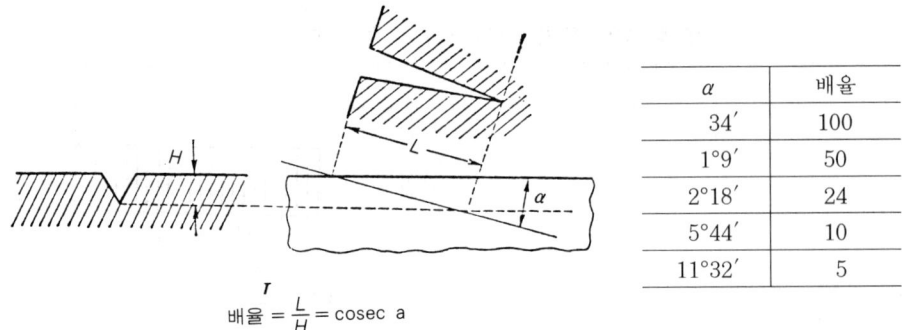

α	배율
34′	100
1°9′	50
2°18′	24
5°44′	10
11°32′	5

그림 4-91 경사 절단법

① 측정기의 구성

일반적으로 측침, 검출기, 확대 장치 외에 스키드(skid), 여파기, 이송 장치, 지시 장치 등으로 구성되어 있다(그림 4-92).

② 측침

재료는 다이아몬드, 형상은 구상(球狀)의 선단(先端)을 가진 원추형 또는 사각추형이다. 선단 곡률 반경은 2·5 및 10 μm의 3종류로, 허용값은 각각 표준값의 ±25%이다. 선단 곡률 반경이 작은 만큼 측정력도 표 4-20과 같이 적은 값으로 규정되어 있다.

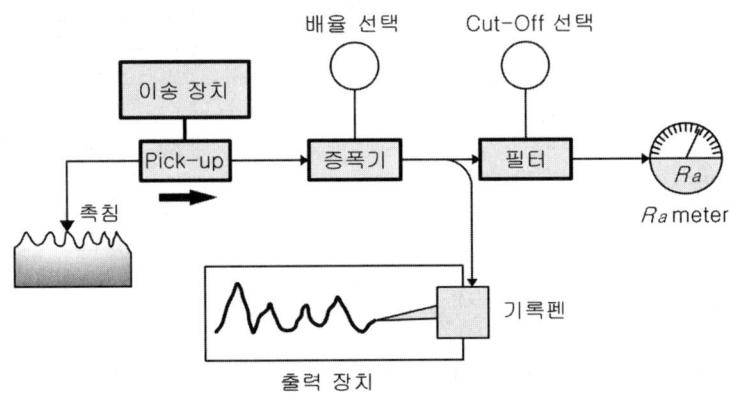

그림 4-92 표면 거칠기 측정기의 구성

측침 선단 반경은 2 μm의 것이 많이 사용되고 있지만, 사용 중에 마모된 상태를 확인하는 것은 쉽지 않다. 일반적으로 현미경에 의한 확인보다는 그림 4-93과 같이 비교용 표준편을 측정해서 소정의 값이나 정확한 도형을 얻을 수 있는 실증적인 방법이 바람직하다.

표 4-20

선단 곡률 반경 [μm]	측정력 [gf] {mN}
2	0.07 { 0.7}
5	0.4 { 4.0}
10	1.6 {16.0}

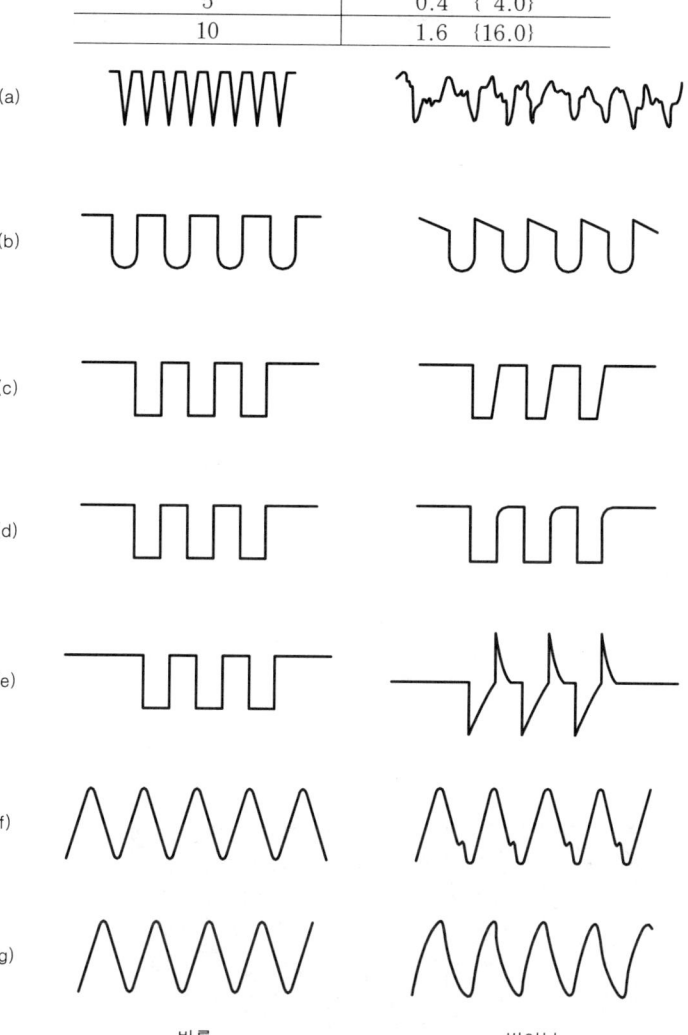

바름 　　　　　　　벗어남

그림 4-93 기록 도형의 상태

 그림 4-94에서 보면, 피측정면의 골짜기까지는 측침의 선단이 닿지 않기 때문에 b만큼의 오차가 발생한다.

(4) 광 절단법
 그림 4-95와 같이 피측정면과 평행한 좁은 틈새에서 나온 빛을 투사하여 표면을 절단한다.

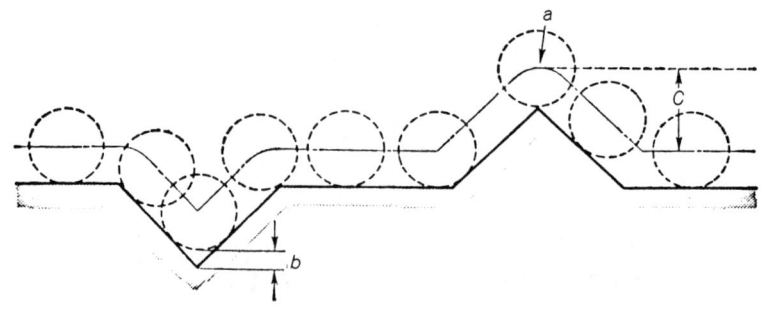

(산 높이에 따른 영향은 없고, 골깊이에는 영향을 미친다)

그림 4-94 촉침의 선단 반경에 의한 측정 오차

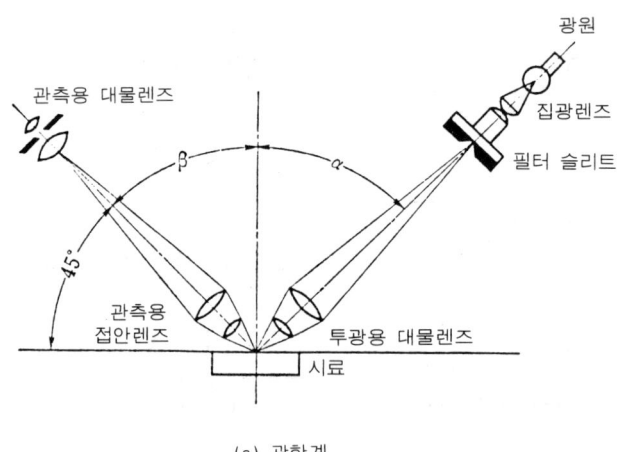

(a) 광학계

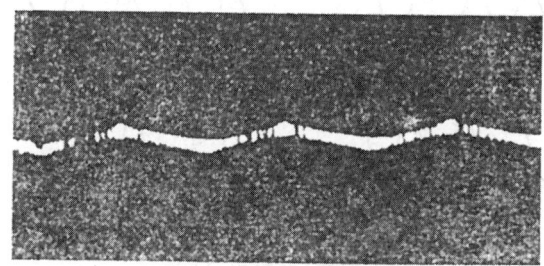

(b) 기록도형 예

그림 4-95 광 절단법

 이와 같이, 선상(線)에 비추어진 표면의 요철 현상을 측정 현미경에서 확대하여 관측하거나 현미경 사진으로 거칠기를 기록한다.
 이 방법은 비접촉이기 때문에 연질 재료의 거칠기를 측정할 수 있지만, 가로와 세로의 배율이 거의 일정하기 때문에 고배율로 하면 시야가 좁게 되는 결점이 있다.

그림에서 $\alpha = \beta = 45°$일 때 정반사광을 진행 방향에서 관측하기 때문에 시야가 가장 밝게 된다. 또한, $\alpha = 45°$일 때 관측 도형은 실제 높이의 $\sqrt{2} = 1.41$배로 확대되어 있기 때문에 측정값을 구하기 위해서는 관측 도형값을 현미경 배율로 나눈 다음, 그것을 0.71배하여 표면 거칠기(Rz)로 한다.

$$Rz = 0.71 \times 최대\ 높이\ 읽음값 \quad \left(0.71 = \frac{1}{\sqrt{2}}\ 의\ 근사값\right)$$

(5) 광학적 반사법
피측정면에 어떤 각의 입사각으로 평행 광선을 투사했을 때 측정면에서 많은 빛을 정반사(正反射)한다. 입사광과 산란 반사광의 강도의 비를 측정해서 거칠기를 나타내는 것이다.

즉, 이 방식은 측정면에서의 산란광의 강도(强度)를 측정해서 표면 거칠기화하는 방식은 여러 가지가 있지만, 광원으로는 레이저를 이용하는 것도 있다.

(6) 광파 간섭법
빛의 간섭을 이용하여 가공면의 거칠기를 측정하는 방법으로, 래핑 가공, 초정밀 가공 등 대단히 좋은 다듬질면, 즉 $0.8\,\mu m$ 이하의 거칠기 측정에 적당하다.

그림 4-96은 간섭 기구의 기본 광로 원리를 나타낸 것으로서, 광원에서 들어온 빛 중 절반은 투과시키고 나머지는 반사시키는 것으로, 반사한 빛은 측정면의 요철에 반사하여 대물 렌즈 쪽으로 간다. 한편, 반투과경(half mirror)으로 투과한 나머지 빛은 표준 반사면에서 반사하여 렌즈 쪽으로 간다.

동일 광원에서 나온 빛이 투과경에서 두 방향으로 나누어져 다시 투과경으로 돌아와 대물 렌즈로 향한다. 이때, 표준 반사면에서 반사한 빛에 대하여 피측정면에서 반사한 빛은 그 표면의 요철에 의해 찌그러진 상태로 나타난다.

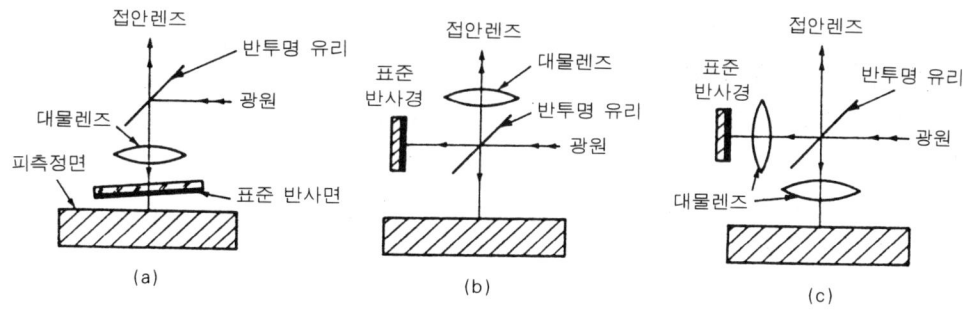

그림 4-96 광파 간섭법

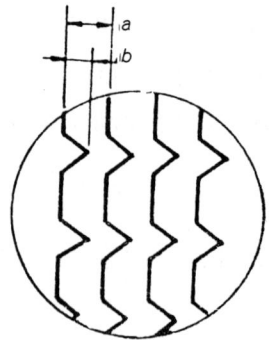

그림 4-97 광파 간섭식 표면 거칠기의 간섭 상

이 일그러진 상태 중 빛의 통과 길이에 대해서만 생각하면 표면은 요철의 높이에 의하여 산의 부분과 골의 부분으로 각각 반사한 빛의 광로 길이는 그 높이의 2배만큼의 차이를 만든다.
즉, 그림 4-97에서 파장을 λ라 하고, a는 간섭 무늬의 폭, b는 간섭 무늬의 휨량이라면

$$\frac{b}{a} \times \frac{\lambda}{2} = Rz$$

로 된다.

간섭식 측정기의 이점은 거칠기의 표면적 판단이 가능하며 분해능이 크고, 또한 부드러운 물체에서도 측정이 가능하며, 직접 측정기에서 측정할 수 없는 위치면(기어, 나사면, 구멍 등)을 측정할 수 있다는 것이다.

단점으로는 반사면이 좋은 표면에서만 사용할 수 있고, 진동에 대단히 민감하므로 연구실 등에서 사용하는 것이 좋다.

(4) 표면 거칠기의 도면 기입 방법

5.7 표면 거칠기의 표시 방법

표면의 상태를 기호로 표시하면, 표면 거칠기 기호는 ISO 및 KS에 의해 원칙적으로 표면 거칠기의 구분치, 기준 길이의 컷오프값, 가공 방법의 약호 및 가공 모양의 기호로 되어 있고, 그 배치는 그림 4-98에 따른다. 다만, 표준인 경우에는 생략할 수 있으며 또한 구분치 하한의 수치 및 그 기준 길이 또는 컷오프의 값은 필요한 경우에만 기입한다.

a : 필터의 통과대역 또는 기준 길이, 표면 거칠기 파라미터
b : 두 개 이상의 파라미터가 요구될 때 파라미터 지시
c : 가공 방법

d : 가공 무늬의 방향
e : 절삭 여유

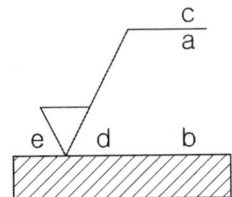

그림 4-98 표면 거칠기 요구 사항을 지시하는 위치

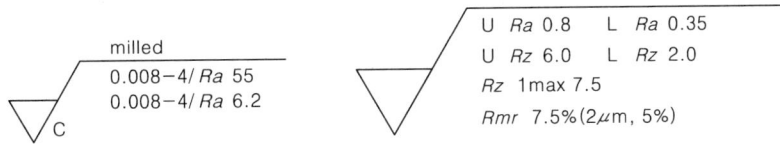

그림 4-99 표면 거칠기 요구 사항의 지시 예

5.8 측정시 주의사항

촉침식 측정기에 대해 설명한다.
① 고정밀 측정이므로 절대 진동이 없는 장소에서 측정해야 한다.
② 측정 도중 사고를 방지하기 위해 픽업을 고정해야 하며, 이때 너무 무리한 힘을 가하지 않는다.
③ 촉침(stylus) 교환시 불필요한 힘을 가하면 바른 측정을 할 수 없으므로 주의해야 한다.
④ 측정 방향은 반드시 가공 방향과 기능을 고려하여 결정한다.
⑤ 측정 거리 설정 손잡이를 조정하여 촉침이 피측정물의 끝을 지나서 파손되지 않도록 해야 한다.
⑥ 표준편은 규정의 것을 사용하여 지시계 및 기록계를 사전에 교정하여야 한다.
⑦ pick up이 피측정면에 대해서 평행으로 움직이도록 설치해야 한다.
⑧ pick up은 촉침 선단과 레버에 무리한 힘을 가하면 파손되고 측정 오차가 커지므로 취급에 주의하여야 한다.
⑨ 측정대의 핸들을 회전하여 pick up을 아래로 내릴 때, pick up을 너무 내려 촉침이 파손되지 않도록 한다.
⑩ 기록계에 과도한 압력이 들어가지 않게 하기 위하여 측정 중 이외에는 기록계의 전원 스위치를 off로 놓아야 한다.

표 4-21 표면 거칠기 파라미터 변천(KS)

규격	JIS B 0601:1988		KS B 0161-1999	KS B ISO 4287:2002		
평가 곡선	단면 곡선	거칠기 곡선	거칠기 곡선	단면 곡선	거칠기 곡선	파상도 곡선
최대 산 높이	—	—	—	Pp	Rp	Wp
최대 골 깊이	—	—	—	Pv	Rv	Wv
최대 높이	R_{max}	—	Ry	Pz	Rz[주1]	Wz
요소의 평균 높이	—	—	—	Pc	Rc	Wc
전체 높이	—	—	—	Pt	Rt	Wt
산술 평균 편차	—	Ra	Ra	Pa	Ra	Wa
제곱 평균 편차	—	—	—	Pq	Rq	Wq
비대칭도	—	—	—	Psk	Rsk	Wsk
첨도	—	—	—	Pku	Rku	Wku
요소의 평균 너비	—	—	Sm	PSm	RSm	WSm
제곱 평균 기울기	—	—	—	$P\Delta q$	$R\Delta q$	$W\Delta q$
실체비	—	—	—	$Pmr(c)$	$Rmr(c)$	$Wmr(c)$
구간 높이 차	—	—	—	$P\delta c$	$R\delta c$	$W\delta c$
상대 실체비	—	—	—	Rmr	Rmr	Wmr
십점 평균 거칠기	Rz	—	Rz	—	—	—
국부 산봉우리의 평균 간격	—	—	S	—	—	—

* 주1) 1988년, 1999년 KS에서의 기호 Rz는 「십점 평균 거칠기」를 지시하기 위해 사용되었지만 2002년 규격에서는 최대 높이를 지시하기 위해서 사용되었다.

5.9 측정 방법 및 순서

현재 가장 널리 사용되고 있는 촉침식 거칠기 측정에 대하여 설명한다.

(1) 표면 거칠기 측정기를 가능한 한 진동이 작은 장소에 설치한다.

(2) 코드의 접속
① 증폭 지시부의 전원의 전압이 바르게 되었는가 확인한다.
② 증폭 지시부와 구동부 및 기록계에 부속 코드를 접속한다. 전원 코드와 증폭부의 전원 소켓에 접속한다.
③ 기록계의 입력 스위치를 off, 기록지 이송 손잡이를 stop에 놓는다.
④ 증폭 지시부의 스위치를 on으로 바꾼다.

(3) 측정 준비
① 이송 장치에 암(arm)과 검출기를 그림 4-100과 같이 연결한다.

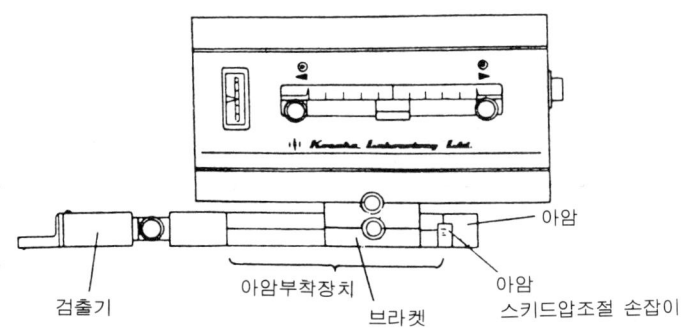

그림 4-100 브래킷과 암의 조립

② 이송 장치의 이송 손잡이를 이용하여 검출기의 좌·우 이송이 원활한지 점검한다.
③ 다음에 이송 장치가 칼럼을 따라서 상·하 움직임 상태를 점검한다.
④ 측정 테이블 위에 경사 조정대를 올려놓는다.

(4) 기기의 교정
① 표준편을 고무 점토를 이용해서 그림 4-101과 같이 경사 조정대 위에 고정한다.
② 표준편의 측정 위치와 측정 방향을 확인한다(그림 4-102).
③ 검출기와 표준편과의 평행 조정을 한다.
④ 측정 조건을 설정한다(배율 눈금 ×2000, 컷오프 λc 0.8mm, 이송 속도 0.5mm/sec, 평가 길이 4.0mm).
⑤ 측정 스위치를 눌러 측정값이 표시부에 나타날 때까지 기다린다.

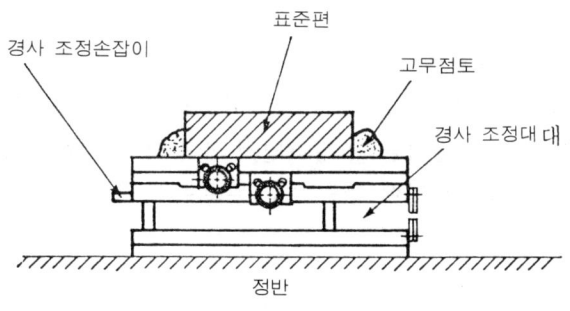

그림 4-101 피측정물의 설치

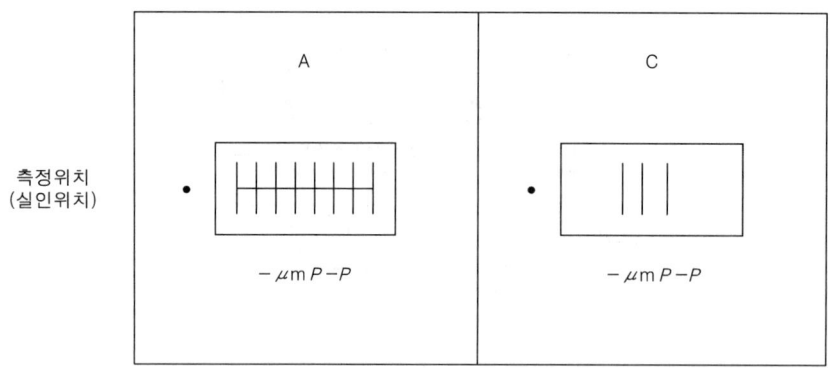

그림 4-102 교정용 표준면

⑥ 지시된 *Ra*값과 표준선의 표시값이 일치하지 않을 때는 표시값과 일치하도록 이득(gain)을 조정한다.
⑦ 기록계에 기록지를 삽입한다.

(5) 측정
① 피측정물을 깨끗이 닦아서 측정 테이블에 설치된 경사 조정대 위에 고무 점토로 고정한다.
② 종배율, 횡배율, 이송 속도, 컷오프값, 극성(極性), 기준 길이의 설정 및 확인을 한다.
  ㉠ 컷오프값의 설정시 특히 지정하지 않은 경우 0.8mm로 한다.
  ㉡ 이송 길이는 원칙적으로 컷오프값의 5배를 설정한다.
③ 측정용 파라미터, 즉 *Ra*, *Rz*, *Rq*, *Rt*, *Pa*, *Pz*, *Pq*, *Pt*를 설정한다.
④ 각 조건이 설정되었으면 평행 조정을 실시한다. 즉, 종배율을 저배율(500~5000배)로 하고, 수동 손잡이로 검출기를 좌·우로 이송시킬 때, 세팅용 미터의 지침이 안정할 때까지 경사 테이블의 경사를 조정하면서 소정의 종배율까지 확대하면서 조정을 반복한다. 그림 4-103(a)와 같이 검출기를 우측으로 이동시켰을 때, 그래프의 경사가 오른쪽으로 쳐졌을 때는 경사 조정 손잡이를 돌려서 테이블의 오른쪽이 내려가도록(그림 4-103(b)) 조정해서 평행이 되도록 한다.
⑤ 측정 스위치를 눌러 측정을 개시한다.
⑥ 측정 결과를 확인한다.
  ㉠ 거칠기 곡선의 기록은 그림 4-104와 같이 단면 곡선, 거칠기 곡선, 각 파라미터의 값을 기록한다.

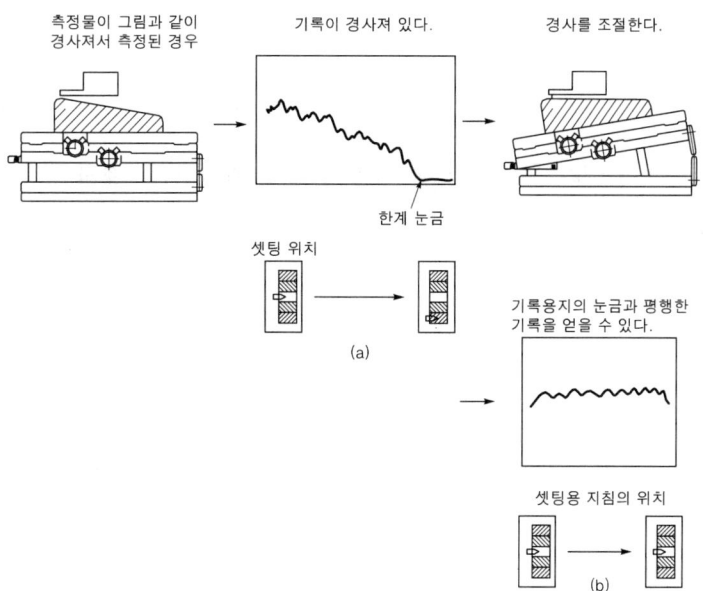

그림 4-103 평행 조정

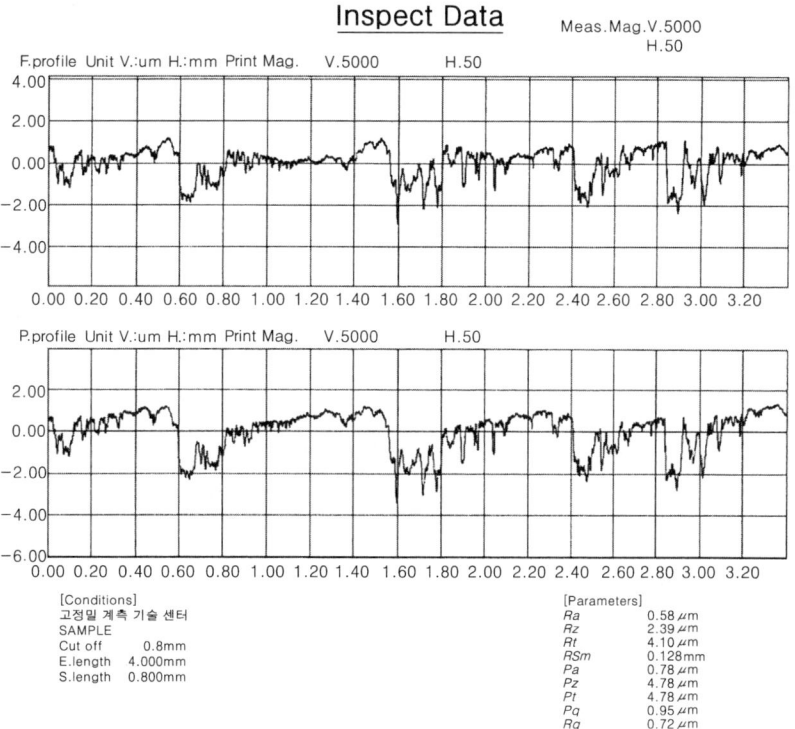

그림 4-104 표면 거칠기 측정 결과 예

5.10 측정값의 정리

측정한 값을 표 4-22와 같이 가공 조건

표 4-22 각 표시법에 따른 표면 거칠기 측정 결과

시료 번호: _____   기계: _____   재질: _____

가공 조건	표면 거칠기	측정 횟수				평균값 (μm)	절삭면의 이론 거칠기값(μm)	비고
		1	2	3	4			
	Ra							
	Rz							
	Rq							
	Rt							

기록지 첨부 장소

5.11 결과 및 고찰

① 각종 가공법에 의한 가공 표면 상태의 차이점을 단면 곡선에서 관찰해 보자.
② 측정 결과에서 절삭 속도, 이송, 절입 등의 가공 조건과 표면 거칠기의 관계에 대해서 생각해 보자.
③ 각 가공 조건에 따른 이론 절삭 표면 거칠기 $Rz_{(theo)}$와 측정값 Rz를 비교하고, 차이가 있다면 그 이유를 알아보자.
④ Rz가 Ra와의 관계, 즉 $Rz = 4Ra$의 관계가 어떤 조건하에서 성립하는지 확인해 보자.
⑤ 촉침의 반경 R에 기인하는 오차에 대해서 알아보자.
⑥ 단면 곡선과 거칠기 곡선의 구분에 따른 각종 파라미터에 대해서 알아보자.
⑦ 절삭 가공한 표면은 다음 이론식에 의해 거칠기값을 정의할 수 있다.

그림 4-105에서

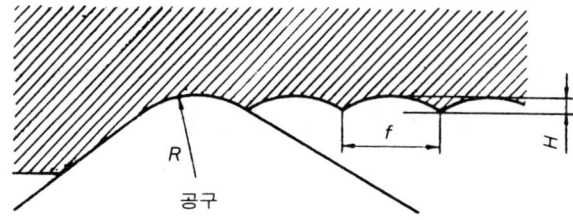

그림 4-105 절삭 공구 날끝 반경과 이송과의 관계

$$R^2 = (R-H)^2 + (f/2)^2$$

가 성립되고, 전개하면

$$4H^2 - 8RH + f^2 = 0$$

여기서, $H^2 \fallingdotseq 0$으로 하면

$$H(Rz) \fallingdotseq \frac{f^2}{8R}$$

으로 된다.

여기서, Rz : 최대 높이
f : 이송(mm/rev)
R : 공구 날끝 변경

⑧ 표면 거칠기 측정시 전체 단면 곡선(total profile)과 1차 단면 곡선(primary profile), 거칠기 곡선의 차이점을 알아보자.

6. 3차원 측정기에 의한 부품 측정

6.1 실습 목표
3차원 측정기의 원리, 구조 및 기능을 이해하고 정확한 사용방법과 측정법을 습득하여 2차원 및 3차원적인 부품의 단순 측정과 응용 측정 능력을 배양시키는 데 있다.

6.2 사용 측정기
1) 3차원 좌표 측정기
2) 데이터 처리 장치
3) 프린터
4) 클램핑 세트
5) 육각 렌치 세트
6) 피측정물
7) 기준구(master ball)
8) 알코올, 면포 등

6.3 3차원 측정기의 사용 효과
3차원 측정기란 주로 측정점 검출기(probe)가 서로 직각인 X, Y, Z축 방향으로 운동하고 각 축이 움직인 이동량을 측정 장치에 의해 측정점의 공간 좌표값을 읽어서 위치, 거리, 윤곽, 형상 등을 측정하는 만능 측정기를 말하며, 공작물, 제품의 치수, 형상 등을 측정하는 데 중요한 비중을 차지하고 있다.

3차원 측정기는 단순한 조작으로 정확한 결과가 얻어지는 치수, 각도, 피치 등의 단순 측정 외에 데이터 처리의 연산 기능에 의해 가공점(架空點)의 치수 측정, 공간에 있어서 2축의 교점, 평면도, 구멍, 축의 경사각, 직각도, 동심도, 원통도, 진직도 등의 특수 측정을 할 수 있다.

① 측정 능률 향상

측정 대상인 6측정면의 경우, 테이블에 교정시킨 1면을 제외한 전면(全面)을 측정할 수 있으며, 측정 순서는 컴퓨터에 기억되므로 간단하게 재현시킬 수 있는 등 측정 시간을 크게 단축시킬 수 있다.

② 복잡한 측정의 실현

측정점의 수와 위치를 자유롭게 선택할 수 있으며, 금형과 같이 복잡한 형상의 측정, 가공점(실재하지 않는 점), 선, 면의 위치, 방향을 결정할 수 있기 때문에 복잡한 측정에 대응할 수 있다.

③ 측정의 고정도화

자동화된 CNC 3차원 측정기로는 숙련, 비숙련에 관계 없이 측정력을 항상 일정한 조건으로 유지해서 측정을 할 수 있으며, 측정의 고정밀화를 가능하게 한다.

④ 방대한 자료 처리

3차원 측정기는 컴퓨터를 이용해서 위치, 형상, 자세같은 1차적인 데이터 처리뿐만 아니라, 통계적인 자료 처리나 오차 보정 등 보다 고도한 처리를 가능하게 한다.

⑤ 측정의 자동화

CNC 3차원 측정기를 이용하면 공정간의 검사 업무나 대량 생산품, 다품종 소량 생산 제품 검사의 자동화에 적극 활용할 수 있다.

6.4 기능과 성능

(1) 3차원 측정기의 분류

① 측정값 읽음 방식에 따른 분류

    a. 아날로그(analog) 방식

    b. 디지털(digital) 방식

     • 절대(absolute) 방식

     • 증가(increment) 방식

② 구조 형태상의 분류

3차원 측정기를 구조 형태상으로 분류하면 그림 4-105와 같다.

    a. 브리지 문 이동형(moving bridge type)

3차원 측정기 구조, 형태 중에서 가장 일반적이다. 빔의 양단이 지지되어 있기 때문에 휨이 적으며 정도면에서도 캔틸레버 Y축 이동형보다 우수하다. 브리지의 구조를 측정기의 한쪽 방향으로 밀면 측정 테이블이 개방되어 측정기의 설치 및 해체가 용이하며 테이블의 강성에 따라 2~3ton의 측정물도 적재할 수 있다.

    b. 고정 브리지형(fixed bridge type)

고정 브리지형은 칼럼형과 함께 고정밀도의 3차원 측정기에 채용되고 있다. 브리지 문 이동형과 비교하면 브리지의 구조를 이동할 필요가 없기 때문에 기하학적으로 높은 정밀도를 유지할 수 있다.

    c. 캔틸레버 Y축 이동형(fixed table cantilever type)

측정기의 3면이 개방된 구조이기 때문에 측정물의 설치 및 해체가 용이하고 측정 테이블보다 큰 측정물도 적재할 수 있다.

또한, 개방형이기 때문에 수동 조작성은 양호하나 Y빔이 돌출되어 있기 때문에 조작시 휨이 발생할 소지가 있다. 보통은 소형이나 중형에도 채용되고 있다.

    d. 칼럼형(column type)

고정밀도의 3차원 측정기에 채용되고 있는 구조 형태로서 측정 테이블과 새들, column 및

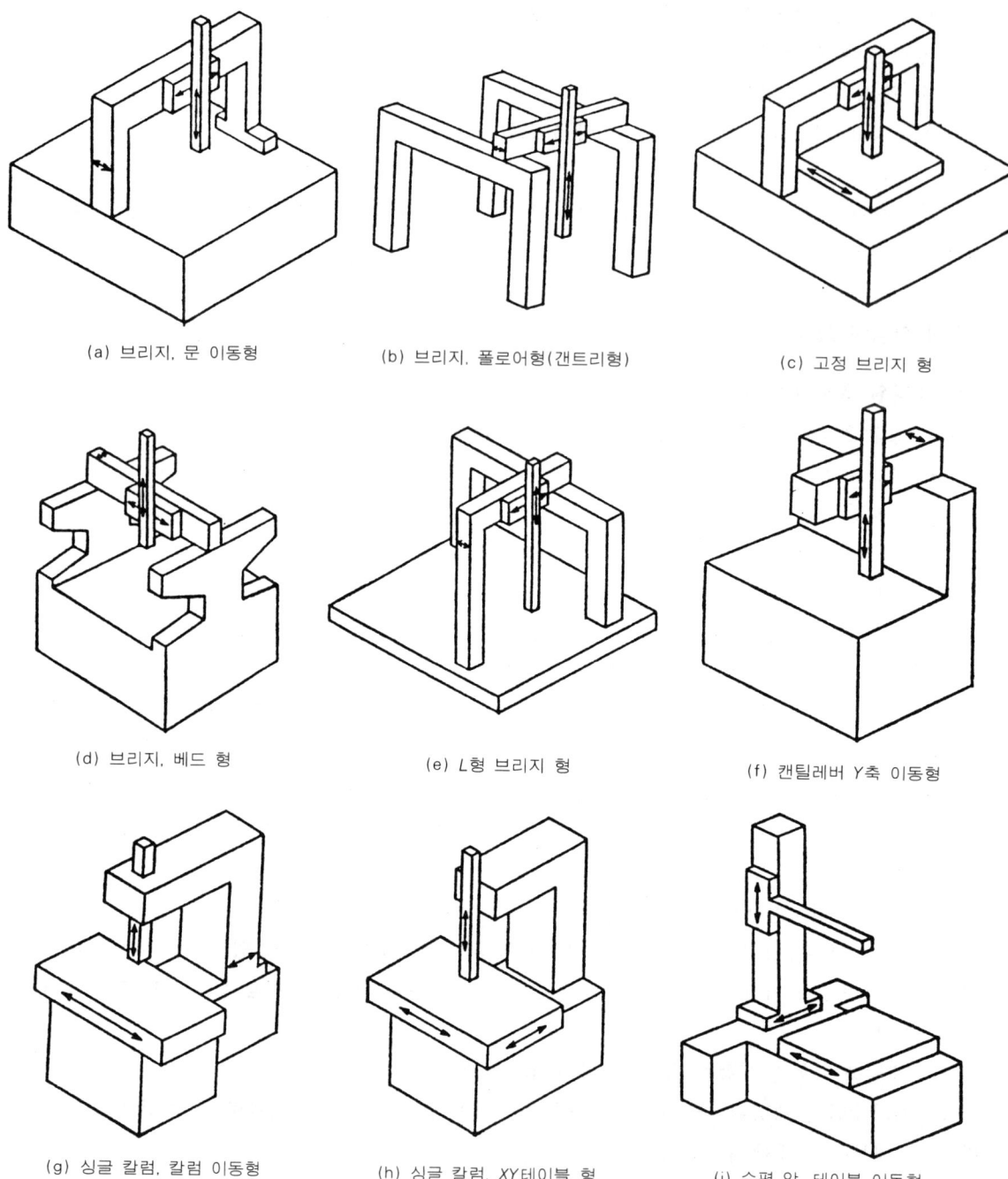

(a) 브리지, 문 이동형
(b) 브리지, 폴로어형(갠트리형)
(c) 고정 브리지 형
(d) 브리지, 베드 형
(e) L형 브리지 형
(f) 캔틸레버 Y축 이동형
(g) 싱글 칼럼, 칼럼 이동형
(h) 싱글 칼럼, XY테이블 형
(i) 수평 암, 테이블 이동형

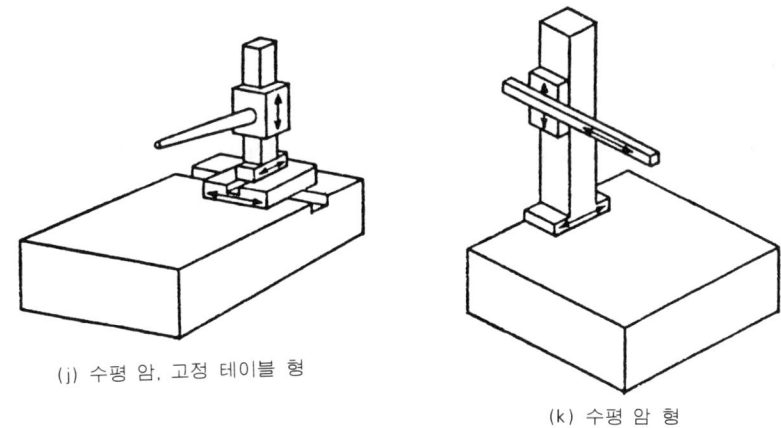

(j) 수평 암, 고정 테이블 형   (k) 수평 암 형

그림 4-105 3차원 측정기의 형식

기타의 구조 부재(構造部材)는 가장 높은 기하학적인 정밀도를 얻을 수 있도록 설계되어 있다.

　　e. 브리지 플로어 형(gantry type)

　큰 측정 범위를 가진 3차원 측정기에 채용되고 있는 구조로서, 사용자는 측정기의 안쪽에서 측정을 행한다. 각 가동부의 중량이 대단히 크기 때문에, 각 축은 모터로서 구동되고 있다.

　그 밖에 L형 브리지 형, 브리지 베드 형, 수평형 등이 있다.

　③ 조작상의 분류

　3차원 측정기를 조작 방법에 따라 분류하면 다음 3종류로 나누어진다.

$$
3차원\ 측정기 \begin{cases} 매뉴얼식(floating\ type) \\ 모터\ 드라이브식(motor\ driver\ type) \\ CNC식(CNC\ type) \end{cases}
$$

　　a. 매뉴얼식 3차원 측정기

　클램프 해제 상태에서 X, Y, Z축 각 구동부의 이동 및 조작을 사람의 힘으로 움직여서 측정을 행하는 3차원 측정기를 말한다.

　프로브(probe)로서 만능 터치 신호 프로브를 갖추고 있으면서 볼 프로브, 테이퍼 프로브나 심출 현미경 등의 비접촉 프로브까지 거의 모든 프로브를 사용할 수 있다.

　데이터 처리도 간단한 마이크로프로세서(microprocess)에서 통계 처리나 윤곽 형상 측정을 할 수 있는 미니 컴퓨터까지 처리 내용에 따라 많은 종류의 데이터 처리 장치를 준비하고 있다.

　　b. 모터 드라이브식 3차원 측정기

　X, Y, Z축에 구동 장치로 모터가 부착되어 사람이 원격 조작으로 각 구동부의 이동 방향 및 속도를 제어해서 측정을 행하는 3차원 측정기를 말한다.

특징으로는

① 측정 정도의 향상

② 조작성의 향상 및 육체적 피로의 경감

데이터 처리 장치는 매뉴얼식 3차원과 같은 것을 전부 사용하고 있다.

c. CNC 3차원 측정기

X, Y, Z축에 구동 장치로 모터가 부착되어, 미로 조작된 컴퓨터 프로그램의 명령에 의해 측정이 자동적으로 행해지는 3차원 측정기를 말한다. CNC 3차원 측정기가 모터 드라이브식과 다른 점은 컴퓨터의 지령에 의해 자동적으로 측정을 행하기 때문에 각 구동부의 현재의 위치를 알 필요가 있고, 위치의 피드 백(feed back) 신호를 받아서 제어하고 있다.

위치의 피드백 방법에서는 3차원 측정기의 스케일(scale)로부터 피드백 신호를 얻는 방법 (scale feed back방식)과 모터에 부착되어 있는 PG(Pulse Generator)로부터 피드백 신호를 얻는 방식(PG feed back방식)의 두 종류가 있지만 전자(前者)가 일반적이다.

CNC식에 의한 측정을 분류하면 다음과 같다.

```
CNC 측정 ┬ 치수 측정(point-to-point측정)
         └ 곡면의 형상 측정 ┬ point-to-point측정
                          └ 연속 측정(continuous measurement)
```

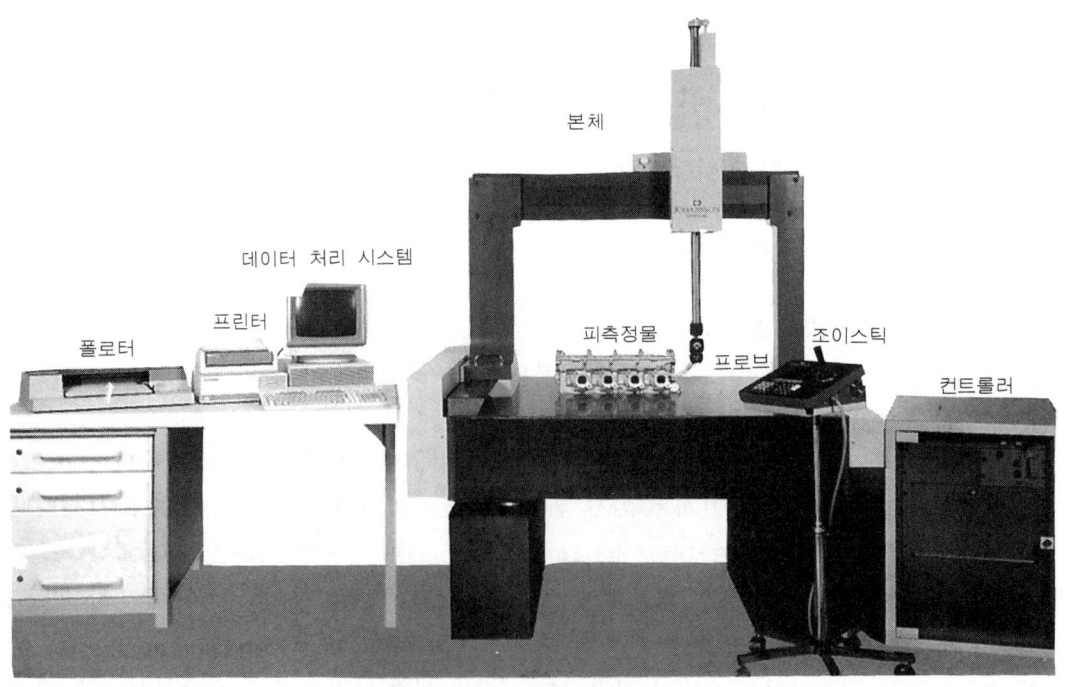

사진 4-6 CNC형 3차원 측정기

치수 측정에 있어서 CNC식의 장점은
① 자동으로 측정을 하기 때문에 양산품의 측정에 있어서 특히 효율적이다.
② 측정 정도의 향상, 즉 고정도 측정, 반복 정도의 향상, 개인 오차를 배제할 수 있다.
③ 고속 측정에 가능하기 때문에 측정 능률이 크게 향상된다.
④ 곡면의 윤곽 형상 측정에서는 CNC식이 아니면 측정할 수 없는 것이 있기 때문에 특히 능률적이다.

   d. CNC 측정용 프로그램

CNC 측정에서는 프로그램의 작성 방법에 따라서 크게 두 종류로 나눌 수 있다.
① 파트 프로그램(part program)
피측정물에 알맞은 이동 및 측정 명령을 미리 컴퓨터상에서 작성해 두는 방식
② 티칭(teaching) 방식
첫 번째 측정물을 조이스틱(Joystic)을 조작해서 측정하면 이동 및 측정 명령이 자동적으로 기억되어 CNC측정 프로그램이 작성되는 방식

(2) 환경 조건

최근 3차원 측정기의 보급 확대는 현장의 환경 상태에서 사용하는 것을 전제로 한 새로운 기종(機種)의 개발에까지 미치고 있다. 그리고, 3차원 측정기에 한하지 않고 정밀 측정기를 설치하는 환경은 측정값의 신뢰성에 큰 영향을 미친다.

① 온도

3차원 측정기는 일반적으로 정밀 측정 환경의 표준 온도 상태 2급($20°C \pm 1°C$) 정도의 환경을 가진 장소에서 조립, 조정시켜 최종 검사를 행하지만 일단 분해하여 실수요자의 설치 장소에 옮겨져 재조립, 조정을 행한 후 입회 검사를 하는 것이 통례로 되어 있다. 따라서, 성능을 충분히 발휘하려면 $20°C \pm 1°C$ 정도의 환경을 만들어 줄 필요가 있다.

② 습도

습도는 측정기에 직접적인 영향을 미치지 않으나, 습도가 높으면 기계 가공면에 녹이 발생하기 쉽고 컴퓨터 등의 전자 기기에도 악영향을 준다. 또한, 최근에는 운동부에 공기 베어링을 사용하고 있는 3차원 측정기가 많은데, 사용 압축 공기에 습도가 높으면 운동부에 수분이 응축해서 원활한 운동을 할 수 없다. 따라서, 습도는 65% 이하가 좋고 공기원의 공기 중에 습도가 많은 경우에는 공기 건조기를 통과한 공기를 사용함이 좋다.

③ 진동

설치 장소의 진동은 디지털 표시에 영향을 주어 측정을 불완전하게 한다. 진동의 대책으로는 프레스, 콤프레셔, 철도 등으로부터 멀리 떨어진 장소 설정과 기초 공사로 차단하는 방법 등이 있다.

6.5 본체의 구성 요소

(1) 안내 방식

3차원 측정기의 안내부는 정도가 양호하게 다듬질된 안내면과 그 위를 미끄럼 운동하는 부분으로 되어 있다.

① 구름 베어링 안내

그림 4-106과 같이 안내의 정도는 진직도에 의해 결정되고, 장점은 공기원이 필요하지 않고 높은 강성을 갖고 있는 것이다.

② 공기베어링 안내(그림 4-107)

가장 많이 보급되어 실용화된 방식으로, 그 성능은 일반적으로 부하 용량과 강성으로 표시한다.

- 부하 용량 : 1개의 공기 베어링으로 지지할 수 있는 하중(kgf)
- 강 성 : 공기 베어링에 하중을 가했을 때의 하중과 변위량의 비율(kgf/μm)

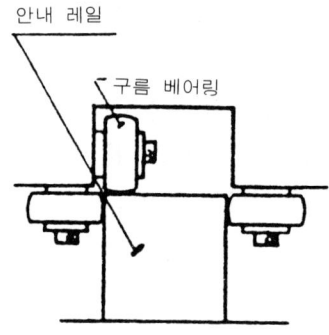

그림 4-106 구름 베어링 안내

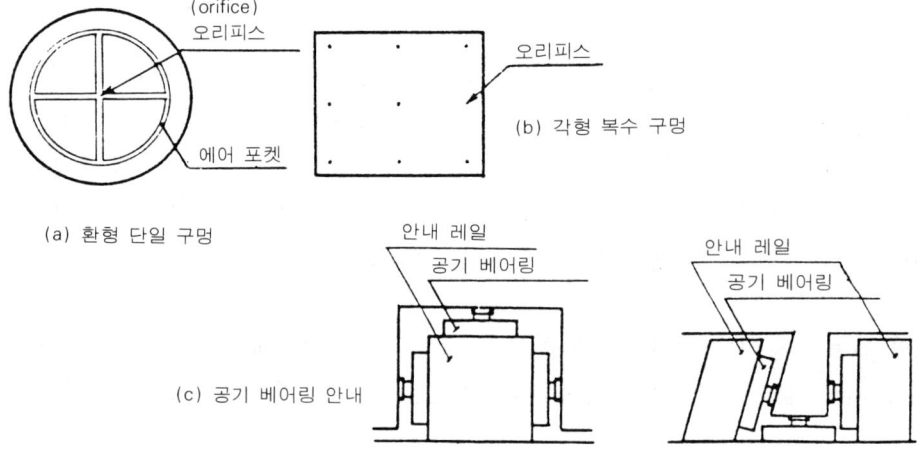

그림 4-107 공기 베어링면과 공기 베어링 안내

③ 볼 또는 롤러 안내

특징은 가동부에 휨이 생기지 않고 높은 정도를 얻을 수 있기 때문에 고정밀형 3차원 측정기에 사용되고 있다(그림 4-108).

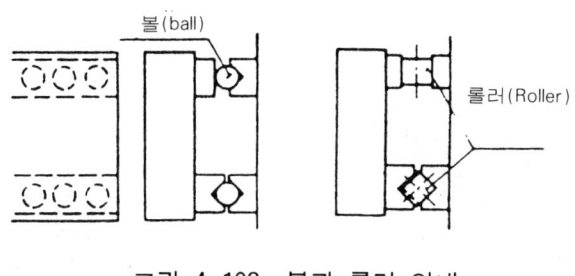

그림 4-108 볼과 롤러 안내

(2) 읽음장치

읽음 장치를 크게 대별하면 다음과 같이 분류한다.

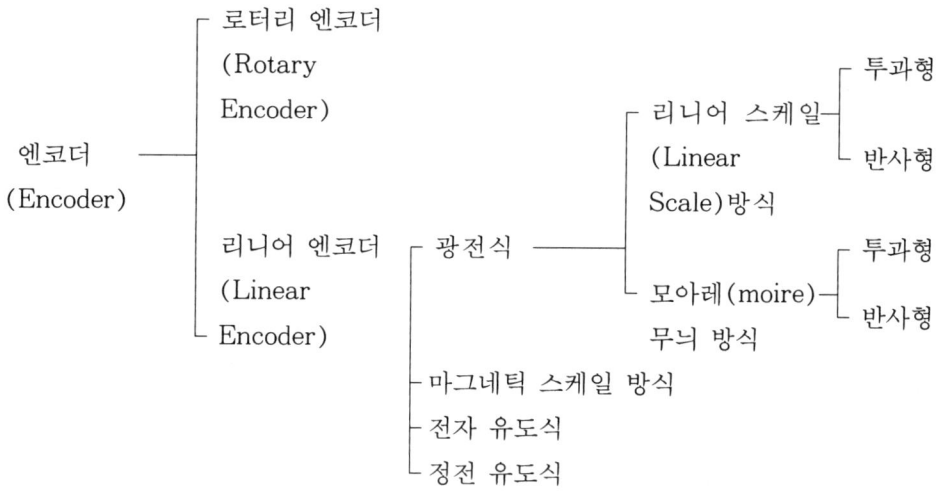

현재 3차원 측정기의 각 축의 이동량은 전부 디지털 스케일로 되어 있고, 3차원 측정기에 사용하는 방식은 크게 세 종류로 나눌 수 있으나, 최종적인 성능면에서는 어느 것도 큰 차이가 없다.

① 리니어 스케일

리니어 엔코더는 투과형과 반사형이 있는데, 투과형은 유리로 반사형은 금속으로 만들며, 투과형의 경우, 스케일면에 $8 \sim 20 \mu m$의 등간격의 명암을 갖는 광학 격자가 에칭으로 만들어져 있다.

구성은 발광 다이오드, 스케일, 인덱스 스케일, 광전 소자로 구성되며 스케일과 인덱스 스케일은 일정한 간격을 유지하면서 상대 운동을 한다. 스케일은 빛을 투과시키는 부분과 투과시키지 못하는 부분이 똑같은 폭과 피치로 평행 격자를 형성하고 있다(그림 4-109(a)).

또한, 인덱스 스케일은 4개 혹은 2개의 평행 격자를 갖고 이동 방향의 판정 및 분할을 할 때 90°(1/4피치) 위상 변화의 작용을 한다.

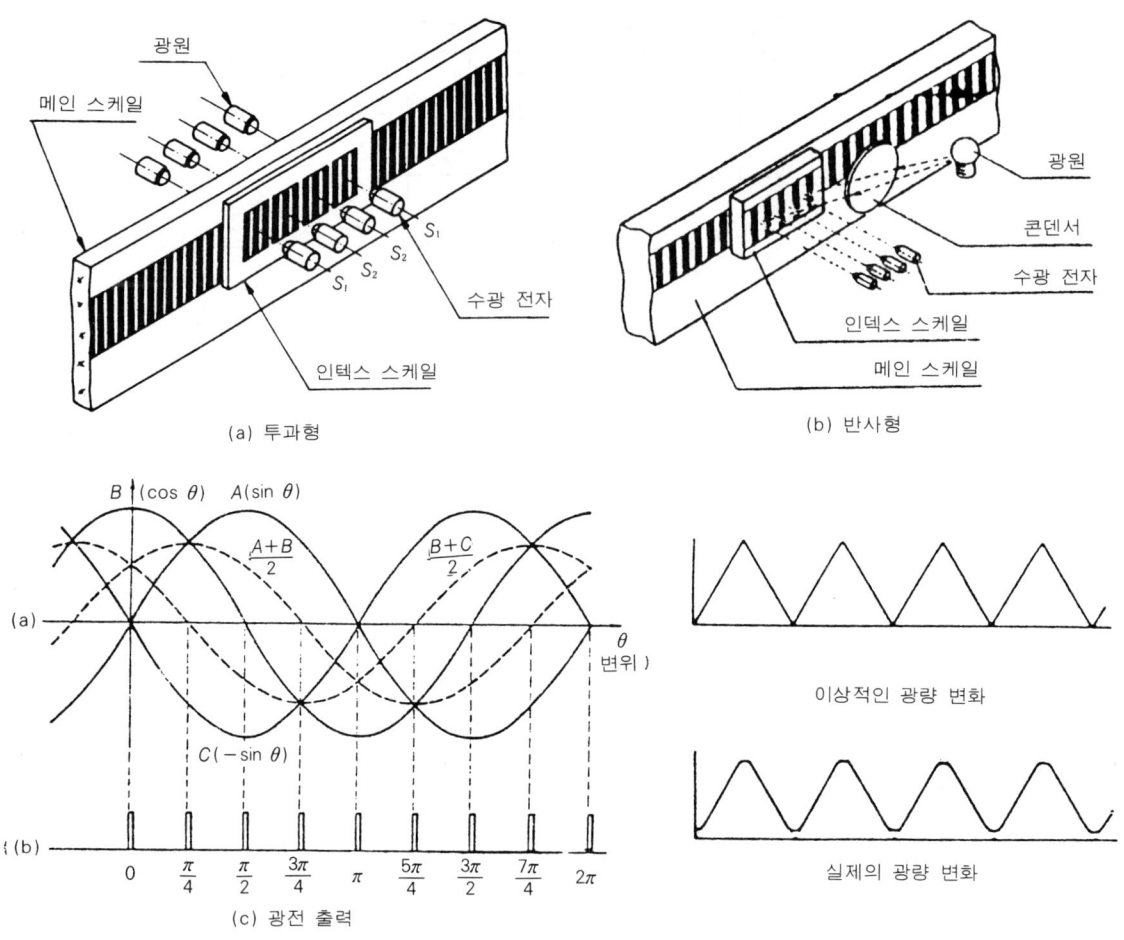

그림 4-109 투과형 및 반사형 리니어 엔코더의 원리

한쪽 방향으로 이동하면 그림 4-109(b)와 같이 광전 소자(P.T.)는 1피치마다 주기적으로 증감하는 광량을 받는다. 전기량이 변화하면 정현파가 얻어지고 1/4피치(90°)의 위상차를 갖는 2개의 신호에 의해 방향을 판별하게 된다.

② 모아레 무늬(moire)

모아레 무늬의 원리는 피치가 a인 2매의 격자를 그림 4-110과 같은 미소각 θ만큼 경사시켜 겹치면 격자의 선과는 별도로 간격 W의 큰 무늬가 나타난다. 이것이 모아레 무늬이다.

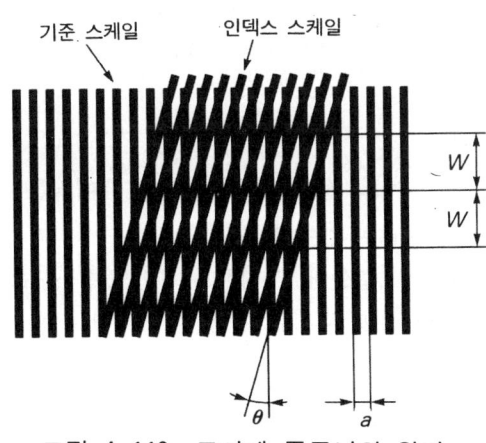

그림 4-110 모아레 줄무늬의 원리

a, θ, W는 근사적으로 $W = \dfrac{a}{\theta}$의 관계가 있으며, 1매의 격자를 X축 방향으로 1피치(W)만큼 움직이고 X축 이동 방향을 반대 방향으로 움직이면 모아레 무늬의 이동 방향도 반대 방향으로 움직인다. 이와 같은 특성이 있기 때문에 a대신 피치가 큰 W의 수를 세면 1피치 단위로 이동량을 계측할 수 있다.

③ 전자 유도식 엔코더

전자 유도식은 강재의 스케일과 슬라이더상에 색 접착제로 동막을 입혀 그 동막을 프린트 부식에 의해서 지그재그형 코일로 만든다. 스케일 표면에는 1피치 2mm의 코일이 연속해 있고, 다른 방향에 있는 슬라이더 표면에는 1피치 2mm로 대략 1/4피치 차이가 있는 2개의 코일이 배치되어 있다.

이 스케일과 슬라이더를 평행으로 배치하고 스케일 코일을 교류로 여자(勵磁)시키면 다른 쪽의 코일에는 전자 결합에 의해 유기 전압이 발생하는데, 이 유기 전압은 코일의 피치마다

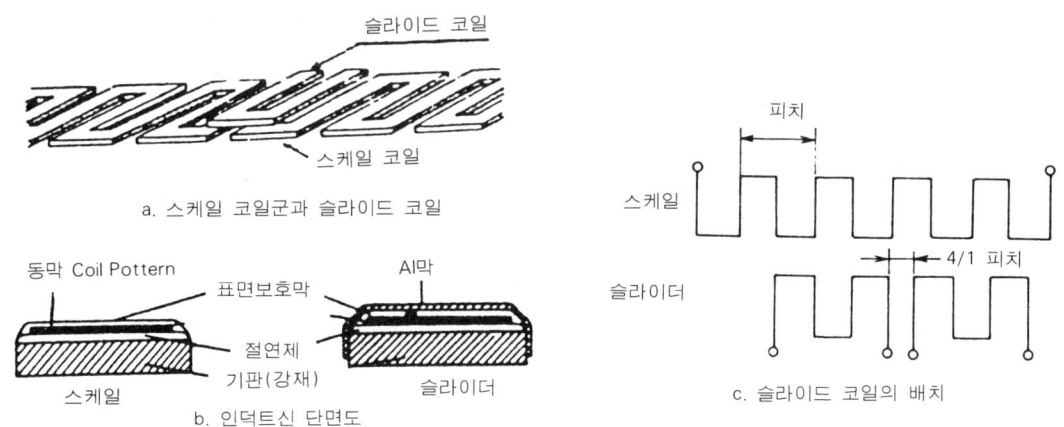

그림 4-111 전자 유도식 엔코더의 원리

사인파형이 주기적으로 발생한다. 따라서, 이 사인파를 세면 이동량이 계측되고 전기적으로 1000등분하면 0.002mm까지 읽을 수 있다(그림 4-111).

6.6 측정점 검출기(Probe)

측정이 가능한지의 여부 또는 어느 정도 정확한 측정 데이터를 얻을 수 있는가는 검출기(프로브)에 의해서 결정된다고 해도 과언이 아니다.

프로브는 3차원 측정기의 Z축 스핀들에 부착할 수 있도록 생크(shank)부를 가지고 있으며, 프로브 교환시에도 측정 위치 관계가 틀리지 않도록 측정 선단부의 위치와 생크 중심과의 관련 정도를 보증하고 있는 것이 많다.

프로브를 용도상으로 분류하면

$$\text{측정 프로브} \begin{cases} \text{접촉식 프로브} \\ \text{비접촉식 프로브} \\ \text{정압 접촉식 프로브} \end{cases}$$

로 나누어진다.

(1) 접촉식 프로브

3차원 측정기의 가장 일반적인 프로브로서 그 종류도 많다. 범용으로 사용되고 있는 표준화된 프로브는 동심도, 위치도, 직각도 등의 형상 정도가 고정도로 제작되고 있다.

대표적인 프로브로는 테이퍼(taper) 프로브, 원통(cylindrical) 프로브, 볼(ball) 프로브, 만능(universal) 프로브, 디스크(disk) 프로브 등이 있다.

(2) 비접촉식 프로브

비접촉식 프로브는 광학계를 이용한 것으로, 접촉 측정이 부적당하거나 곤란한 측정, 예를 들면 얇은 물체나 연한 물체의 측정, 작은 구멍의 좌표 측정, 금긋기 선의 위치 측정, 각종 단면의 치수 측정에 이용한다.

(3) 정압 접촉식 프로브

이 프로브는 측정자에 측정력이 가해지면 변위하는 기구를 가지고 있고, 변위를 검출하는 센서를 갖고 있으며, 트리거(trigger) 신호를 검출하는 것과 아날로그 신호를 검출하는 것이 있다. 종래에 쓰던 레버식 전기 마이크로미터(그림 4-112)를 이용한 것도 정압 접촉식 프로브의 일종이며, 한쪽 방향 검출과 높은 정도의 분해 능력을 갖고 있기 때문에 현재도 검사용으로 이용되고 있다.

① 전방향성 접촉 신호 프로브(ON-OFF 프로브)

이 프로브는 Renishaw사 제품으로, 프로브 측정자 선단의 볼이 기구학적으로 단지 1점만이 존재하는 정위치로부터 X, Y, Z축 및 그 합성 방향으로도 변위할 수 있고 변위의 순간에 트리거 신호가 출력된다. 측정자(그림 4-113)에 외력을 제거하면 복귀용 스프링의 작용으로 원래의 위치로 고정도로 돌아온다.

원리는 그림에서와 같이 측정자 뿌리에서 수평 방향의 방사상으로 돌출한 3개의 핀을 V자로 지지하는 구조로 되어 있다. 이 측정자 부분을 스프링이 눌러 주고 있기 때문에 측정자의 핀은 V홈의 양측 경사면에 합계 6점으로 접촉되고 그 6점을 직렬로 배선한 회로로 되어, 측정자의 변위시 적어도 1접점 이상이 떨어지면 트리거 신호로 된다.

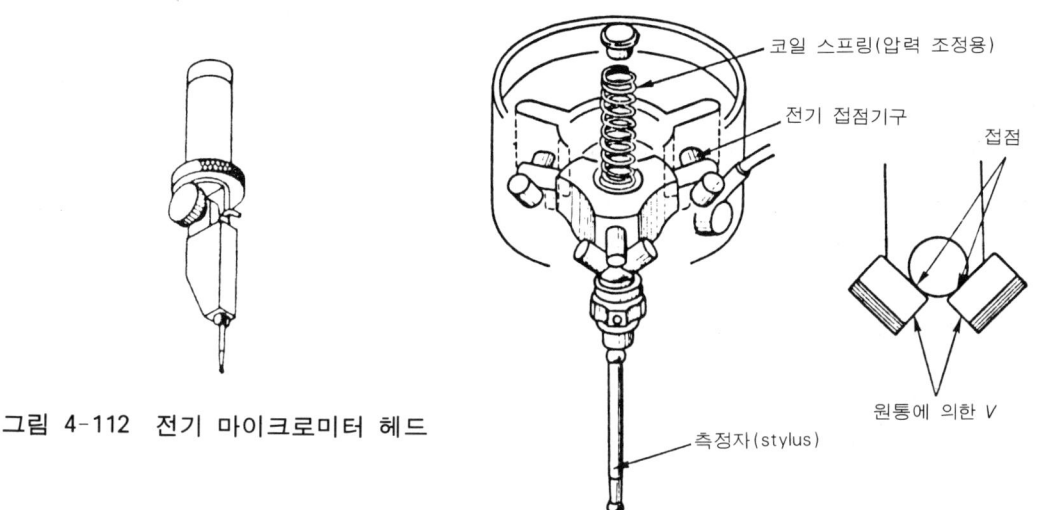

그림 4-112 전기 마이크로미터 헤드

그림 4-113 전방향성 접촉 신호 프로브의 구조

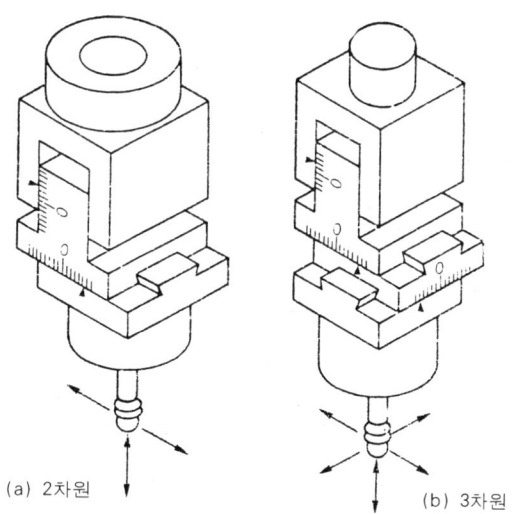

그림 4-114 변위 검출형 프로브

② 변위 검출형 프로브

그림 4-114와 같이 2차원 형과 3차원 변위 검출형이 있다. 각각 이용 가능한 정도 범위가 다르고 전방향성(보통 ON-OFF형이라고도 한다) 형이 1~5μm, 변위 검출형 (a)가 0.5~0.05μm, (b)는 1~0.1μm 정도이다.

6.7 3차원 측정기의 정도

종래의 1차원 또는 2차원 측정기와는 달리 3차원 측정기는 공간 내에서 좌표 결정 기능이 요구되고 있다. 따라서, 3차원 측정기의 정밀도를 이상적으로 표현하면 "측정 전범위에서 측정 정밀도가 3차원 공간 내에서의 진위치에서 측정값의 통계를 포함한 편차의 작은 정도"라고 할 수 있다.

3차원 측정기 정도 규격으로는 CMMA, KS, ANSI, BS, JIS 등이 있으며, 국제적인 규격 통일을 위하여 ISO 규격도 현재 제정중이다.

3차원 측정기에서 측정값의 정도를 결정하는 요인은 ① 부착 스케일 자체의 오차, ② 기계 움직임의 오차, ③ 프로브(probe) 접촉 오차와 방향 특성, ④ 무거운 측정물에 의한 기계의 변형, ⑤ 환경 조건(주로 온도) 변화에 따른 오차, ⑥ 스케일 및 기계의 경년 변화 등이 있으며 이것을 특성 요인도로 분류하면 표 4-23과 같다.

(1) 정도 검사 항목

3차원 측정기의 정도 시험 항목은 크게 측정 정도 및 각 축의 운동 정도로 구분한다.

표 4-23 3차원 측정기의 오차 요인

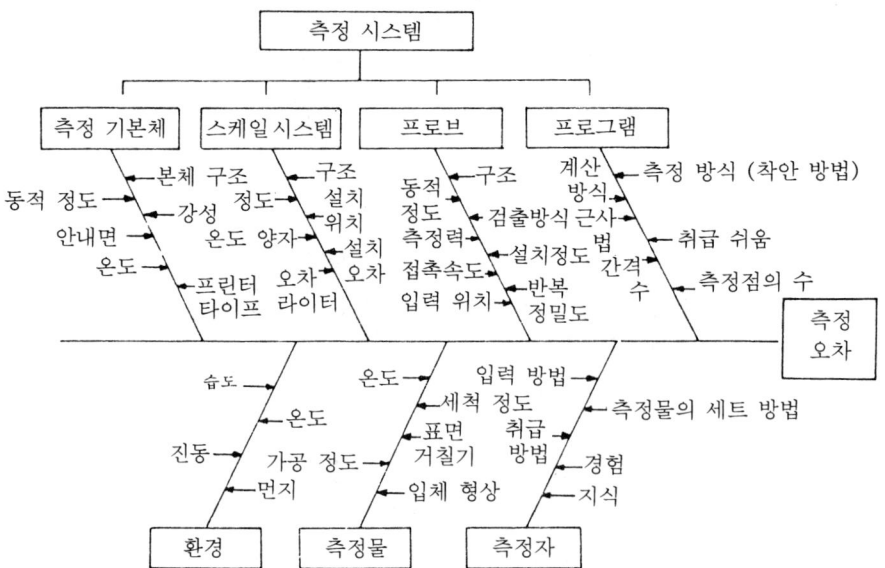

제4장 정밀 측정의 실제(응용편) *347*

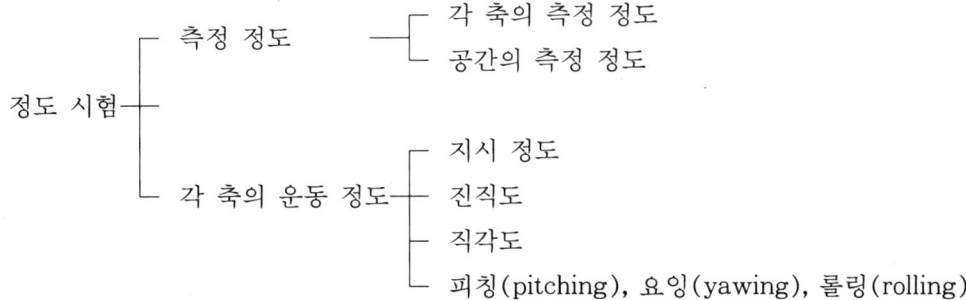

각 축 및 공간의 측정 정도는 3차원 측정기의 축방향 또는 공간적인 측정 정도를 나타내는 것으로, 측정 정도의 허용치는 다음과 같은 등식으로 정의된다.

$$U = A + KL \leq B \tag{4.57}$$

여기서 U : 측정 정밀도(U_1, U_2, U_3, U_{95} 등)

A : 상수로써 시스템의 등급에 따라 고유한 값

K : 측정 길이에 따른 스케일 오차나 안내 오차 등에 따른 U의 기울기를 결정하는 상수값

L : 측정 혹은 프로브가 움직인 거리

로 나타내며, 그래프로 표시하면 다음과 같다.

(2) 각 축의 측정 정도의 시험 방법

길이 표준기(게이지 블록, 단차 게이지 블록 등)를 각 측정축의 운동 방향에 대해서 평행하게 설치하고, 시험 길이는 3차원 측정기의 각 축의 측정 범위의 거의 $\frac{1}{10}$, $\frac{1}{5}$, $\frac{2}{5}$, $\frac{3}{5}$, $\frac{4}{5}$로 한다. 게이지 블록의 경우는 각각 한 단면을 동일 위치에 설치한다(그림 4-116).

시험 방법은 시험 대상인 3차원 측정기의 검출기(probe)를 사용해서 길이 표준기의 양 단면에 1회 프로빙(probing)해서 길이 측정을 한다. 순서는 그림 4-116과 같으며 시험 횟수는

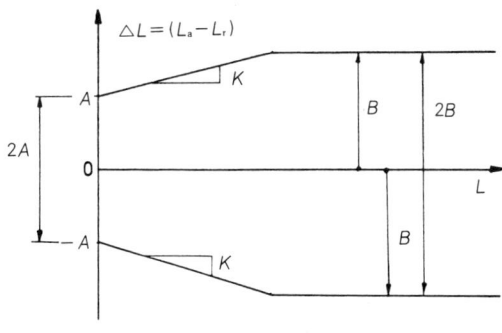

그림 4-115 오차

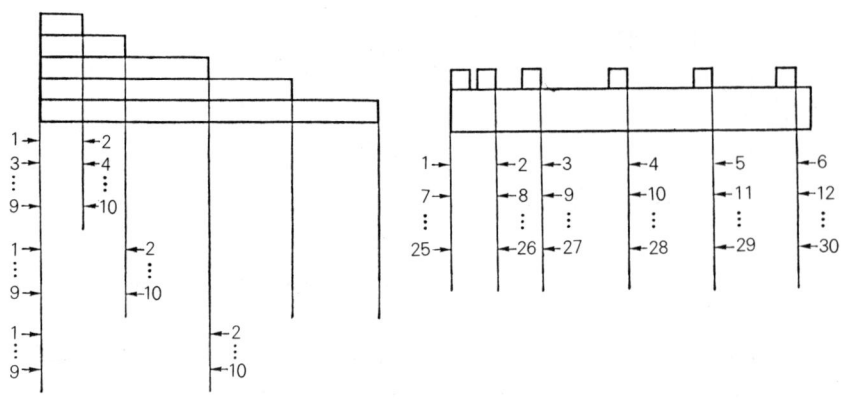

그림 4-116 교정 순서

5회를 반복해서 각 측정 길이에서 5개의 측정값을 구한 다음, 그 결과를 그림 4-117과 같이 플로팅한다.

측정 정도의 시험 위치는 그림 4-118과 같이 3차원 측정기의 주안내부(스케일 부착부)에서 멀리 떨어진 쪽으로 하고, 시험은 Z축을 가장 아래쪽으로 내린 상태에서 실시한다(그림 4-

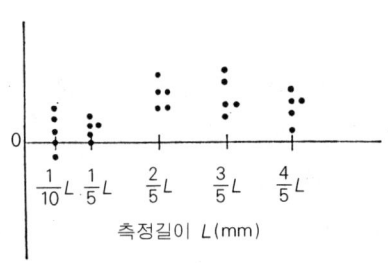

그림 4-117 측정값의 플로팅 예

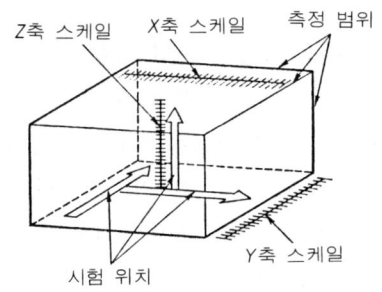

그림 4-118 시험 위치

119, 그림 4-120).

각 축의 측정 정도의 허용치는 다음 식으로 나타내고, "U_1"(단위 : μm)로 표시한다.

$$U_{1x} = A_x + K_x \cdot L_x \leq C_x \quad : \quad X\text{축의 측정정도} \tag{4.58}$$

$$U_{1y} = A_y + K_y \cdot L_y \leq C_y \quad : \quad Y\text{축의 측정정도} \tag{4.59}$$

$$U_{1z} = A_z + K_z \cdot L_z \leq C_z \quad : \quad Z\text{축의 측정정도} \tag{4.60}$$

여기서 A, K, C는 제조업자에 의해서 제시되는 정수이며 L은 임의의 측정 길이이다.

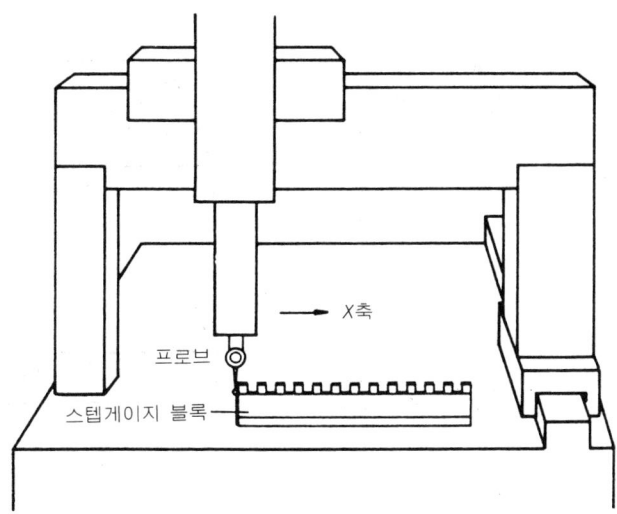

그림 4-119 X축의 위치 정밀도 측정

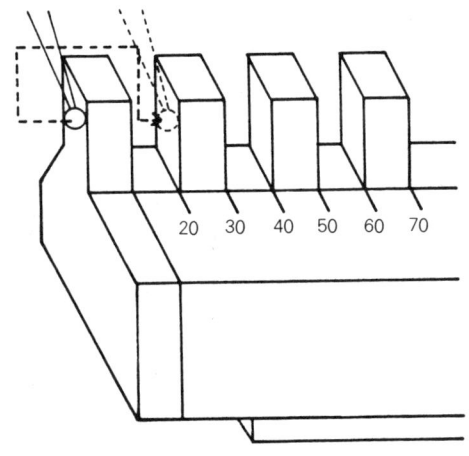

그림 4-120 프로브의 이동 경로

(3) 공간의 측정 정도 시험 방법

길이 표준기는 가장 긴 축에 사용한 표준기를 이용한다.

시험 방법은 대상 3차원 측정기의 검출기(probe)를 사용해서, 길이 표준기의 양 단면에 1회 프로빙해서 길이 측정을 순차적으로 실시한다.

측정 위치는 X축 또는 Y축에 대해서 약 45°, XY 평면에 대해서 약 35°의 각도를 가진 공간 축선상의 2개소에서 실시한다(그림 4-121, 그림 4-122).

공간 측정 정도의 허용치는 다음식으로 표시하고, "U_3"(단위 : μm)로 나타낸다.

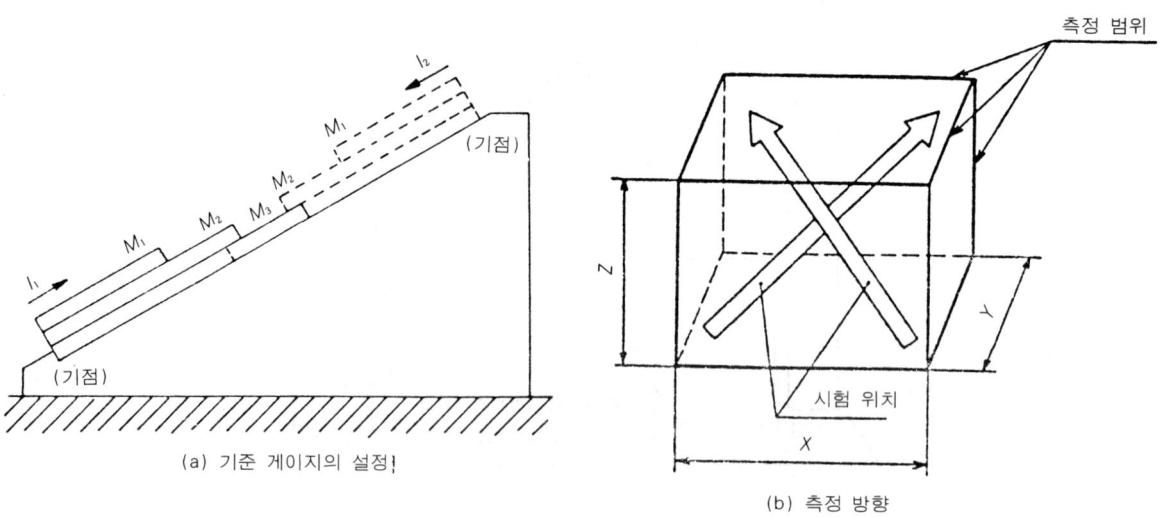

그림 4-121 KS에 의한 표준기의 설정

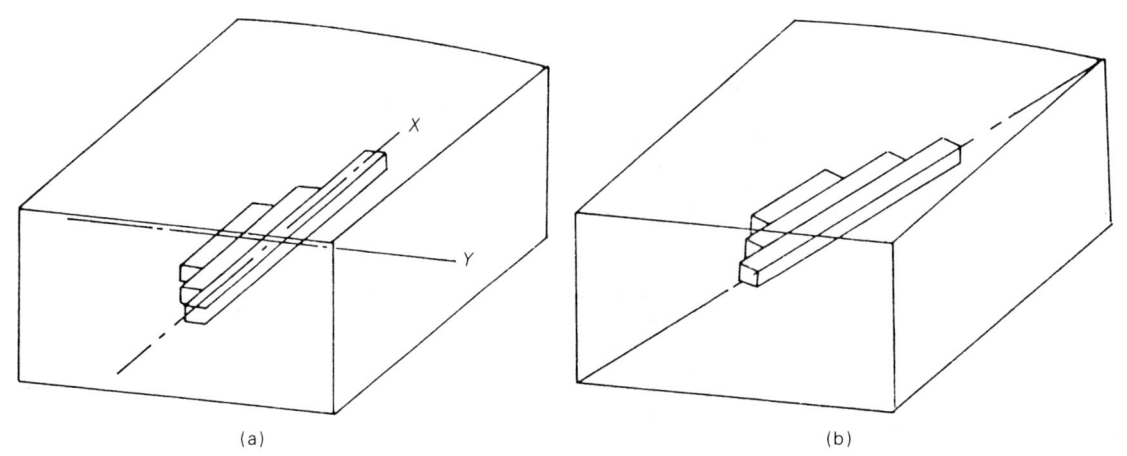

그림 4-122 CMMA에 의한 표준기의 설정

$$U_3 = D + E \cdot L \leq F \tag{4.61}$$

여기서 D, E, F : 제조업자에 의해서 제시되는 정수

L : 임의의 측정 길이(mm)

측정은 그림 4-123과 같이 기준면에서 각 블록면까지의 거리를 측정하여 게이지 블록의 교정값과 비교하여 오차를 구한다. 실제로, 3차원 측정기에서는 이 공간 정밀도가 측정기의 성능을 좌우하고 있기 때문에 측정기 구입시 가장 중요시 되는 검토 항목이며, 사용중에도 수시로 점검하여야 할 중요한 항목이다.

제4장 정밀 측정의 실제(응용편) *351*

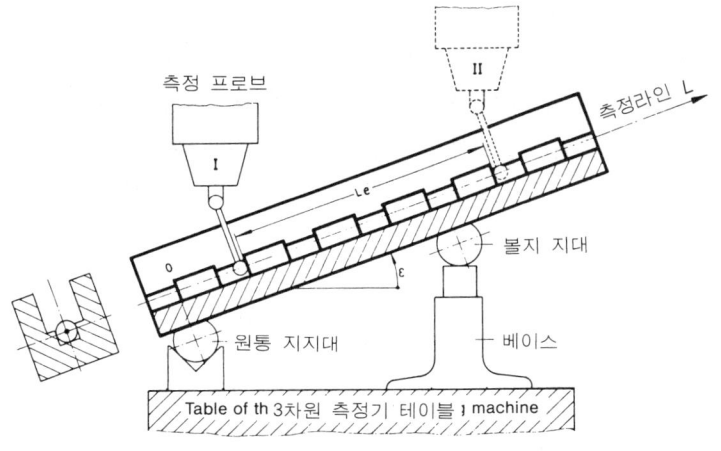

(a) 설치

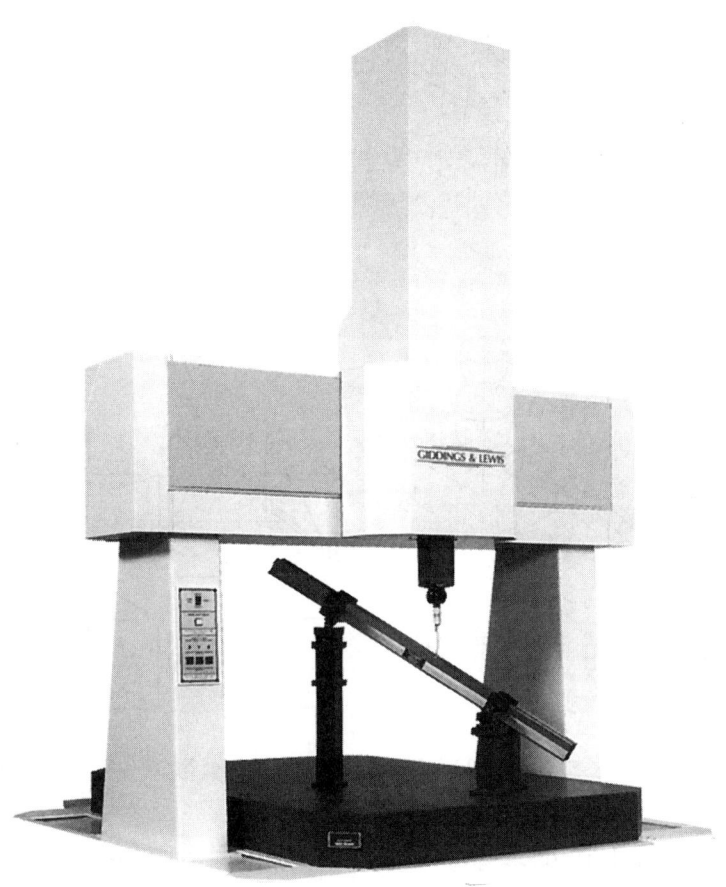

(b) 측정 예

그림 4-123 공간 정밀도 측정

그림 4-124는 볼 바(ball bar)로, ANSI에서 3차원 측정기 성능 평가 방법의 규격으로 채용하고 있는 것으로 매뉴얼식, 모터 드라이브식, CNC식의 어느 형식에도 적용할 수 있다.

원리는 일정한 길이를 가진 볼 바의 한쪽 끝을 측정기 테이블상에 교정시킨 마그네틱 소켓에 고정시키고, 다른 쪽 끝의 위치를 Z축의 가동 소켓에 고정시키고 이동시켰을 때의 볼의 위치를 측정해서 측정값의 최대-최소를 공간의 측정 오차로 하는 방식이다.

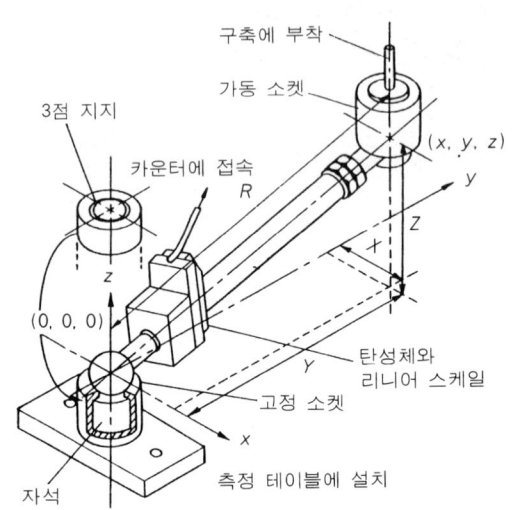

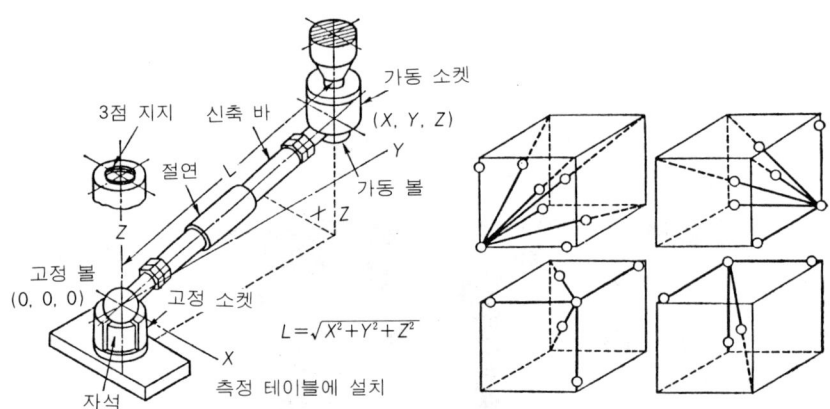

그림 4-124 볼 바(ball bar)의 설정

그림 4-125는 체크게이지(check gauge)로, 2개의 정밀한 구(球)를 바(bar)에 연결해서 한쪽의 구를 고정하고 다른 쪽의 구를 움직여서 바의 반경 R의 구궤도(球軌道)를 검출한다.

(4) 지시 정도의 시험 방법

게이지 블록, 단차 게이지 블록, 길이 측정용 레이저 간섭계 등의 길이 표준기를 각 측정축

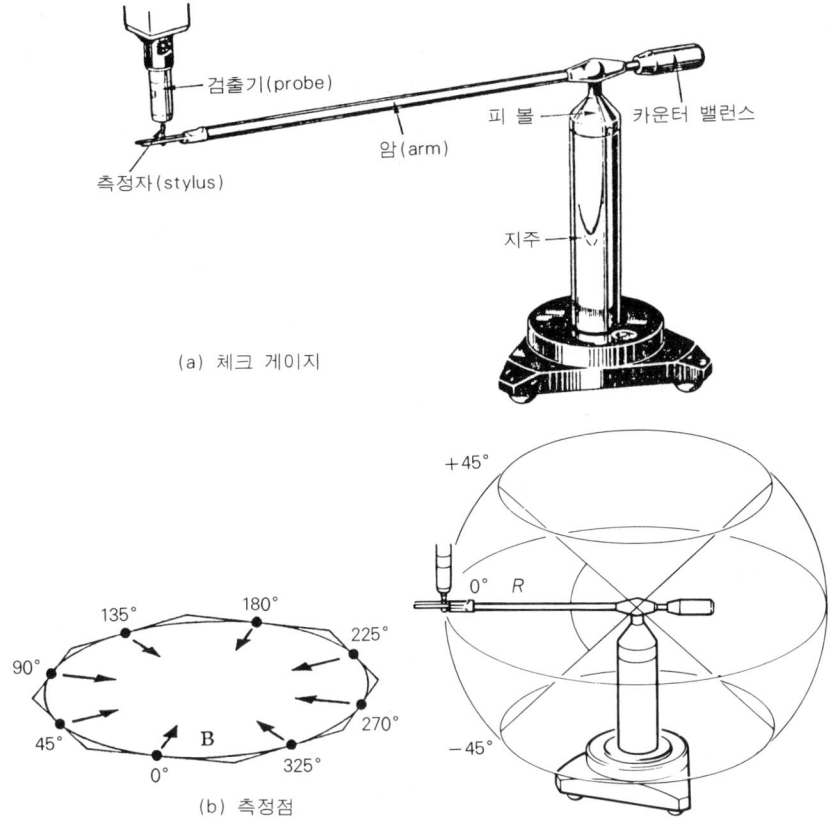

그림 4-125 체크 게이지에 의한 방법

의 운동 방향에 대해서 평행하게 설치한다.

  시험은 전 측정 범위에 걸쳐서 왕복 1회, 측정점은 각 10점 이상으로 한다. 게이지 블록 또는 단차 게이지 블록에 의한 경우는 전기 마이크로미터 등을 병용해서 표준기와 측정치와의 비교에 의해서 지시 오차를 구한다(그림 4-126).

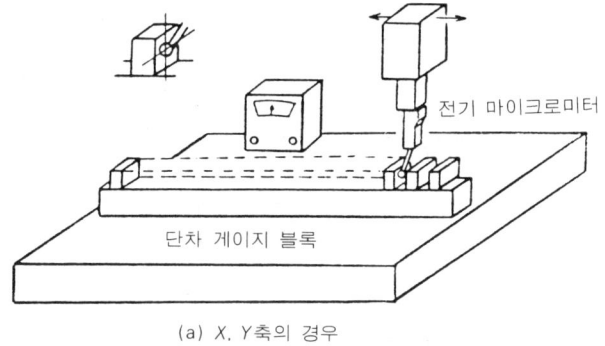

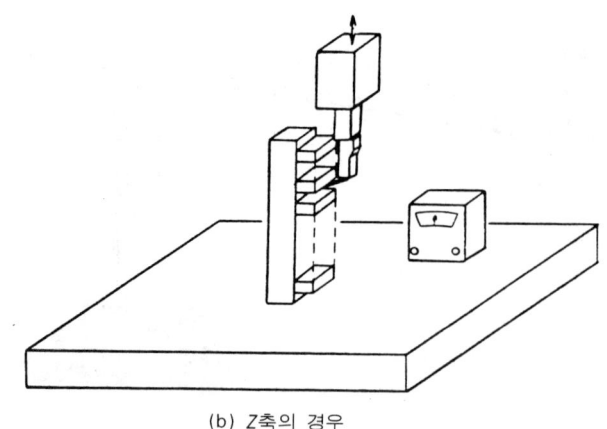

(b) Z축의 경우

그림 4-126 지시 오차의 측정(단차 게이지 블록 사용시)

(5) 진직도의 측정

진직도 측정은 직선자(straight edge), 레이저 간섭계 등을 이용하며, 직선자의 경우는 측정 대상 축(X, Y 및 Z축)과 직선자를 대략 평행하게 갖춘 다음, 직선자 측정면의 양 끝점 위치가 각각 0이 되도록 조정한 다음 각 구간별로 진직도를 측정한다(그림 4-127).

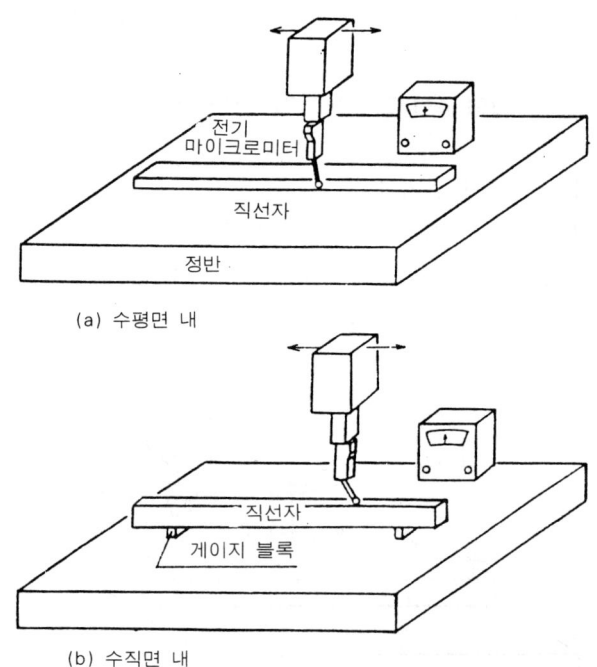

그림 4-127 진직도의 측정

표 4-24 진직도의 측정값 처리예

구 간 (mm)	직선자 진직도 (μm)	평 균 값 (μm)	X축 운동의 Y방향 진직도(μm)
0	0	0	0
50	+0.2	+0.4	+0.6
100	+0.4	+0.2	+0.6
150	−0.1	+0.4	+0.3
200	−0.6	−0.2	−0.6
250	−0.2	−0.1	−0.3
300	0	+0.3	+0.3
350	−0.2	+0.2	0
400	+0.3	+0.1	+0.4
450	+0.2	+0.3	+0.5
500	0	0	0

(6) 직각도의 측정

진직도와 같은 방법이며, 레이저 간섭계나 기준 직각자를 이용한다(그림 4-128).

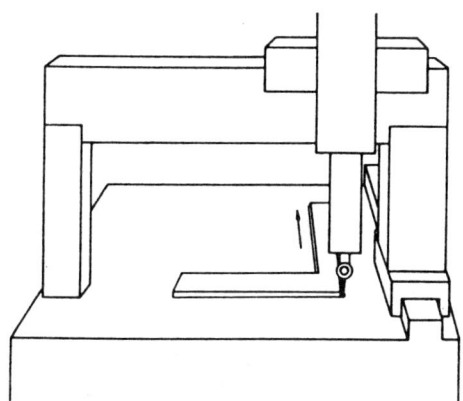

그림 4-128 직각도 측정

(7) 피칭(pitching), 요잉(yawing), 롤링(rolling)의 측정

피칭(pitching), 요잉(yawing), 롤링(rolling)은 각 축의 회전 성분으로 전기 수준기, 오토콜리메이터(autocollimator), 레이저 간섭계 등을 이용하여 측정한다. 그림 4-129는 축의 회전 성분을 나타낸다.

표 4-5 직각도의 계산

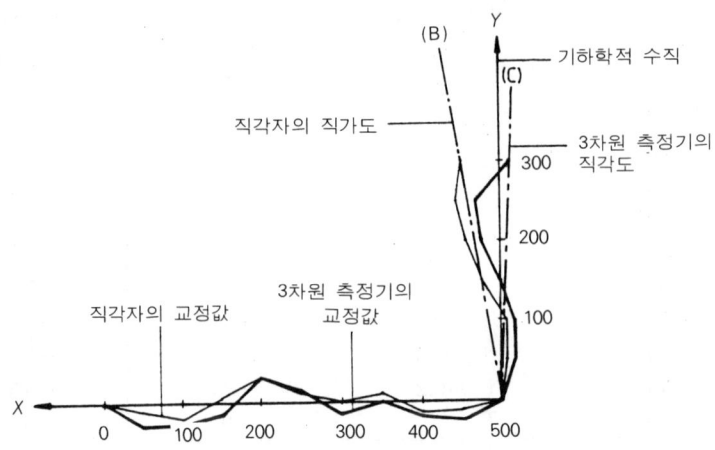

3차원 측정기 Y측값(C)=직각자의 직각도를 기준으로 한 의 진직
(B)선의 전직도값+평균값(A)

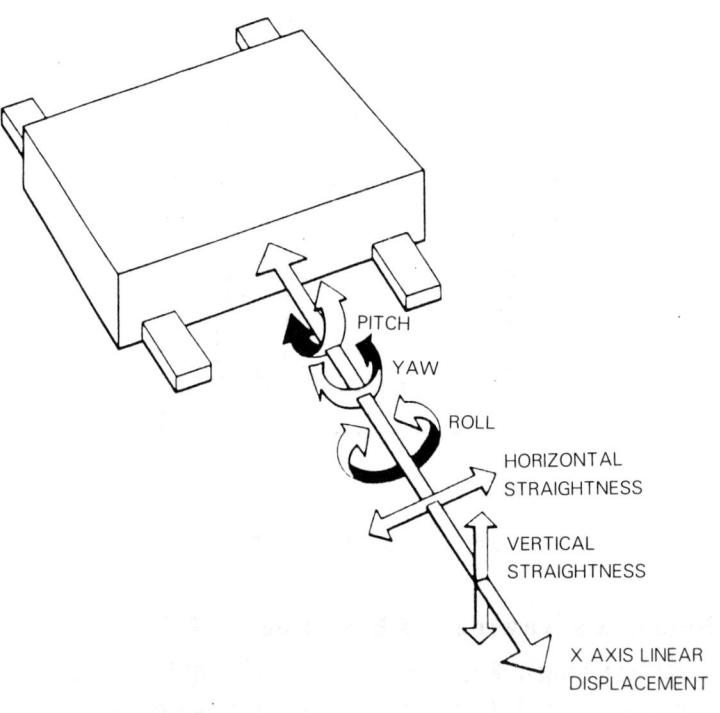

그림 4-129 X축 운동시의 회전 성분

제4장 정밀 측정의 실제(응용편) 357

6.8 데이터 처리 프로그램

(1) 좌표설정 프로그램

피측정물을 임의의 상태로 설치해서 기준이 되는 평면, 축방향 및 원점의 프로빙에 의해 좌표를 설정한다(그림 4-130).

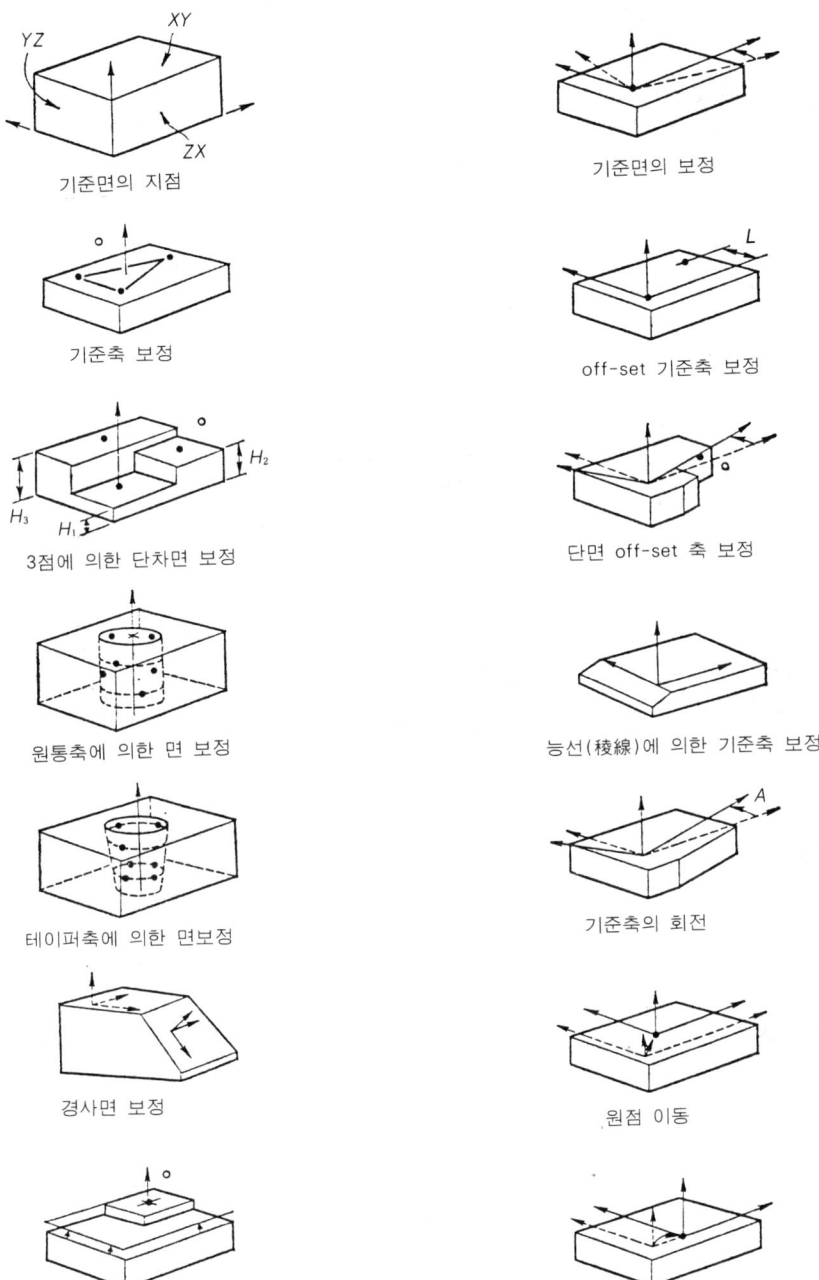

그림 4-130 기준면, 원점, 기준축의 결정

(2) 형상 요소(形狀要素) 프로그램

평면, 원, 원통 등의 치수, 위치, 형상 및 위치 오차를 산출하는 표준적, 기본적인 프로그램이다(그림 4-131).

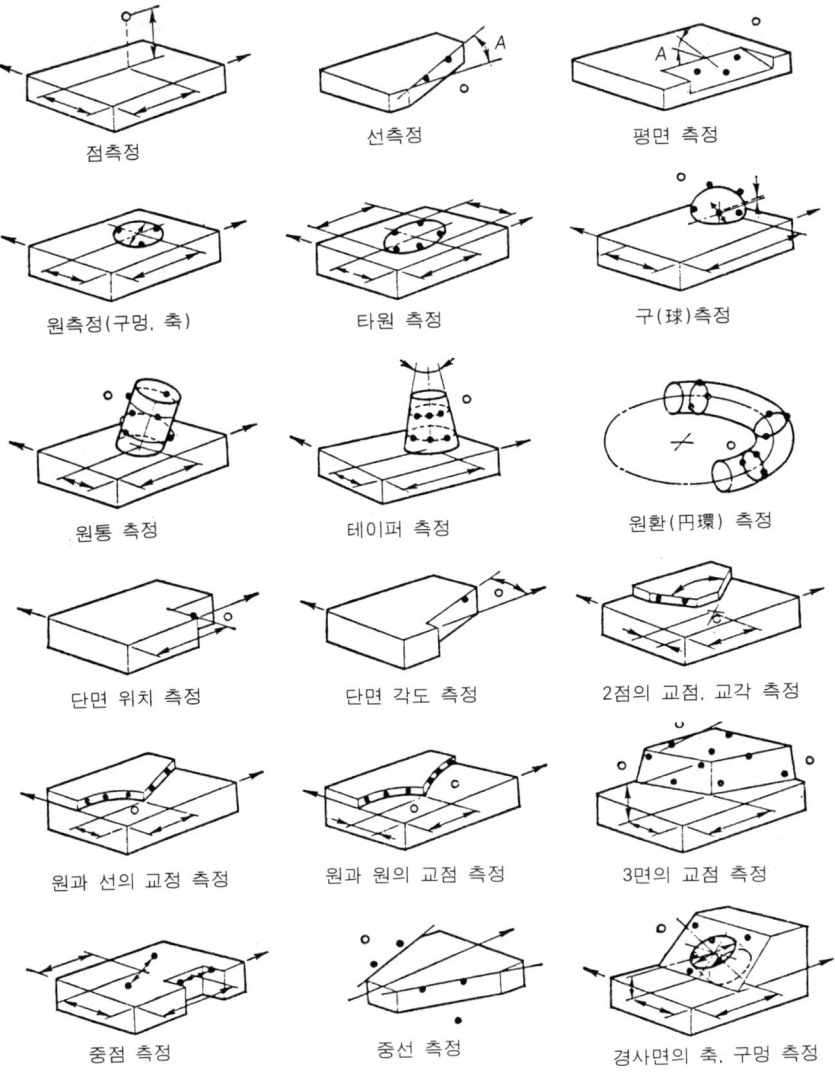

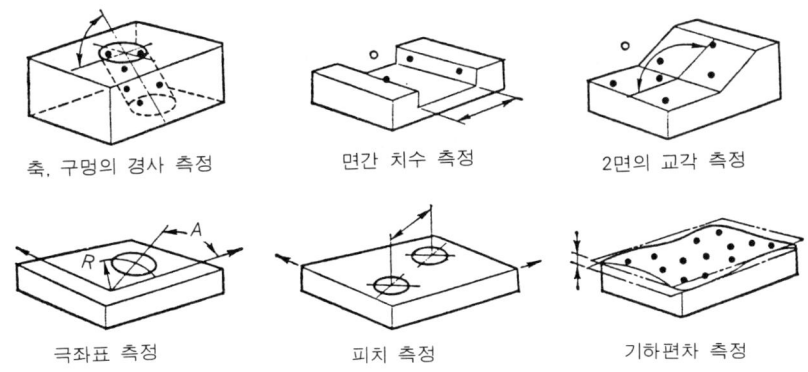

그림 4-131 측정 항목 예

(3) 조합 계산 프로그램

(1)의 측정 항목을 조합해서 교점, 중점, 중심선의 계산, 그 요소간의 거리, 각도, 기하 편차(직각도, 평행도 등) 등을 계산으로 구하는 프로그램이다.

(4) 조합, 판정 프로그램

측정 부분의 설계값과 공차를 입력시켜 측정값을 허용 치수와 비교하여 합격과 불합격을 판정하는 프로그램이다.

(5) 형상 측정 프로그램

곡면이 2차원적과 3차원적 또는 이론값(설계값)의 유무(有無)에 따라 다음 4가지로 나눈다.

2차원 ┌ 이론값 존재할 때
        └ 이론값 없을 때

3차원 ┌ 이론값 존재할 때
        └ 이론값 없을 때

(6) 통계 처리 프로그램

측정 결과를 히스토그램, $\overline{X}-R$관리도, 정규 분포도, 산포도 등으로 처리해서 나타내는 것으로, 공정 관리나 품질 관리에 크게 도움이 된다.

(7) 검사 성적서 프로그램

양식화된 검사 성적서에 측정 데이터를 손으로 일일이 써넣는 것은 실수가 뒤따를 가능성이 높다.

기억 장치에 들어 있는 데이터 중에서 필요한 것을 추출하여 검사 성적서를 작성하면 능률과 오류를 방지할 수 있기 때문에 좋다.

6.9 측정시 주의 사항

1) 공급하는 공기 압력이 규정된 압력에 도달하지 않는 경우에는 슬라이딩 부분에 무리가

따르기 때문에 매일 확인한다.
2) 공기 필터, mist separator에 수분, 오일 등이 한도 이상으로 남아있는지 자주 점검해야 한다.
3) X, Y축의 안내면은 측정 전에 먼지를 깨끗이 닦아낸다.
4) 테이블은 측정 기준면이기 때문에 피측정물 취급시 상처를 입지 않도록 주의한다.
5) 3축의 스케일에 먼지가 묻었을 경우에는 카운터값의 오류가 발생하므로 blower brush로 불어내야 한다.

6.10 측정 방법 및 순서

(1) 공기 베어링 방식에서는 먼저 콤프레셔 스위치를 켜고, 콤프레셔에서 압축된 공기가 아프터 쿨러(after cooler), 메인 필터(main filter), 에어 드라이어(air drier)를 거쳐서 3차원 측정기에 설치된 필터를 통과하여 수분, 유분, 고형물 등이 완전히 제거된 순수한 공기를 베어링에 공급한다(그림 4-132).

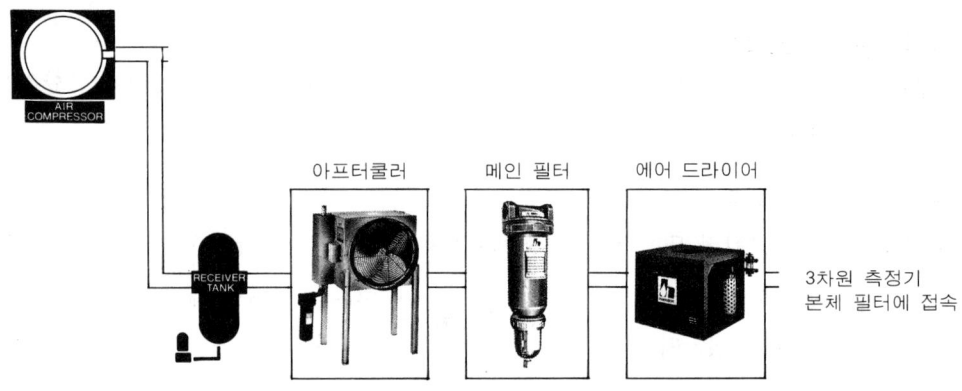

그림 4-132 공기 클리닝 시스템

(2) 3차원 측정기 본체, 데이터 처리 장치 및 프린터 등에 전원을 넣은 다음, 데이터 처리 장치에는 프로그램 디스켓을 삽입한다.
(3) X, Y, Z축의 각 가동부의 안내축을 면헝겊에 알코올 등을 묻혀서 깨끗이 닦는다.
(4) Z축에 측정용 전자식 터치 신호 프로브를 부착한다.
(5) 보정용 터치 신호 프로브의 직경(이하 보정볼이라 한다)을 측정한다.
  보정 볼 직경(correction ball diameter)이란 만능 터치 신호 프로브에서는 측정자 선단 볼이 피측정물에 접촉하면서 상대적으로 δ량만큼 더 이송하였을 때 신호를 발생한다. 동시에, 이 δ량은 적절히 조정한 측정력의 경우, 어느 방향에서도 항상 일정한 양으로 안정되어 있기 때문에 측정 데이터를 처리하는 경우에는 실제의 볼 직경 d가 아니고, δ량을 가미한 볼 직경 d'를 이용하면 어떠한 측정에 있어서도 보다 정확한 측정 결과를 얻을 수 있다. 이 d'를 보정 볼 지름이라 부른다.

(6) 보정 볼 직경을 구하기 위해서는 표준 링 게이지, 기준구, 또는 게이지 블록을 이용하여 측정할 수 있다. 그림 4-133은 게이지 블록을 이용하여 보정 볼 직경을 구하는 방법으로 이때 실제 볼 직경과의 관계는

$$d' = d - 2\delta \tag{4.62}$$

이다.

그러나, 최근에는 게이지 블록 대신에 정확한 직경을 알고 있는 기준구를 이용하여 보정볼 직경을 구한다.

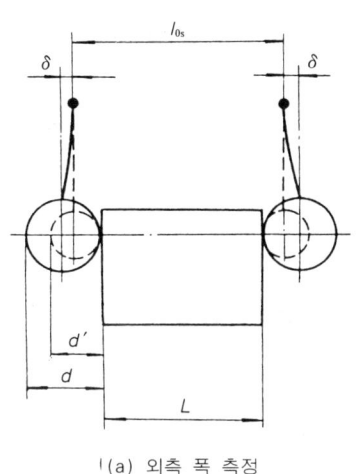 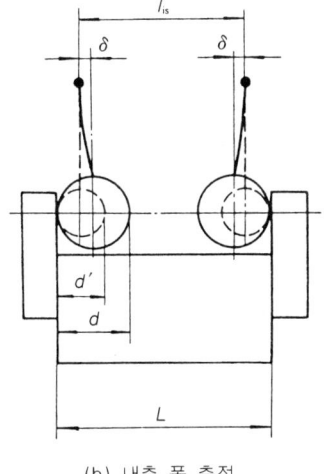

(a) 외측 폭 측정　　　　　　　　(b) 내측 폭 측정

L : 게이지 치수(gage length)
l_{os} : 외측 측정값(outside measurement)
l_{is} : 내측 폭 측정값(inside measurement)
d : 실제 볼 지름(ball diameter)
d' : 보정 볼 지름(correction ball diameter)
δ : 불감량(displacement before signal issue)

그림 4-133 보정 볼 지름의 측정

따라서, 정확한 치수 L을 알고 있는 게이지(예를 들면 50~100mm 정도의 블록 게이지)의 양단에 그림 4-133(b)와 같이 2개의 블록 게이지를 밀착시켜서 만능 터치 신호 프로브로 외측 치수 l_{os}와 내측 치수 l_{is}를 측정해서 다음 식에 의해 보정 볼 지름을 구한다.

$$d' = \frac{(l_{os}-L)+(L-l_{is})}{2} \tag{4.63}$$

(7) 보정 볼 지름 입력 프로그램을 이용하여 d' 값을 입력한다.

(8) 측정할 면(XY, YZ, ZX면)을 지정한다. 그림 4-134와 같이 측정할 면을 지정하면 모든 측정값은 측정면에 수직으로 투영되어 측정점을 계산한다.

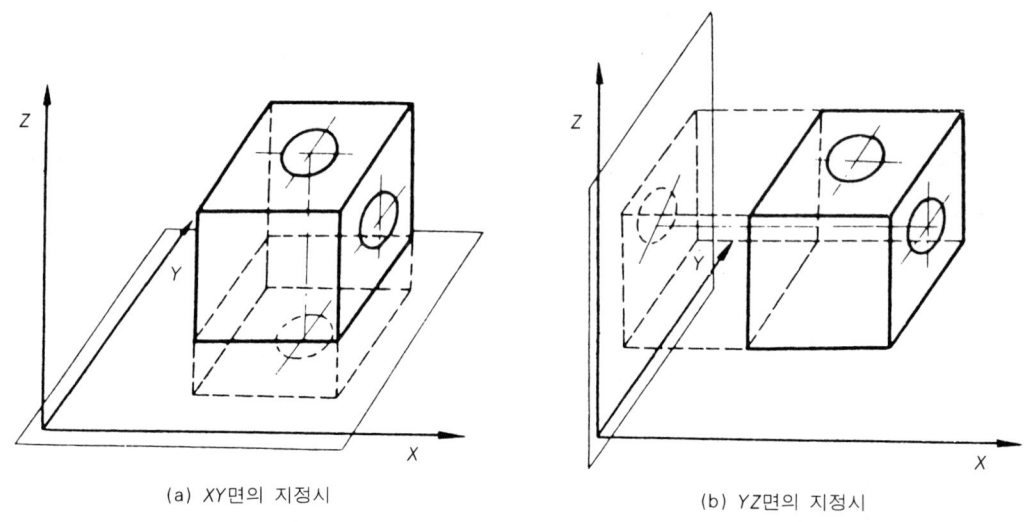

(a) XY면의 지정시　　　　　　　　(b) YZ면의 지정시

그림 4-134　면 지정

또한 측정면의 지정에 따라 제1축, 제2축, 제3축이 달라지게 된다.

측정면	제1축	제2축	제3축
XY면	X축	Y축	Z축
YZ면	Y축	Z축	X축
ZX면	Z축	X축	Y축

(9) 면 보정(공간회전)을 실시한다.

기준면의 위치를 보정(補正)하는 기능으로, 이 기능에 의해 기준면의 경사와 제3축(XY면 지정시에는 Z축)의 원점을 결정한다.

면 보정(plane alignment)시에는 보통 3점 또는 그 이상의 입력점을 가지는데, 그림 4-136(c)와 같이 가능한 한 넓은 면을 취하는 것이 오차를 줄일 수 있다.

면보정이 끝나면 그림 4-137과 같이 제3축의 원점은 보정면이 된다.

(10) 측정 좌표계를 설정한다.

① 직교면을 좌표계로 설정할 때의 순서는 다음과 같다.

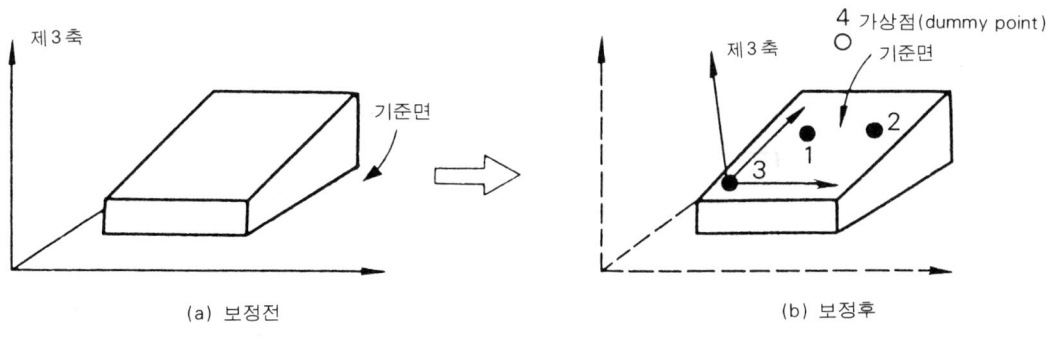

(a) 보정전 (b) 보정후

그림 4-135 면 보정

(a) 일직선상이면 계산 불가능 (b) 정도가 나쁨 (c) 정도가 좋다

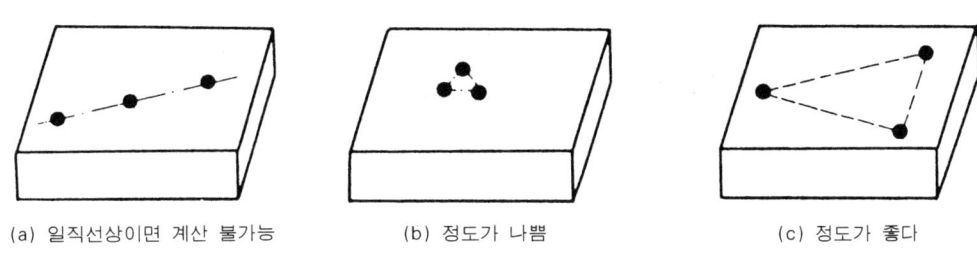

그림 4-136 면 보정 위치

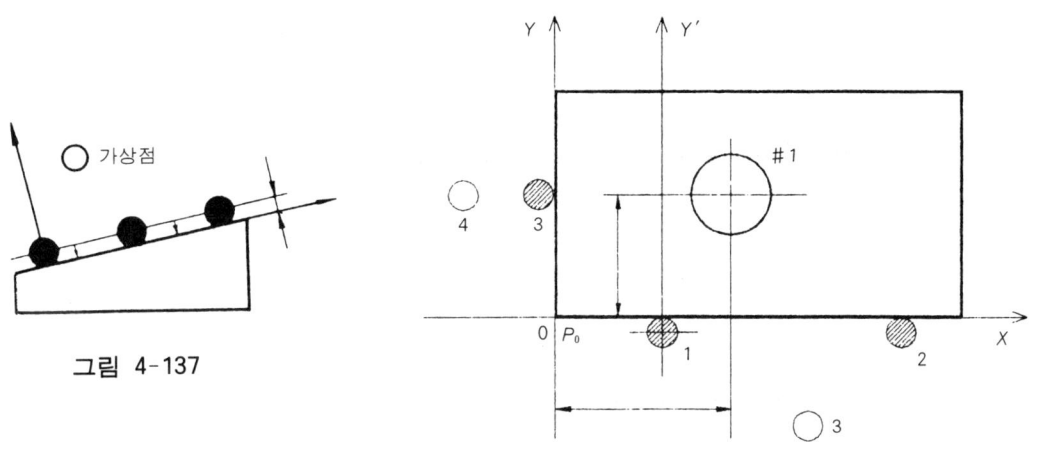

그림 4-137

그림 4-138 직교면 좌표계

ㄱ. 원점 지정(#1 입력)

ㄴ. 축 보정(평면회전)(#2 입력)

ㄷ. 좌표계 원점의 평행 이동(P_o)

② 두 구멍 중심을 통과하는 좌표계의 설정

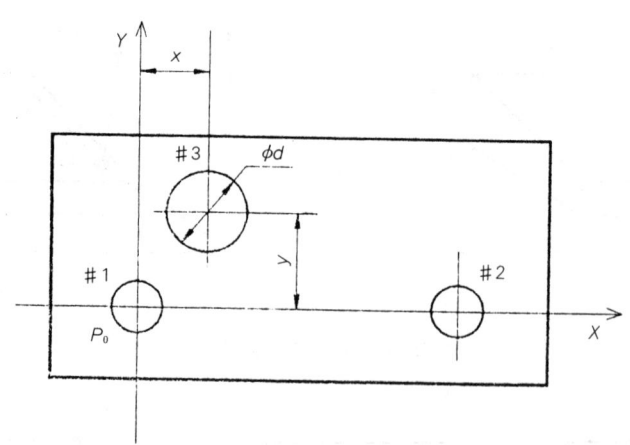

그림 4-139 두 원의 중심을 통과하는 좌표계

ㄱ. #1 원을 측정하고, 그 원의 중심을 원점으로 지정한다.
ㄴ. #2 원을 측정하고, 그 원의 중심을 축 보정(평면회전)한다.
ㄷ. (ㄱ), (ㄴ)과 같은 좌표계 설정이 끝나면 그림 4-139와 같이 X, Y 좌표계가 결정된다.
ㄹ. #3 원의 좌표를 측정한다.

③ 하나의 원의 중심을 통과하는 좌표계의 설정

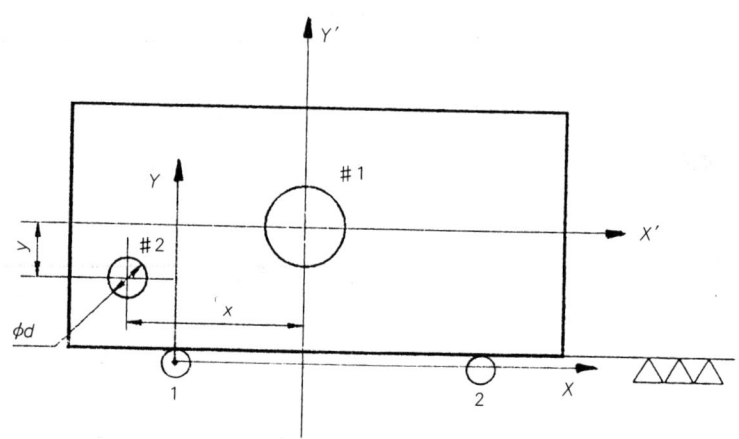

그림 4-140 하나의 원을 통과하는 좌표계

ㄱ. 임의의 한 점 #1을 측정해서 그 중심을 원점으로 취한다.
ㄴ. 임의 한 점 #2를 측정해서 그 중심을 축 보정(평면회전)한다.
  그러면 좌표계는 그림 4-140의 X, Y와 같이 설정된다.

ㄷ. 원 #3를 측정해서, 그 원의 중심으로 원점을 평행 이동한다.

그러면 X, Y 좌표계는 X', Y' 좌표계로 평행 이동된다.

ㄹ. #4등 각 측정 항목을 측정한다.

④ 단축, 복축, 보정 좌표계(오프셋 좌표계)

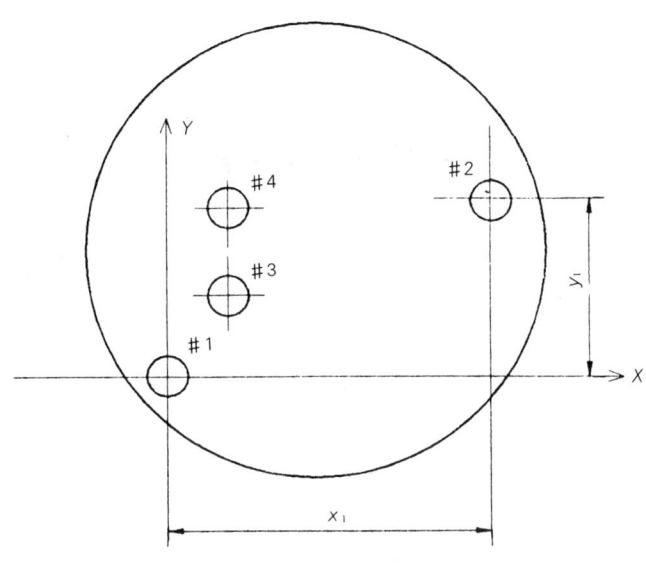

그림 4-141 오프셋 좌표계

ㄱ. #1 원을 측정해서 원점으로 지정한다.

ㄴ. #2 원을 측정해서 단축 또는 복축 보정한다.

예를 들면, 단축인 경우 도면에 명시된 $X_1 = XX, XXX$ 또는 $Y_1 = XX, XXX$를 입력한다.

복축 보정인 경우, $X_1 = XX. XXX$, $Y_1 = XX. XXX$를 순서대로 입력한다. 입력이 끝나면 좌표계는 #1 원과 #2 원의 입력된 좌표값을 가지는 상태로 이론적으로 축 보정된다.

(11) 거리, 각도, 형상, 기하 편차 등을 측정한다.

① 1점 측정

공간상의 1점을 측정하여 이 점의 측정물 원점으로부터 결정된 좌표로 변환한다. 이 항목은 단면에서 축을 보정할 때와 면의 평면 상태를 조정할 때, 테이퍼 프로브를 이용하여 원구멍의 중심 위치를 측정할 때 등에 사용한다.

② 중점 측정

공간상의 2점을 측정하여 그 중점을 구한다.

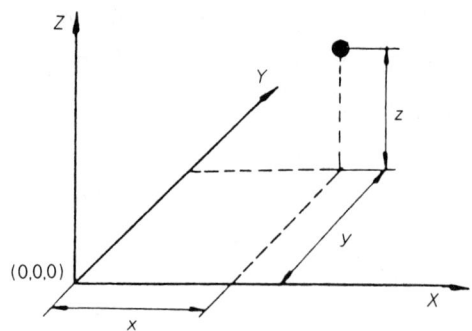

그림 4-142 1점 측정

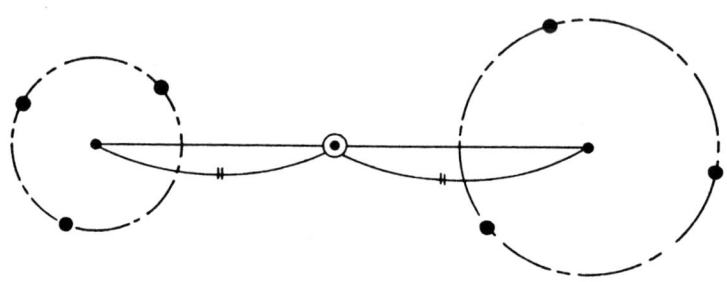

그림 4-143 중점 측정

③ 원 측정

원구멍 또는 원주(원통 기둥), 구멍 중심을 통과하는 원주상 3점을 측정하면, 그 3개의 좌표로부터 원의 방정식이 구해져 중심 위치와 지름이 계산된다. 직경 산출시 내경과 외경은 프로브 지름 설정에서 입력된 지름만큼 보정을 행한다.

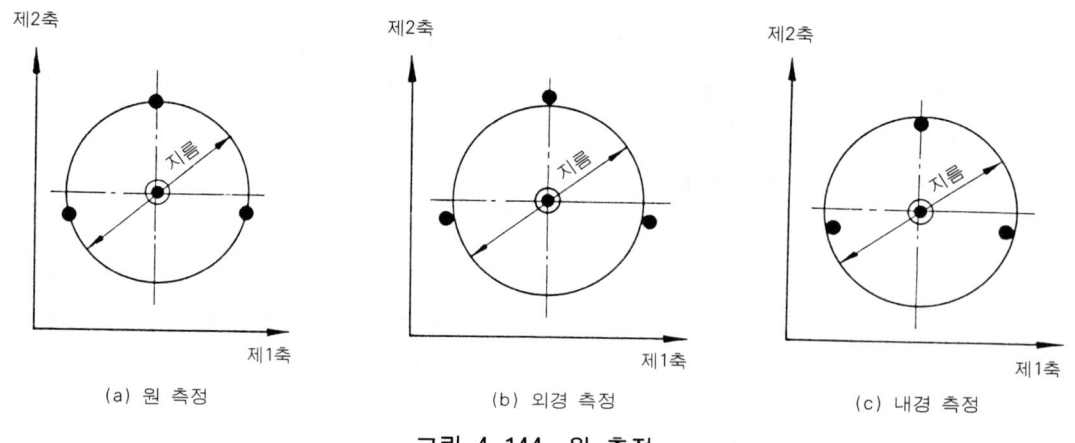

그림 4-144 원 측정

④ 교점, 교각 측정

사각 구멍과 면과 면각의 교차점을 구하려면 1개의 단면에 2점, 또다른 단면에 2점을 측정해서 각각 그 두 점이 이루는 직선의 교점과 교각이 구해진다.

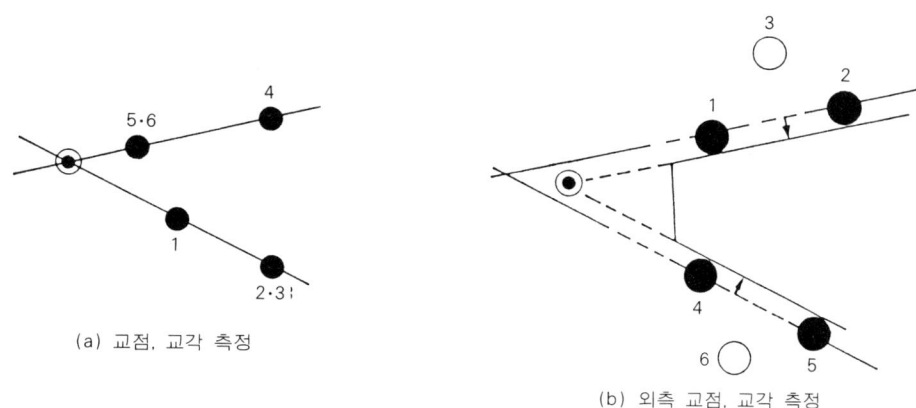

(a) 교점, 교각 측정

(b) 외측 교점, 교각 측정

그림 4-145 교점, 교각 측정

⑤ 면 사이의 폭 측정

평행한 두 면 사이의 거리는 한쪽 면상의 2점과 다른 쪽 면의 1점을 측정하여 계산한다.

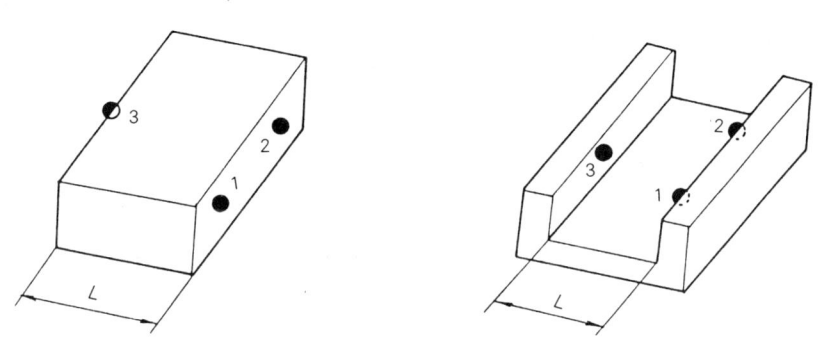

그림 4-146 면 사이의 폭 치수

⑥ 면 교각 측정

2개의 평면에서 각 평면에 3점씩, 6점을 입력하여 2면간의 입체적인 교각이 산출된다. 2개 면 사이의 교각이라는 것은 두 면의 각각에 대해 수직한 선분의 교각이라 할 수 있다.

⑦ 두 개 구멍 중심간 거리 및 중점 측정

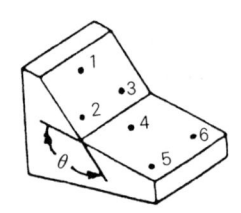

그림 4-147 면 교각 측정

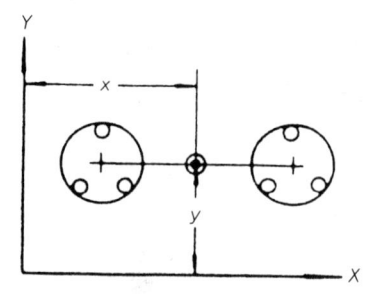

그림 4-148 두 개 구멍의 중심 측정

⑧ 기타 응용 측정
  ㉠ 3개의 구멍 중심을 통과하는 원의 중심과 직경 측정(원과 원 측정의 조합)(그림 4-149)
  ㉡ 3쌍의 구멍 중 각각 2개 구멍의 중심을 통과하는 원의 중심과 지름 측정(원, 중점, 원 측정의 조합)(그림 4-150)

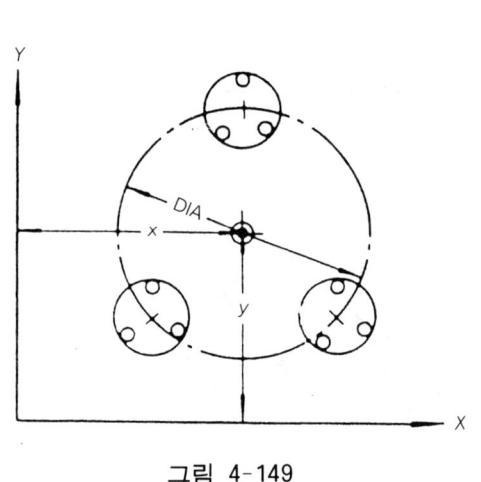

그림 4-149

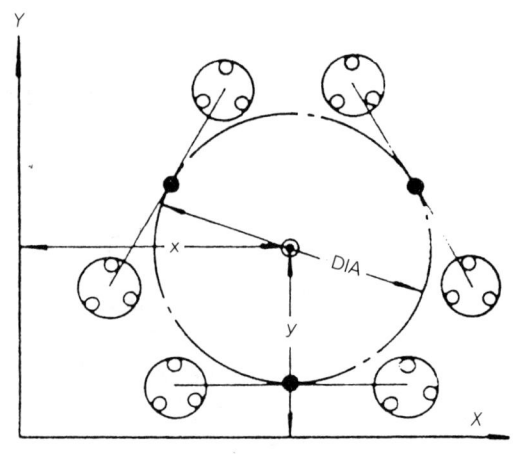

그림 4-150

  ㉢ 2개의 원의 중심을 통과한 직선과 다른 2개의 원의 중심을 통과한 직선 사이의 교점, 교각 측정(원과 교점, 교각 측정의 조합)(그림 4-151)
  ㉣ 3개의 교점을 지나는 원의 중심 측정(그림 4-152)
  ㉤ 2개의 구멍 중심 사이의 중점과 중점 사이의 중점 측정(그림 4-153)
  ㉥ 2개의 교점의 중점 측정(그림 4-154)
  ㉦ 사변형 대각선의 교점 측정(그림 4-155)
  ㉧ 원과 원의 교점 측정(그림 4-156)

ⓒ 원과 직선의 교점 측정(그림 4-157)
ⓒ 원통의 축 중심과 기준면과의 교점 측정(그림 4-158)

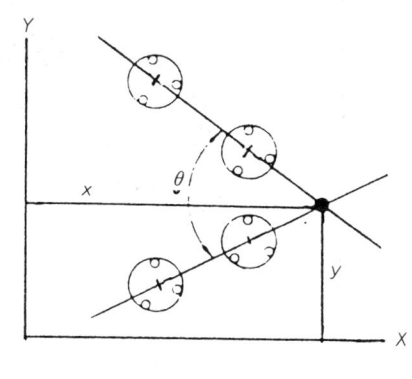

그림 4-151

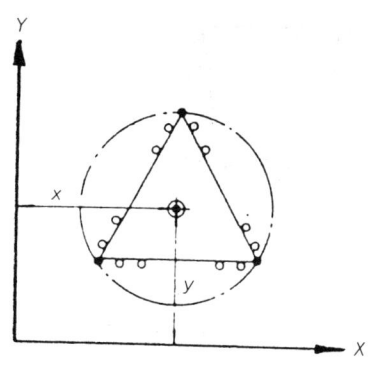

그림 4-152

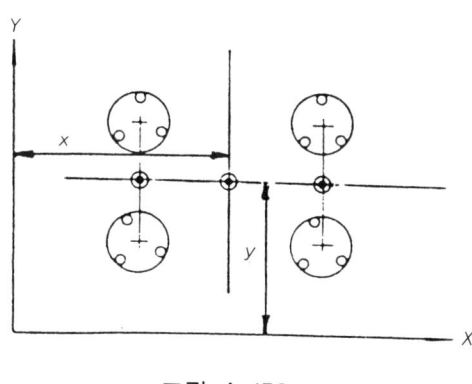

그림 4-153

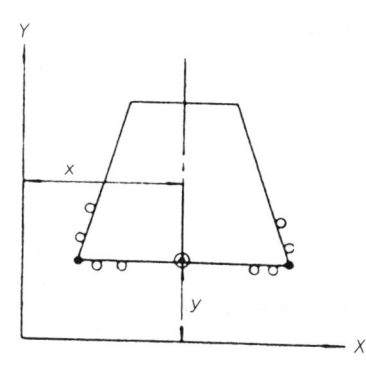

그림 4-154

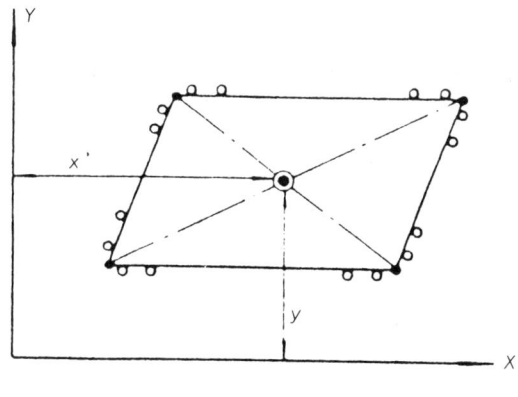

그림 4-155

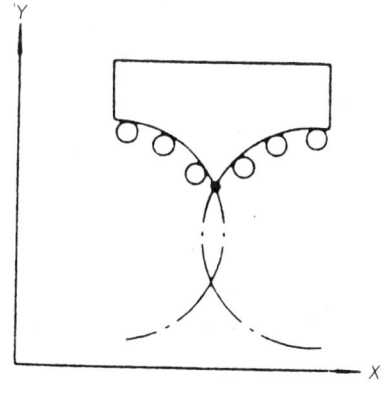

그림 4-156

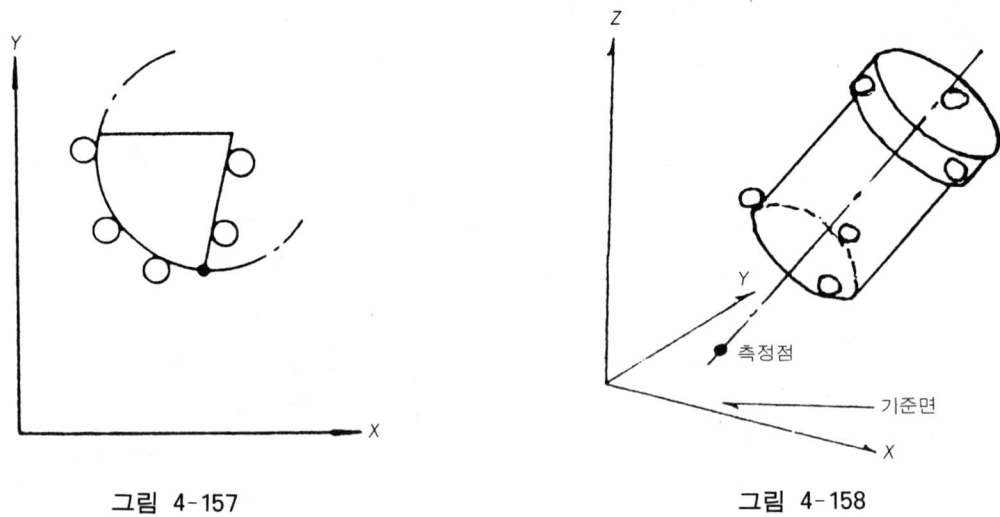

그림 4-157 그림 4-158

6.11 측정값의 정리

이러한 과정을 거쳐서 측정한 측정값을 도면과 함께 정리한다.

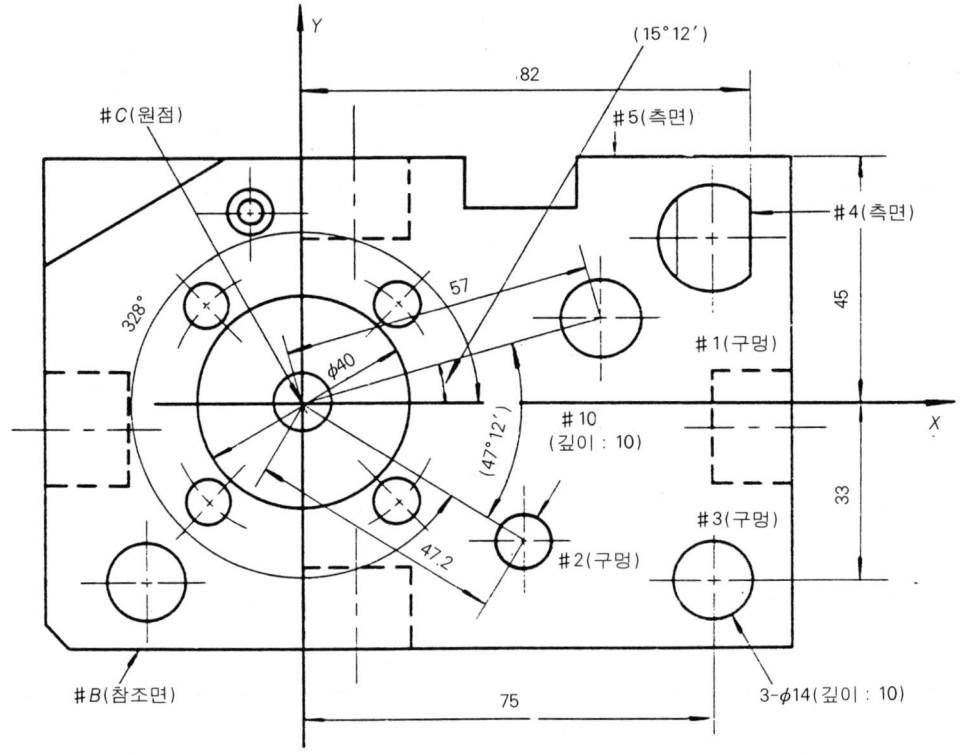

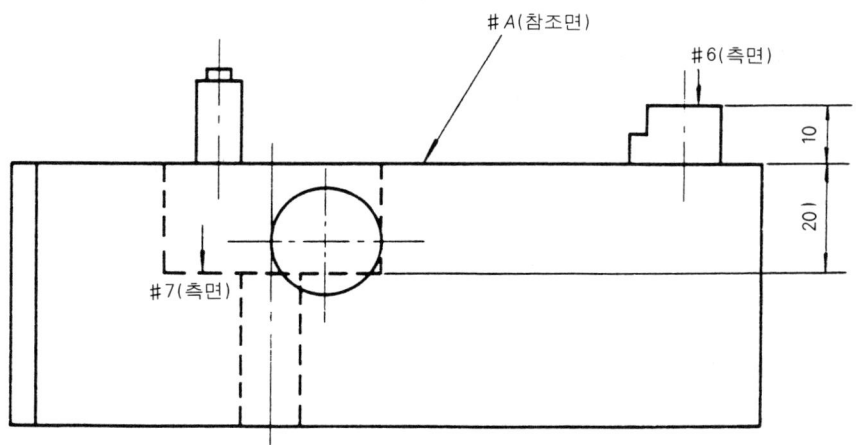

그림 4-159 피측정물의 실 예

6.12 결과

표 4-26 측정결과의 예((주)덕인)

측정 항목 측정값 규격값 편차량 규격 상한 규격 하한 편차

1 : 기계 좌표계 1

 좌표계 원점

  Xm : 0.000mm

  Ym : 0.000mm

  Zm : 0.000mm

 좌표계 기준 평면의 축각

  X/Z : 0.000도

  Y/Z : 0.000도

 기준 평면 : XY평면

2 : 평면 1

 절편 Z : -253.461mm

 축각 X/Y : -0.016도

    X/Y : 0.014도

3 : 공간 회전 2 ← 2(평면 1)의 되부름

 좌표계 원점

  Xm : 0.070mm

  Ym : -0.064mm

$Zm:$ -253.461mm

　　　좌표계 기준 평면의 축각

　　　　　$X/Z:$ -0.016도

　　　　　$Y/Z:$ 　0.014도

　기준 평면 : XY평면

4 : 직선 1

　절편　$Y:$ 　-255.174mm

　축각　$Y/X:$ 　-1.335도

　2점 측정 XY평면 투영

5 : 평면 회전 3 ← 4(직선 1)의 되부름

　좌표계 원점

　　　$Xm:$ 　-5.874mm

　　　$Ym:$ 　-255.100mm

　　　$Zm:$ 　-253.399mm

　좌표계 기준 평면의 축각

　　　$X/Y:$ 　-0.016도

　　　$Y/Z:$ 　0.014도

　기준 평면 : XY평면

6 : 원 1

　중심　$X:$ 　51.861mm

　　　　$Y:$ 　44.985mm

　지름　$D:$ 　40.039mm

　4점 측정 내측 투영원

7 : 원점 이동 4 ← 6(원 1)의 되부름

　좌표계 원점

　　　$Xm:$ 　47.021mm

　　　$Ym:$ 　-211.336mm

　　　$Zm:$ 　-253.395mm

　좌표계 기준 평면의 축각

　　　$X/Y:$ 　-0.016도

　　　$Y/Z:$ 　-0.014도

　기준 평면 : XY평면

8 : 원 2

　중심　$X:$ 　55.121mm

        $Y :$ 15.017mm
지름 $D :$ 13.940mm
4점 측정 내측 투영원

9 : 원 3
중심 $X :$ 40.012mm
        $Y :$ -24.972mm
지름 $D :$ 10.015mm
4점 측정 내측 투영원

10 : 원 4
중심 $X :$ 75.014mm
        $Y :$ -32.939mm
지름 $D :$ 13.957mm
4점 측정 내측 투영원

11 : 평면 2
절편 $X :$ 82.604mm
축각 $Y/X :$ 0.919도
        $Z/X :$ -0.130도
3점 측정

12 : 평면 3
절편 $Y :$ 44.998mm
축각 $X/Y :$ -0.028도
        $Z/Y :$ 0.088도
3점 측정

13 : 거리 1 ← 6(원 1) & 8(원 2)의 거리
거리 $L :$ 57.130mm

14 : 거리 2 ← 6(원 1) & 9(원 3)의 거리
거리 $L :$ 47.165mm

15 : 평면 4
절편 $Z :$ 9.811mm
축각 $X/Z :$ -0.119도
        $Y/Z :$ -0.118도
3점 측정

16 : 점 1
        $Z :$ -20.177mm

17. 직선 2 ← 6(원 1) & 8(원 2)의 최단선
  절편 X :   0.000mm
       Z :   0.000mm
  축각 Y/X 15.240도
       Z/X : -0.000도

18. 직선 3 ← 6(원 1) & 9(원 3)의 최단선
  절편 X :   0.000mm
       Z :   0.000mm
  축각 Y/X : -31.969도
       Z/X : -0.000도

6.13 결론 및 토의

1) 측정값의 오차가 어느 정도 발생하는지 알아보자.
2) 환경에 의해 발생하는 오차에 대해서 알아보자.
3) 정도 평가법에 어떠한 방법들이 있는지에 대해서 알아보자.
4) 보정 볼 지름의 정밀 측정법에 대해서 알아보자.
5) 3차원 측정기의 공간 정밀도 평가법에는 어떠한 방법이 있는지 조사해 보자.
6) 3차원 측정기의 효율적인 관리방법에 대해서 알아본다.
7) 3차원 측정기의 ISO 규격과 KS 와의 차이점에 대해서 조사해 보자.

7. 진원도 측정

7.1 실습 목표
부품의 끼워맞춤, 회전 정도, 기밀성, 조립성, 진동, 마찰 저항 및 소음 등에 크게 영향을 미치는 진원도의 정확한 의미와 그 중요성을 이해하고 각종 방법에 따른 진원도의 측정 원리 및 측정 방법을 통하여 올바른 진원도 평가법을 익히는 데 있다.

7.2 사용 측정 기기
1) V-블록(60°, 90°)
2) 진원도 측정기(테이블 회전식 또는 검출기 회전식)
3) 지렛대식 다이얼 테스트 인디케이터(0.002mm, 0~0.28mm)
4) 마그네틱 베이스(magnetic base)
5) 하이트 게이지
6) 직각 블록(square plate)
7) 피측정물
8) 알코올, 포플린 등

7.3 진원도 정의
진원도란 둥근 봉, 둥근 구멍, 둥근 추 또는 구 등의 원형 단면의 윤곽 형상이 이상적인 원(기하학적으로 똑바른 원)으로부터 벗어난 크기를 말한다.

진원도의 측정 및 표시는 각국에 따라 다르지만 크게 직경법, 3점법, 반경법으로 표시할 수가 있으며, ISO 및 KS에서는 반경법에 의한 정의로 규정하고 있다.

7.4 직경법
원형 부품의 한 단면의 직경을 여러 방향으로 측정하여 최대치와 최소치의 차로써 진원도를 정의하는 방법이다. 공작 라인에서 가장 널리 사용되고 있는 방법으로, 원형 부분의 직경을 마이크로미터나 버니어 캘리퍼스로 측정하여 그 차로 표시한다. 구멍이 있는 부품의 경우, 그림 4-160처럼 실린더 게이지나 링 게이지, 콤퍼레이터 등으로 내경을 측정하여 최대치와 최소치 차로 진원도를 나타낸다.

이 방법은 진원도를 쉽고 빠르게 측정할 수 있으며, 즉 타원을 전제로 할 경우에는 적합하나 측정 단면에 요철이 있거나 등경 왜원(等經歪圓)일 경우 문제가 된다. 그리고, 짝수의 요철을 갖는 경우, 실제의 진원도 값보다 보통 2배의 값이 나타난다. 특히, 직경법으로 측정하여 얻은 데이터로부터 피측정물의 형상을 정확히 파악할 수 없는 데에 직경법의 가장 큰 문제점이 있다.

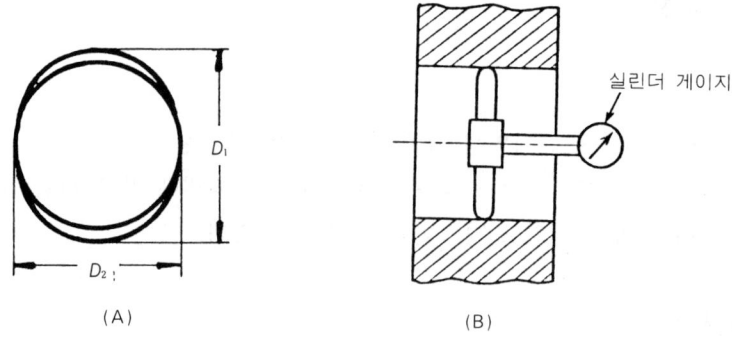

그림 4-160 직경법에 의한 진원도의 측정

등경 왜원이란 원형 부분의 단면에서 여러 방향으로 직경을 측정하였을 때, 그림 4-161같이 직경값은 일정하지만 진원이 아닌 경우의 도형을 말한다. 그림 4-162와 같이 요철이 홀수인 정3각형, 정5각형, 정7각형을 기본으로 한 등경 왜원의 경우, 직경법으로 측정한 값은 진원도 값은 0이 되나 진원이 아님을 알 수 있다.

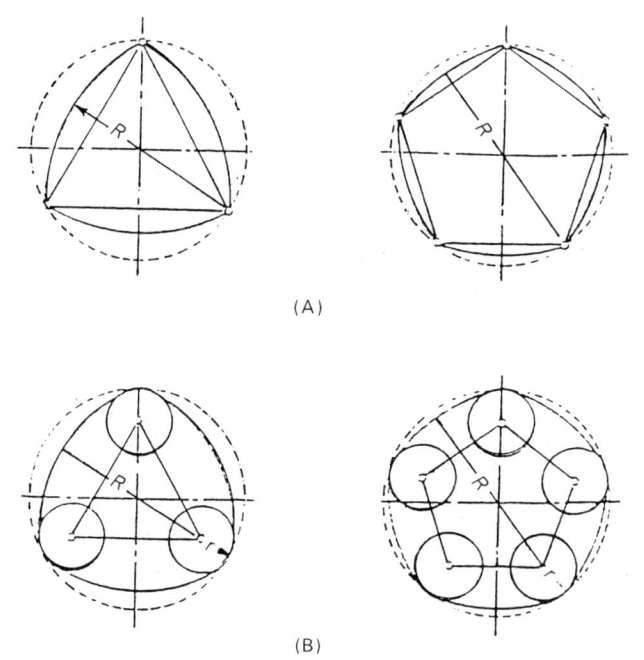

그림 4-161 등경 왜원

제4장 정밀 측정의 실제(응용편) 377

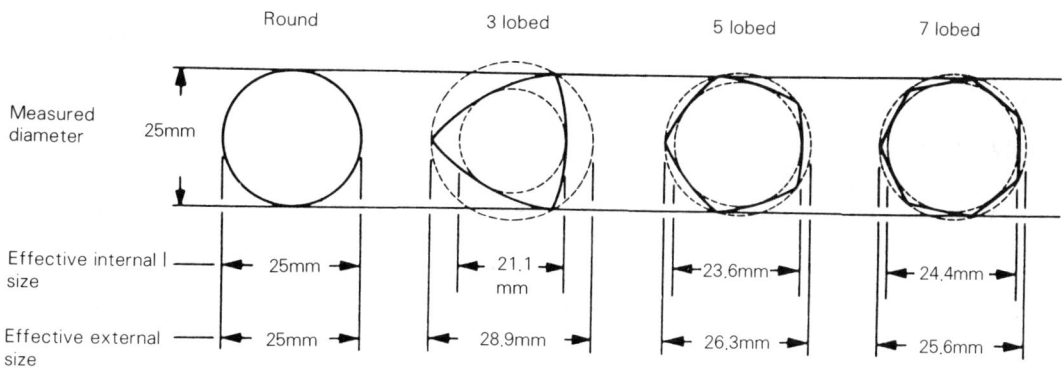

그림 4-162 진원과 등경 왜원

7.5 3점법

그림 4-163과 같이 원형 부분을 2지점에서 지지하고, 그 두 지점의 수직 2등분선상에 검출기를 위치시킨 후 피측정물을 360°회전시켰을 때 지침의 최대 변위량으로 진원도를 정의한 것이다.

3점법에 의한 진원도 측정은 직경법의 단점인 등경 왜원일 경우 진원도 판단이 가능하나 V블록, 곡률 게이지, 3각 게이지의 벌어진 각도(α, β, r)와 요철 수에 따라서 측정값이 달라진다.

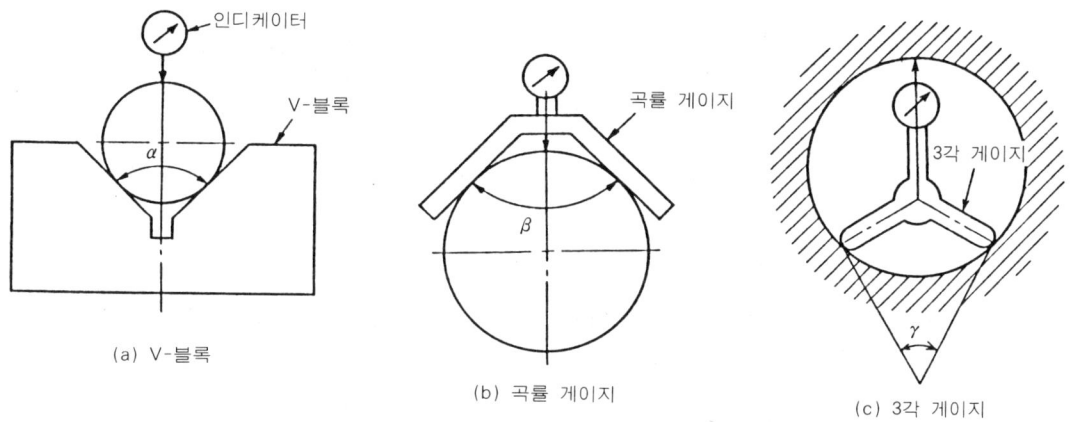

그림 4-163 3점법에 의한 진원도 측정

그러므로, 3점법에 의한 진원도 측정값이 반경법에 의한 진원도 측정값과 같아야 하며, 그렇지 않을 경우는 다음 식에 의하여 보정할 수도 있다.

피측정물을 1회전시켰을 때 지침의 전체 움직인양 FIM을 구하고, 피측정물의 n개의 산의 굴곡이 사인(sine)곡선이라고 가정하고 반경법에 의한 진원도를 ΔR이라 하면

$$\Delta R = \frac{\text{FIM}}{fn} \tag{4.64}$$

로 놓으면

여기서 fn은

V블록의 경우 $\qquad fn = 1 + \dfrac{\cos n(90°+\alpha/2)}{\sin \alpha/2}$ (4.65)

곡률 게이지의 경우 $\qquad = 1 - \dfrac{\cos n(90°-\beta/2)}{\sin \beta/2}$ (4.66)

3각 게이지의 경우 $\qquad = 1 + \dfrac{\cos n(90°+r/2)}{\sin r/2}$ (4.67)

여기서, $n=2\sim12$범위에서 구한 fn의 값을 표시하면 표 4-26과 같다.

표 4-26 f_n의 값

각도		요철수(n)	2	3	4	5	6	7	8	9	10	11	12
V 블 록	α	60°	0	3	0	0	3	0	0	3	0	0	3
		90°	1	2	0.41	2	1	0	2.41	0	1	2	0.41
		120°	1.58	1	0.42	2	0.16	2	0.42	1	1.58	0	2.16
		150°	1.90	0.27	1.52	0.73	1	1.27	0.48	1.73	0.10	2	0.04
곡률게이지	β	60°	2	3	2	0	1	0	2	3	2	0	1
		90°	1	2	2.41	2	1	0	0.41	0	1	2	2.41
		120°	0.42	1	1.58	2	2.16	2	1.58	1	0.42	0	0.16
		150°	0.10	0.27	0.48	0.73	1	1.27	1.52	1.73	1.90	2	2.04
3각게이지	r	60°	0	3	0	0	3	0	0	3	0	0	3
		90°	1	2	0.41	2	1	0	2.41	0	1	2	0.41
		120°	1.58	1	0.42	2	0.16	2	0.42	1	1.58	0	2.16
		150°	1.90	0.27	1.52	0.73	1	1.27	0.48	1.73	0.10	2	0.04

어떤 각의 V블록을 사용해도 측정에는 한계가 있다. 왜냐하면 그 방법은 요철의 수를 알 수가 없고 일정하게 배열된 것이라고 하는 가정을 기초로 하고 있기 때문이다. 60°V블록은 진원을 측정하는 데 자주 추천되지만 다음 3가지의 문제점을 안고 있다.

① 오차가 나타나지 않는다(5, 7산).
② 오차가 확대된다(3산).
③ 부분적인 오차밖에 나타나지 않는다(불규칙하게 배열된 산).

특히, V블록의 경우 측정 단면과 무관한 다른 단면의 요철에 의해서 측정값이 달라진다.

7.6 반경법

그림 4-164와 같이 피측정물을 센터에 지지하고 360°회전시켰을 때 측미기 지침의 최대치와 최소치와의 차로서 정의한다. 즉, 원형 부분의 반경의 최대값과 최소값의 차로써 나타내며 진원도 ____ mm 또는 ____ μm로 표시한다.

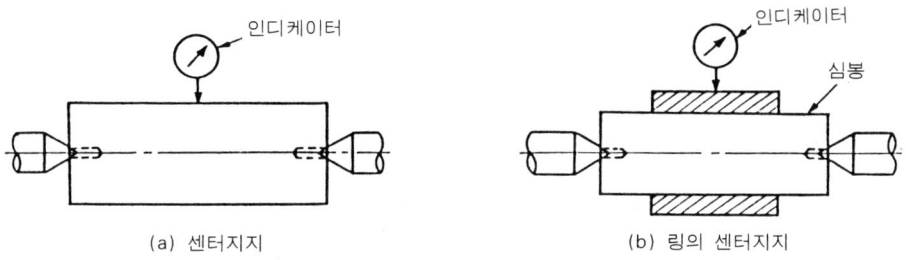

(a) 센터지지   (b) 링의 센터지지

그림 4-164 반경법에 의한 진원도 측정

진원도 측정법(직경법, 3점법, 반경법) 중에서 이론적으로 가장 좋은 방법으로서, 진원도 측정기는 이 반경법을 채용하고 있다.

반경법에는 진원도 평가의 중심을 결정하는 방법에 따라서 ISO 4291에서는 다음 4가지로 표시하고 있다.

(1) 최소 자승 중심법(least squares center-LSC)

구할 평균원과 실측 단면과의 반경의 차를 그 자승의 총합이 최소가 되는 평균원을 구했을 때, 그 평균원을 최소 자승원이라 하고, 그 원의 중심에서 실측 단면까지의 최대 반경과 최소 반경과의 차로서 진원도를 정의한다.

이 최소 자승원의 계산은 통계 처리에서 자주 이용되는 계산법인데, 보통 진원도 측정기에 부착된 계산기로 구하거나 전기적으로 Fourier 해석법을 이용한다.

LSC법은 편심을 제거하기 위하여 그림 4-165와 같이 기록지의 중심을 원점으로 하고, 도형을 n등분하여 각각의 교점 P_1, P_2, ……, P_n의 직각 좌표상의 값을 x_1, y_1, x_2, y_2, ……, x_n, y_n이라 하면 편위량 a, b 및 평균 반경 R은 다음 식으로 구한다.

$$a = \frac{2\sum xi}{n}, \quad b = \frac{2\sum yi}{n}, \quad R = \frac{\sum r}{n} \tag{4.68}$$

여기서 $\sum xi$: x값의 합계
               $\sum yi$: y값의 합계
               n : 방사선의 수
               $\sum r$: 점 P의 최소 자승 중심에서 반경 거리의 합계

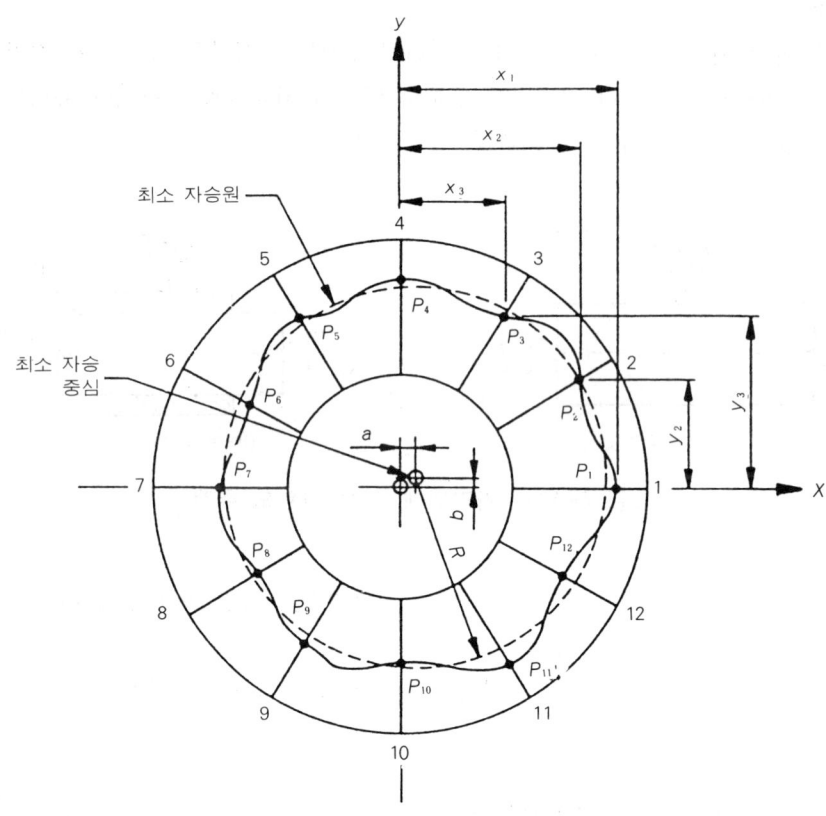

그림 4-165 최소 제곱 중심법

(2) 최소 영역 중심법(minimum zone center-MZC)

MZC법은 그린 도형에 대해 같은 중심을 갖는 내접원과 외접원을 그려, 그 내접원과 외접원의 반경의 차가 최소가 되는 중심을 기준으로 하여, 그 내·외접원의 반경의 차이로 진원도를 정의한 것이다(그림 4-169).

이 방법에 의해 측정한 진원도 값이 일반적으로 가장 작은 값이 된다.

(3) 최소 외접 중심법(minimum circumscribed circle center-MCC)

원형 부분을 측정한 극좌표 기록 도형에 외접하는 그 원의 중심에서 기록도형에 내접하는 원을 그려서, 두 원의 반경의 차로써 진원도를 표시한다(그림 4-167).

이 방법은 구멍에 축을 넣었을 때 삽입할 수 있는 구멍이 가장 작은 경우라든지 축의 축심이 어떻게 되는가를 판단하는 데 용이하다.

(4) 최대 내접원(maximum inscribed circle center-MIC)

원형 부분을 측정한 기록 도형에 내접하는 최대의 원과 그 원의 중심에서 기록 도형에 외접

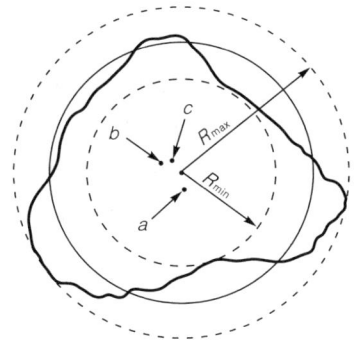
그림 4-166 최소 제곱 중심법

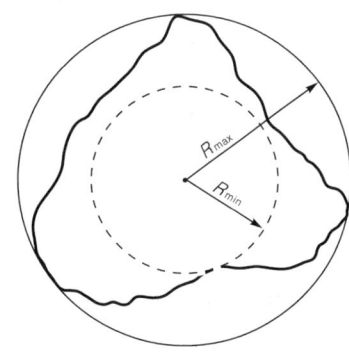
그림 4-167 최소 외접 중심법

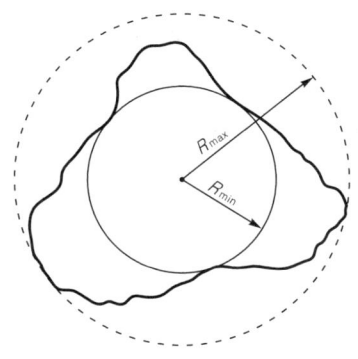
그림 4-168 최대 내접 중심법

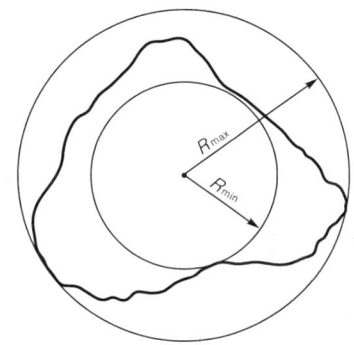
그림 4-169 최소 영역 중심법

하는 원을 그리고 두 원의 반경의 차로써 진원도를 표시한다(그림 4-168).
　이 방법은 회전축 기준에 구멍의 형상 또는 이 구멍에 들어 있는 회전축의 중심위치, 회전축의 최대경을 판단하는 데 용이하다.

7.7 진원도의 표시 방법

KS B 0425(기하 편차의 정의 및 표시, 1986), KS B 0608(기하 공차의 도시 방법, 1987)에 따르면 진원도란 원형 형체가 기하학적으로 정확한 원으로부터 어긋남의 크기로 정의하고 있으며, 표시 방법은 원형 형체를 2개의 동심인 기하학적 원 사이에 끼웠을 때, 동심인 두 원의 간격이 최소가 되는 경우의 두 원의 반지름의 차이로 진원도 ＿＿mm 또는 ＿＿μm로 표시하도록 되어 있다. 즉, 반경법의 MZC법으로 진원도를 정의하고 있다.

BS 3730-1964에서의 진원도의 표시방법은

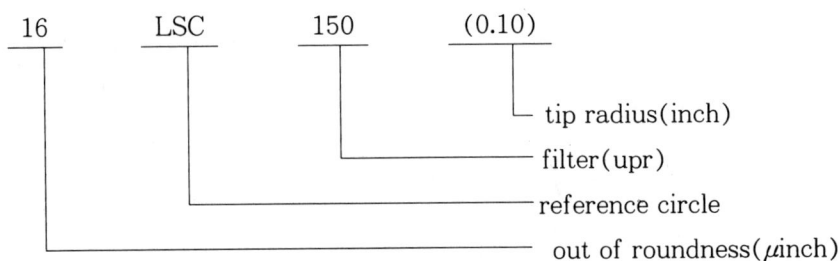

이며, BS 3730은 1982년도에 개정되었다.

ANSY B 89. 3. 1-1972에서의 표시방법은

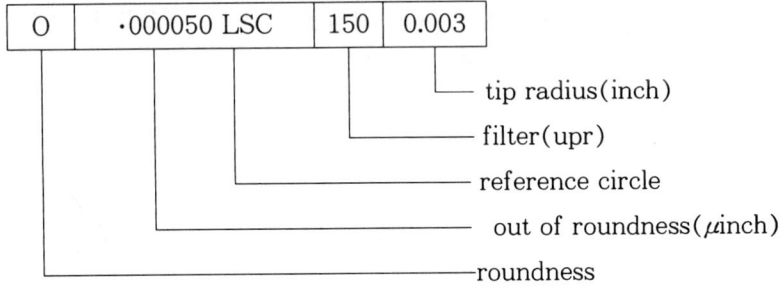

7.8 진원도 측정기

(1) 원리 및 구조

피측정물을 진원도 측정기로 측정할 경우, 피측정물을 회전시켜서 측정하는 테이블 회전 방식과 피측정물을 고정시키고 검출기를 회전시키는 검출기 회전 방식의 두 가지 방법이 있으며, 어느 경우에도 측정의 기준이 되는 회전 정밀도가 좋아야 한다.

현재, 보편적으로 사용되고 있는 진원도 측정기는 반경법을 사용하며, 그 회전 정밀도는 0.02∼0.08μm에 이르고 있다.

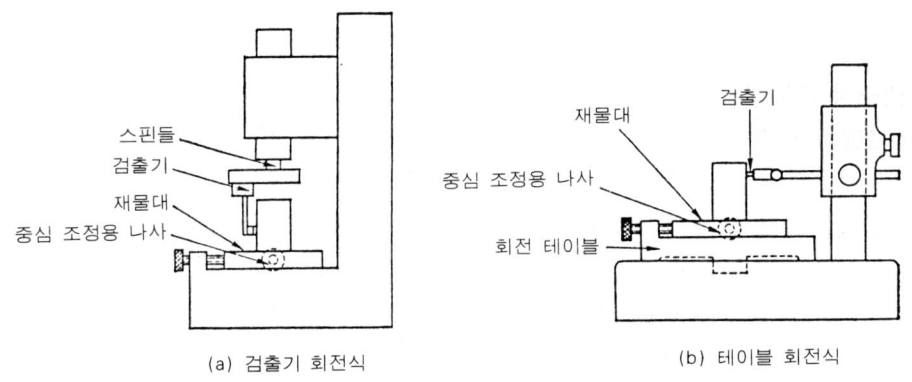

그림 4-170 진원도 측정기

표 4-27 테이블 회전 방식과 검출기 회전 방식의 비교

항 목	테이블 회전 방식	검출기 회전 방식
피측정물의 무게	내하중에 제한이 있기 때문에 회전 정밀도에 영향을 준다.	회전부에 중량 변화가 없기 때문에 회전 정밀도에 영향을 주지 않는다.
편중된 하중	회전 정밀도에 영향을 준다. 단, 중복으로 Balance을 취해서 편중된 하중을 제거할 수는 있다.	상기와 같음.
측정 위치에 따른 영향(높이, 방향)	테이블면에서부터 위쪽으로 높을수록 회전 정밀도가 나빠지며 진동도 받기 쉽다.	회전부와 검출기가 일체가 되어 상하로 움직이므로 회전 정밀도에 영향을 주지 않는다. 단, 측정 길이는 stylus arm을 교환하게 되어 길어질수록 정밀도가 나빠진다.
동축도 측정	검출기가 상하로 움직여도 회전 축심과 피측정물의 축심과 관계가 변하지 않으므로 영향을 받지 않는다.	검출기의 상하 이동의 정밀도에 영향을 준다.
동심도 측정	상기와 같음.	측정 높이는 같지만 일단 상하 운동을 하기 때문에 반복 정밀도에 영향을 준다.
직경차의 측정	검출기의 상하 운동의 정밀도에 영향을 준다.	회전부와 검출기가 일체로 상하 운동을 하기 때문에 영향이 없다.
기계의 크기	비교적 소형으로 된다.	비교적 대형으로 된다.
가 격	비교적 저렴하다.	비교적 크기 때문에 고가이다.

진원도 측정기의 기본 구성 요소는 테이블이나 촉침을 회전시켜 주는 회전 장치, 피측정물과 접촉하여 측정 단면의 윤곽을 전기적인 신호로 변환시키는 검출기, 전기적인 신호를 증폭시켜 주는 증폭기, 측정면의 요철에 대한 신호를 전기적으로 줄여 주는 필터, 그리고 필터에서 나온 신호를 기록하는 기록계로 나누어진다(그림 4-171).

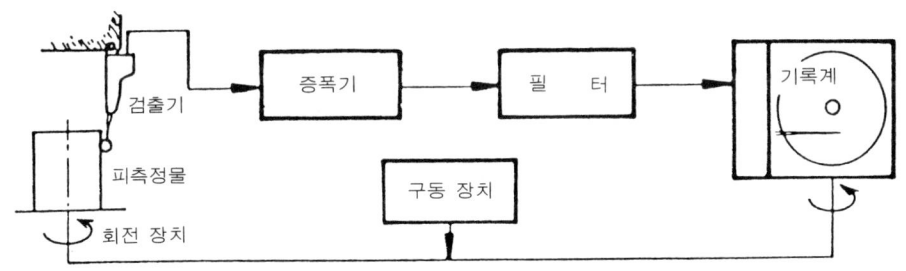

그림 4-171 진원도 측정기의 구성

회전축이 회전중 흔들리게 되면, 그 흔들림 만큼 측정값에 오차가 생기게 된다. 진원도 측정기에 사용되는 주요 베어링은

   A. 무급유 베어링(dry bearing)   B. 볼 베어링(ball bearing)

C. 기름 윤활 베어링(oil hydrodynamic bearing)   D. 공기 베어링(air bearing)
E. 유압 베어링 등이 있다.

표 4-28 각 베어링의 특성

정도＼항목	정밀도	진동 감쇄	소비 동력	마찰	강성
최적	D	D	D	C	A
	C	B	B	D	D
	B	C	C	B	C
양호	A	A	A	A	B

(2) 필터(filter)

보통, 필터의 크기는 필터링 후 그래프에 그려질 수 있는 동일 각도 간격의 요철 수(undulation per revolution, u.p.r)로 정의한다. 필터는 스핀들의 회전 수에 따라 달라지나 보통 15에서 1500까지 있다(그림 4-172).

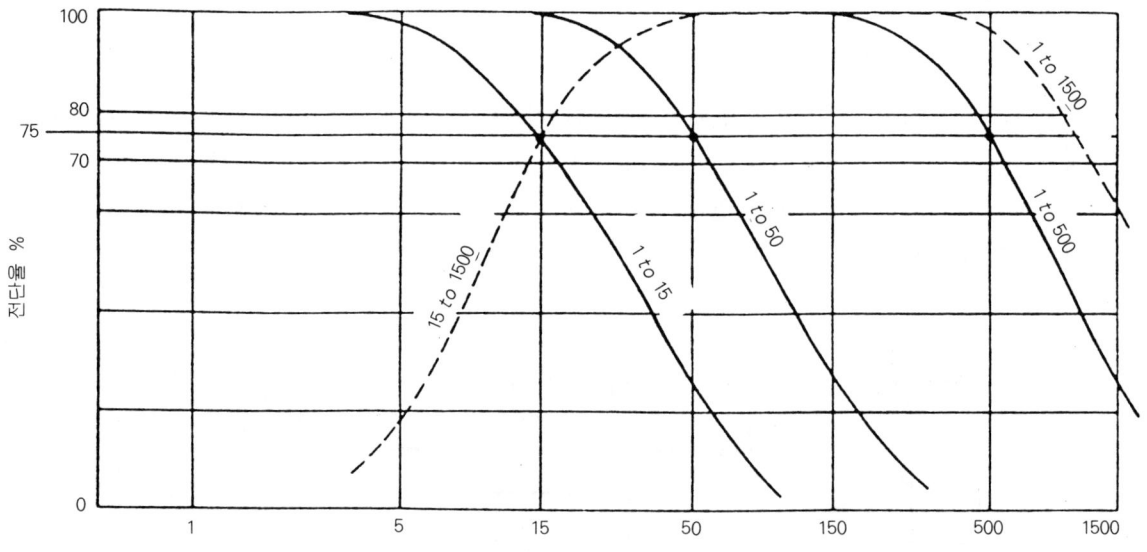

요철 수(Number of undulations per revolution, upr)

그림 4-172 필터의 특성

① 1~500u.p.r : 0.72°보다 작은 요철은 없애 주고 그 이상의 각도 간격을 갖는 요철만 기록하여 대략 1회전당 500개의 요철을 기록할 수 있다.
② 1~150u.p.r : 2.4°보다 작은 요철은 없애 주고 그 이상의 각도 간격을 갖는 요철만 기

록하여 대략 1회전당 150개의 요철을 기록할 수 있다.

따라서, 진원도 측정시 필터값의 지정에 따라서 진원도 값이 그림 4-173과 같이 달라지므로 주의해야 한다.

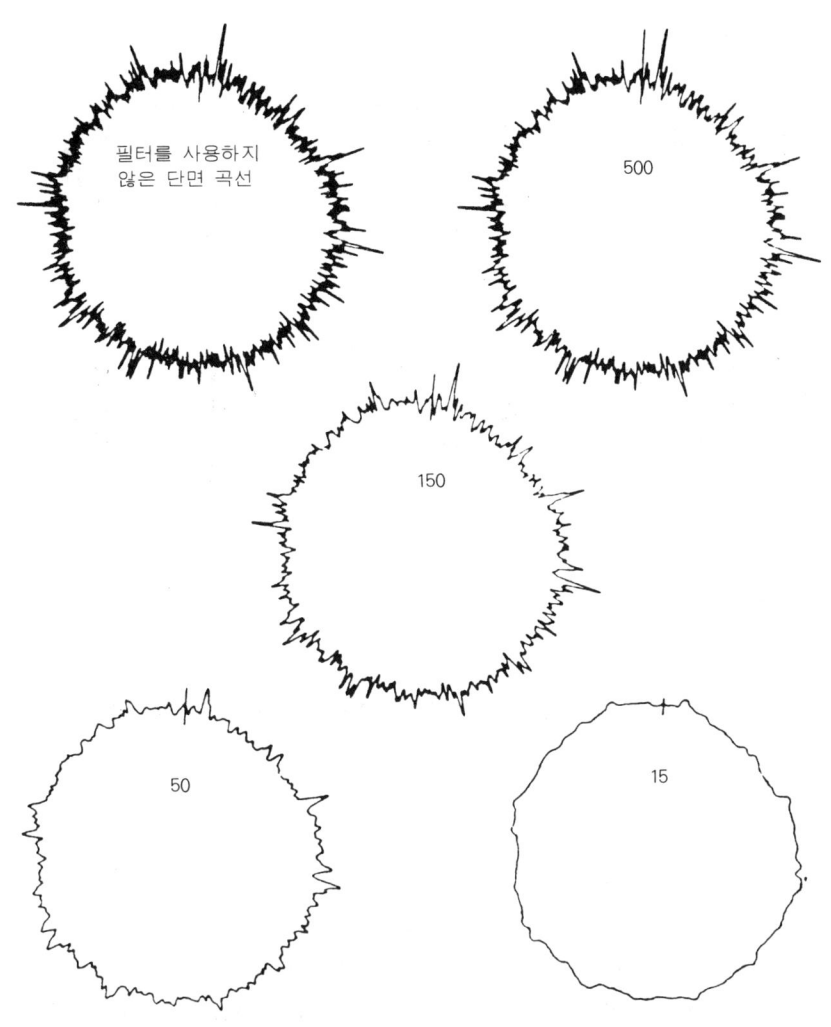

그림 4-173 필터의 변화에 따른 기록 도형

7.9 진원도 측정기를 이용한 형상 측정

진원도 측정기는 단순히 진원도만 측정하는 것이 아니라 그림 4-174와 같이 원통도, 동심도, 동축도 등 다양한 측정을 할 수 있다.

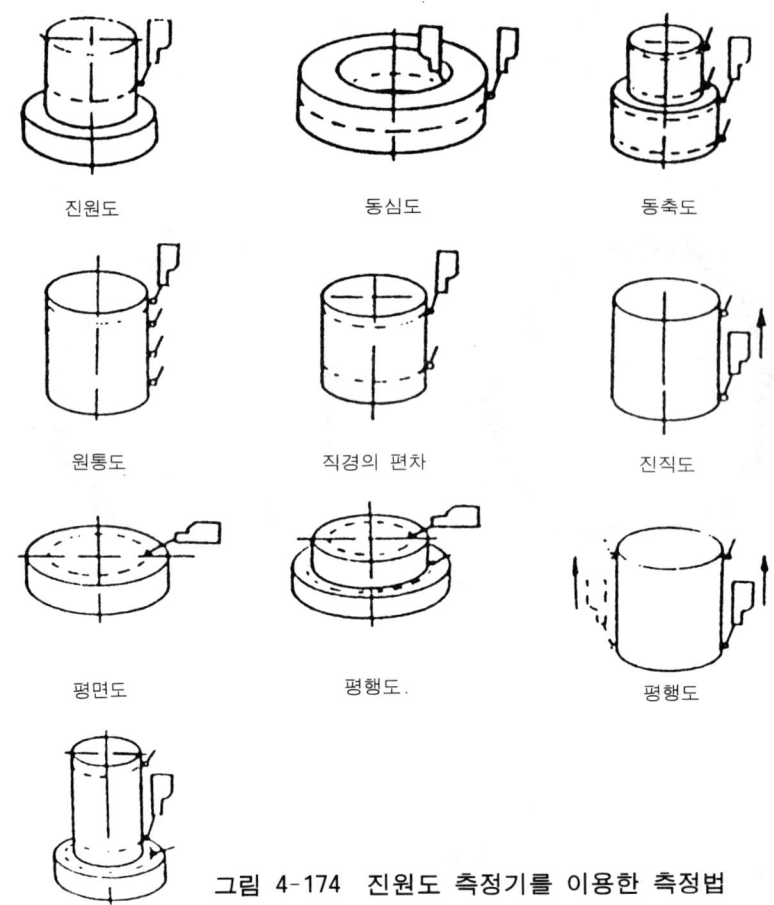

그림 4-174 진원도 측정기를 이용한 측정법

7.10 측정시 주의 사항
1) 고배율 측정에서는 공기의 흐름이 영향을 미치므로 직접 바람이 닿지 않도록 한다.
2) 설치 장소는 외부의 진동을 차단할 수 있도록 해야 한다.
3) 필터의 값에 따라서 측정값이 달라지므로 가공 조건에 따른 적절한 필터값을 사용한다.
4) 공기 베어링식에서는 공기를 공급하기 전에 절대로 테이블을 회전시키지 말아야 한다.
5) 반복 측정한 데이터에 차이가 날 경우에는 피측정물이 덜거덕거리거나 바람의 영향 때문이므로 주의한다.
6) 측정물이 연질일 경우에는 측정력, 측정자에 의하여 오차가 생기기 때문에 알맞는 측정력, 측정자를 선택한다.

7.11 측정 방법 및 순서
(1) 측정 준비

① 테이블에 진원도 측정기를 설치하고, 본체와 연산 지시부의 각 코드를 연결하고 확인한다.
② 알맞은 촉침을 선택한다.

 원형 부품을 가공할 때는 회전과 동시에 절삭 공구가 축방향으로 조금씩 움직이면서 가공하기 때문에 원형 부품의 표면에 절삭 공구가 지나간 나선형의 자욱(무늬)이 생긴다. 이러한 경우, 날카로운 촉침을 사용하면 홈집이 있는 곳이나 절삭 공구가 지나간 자리에 촉침이 빠지게 되어 측정 결과에 큰 요철이 발생되어 진원에서 벗어난 것처럼 보이게 된다.

 따라서, 이러한 경우에는 해치(hatchet)형의 촉침을 사용하여 측정하면 표면 형상의 올바른 평가를 할 수 있다(그림 4-175).

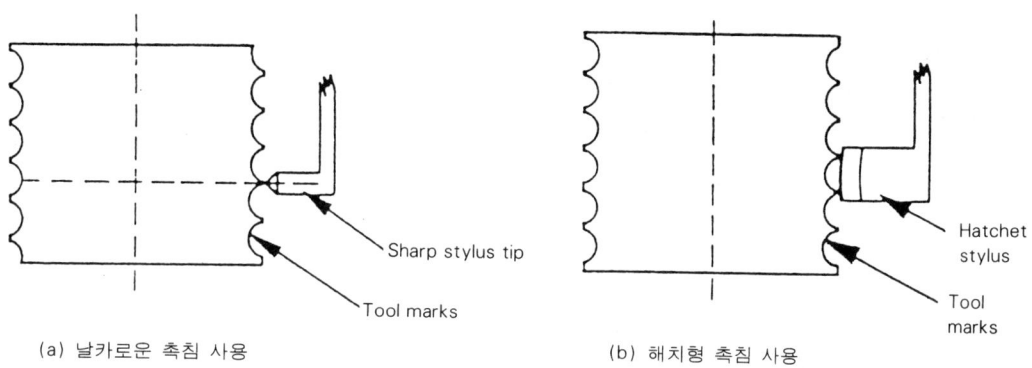

(a) 날카로운 촉침 사용   (b) 해치형 촉침 사용

그림 4-175 촉침의 선택에 따른 오차

③ 촉침의 측정 방향 및 측정 압력을 조절한다.
④ X-Y 테이블이 회전 중심에 있도록 마이크로미터를 조절한다.
⑤ 기록계에 기록 용지를 장착한다.
⑥ 회전 테이블의 수평 조정을 실시한다.

(2) 측정 조건의 설정
① 가공 방법(선반, 연삭 가공 등)에 따른 적당한 필터를 선택한다.
② 배율 조정 스위치를 최저 배율로 맞춘다.
③ 측정용 파라미터(MCC, MIC, MZC, LSC 등)를 선택한다.

(3) 피측정물을 그림 4-176과 같이 회전 테이블의 중앙에 설치한다.
(4) 촉침을 피측정물 가까이 위치시킨 후 스핀들을 지시된 회전 방향으로 회전시키면서 촉침과 측정면 사이의 간격이 일정한 가 눈으로 확인하면서 X-Y 테이블을 조절한다.
(5) 촉침을 피측정물에 접촉시킨다. 이때 지침이 중앙에 오도록 조절한다.
(6) 스핀들을 180° 회전시켜 위치 지침의 변화량을 읽은 후 지침의 변화량의 절반이 되는

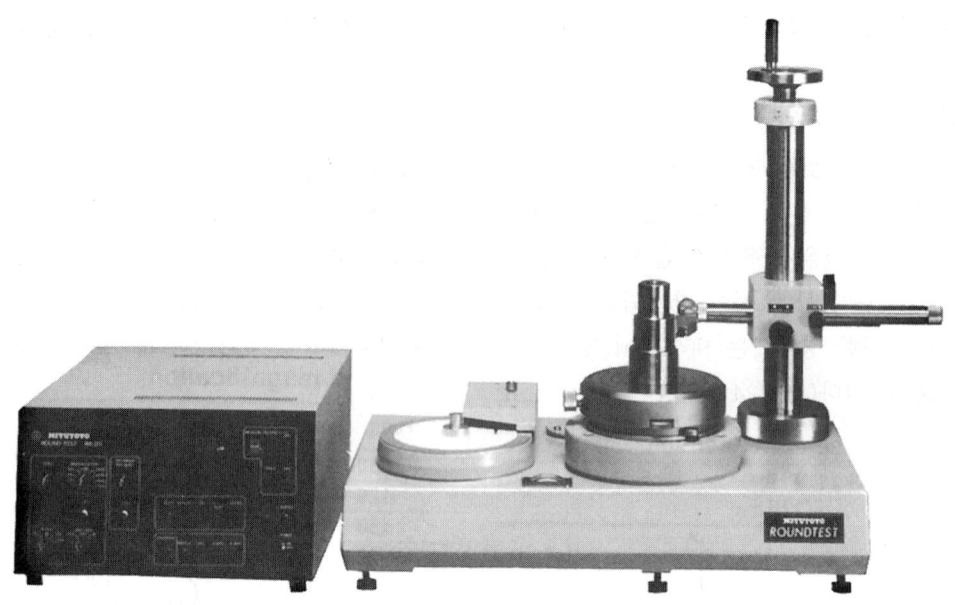

그림 4-176 진원도 측정기 설치

지점에 지침이 오도록 마이크로미터를 조절한다.
(7) 다시 스핀들을 90° 돌린 후 지침이 중앙에 오도록 다른 마이크로미터를 조절한다.
(8) 다시 스핀들을 180° 돌린 후 지침 변화량의 절반 위치에 지침이 오도록 마이크로미터를 조절한다.
(9) 배율을 높여 가면서 (6)~(8)의 과정을 반복해서 정밀 조정한다.
(10) 피측정물의 중심 축의 경사가 측정값에 영향을 미치는 경우는 그림 4-177과 같이 중

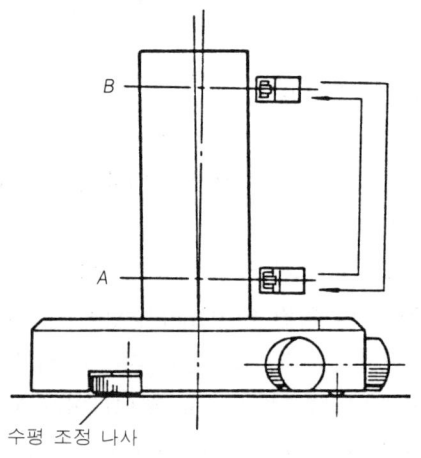

그림 4-177 중심축 조정

심 조정된 A면에서 멀리 떨어진 B면에 검출기를 접촉시킨 다음, 경사 조정 손잡이를 돌려서 A단면의 중심과 B단면의 중심이 일치할 때까지 조정한다.
(11) 측정 스위치를 ON으로 하여 측정을 한다.
(12) 기록지에 배율, 피측정물의 이름, 필터, 진원도 값을 기록한다.

7.12 측정값의 정리 및 계산

측정 결과를 표 4-29에 정리한다.

표 4-29 진원도 측정 결과   단위 : μm

부품 번호	측정 파라미터	측 정 값				비 고 (배율, 컷오프)
		1회	2회	3회	평균값	
	MZC					
	LSC					

7.13 결과 및 고찰

1) 직경법 및 3점법에 의한 진원도 측정법의 문제점에 대해서 알아보자.
2) 동일 측정물에 대해서 MZC, LSC, MIC, MCC법의 진원도 값을 서로 비교해 보자. 또한 어떠한 부품에 어떠한 파라미터를 적용할 것인가에 대해서도 알아보자.
3) 등경 왜원(歪円) 형상의 생성 원인에 대해서 연구해 보자.
4) 진원도가 문제시 되는 부품에 어떠한 것이 있는지 구체적으로 알아보자.
5) 진원도에 관한 ISO, ANSI, BS, DIN규격에는 어떠한 것들이 있는지 알아보고, 그 차이점에 대해서 분석해 보자.
6) 진원도 측정시 필터 특성 및 적용에 대해서 알아보자.

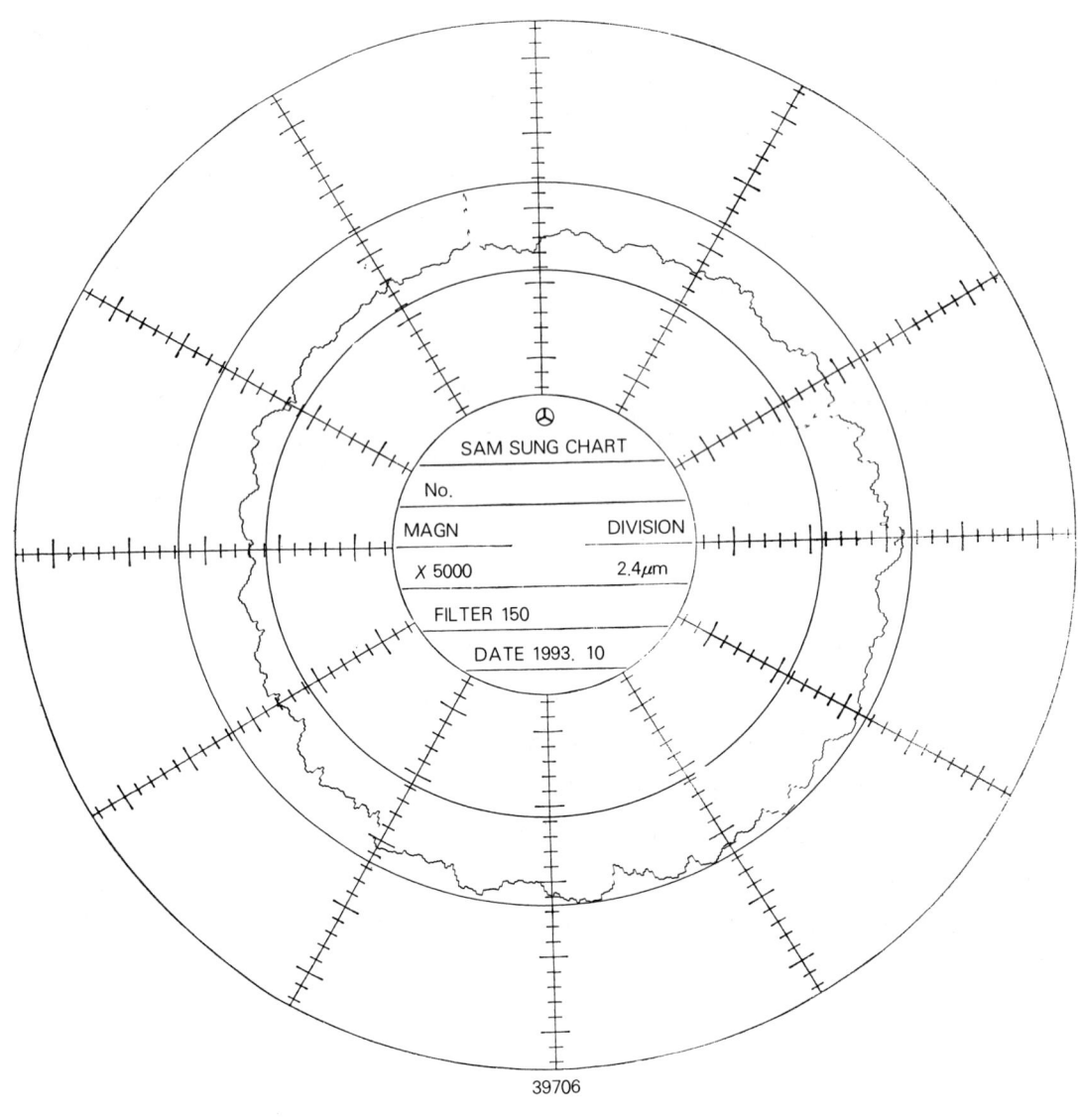

① 배율 : 5000× ② 평가 방식 : MZC
③ 필터 : 150 ④ 진원도 : 2.4μm

그림 4-178 진원도 측정 그래프 예

8. 공기 마이크로미터를 이용한 길이 측정

8.1 실습 목표
유량식 및 배압식 공기 마이크로미터의 구조, 측정 원리를 습득하고 사용 방법, 배율 조정법을 익혀 높이, 내경, 외경 등의 정밀한 측정법을 배우는 데 있다.

8.2 사용 측정기기
1) 유량식 공기 마이크로미터
2) 배압식 공기 마이크로미터
3) 블록 게이지(1급, 103품)
4) 스탠드
5) 마스터 링 게이지(Master Ring Gauge)
6) 마스터 플러그 게이지(Master Plug Gauge)
7) 피측정물
8) 방청유, 알코올, 포플린 등

8.3 공기 마이크로미터의 원리
공기를 확대 기구로 길이 측정기에 응용하는 방법은 1931년 프랑스의 M. M. Menneson에 의하여 고안되어 유럽 각국에 보급되었으며, 제작이 용이하고 측정력이 적고 강도가 높으며, 배율을 임의로 간단하게 변화시킬 수 있는 등 많은 장점을 가졌기 때문에 급속히 발전하였다.

공기를 모체로 하는 변환기형 비교 측정기로서 좁은 틈새를 이루는 측정부의 노즐에서 유출하는 공기의 유량 또는 유출 저항의 변화를 확대 지시해서 미소한 변위량을 1000배에서 수만 배라고 하는 고배율로 측정할 수 있는 정밀 측정기이다.

피측정물과 노즐 사이에 흐르는 공기의 유량을 유량계로 측정하여 치수를 읽도록 만든 유량식(flow type)과 공기의 압력 변화를 치수로 지시하는 배압식(back pressure type)이 있고, 그 외에 유속식(velocity type)과 진공식(vaccum type) 등이 있으며 사용하는 제어 압력의 대소에 따라서 저압식($0.5 \sim 0.20 kgf/cm^2$), 중압식($0.20 \sim 0.50 kgf/cm^2$), 고압식($0.50 \sim 1.50 kgf/cm^2$)으로 분류한다.

(1) 유량식 공기 마이크로미터
그림 4-181과 같이 레귤레이터를 통해서 정압 제어된 공기 P_o가 둘로 나뉘어, 하나는 테이퍼관 아래로, 다른 하나는 배율 조정 조리개를 통과한다. 테이퍼관에는 플로트(float)가 들어 있기 때문에 플로트와 테이퍼관 사이를 통과한 공기는 0점 조정 조리개에서 일부의 공기를 대

기로 방출하고 다음에 측정자 노즐에 도착한다.

한편, 배율 조정 조리개쪽을 통과한 공기는 조리개에 의해 공기의 양이 제어되고 테이퍼관을 통과한 공기와 함께 합류되어 측정자 노즐에서 대기로 방출된다.

피측정물과 측정 노즐과의 사이에 대응하는 공기의 유출량 변화에 따라 테이퍼관 내의 플로트의 위치가 크게 변화하기 때문에, 그 플로트 위치의 눈금을 읽어서 피측정물의 치수를 알 수가 있다.

그림 4-179와 같이 일정 압력 P_c인 공기가 내경이 ϕd인 노즐에서 피측정물로 배출되고 있다. h는 간격이고 D는 노즐 외경이다.

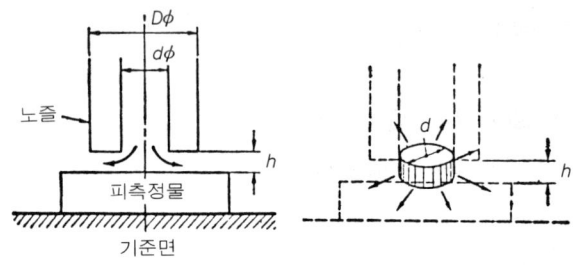

그림 4-179 노즐의 원리

피측정물이 노즐의 단면에 접근하면 유출량은 지름 d, 높이 h인 원통의 원주표면적에 비례한다. 그러나 실제로는 그림 4-180과 같이 되는데, 그 이유는 다음과 같다.

① $h=0$~0.015mm의 범위에서는 공기의 점성 때문에 틈새가 있어도 공기는 거의 흐르지 않는다.
② $h=0.015$~약 0.2mm의 범위에서는 틈새와 유량은 거의 비례한다(직선구간).

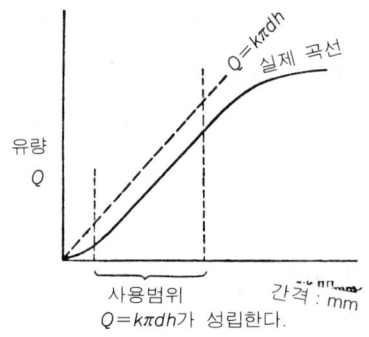

그림 4-180 유출량과 틈새와의 관계

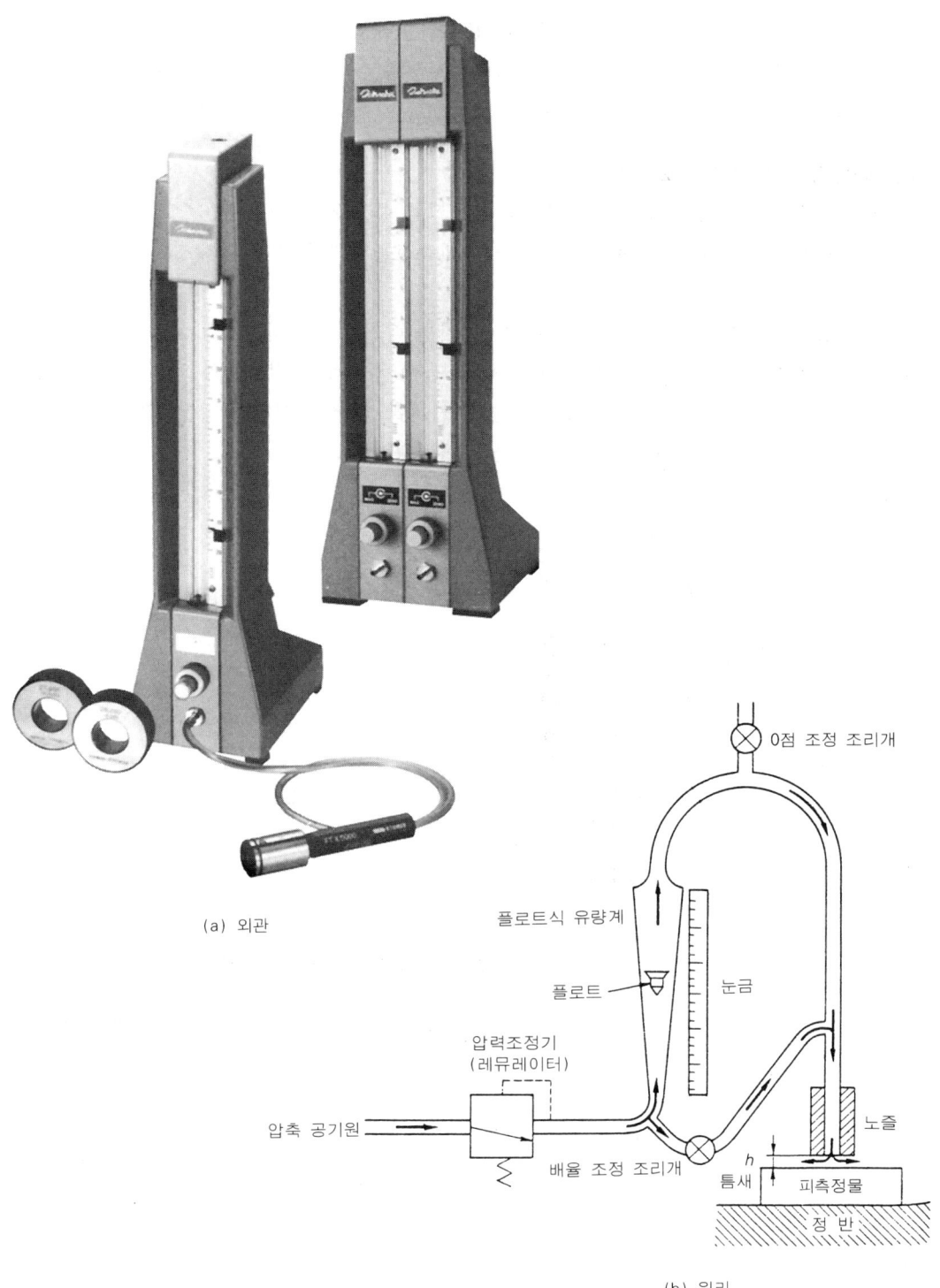

(a) 외관

(b) 원리

그림 4-181 유량식 공기 마이크로미터

③ $h=0.2$mm를 넘으면 단면적 $\pi d^2/4$과 원통의 표면적 πdh가 차차 가까워져 마침내 곡선은 포화 상태로 되어 공기 마이크로미터로 사용하는 범위는 0.015~0.2mm 사이의 범위로 한다.

(2) 배압식 공기 마이크로미터

배압식은 레귤레이터를 통과한 정압된 공기가 그림 4-182와 같이 배율 조정 조리개에 의해 공기량이 일정하게 제어되고 측정부의 노즐과 피측정물과의 틈새를 통해서 대기중에 방출된다.

배율 조정 조리개와 노즐 사이에는 한쪽의 공기를 대기로 방출하는 0점 조정 조리개와 정밀 압력계(지시계)가 있다. 노즐과 피측정물 사이의 틈새에 의해서 회로중의 압력(이것을 배압이라고 한다)이 크게 변화하게 되는데, 이것을 지시계에 의해 지시하며 보통 고압이기 때문에 응답 속도가 빠르고 안정도가 양호하여 최근 많이 사용한다.

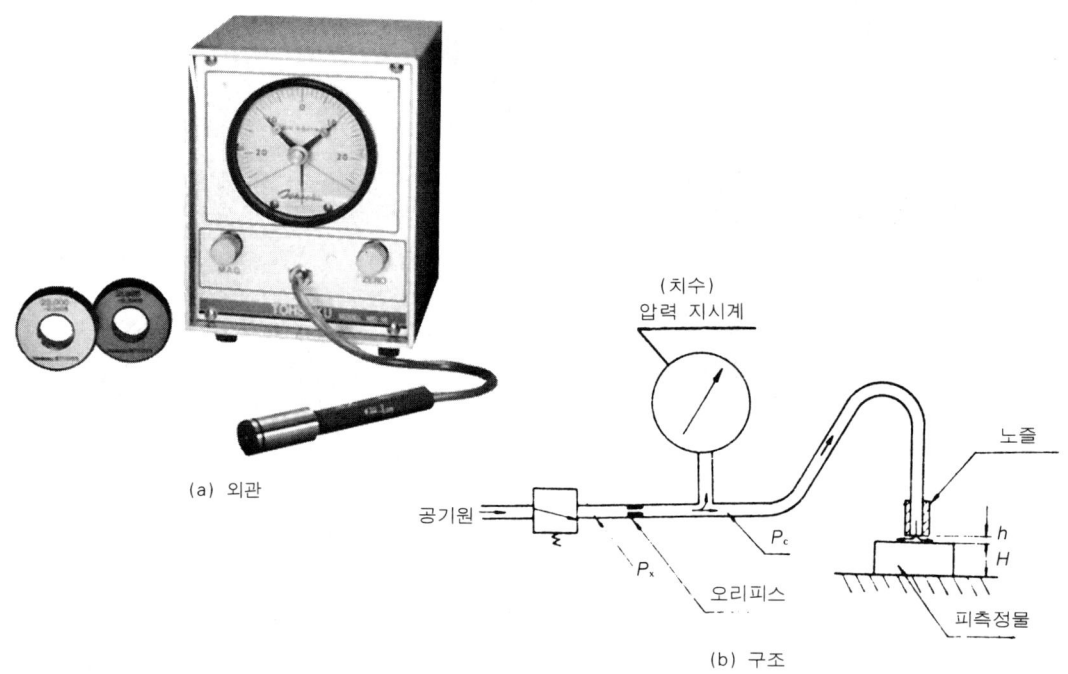

그림 4-182 배압식 공기 마이크로미터

8.4 기준 게이지

공기 마이크로미터는 비교 측정기이므로 표준이 되는 기준 게이지를 필요로 한다. 배율 조정과 0점 조정은 기준 게이지로 이루어지며, 보통 기준 게이지는 상, 하한 치수로 제작되며, 공차는 일반적으로 다음 보기와 같이 정해진다.

$$\begin{cases} \text{피측정물이 } \phi 20{,}000^{+0.012} \\ \text{기준 게이지(상한) } \phi 20{,}000^{+0.013}_{+0.011} \\ \text{기준 게이지(하환) } \phi 20{,}000^{\pm 0.001} \end{cases}$$

이것은 하나의 예로서, 직경이 큰 경우는 공차도 커진다. 그리고, 기준 게이지는 그 측정값을 부식, 조각 등으로 기입하고 배율 조정시에는 실제 치수를 이용한다. 표 4-30은 기준 게이지의 치수에 따른 공차이다.

표 4-30 기준 게이지의 제작 공차(내, 외경)

지 름	내 경	외 경
1~ 3	±0.0010	±0.0005
3~ 6	〃	±0.0010
6~ 10	〃	〃
10~ 18	〃	〃
18~ 30	〃	〃
30~ 50	±0.0015	〃
50~ 80	±0.0020	±0.0015
80~120	〃	〃
120~180	±0.0025	±0.0020
180~250	〃	〃

8.5 배율 조정

그림 4-183과 같이 배율 조정 조리개를 완전히 잠궜을 때의 노즐의 측정 틈새의 변화에 의한 공기의 배출량이 10에서 12로 2만큼 변화했다고 하면, 다음에 그림 4-184와 같이 배율조정 조리개를 반쯤 열면 공기의 유량은 배율 조리개부와 테이퍼관의 두 부분으로 나누어져 흐르게 된다.

이때, 두 경로의 유량은 5에서 6으로 되고 영점 조정 조리개를 조금씩 열어서 일정량의 유

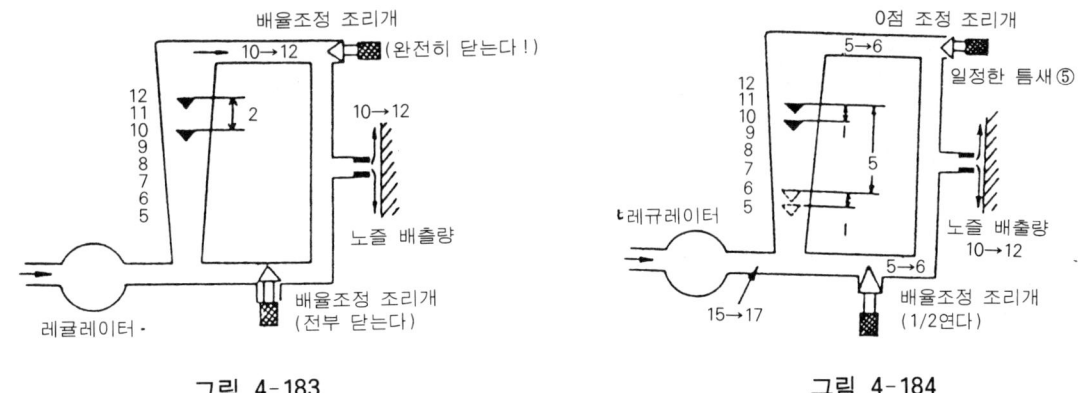

그림 4-183 그림 4-184

량을 대기로 방출하면 테이퍼관 내의 유량도 그림과 같이 변화시킬 수 있다. 따라서, 같은 치수 변화에 대한 플로트 움직임은 1/2로 나누어지고 배율이 변하게 된다.

배율에 있어서는 일반적으로 눈금의 최소 눈금과 눈금선 간격과의 비율로 나타낸다. 그림 4-185와 같이 눈금선 간격이 5mm이고 1눈금의 읽음량을 1μmm로 하면 배율은 5000배가 된다.

따라서 배율은 다음 식과 같다.

$$배율 = \frac{플로트의\ 이동\ 거리(mm)}{기준게이지의\ 치수\ 차(mm)}$$

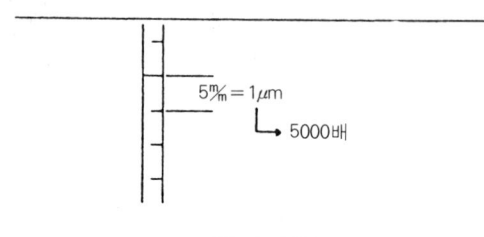

그림 4-185

8.6 영점 조정

그림 4-186과 같이 피측정물과 어떤 틈새를 갖는 노즐에서 공기가 10만큼 배출되고 있다. 이때, 플로트는 5의 위치에 있다고 할 때 그림 4-187과 같이 영점 조정 조리개를 풀어주면 공기가 대기로 방출된다. 그 양이 5라고 하면 플로트는 5에서 10으로 이동된다. 즉, 측정 틈새가 전혀 변하지 않아도 플로트를 상하로 이동시킬 수 있다.

이와 같이 눈금판상의 임의의 위치에 후로트를 지시시킬 수가 있는데, 이것을 영점 조정이라고 한다.

공기 마이크로미터를 이용한 각종 예는 그림 4-188과 같다.

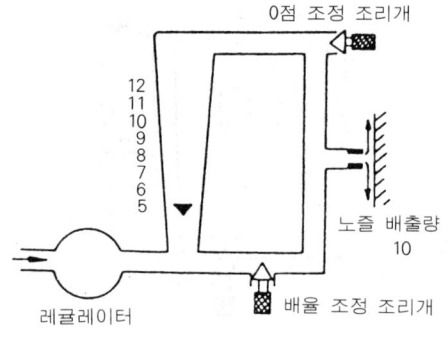

그림 4-186

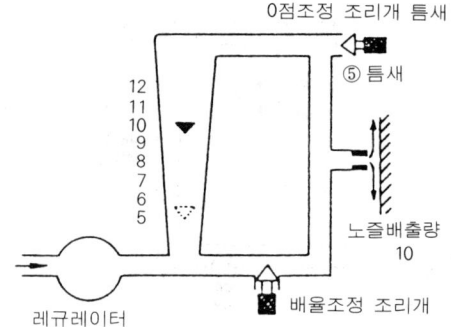

그림 4-187

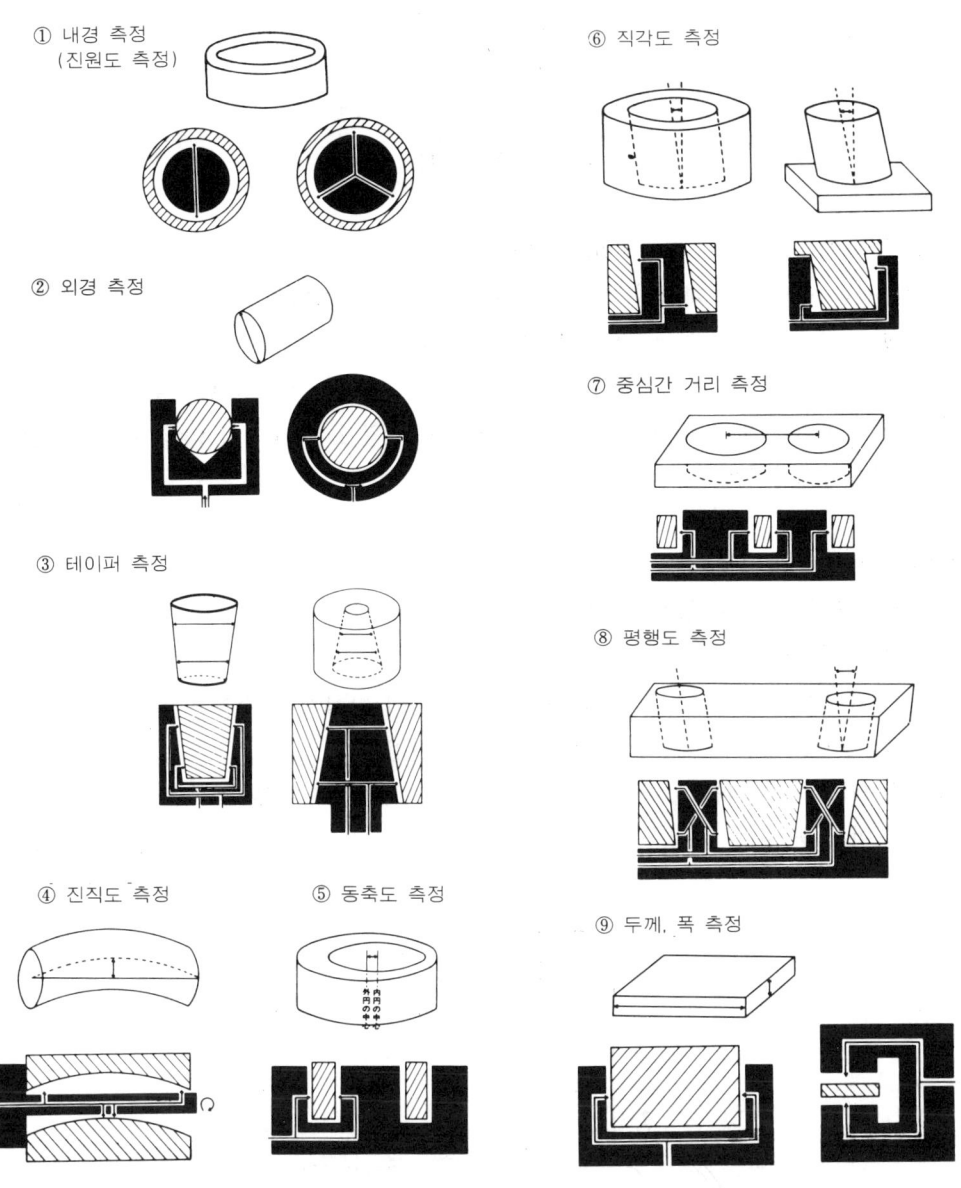

그림 4-188 공기 마이크로미터를 이용한 각종 측정 예

8.7 측정시 주의 사항

여기서는 유량식의 경우, 주의 사항에 대해서 설명한다. 플로트의 읽는 방향은 그림 4-189 (a)와 같이 읽으면 되지만 측정을 새로하는 경우와 장시간 연속 측정을 하는 경우는 중간에 때때로 0점 및 배율을 점검할 필요가 있지만 특히 다음 사항에 대해서 주의하도록 한다.

1) 본체는 항상 수직으로 설치한다.

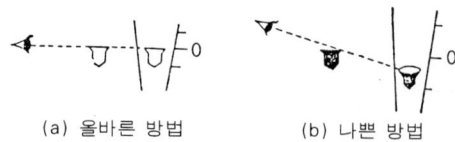

(a) 올바른 방법　　　(b) 나쁜 방법

그림 4-189 읽는 방법

2) 노즐 단면에 홈집이 생기지 않도록 주의한다.
3) 테이퍼관은 부딪히면 깨지기 쉬우므로 설치 위치를 고려한다.
4) 공기원 압력은 3~7kgf/cm²을 사용하도록 한다.
5) 영점 조정 손잡이 및 배율 조정 손잡이는 필요 이상으로 돌리지 않도록 한다.
6) 기준 게이지의 검사는 사용 빈도 수가 많을 때는 월 1회, 그렇지 않을 때는 3개월에 1회 정도 실시하도록 한다.

8.8 측정 방법 및 순서

여기서는 유량식 공기 마이크로미터의 측정방법에 대해서 설명한다.

〔높이 측정의 경우〕

1) 공기 마이크로미터, 노즐, 기준 게이지 등을 깨끗이 닦아서 불순물을 제거한다.
2) 그림 4-190과 같이 고무 호스와 비닐 호스를 연결한다.
3) 콤프레셔에서 공급되는 공기는 3~7kgf/cm²의 압력을 유지하도록 한다.
4) 콕을 열어서 공기를 각 접속부에 공급한다.

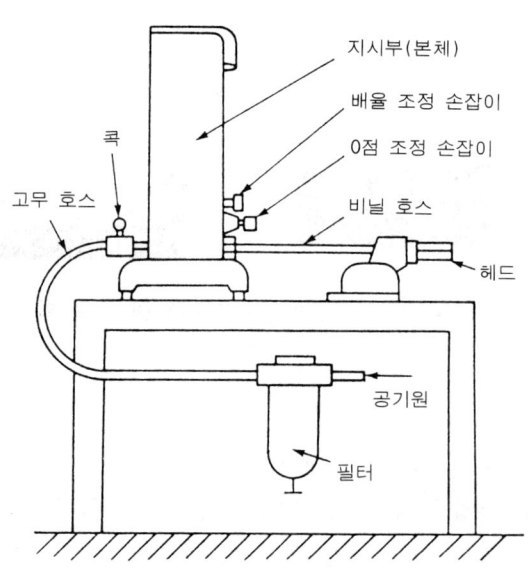

그림 4-190 표준 접속도

5) 배율을 조정한다.

높이 측정의 경우 기준 게이지는 보통 게이지 블록을 밀착하여 필요한 치수를 조합하여 사용한다.

여기서는 공차가 $^{+0.04}_{-0.03}$인 경우에 대해서 설명하지만, 실제로 공차는 변해도 배율 조정 방법은 같다.

① 2000배 조정용 기준 게이지(그림 4-191)(a)의 (1)부분이 스탠드의 노즐 단면 바로 아래에 오도록 설치한다.
② 스탠드의 고정 나사를 느슨하게 풀어서 노즐 선단(先端)을 기준 게이지의 좌측 상단에 가볍게 접촉시킨다(그림 4-192(1)).
③ 기준 게이지를 좌측으로 밀어서 (2)의 부분이 노즐 아래에 오도록 한다.

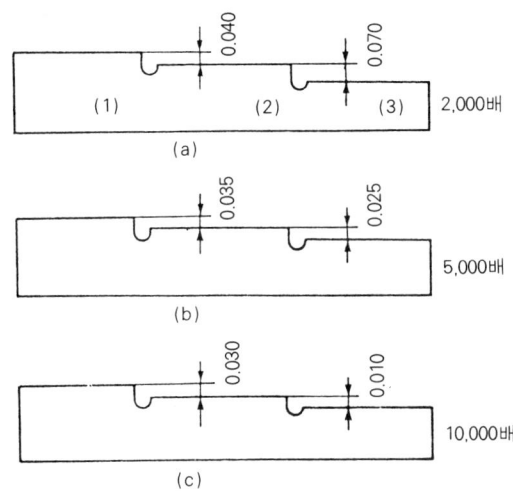

그림 4-191 배율 조정용 기준 게이지

④ 플로트가 그림 4-192와 같이 −30 눈금에 오도록 한다.
⑤ 플로트를 −30눈금에 맞추기 위해서는 그림 4-193의 0점 조정 손잡이를 돌려서 조정한다. 아래쪽에 있을 때는 손잡이를 반시계 방향으로 회전시켜서 조정한다.
⑥ −30 눈금에 플로트의 조정이 끝났으면 기준 게이지를 좌측으로 밀어서 그림 4-192(3)의 부분이 노즐 아래에 오도록 설치한다.
⑦ 플로트가 그림 4-192(3)과 같이 눈금 +40에 오도록 그림 4-193의 배율 조정 손잡이를 돌려서 배율을 조정한다.
⑧ 플로트가 눈금 +40보다 위에 있으면 배율조정 손잡이를 반시계 방향으로 돌리고, 반대로 플로트가 +40 눈금보다 아래에 있을 때는 시계 방향으로 돌려서 배율을 조정한다.

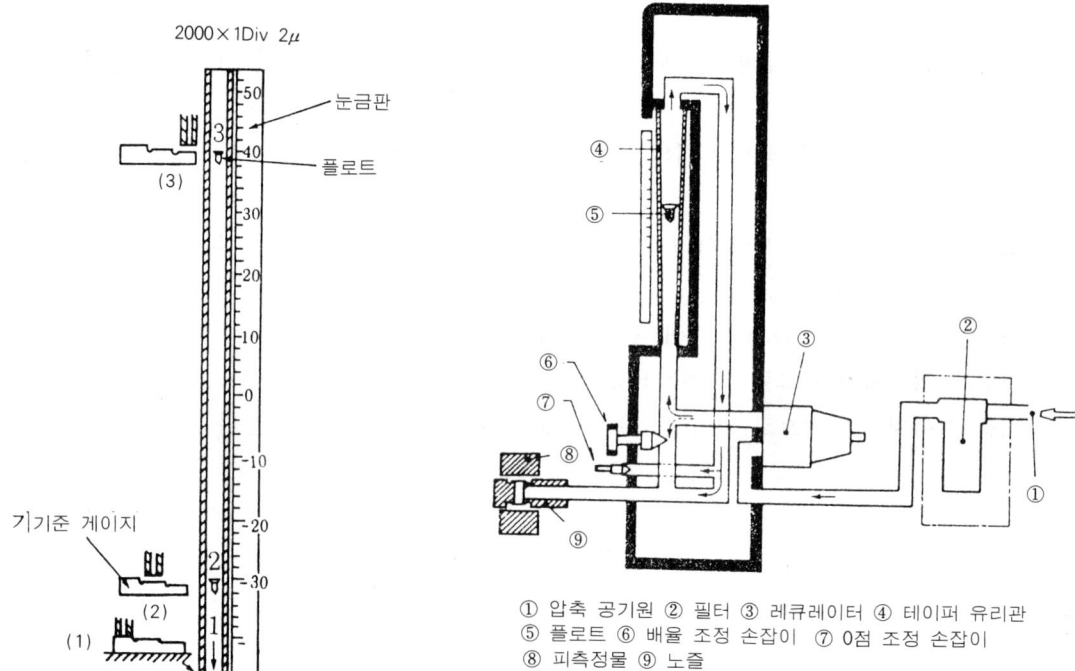

그림 4-192 배율조정(2000배용 눈금판)   그림 4-193 공기 마이크로미터의 구조

⑨ 배율 조정 손잡이의 회전량은 플로트와 기준 위치(여기서는 +40 눈금)와의 차이값의 2배 정도를 플로트가 움직이도록 조정하면 된다.
⑩ 다시, 그림 4-192(2)와 같이 기준 게이지의 중앙단을 노즐 아래에 놓고, -30 눈금 위치에 플로트가 위치하는지 확인한다.
⑪ 벗어난 경우에는 ⑤항과 같이 조절한다.

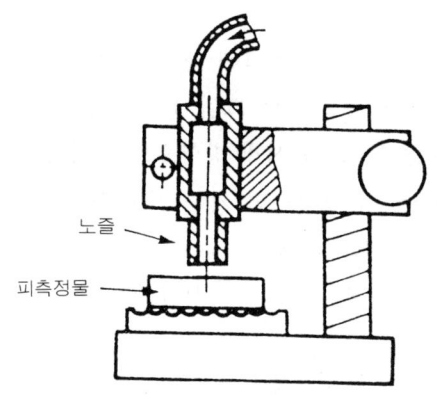

그림 4-194 높이 측정

⑫ ③~⑩항의 조작을 반복하여 플로트의 움직임이 +40, -30 눈금에 정확하게 맞을 때까지 배율 조정을 한다.

6) 측정한다.

① 배율 조정이 끝났으면 눈금판의 한계 지침을 +40, -30 눈금 위치에 설정한다.

② 스탠드에서 기준 게이지를 내려 놓고 피측정물을 그림 4-194와 같이 노즐 아래에 올려 놓는다.

③ 눈금판에서 플로트의 위치를 이용하여 치수를 읽는다. 눈금판에서 눈금선 간격이 4mm 이면, 최소 눈금은 3μm이므로 피측정물의 치수를 직접 읽을 수 있다. 또한 합격, 불합격의 판정도 쉽게 할 수 있다.

〔내경 측정〕

내경 측정의 경우에 헤드는 그림 4-195와 같이 노즐을 설계한다. 노즐의 외경은 피측정물 보다 α만큼 작게 만드는 데, α의 값은 측정 배율에 따라 다르다.

1) 높이 측정에서와 같은 방법으로 준비한다.
2) 배율을 조정한다.

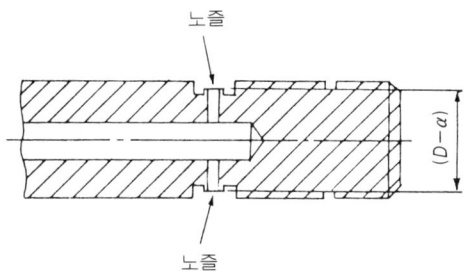

그림 4-195 내경 측정용 헤드

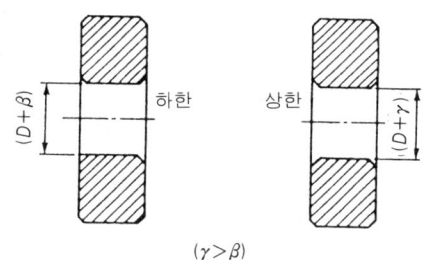

그림 4-196 내경 측정용 기준 게이지

피측정물의 치수 및 공차가 $\phi 20.000^{+0.012}_{0}$ 이고

　　헤드의 $D-\alpha=\phi 20.000^{-0.004}_{-0.005}$

　　기준 게이지 $D+\alpha=\phi 20.000^{\pm 0.001}$ (각인 20.000)

　　기준 게이지 $D+\gamma=\phi 20.000^{+0.013}_{+0.011}$ (각인 20.012)

일 때를 예로 하여 설명한다.

① 헤드를 하한 치수의 기준 링 게이지에 삽입한다.

② 플로트가 그림 4-199(a)와 같이 0눈금에 오도록 한다. 플로트의 위치가 0 눈금보다 위에 있으면 0점 조정 손잡이를 시계 방향으로 돌려서 조정하고, 반대로 아래에 있을 경우에는 반시계 방향으로 돌려서 플로트의 위치를 조정한다.

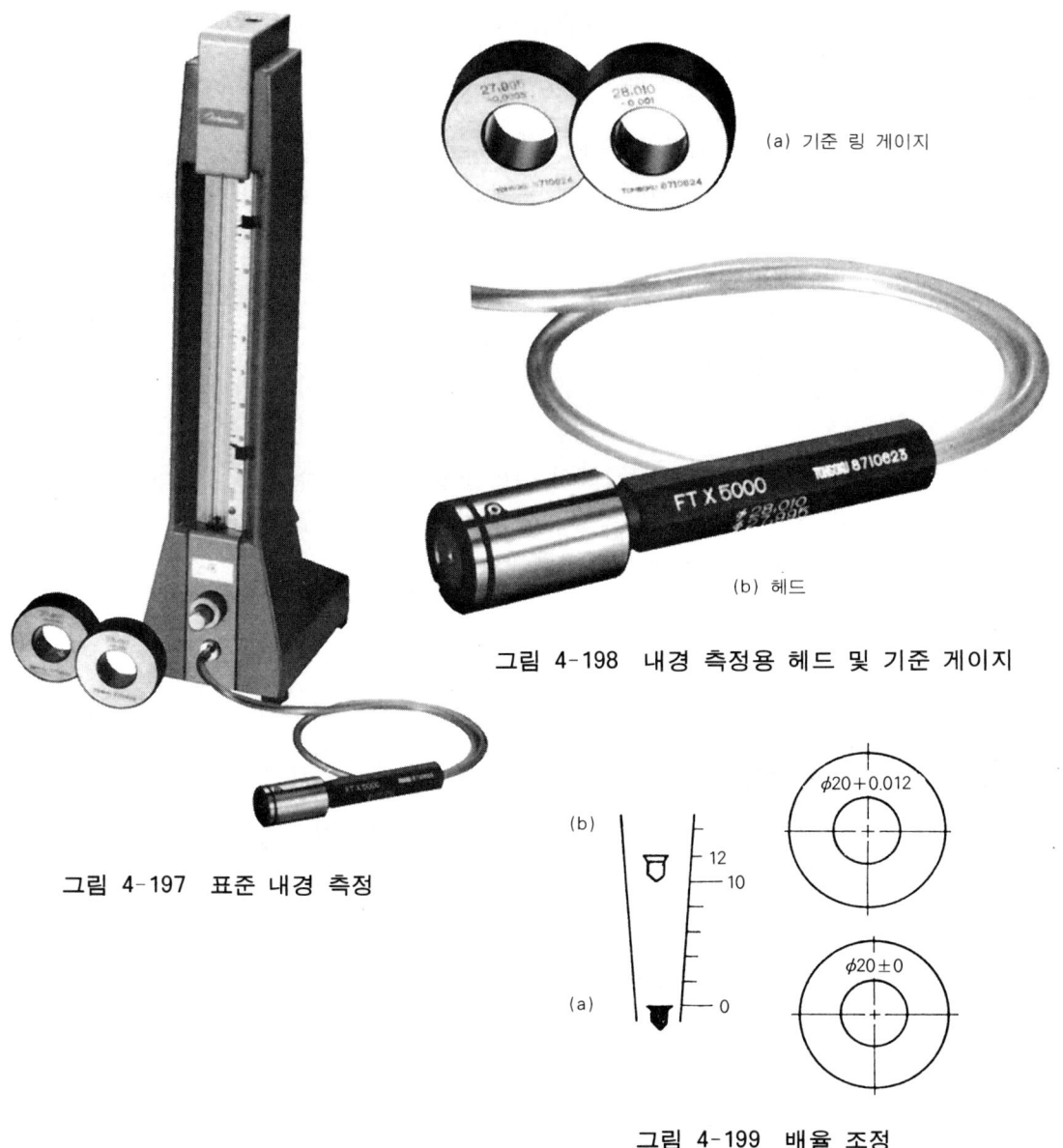

그림 4-197 표준 내경 측정

(a) 기준 링 게이지

(b) 헤드

그림 4-198 내경 측정용 헤드 및 기준 게이지

그림 4-199 배율 조정

③ 다음에는 내경 측정용 헤드를 상한치수 링게이지에 삽입한다. 플로트가 그림 4-199(b) 와 같이 +12 눈금에 오도록 배율조정 손잡이를 돌려서 조정한다

④ ②, ③항의 과정을 반복해서 플로트의 움직임이 0과 +12 눈금에서 안정될 때 $\phi 12.000^{+0.012}_{0}$ 인 피측정물의 배율 조정을 끝낸다(이 조작은 숙련되면 3~5회(약 1분 정도)로 조정을 완료할 수 있다).

3) 측정한다.

① 배율조정이 완료되었으면 헤드를 그림 4-200과 같이 피측정물에 삽입하고 한계 지침을 공차의 상한과 하한에 고정한다.

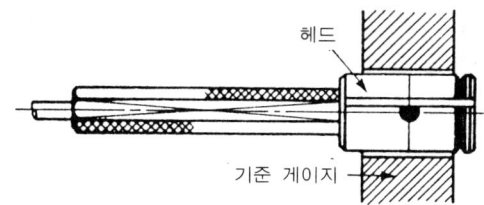

그림 4-200 기준 게이지에 헤드를 삽입한 상태

② 플로트의 눈금값을 수직 방향에서 읽은 다음, 기준 링 게이지값에 가감시켜 피측정물의 치수를 계산한다(그림 4-201과 같이 플로트가 위치하고 있을 때 피측정물의 치수는 20.000+0.006=20.006mm이다).

4) 측정값을 정리한다.
5) 정리 정돈한다.

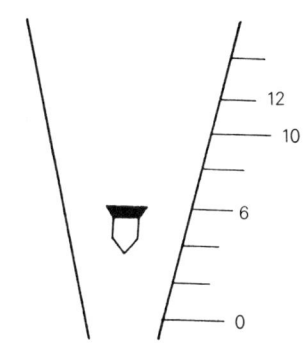

그림 4-201 측정값의 지시 예

8.9 측정값의 정리
위와 같은 방법으로 높이 및 내경의 치수를 측정하여 각각 기록하여 정리한다.

8.10 결과 및 고찰
1) 피측정면의 표면 거칠기가 측정값에 미치는 영향에 대해서 알아보자.
2) 2000배, 5000배, 10,000배의 효율적인 배율 조정법에 대해서 알아보자.
3) 배압식 공기 마이크로미터의 사용법에 대해서 알아보자.
4) 배율의 변화에 따라 측정값은 어떻게 나타나는지 알아본다.

9. 전기 마이크로미터 이용 높이 측정

9.1 실습 목표
고정밀 측정기인 전기 마이크로미터의 원리, 구조 및 취급법에 대해서 이해하고, 정밀 가공 제품의 치수 측정 능력을 향상시키는 데 있다.

9.2 사용 측정 기기
1) 전기 마이크로미터
2) 게이지 블록
3) 하이트 마이크로미터
4) 하이트 게이지
5) 정밀 정반(400×600mm)
6) 피측정물
7) 알코올, 방청유, 포플린 등

9.3 전기 마이크로미터의 원리
전기 마이크로미터는 기계적인 위치 변화를 전기량으로 변환해서 증폭하여 지시계에 그 양을 표시하도록 하는 길이 측정기로, 1차 세계 대전 이후에 많이 사용하게 되었다. 처음에는 실험실이나 측정실에서만 사용되었으나 지금은 공장용 정밀 측정기로 널리 사용되고 있으며, 최근에는 자동 측정에 많이 적용되고 있다. 또한 전기 마이크로미터는 길이 측정뿐만 아니라 압력, 하중, 가속도 등의 측정에도 응용되고 있다.

전기 마이크로미터는 일반적으로 다음과 같이 분류할 수 있다.

① 검출기의 형태에 따라
- 플런저(plunger)식 : 측정 범위가 좁은 것과 넓은 것 등 다양한 종류가 있으며, 스핀들(spindle)식이라고도 한다.
- 레버(lever)식 : 측정 범위가 좁으나 레버의 지지점이 판 스프링으로 되어 있어 마찰이 거의 없기 때문에 정밀 측정에 많이 사용된다.

② 지시계의 눈금 표시 방법에 따라
- 아날로그형 : 디지털형에 비해 감도는 떨어지나 정확도가 좋다.
- 디지털형 : 눈금을 읽는 데 시차가 없으며 마이크로컴퓨터와 연결하여 자동 측정 분야에 적용할 수 있으며 점차 디지털 형으로 전환하는 추세이다.

③ 검출기의 변환 방식에 따라
- 유도형 : 차동 변압기 형, 인덕스턴 형
- 용량형

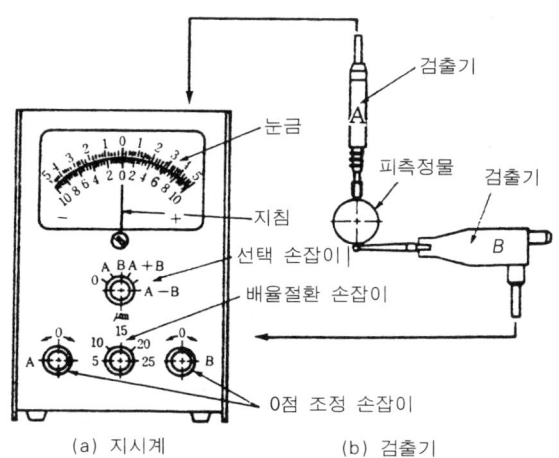

그림 4-202 전기 마이크로미터의 구성

- 저항형 : 스트레인 게이지(strain gage)형, 포텐쇼미터(potentiometer)식

전기 마이크로미터의 검출기에는 변위를 변환시키는 수단으로 인덕턴스(inductance), 커패시턴스(capacitance), 차동 트랜스(LVDT) 방식 등이 있지만, 그 중에서도 특히 많이 사용되고 있는 차동 트랜스의 원리와 구조에 대해서 설명한다.

(1) 차동 트랜스 방식

그림 4-203은 차동트랜스의 원리이다. 그림과 같이 차동 트랜스는 보빈(bobbin), 코일(coil), 코어(core)로 구성되며, 코일은 하나의 보빈에 1차 코일과 2개의 2차 코일이 감겨져 있다. 그 중에서 측정자와 직접 연결된 코어가 배치되어 있다. 지금 1차 코일에 전압 E_1을 가하여 여자(勵磁)시키면 2개의 2차 코일에는 각각 Es_1, Es_2의 전압이 발생된다. 이 코일은 그림

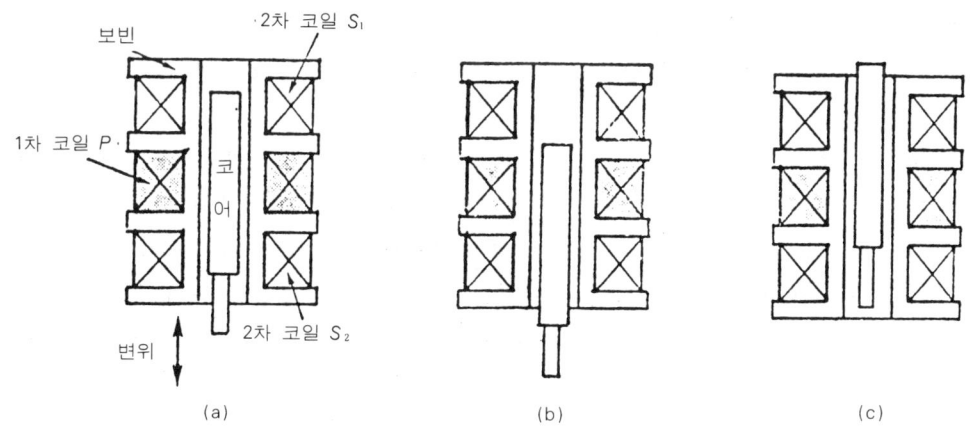

그림 4-203 차동 트랜스의 원리

4-204와 같이 극성을 반대로 하고 있기 때문에

$$Es = |Es_1 - Es_2| \qquad (4.69)$$

가 출력된다. 유도 기전력의 크기는

$$e = -N\frac{d\phi}{dt} \qquad (4.70)$$

  N : 코일이 감긴수
  t : 시간, ϕ : 자속(磁束)

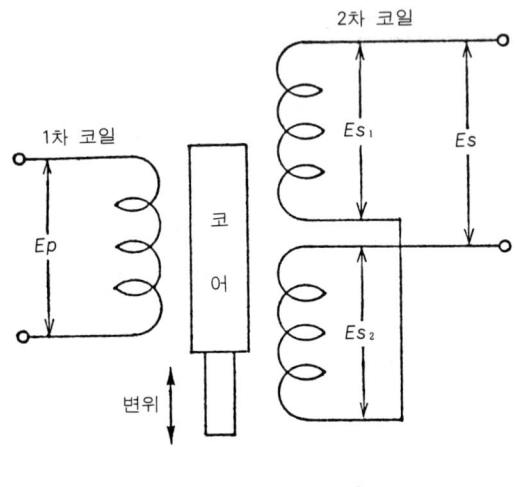

그림 4-204 코일

를 갖게 되고, 1차 코일 P에 발생하는 자속은 코어의 위치가 변화함에 따라 2차 코일의 S_1, S_2의 자속을 변화시킨다. 따라서, S_1에는 Es_1, S_2에는 Es_2의 전압이 발생된다.

그림 4-203(a)와 같이 코어가 중앙에 있을 때는 $Es_1=Es_2$로 되고, (b)의 경우에는 $Es_1>Es_2$, (c)의 경우는 $Es_1<Es_2$로 되며 코어가 상하로 이동함에 따라 그 변위를 Es_1, Es_2의 차이값 Es로 검출한다.

코어의 위치와 2차 출력 전압 특성을 그림 4-205에 나타내고 있다. 실제로 길이 측정에 사용되고 있는 검출기에는 스핀들 형과 레버 형이 있으며, 그 구조는 그림 4-206과 같다.

이러한 검출기를 사용하고 있는 전기 이크로미터의 기본 회로 구성은 그림 4-207과 같다.

발진기는 차동 트랜스의 1차 코일을 교류 여자하는 전원으로, 2차측 출력을 교류 증폭기로 증폭시켜 위상 검출기에 의해 직류 출력으로 변환한다. 이 출력은 반파(半波) 정류때문에 필터를 통해 최종 출력 신호로, 미터 표시 등의 외부 신호가 된다.

제4장 정밀 측정의 실제(응용편) 407

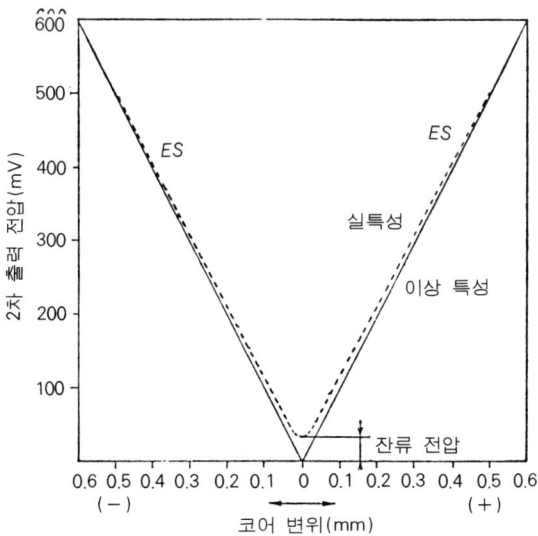

그림 4-205 2차 출력 전압 측정

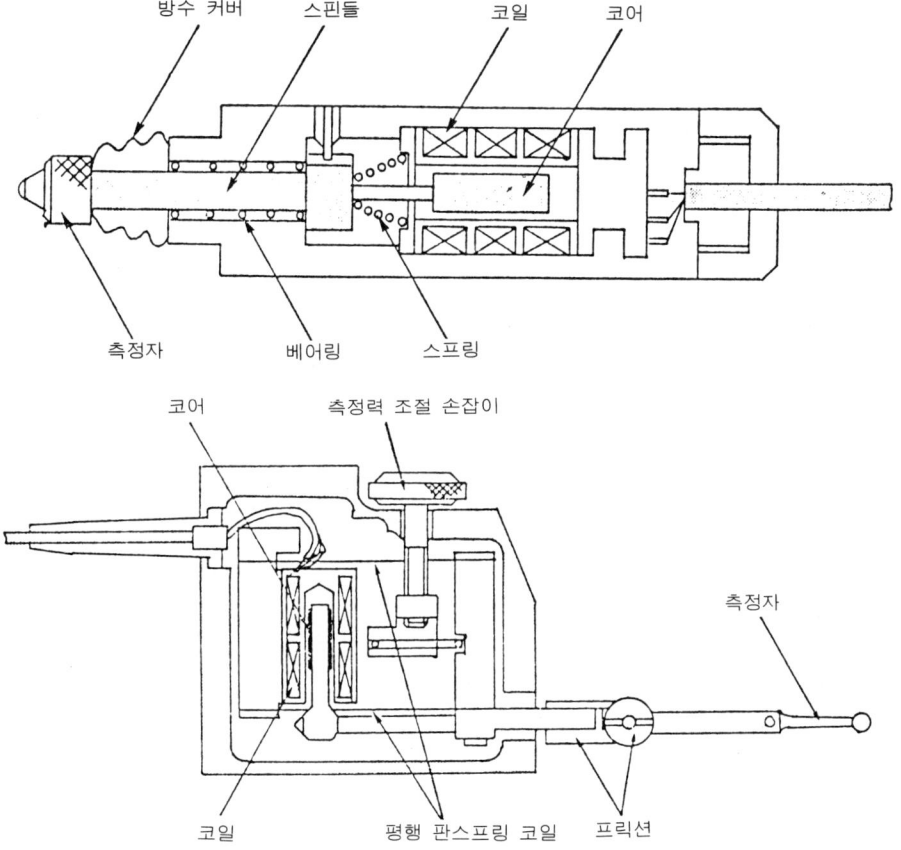

그림 4-206 지렛대식 검출기

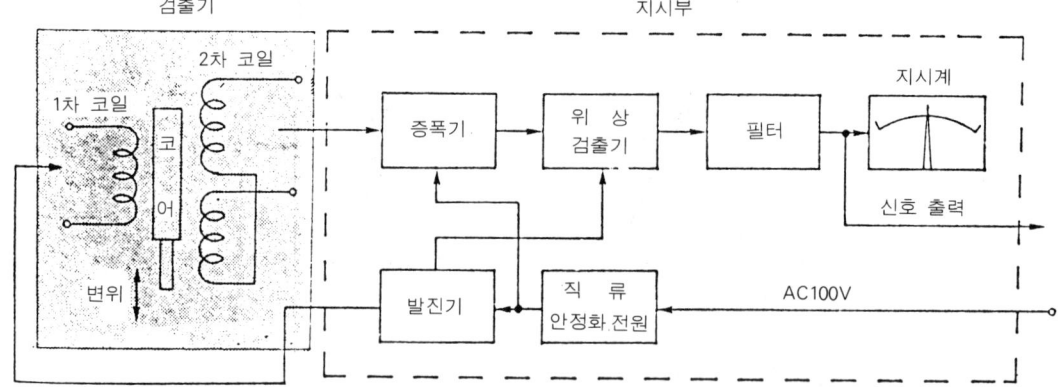

그림 4-207 전기 마이크로미터의 회로구성

(2) 전기 마이크로미터의 특징

전기 마이크로미터는 다른 기계식 길이 측정 장비에 비해 다음과 같이 여러 가지 특징이 있다.

① 고배율을 얻을 수 있어 정밀 측정에 적합하며 측정 범위 ±2μm, 최소 눈금 0.01μm의 것도 있다.
② 측정 범위가 좁은 것에서부터 넓은 것까지 종류가 다양하다. 특정 범위가 1m 이상이 되는 것도 있으며, 이런 장거리 측정용은 전기 마이크로미터와 분리하여 보통 리니어 트랜스듀서(linear transducer)라고 부른다.
③ 다이얼 게이지가 기계적인 확대 기구를 사용한 데 반해, 전기 마이크로미터는 전기적으로 확대하였기 때문에 측정자의 움직임이 원활하며, 후퇴 오차가 거의 없다.
④ 제품의 합격, 불합격을 판정할 수 있는 신호 발생이 쉽다. 즉, 미리 정한 한계가 넘으면 릴레이를 구동시켜 빛이나 소리로 이를 알려 줄 수 있다.
⑤ 로봇과 결합하여 자동 측정이 가능하다.
⑥ 하나의 지시계에 여러 개의 검출기를 부착하여 다점 측정을 할 수 있으며 또한 연산 측정이 가능하다.
⑦ 디지털화가 용이하다. 전압이나 전류의 출력을 디지털화하면 이 디지털 신호를 프린터와 연결시켜 자동 기록을 할 수 있으며 컴퓨터에 인터페이스(interface)시켜 측정치에 대한 복잡한 연산을 쉽게 할 수 있다.
⑧ 응답 속도가 빠르다. 따라서, 고속으로 회전하거나 이동하는 물체에 대한 측정이 가능하다.
⑨ 검출기와 지시기를 분리할 수 있기 때문에 원격 측정이 가능하다. 따라서, 사람이 접근할 수 없는 위험 지역에 검출기를 설치하여 그 측정치를 원격으로 얻을 수 있다.

⑩ 기록계를 사용하여 측정치를 연속적으로 기록하거나 장시간에 걸쳐 측정값을 얻을 수 있다.
⑪ 분해능은 우수하나 정확도는 나쁘다. 따라서, 직접 측정보다는 비교 측정이나 미소 변위의 측정에 적합하다.
⑫ 외부의 전기적인 노이즈에 영향을 많이 받는다.
⑬ 측정부가 기계식보다 약하다.
⑭ 측정하기 전 전기 회로가 안정화될 때까지 기다리는 준비 시간(warm up time)이 필요하다.

9.4 측정 방법의 종류

전기 마이크로미터는 특수한 측정을 목적으로 게이지 블록 콤퍼레이터, 표면 거칠기 측정기, 진원도 측정기, 링 게이지 콤퍼레이터 등의 전용 기기에 부착되어 사용되는 경우가 많다.

(1) 길이 측정

전기 마이크로미터는 미소 변위의 측정이나 정밀한 비교 측정에 주로 이용된다. 정밀 금형, 게이지류의 높이, 내외경 측정에 많이 활용되며 기준기로 게이지 블록을 사용할 경우에는 주위 환경에 따라 다르지만 0.0001mm 정밀도의 측정이 가능하다.

(2) 형상 측정

1개 또는 2개의 검출기를 조합하여 두 신호의 차 혹은 합을 지시할 수 있기 때문에 컴퓨터와 연결하여 자동 연산이 가능하다. 따라서 진원도, 원통도, 동심도, 직각도, 평행도 등의 측정이 가능하다.

(3) 가공중의 자동 측정

자동 측정은 공정 단계에 따라 인 프로세스(in process) 측정, 포스트 프로세스(post proc-

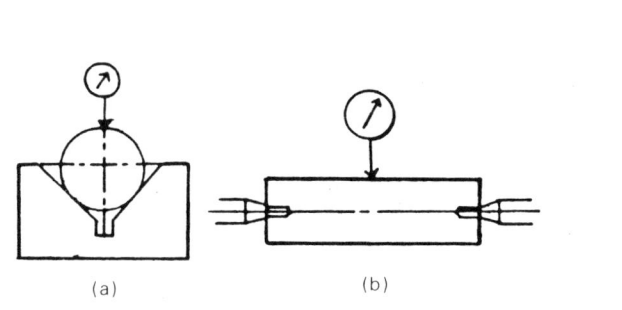

그림 4-208 전기 마이크로미터를 이용한 진원도 측정

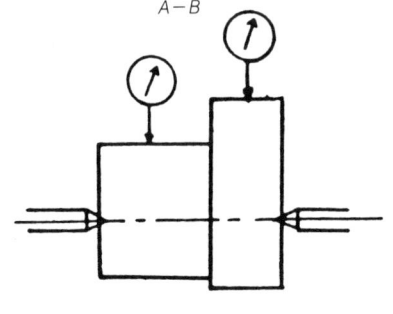

그림 4-209 전기마이크로미터를 이용한 동심도 측정

ess) 측정, 자동 선별 측정으로 구별되나 보통은 인 프로세스 측정을 말한다.

연삭 가공, 게이지 블록의 측정 등에 있어서 전기 마이크로미터를 응용하는 자동 측정 등이 최근에 점차적으로 널리 사용되고 있다. 보통은 가공기와 전용으로 조합되어 생산, 시판되고 있다.

9.5 측정시 주의 사항

1) 전기 회로는 전원 스위치를 넣고 지시값이 안정될 때까지의 시간이 필요하기 때문에, 일반적으로 전원 스위치를 넣고 15분~30분 정도의 준비 시간을 갖는 것이 좋다.
2) 0.001mm 이상의 고정밀 측정의 경우, 온도차에 따른 오차가 크게 발생하므로 온도 보상 회로를 구비한 전기 마이크로미터를 사용하거나 온도 보정을 해야 한다.
3) 측정시 측정자의 측정 방향에 따라 오차가 발생하기 때문에 기준기와 피측정물의 측정 방향은 동일하게 하도록 한다.
4) 큰 용량의 전력을 사용하는 장치나 자성 물질이 있는 곳에서는 되도록 사용을 피해야 한다.
5) 게이지 블록, 기타 마스터 게이지 등과 비교 측정할 경우, 몇 시간 마다 0점 조정을 다시 실시한 후 측정하도록 한다.
6) 피측정물의 형상 및 측정 방법에 따라 알맞은 측정자를 선택하도록 한다.

9.6 측정 방법 및 순서

1) 하이트 마이크로미터, 정반 등의 측정 기기와 피측정물을 깨끗이 닦아서 먼지, 기름 등을 완전히 제거한다.
2) 전기 마이크로 검출기를 스탠드에 부착한다.
3) 전원을 넣는다.
4) 게이지 블록(11mm 또는 15mm정도)를 이용하여 하이트 마이크로미터의 0점을 조정한다.

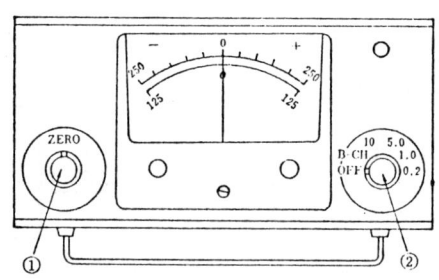

① 0점 조정 손잡이   ② 배율조정 손잡이

그림 4-210 0점 조정

5) 높이 측정
① 그림 4-211과 같이 피측정물을 최대한 하이트 마이크로미터 근처에 접근시켜 놓는다.
② 검출기의 측정자를 측정면에 접촉시키고 조정 나사를 이용하여 지시계의 눈금이 0이 되게 조정한다.
③ 측정자가 하이트 마이크로미터 게이지 블록면에 접촉할 수 있도록 심블을 돌린 다음, 지시계의 눈금이 0이 되도록 미세 조정한다.
④ ②~③순서를 반복하여 확인한다.
⑤ 이때 하이트 마이크로미터 눈금을 읽어서 a의 측정값을 기록한다.
⑥ b도 같은 방법으로 측정한다.

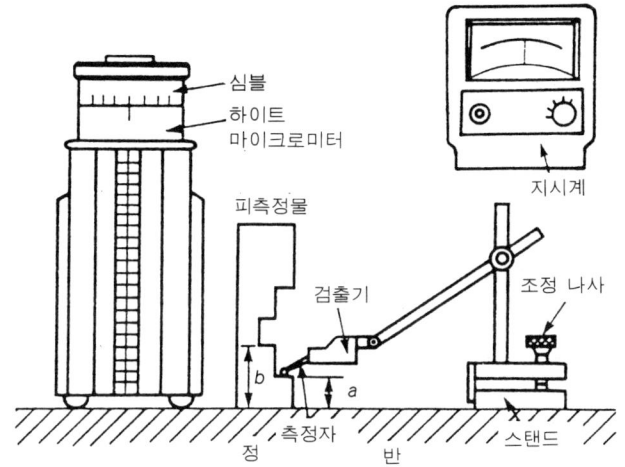

그림 4-211 높이 a, b의 측정

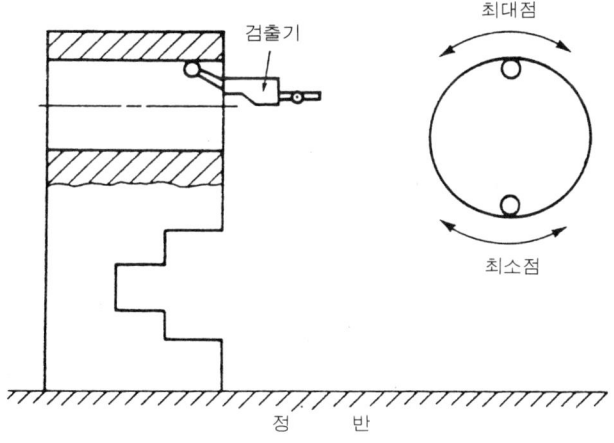

그림 4-212 구멍 위치 측정

6) 구멍 위치의 측정

① 구멍을 측정할 때는 측정자를 구멍 원주상의 윗면 또는 아랫면에 접촉시킨 후 좌우로 조금씩 움직이면서 최대, 최소점을 구한다(그림 4-212).

② 높이 측정법과 동일한 방법으로 구멍의 윗면과 아랫면을 측정한다.

③ 구멍의 위치를 계산한다. 윗면 측정값이 ⓐ이고, 아랫면 측정값이 ⓑ라고 하면 구멍 위치는 ⓐ+ⓑ/2가 된다.

(7) 측정이 완료되었으면 전원을 끄고 측정기를 깨끗이 닦아서 보관 상자에 넣어서 보관한다.

(8) 피측정물 및 주철 정반은 방청 처리한다.

9.7 측정값의 정리 및 계산

기록한 각 측정 데이터를 정리하고 계산하여, 가능한 한 여러번 측정하여 표준 편차도 계산한다.

표 4-31 측정 결과의 처리 예

측정 개소	측정값 (x_i)	편 차 ($x_i - \bar{x}$)	편차의 제곱 ($x_i - \bar{x})^2$	비 고
①				
②				
③				
⋮	⋮	⋮	⋮	
⑧				
⑨				
⑩				
	$\sum x_i =$		$\sum (x_i - \bar{x})^2 =$	
	$\bar{x} = \sigma =$			

9.8 결과

1) 측정값을 정리해서 측정기의 정도에 대해서 알아보자.
2) 측정값의 산포와 가공 기계의 정밀도 관계를 조사해 보자.
3) 다른 측정기로 측정한 값과 비교 검토하여 보자.
4) 온도가 측정값에 미치는 영향에 관해 알아보자.

10. 다이얼 게이지 분해 및 교정

10.1 실습 목표

다이얼 게이지를 분해하여 그 구조와 고장시 수리법을 익히고 조립 후 교정을 통하여 조립 상태, 기능 및 성능을 파악하여 올바른 사용법과 교정 방법을 익히는 데 있다.

10.2 사용 측정 기기

1) 다이얼 게이지 교정용 시험기(dial gauge calibration tester)
    - 0.01mm 교정용 : 1대
    - 0.001mm 교정용 : 1대
2) 다이얼 게이지(dial gauge)
    - 0.01mm, 10mm : 1개
    - 0.001mm, 1mm : 1개
3) 지침 분리기(needle puller) : 1개
4) 시계 드라이버
5) 소형 망치
6) 핀셋
7) 휘발유, 천, 오차선도 등

10.3 다이얼 게이지의 구조

(1) 0.01mm, 0~10mm 다이얼 게이지

다이얼 게이지는 피측정물의 치수 변화에 따라 움직이는 스핀들의 직선 운동을 스핀들의 한쪽 면에 가공된 래크(rack)와 피니언(pinion)에 의해 회전운동으로 변환되며, 이 회전 운동은 피니언과 같은 축에 고정된 피니언 기어(pinion gear)와 지침 피니언에 의해 확대되어 지침 피니언 축에 붙은 지침에 의해 눈금상에 지시된다.

이때, 지침 피니언과 맞물려 있는 헤어 코일 스프링(hair coil spring)은 기어를 항상 동일 치면(齒面)에 접촉시켜 기어의 뒷틈(back lash)을 제거하므로 동일 측정면에서 스핀들의 상승, 하강시의 지시차(되돌림 오차)를 적게 하는 작용을 한다. 또한, 코일 스프링(coil spring)은 측정력을 주기 위한 것이고, 스핀들에 연결되어 있는 안내핀(guide pin)은 안내홈을 따라 움직이며 스핀들의 일부에 가공된 래크가 회전을 방지하며 상하 운동을 안내하는 역할을 한다.

(2) 0.001mm, 0~1mm 다이얼 게이지

여러 가지 구조로 되어 있으나 여기서는 가장 많이 이용되는 부채꼴형 기어(sector gear)를 이용한 구조에 대해서 설명한다.

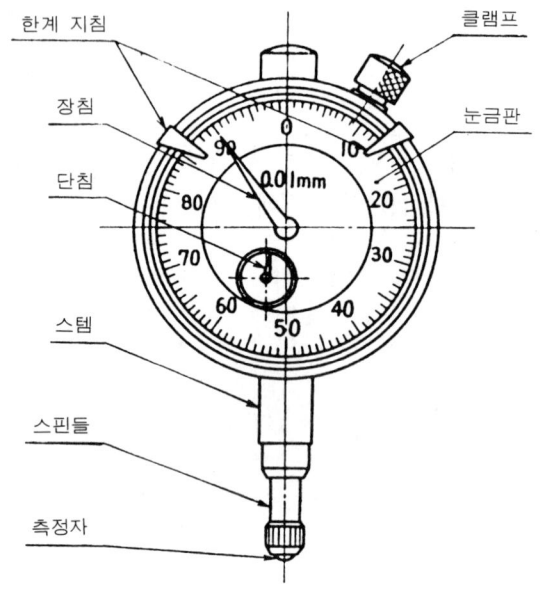

그림 4-213 다이얼 게이지(0.01mm)

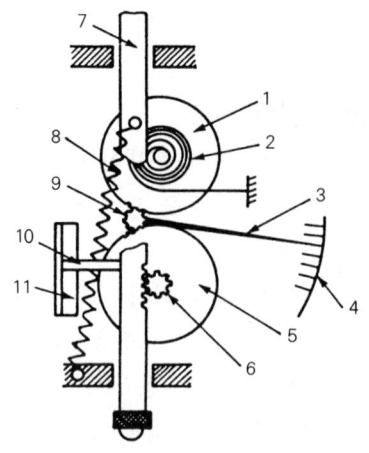

1. 제2기어
2. 헤어 스프링
3. 지침
4. 눈금판
5. 제1기어
6. 피니언
7. 스핀들
8. 코일 스프링
9. 지침 피니언
10. 안내핀
11. 안내홈

그림 4-214 다이얼 게이지의 구조 (0.01mm)

피측정물의 치수 변화에 따른 스핀들의 직선 변화는 스핀들에 직각으로 고정된 평면 접촉자의 운동으로 변하고, 이 운동은 평면 접촉자에 코일 스프링의 힘으로 항상 접촉되어 있는 구면(球面) 접촉자와 접촉하면서 운동한다.

이 구면 접촉자의 운동은 이곳에 고정되어 있는 부채꼴형 기어의 원호 운동으로 바뀌어 피니언, 피니언 기어로 전달되어 최종적으로 지침 피니언을 회전시켜 지침이 움직여 눈금판 위에 확대된 변위량을 지시하게 된다.

확대 기구에서 기어만으로 확대하는 기구는 기어에 있어서 오차가 커지기 때문에 레버 형을 채용하게 된다.

보통, 측정 범위가 2mm 이상이 되면 레버의 접촉부분에 원호 오차(圓弧誤差)가 생기므로, 사이클로이드 캠(cycloid cam)을 사용하여 직선 변위량과 회전각이 비례하도록 하여 오차가 보정될 수 있도록 만든 것도 있다. 또한, 이 레버 기어형은 비교적 측정 범위가 좁기 때문에 스핀들이 측정 범위를 초과하여 움직이는 경우가 있는데, 이때는 접촉자 부분이 떨어져서 스핀들만이 위로 올라가기 때문에 확대 기구가 파손될 염려가 없다.

(3) 지렛대식 다이얼 테스트 인디케이터(lever type dial test indicator)

지렛대식 다이얼 테스트 인디케이터는 보통 테스트 인디케이터로 불려지고 있는데, 최소 눈금이 0.01mm, 0.002mm의 2종류가 많이 쓰이고 있으며 그 구조는 거의 유사하며 측정자가 레버의 일부를 형성하고 있는 것이 특징이며, 측정자의 움직임이 아주 미소할 때 현(弦)과 호

제4장 정밀 측정의 실제(응용편) *415*

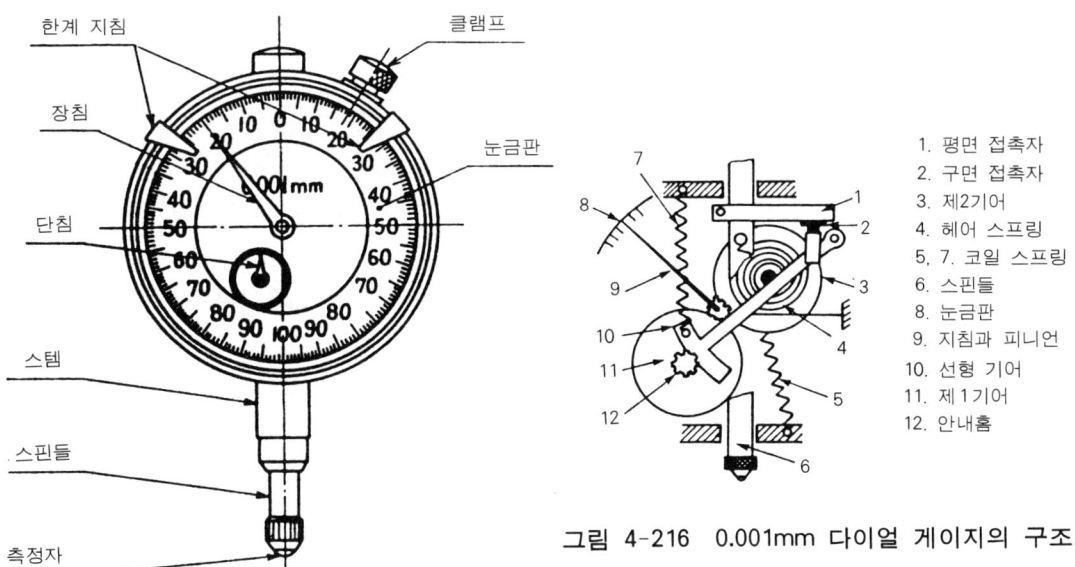

그림 4-215 0.001mm 다이얼 게이지

그림 4-216 0.001mm 다이얼 게이지의 구조

(弧)의 길이차가 작은 것을 이용하여 길이를 측정하는 측정기이다.

피측정물의 치수 변화에 의한 측정자의 움직임을 동축(同軸)에 부착된 선형 기어(扇形齒車)의 원호운동을 변화시켜 크라운 기어와 동축(同軸)의 피니언을 회전시켜, 크라운 기어와 지침 피니언에 확대되어 그 확대된 변위량을 지침과 눈금판에 의해 읽게 된다.

그러나, 측정과 선형 기어(扇形齒車)는 대부분 마찰 결합되어 있어 측정자는 지시에 관계 없이 240℃ 이하의 범위 내에서 전환시켜 임의의 위치를 조정할 수 있다.

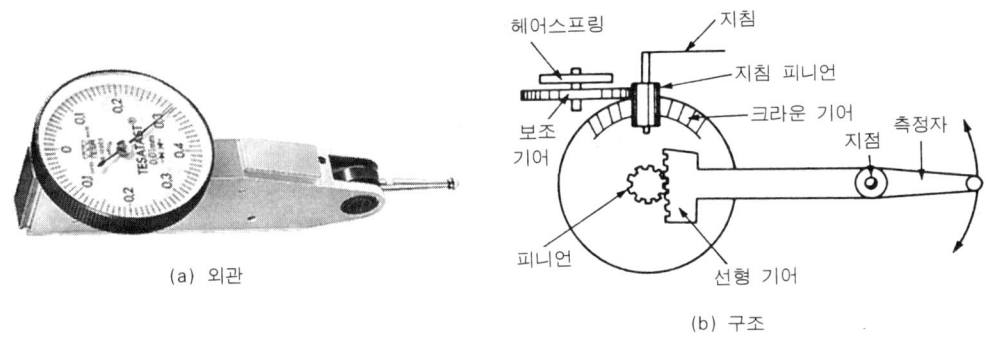

(a) 외관   (b) 구조

그림 4-217 지렛대식 다이얼 테스트 인디케이터

10.4 다이얼 게이지의 성능

일반적으로 가장 많이 쓰이는 0.01mm, 0~10mm의 것과 0.001mm, 0~1mm 다이얼 게이지에 대해서는 KS B 5206과 KS B 5207에 테스트 인디케이터는 KS B 5238에 규정되어 있다.

(1) 0.01mm 다이얼 게이지

① 지시오차

그림 4-218과 같이 다이얼 게이지 테스터(Dial gauge tester)에 다이얼 게이지를 수직으로 고정시키고, 다이얼 게이지 테스터의 심볼을 돌려 테스터의 스핀들로 다이얼 게이지 스핀들을 상승시켰을 때, 다이얼 게이지 테스터의 읽음과 다이얼 게이지 눈금 읽음값과의 오차를 구한다.

이때 다이얼 게이지 스핀들을 0.1mm 밀어 올린 위치를 측정 범위의 기점으로 잡고, 이 기점으로부터 2회전까지는 1/10회전씩(0.1mm), 5회전까지는 1/2회전씩(0.5mm), 5회전 이상은 1회전씩(1.0mm) 스핀들을 측정범위의 종점까지 밀어 올리고, 그 상태에서 스핀들을 반대방향으로 되돌리면서 동일 측정점을 측정해서 구한 양방향(전진과 후퇴)의 오차선도에서 구한다. 그 허용치는 표 4-33과 같다.

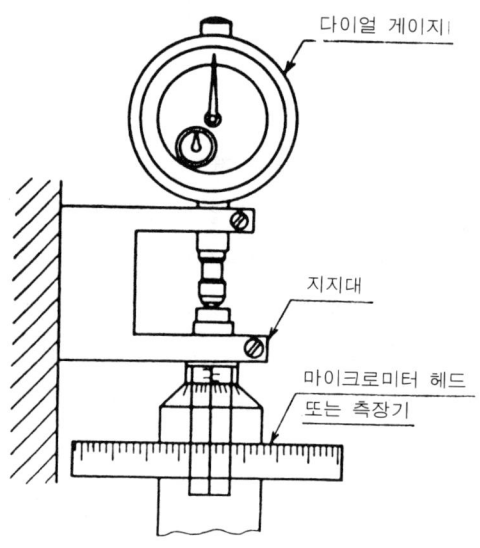

그림 4-218 다이얼 게이지 성능 검사

② 인접오차

지시오차에서 그린 오차선도 중에서 스핀들이 들어갈 때와 나갈 때의 각각에 있어서, 1/10 회전만큼 떨어진 두 위치에 있어서 지시오차 차이의 최대값을 인접오차라 한다. 그 허용치는 $8\mu m$ 이다.

③ 되돌림오차(후퇴오차)

위에서 그린 전진과 후퇴의 오차선도에서 스핀들이 들어갈 때와 나올 때의 동일 측정량에 대한 지시차의 최대값을 되돌림 오차라 한다. 그 허용치는 $5\mu m$이다.

④ 반복 정밀도

그림 4-219와 같이 측정대 윗면에 측정자를 수직으로 접촉시키고, 측정범위 내의 임의의 위치에서 스핀들을 5회 급격하게 또는 천천히 작동시켰을 때 각 회의 지시의 최대차를 반복 정밀도라 한다.

⑤ 측정력

스핀들을 수직으로 설치하고 스핀들을 위 아래 각 방향으로 연속적으로 천천히 이동시켜 측정 범위의 기점, 중앙 및 종점에서 측정력을 측정한다.

(a) 최소 측정력은 4N으로 하며, 스핀들을 수직으로 올렸다가 내려 누르는 측정력은 0.01mm 눈금의 것에서 1.5N, 0.002mm 및 0.001mm 눈금의 것에서는 2N을 초과하지 않는다.

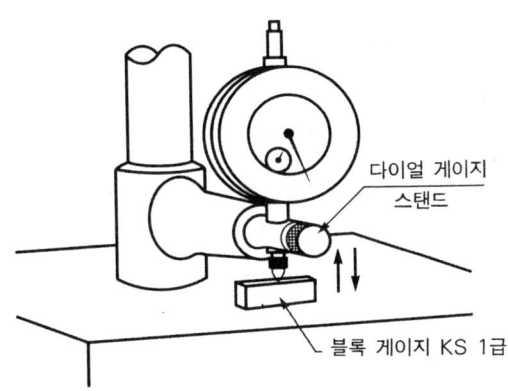

그림 4-219 반복 정밀도 검사

(b) 스핀들의 동일 운동방향에 대해 측정력의 최대값과 최소값의 차이는 0.7N을 초과하지 않는다.

(c) 측정범위 내의 임의의 위치에 있어서 스핀들이 들어갈 때와 나갈 때의 측정력 차이는 0.01mm 눈금의 것에서는 0.6N, 0.002mm 및 0.001mm 눈금의 것에서는 0.9N을 초과하지 않는다.

(2) 0.001mm 다이얼 게이지

① 지시오차

다이얼 게이지 테스터(Dial gauge tester)에 다이얼 게이지를 수직으로 고정시키고, 다이얼 게이지 테스터의 심볼을 돌려 테스터의 스핀들로 다이얼 게이지 스핀들을 상승시켰을 때, 다이얼 게이지 테스터의 읽음과 다이얼 게이지 눈금 읽음값과의 오차를 구한다.

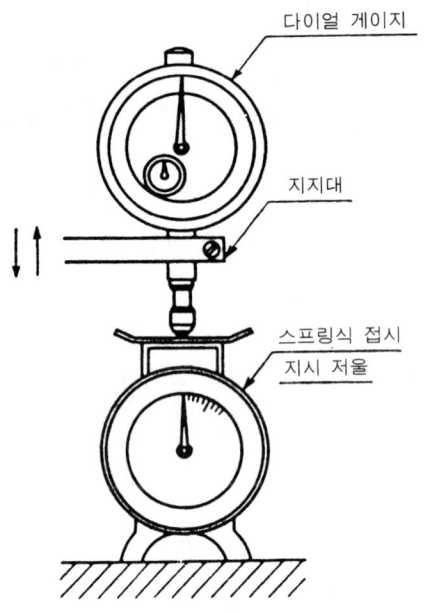

그림 4-220 측정력의 측정

표 4-32 측정력의 허용치

항 목	측정력
최소 측정력	4N
스핀들의 동일 운동방향에 대해 측정력의 최대값과 최소값의 차	0.7N

이때 다이얼 게이지 스핀들을 0.01mm 밀어 올린 위치를 측정 범위의 기점으로 잡고, 이 기점으로부터 2회전까지는 1/10 회전씩(0.01mm), 5회전까지는 1/2 회전씩(0.05mm), 5회전 이상은 1회전씩(0.1mm) 스핀들을 측정범위의 종점까지 밀어 올리고, 그 상태에서 스핀들을 반대방향으로 되돌리면서 동일 측정점을 측정해서 구한 양방향(전진과 후퇴)의 오차선도에서 구한다. 그 허용치는 표 4-33과 같다.

표 4-33 지시의 최대 허용오차   단위 : μm

구 분		눈금 및 측정범위					
		0.01mm	0.002mm		0.001mm		
측정범위		10mm 이하	2mm 이하	2mm 초과 10mm 이하	1mm 이하	1mm 초과 2mm 이하	2mm 초과 5mm 이하
되돌림 오차		5	3	4	3	3	4
반복 정밀도		5	0.5	1	0.5	0.5	1
지시 오차	1/10 회전	8	4	5	2.5	4	5
	1/2 회전	±9	±5	±6	±3	±5	±6
	1회전	±10	±6	±7	±4	±6	±7
	2회전	±15	±6	±8	±4	±6	±8
	전체 측정범위	±15	±7	±12	±5	±7	±10

② 인접오차

지시오차에서 그린 오차선도 중에서 스핀들이 들어갈 때와 나갈 때의 각각에 있어서, 1/10회전만큼 떨어진 두 위치에 있어서 지시오차 차이의 최대값을 인접오차라 한다. 측정범위 1.0mm 이하에서 허용치는 $2.5\mu m$이다.

③ 되돌림오차(후퇴오차)

위에서 그린 전진과 후퇴의 오차선도에서 스핀들이 들어갈 때와 나올 때의 동일 측정량에 대한 지시차의 최대값을 되돌림 오차라 한다. 측정범위 1.0mm 이하에서 그 허용치는 $3\mu m$이다.

④ 반복정밀도

그림 4-219와 같이 측정대 윗면에 측정자를 수직으로 접촉시키고, 측정범위 내의 임의의 위치에서 스핀들을 5회 급격하게 또는 천천히 작동시켰을 때 각 회의 지시의 최대차를 반복 정밀도라 한다. 측정범위 1.0mm 이하에서 그 허용치는 $0.5\mu m$이다.

⑤ 측정력

스핀들을 수직으로 설치하고 스핀들을 위 아래 각 방향으로 연속적으로 천천히 이동시켜 측정범위의 기점, 중앙 및 종점에서 측정력을 측정한다.

표 4-34 측정력의 허용치

항목	측정력
최소 측정값	4N
동일 운동방향에 대한 최대값과 최소값의 차	0.7N
전진과 후퇴시의 측정력의 차	0.9N

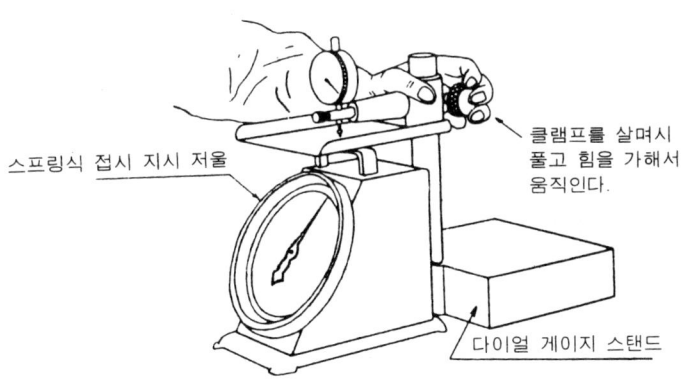

그림 4-221 0.001mm 다이얼 게이지의 측정력의 검사

(3) 지렛대식 다이얼 테스트 인디케이터

일반적으로 지렛대식 다이얼 테스트 인디케이터는 테스트 인디케이터라고 많이 부르고 있으며, 최소 눈금 0.01, 0.002 및 0.001mm가 있다. 측정자는 직선 운동이 아닌 원호 운동을 하기때문에 그림 4-222와 같이 측정자의 축선과 측정 방향은 직각을 유지하는 것이 바람직하다.

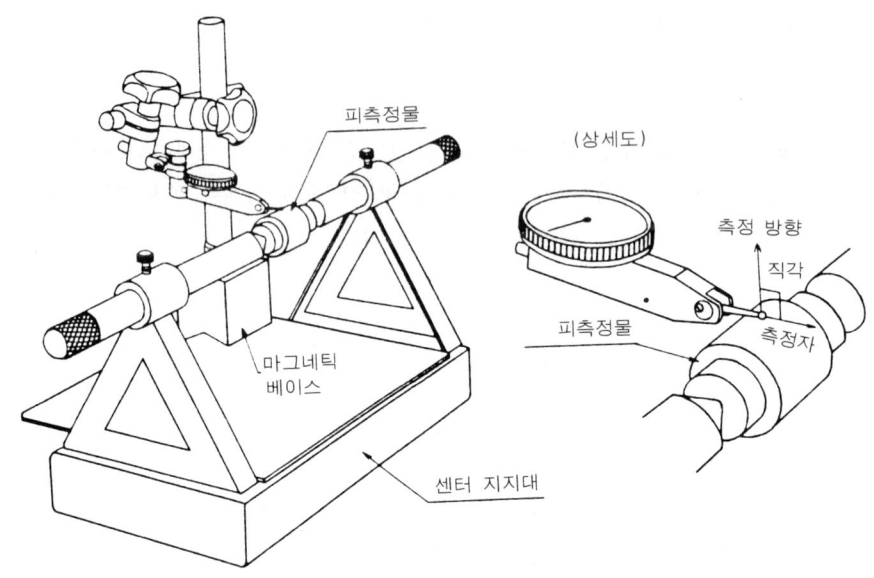

그림 4-222 편심 측정에서의 사용 예

① 넓은 범위 전진 정밀도

눈금량 0.01mm의 것은 측정자를 기점으로 측정 범위의 종점까지 눈금의 읽음을 기준으로 하여 0.05mm씩 작동시켜, 지침의 읽음에서 테스터의 읽음값을 빼서 오차선도를 그려서 최고점과 최저점의 차를 구한다.

② 되돌림 오차

전진 정밀도의 측정종료 상태에서 측정자를 역방향으로 눈금의 읽음을 기준으로 하여 전진시와 같은 값만큼씩 이동시키면서 오차를 구하여 오차선도를 구한다. 이 오차선도 중에서 동일 위치에서의 전진과 되돌림시의 오차의 최대차를 되돌림 오차라 한다.

③ 좁은 범위 정밀도

원칙적으로 측정 범위의 중앙에서 눈금량 0.01mm의 것은 0.1mm 사이, 0.002mm의 것은 0.02mm 사이를 1눈금씩 측정하여 왕복(전진과 후퇴) 오차선도를 그려서, 그 최고점과 최저점의 차를 좁은 범위 정밀도라 한다.

각 성능의 허용치는 표 4-35와 같다.

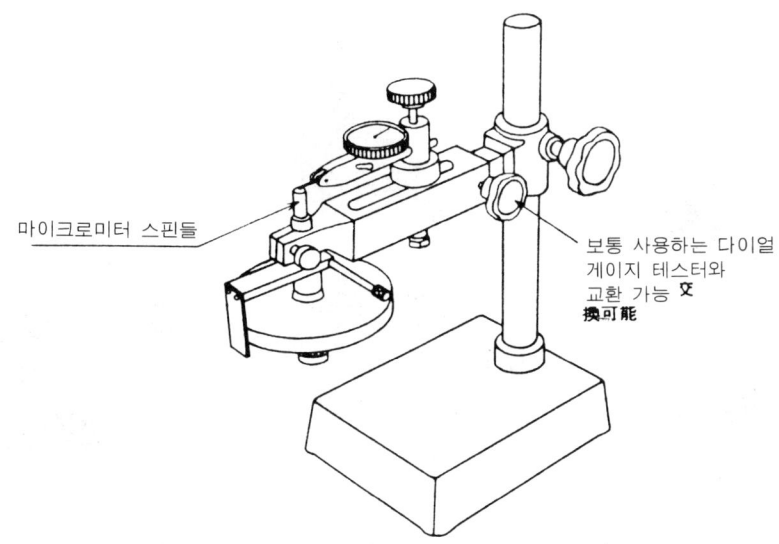

그림 4-223 테스트 인디케이터의 검사 장치

표 4-35 테스트 인디케이터의 성능

단위 : μm

최소 읽음값	측정 범위	넓은 범위 전진 정밀도	되돌림 오차	좁은 범위 정밀도	측정력	측정력의 마찰력
0.01mm	0.5mm	5 이하	3 이하	4 이하	40gf 이하 (0.4N)	300~800gf (2.9~7.8N)
	0.8mm	8 이하				
0.002mm	0.2mm	3 이하	2 이하	3 이하		
	0.28mm	3 이하				

10.5 다이얼 게이지를 이용한 측정

(1) 다이얼 게이지를 이용한 부품 측정

다이얼 게이지는 단독으로 측정에 사용될 수 없기 때문에 지지구(stand)가 필요하다.

그림 4-224(b)는 부품의 높이측정에 사용되는 다이얼 게이지 스탠드이고 그림 4-224(a)는 부품의 측정은 물론 다이얼 게이지를 자유롭게 움직여 편심량, 평행도 등 광범위한 측정이 가능한 마그네틱 스탠드이다. 특히, 베이스가 자석으로 되어 있기 때문에 필요에 따라서 공작기계의 측면에 부착하여 주축의 흔들림과 테이블의 평행도를 측정할 수가 있다. 그림 4-224(c)는 다이얼 게이지 스탠드에 다이얼 게이지를 부착하여 부품의 높이를 측정하는 방법이다. 그럼, 가장 일반적인 측정 방법에 대해서 설명해 보자.

(2) 직접 측정

그림 4-225와 같이 기준면으로부터의 길이를 다이얼 게이지의 눈금 위에서 직접 결정하는

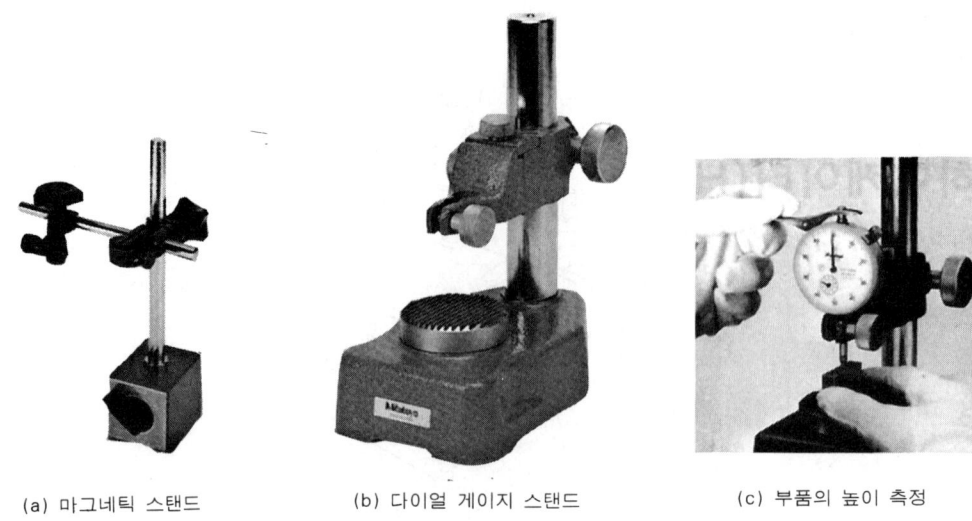

(a) 마그네틱 스탠드　　(b) 다이얼 게이지 스탠드　　(c) 부품의 높이 측정

그림 4-224 다이얼 게이지 부착용 스탠드

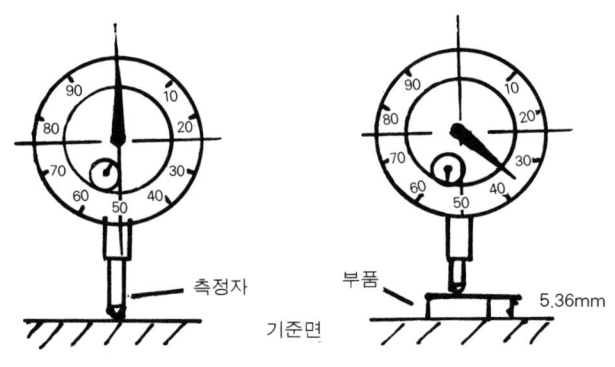

그림 4-225 직접 측정

방법으로, 다이얼 게이지에서 직접 측정한다는 것은 다이얼 게이지의 측정 범위 안에서의 값에 한하여 가능하게 된다. 그러므로, 직접 측정을 할 때에는 다이얼 게이지 가운데에서 넓은 범위 정밀도가 작은 것을 택하여 측정해야 한다.

① 다이얼 게이지를 다이얼 게이지 스탠드에 지지하고 정반면(측정 기준면)에 측정자를 접촉하여 지침을 눈금판의 0점에 세팅한다.
② 다이얼 게이지의 스핀들을 들어올리고 측정하고자 하는 부품을 정반면과 측정자 사이에 놓고 측정자를 그 위에 천천히 올려 놓는다.
③ 눈금판에 지시한 지침의 변위량을 읽어 측정치를 구한다.

(3) 비교 측정

피측정물의 치수가 다이얼 게이지의 측정 범위를 넘을 때나 고정도의 측정이 필요할 때에는 직접 측정을 할 수 없으므로 그림 4-226과 같이 다이얼 게이지와 게이지 블록을 함께 써서 게이지 블록과 피측정물의 치수차를 다이얼 게이지로서 비교하여 봄으로서 치수를 측정하는 방법을 비교 측정이라 한다. 또, 다이얼 게이지로서 비교 측정을 할 때에는 다이얼 게이지 오차 가운데 좁은 범위 인접 오차가 작은 범위에서 기준점을 잡고 측정을 해야만 다이얼 게이지 자체의 오차인 기기 오차를 줄일 수 있다.

① 먼저 게이지 블록(피측정물과 비슷한 치수)을 정반면에 놓고 다이얼 게이지를 측정 범위 중 어느 위치(좁은 범위 인접 오차가 작은 부분)에 0점을 맞춘다.

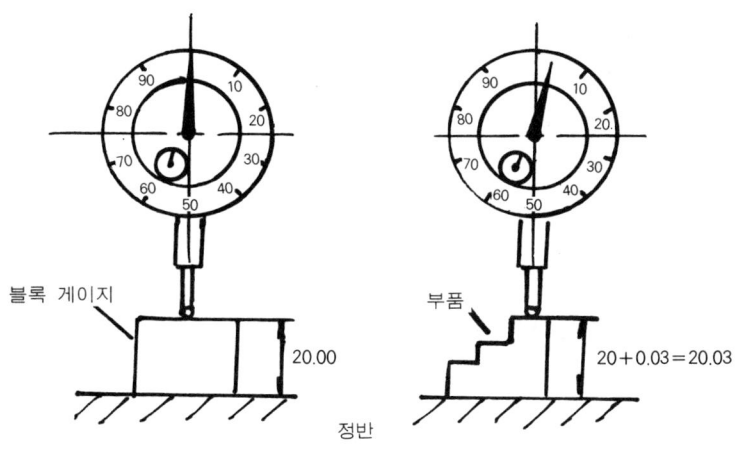

그림 4-226 높이 측정

② 게이지 블록을 빼내고 피측정물을 올려 놓아 게이지 블록으로 맞춘 0점으로부터 벗어난 값을 눈금판에서 읽어 게이지 블록 치수에 가감하여 피측정물의 치수를 구한다.

(4) 눈금 읽는 방법

일반적인 다이얼 게이지는 대부분 긴 바늘과 짧은 바늘을 가지고 있다. 긴 바늘이 눈금판을 1바퀴 이상 회전하기 때문에 짧은 바늘을 설치하여서 긴 바늘의 회전수를 판단할 수 있도록 되어 있다. 다이얼 게이지를 읽을 때는 짧은 바늘의 지시 위치를 먼저 읽고 난 뒤 긴 바늘의 지시값을 읽는다.

① 다이얼 게이지 스핀들은 축 방향으로 위아래의 직선 운동을 하도록 만들어져 있으므로 축의 가로 방향의 힘을 받거나 스핀들이 돌아가지 않도록 해야 한다. 축 방향의 힘을 받으면 스핀들이 휘거나 손상될 우려가 있고 회전하게 되면 가이드 핀이 부러지고 래크부분이 파손된다.

② 측정중에 피측정물을 될 수 있는대로 밀면서 측정하면 안된다. 스핀들이 밀리는 방향에 따라 조금씩 지침의 변위가 생기고 측정자도 마모되기 쉽다.

10.6 사용할 때에 주의할 점

(1) 다이얼 게이지의 선택시 고려할 점
① 사용 목적에 따라서 알맞는 것을 선택한다.
② 피측정물의 형상, 측정 부위, 제품 공차를 고려한다.
③ 다이얼 게이지의 종류, 측정 범위, 최소 눈금, 측정자의 형상, 스탠드 등을 고려한다.

(2) 사용 전에 주의할 점
① 스핀들을 동작시켜 잘 움직이는가를 확인한다.
② 스탠드에 잘 고정되어 있는가를 확인한다.
③ 지시값의 안정도를 검사한다.

(3) 사용중에 주의할 점
① 시차에 주의한다.
② 지지 방법에 주의한다.
 측정면과 스핀들의 운동 방향은 서로 직각이 되도록 지지해야 하며, 직각으로 되지 않을 때에는 그림 4-227과 같이 오차를 발생한다.

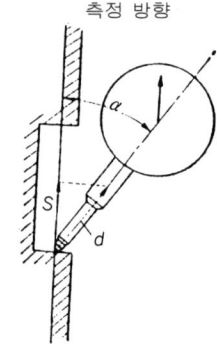

그림 4-227 자세 오차

S: 실제의 값
d: 다이얼 게이지의 읽음
α: 측정 방향과 측정자의 이동 방향과의 각도
$S = d \cdot \cos \alpha$

③ 다이얼 게이지를 테스터에 설치할 때 스핀들 단면에 대하여 수직이 되도록 하여야 한다.
④ 설치 후 고정 나사를 너무 심하게 조이면 스핀들의 직선 운동이 원활하지 않으므로 알맞게 조이도록 한다.
⑤ 지침 읽음시 시차를 줄이도록 눈금에 대해 수직 방향에서 읽도록 한다.
⑥ 백 래시(back lash)에 의한 영향을 줄이기 위하여 심블이 규정 눈금을 초과하여 회전하였을 경우는 심블을 반대 방향으로 1~2회전 돌린 후 다시 측정하도록 한다.
⑦ 오차 선도에 오차를 기입할 때 +, -부호의 판정에 주의한다.
⑧ 분해시 가능한 한 헤어 코일(hair coil)은 취급하지 않는 것이 좋다.
⑨ 측정이 끝난 후 다이얼 게이지 스핀들 작동부에는 급유를 금하고, 기름 성분이 묻지 않

도록 주의해야 한다. 기름 성분이 많은 곳에서 사용시에는 방수형을 이용한다.
⑩ 측정시에는 측정 범위 전체를 균등하게 사용하도록 한다. 어떤 특정 부분만 사용하게 되면 그 부분의 기어가 마모되어 오차가 크게 된다.
⑪ 지렛대식 다이얼 테스트 인디케이터를 테스터에 설치할 때는 반드시 그림 4-228과 같이 테스터의 스핀들 축과 측정기의 측정자 축선이 90°를 이루도록 조정한다.

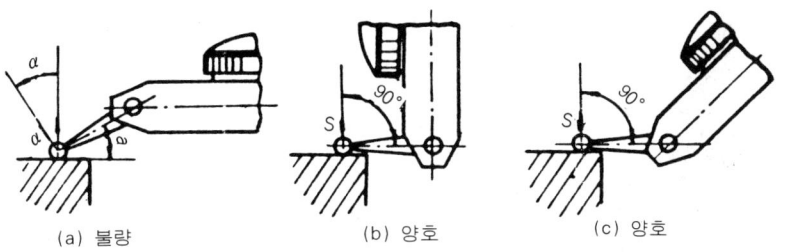

그림 4-228 테스트 인디케이터의 측정자 지지 방법

10.7 분해 방법 및 순서

(1) 0.01mm 다이얼 게이지
① 분해하기 전에 테이블을 깨끗이 정리하고 구조를 충분히 익히도록 한다.
② 뒤뚜껑의 나사를 시계 드라이버로 풀어서 뒤뚜껑을 분해한다.
③ 장침과 단침을 분리한다(그림 4-230).
④ 외곽 테두리를 분리한다(그림 4-232).
⑤ 문자판 세트를 분해한다.
⑥ 스프링, 스핀들 정지 나사를 분해한다(그림 4-234).
⑦ 스핀들을 분해한다.

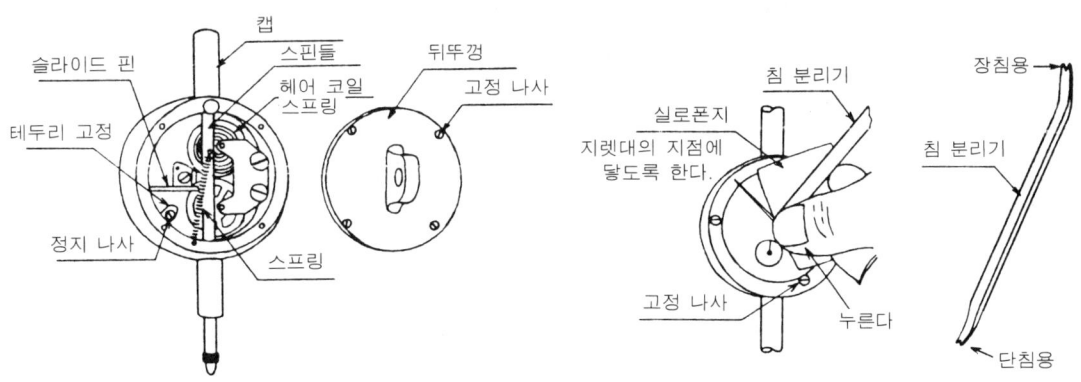

그림 4-299 뒤뚜껑의 분해   그림 4-230 장침과 단침의 분리

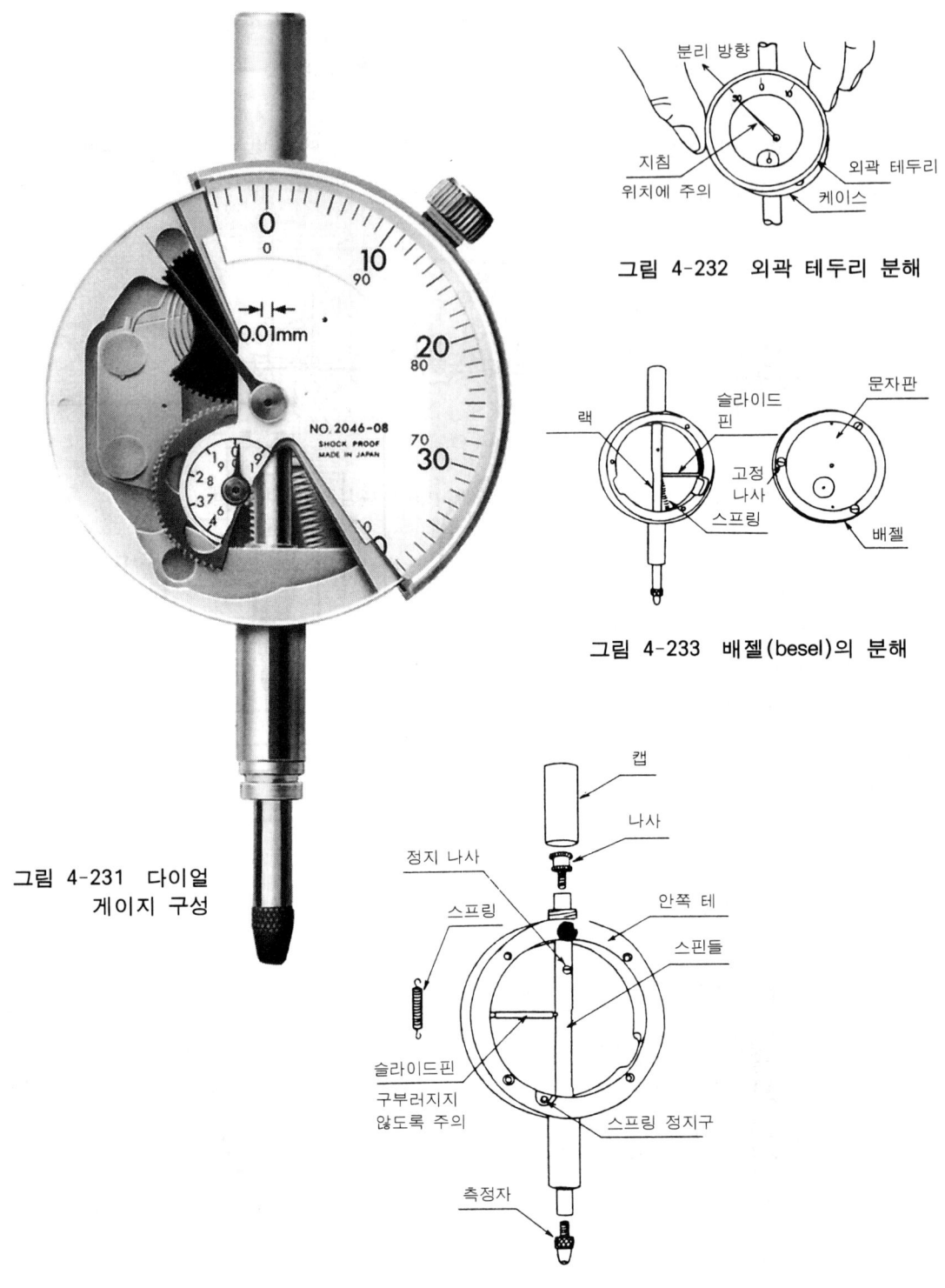

그림 4-231 다이얼 게이지 구성

그림 4-232 외곽 테두리 분해

그림 4-233 배젤(besel)의 분해

그림 4-234 스프링 분해

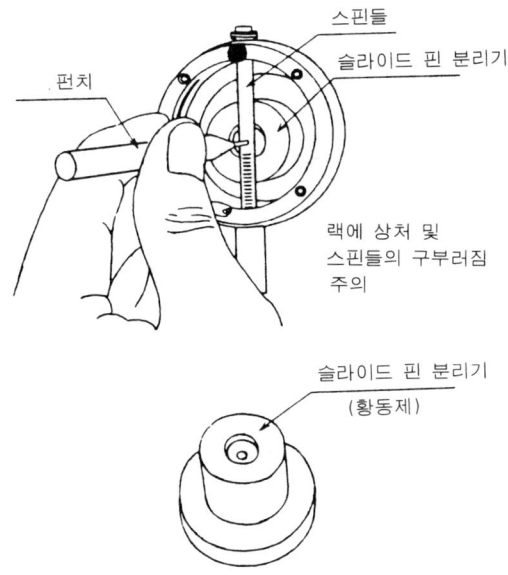

그림 4-235 슬라이드 핀 분해

⑧ 최종적으로 피니언을 분해한다(그림 4-236).
⑨ 결합은 분해의 역순으로 실시한다.

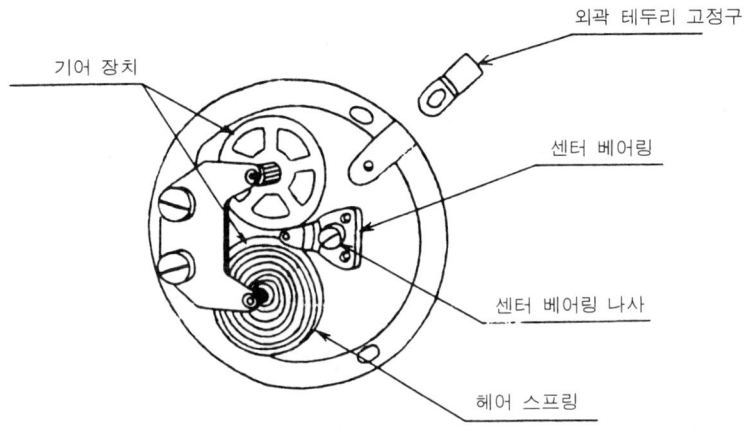

그림 4-236 피니언의 분해

10.8 다이얼 게이지 교정 방법 및 순서

1) 다이얼 게이지 테스터와 다이얼 게이지를 깨끗이 닦아서 먼지, 기름 등 불순물을 제거한다.
2) 다이얼 게이지 테스터의 눈금을 0으로 맞춘다.

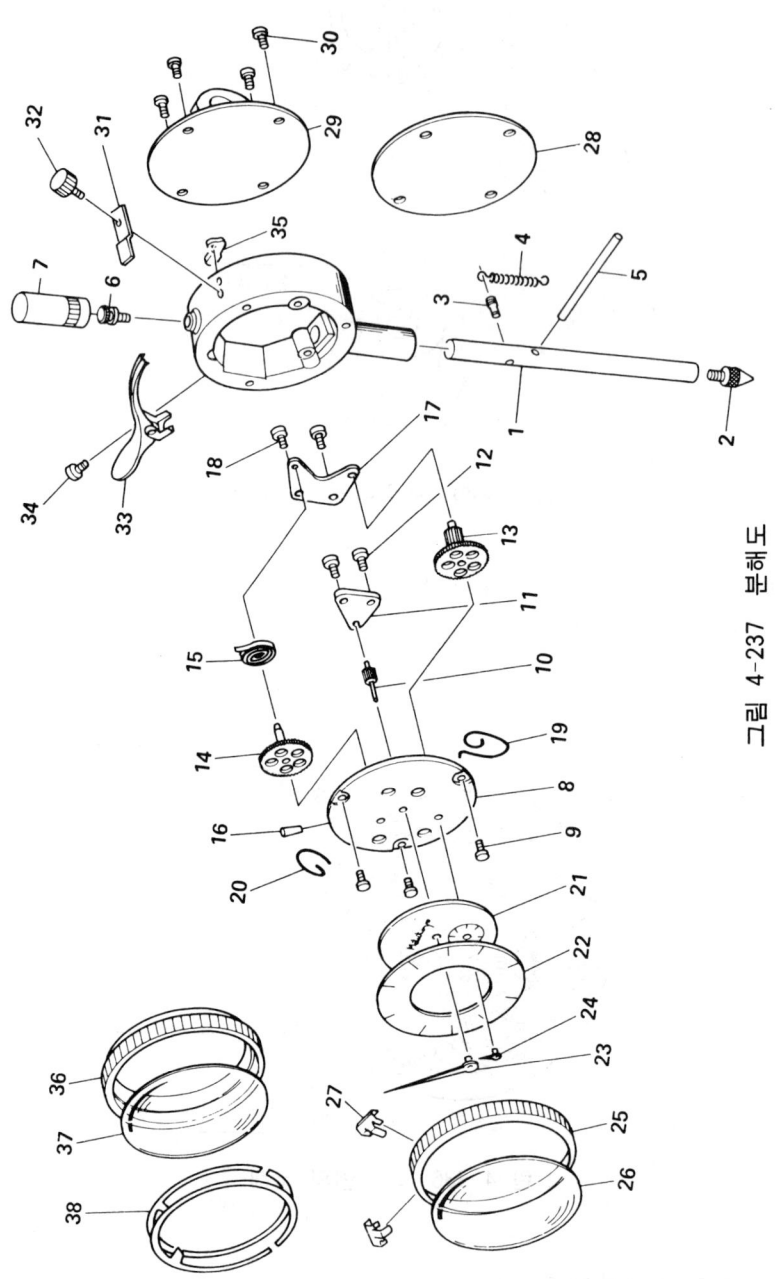

그림 4-237 분해도

3) 다이얼 게이지를 다이얼 게이지 테스터에 그림 4-238과 같이 고정시킨다. 이때, 다이얼 게이지는 스핀들을 마이크로미터 헤드 단면에 대해서 직각이 되도록 설치한다(측정 방향과 이동 방향이 일치되게 교정).

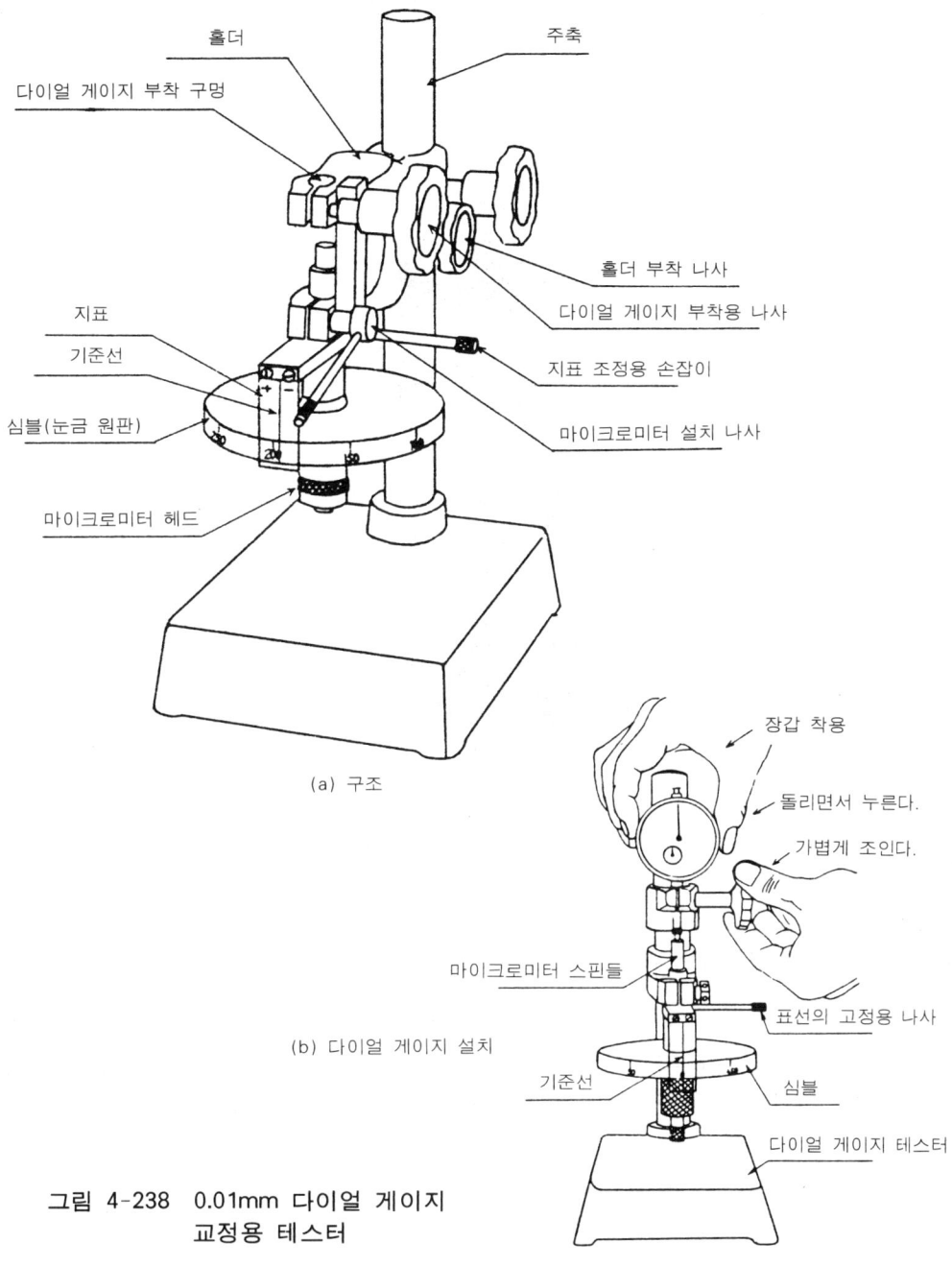

그림 4-238 0.01mm 다이얼 게이지 교정용 테스터

4) 다이얼 게이지 눈금이 0이 되도록 조절한 후, 다이얼 게이지 고정용 나사를 가볍게 돌려서 고정시킨다.
5) 다이얼 게이지 테스터의 심블을 돌려 다이얼 게이지 눈금이 0을 지시하도록 맞춘다.
6) 이때, 테스터의 지표 조정용 손잡이는 지표를 움직여서 테스터 심블의 눈금 0눈금의 기선에 일치하도록 맞춘다. 0.001mm 다이얼 게이지 교정용 테스터에서는 슬리브 이동용 손잡이를 잡고 슬리브를 좌우로 움직여서 맞춘다.

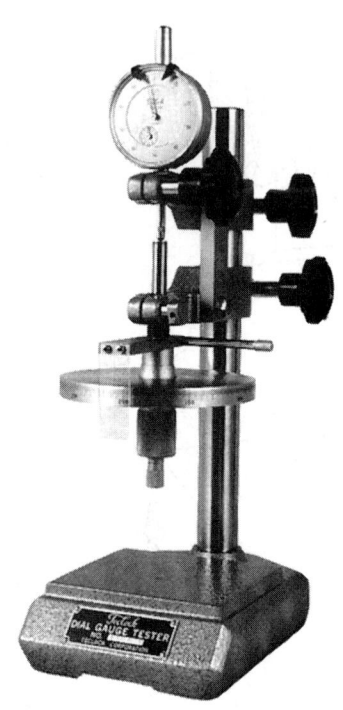

사진 4-7 0.01mm 다이얼 게이지 교정용 테스터

7) 5), 6)항을 반복하여 0점 조정을 확인한다.
8) 다이얼 게이지 테스터의 심블을 시계 방향으로 움직여서 좁은 범위, 넓은 범위의 측정 구간에서 다이얼 게이지 눈금을 정확히 맞춘 상태에서 테스터에 나타난 다이얼 게이지의 오차를 읽어서 오차선도를 기입한다. 이때, 주의할 점은 측정 구간을 초과하여 밀어 올렸을 때는 얼마만큼 뒤로 후퇴한 다음 다시 밀어 올리도록 한다(백래쉬에 의한 오차 제거).
9) 종점에서 기점 방향으로 다이얼 게이지 눈금을 측정하여 후퇴 곡선을 그린다.
10) 오차선도를 그릴 때 전진 곡선은 청색, 후퇴 곡선은 적색으로 한다.

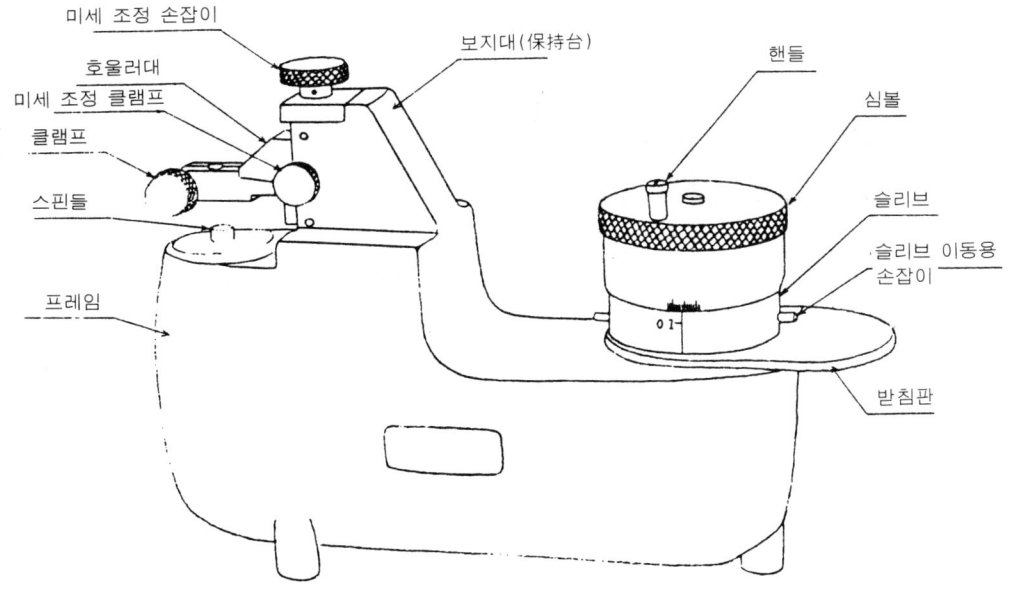

그림 4-239 0.001mm 다이얼 게이지 교정용 테스터

10.9 측정값의 정리 및 계산

1) 전진과 후퇴시의 측정값(오차)을 구하여 오차선도를 그린다.
2) 오차선도를 보고 넓은 범위 정밀도, 좁은 범위 정밀도, 좁은 범위 인접 오차, 되돌림 오차, 반복 정밀도 등을 구한다.
3) 측정력 값도 정리한다.

예 1 : 0.01mm 눈금 다이얼 게이지의 교정검사
 (1) 넓은 범위 정밀도 — 9μm
 (2) 좁은 범위 정밀도 — 5μm
 (3) 좁은 범위 인접오차 — 2μm
 (4) 되돌림 오차 — 3μm
 (5) 측정력
  전전시 최대 측정력
  전전시 최소값과 최대값의 차
  전진과 후퇴시의 차

예 2 : 0.001mm 눈금 다이얼 게이지의 교정 검사
 (1) 넓은 범위 정밀도 — 3μm
 (2) 좁은 범위 정밀도 — 2μm

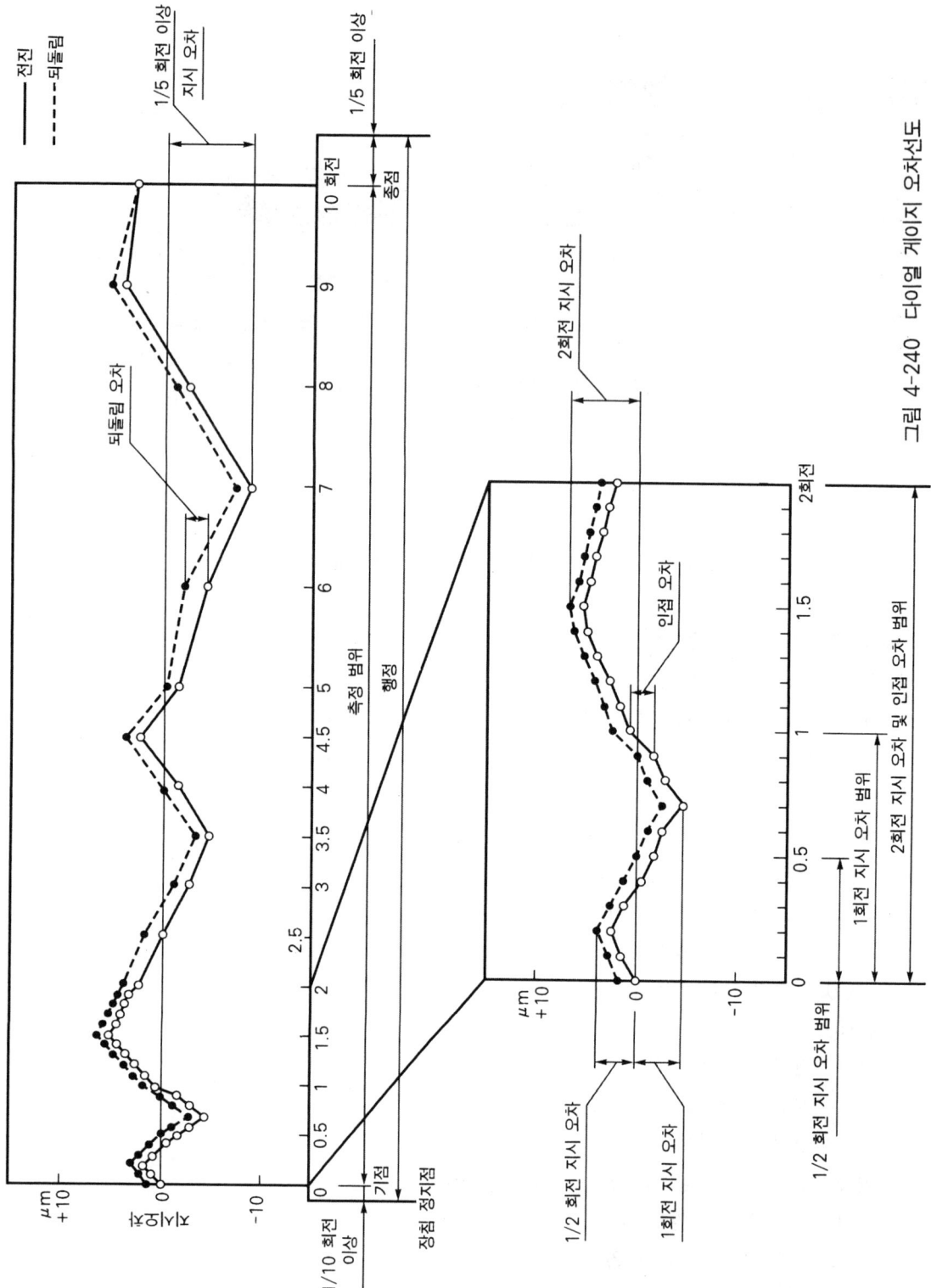

그림 4-240 다이얼 게이지 오차선도

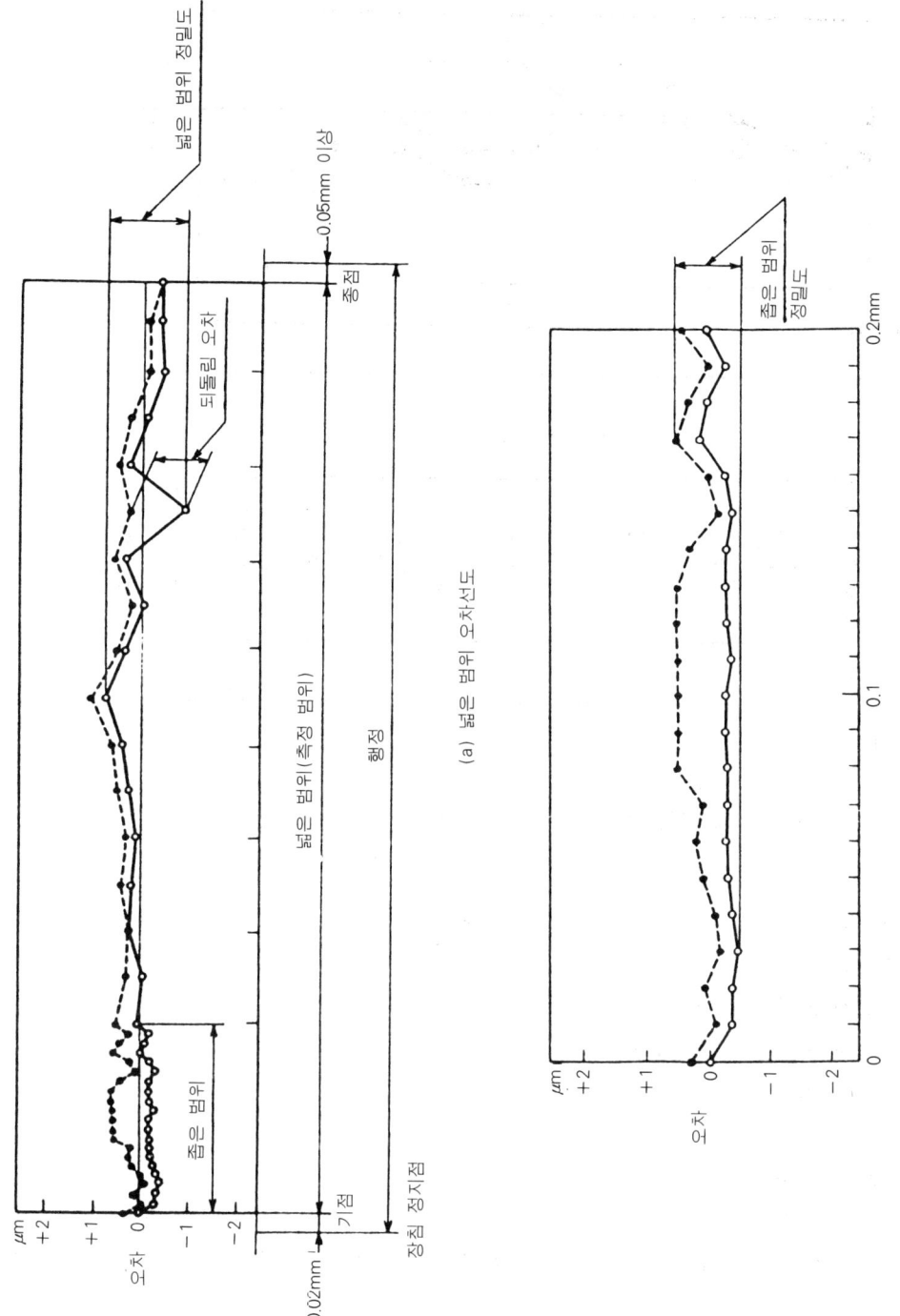

그림 2-241 0.001mm 다이얼 게이지 오차선도 예(구 KS)

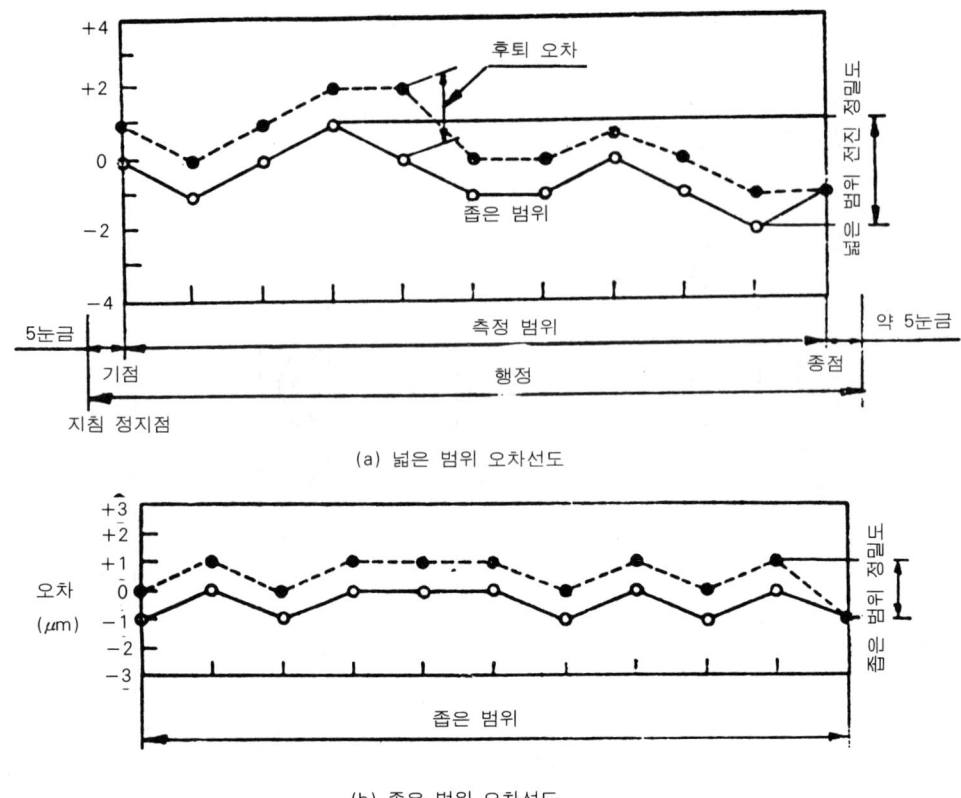

그림 4-242 지렛대식 다이얼 테스터 인디케이터의 오차선도

(3) 되돌림 오차 — 1μm
(4) 측정력
    전진시 최대 측정력 :
    전진시 최소값과 최대값의 차 :
    전진과 후퇴시의 차 :

10.10 결과 및 고찰

  오차선도는 그 결과를 정리하여 데이터 표와 관리 카드를 작성하여 보관한다(표 4-36, 표 4-37). 그리고, 다이얼 게이지의 성능을 파악하여 수리, 교정을 하며 오차가 큰 경우에는 오차 선도에 의해 보정하여 사용하도록 해야 한다.

표 4-36 0.01mm 눈금 다이얼 게이지 관리 카드 예

관리번호 :	제 작 회 사		계측기 관리 카드
주관부서 :	형 식		1/100 다이얼 게이지
	측 정 범 위		
	제 조 번 호		
	도입년월일	년 월 일	

단위 : μm

년월일	지시오차	되돌림오차	반복정밀도	측정력	비고	합격	승인	검사자

표 4-37 1/100mm 다이얼 게이지 정도 검사 데이터 용지의 예

1/100mm 다이얼 게이지 정도 검사 데이터 용지							회 사 명	
다이얼 게이지		정도검사결과						
제작회사		지시오차		μm				
형 식		반복정밀도		μm	되돌림 오차			μm
측정범위		측 정 력	최대값	N	동일방향 최대차	N	전진후퇴 최대차	N
제조번호								
비 고								

오차선도   전진( ), 후퇴( )

오차 (μm) 0

0　0.5　1　2　3　4　5　6　7　8　9　10 회전

측정 범위

검 사 일 :　　년　　월　　일　　검 사 자 : _____

11. 마이크로미터 분해 및 교정

11.1 실습 목표
길이 측정에서 가장 기본이 되는 정밀 측정기인 마이크로미터를 분해하여 그 구조를 익히고, 고장 등 문제 발생시 수리 및 교정할 수 있는 능력을 배양하는 데 있다.

11.2 사용 측정 기기
1) 외측 마이크로미터(0.01mm, 0~25)
2) 캘리퍼형 내측 마이크로미터(0.01mm, 5~30)
3) 게이지 블록(8개조, B급)
4) 평행 광선 정반(optical parallel, 4개조)
5) 시계 드라이버
6) 스프링식 접시 저울
7) 마이크로미터 스탠드
8) 휘발유, 강구, 세무 가죽, 브러시, 천 등

11.3 마이크로미터의 측정 원리
마이크로미터의 원리는 길이의 변화를 나사의 회전각과 직경에 의해 확대하여 그 확대된 길이에 눈금을 붙여 미소의 길이 변화를 읽도록 한 측정기이다. 보통, 버니어 캘리퍼스는 0.1mm 공차를, 마이크로미터는 0.01mm 공차 범위를 측정하지만 마이크로미터는 숙련과 조정에 의해서 0.001mm(1μm)로 할 수 있는 편리한 측정기이다.

표준 마이크로미터는 나사의 피치를 0.5mm로 하고 심블(thimble)의 원주 눈금이 50등분되어 있기 때문에 심블 1눈금 회전에 의한 스핀들의 이동량(M)은

$$M[\text{mm}] = 0.5[\text{mm}] \times \frac{1}{50} = \frac{1}{100} \text{mm}$$

로 되어, 최소 눈금이 0.01mm로 되어 있다.

11.4 마이크로미터의 구조
그림 4-243은 가장 일반적인 최소 눈금 0.01mm, 측정 범위 0~25mm인 외측 마이크로의 주요 명칭이다.

우선, 스핀들을 반시계 방향으로 돌려서 수나사와 암나사부를 분리하고 계속해서 암나사가 있는 부분은 본체와 외측 슬리브(outer sleeve), 내측 슬리브(inner sleeve), 테이퍼 너트(taper nut), 고정나사(clamp) 등으로 분해된다.

외측 슬리브와 내측 슬리브는 억지 끼워맞춤되어 있으므로 특별한 경우가 아니면 분해하지

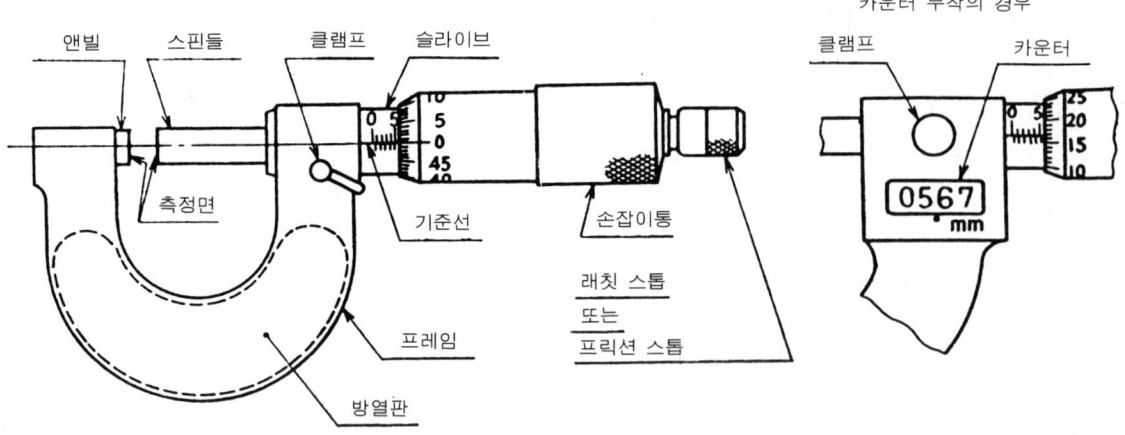

그림 4-243 외측 마이크로미터의 주요 명칭

않는 것이 좋다.

수나사측은 나사 부분인 스핀들(spindle), 심블(thimble), 래칫 스톱(latchet stop)으로 분해되고, 래칫 스톱은 다시 래칫 기어와 스프링 나사로 되어 있다.

그림 4-244는 외측 마이크로미터의 분해도이고, 그림 4-245는 내측 측정에 많이 이용되고 있는 캘리퍼 형 내측 마이크로미터의 분해도이다.

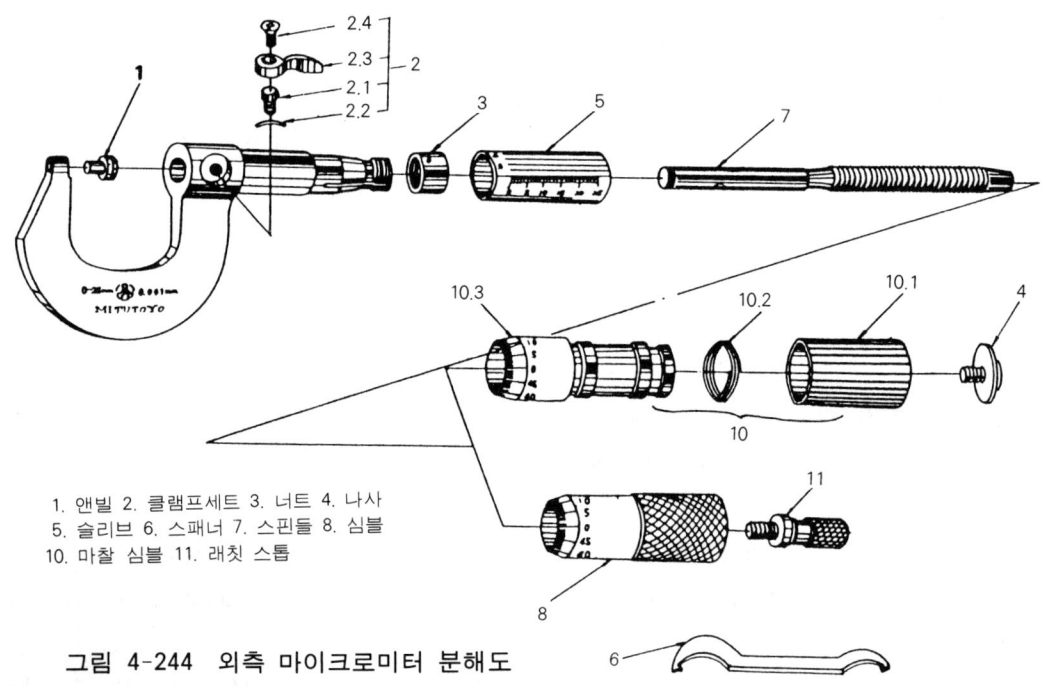

1. 앤빌 2. 클램프세트 3. 너트 4. 나사
5. 슬리브 6. 스패너 7. 스핀들 8. 심블
10. 마찰 심블 11. 래칫 스톱

그림 4-244 외측 마이크로미터 분해도

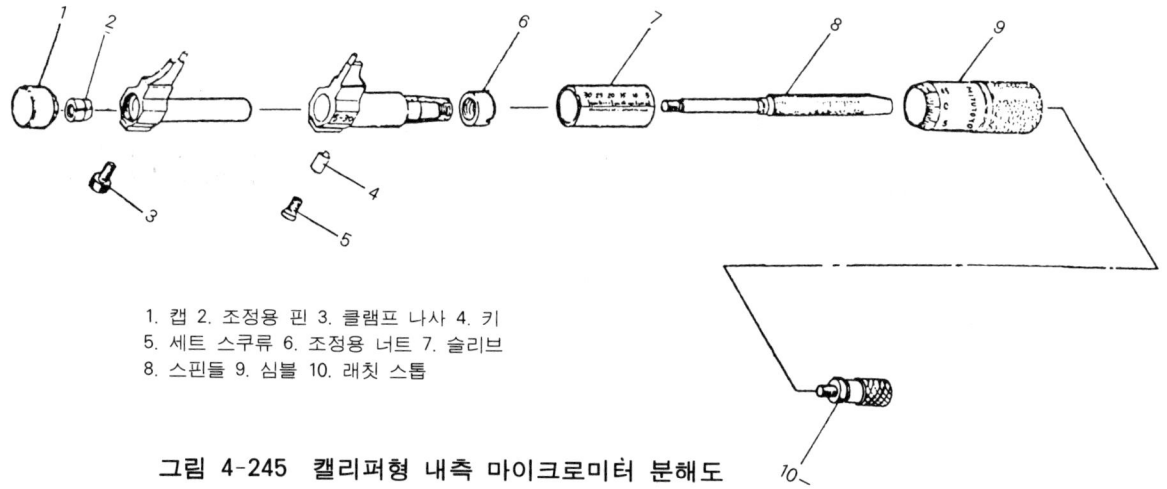

1. 캡 2. 조정용 핀 3. 클램프 나사 4. 키
5. 세트 스쿠류 6. 조정용 너트 7. 슬리브
8. 스핀들 9. 심블 10. 래칫 스톱

그림 4-245 캘리퍼형 내측 마이크로미터 분해도

11.5 마이크로미터의 성능

외측 마이크로미터에 오차가 발생하는 요인을 분류하면
① 스핀들 나사의 피치 오차
② 스핀들 나사 축심에 대한 측정면의 직각도
③ 측정면의 평면도
④ 양 측정면간의 평행도
⑤ 측정력의 변화
⑥ 기점(각각의 측정 범위의 출발점=0점)의 불확실

등이 있으며, 일반용의 마이크로미터에서는 사용자가 정량적으로 점검해야 할 사항은 기차(器差)만으로 충분한 경우가 많고, 0.001mm까지 측정할 경우에는 평면도, 평행도까지 정확하게 측정해야 한다.

그림 4-246 측정면의 평면도 측정

표 4-38은 외측 마이크로미터의 성능이다.

표 4-38 외측 마이크로미터의 성능

측정범위 mm	측정면의 평면도 μm	측정면의 평행도 μm	기차 μm	스핀들의 이송 오차 μm	측정력 N	측정력의 산포 N	프레임의 휨하중 10N당 μm
0~25	0.6	2	±2	3	5~15	3	2
25~50							
50~75							3
75~100		3	±3				
100~125							4
125~150							5
150~175			±4				6
175~200		4					
200~225							7
225~250			±5				8
250~275							
275~300		5					9
300~325	1		±6				10
325~350							
350~375							11
375~400		6	±7				12
400~425							
425~450							13
450~475			±8				14
475~500		7					15

(1) 측정면의 평면도

마이크로미터의 측정면(스핀들면과 앤빌면)이 수평이 되도록 세우고, 평행 광선 정반(optical parallel) 또는 광선 정반(optical flat)을 마이크로미터의 측정면의 중앙에 접촉시켜 자중에 의한 백색광의 적색 간섭 무늬 수를 읽는다.

표 4-39 허용치

최대 측정 길이	측정면의 평면도(μm)
300mm 미만	0.6
300mm 이상	1.0

(2) 측정면의 평행도 측정

평행 광선 정반 또는 게이지 블록과 평행 광선 정반을 밀착시켜(측정 범위 25mm 이상의

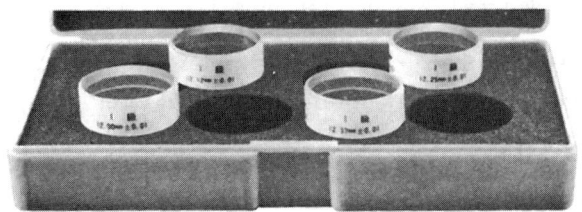

그림 4-247 평행 광선 정반

마이크로미터의 경우) 그림 4-248과 같이 평행 광선 정반의 한쪽 면을 앤빌의 측정면에 밀착시키고 스핀들을 회전시켜 평행 광선 정반의 다른 쪽 측정면에 스핀들의 측정면이 접촉되었을

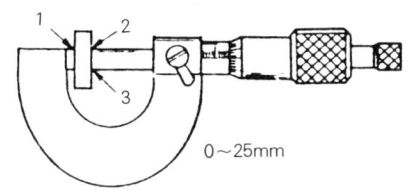

1. 스핀들측의 읽음 방향 2. 앤빌측의 읽음 방향 3. 평행 광선 정반

(a) 평행 광선 정반

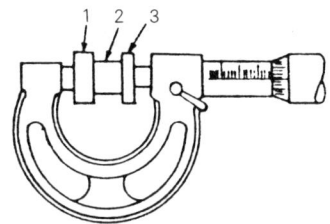

1, 3 평행광선 정반 2. 블록 게이지

(b) 평행 광선 정반+블록 게이지 사용시

그림 4-248 마이크로미터의 평행도 측정

때, 측정압을 가하여 스핀들측의 측정면에 생기는 간섭 무늬 수를 읽는다.

이때, 평행도 계산은 적색 간섭 무늬 수×$\lambda/2$로 하는데, λ는 측정시 사용한 파장의 값을 대입하여 계산한다.(^{86}Kr 등적색 파장의 경우는 $\lambda=0.64\mu m$이다).

평행도의 허용치는 표 4-40과 같다.

표 4-40 평행도 허용치

단위: μm

최대 측정 길이(mm)	평행도	최대 측정 길이(mm)	평행도
75 이하	2(6)	275 초과 375 이하	5
75 초과 175 이하	3(9)	375 초과 475 이하	6
175 초과 275 이하	4	475 초과 500 이하	7

(3) 기차와 종합 오차

기차란 "마이크로미터의 측정값에서 참값을 뺀 값"으로, 구체적으로는 마이크로미터의 읽음 값과 블록 게이지 치수의 차(差)이다.

종합 오차(綜合誤差)는 "각종의 요인에 의한 발생하는 전체의 오차를 포함한 종합적인 오차"로, 외측 마이크로미터를 사용해서 기계 부품을 측정할 때 어느 정도 오차가 있는가를 알아보기 위한 것으로, 수입 검사시 마이크로미터를 평가하기 위한 것은 아니다. 그러므로, 사용자측에서는 기차만을 평가한다.

종합 오차의 허용치는 표 4-41과 같다.

표 4-41 마이크로미터의 종합 오차

(a) 외측 마이크로미터의 종합 오차

최대 측정 길이(mm)	종합 오차(μm)
50 이하	± 4
50 초과 100 이하	± 5
100 초과 150 이하	± 6
150 초과 200 이하	± 7
200 초과 250 이하	± 8
250 초과 300 이하	± 9
300 초과 350 이하	±10
350 초과 400 이하	±11
400 초과 450 이하	±12
450 초과 500 이하	±13

(b) 내측 마이크로미터의 종합 오차

최대 측정 길이(mm)	종합 오차(μm)
100 이하	± 6
100 초과 150 이하	± 7
150 초과 200 이하	± 8
200 초과 250 이하	± 9
250 초과 300 이하	±10
300 초과 350 이하	±11
350 초과 425 이하	±12
425 초과 500 이하	±13

기차는 최소 측정 길이에 있어서 오차를 0으로 조정한 후 게이지 블록을 양 측정면 사이에 넣고 측정력을 가한 후 마이크로미터의 지시값과 게이지 블록의 호칭 치수와의 차로서 구한다. 측정 범위가 25mm 이하인 경우에는 보통 1, 1.25, 1.5, 2, 3, 5, 10, 25mm의 8개소를 검사하는 것이 좋다. KS에서의 마이크로미터의 성능은 표 4-38과 같다.

(4) 측정력

그림 4-249와 같이 스프링 접시 지시 저울에 강구를 올려 놓고 스핀들 측정면을 강구에 접촉시켜 래칫 스톱으로 측정력을 주었을 때, 저울 지침의 최대 지시값을 구한다.

측정력의 최대 허용치는 표 4-42와 같다.

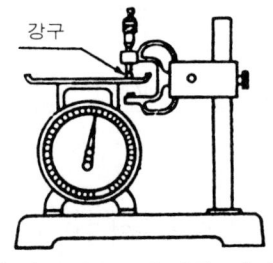

그림 4-249 측정력 검사

표 4-42 측정력

최대 측정 길이(mm)	측정력 N{gf}
500 이하	5~15 {510~1530}

(5) 점검

마이크로미터는 성능 검사 외에도 수시로 사용 전에 각 부위를 그림 4-250과 같이 점검하고 사용하도록 한다.

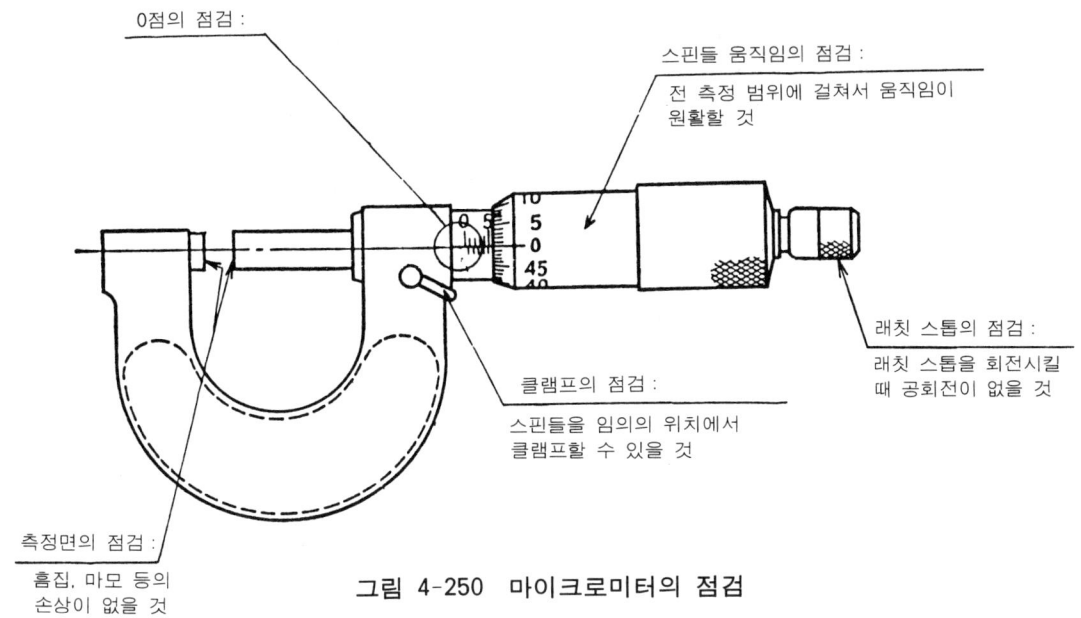

그림 4-250 마이크로미터의 점검

11.6 측정시 주의 사항

① 0점 조정시의 자세에 주의해야 한다.

대형 마이크로미터인 경우에는 지지 방법에 따라 0점의 값이 크게 다르다. 표 4-43, 4-44

표 4-43 마이크로미터의 자세에 의한 평행도 0점의 변화

단위 : μm

사이즈	프레임의 자세	하부와 중앙 지지	중앙만을 지지	하향 중앙 지지	수평으로 중앙 지지	상향 중앙 지지	상부 1개소 지지	하부 1개소 지지
300 mm	평행도	0.6	1.0	1.0	0.6	0.6	0.6	0.6
	0 점	0	−4(0)	−4	−4	−4	−7	+1
350 mm	평행도	1.6	1.3	1.3	1.3	1.0	1.3	1.3
	0 점	0	−5(0)	−3	−3	−3	−9	−1
550 mm	평행도	2.6	1.6	2.0	2.6	2.3	2.6	2.3
	0 점	0	−14(−2)	−12	−11	−12	−23	−1

표 4-44 지지하는 자세를 변화한 경우의 변화

단위 : μm

지점 위치 사이즈 (mm)	하부와 중앙부를 지지 (0점 조정 위치)	하부만을 지지	횡으로 중앙부를 지지 (0점 조정 위치)	밑을 손으로 지지
325	0	− 5.5	+ 1.5	− 4.5
425	0	− 2.5	+ 2.0	−10.5
525	0	− 5.5	− 4.5	−10.0
625	0	−11.0	0	− 5.5
725	0	− 9.5	− 9.5	−19.0
825	0	−18.0	− 5.0	−35.0
925	0	−22.5	−14.0	−27.0
1,025	0	−26.0	− 5.0	−40.0

는 외측 마이크로미터를 각종의 자세로 지지하였을 때의 측정면의 평행도 및 0점의 변화를 실측한 결과이다.

이상에서 알 수 있는 바와 같이, 측정은 처음 0점 조정시와 같은 자세로 하여야 오차를 줄일 수 있다.

② 측정시 프레임은 장갑을 낀 손으로 잡도록 하고, 부득이한 경우는 빠른 시간 내에 측정을 끝내도록 한다.

③ 마이크로미터는 슬리브 기선과 심블의 눈금면이 같은 평면 내에 있지 않으므로, 눈금은 슬리브 기선의 위치에서 직각의 방향에서 읽도록 한다.

④ 마이크로미터는 어느 정도의 오차는 피할 수 없으므로 교정 성적서를 첨부하고 있다. 그러므로, 보정값은 기차를 가진 측정기를 사용해서 측정된 값을 보정하기 위한 것이며, 부호는 반대이고 크기가 같은 값으로 보정할 수 있다.

⑤ 마이크로미터의 측정력은 래칫 심블을 3~4회 "따르락"소리가 나도록 회전해야 한다. 즉, 래칫 심블 회전이 1.5~2회전에 상당하는 측정력을 필요로 한다.

11.7 분해 방법 및 순서

① 먼저 심블을 시계 반대 방향으로 돌려서 스핀들 부분을 분리시킨다.
② 본체 부분은 다시 테이퍼 너트(taper nut)와 슬리브(sleeve)를 분해할 수 있다. 테이퍼 너트는 왼쪽으로 돌려서 빼내고, 슬리브는 내측 슬리브(inner sleeve)와 억지 끼워맞춤

제4장 정밀 측정의 실제(응용편) *445*

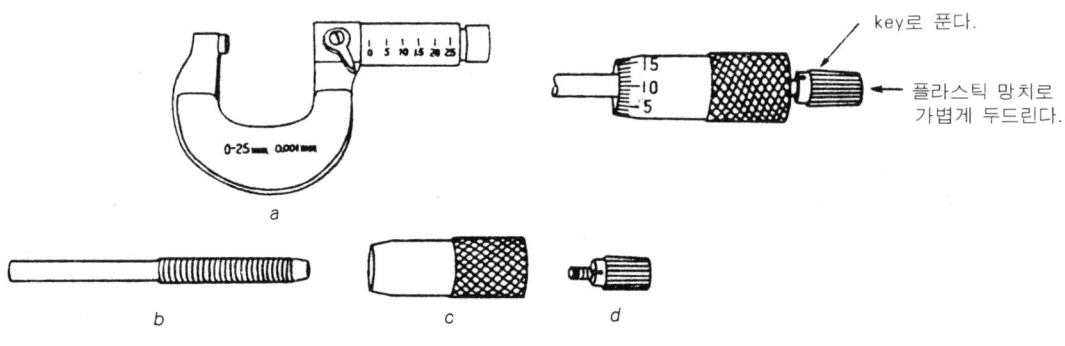

그림 4-251 분해 방법

되었기 때문에 힘을 가해야 빠진다.
③ 본체에서 스핀들 클램프 장치를 분해한다(그림 4-252).

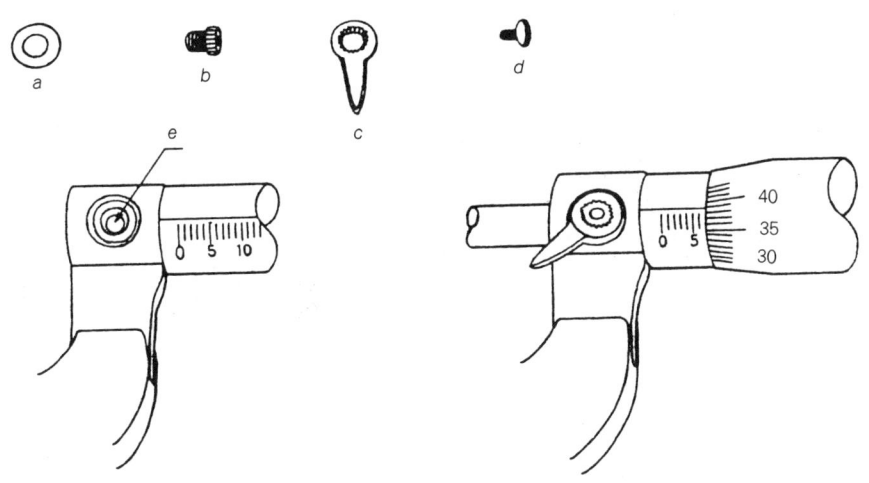

그림 4-252 클램프 장치의 분해

④ 스핀들 부분은 래칫 스톱 부분과 심블로 되어 있기 때문에, 먼저 래칫 스톱을 돌려서 분해한다.
⑤ 래칫 스톱이 분리되면 스핀들과 심블은 테이퍼로 끼워져 있으므로 가볍게 흔들면 빠진다.
⑥ 래칫 스톱은 다시 스프링 래칫 기어, 나사로 분해되어 분해가 완료된다(그림 4-253).

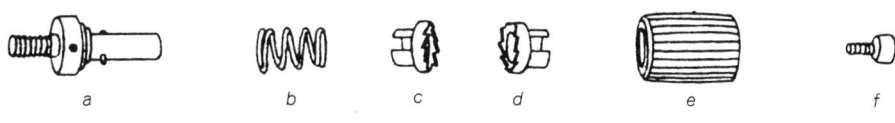

그림 4-253 래칫 스톱의 분해

⑦ 조립 전에 휘발유로 모든 부품을 깨끗이 세척하고 건조시킨 후, 스핀들 나사 부분에는 고급 스핀들유를 발라서 조립한다. 이때, 나사 부분에는 먼지가 끼지 않도록 조심해야 한다.

11.8 교정 방법 및 순서

① 스핀들과 앤빌의 측정면을 깨끗이 닦고 광선 정반(optical flat)으로 돌기 부분이 있는지 검사한다. 돌기부분이 있으면 오일 스톤으로 문질러 제거한다.
② 래칫 스톱을 잡고 천천히 오른쪽으로 돌려서 앤빌과 스핀들의 두 측정면을 접촉시킨 후 측정압을 가한다.
③ 접촉된 상태에서 슬리브 기선과 심블의 0눈금이 일치하는가를 확인한다.
④ 만일, 벗어난 상태가 ±0.01mm 이하이면 클램프로 스핀들을 고정시키고 슬리브 원통 뒤에 있는 작은 구멍에 스패너를 끼우고 슬리브를 돌려서 0점을 일치시킨다(그림 4-254).

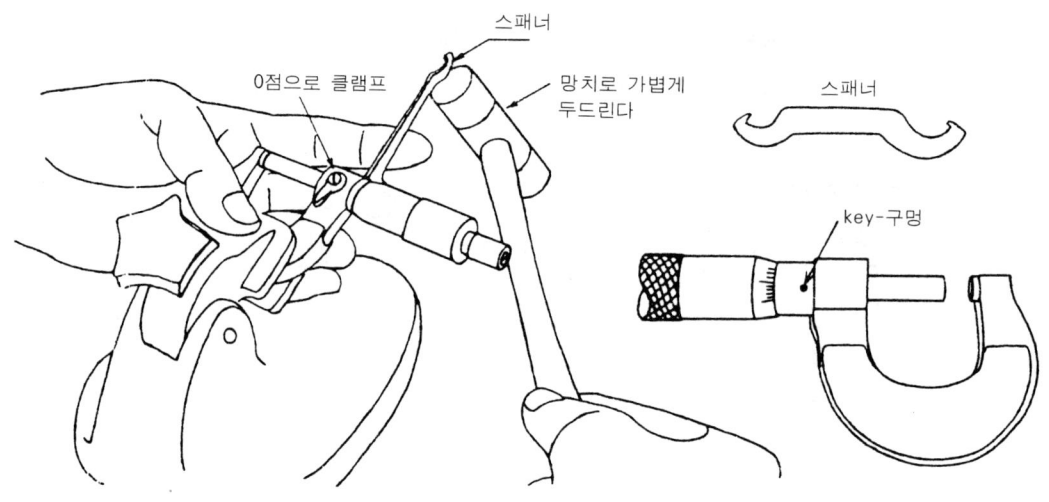

그림 4-254 오차 0.01mm 이하의 0점 조정

⑤ 틀린 상태가 ±0.01mm 이상이면 스핀들을 클램프로 고정시키고 래칫 스톱 심블을 스패너로 돌려 풀고 볼펜 등으로 가볍게 슬리브를 두드려서 스핀들과 분리시킨 후, 심블의 0점을 맞추고 래칫을 잠근다.
⑥ 다시 ④항과 같은 방법으로 0점을 맞추고 확인한다.
⑦ 게이지 블록 1, 1.25, 1.5, 2, 3, 5, 10, 25mm를 측정하여 기차(器差)를 구한다(사진 4-7, 그림 4-255).
⑧ 평면도 검사는 측정면을 수평으로 하여 광선 정반을 올려 놓고, 자중 상태에서 약간씩 움직이면서 간섭 무늬 수를 읽는다(그림 4-256).

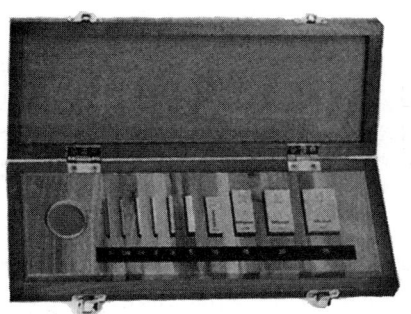

사진 4-8 교정용 게이지 블록

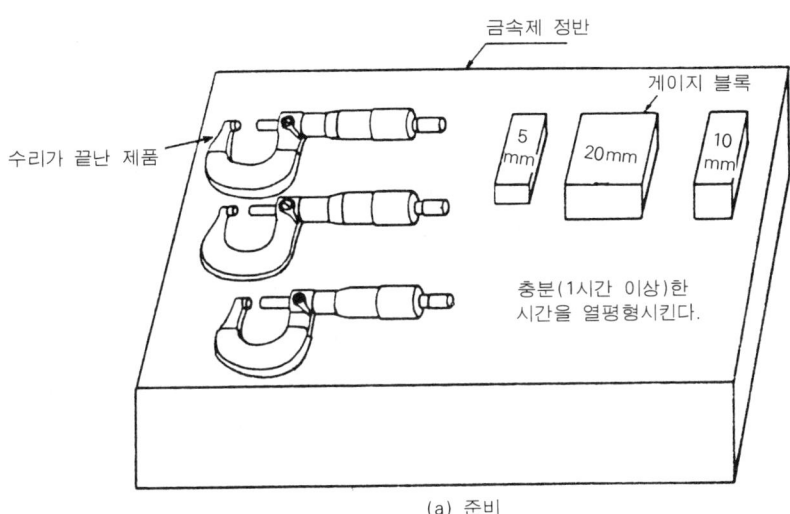

(a) 준비

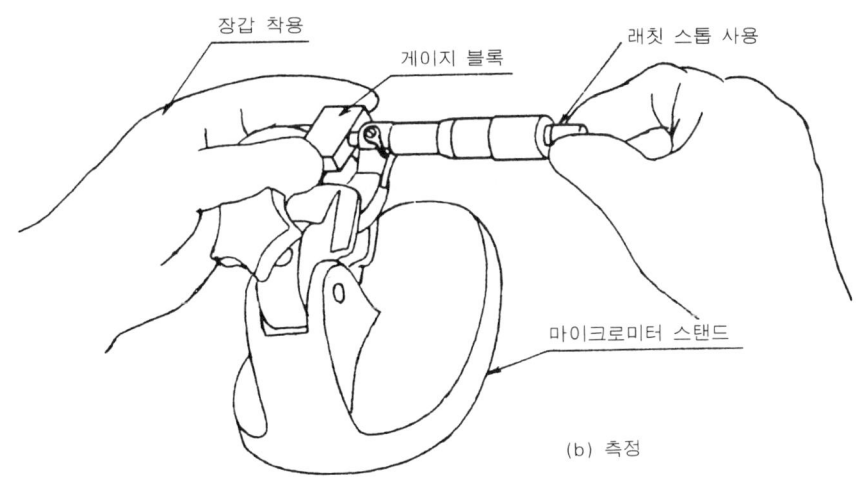

(b) 측정

그림 4-255 기차 측정

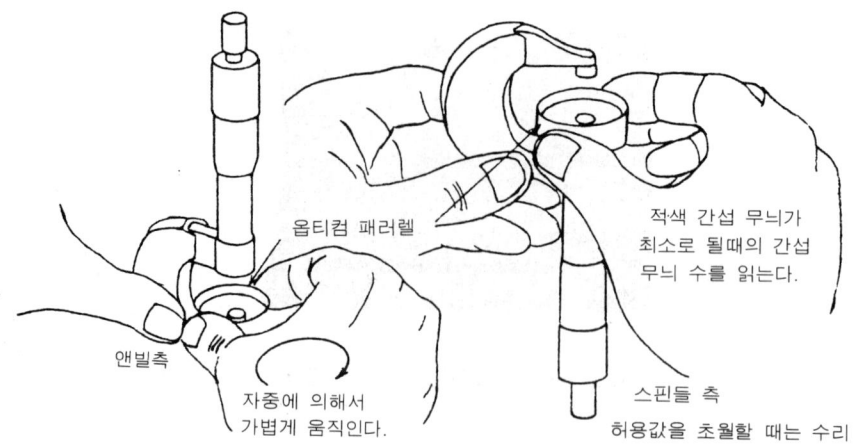

그림 4-256 측정면의 평면도 측정

⑨ 평행도 검사는 평행 광선 정반(optical parallel)을 앤빌에 밀착시키고 스핀들을 접촉시켜 스핀들 측정면에 나타나는 간섭 무늬 수를 읽는다.

또는 간편한 방법으로 평행 광선 정반을 앤빌과 스핀들사 이에 넣고 부품 측정시와 마찬가지로 측정압을 가한 후, 앤빌측과 스핀들측의 간섭 무늬 수를 더해서 계산한다. 이와 같이 4개의 평행 광선 정반을 차례로 측정하여 최대 간섭 무늬 수를 구한다.

⑩ 측정력 검사는 스프링 지시 저울을 이용하여, 저울의 접시와 스핀들 축이 직각이 되도록 마이크로미터를 스탠드에 고정시킨다. 다음에 저울의 접시면과 스핀들 측정면 사이에 강구를 끼우고 래칫 스톱에 의해 측정력을 가하여 저울의 지시값을 읽는다.

11.9 측정값의 정리 및 계산

측정은 여러번 반복하여 다음과 같이 정리한다.

① 기차

예)

표 4-45 기차

기준값(블록 게이지 치수)(mm)	마이크로미터의 읽음(mm)	기차(μm)
1	1.000	0
1.25	1.250	0
1.5	1.498	2
2	2.000	0
3	3.001	+1
5	5.001	+1
10	10.001	+1
25	25.002	+2

② 평면도
 a. 앤빌측 : $n_1 \times \dfrac{\lambda}{2}$

 b. 스핀들 측 : $n_2 \times \dfrac{\lambda}{2}$

③ 평행도 : $P_1 \sim P_4$중 가장 큰 값을 평행도를 한다.

$$P_1 = (n_1 + n_2) \times \dfrac{\lambda}{2}$$

$$P_2 = (n_1 + n_2) \times \dfrac{\lambda}{2}$$

$$P_3 = (n_1 + n_2) \times \dfrac{\lambda}{2}$$

$$P_4 = (n_1 + n_2) \times \dfrac{\lambda}{2}$$

여기서 n_1=앤빌측 간섭 무늬 수 n_2 : 스핀들측 간섭 무늬 수
 λ : 측정에 사용한 빛의 파장(μm)
 P_1, P_2, P_3, P_4 : 평행 광선 정반

④ 측정력
 예) 10N, 측정력의 산포 : 2N

11.10 결과 및 고찰
측정된 결과를 관리 카드에 기재한다(표 4-46).

표 4-46 외측 마이크로미터 관리 카드 예

관리번호 :	측 정 범 위								계측기 관리 카드
	최 소 읽 음 값								
	형 식								외측 마이크로미터
주관부서 :	제 조 번 호								
	도 입 년 월 일		년 월 일						

단위 : μm

년월일	평면도		평행도	기　　차								비고	합격	승인	검사자
	앤빌	스핀들		1mm	1.25mm	1.5mm	2mm	3mm	5mm	10mm	25mm				

12. 레이저 간섭계를 이용한 위치 오차 측정

12.1 실습 목표
레이저 간섭계의 구조, 측정 원리 및 사용법을 익혀서 고정밀 길이 측정, 3차원 측정기의 교정, CNC 공작 기계의 정도 검사 등 각종 고정밀도를 요하는 응용 측정 능력을 쌓는 데 있다.

12.2 사용 측정 기기
1) 레이저 간섭계(laser interferometer) 시스템, 1set
    ① range : 0~30m
    ② Accuracy : ±0.1ppm
    ③ resolution : 0.01μm
2) 직선 운동 장치 : 3차원 측정기 또는 CNC 공작 기계 등
3) 방청유, 포플린, 알코올 등

12.3 레이저의 원리
레이저(laser)라는 말은 "Light Amplification Stimulated Emission of Radiation"이라는 용어의 머리글자를 따서 만든 말이다.

즉, 레이저는 "전자기파 복사선의 유도방출에 의한 빛의 증폭"이란 뜻을 갖는다. 일반적으로, 전자파는 전파 속도가 진공중에서는 $C_0 = 3.0 \times 10^8$m/sec이며, 진동수에 따라서 r선, x선, 가시광선, 적외선, 마이크로파, 라디오파 등으로 구분한다.

레이저는 그림 4-257에 표시한 바와 같이 분자, 원자 또는 반도체의 각각 E_1, $E_2(E_1 < E_2)$ 에너지를 갖는 상태에서 발광될 때, 그 에너지 차이($E_2 - E_1$)에 비례하는 진동수를 갖는 빛을 발생한다.

즉, $E_2 - E_1 = h\nu$

이 된다. 여기서, h는 비례 상수로서 플랑크(planck) 상수라 부르고, 6.626×10^{-34}J.S의 값을 갖는다.

(1) 레이저의 특징
레이저는 여러가지 특징이 있지만 주요한 특징은 첫째 레이저 빛은 고순도의 단색성을 갖는다. 특히, 길이 측정에 많이 사용되는 주파수 안정화 레이저는 이 단색성을 더욱 보완한 특수 레이저이다.

둘째, 레이저 빛은 지향성(혹은 집속성)이 좋다. 지향성이란 레이저 광선이 진행하는 동안 퍼짐성이 작다는 것으로, 대체적으로 회절 각도에 가까운 값들을 갖는다.

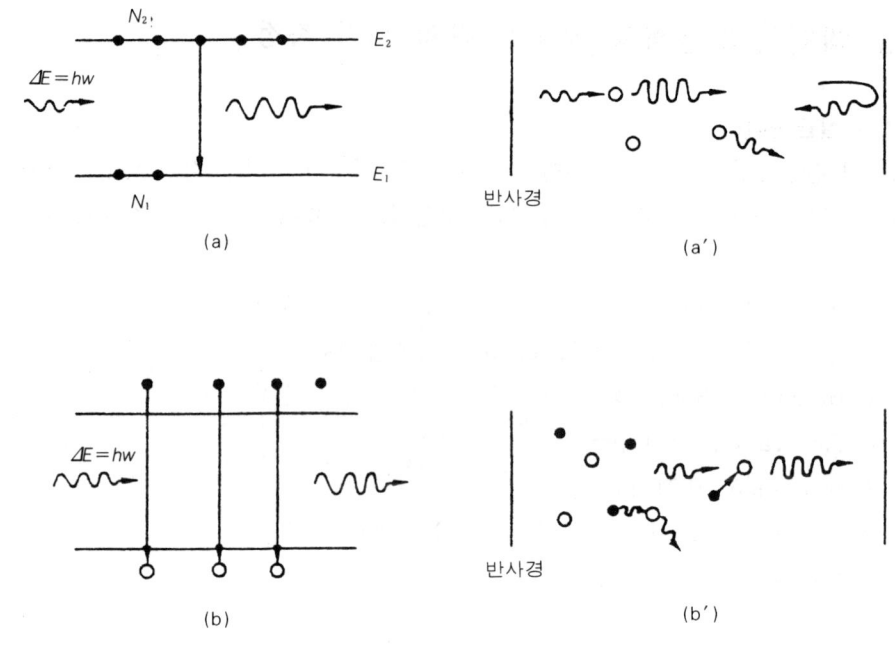

그림 4-257 레이저 빛의 발생 원리

셋째, 레이저 빛은 가간섭성이 좋다. 가간섭성이란 레이저 광선이 시간적으로나 공간적으로 다른 위치의 광선까지 간섭성이 높다는 뜻이다. 보통의 광선들은 간섭 길이가 수 mm 이하이나 레이저의 경우, 수 km까지의 간섭길이를 갖는 것도 있다.

넷째, 고휘도성이다. 고휘도란 지향성이 높기 때문에 생기는 결과로, 단위 면적당 출력이 크다는 뜻이다.

(2) 레이저 계측의 장점
빛 중에서도 레이저 광을 이용하여 계측할 경우, 다음과 같은 다양한 장점을 갖는다.
① 비접촉 측정이 가능하다.
② 공간 분해능이 높다.
③ 고정도 측정이 가능하다($0.01\mu m$).
④ 2차원 및 3차원 측정이 가능하다.
⑤ 빛의 다양한 성질(직진 반사, 굴절, 간섭 등)의 이용이 가능하다.
⑥ 고속 신호 처리가 가능하다.
⑦ 광정보 응용 처리 기술이 이용 가능하다.

(3) 레이저를 이용한 길이 측정법의 종류
레이저를 이용한 길이 측정은 그 방법에 따라 다음과 같이 나눌 수 있다.

① 간섭 원리를 이용한 측정법(대기 중에서 0~50m까지)
② 레이저 빔 변조법을 이용한 측정법(100m~50km까지)
③ 펄스광 왕복 시간을 이용한 측정법(수백 m~수천 km)
④ 삼각 측량을 이용한 측정법(0~수십 m까지)

(4) 레이저 주파수 안정화와 미터 표준

간섭 원리를 이용한 측정법은 레이저의 파장을 기준으로 하기 때문에 레이저의 파장을 일정하게 만들어 주어야 한다.

파장과 주파수 사이에는 다음 식이 성립한다.

$$\lambda_v \cdot \nu = c = C \cdot n$$
$$\lambda = (\lambda_v / n) \tag{4.71}$$

여기서 λ_v : 레이저 빛의 파장, ν : 레이저 주파수
  c : 진공 중에서의 빛의 속도(299 792 458m/s)
  C : 매질에서의 빛의 속도
  n : 매질의 굴절률

이다.

1889년 제1차 국제도량형 총회에서 1m를 트레스카(Tresca) 형의 백금-이리듐 합금으로 설정했으나, 시간이 지남에 따라 길이가 변화하는 경년 변화라든지 또는 천재 지변이나 사고 등으로 파손될 우려때문에 그 동안의 연구 결과를 바탕으로 1960년 제11차 국제 도량형 총회에서 [86]Kr 원자의 등적색 파장의 1650763.73배를 1m, 즉 길이의 표준으로 하기에 이르렀다. 그러나, 1960년대 레이저가 발명되면서부터 [86]Kr 원자의 발광선 폭보다 훨씬 좁은 선폭을 갖는 레이저 스펙트럼에 많은 관심을 가지고 실험을 한 결과, 이들 레이저의 주파수 및 파장 안정도, 재현성 등 여러 가지 특성이 기존의 크립톤 원자의 발광선보다 좋다는 결론에 도달하였다. 그 결과, 1983년 제17차 국제 도량형 총회에서 "1미터는 빛이 진공 중에서 1/299 792 458초 동안 진행한 거리이다"라고 정의하게 되었다. 즉, 1m의 정의는 초기에 미터 원기같은 물건에 의존하는 정의에서 물리적인 현상을 이용하는 정의로 변경된 후, 세계 어디에서나 실현할 수 있는 표준이 되었다. 그 후, 시간에 대한 정밀도가 길이의 표준보다 10,000배 이상 정밀하기 때문에 광속에 의한 1m의 길이를 정의하게 된 것이다.

12.4 레이저의 종류

(1) 기체 레이저(gas laser)

대부분의 레이저는 레이저 매질이 기체 상태인 것을 이용하고 있다. 고체나 액체 상태의 매질에 비해 이점은 첫째, 매질이 균일하여 광학적으로 깨끗한 광속을 얻을 수 있고 둘째, 레이

표 4-47 미터 표준기로 추천된 각종 레이저

흡수 분자	레이저 종류	진공 파장(fm)	주파수(MHz)
$^{127}I_2$	He-Ne laser	632 991 398.1 ($\pm 1 \times 10^{-9}$)	473 612 214.8
	He-Ne laser	611 970 769.8 ($\pm 1 \times 10^{-9}$)	489 880 355.1
	Ar ion laser	514 673 466.2 ($\pm 1.5 \times 10^{-9}$)	582 490 603.6
	Dye laser Frequency doubled He-Ne laser	576 294 760.27 ($\pm 7 \times 10^{-10}$)	520 206 808.51
CH_4	He-Ne laser ($\pm 2 \times 10^{-10}$)	3 392 231 397.0 ($\pm 2 \times 10^{-10}$)	88 376 181.608

저 작동시 발생되는 열을 쉽게 냉각시킬 수가 있고, 셋째, 기체는 부피를 크게 조절하여 원하는 출력의 에너지를 조절할 수 있는 장점이 있다.

기체의 레이저는 매질의 종류에 따라서 CO_2 레이저, He-Ne 레이저, Ar^+ion 레이저, He-Cd 레이저 등이 있다.

(2) 고체 레이저(solid-state laser)

고체형 레이저는 통형의 단결정이나 비정질 물질에 불순물을 미량 첨가하여 레이저 매질로 사용한다. 이 불순물의 원자가 이온 상태로 그 고체 내에 존재함으로써 유도 방출을 할 수 있는 원소가 된다.

그 종류로는 루비(Ruby) 레이저, 비정질 Nd^{+++} 레이저, 색소 레이저(dye laser), 반도체 레이저(semi-conductor laser) 등이 있다.

12.5 레이저 계측

레이저가 갖는 특징을 잘 이용하면 다른 방법으로 측정할 수 없거나 측정하기 힘든 것 또는 고정밀도의 측정을 할 수 있다.

미국의 국립 표준국(NIST), 독일의 연방 물리 기술청(PTB), 영국의 국립 물리학 연구소(NPL), 일본의 계량 연구소(NRIM), 한국의 표준 과학 연구원(KRISS) 등의 표준 기관들은 거의 모든 정밀 측정 분야에 레이저 광을 이용하고 있다.

레이저 계측을 분야별로 분류하면
① 정밀 측정 : 길이, 각도, 표면 거칠기, 속도, 온도, 전기량, 밀도, 질량, 중력가속도 등
② 공업 계측 : 담긴 양의 측정, 비파괴 검사, 광섬유 센서, 측량 기계제어 등
③ 환경 계측 : 공해, 산소 농도, 원격 탐사, 이온층, 해심층 등
④ 물성 계측 : 열팽창 계수

등이다.

12.6 측정 원리

그림 4-258은 전형적인 마이켈슨 간섭계를 나타낸 것으로, 반사경 B가 서서히 입사광에 평행하게 움직일 경우 반사경 A, B에서 반사된 두 광속 사이에는 광로차가 발생되는데, 이때 두 빛이 서로 간섭을 일으켜 그 간섭 무늬가 광 검출기에서 감지되어 보통 10^{-8}m 정도의 정밀 정확도를 갖는다.

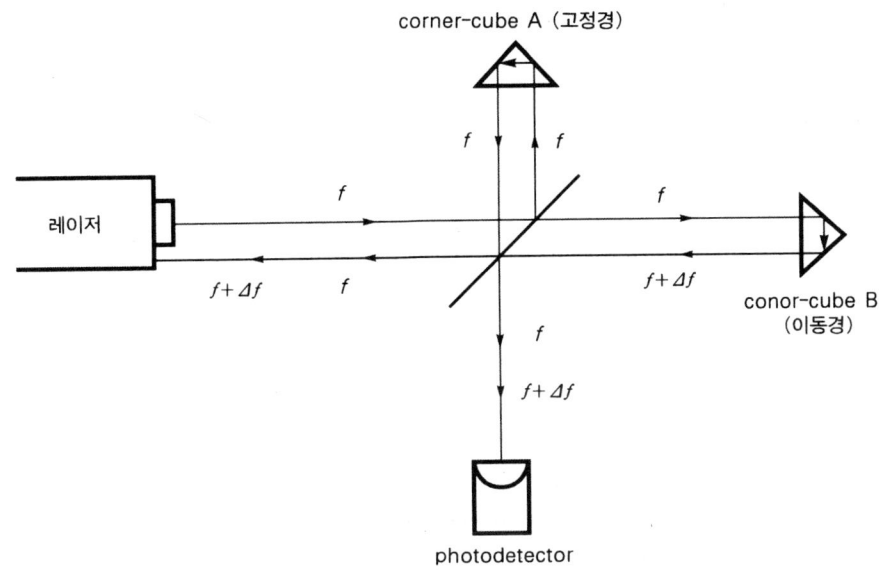

그림 4-258 마이켈슨(Michelson) 간섭계

현재, 널리 사용되고 있는 레이저 간섭계는 그림 4-259에 나타낸 바와 같이, 이중 주파수 레이저의 도플러 효과(doppler effect)를 이용하고 있으며, 도플러 효과란 전자파가 어떤 움직이는 물체에 반사하여 돌아올 때 물체의 속도에 비례하는 양만큼의 주파수 변화가 생기는 현상을 의미한다.

본 레이저의 두 출력 성분의 주파수 차이 f_1-f_2, 즉 두 개의 출력 성분은 광속의 분산을 줄이기 위해 광속 확장기(beam expander)로 평행 광선을 만들고, 기준 신호를 얻기 위해 광속 분리기(beam splitter) B_1에 의해 광속의 일부분을 반사시키고 광소자(photo diode) D_1에 입사시켜 두 주파수 차이인 맥놀이(beating) 신호를 검출한다. 이 검출된 양은 배가기(doubler)에 의해 2배수된 후, 주파수 계수기 FC_1에 의해 계수된다. 한편, 광속 분리기 B_1에서 통과된 빛은 편광속 분리기 B_2에서 분리되어 f_2의 성분은 코너 큐브 C_2에서 반사된 후, 두 광속이 광소자 D_2에 함께 입사된다.

이때, 코터 큐브 C_1을 어떤 속도 V로 이동시키면 주파수 f_1의 빛은 도플러 효과에 의해 변조된 주파수 $f_1 \pm \Delta f_1$이 되고, 또한 $f_1 \pm \Delta f_1$과 f_2 사이에 맥놀이가 일어나 이 맥놀이 주파수 $f_1 - f_2 \pm \Delta f_1$이 광소자 D_2에서 검출된다. 이 검출된 양은 배가기를 거쳐 두 배가 된 후, 주파수 계수기에 계수된 기준 신호 $f_1 - f_2$의 두 배와 비교하여 $2\Delta f_1$을 구한다. 코너 큐브가 움직인 거리 S는

$$S = \int_0^t V dt$$

이고, 도플러 효과에 의해서 $V = c/2f_1 \Delta f_1$, 광속도 $C = f_1 \cdot \lambda_1$이므로 이를 식에 대입하면 다음과 같은 식을 얻을 수 있다.

$$S = \int_0^t \frac{\lambda_1}{4}(2\Delta f_1)dt$$

이다.

따라서, 코너 큐브 C_1의 움직인 거리 S를 구할 수가 있고, 이를 기초로 하여 10^{-8}m의 측정 정확도, 측정 분해능이 가능하다.

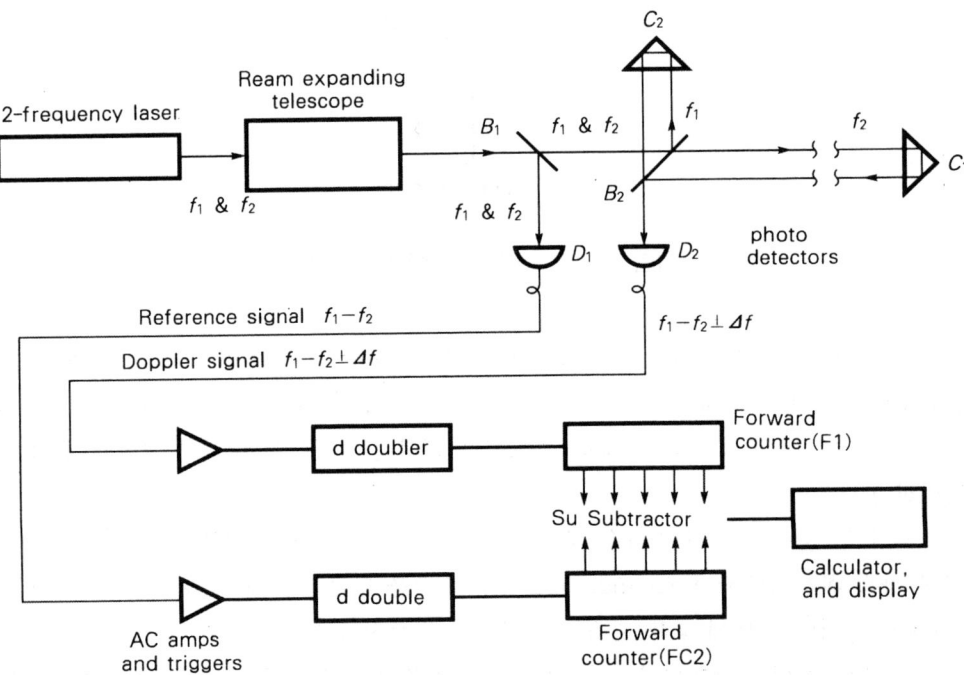

그림 4-259 주파수 레이저 간섭계

12.7 측정시 주의사항

(1) 레이저 사용상의 주의점
① 레이저 사용시 반드시 감전에 의한 손상을 입지 않도록 한다.
② 발진시킨 레이저 광이 직접 눈으로 들어가지 않도록 한다. 심한 경우에는 실명할 위험성이 있다.

(2) 레이저 설치상의 주의점
① 진동 및 소음이 없는 고요한 환경 상태에서 설치하도록 한다.
② 레이저 주위의 온도가 실온과 큰 차이가 있거나 변동이 심한 경우에는 레이저 주파수 안정도가 나빠지므로 주의한다.
③ 레이저 반사 거울은 손으로 만지거나 기름, 먼지 등이 묻지 않도록 한다.

(3) 레이저 작동상의 주의점
① 레이저 헤드에 전원을 넣은 후, 완전히 정상 상태의 안정된 주파수가 되기까지는 적어도 30분에서 2시간 정도 발진하여 안정화시킨 후에 사용하도록 한다.

(4) 레이저 간섭계 사용상의 주의점
레이저가 만능인 양 생각하여 레이저 간섭 길이 측정 장치가 완전 무결한 절대적인 측정기로 생각하는 경우가 많은데, 실제로는 그 사용상의 주의점이나 측정 오차 요인도 많기 때문에 많은 주의를 요한다.
① 평면 거울을 이용한 간섭계의 경우, 거울의 위상 지연이 편광 방향에 따라 다르기 때문에 주의한다.
② 간섭 광학계의 광로차는 주위 온도에 따라 다르기 때문에 주의한다. 길이 변위나 각도 측정시에 광로차는 $0.03 \mu m/℃$ 정도의 오차를 유발시킨다.
③ 불필요한 광로(dead path)에 의한 오차를 줄이도록 주의한다.

(5) 레이저 간섭 길이 측정시 발생 오차
① 레이저 파장 보정 오차

레이저 길이 측정 정도는 레이저 파장 측정 정도에 달려있다. 레이저의 경우에 있어서 파장의 안정도 및 재현성은 10^{-8} 정도이다. 그러므로, 이 양만큼의 오차 요인이 발생하며, 또한 공기의 굴절률에 따른 파장 보정을 해 줄 필요가 있다.

② 불필요 광로 오차(dead path)

불필요 광로 오차란 광속 분리기와 이동 코너 큐브 사이 간격 중 자동 보정기에 의해 파장을 보정해 주지 못하는 거리때문에 생기는 오차를 말한다.

③ 피측정물의 온도 측정에 의한 오차

피측정물의 온도 보상은 길이 측정시 가장 중요한 오차 발생 요인이 된다.

만일, t℃인 피측정물을 측정한 결과 측정 길이가 L_t라면 20℃에서의 길이 L_0는 다음과 같다.

$$L_0 = L_t\{1-\alpha(T-20)\}$$

여기서, α는 열팽창 계수이다.

④ 여현 오차(cosine error)

여현 오차란 레이저 광속의 정렬이 바르지 못한 관계로 발생되는 오차로, 그 양이 코사인(cosine)값에 비례한다.

그림 4-260과 같이 광속과 피측정물이 평행하지 않고 θ의 각도를 갖는다면 레이저의 측정 길이 L'와 피측정물의 길이 L과의 차이인 여현 오차 ε는

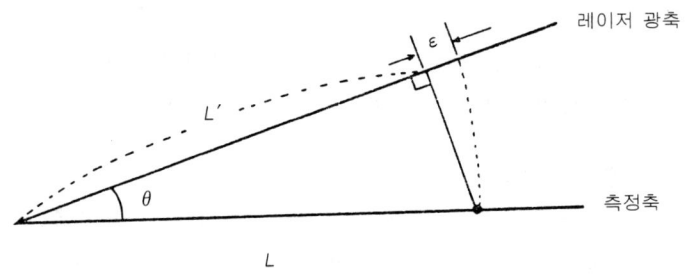

그림 4-260 여현 오차

$$\varepsilon = L - L' = L(1-\cos\theta) \fallingdotseq \frac{1}{2}L\theta^2$$

이다.

12.8 측정 방법 및 순서

1) 레이저 간섭계 헤드 및 각 부속품을 보관 상자에서 꺼내 깨끗하게 닦는다.
2) 레이저 헤드를 삼각 설치대에 고정 및 조정 나사를 이용하여 설치한다.
3) 측정 부위는 가능한 한 레이저 헤드에 근접하게 설치한다.
4) 측정할 부위에 레이저 헤드와 간섭계(interferometer) 및 역반사경(retroreflector)을 설치한다.
5) 설치는 그림 4-261과 같이 간섭계는 역반사경과 레이저 헤드 사이에 배치한다.
6) 공작 기계에 설치할 때는 스핀들과 작업 테이블에 설치한다(그림 4-262).
7) 각 기기들의 높이를 일정하게 맞추고, 수평선상에서 최대한 눈으로 일직선상으로 조절한다.

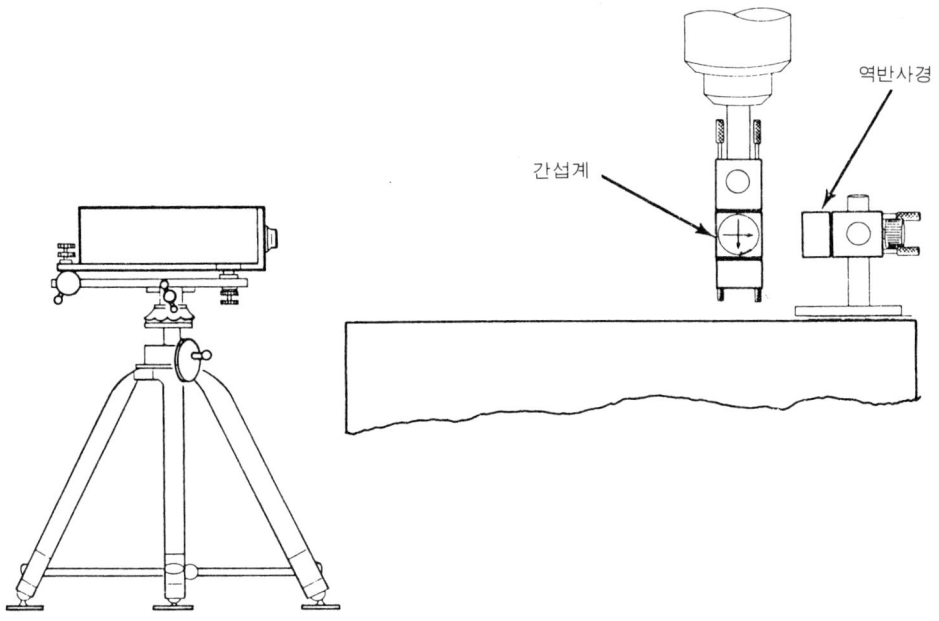

그림 4-261 테이블 위에 설치

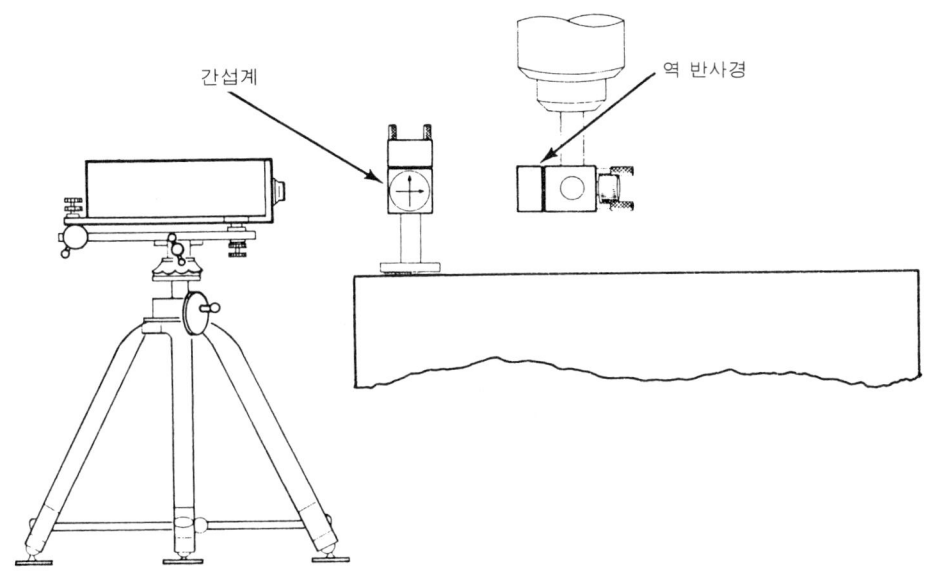

그림 4-262 공작 기계상에 설치

8) 레이저 헤드에서 발사된 레이저 광선이 작은 구멍으로 나오게 하여 간섭계를 통과한 귀환 광선(반사 광선)이 헤드의 귀환 구멍의 목표 중심에 오도록 각 기기들을 조절한다.
9) 역반사경을 간섭계에 접근 또는 멀리 떨어지게 이송시키면서 광선의 강도를 확인하며 정

열 상태를 최적으로 조정한다.
10) 이상의 정렬이 끝나면 치수 보정을 위한 압력, 온도 센서를 부착하고 일정한 치수 간격으로 역반사경을 움직이면서 길이(또는 위치)를 측정한다.
11) 측정 결과는 전용 프로그램을 이용하여 처리한다.

12.9 측정값의 정리 및 계산
1) 각 측정 구간에 따른 측정값을 정리한다.

표 4-48 공작 기계 위치 오차 측정의 예

RUN	TARGET	ERROR
1	+.000000	+.000000
1	+40.000000	+.003000
1	+80.000000	+.005000
1	+120.000000	+.007000
1	+160.000000	+.010000
1	+200.000000	+.012000
1	+240.000000	+.014000
1	+280.000000	+.016000
1	+320.000000	+.018000
1	+360.000000	+.019000
1	+400.000000	+.022000
1	+440.000000	+.024000
1	+480.000000	+.026000
2	+480.000000	+.026000
2	+440.000000	+.023000
2	+400.000000	+.021000
2	+360.000000	+.018000
2	+320.000000	+.016000
2	+280.000000	+.014000
2	+240.000000	+.012000
2	+200.000000	+.011000
2	+160.000000	+.008000
2	+120.000000	+.005000
2	+80.000000	+.004000
2	+40.000000	+.002000
2	+.000000	+.000000

12.10 결과 및 고찰
1) 측정 결과를 통계학적으로 분석하거나 그래프화시켜서 분석한다.

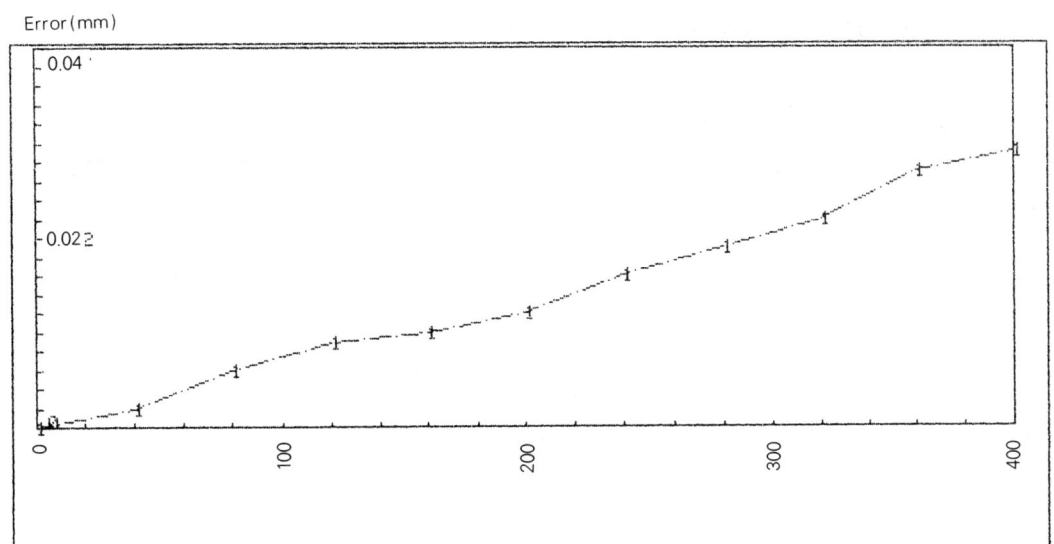

Machine : CNC JIGBORER
Number : 1-1
Date : 24. AUG. 91
By : KWH
Axis : X ; 400mm
Location : SPINDLE
*RPM : 260, *FEED ; 120, *E/M : 32, Z : 0mm

그림 4-263 측정 결과의 처리 예

13. 다면경(Polygon mirror)의 교정

13.1 실습 목표
눈금 원판의 기준이 되는 다면경의 측정 원리를 배우고, 기준 자체의 교정을 통하여 보다 고정밀한 각도 측정기의 검·교정법을 익히는 데 있다.

13.2 사용 측정 기기
1) 오토콜리메이터(autocollimator) (0.5sec) : 2대
2) 회전 테이블(circular table) (5sec)
3) 다면경(polygon mirror) (12면경)
4) 방청유, 알코올, 천 등

13.3 측정 원리
다면경은 영국의 C. O. Taylerson(N. P. L.)이 고안한 것으로, 다면경(polygon mirror or optical polygon)은 광학적으로 평탄하게 다듬질한 거울면을 가진 금속 또는 유리제 다면(多面) 반사경으로서, 상면 및 밑면을 지지면으로 해서 서로 평행하게 또는 거울면에 대해서 수직으로 제작한다(사진 4-9).

또한 다면경은 3, 6, 8, 12, 24, 36, 72 또는 4, 8, 10, 12, 36면을 가지며 반사면은 경질 합금제이며, 정도는 ±2초이다(보정값 표를 이용할 경우는 ±1초가 가능하다).

다면경은 0급 및 1급의 2종류가 규정되어 있으며, 재료는 내부 응력을 충분히 제거한 크라운 유리, 석영 또는 동등 이상의 것을 사용하고 반사면은 알루미늄 등의 반사막을 입힌다.

각도 오차는 회전 테이블 위에 다면경을 올려놓고 오토콜리메이터 두 대를 그림 4-264와 같이 기준 반사면측의 오토콜리메이터 A의 읽음이 0이 되도록 회전 테이블을 조정하고, 다른 쪽의 오토콜리메이터 읽음 δ_i를 읽는다.

회전 테이블을 다면경의 등분 수($360°/N$)만큼씩 시계 방향으로 회전시키고, 그때의 오토콜

(a) 8면경

(b) 12면경

사진 4-9 다면경

제4장 정밀 측정의 실제(응용편) 463

표 4-49 당면경의 등급

등급	각도 오차(초)	유효 반사면	
		평면도(μm)	크기(mm)
0	2 이내	0.025 이내	30×20 이내
1	5 이내	0.05 이내	ϕ20 이상

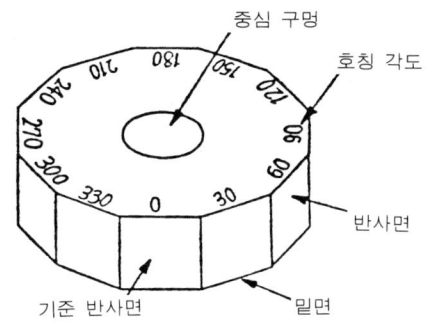

(a) 보호 상자 없는 경우 (12면경)

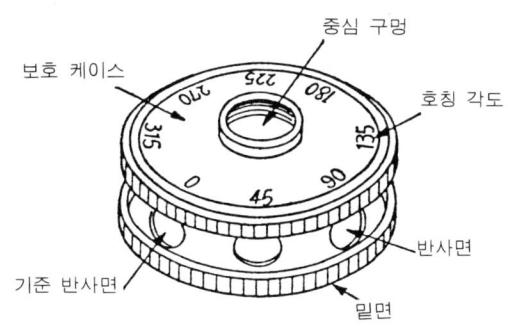

(b) 보호 상자가 있는 경우(8면경)

그림 4-264 다면경

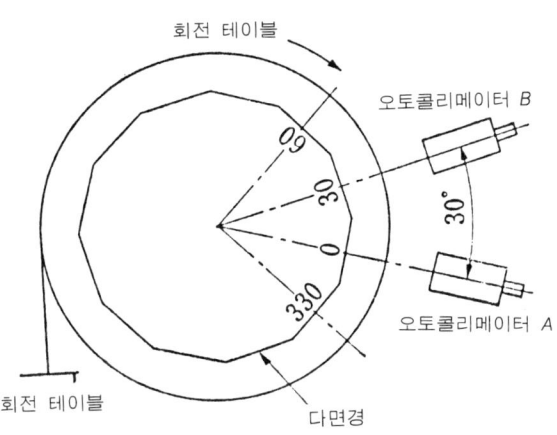

그림 4-265 다면경(polygon)의 각도오차 측정

리메이터 B의 읽음을 각각 $\delta_1, \delta_2, \delta_3, \cdots \delta_N$이라 하면 인접 각도 오차는

$$f_i = \delta_i - \sum_{i=1}^{N} \delta_i/N$$이 되고 제 i면의 각도오차는 $\sum_{i=1}^{j} \delta_i$에 의해서 구할 수 있다.

다면경(polygon)의 오차는 두 개의 오토콜리메이터를 사용하여 측정할 수 있다. 그림 4-266에서 오토콜리메이터 1과 2에서의 읽음을 R_1과 R_2라 하고, 반사면 A와 B 사이의 호칭 각도를 S, 오토콜리메이터 사이의 각을 T 라고 하면

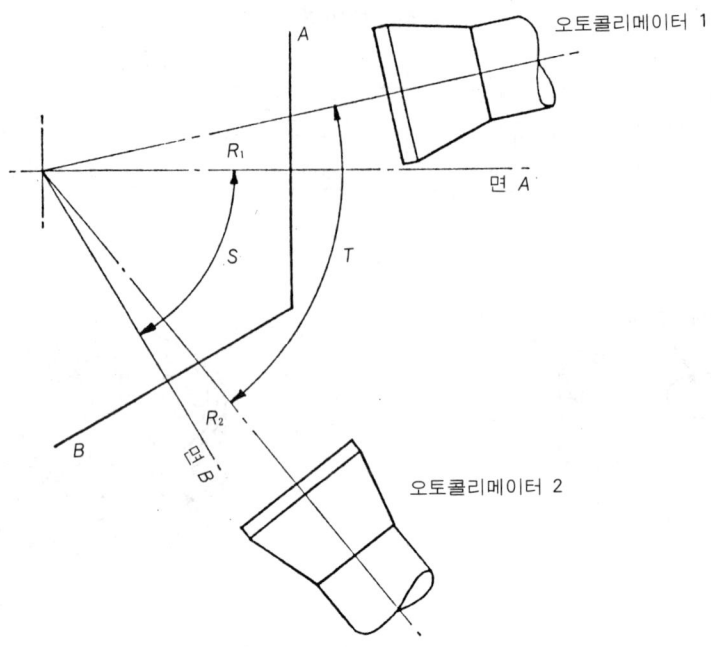

그림 4-266 정밀 다면경의 측정

$S+R_1=T+R_2$ 또는 $S=T+(R_2-R_1)$

다면경 전체(360°)에 대해서는

$\sum S = \sum T + \sum(R_2-R_1)$

여기서 $\sum S = 360°$

$\therefore 360° = \sum T + \sum(R_2-R_1)$

다면경의 반사면 수 n으로 나누면

$\dfrac{360°}{n} = \dfrac{\sum T}{n} + \dfrac{\sum(R_2-R_1)}{n}$

여기서, $360°/n$은 다면경의 호칭 각도이고, T는 일정한 오토콜리메이터 사이의 각도이다.

$\sum T/n = T$이므로

$\dfrac{360°}{n} = T + \dfrac{\sum(R_2-R_1)}{n}$

또는 $T = \dfrac{360}{n} - \dfrac{\sum(R_2-R_1)}{n}$

을 얻을 수 있다.

표 4-50 오차의 계산

다면경 면 (도)		읽음값(측정1) (초)			읽음값(측정2) (초)			R_2-R_1의 평균값 Ⓜ	구간 오차 Ⓓ	누적값 Ⓒ	보정값	오차	다면경 면의 각도 (도)
A면	B면	R_2	R_1	R_2-R_1	R_2	R_1	R_2-R_1						
0	30	—	—	—	—	—	—	—	—	0	0	0	0
30	60	20.4	10.2	10.2	18.2	7.2	11.0	10.6	+3.0	+3.0	0	-3.0	30
60	90	21.2	16.6	4.6	18.8	14.4	4.4	4.5	-3.1	-0.1	-0.1	-0.2	60
90	120	18.6	14.8	3.8	20.4	17.0	3.4	3.6	-4.0	-4.1	-0.1	-4.2	90
120	150	22.0	13.2	8.8	19.6	11.0	8.6	8.7	+1.1	-3.0	-0.1	-3.1	120
150	180	21.2	9.4	11.8	20.2	8.8	11.4	11.6	+4.0	+1.0	-0.2	+0.8	150
180	210	20.8	11.0	9.8	19.0	11.8	7.2	8.5	+0.9	+1.9	-0.2	+1.7	180
210	240	19.8	14.2	5.6	21.0	16.6	4.4	5.0	-2.6	-0.7	-0.2	-0.9	210
240	270	20.2	12.8	7.4	18.4	10.2	8.2	7.8	+0.2	-0.5	-0.3	-0.8	240
270	300	21.0	13.0	8.0	17.4	11.0	6.4	7.2	-0.4	-0.9	-0.3	-1.2	270
300	330	20.6	14.2	6.4	19.0	12.2	6.8	6.6	-1.0	-1.9	-0.3	-2.2	300
330	360	21.2	12.8	8.4	21.2	13.2	8.0	8.2	+0.6	-1.3	-0.4	-1.7	330
		22.8	13.0	9.8	18.8	10.0	8.8	9.3	+1.7	+0.4	-0.4	(0)	(0)

전체평균 = $\sum(R_2-R_1)/n = 91.6/12 = 7.6$

그러므로 $\sum(R_2-R_1)$의 측정값으로부터 T를 계산할 수 있다.

$$T = \frac{360°}{n} - \frac{\sum(R_2-R_1)}{n}$$
$$= 30° - \frac{91.6''}{12}$$
$$= 30° - 0'7.6''$$
$$S = T + (R_2-R_1) = 30° - \frac{\sum(R_2-R_1)}{n} + (R_2-R_1)$$

구간오차 = $(R_2-R_1) - 7.6''$

로 구할 수 있으며, 시작점(0°)과 끝점(360°)에서는 오차가 0인 기준 원점으로부터 각 측정면까지의 오차는 최종 누적 오차를 등분수 n으로 나누어서 각 측정 구간에 보정하여 계산한다.

13.4 측정시 주의 사항

1) 다면경은 고정밀 각도 기준기이므로 반사면에 상처를 입지 않도록 주의한다.
2) 진동 및 흔들림이 없는 장소에서 측정하도록 해야 한다.
3) 회전 테이블의 회전 중심과 다면경의 구멍 중심이 일치하도록 설치해야 한다.
4) 각 반사면은 오차를 줄이기 위하여 반복 측정하여 그 평균값을 위하도록 한다.

13.5 측정 방법 및 순서

1) 회전 테이블, 다면경, 오토콜리메이터 등을 깨끗이 닦아 먼지, 기름 등을 완전히 제거한다.
2) 정반 위에 회전 테이블을 올려 놓는다.
3) 회전 테이블 위에 회전 테이블의 회전 중심과 다면경의 구멍 중심이 거의 일치하도록 다면경을 설치한다.
4) 두 대의 오토콜리메이터를 이용하여 1대는 다면경의 기준 각도 0°의 반사면에 직각으로 설치하고, 다른 1대는 두 번째 면의 반사면에 그림 4-267, 4-268과 같이 설치하고 반사상의 눈금이 0 근처에 오도록 조정한다.

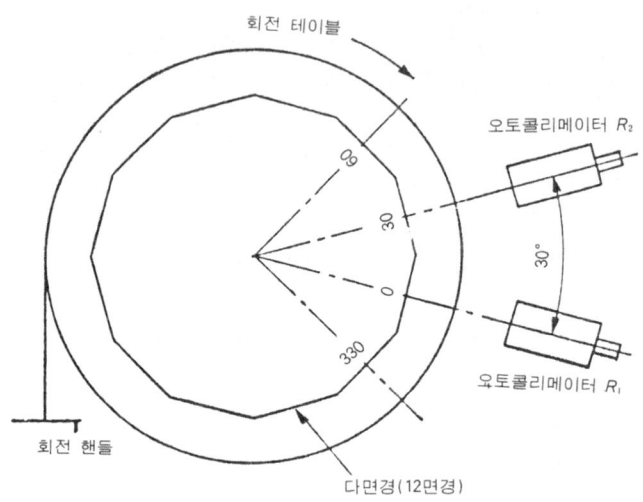

그림 4-267 오토콜리메이터의 설치 방향

5) 오토콜리메이터 R_1, R_2에서 반사상 y축선의 위치를 각각 읽어서 기록표에 기록한다.
6) 다음에 회전 테이블을 시계방향으로 돌려서 다음 반사면의 십자선 y축 위치의 각도를 각각 읽는다.
7) 계속해서 n등분까지 같은 방법으로 R_1, R_2의 눈금값을 읽어서 기록한다.
8) 반복해서 1회 더 측정한다.
9) 각 측정 횟수에서 $(R_2 - R_1)$을 계산한다.
10) 1회와 2회의 $(R_2 - R_1)$의 평균값을 구한다.
11) $(R_2 - R_2)$의 평균값에서 전체 평균값($\sum (R_2 - R_1)/n$)을 빼서 구간 오차를 구한다.
12) 구간 오차를 차례로 더하여 누적값을 구한다.
13) 최종 누적값을 등분수 n으로 나누어서 보정값을 계산한다.

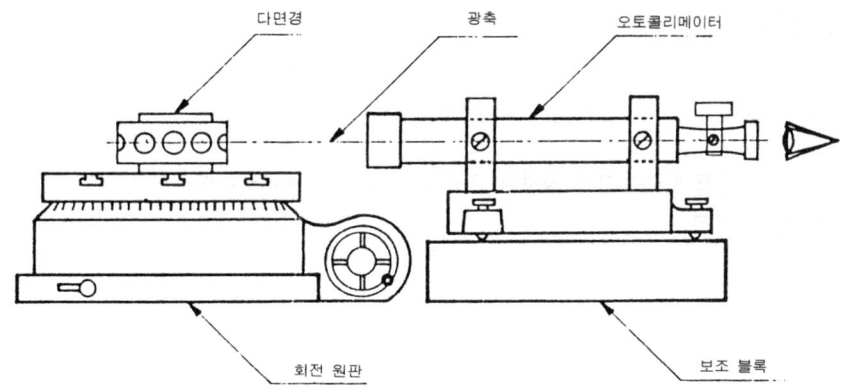

그림 4-268 측정 장치의 설치 및 조정

14) (누적값-보정값)을 계산하여 기준 각도(0°)로부터의 오차를 계산한다.

13.6 측정 결과 및 계산

1) 측정 결과를 기록표에 기록한다.

NO	기준각도		읽음값 (초) R	인접오차 (초)	각도정도 (초)
	A면	B면			
1	0	60	+8.0	0	0
2	60	120	+12.0	+4.0	+4.0
3	120	180	+5.0	-3.0	+1.0
4	180	240	+12.0	+4.0	+5.0
5	240	300	-4.0	-12.0	-7.0
6	300	360	+15.0	+7.0	0

○ 인접오차 = 읽음값(R) - 평균값
          평균값 = ΣR(읽음값)$/n$(등분수) = 48/6 = 8.0
○ 각도정도 = 인접오차의 누적값

13.7 결과 및 고찰

14. 기하 편차의 측정

기하 공차의 종류와 그 도시 기호를 분류하면 다음과 같다.

표 4-51 기하 공차의 종류와 그 도시 기호(KS A ISO 1101)

구 분	공차의 타입	기하공차의 종류와 규제내용		기 호	데이텀 지시 여부
개개의 형체	형상 공차	진직도	형상의 규제	―	없음
		평면도		▱	없음
		진원도		○	없음
		원통도		⌀	없음
		선의 윤곽도		⌒	없음
		면의 윤곽도		⌓	없음
상호 관련 형체	자세 공차	평행도	형상, 자세의 규제	//	필요
		직각도		⊥	필요
		경사도		∠	필요
		선의 윤곽도		⌒	필요
		면의 윤곽도		⌓	필요
	위치 공차	위치도	형상, 자세, 위치의 규제	⊕	필요 또는 없음
		동심도(또는 동축도)		◎	필요
		대칭도		≡	필요
		선의 윤곽도		⌒	필요
		면의 윤곽도		⌓	필요
	흔들림 공차	원주 흔들림	회전축의 데이텀 축 직선에 대한 선, 면의 규제	↗	필요
		온(전체) 흔들림		↗↗	필요

* ASME Y 14.5_2018에서는 동심도와 대칭도를 폐지하고 위치도로 대체하였다.

<주요 부가 기호>

설명	기호
공차지시 틀	
데이텀 형체 지시자	
데이텀 표적 지시자	⌀2/A1
이론상 정확한 치수(기준 치수)	50
지정 공차역 오프셋	UZ
사이(지정 구간)	↔
돌출 공차역	Ⓟ
최대 실체 조건	Ⓜ
최소 실체 조건	Ⓛ
자유 상태	Ⓕ
포락 조건(Envelope requirement)	Ⓔ
유도 형체(Derived feature)	Ⓐ
조합 공차역(Combined zone)	CZ
모든 단면	ACS
모든 길이 방향 단면	ALS
온 둘레(윤곽)	
온 표면(윤곽)	
최소 제곱 형체	Ⓖ
최소 외접 형체	Ⓝ
최대 내접 형체	Ⓧ
최소 영역 형체	Ⓒ
접평면(접형체)	Ⓣ
통합 형체(United feature)	UF
접촉 형체(Contacting feature)	CF
자세만 구속	><

14.1 진직도 측정

진직도(straightness)란 직선 형체가 기하학적으로 정확한 직선, 즉 이상 직선으로부터 벗어난 크기를 말하며, 기본적으로 형체의 축 또는 모서리와 같은 선의 특성이다.

진직도 공차는 두 평행한 직선의 폭 공차역을 규제하는 것으로, 그 영역 내에 대상이 되는 선상의 모든 점이 들어 있어야 한다. 형상공차이기 때문에 데이텀은 설정할 수 없다.

(1) 진직도 공차

① 표면에 대한 진직도 지시

투상 평면(2D)에 평행한 위쪽의 표면에서 임의로 추출한 선에 의해 규정된 진직도는 0.1만큼 떨어진 2개의 평행 직선 사이에 들어 있어야 한다. 진직도 공차역은 거리 t만큼 떨어지고 규정된 방향에서 2개의 평행 직선 사이로 규제된다(그림 4-269).

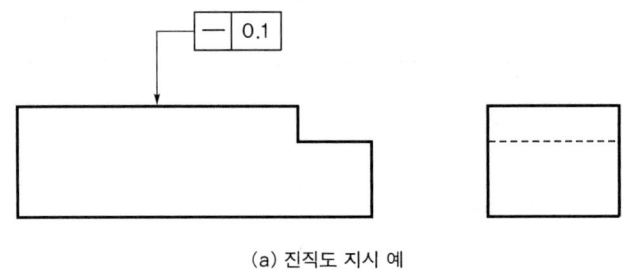

(a) 진직도 지시 예

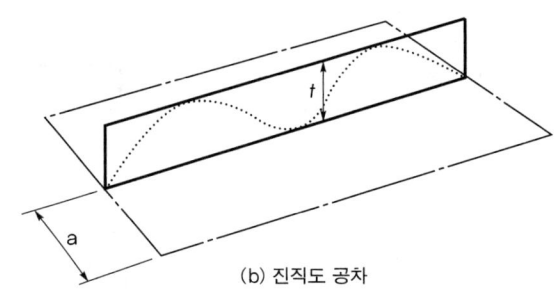

(b) 진직도 공차

그림 4-269 평면상의 진직도 공차

② 원통 모선에 대한 진직도 지시

원통 표면에서 추출된 세로 단면선은 0.1 간격으로 떨어진 두 평행선 사이에 포함되어 있어야 한다. 공차역은 거리 t만큼 떨어진 2개의 평행선으로 제한된다(그림 4-270).

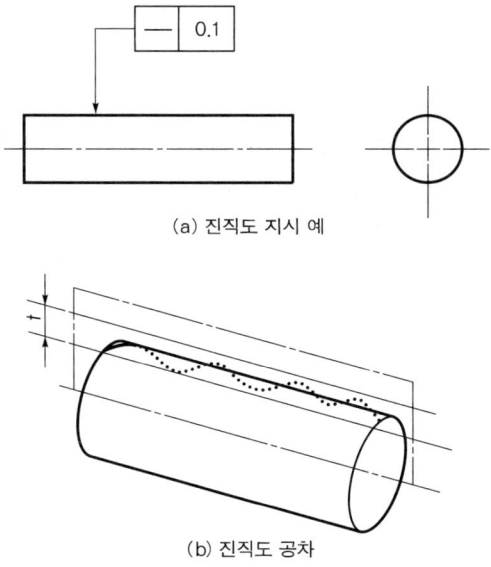

(a) 진직도 지시 예

(b) 진직도 공차

그림 4-270 원통 모선에 지시한 진직도 공차

③ 사이즈 형체에 대한 진직도 지시

그림 4-271(a)는 사이즈 형체인 원통의 중심축에 진직도를 지시한 예이다. 공차가 적용되는 원통의 추출(실제) 중앙선은 지름 0.08의 원통 영역 안에 들어 있어야 한다. 공차값 앞에 기호 ϕ를 덧붙여 지시하면, 공차역은 지름 t의 원통으로 규제된다. ISO에서 치수공차는 기본적으로 독립의 원칙을 따르기 때문에 이 경우 진직도 공차는 관련 원통 지름의 사이즈 공차보다 클 수 있다(그림 4-271).

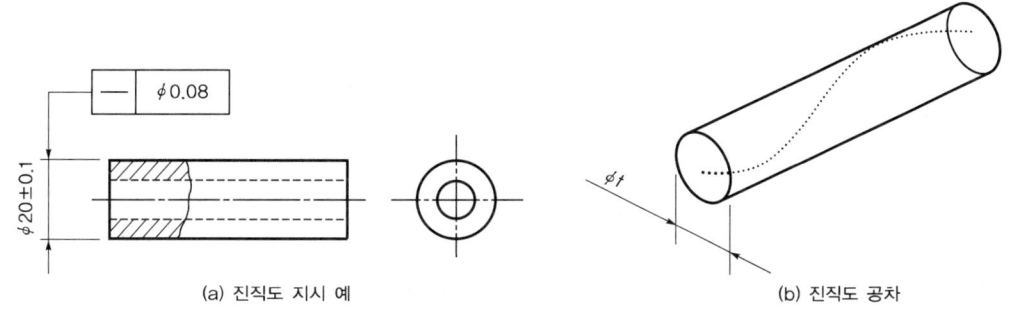

(a) 진직도 지시 예   (b) 진직도 공차

그림 4-271 원통 사이즈 형체에 지시한 진직도 공차

④ MMC를 적용한 진직도 공차

사이즈 형체에 진직도 공차를 적용하면 그림 4-272와 같이 가공한 형체의 사이즈에 따라 공차의 증가가 가능한 최대 실체 조건(MMC)을 사용할 수 있다. 사이즈 오차와 진직도 오차의 결합된 효과는 가능한 최악의 결합 조건을 나타내는 실효 사이즈(MMVS)를 생성한다. 치수공차는 어디까지나 각 부분의 사이즈를 2점 간 사이즈 측정으로 규제하기 때문에 중심선의 곧은 정도와는 관계가 없다.

기하공차와 치수공차를 서로 관련시키는 경우에 이용하는 것이 최대 실체 조건(MMC)이다. 공차값 뒤에 기호「Ⓜ」을 표기해서 지시한다. MMC(Ⓜ)를 지시한 그림 4-272의 경우, 공차 기입틀 내의 기하공차값 $\phi0.1$은 원통의 지름이 $\phi9.9$의 최대 실체 상태일 때에만 적용된다.

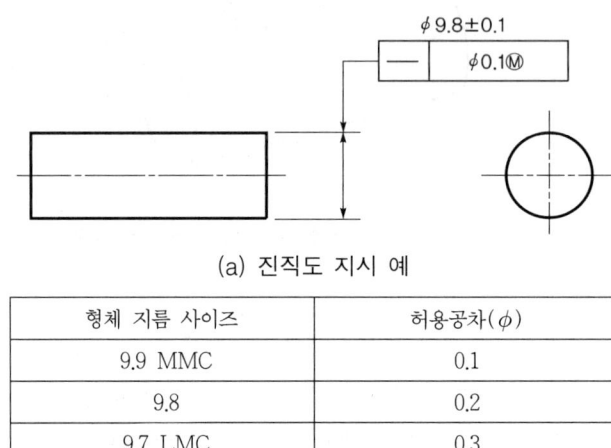

(a) 진직도 지시 예

형체 지름 사이즈	허용공차(ϕ)
9.9 MMC	0.1
9.8	0.2
9.7 LMC	0.3

그림 4-272 MMC를 적용한 진직도 공차

$\phi0.1$이라는 원통 공차역이 적용되는 것은 원통의 굵기가 어디를 측정하여도 9.9인 MMC의 경우에만 해당된다. 원주의 지름이 MMC 이외의 경우에는 기하공차의 공차역을「완화」할 수 있다. 예를 들어 지름이 가장 작은(최소 실체 상태: LMC) 9.7인 경우는 원통이 가늘어진 만큼(9.9-9.7=0.2)을 기하공차에 추가할 수 있으며 이때 진직도 공차역은 $\phi0.3$까지 증가한다. 이 추가 공차를 보통 보너스 공차라고 한다.

⑤ 지정 길이에 적용하는 진직도 공차

공차 기입틀 상단에는 원통 길이 전체에 대한 공차를 규제하고, 하단에는 지정 길이에 대한 공차 규제를 지시할 수 있다. 지정한 길이에 대한 공차 지시 방법은 공차역을 지시하는 틀 안에 사선(/)으로 구분한 앞쪽에 공차값을, 뒤쪽에 지정 길이를 표기한다. 또한 진직도 기호는 통합해서 하나만 기입한다. 지정 길이에 대한 진직도 지시는 원통 길이의 짧은 범위에 있어서 중심선의 큰 변화를 방지하고 전체 길이에 걸쳐서 완만한 구부러짐을 가지게 하는 것을 목적으로 사용한다. 특히 이 지정 길이 40 에서 진직도 $\phi0.2$는 원통 길이의 어느 위치에서든지 임의의 40에 적용되는 것이다(그림 4-273).

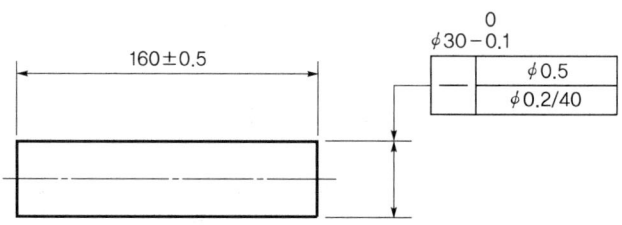

그림 4-273 지정 길이에 대한 진직도 지시

(2) 진직도의 측정

진직도 측정 데이터의 처리 방법에는 양단 기준법, 최소 제곱법, 최소 영역법 등이 있으며 도면상에서 지시하는 진직도는 별도의 명시가 없는 한 사실상 최소 영역법을 의미하고 있으나 대부분의 기업체에서는 최소 제곱법을 이용하여 진직도를 평가하고 있다.

또한 진직도의 검증 방법에는
① 정반과 인디케이터를 이용하는 방법
② 수준기, 오토콜리메이터 등을 이용하는 방법
③ 직각도 검사기를 이용하는 방법
④ 레이저 간섭계를 이용하는 방법
⑤ 3차원 좌표 측정기를 이용하는 방법 등이 있다.

산업 현장에서는 데이터를 처리할 컴퓨터 없이도 쉽게 할 수 있는 정반과 인디케이터를 이용하여 양단 기준법에 의한(양단 기준법을 사용한) 측정방법이 많이 사용되며, 최근에는 다양한 부품의 진직도 측정을 대부분 3차원 좌표 측정기(CMM)를 이용하여 측정하고 있다.

14.2 평면도 측정

평면도(flatness)란 평면 형체가 기하학적으로 정확한 평면으로부터 벗어난 크기를 말하며, 평면도 공차란 평면 형체를 기하학적으로 평행한 2개의 평행 평면 사이에 끼웠을 때, 두 평행 평면 간의 간격이 최소가 되는 경우의 공차 영역이다.

평면도는 대부분 표면에 대한 규제이기 때문에 치수공차와의 상호 의존성도 없고 표면에 대해서는 최대 실체 조건(MMC)이나 최소 실체 조건(LMC)은 기본적으로 사용할 수 없다. 형상공차이기 때문에 데이텀을 사용해서는 안 되는 점도 진직도와 마찬가지이다. 부품에서 평면도를 자주 지시하는 곳은 부품의 면과 면을 조합하는 부분이다.

(1) 표면에 적용한 평면도

형상의 평평한 표면에 평면도 공차를 적용하는 경우 독립의 원칙이 기본이다. 이에 따라 실효치수(VS)는 최대 실체 치수(MMS)에 평면도 공차를 합산한 값이 된다. 평면도 공차는 관련 치수 공차

보다 클 수 있으며 각 국부 치수는 치수 공차의 한계 내에 있어야 한다(그림 4-274).

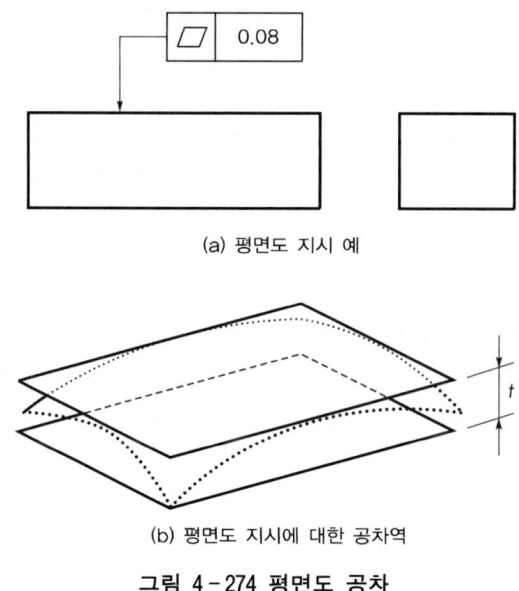

(a) 평면도 지시 예

(b) 평면도 지시에 대한 공차역

그림 4-274 평면도 공차

(2) 한정 영역에 지시하는 평면도 공차

측정하여 얻은 실제 표면은 표면 전체의 영역(200×80)에 대해서는 0.1만큼 떨어진 평행 2평면 사이에 있어야 하고, 전체 표면 내에서 임의의 20×20인 한정된 영역에 대해서는 0.02만큼 떨어진 평행 2평면 사이에 있어야 한다(그림 4-275).

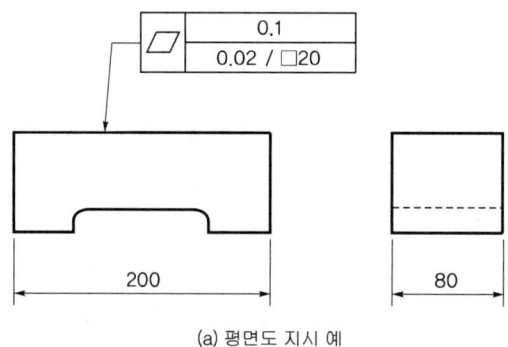

(a) 평면도 지시 예

그림 4-275 한정 영역 평면도 공차

(3) 평면도 측정

평면도 측정 방법에는 정반과 인디케이터를 이용하는 방법, 수준기에 의한 방법, 광학적인 방법(오토콜리메이터, 레이저, 광선정반 등), 3차원 좌표측정기에 의한 방법 등이 있다.

① 정반과 인디케이터를 이용하는 방법

  a) 정반면을 기준으로 측정하는 방법

정밀한 정반면을 평면도 평가의 기준면으로 사용하여 그림 4-276과 같이 정반에 구멍을 가공하여 그 구멍에 다이얼 인디케이터를 설치한다. 측정 대상 부품을 정반면에 올려놓은 상태에서 여러 방향으로 움직여서 평면도를 측정할 수 있다.

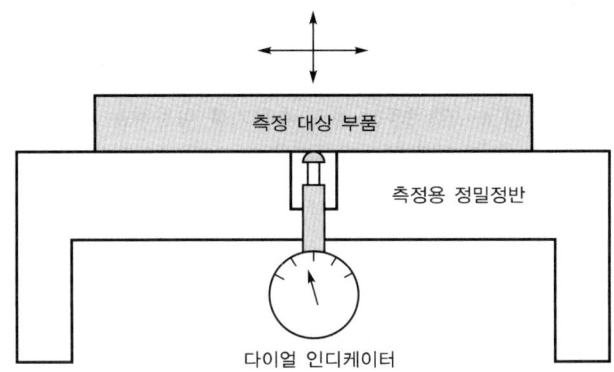

그림 4-276 정반면을 기준으로 하는 평면도 측정 예

  b) 정반과 인디케이터를 이용하는 방법(외단 3점 기준법)

정반에 높이 조절이 가능한 스크루 잭이나 경사조정 테이블 등을 이용하여 외단 3점의 높이를 각각 0점으로 조정한 후 인디케이터를 이용하여 여러 점의 높이를 측정하여 최댓값과 최솟값의 차를 측정하여 평면도를 구하는 방법이다(그림 4-277).

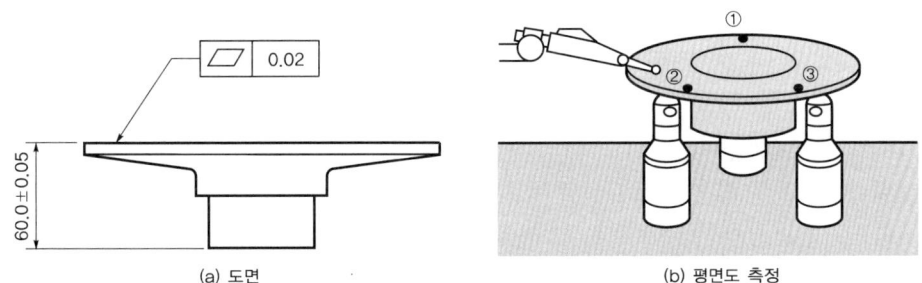

그림 4-277 정반과 인디케이터를 이용하는 방법

② 3차원 좌표 측정기를 이용하는 방법

그림 4-278과 같이 3차원 좌표측정기를 이용하면 대부분의 기계, 자동차, 금형, 사출 성형 관련 부품 등의 평면도를 측정할 수 있다. 측정값의 계산도 최소 제곱법, 최소 영역법, 외단 3점 기준법 등을 이용하여 평면도를 계산할 수 있기 때문에 최근에 많이 활용되고 있다.

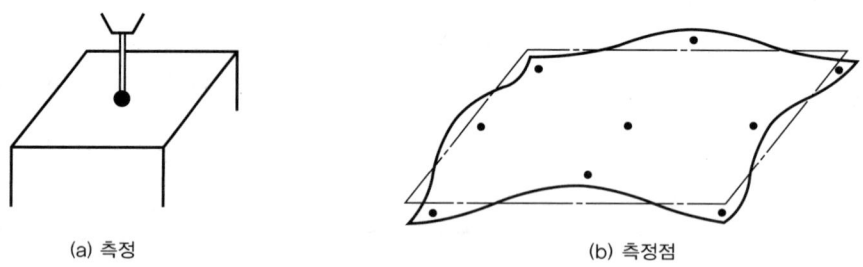

(a) 측정   (b) 측정점

그림 4-278 3차원 좌표 측정기를 이용하는 방법

14.3 진원도(circularity) 측정

진원도(circularity)란 원통형체가 기하학적으로 정확한 원으로부터 벗어난 크기를 말한다. 진원도는 얼마나 정확한 원형이어야 하는지, 축이나 구멍, 원뿔 등의 원형 단면의 편차 정도에 대한 허용한계를 나타낸다. 원통형 표면에 대한 조건으로 원통이나 원뿔의 경우, 축심에 수직인 임의의 평면과 교차하는 원통 단면상의 모든 점들이 중심으로부터 같은 거리에 있는 원에서 얼마만큼 벗어났는가 하는 측정값을 말한다. 진원도 공차란 원 표면의 모든 점이 들어가야 하는 두 개의 완전한 동심원 사이의 반지름상의 거리로 측정한다.

진원도 공차는 횡단면 형상에 주어진 치수 공차 범위 내에 있어야 하며 단면 원의 선을 규제하는 형상공차이므로 MMC로 규제할 수 없으며 RFS에서만 적용된다.

(1) 원통에 지시한 진원도

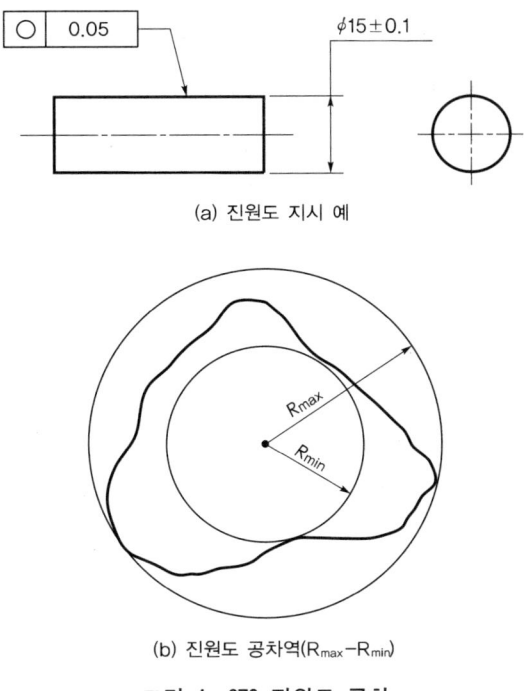

(a) 진원도 지시 예

(b) 진원도 공차역($R_{max} - R_{min}$)

그림 4-279 진원도 공차

공차역은 임의의 횡단면에 있어서 반지름 거리로 0.05만큼 떨어진 이론적으로 정확한 2개의 동심원 사이로, 이 영역 내에 실제의 원주가 모여 있어야 한다. 형상공차이기 때문에 진원도에도 데이텀은 사용할 수 없다. 원통형 형체의 경우 공차가 부여된 형체의 축에 수직인 횡단면에 진원도가 적용되고, 구 형체의 경우에는 구의 중심을 포함하는 횡단면에 진원도가 적용된다. 원뿔과 같이 원통형도 아니고 구형도 아닌 회전 표면의 경우에는 항상 방향 형체를 표시해야 한다.

(2) 진원도 측정

진원도 편차를 결정할 때 기준원, 즉 진원도 및 진원도 매개 변수의 편차가 참조하는 지정된 규칙에 따라 진원도 프로파일에 맞는 관련 원을 설정해야 한다. 진원도 측정기나 3차원 좌표 측정기를 사용하여 진원도 측정시에는 진원도 평가를 위한 중심점을 구하기 위하여 일반적으로 다음 4가지의 평가방법을 이용한다.

ISO 12181-1 표준은 진원도 평가 기준원을 결정하는 4가지 평가 방식을 지정하고 있다.

- 최소 영역 기준원(MZCI) 방식 : 진원도 윤곽을 둘러싸는 두 동심원의 반지름 차가 가장 작은 원의 중심점을 기준으로 진원도를 평가하는 방식으로 도면에서 별도의 지시가 없으면 ISO나 ASME에서는 최소 영역 기준원 방식을 의미한다.
- 최소 제곱 기준원(LSCI) 방식 : 국부 진원도 편차의 제곱의 합이 최소인 원의 중심점을 기준으로 진원도를 평가하는 방식

- 최소 외접 기준원(MCCI) 방식 : 진원도 윤곽에 최소로 외접하는 최소 외접원의 중심점을 기준으로 진원도를 평가하는 방식
- 최대 내접 기준원(MICI) 방식 : 진원도 윤곽에 최대로 내접하는 최대 내접원의 중심점을 기준으로 진원도를 평가하는 방식

진원도의 측정은 3차원 좌표 측정기를 사용하거나 정밀한 측정은 그림 4-280과 같이 진원도 측정기와 같은 시스템을 사용하여 달성할 수 있다. 진원도 측정기는 고정밀 스핀들, 측정 프로브 그리고 데이터 처리용 컴퓨터로 구성되어 있다.

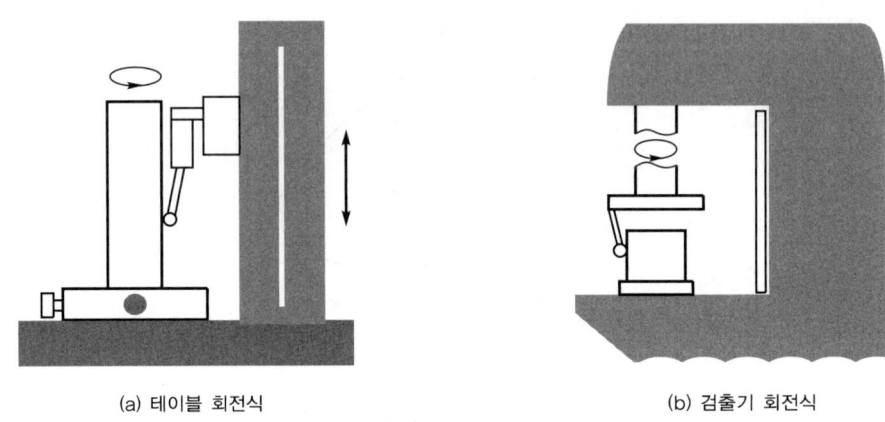

(a) 테이블 회전식   (b) 검출기 회전식

그림 4-280 진원도 측정기

14.4 원통도(cylindricity)의 측정

원통도(cylindricity)란 원통형체가 기하학적으로 정확한 원통에서 벗어난 크기를 말하며, 원통형상의 모든 표면이 두 개의 동심 원통 사이에 들어가야 하는 공차 영역으로 진원도, 진직도 및 평행도의 복합 공차이다.

원통도는 실제로 표면의 모든 점이 공통 축에서 등거리에 있는 회전 표면의 조건이며, 진원도와 마찬가지로 ISO 12180-1에는 원통도 평가 기준원을 결정하는 4가지 평가 방식을 지정하고 있다.

- 최소 영역 기준 원통(MZCY) 방식 : 원통 윤곽을 둘러싸는 두 동심원통의 반지름 차가 가장 작게 되는 원통의 중심축을 기준으로 원통도를 평가하는 방식
- 최소 제곱 기준 원통(LSCY) 방식 : 원통의 국부 편차의 제곱의 합이 최소인 원통의 중심축을 기준으로 원통도를 평가하는 방식
- 최소 외접 기준 원통(MCCY) 방식 : 원통 윤곽에 최소로 외접하는 최소 외접원통의 중심축을 기준으로 원통도를 평가하는 방식
- 최대 내접 기준 원통(MICY) 방식 : 원통 윤곽에 최대로 내접하는 최대 내접원통의 중심축을 기준으로 원통도를 평가하는 방식

원통도 공차는 원통 표면 요소가 있어야 하는 두 개의 동축 원통 사이의 3차원 영역을 지정한다. 그림 4-281의 예는 0.1 mm의 원통도 공차를 갖는 원통 축을 보여 주며, 이는 반지름 방향, 즉 0.1 간격의 동축 원통을 검증하게 된다.

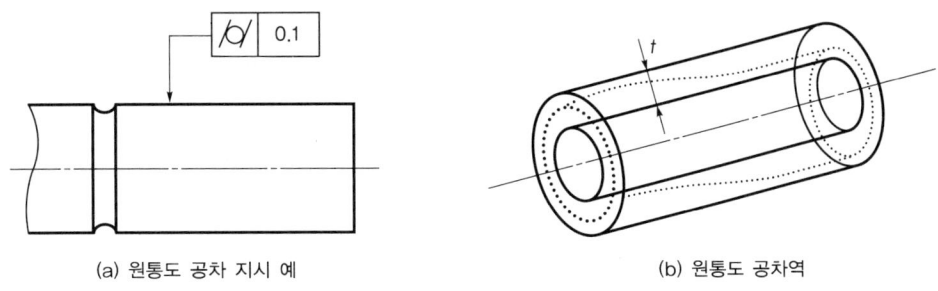

(a) 원통도 공차 지시 예   (b) 원통도 공차역

그림 4-281 원통도 공차

원통도 공차는 전체 원통 표면에 걸쳐 확장되는 진원도 공차로 해석될 수 있기 때문에 표면 형체의 진원도, 진직도 및 테이퍼를 동시에 제어하는 데 사용할 수 있다.

원통도는 그림과 같이 좌표 측정기 또는 진원도 측정기 등을 사용하여 진원도를 검사하는 방식과 유사한 방식으로 측정할 수 있다.

(1) 공차의 적용

원통도 공차는 원통형상에 지시한 치수 공차 범위 내에 있어야 하며 원통의 표면만을 규제하는 형상 공차이므로 진원도와 마찬가지로 MMC로 규제할 수 없으며 RFS에서만 적용된다.

그림 4-281에서 원통도는 원통 표면의 반지름 차이가 0.1인 두 개의 동축 원통 사이에 있어야 한다.

원통도 공차 방식은 원통 형상에 대해서만 적용하며, 원통도 공차는 원통 형상의 전 표면에 대하여 적용한다.

(2) 측정 방법

간단한 측정법은 그림 4-282와 같이 V-블록이나 양 센터를 이용하여 측정할 수 있다.

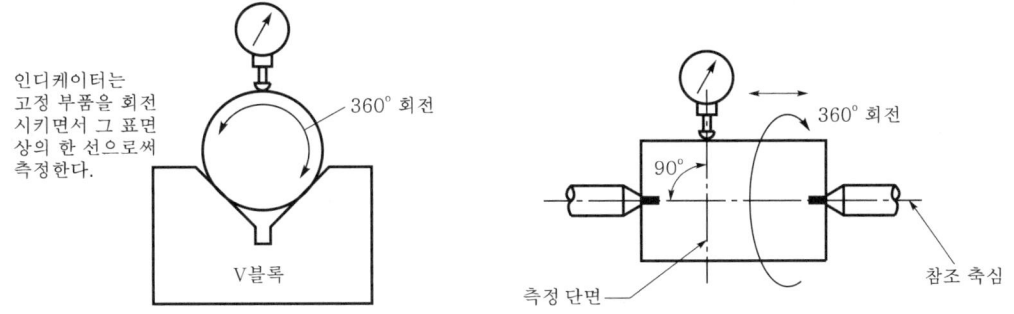

그림 4-282 간단한 원통도의 측정

V-블록에 의한 측정은 진원도와 마찬가지로 측정하되, 한 번 조정된 인디케이터 눈금은 측정 완료 시까지 그대로 두고, 원통 전 길이에 걸쳐서 모선을 따라 인디케이터 측정자를 접촉시킨 후 다이얼 눈금을 읽는다. 원통도는 다이얼 지침의 최댓값−최솟값이다.

양 센터에 의한 방법도 진원도 측정과 같지만, 전 길이에 걸쳐서(보통은 좌단, 우단 및 중앙의 3부분) 측정한다.

원통도의 정밀한 측정은 전문적인 진원도 측정기를 이용하여야 하며, 그림 4-283과 같이 원통의 ①, ②, ③ 단면을 진원도 측정방식으로 측정한 후, 그 측정 데이터를 보정에 의하여 축심을 정렬한 다음, 윤곽 도형을 작도하여 판정한다. 이때도 진원도와 마찬가지로 중심에서 반지름상의 최댓값−최솟값이 원통도이다.

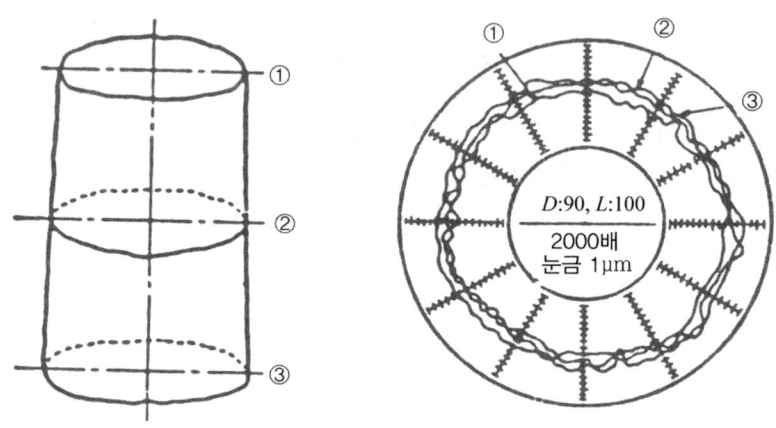

그림 4-283 원통도 측정

14.5 윤곽도의 측정

윤곽도에 대한 기하 공차는 기능적 치수 지시에 사용할 수 있는 가장 다재다능하고 강력한 도구 중 하나이며 설계자가 가장 자주 사용하는 공차이다. 실제로 윤곽도는 형체의 크기, 형상, 방향 및 위치를 제어하는 데 사용할 수 있다. 윤곽도 공차로 달성할 수 있는 규제 수준의 유연성으로 인해 이 규제를 사용하여 기존의 좌표 치수 지정 방법을 대체할 수 있다.

윤곽도란 이론적으로 정확한 치수에 의해 정해진 기준 윤곽에서 실제 윤곽이 벗어난 크기를 말하며, 선의 윤곽도(line profile)와 면의 윤곽도(surface profile)의 두 종류로 구분한다.

선의 윤곽도는 면을 구성하는 선 요소(윤곽선)의 산포를 2차원의 평면적인 공차역으로 규제하고, 면의 윤곽도는 곡면(윤곽면)의 산포를 3차원의 입체적인 공차역으로 규제한다.

윤곽은 물체 외곽의 형상을 말하며 곡면의 윤곽 형태는 진직도나 평행도, 진원도 및 원통도 공차로 규제할 수 없는 것으로, 윤곽도 공차는 실제 제품이 기준 윤곽으로부터 벗어난 폭의 크기이다.

또한 윤곽도 공차는 기준 윤곽에 대해서 공차 균등하게 배치하는 균등공차 방식과 기준윤곽에 대해서 공차를 불균등하게 배치하는 불균등 공차의 2종류가 있다. 불균등 공차 방식은 ISO에서는 윤곽도 공차값 다음에 "UZ"를, ASME에서는 "Ⓤ"의 기호를 사용하여 지시하고 있다. 동일한 공차 범위를 가진 부품을 측정하여 구한 윤곽도값은 최종적으로 ISO와 ASME가 같은 측정값이 된다.

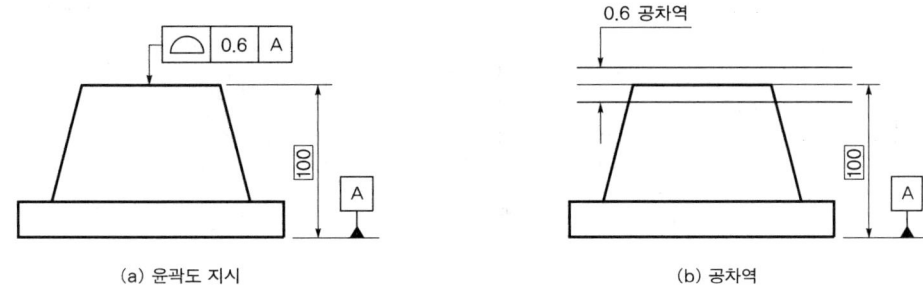

그림 4-284 윤곽도 공차

또한, 윤곽도는 선의 윤곽도와 면의 윤곽도로 구분하여 규제되며, 부품의 기능적 특성에 따라서 단순히 형체의 윤곽만 규제할 때는 데이텀이 필요 없지만(그림 4-285), 데이텀을 기준으로 어떤 상관 관계일 때는 데이텀이 적용된다(그림 4-286).

(1) 선의 윤곽도(line profile)

선의 윤곽도 공차는 진직도가 평면이나 원통 표면상의 한 방향으로 규제되는 것과 같이, 평면이나 곡면에 대해 한 방향의 선의 윤곽을 규제하는 것이다. 선의 윤곽도 사양의 공차 영역은 공차값과 동일한 지름을 가진 원을 둘러싸는 두 개의 선으로 제한되며, 선의 윤곽에 완전히 평행한 2개의 가상 곡선 사이의 거리이다.

형상을 규제할 때의 선의 윤곽도의 공차역은 이론적으로 정확한 기준 형상(윤곽)에 대해 법선 방향으로 양측으로 균등하게 배치된 2개의 등간격의 선 사이가 된다.

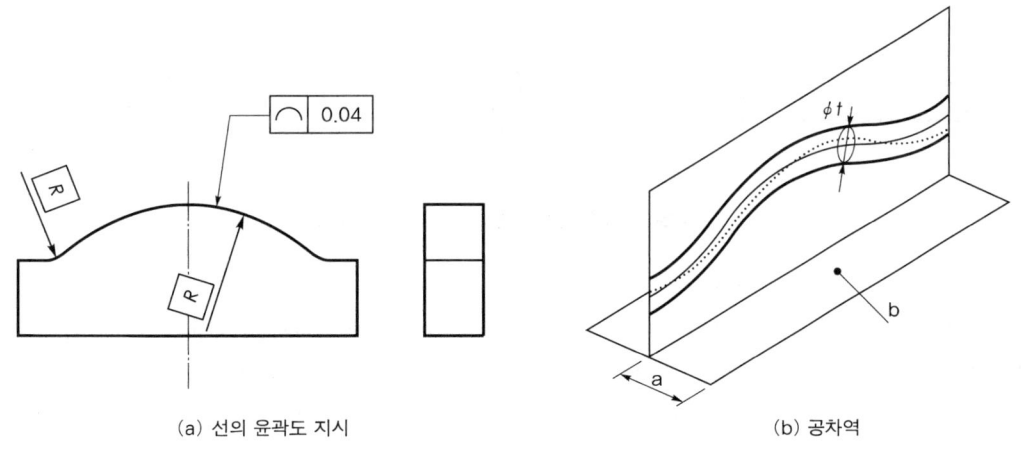

그림 4-285 데이텀이 없는 윤곽도 공차

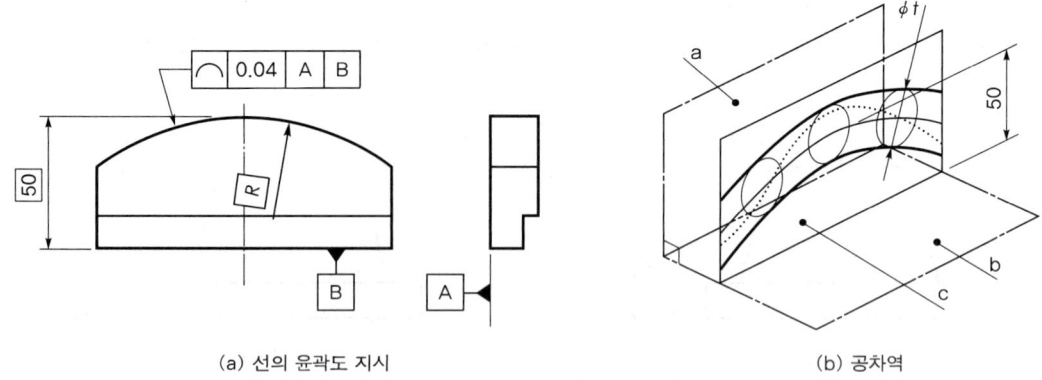

(a) 선의 윤곽도 지시   (b) 공차역

그림 4-286 데이텀이 있는 선의 윤곽도 공차

(2) 선의 윤곽도 측정

a. 기준 형상과의 비교

측정 대상물을 모방 장치와 기준 형상의 동일 위치에 설정한 후, 측정 대상물과 기준 형상과의 차를 기록한다. 모방 기구의 접촉자와 인디케이터 측정자의 형상은 동일하여야 하며, 편차의 최댓값을 측정 방향에서 계산된 한곗값과 비교한다. 다시 말해, 윤곽도는 이론적으로 정확한 형상의 법선 방향으로 환산한 최대 편차값의 2배가 된다.

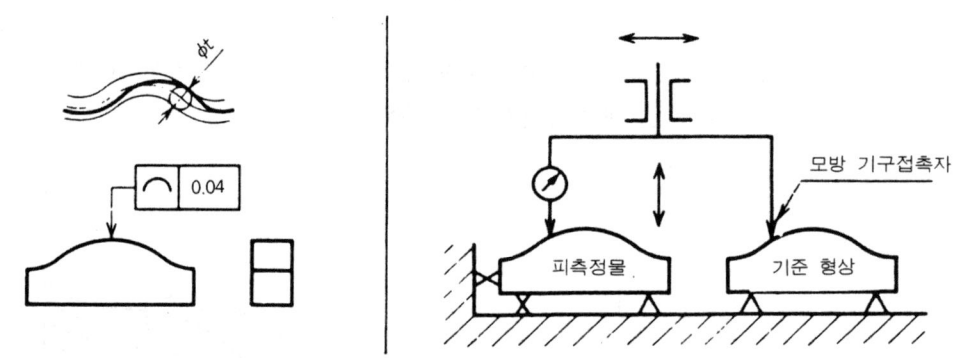

그림 4-287 기준 형상과의 비교 측정

b. 윤곽 템플릿에 의한 검사

그림 4-288와 같이 윤곽 템플릿을 측정 대상물의 윤곽 규제면에 접촉하고 지정된 방향으로 맞추어, 지정된 빛을 이용하여 그 틈새를 검사한다. 틈새로 빛이 보이지 않으면 형상 편차는 $3\mu m$ 이하로 보면 되고, 정확한 오차는 평가하기 어렵다. 또한, 템플릿으로부터 편차가 크면 그 틈새를 핀 게이지, 두께 게이지 등으로 측정할 수 있다.

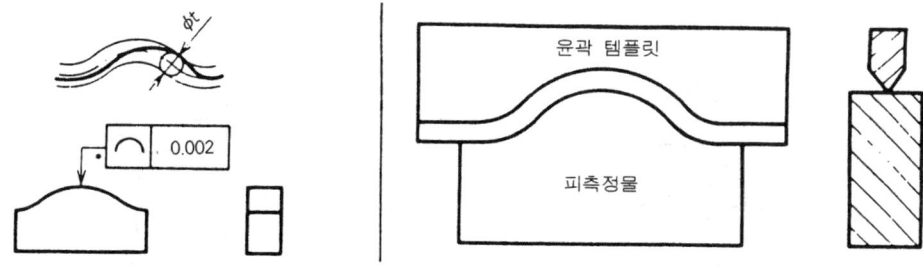

그림 4-288 윤곽 템플릿에 의한 측정

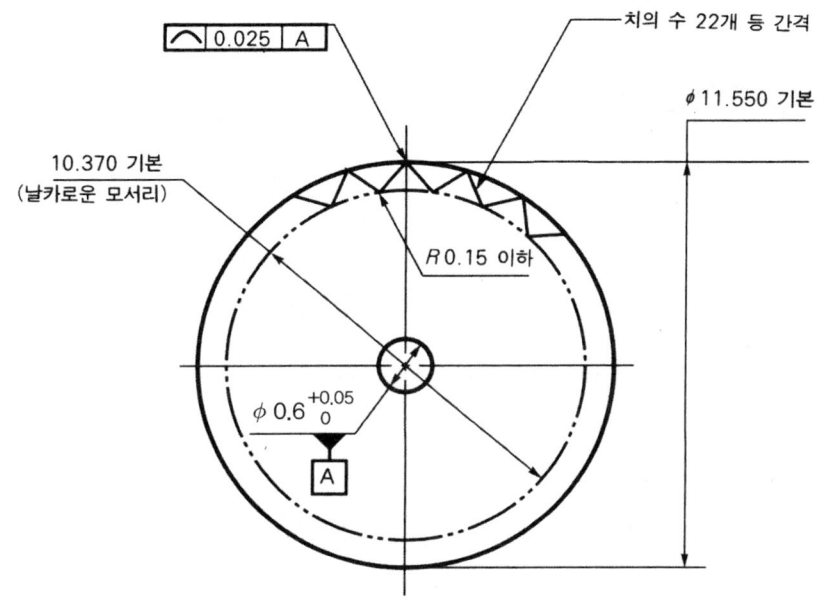

그림 4-289 데이텀을 적용한 윤곽도의 규제 예

c. 투영 스크린에 의한 비교 측정

선의 윤곽을 10배, 20배 또는 필요한 배율로 폴리에스틸렌 반투명 필름에 작도하여 투영기(profile projector)에 의해 확대된 측정 대상물의 영상과 비교 측정한다. 비교 측정시 스크린에 작도된 공차의 상한과 하한의 한계를 이용하여 합·부 판정도 가능하다(그림 4-290). 그림 4-289와 같은 소형 부품의 윤곽도는 측정용 작도 필름과 투영 스크린을 이용하여 비교 측정하는 것이 효율적이다.

d. 좌표 측정을 통한 윤곽 편차의 측정

측정 대상물을 정반 또는 좌표 측정기의 테이블에 올바른 자세로 설치하고 윤곽상의 각 점의 2차원 좌표를 측정한다. 측정에는 통상 좌표 측정기를 사용하고, 데이터 처리에 의하여 윤곽의 한곗값과 비교한다. 이때, 주의할 점은 측정에 사용하는 측정자의 형상을 측정 대상물의 모양에 따라 고려할 필요가 있다(그림 4-291).

그림 4-290 투영 스크린에 의한 비교 측정

그림 4-291 좌표 측정을 통한 윤곽의 측정

(3) 면의 윤곽도 (Surface profile)

면의 윤곽도 공차는 규제되는 면의 전체 표면을 규제해야 되는 경우에 적용하며, 평면도가 평탄한 표면에 대한 것이고 원통도가 원통 표면을 규제하는 것처럼 면의 윤곽 공차는 주로 곡면에 대한 것이다.

면의 윤곽에 대한 공차역은 요구되는 윤곽 표면에 완전히 평행한 두 개의 가상 곡선 사이의 간격이다.

공차 방식에는 균등 공차 방식과 불균등 공차 방식이 있으나 도면에 별도의 지정이 없는 한 균등 공차가 된다.

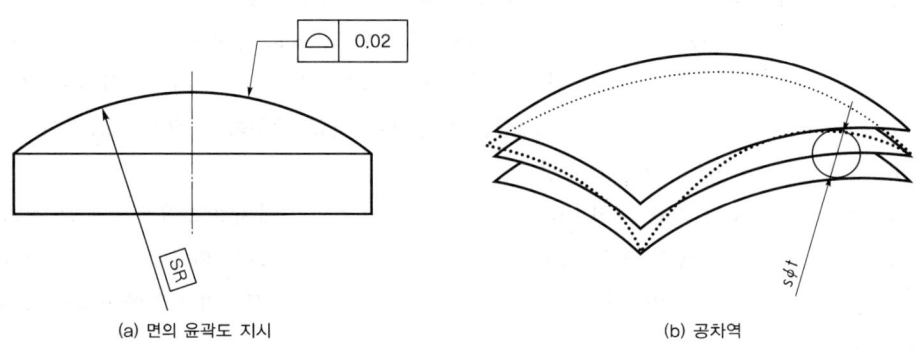

(a) 면의 윤곽도 지시   (b) 공차역

그림 4-292 데이텀이 없는 면의 윤곽도 공차

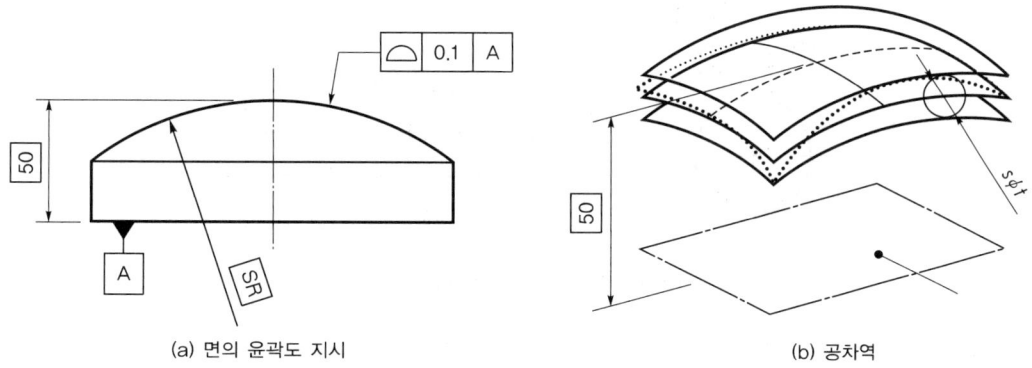

(a) 면의 윤곽도 지시 (b) 공차역

그림 4-293 데이텀이 없는 면의 윤곽도 공차

(4) 면의 윤곽도 측정

a. 기준 형상과의 비교 측정

측정 대상물과 기준 형상을 동일 측정면에 설치하고 모방 장치를 이용하여 측정 대상물과 기준 형상과의 차를 기록한다. 이때, 모방 장치의 접촉자와 인디케이터 측정자는 형상과 크기가 동일하여야 하며, 편차의 최댓값을 측정 방향에서의 한곗값과 비교한다(그림 4-294).

b. 윤곽 템플릿에 의한 측정

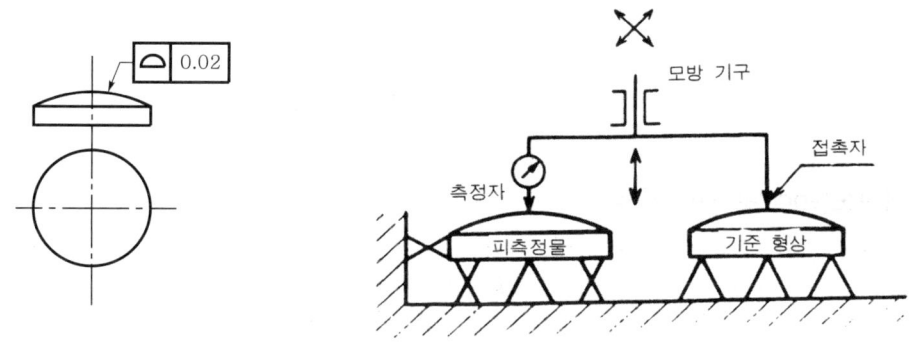

그림 4-294 기준 형상과의 비교 측정

선의 윤곽도 측정법과 동일하며, 면의 윤곽도는 면 전체에 대해서 측정하는 것이 다르다. 투영기 또는 광 절단식 단면 투영기로 스크린에 투영한다(그림 4-295).

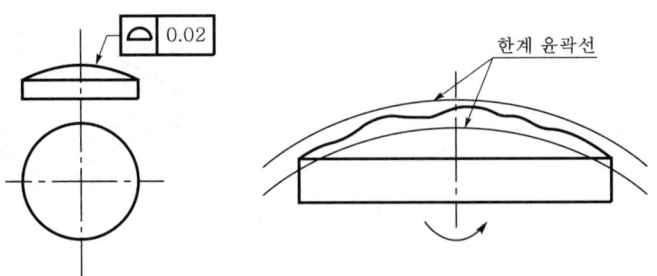

그림 4 - 295 윤곽 템플릿에 의한 측정

c. 좌표 측정을 통한 면의 윤곽도 측정

측정 대상물을 정반 위에 설치하고 필요한 윤곽을 대부분 3차원 좌표 측정기를 이용하여 측정한다. 나머지는 선의 윤곽도와 동일하다(그림 4-296).

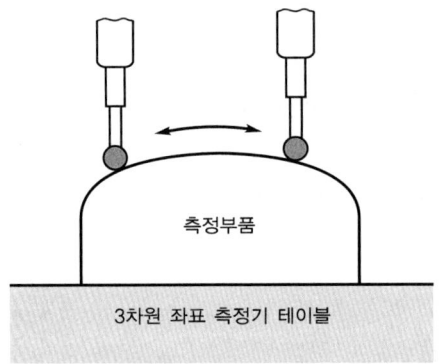

그림 4 - 296 3차원 좌표 측정을 통한 윤곽도 측정

14.6 경사도(angularity)의 측정

경사도(angularity)란 데이텀 직선 또는 평면에 대해서 이론적으로 정확한 각도를 가진 기준 직선 또는 평면을 기준으로 공차가 규제된 직선형체 또는 평면형체가 벗어난 크기를 말하며 위치는 적용되지 않는다(그림 4-297).

(1) 경사도의 적용

경사도는 직각도와 비슷한 것으로, 직각도는 각도가 90°인 경사도의 특수한 경우라고 생각하면 된다. 동일한 데이텀 참조 프레임을 가진 경사도 및 위치 공차가 평면 표면 또는 사이즈 형체에 지정된 경우, 경사도 공차는 위치 공차보다 작아야 한다.

(2) 측정 방법

각도는 일정의 표준기는 필요 없고, 한 점 주위의 전 각도를 360°로 한다. 보통 측정의 경우는 다음 3가지 방법이 사용된다.

① 정확히 만든 기준 각도 또는 각도 눈금과 비교 측정한다.

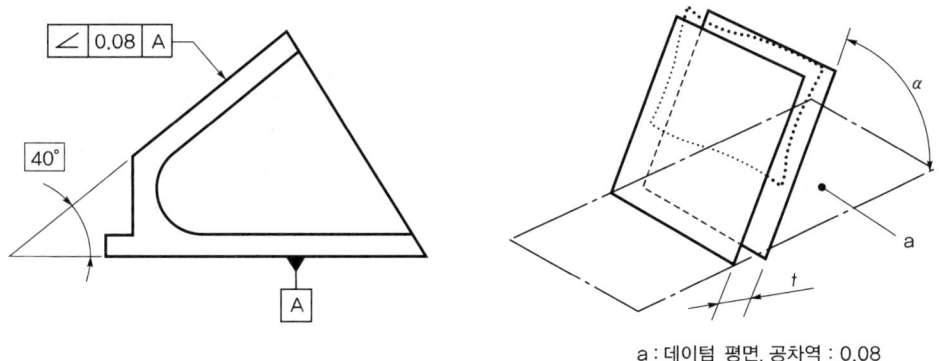

a : 데이텀 평면, 공차역 : 0.08

그림 4 - 297 평면과 평면 간의 경사도의 적용 예

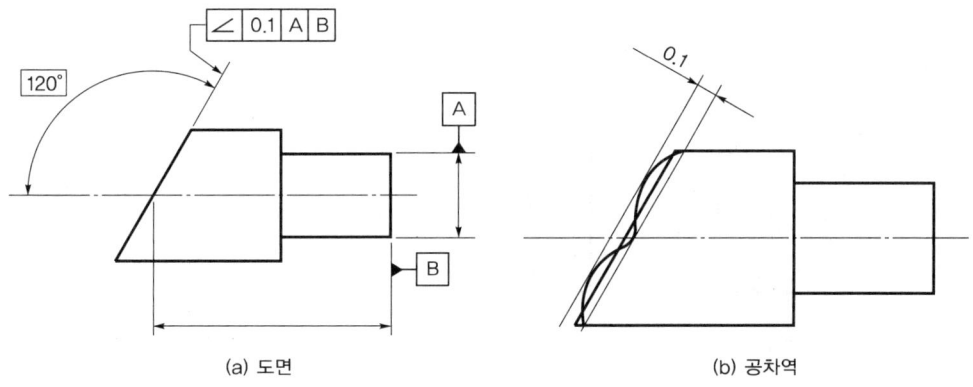

(a) 도면   (b) 공차역

그림 4 - 298 원통 축심과 평면에 대한 경사도의 적용 예

② 길이를 측정하여 삼각법으로부터 각도를 계산한다.
③ 반지름과 원호에 상당하는 2개 길이에서 각도를 계산한다.

경사도는 각도를 바탕으로 하기 때문에, 우선 주어진 각도만큼 경사시킬 각도 기준이 필요하다. 그림 4-299와 같이 데이텀이 평면이고 구멍 축심의 경사도를 측정하는 경우에는 주어진 각도 60°의 각도를 설정한 면에 데이텀 면을 설치하고, 규제 형체인 구멍에 심봉을 삽입하여 구멍 대신 심봉을 측정하면 된다. 이때, 경사도는 지침의 최댓값과 최솟값의 차가 된다.

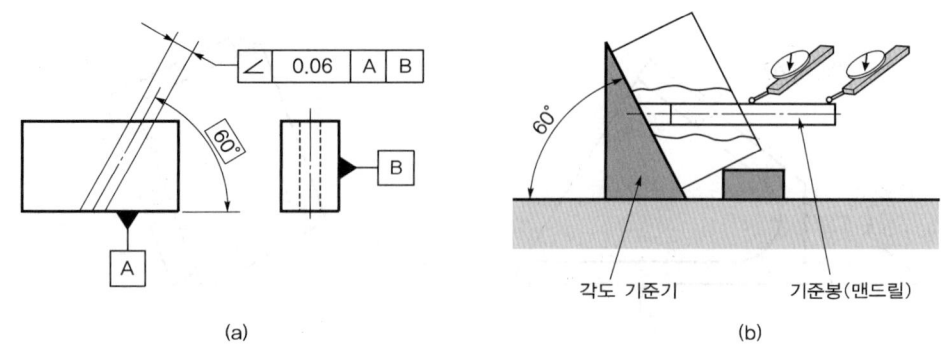

그림 4-299 평면과 구멍 간의 경사도 측정 예

3차원 좌표 측정기를 이용하면 별도의 측정 보조구를 사용하지 않아도 그림 4-300과 같이 경사도를 간단하게 측정이 가능하다.

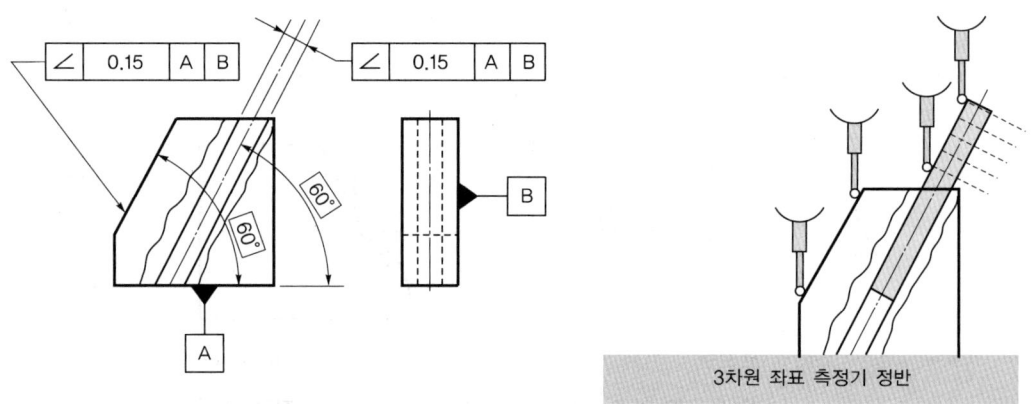

그림 4-300 3차원 좌표 측정기를 이용한 측정

14.7 직각도 측정

직각도(perpendicularity)란 데이텀 직선 또는 평면에 대해서 직각인 기하학적 직선 또는 기하학적 평면에서의 직각인 직선형체 또는 평면형체의 벗어난 크기이다.

직각도는 데이텀 직선 또는 데이텀 평면에 대하여 대상이 되는 평면이나 축심이 90°를 기준으로 완전한 직각으로부터 벗어난 크기로 나타낸다(그림 4-301, 그림 4-302).

(1) 직각도의 적용

직각도 공차도 부품의 기능에 따라 RFS나 MMS에 의한 규제가 가능하고 원통이나 구멍 등의 축심인 경우에는 지름 공차영역으로 규제하는 것이 바람직하다.

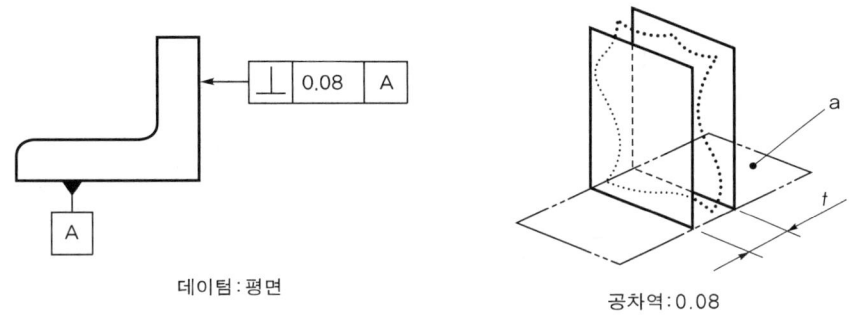

그림 4-301 평면과 평면 간의 직각도의 적용 예

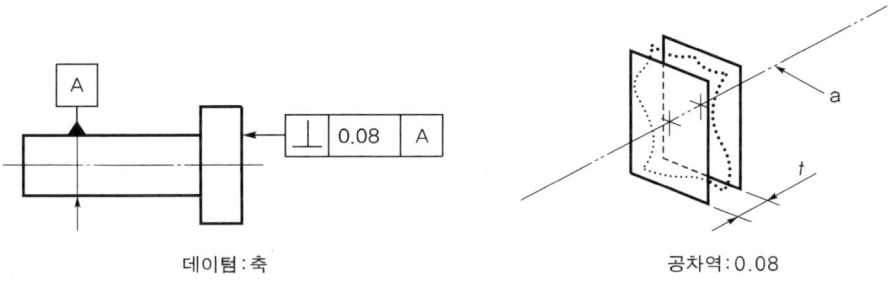

그림 4-302 축심과 평면 간의 직각도의 적용 예

(2) 직각도의 측정

① 기준 직각자와의 비교 측정

이 방법은 정반상에 동일한 치수의 2개의 게이지 블록을 그림 4-303과 같이 놓고 그 위 기준 직각자를 설치한다. 인디케이터를 부착한 스탠드는 먼저 스톱 바를 기준 직각자에 살며시 닿게 하고 그때의 인디케이터의 지싯값을 읽는다. 다음에 측정 대상물을 기준 직각자 대신에 정반상에 설치하고 같은 방법으로 측정해서 인디케이터 읽음의 차를 직각도로 한다.

그러나, 기준 직각자가 없을 때에는 2개의 인디케이터를 이용하여 그림 4-304와 같이 정반상에 측정 대상물을 설치하고 인디케이터 2개를 스탠드의 상하에 부착하고, 2개의 인디케이터가 측정 대상물의 모선 A에 닿도록 한다. 이때, 상하의 인디케이터 읽음의 차 Δa를 구한다. 다음에 측정 대상물을 축선에 대해 180° 회전시킨 다음 같은 방법으로 측정해서 이때의 읽음을 Δc로 한다.

또한, 같은 높이의 A-C 모선상의 지름 D_1, D_2를 측정하면 데이텀 밑변에 대한 A-C 모선의 직각도를 구할 수 있다.

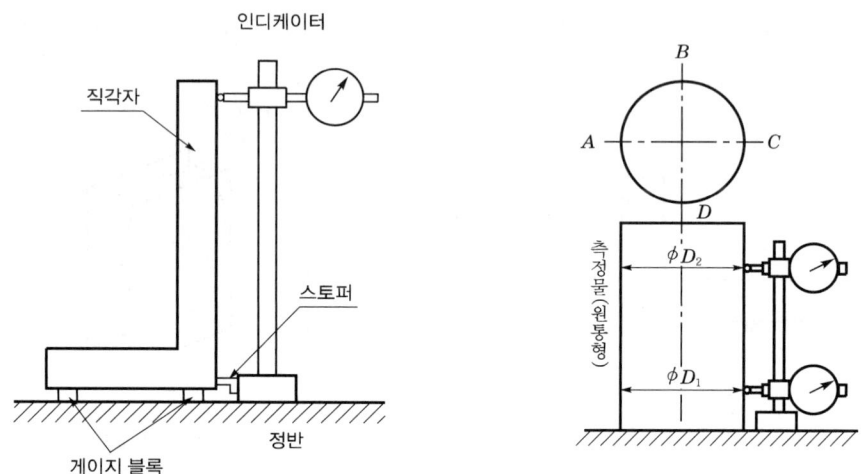

그림 4-303 기준 직각자와 인디케이터에 의한 비교 측정   그림 4-304 원통형 부품의 직각도 측정

$$\begin{aligned}
\text{모선 A의 직각도} &= |\{(\Delta a - \Delta c) + (D_1 - D_2)/2\}| \\
\text{모선 C의 직각도} &= |\{(\Delta c - \Delta a) + (D_1 - D_2)/2\}|
\end{aligned} \quad (4.72)$$

같은 방법으로 모선 B, D에 대해서도 직각도를 구한 다음, 그 가운데 최댓값을 직각도로 한다.

② 오토콜리메이터나 수준기에 의한 방법

정반이나 공작기계의 테이블 면과 같이 대형 형체에는 수준기나 오토콜리메이터, 레이저 간섭계 등을 이용하여 평면도를 측정한다. 오토콜리메이터를 이용하는 경우에는 그림 4-305와 같이 측정 대상물의 데이텀 면에 오토콜리메이터를 설치하고, 먼저 데이텀 면에 반사경 ①을 움직여 가면서 진직도를 측정하고, 다음에 펜타 프리즘을 이용하여 광로를 90° 전환하여 규제 직각면의 진직도를 각각 측정하여 직각도를 구한다.

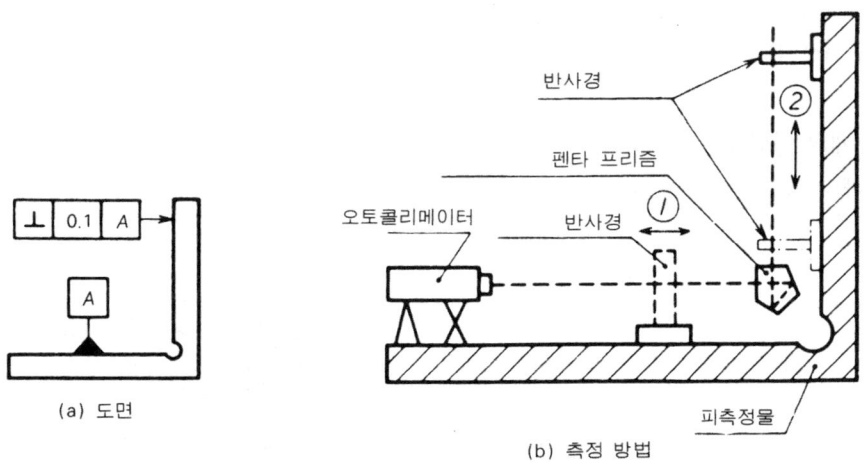

그림 4-305 오토콜리메이터에 의한 직각도 측정

수준기를 이용할 때는 각형 수준기를 사용해야 하며, 그림 4-306과 같이 구멍에 기준 심봉을 틈새가 없도록 삽입한 후, 데이텀 축을 설정하여 조정한 후 각형 수준기를 심봉 뒤에 올려 놓고 수준기 눈금 A_1을 읽고, 다음에 수준기를 데이텀에 직각인 규제 형체의 심봉에 접촉시킨 후 눈금 A_2를 읽어서 측정 길이 L_1에 상당하는 직각도 Sd를 구한다.

$$Sd = (A_2 - A_1) \times L_1/1000 \qquad (4.73)$$

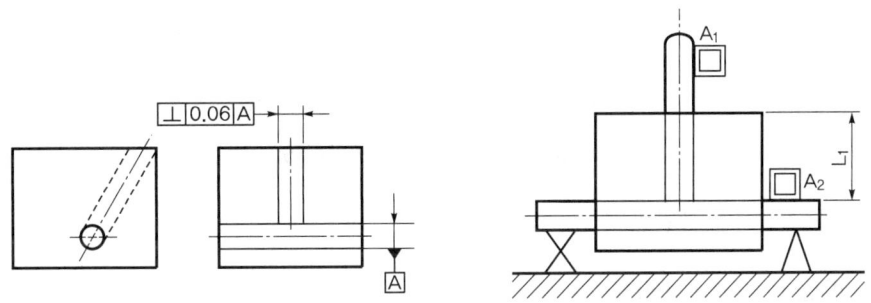

그림 4-306 수준기에 의한 직각도 측정

이밖에도 진원도 측정기, 3차원 측정기, 직각도 검사기 등을 이용하여 직각도를 측정할 수 있다.

14.8 평행도 측정

평행도(Parallelism)란 데이텀 직선 또는 평면에 대해서 평행한 기하학적 직선 또는 기하학적 평면에서의 평행인 직선 형체 또는 평면 형체의 벗어난 크기이다.

평행도란 데이텀 직선 또는 데이텀 평면에 대하여 평행인 기하학적 직선 또는 기하학적 평면으로부터 평행이어야 할 직선 형체 또는 형체의 어긋남의 크기를 말한다.

평행도 공차 적용은 다음의 경우에 적용된다.
① 두 개의 평면(그림 4-307)
② 하나의 평면과 축심, 중간면

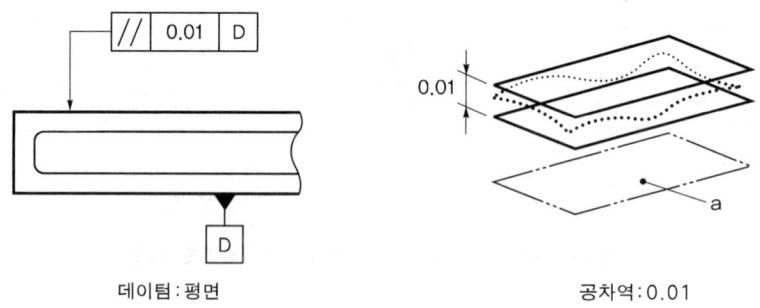

그림 4-307 평행도 규제 형체

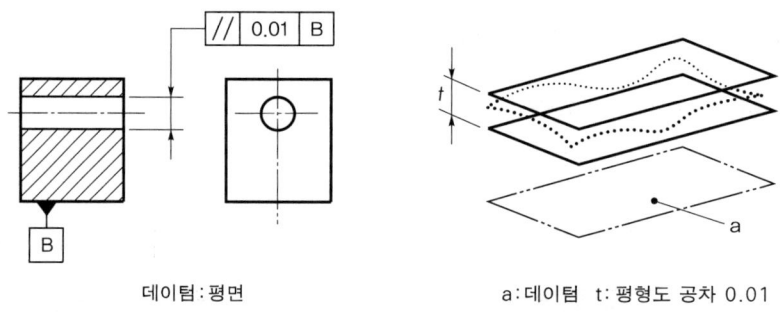

그림 4-308 평행도 공차(RFS)

③ 두 개의 축심이나 중간면

(1) RFS와 MMC로 규제된 평행도

① RFS로 규제
규제 형체의 치수 공차와 관계 없이 RFS에서 규제된 공차를 만족해야 된다(그림 4-308).
② MMC로 규제
규제 형체가 MMC로 규제되었을 때에는 형체 치수가 MMS에서 LMS로 치수 변화함에 따라 평행도 공차는 그림 4-309와 같이 증가한다.

(2) 측정 방법

① 인디케이터에 의한 방법

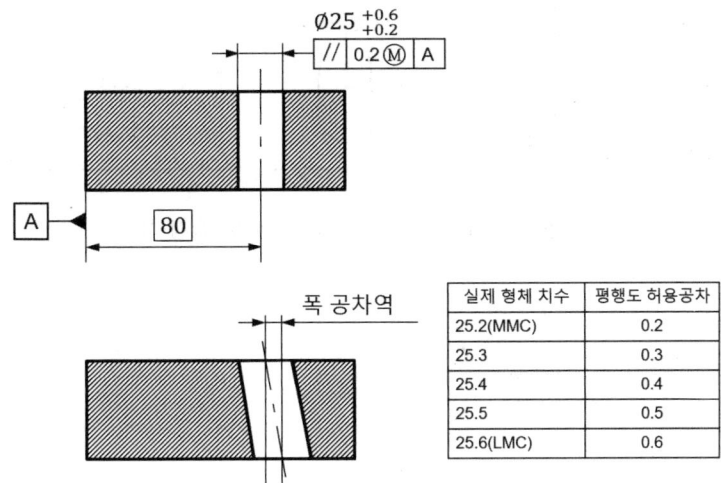

그림 4-309 MMC로 규제된 평행도 공차

가장 많이 사용하고 있는 방법으로, 평면과 평면의 평행도가 규제되는 경우는 그림 4-310과 같이 정반을 직접 데이텀 면으로 사용할 수 있다.

그러나, 구멍 중심 간의 평행도인 경우는 그림 4-311과 같이 심봉(mandrel)을 구멍에 삽입하여 기준을 설정하여 축의 높이차 $M_1 - M_2$를 축방향의 소정의 거리 L_2 사이에서 측정하면 평행도 $P_d = |M_2 - M_1| \times L_1/L_2$이다. 또한, 심봉은 구멍과 틈새가 없도록 팽창식의 방식을 사용하든지 또는 선택적으로 끼워 맞춘다.

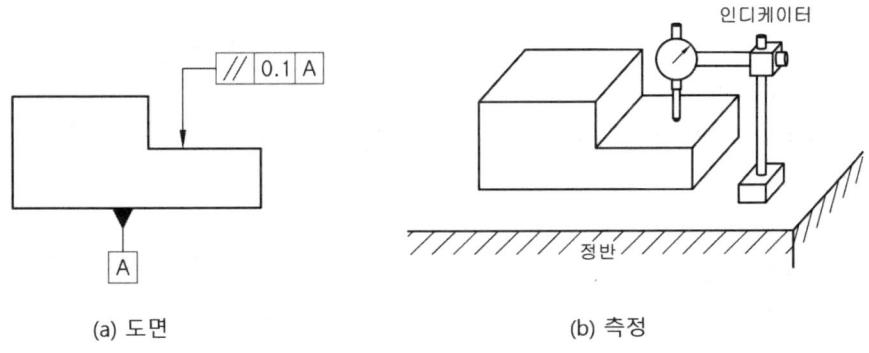

그림 4-310 두 평면 간의 평행도 측정 예

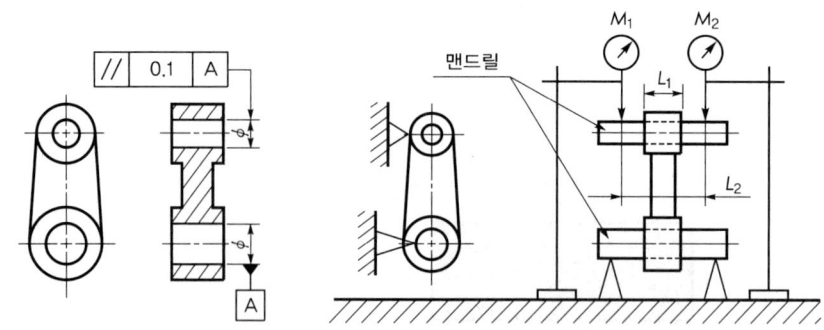

그림 4-311 구멍 중심 간의 평행도 측정 예

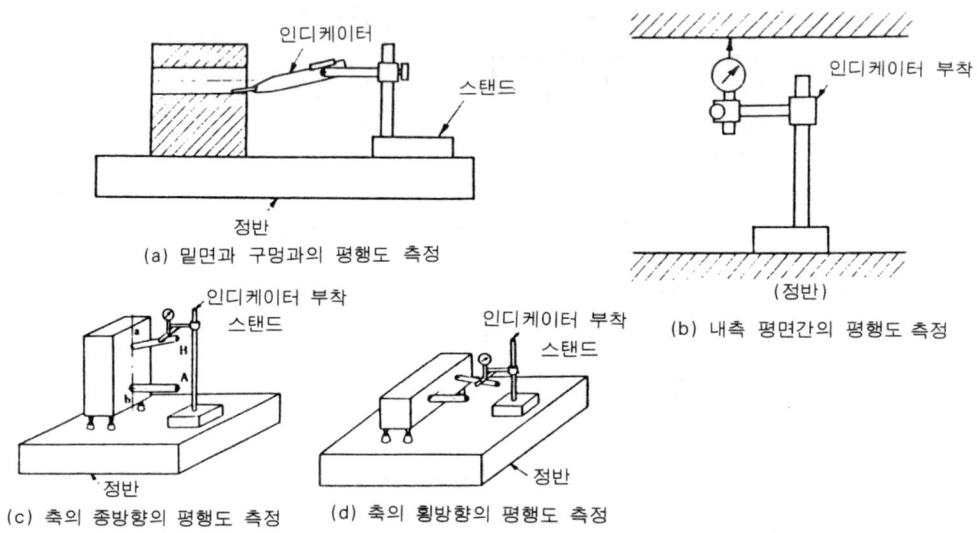

그림 4-312 인디케이터를 이용한 평행도 측정법 예

구멍이나 축 또는 면의 평행도는 그림 4-312와 같이 인디케이터를 이용하여 측정할 수 잇다.

② 수준기 또는 오토콜리메이터에 의한 측정

양 측면의 평행도가 요구되는 경우는 정반면을 실제 데이텀으로 해서 측정 대상물의 한쪽 면을 설치하고, 다른 면에 수준기를 올려서 그림 4-313과 같이 측정한다. 여기서, 평행도는 $P_d = |t_1 - t_0| \times L_1/1000$ 으로 계산한다.

오토콜리메이터를 이용하는 경우에는 그림 4-314와 같이 정반 면 반사상의 읽음값과 측정 대상물의 데이텀 면을 정반 기준면에 설정하고 규제 형체면 반사상의 좌표 위치를 접안 렌즈에서 읽는다. 평행도는 정반면과 측정 대상물 반사상의 차이값이다.

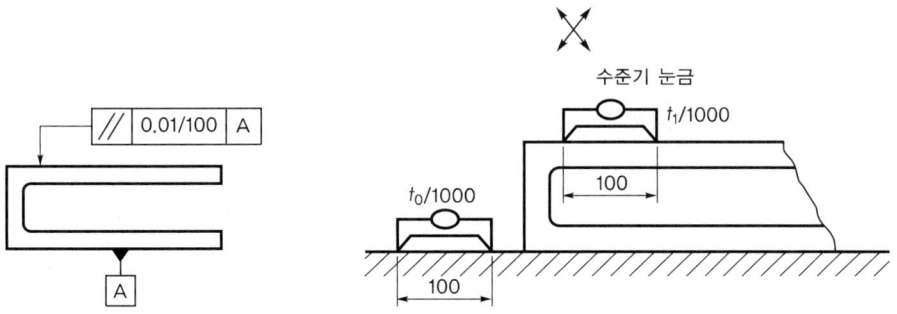

그림 4-313 수준기에 의한 평행도의 측정 예

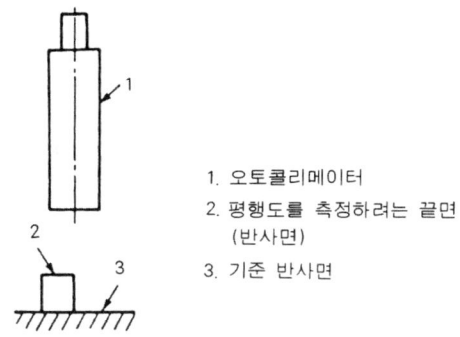

그림 4-314 오토콜리메이터에 의한 평행도 측정

③ 기타

평행도는 윤곽 공차의 개념으로 생각할 수 있기 때문에 윤곽 형상 측정기로 측정이 가능하고 최근에는 3차원 좌표 측정기를 이용한 측정이 늘어나고 있다.

14.9 위치도의 측정

위치 공차(tolerance of location)란 다른 형체 또는 데이텀과 관련하여 임의 형체의 어떤 특정 위치에 있어서의 허용 가능 오차를 말하며, 사이즈 형체의 축심, 중심면에 대하여 허용되는 형체의 규정 위치에서의 변동량을 말한다.

ISO에서 위치 공차에는 위치도, 동심도(동축도), 대칭도가 있으며 미국의 기하공차 표준인 ASME Y 14.5_2018에서는 대칭도와 동심도를 폐지하고 위치도로 대체하였다.

(1) 위치도(position)

위치도란 임의 형체의 선, 평면 또는 점 등의 규제 대상 형체가 데이텀에 관련된 형체의 기준 위치에서 축심 또는 중앙면이 이론적인 정확한 위치에서 벗어난 변위량을 말한다(그림 4-315).

위치도 공차는 복합 공차로써 진직도, 평행도, 진원도 및 직각도 오차와 아울러 정확한 위치로부터의 허용 가능한 오차를 말하며, 원통 형체에 있어서 위치도 공차는 원통의 지름 공차 영역으로 주어지고, 비원형 형상에 있어서는 중심면을 기준으로 한 공차역의 전체 폭으로 나타낸다.

(2) 직교 좌표 공차와 위치도 공차

종전의 치수 공차, 즉 직교 좌표 방식으로 위치 결정을 할 때에는 2차원적으로 고찰하며, 그림 4-316처럼 정사각형 또는 직사각형의 공차역이 형성되고, 각도 표시의 극좌표 방식에서는 부채꼴의 공차역이 생긴다. 직교 좌표 방식의 경우, 최대 공차는 대각선 방향으로 발생하고, 그 방향의 공차는 지정된 공차의 약 1.57배가 된다. 또한 대각선 방향의 최대 공차값은 원통 형상의 결합 부품인 경우에는 상대 부품과의 조립 등에 나쁜 영향을 주지 않고, 어느 쪽으로도 인정되는 일이 많다. 따라서, 원통형 공차 영역을 가져야 합리적이라 할 수 있다.

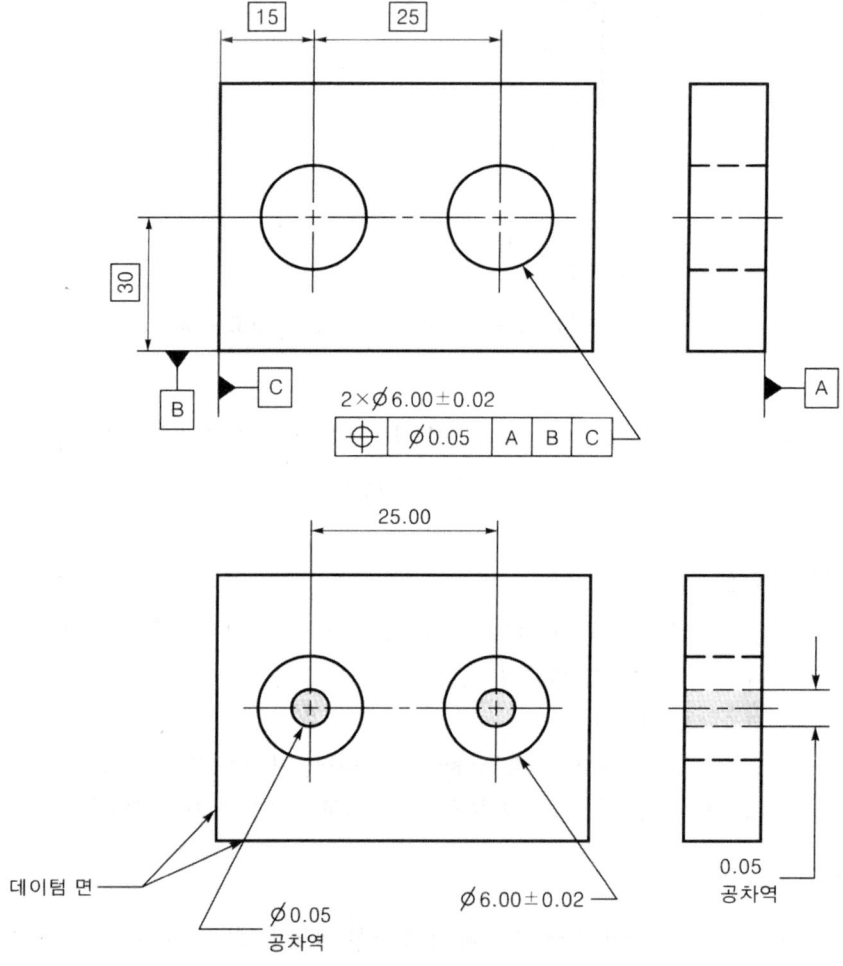

그림 4-315 위치도 공차 규제 예

원통형의 공차역에 따르면 직방체의 공차역만을 나타낼 수 있는 직교 좌표식 방법에 비해 57% 더 큰 공차역이 확보됨에 따라 생산비가 절감된다. 뿐만 아니라, MMC 적용에 의하여 그림 4-316과 같은 추가공차인 보너스 공차역을 확보할 수 있다.

(3) 측정법

① 좌표 거리 측정에 의한 방법

위치도의 측정은 대부분 3차원 좌표 측정기를 이용하지만 여기서는 기본적인 측정 원리에 대해서 설명한다. 측정 대상 부품의 위치도 측정은 먼저 부품의 데이텀을 측정기의 좌표축에 맞추어 구멍의 좌표값 x_1, x_2, y_1, y_2를 측정한다. 측정기의 선택은 측정물의 공차를 고려하여 선정한다.

그림 4-317에서 보면, 구멍 축의 x축 방향의 위치 $X = (x_1 + x_2)/2$, y방향의 위치 $Y = (y_1 + y_2)/2$이기 때문에 위치도 $P_d = 2 \times \sqrt{(100-X)^2 + (68-Y)^2}$ 이 된다.

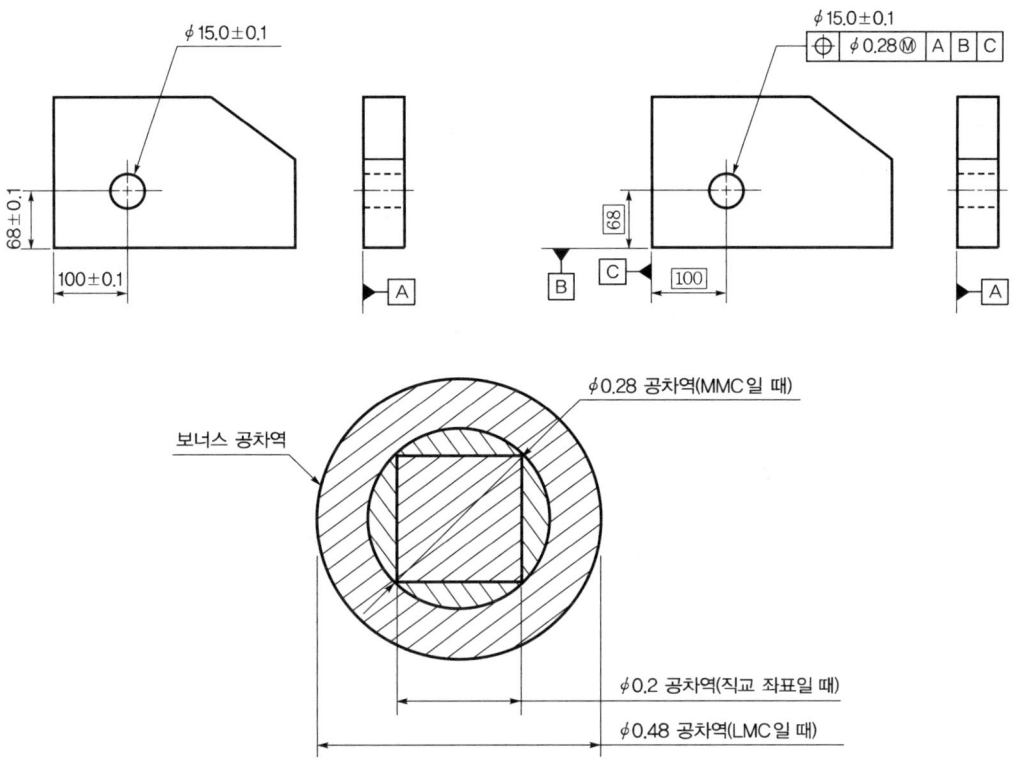

그림 4-316 직교좌표 공차와 위치 공차의 비교

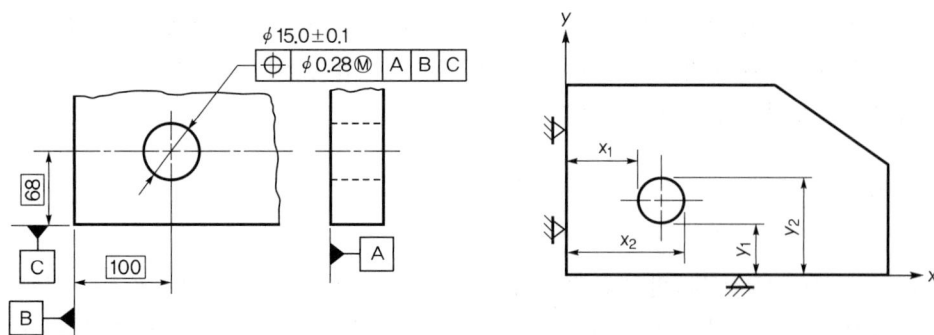

그림 4-317 좌표 거리 측정에 의한 위치도의 측정

따라서, 위치도는 허용 공차값을 초과해서는 안 된다.

위치도의 측정은 1차원 측정기인 높이 마이크로미터와 투영기, 공구 현미경 등의 좌표 측정기가 이용되고, 또한 최근에는 대부분 3차원 좌표 측정기가 사용되고 있다.

② 기능 게이지를 이용한 검사

이론상 정확한 치수의 기준이 되는 데이텀 면을 기준으로 하여 게이지의 핀이 들어가는지의 여부로 위치도를 검사하는 기능 게이지를 사용할 수 있다(그림 4-309).

기능 게이지에 의한 방법은 대량 생산 시스템에 많이 이용되고 호환성 있는 부품의 검사에 많이 이용되며, 짧은 시간에 위치도 검사를 할 수 있는 장점이 있다.

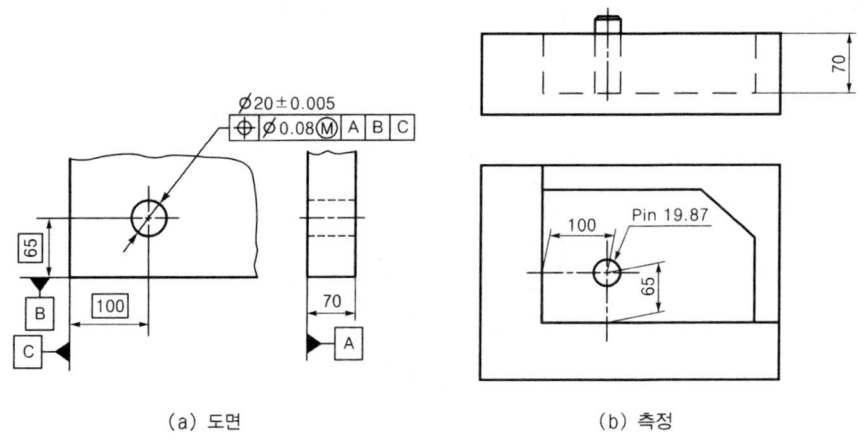

(a) 도면 (b) 측정

그림 4-318 기능 게이지에 의한 위치도의 검사

14.10 동심도(concentricity)와 동축도(coaxiality)의 측정

동심도(동일한 중심을 갖는 기하학적 형체와 관련)와 동축도(동일한 축을 가진 형체와 관련)의 개념을 혼동하지 않는 것이 중요하다. 실제로 동심도는 추출된 원의 중심이 데이텀 축심과 일치하는 조건이다. 대신 동축도는 데이텀 축과 정렬되어야 하는 유도된 중선의 조건이다. 동심도 공차 영역 또는 동축도 공차 영역은 항상 원형(동심도) 또는 원통형(동축도)이다.

동심도란 데이텀에 대하여 원의 중심이 얼마나 정확하게 동심이어야 하는지를 규제하는 것이다. 또한 동축도와의 혼동을 피하기 위해서 공차 기입틀 하단에 「ACS」를 기입한다. 다만 매우 얇은 판금 부품과 같이 축선으로서 성립하지 않는 경우에는 「ACS」 표기가 없어도 평면도형이라고 판단하여 동심도가 적용된다.

동축도란 데이텀 축직선과 동일 직선상에 있어야 하는 규제 형체의 축선이 데이텀 축직선으로부터의 어긋남의 크기를 말한다.

두 개의 원통이 동일한 축심을 가지거나 하나의 직선상에 존재하면 동축이다. 엄격히 말하면 원은 축심을 가지지 않고 중심을 가지며, 이들이 서로 같은 중심을 가지면 동심이다. 원통 및 정다각형의 형상은 축심을 가지고 있고, 이들이 공통의 축심을 가질 때 동축이라고 한다.

(1) 동축도 공차

동축도 공차란 규제 형체의 축심이 데이텀 축심을 기준으로 일직선상에서 벗어난 원통형 공차역의 직경을 말한다(그림 4-319).

동축도도 위치 공차 방식의 한 형태로서, 사이즈 형체의 동축 형체가 언제나 2개 또는 그 이상 관계되었을 때 적용이 가능하다. 또한, 사이즈 형체에 동축도 공차가 적용되기 때문에 MMC(Ⓜ)를 적용할 수 있다.

(2) 측정법

동축도의 고정밀한 측정은 진원도 측정기를 이용하지만, 최근에는 주로 3차원 측정기를 이용하여 대부분의 측정이 이루어지고 있으며, 산업체 현장에서는 V-블록을 이용하면 간단한 측정이 가능하다.

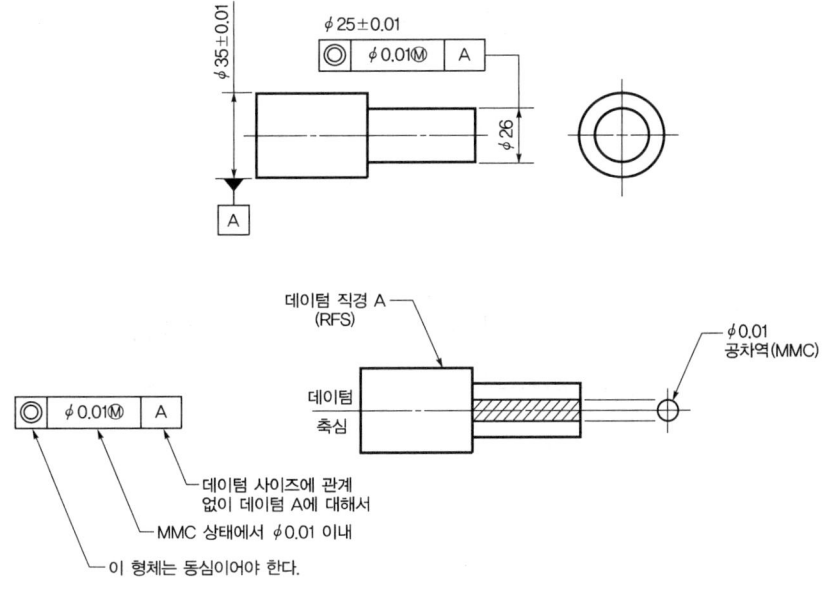

그림 4-319 동심도 공차 예

① V-블록을 이용한 측정

그림 4-320, 4-321과 같이 정반상에 V-블록을 설치하고 V-홈에 측정 대상물의 데이텀 원통을 올려 놓는다. 인디케이터의 측정자(stylus)를 규제할 원통의 모선에 접촉시킨 후 측정물을 회전시킨다. 측정 대상물은 측정 중 축 방향으로 움직이지 않도록 지지대를 설치한다.

이때, 측정값은 인디케이터 눈금의 전체 움직인 양(FIM)이다.

② 진원도 측정기를 이용한 측정

진원도 측정기에는 테이블 회전식과 검출기 회전식의 두 종류가 있으나 어느 형식이나 그림 4-322와 같이 테이블상에 측정 대상물의 데이텀 원통의 축이 진원도 측정기의 회전축과 일치하도록 측정기 테이블 위에 설치한 다음, 테이블 또는 검출기를 회전시켜서 동심도를 측정한다.

③ 좌표 측정기를 이용한 측정

그림 4-323과 같이 테이블 위에 측정 대상물의 데이텀 원통을 XY 평면에 수직이 되도록 조정한다. 형체의 각 단면에서 X 및 Y축 방향의 접촉점의 좌표를 측정하여, 내·외접원을 계산해서 동심도(동축도)를 산출한다.

데이텀 및 동심도 규제 원통의 중심 좌표값이 그림 4-324와 같이 (x_1, y_1), (x_2, y_2)일 때 동심도는 $2 \times \sqrt{(x_1 - x_2)^2 + (y_1 - y_2)^2}$ 이다.

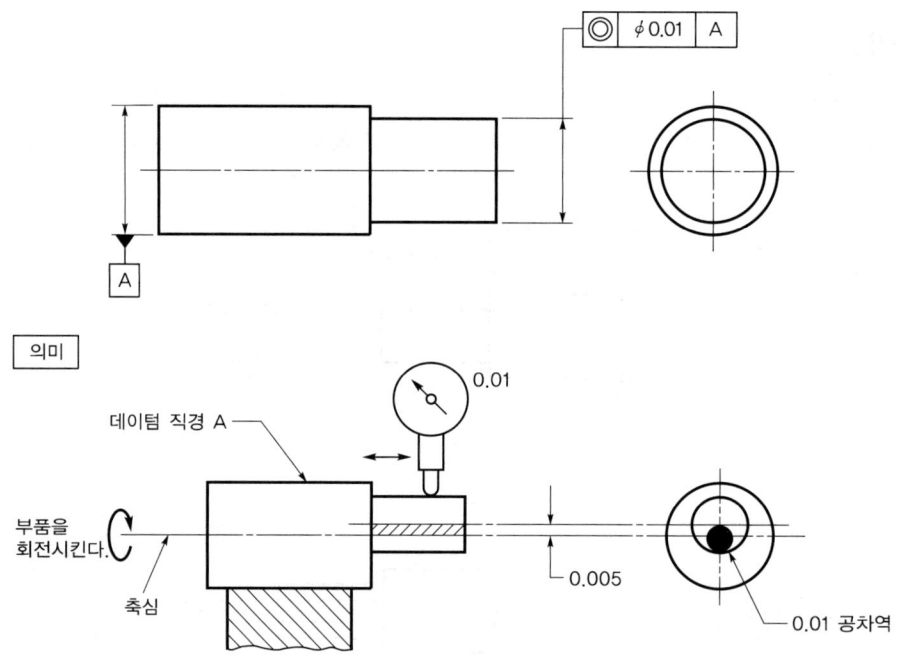

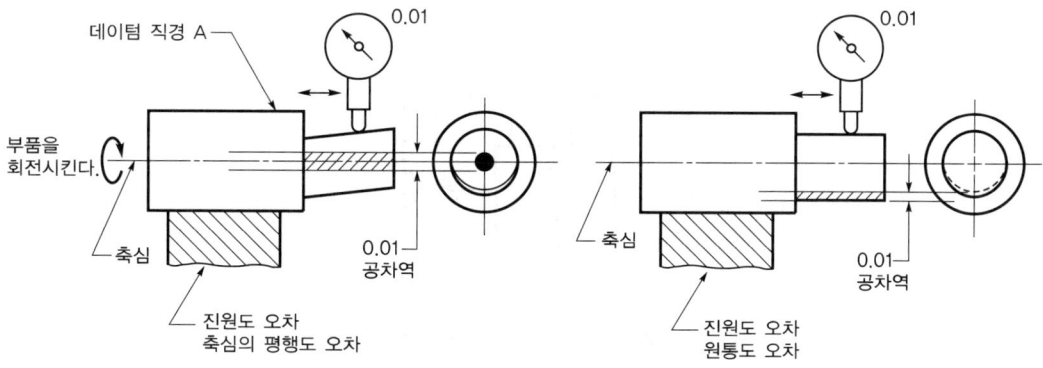

그림 4-320 V-블록을 이용한 동심도 측정(1)

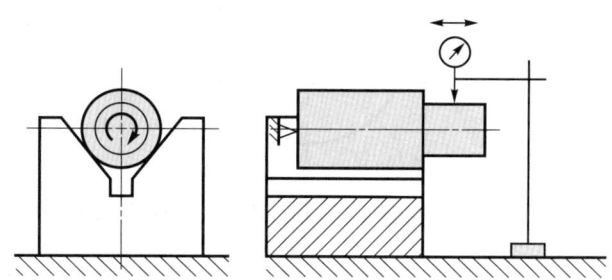

그림 4-321 V-블록을 이용한 동심도 측정(2)

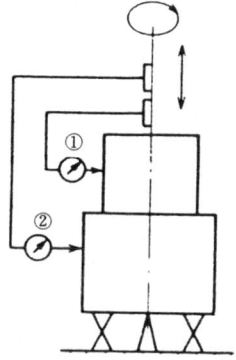

그림 4-322 진원도 측정기를 이용한 동심도 측정

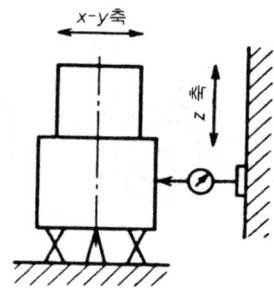

그림 4-323 좌표 측정기를 이용한 동심도 측정

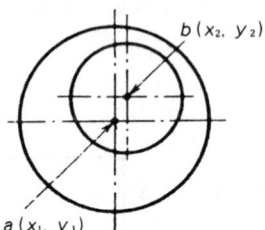

그림 4-324 데이텀과 동심도 규제 형체의 중심 좌표값

그 밖에 3차원 좌표 측정기를 이용하는 방법, 기능 게이지에 의한 방법, 인디케이터 등을 이용한 방법 등이 있다(그림 4-325).

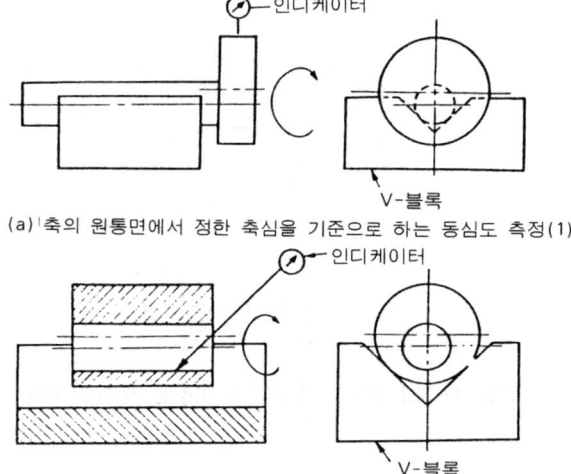

(a) 축의 원통면에서 정한 축심을 기준으로 하는 동심도 측정(1)

(b) 축의 원통면에서 정한 축심을 기준으로 하는 동심도 측정(2)

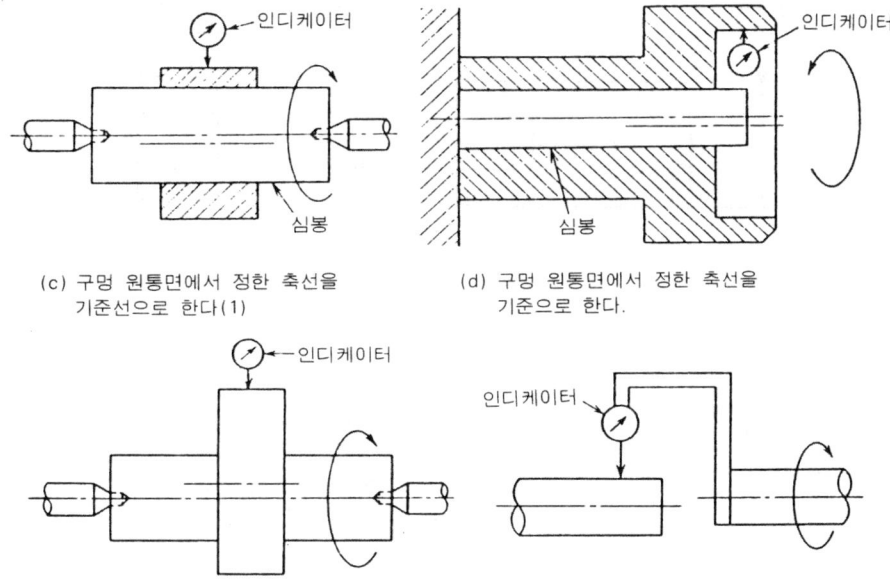

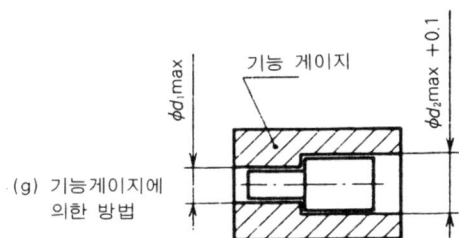

그림 4-325 동심도 측정 예

14.11 대칭도(symmetry)의 측정

위치 공차 방식의 제3 번째는 대칭도 공차이다.

대칭도란 부품의 형체가 데이텀 축심 또는 중심면의 양측에 대하여 동일 윤곽을 갖는 상태 또는 형체가 데이텀 면과 공통의 평면을 갖는 상태를 말한다(그림 4-326).

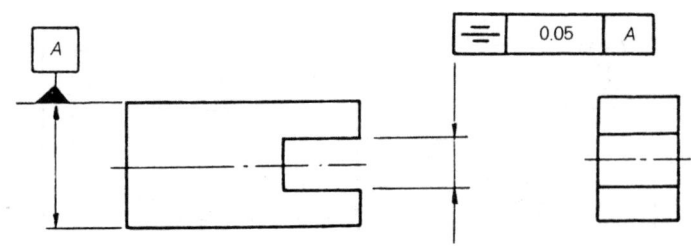

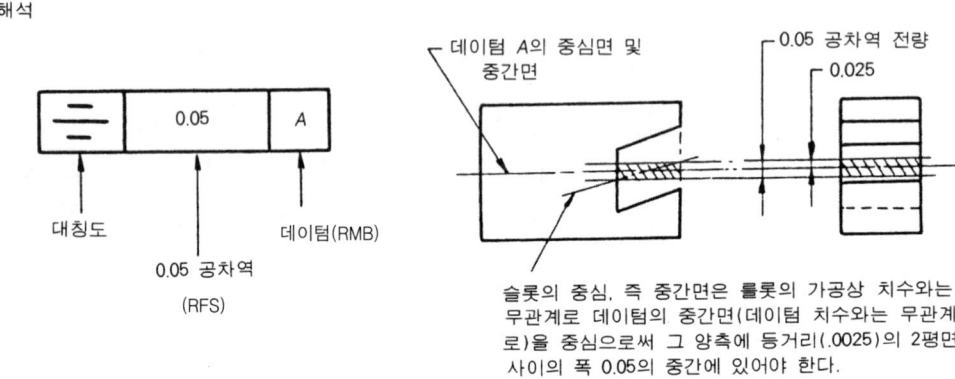

그림 4-326 대칭도 공차

(1) 대칭도 공차

대칭도 공차란 데이텀을 기준으로 두 평행면 간 거리이고, 규제 형체의 중앙면은 이 안에 있어야 한다. 이들 평행면은 데이텀 형체의 중심면 또는 축심에 평행이고, 그 양측에 같은 분량만큼 배치된다 (그림 4-326).

(2) 대칭도의 측정법

① 홈의 대칭도 측정

최근에 부품의 대칭도의 측정은 주로 3차원 좌표 측정기를 이용하지만 그림 4-327과 같이 부품의 외측면이 데이텀일 때 홈의 대칭도는 산업체 현장에서도 간단하게 측정할 수 있다.

a) 그림 4-328(a)와 같이 대상 측정물 데이텀의 한쪽 면을 정반 위에 올려 놓고, 대칭도가 규제된 홈의 A면을 인디케이터로 측정하여 지시 눈금을 읽는다.
b) 그림 4-328(b)와 같이 측정 대상물의 데이텀 반대쪽 면을 정반 위에 올려 놓고, 대칭도가 규제된 홈의 B면을 인디케이터로 측정하여 지시 눈금을 읽는다.
c) A면에서 읽은 지시 눈금값과 B면에서 읽은 지시 눈금값의 차이값을 구한다. 이 지시눈금 차이값이 대칭도가 된다.

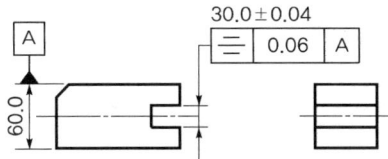

그림 4-327 홈의 대칭도 규제

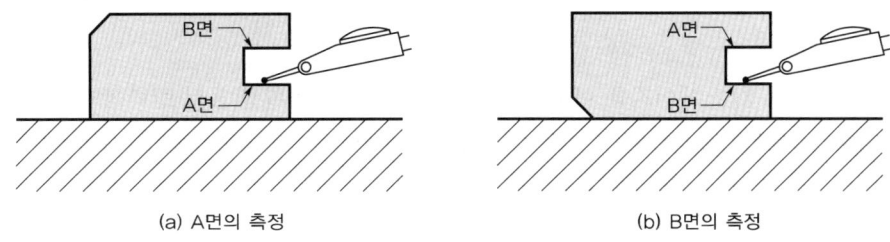

(a) A면의 측정   (b) B면의 측정

그림 4-328 홈의 대칭도 측정

② 돌출부(tap)의 대칭도 측정

그림 4-329와 같이 부품의 외측면이 데이텀일 때 돌출부의 대칭도도 산업체 현장에서는 정반과 인디케이터만 있으면 간단하게 측정이 가능하다.

a) 그림 4-330(a)와 같이 대상 측정물 데이텀의 한쪽 면을 정반 위에 올려놓고, 대칭도가 규제된 돌출부의 A면을 인디케이터로 측정하여 지시 눈금을 읽는다.

b) 그림 4-330(b)와 같이 측정 대상물의 데이텀 반대쪽 면을 정반 위에 올려 놓고, 대칭도가 규제된 돌출부의 B면을 인디케이터로 측정하여 지시 눈금을 읽는다.

c) A면에서 읽은 지시 눈금값과 B면에서 읽은 지시 눈금값의 차이값을 구한다. 이 지시눈금 차이 값이 대칭도가 된다.

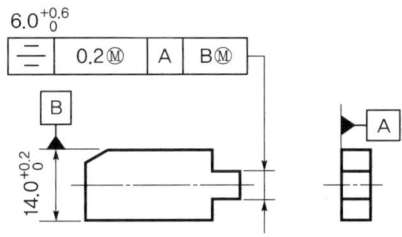

그림 4-329 돌출부의 대칭도 규제

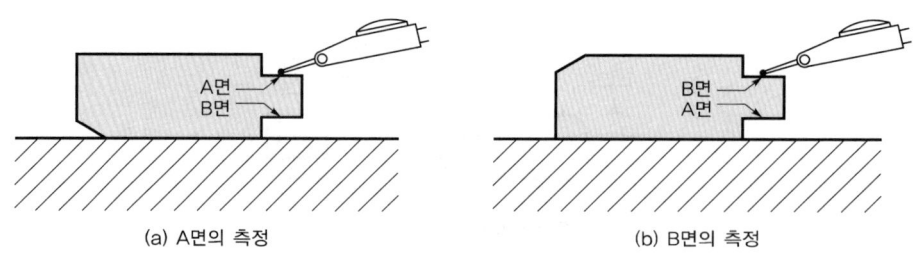

그림 4-330 돌출부의 대칭도 측정

③ 기타 방법

그 외의 방법으로 기능 게이지를 이용하거나 투영기나 공구 현미경 등의 광학적 측정기, 3차원 측정기를 이용하는 방법 등이 있다. 그림 4-331은 기능 게이지를 이용한 대칭도 검사 방법이다.

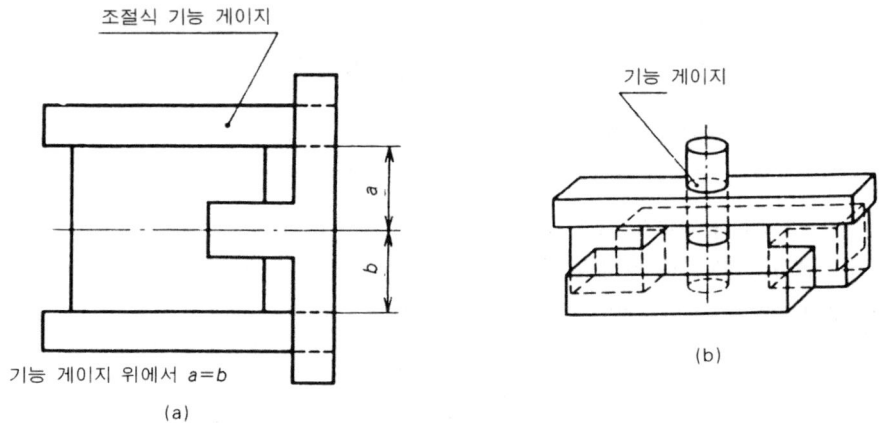

그림 4-331 기능 게이지를 이용한 대칭도 검사

14.12 흔들림(run-out)의 측정

흔들림 공차는 대상이 되는 형체가 데이텀에 관련해서 회전체의 표면(지정된 방향의 변위)이 편차 허용 범위 내에 있는가를 규정하는 것이다. 흔들림이란 대상이 되는 형체가 데이텀 축심을 기준으로 회전체의 표면(지정된 방향의 변위)이 완전한 형상에서 벗어난 크기이며 진원도, 진직도, 직각도, 동심도 등의 오차를 포함하는 복합 공차이다. 자세공차나 위치공차와 마찬가지로 관련 형체라 부르고 반드시 데이텀을 필요로 한다.

흔들림 공차에는 다음 2종류가 있다.
- 원주 흔들림(circular run-out)
- 온(전체) 흔들림(total run-out)

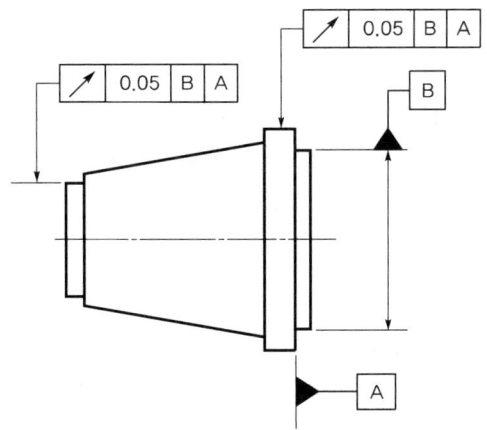

그림 4-332 흔들림을 지시한 도면 예

흔들림은 원통이나 원뿔 및 곡면 윤곽과 같이 데이텀 주위에서 얻어지는 어떠한 표면이라도 적용시킬 수 있고, 허용되는 범위에서 가장 크게 벗어난 값이다.

흔들림 공차는 주로 회전 부품에 적용 가능하며 표면에 적용하기 때문에 대해 항상 RFS(형체치수 무관계)가 적용된다. 즉, 치수 변화는 흔들림 공차에 아무런 영향을 미치지 못한다.

흔들림은 원주 흔들림과 온(전체) 흔들림의 두 가지로 분류한다.

(1) 원주 흔들림

원주 흔들림은 원통 형체의 각 단면의 원주 표면이 데이텀 축선에 대해서 흔들림의 최대차로 나타내며 원주 표면의 각 요소를 복합적으로 규제한다(그림 4-333).

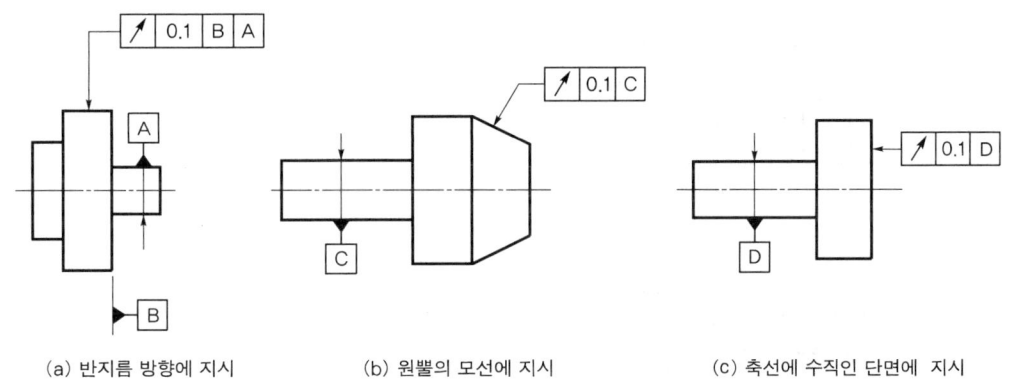

(a) 반지름 방향에 지시   (b) 원뿔의 모선에 지시   (c) 축선에 수직인 단면에 지시

그림 4-333 원주 흔들림 규제 예

흔들림 공차는 어떠한 원형 단면에도 적용되며, 부품의 기능 및 제조상의 요구 사항이 이와 같은 형태의 규제로 만족되는 경우는 필히 원주 흔들림을 고려해 볼 필요가 있다. 그러나, 복합적인 각각의 요소를 완벽하게 규제하고자 하는 경우에는 온 흔들림을 고려해야 한다.

(2) 온(전체) 흔들림

온 흔들림이란 데이텀 축직선을 축으로 하는 원통면을 가진 대상물 또는 데이텀 축직선에 대해서 수직인 원형단면인 대상물을 데이텀 축직선의 주위를 회전시켰을 때 그 표면이 측정한 방향으로의 변위 크기를 말한다. 온 흔들림은 진원도, 원통도, 평행도, 진직도, 경사도, 테이퍼 및 임의의 데이텀 축심 주위에 만들어진 형체에 적용되는 경우에는 면의 윤곽 등의 표면 오차를 규제한다(그림 4-334).

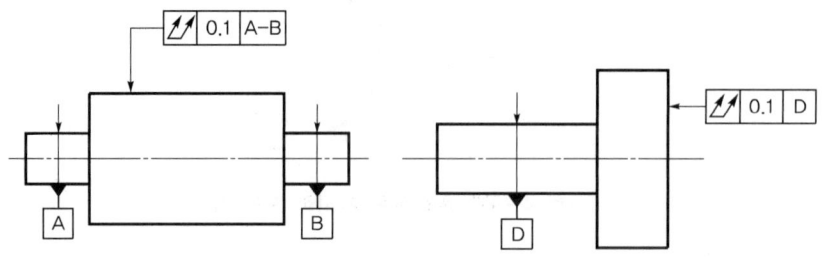

그림 4-334 온 흔들림의 규제 예

(3) 흔들림 편차의 측정

흔들림은 다른 형상 공차와는 달리 측정 대상물을 회전시키면서 측정해야 하기 때문에 정확한 평가는 진원도 측정기를 이용하나, 산업체 현장에서는 V-블록 등을 이용한다(그림 4-335, 그림 4-336).

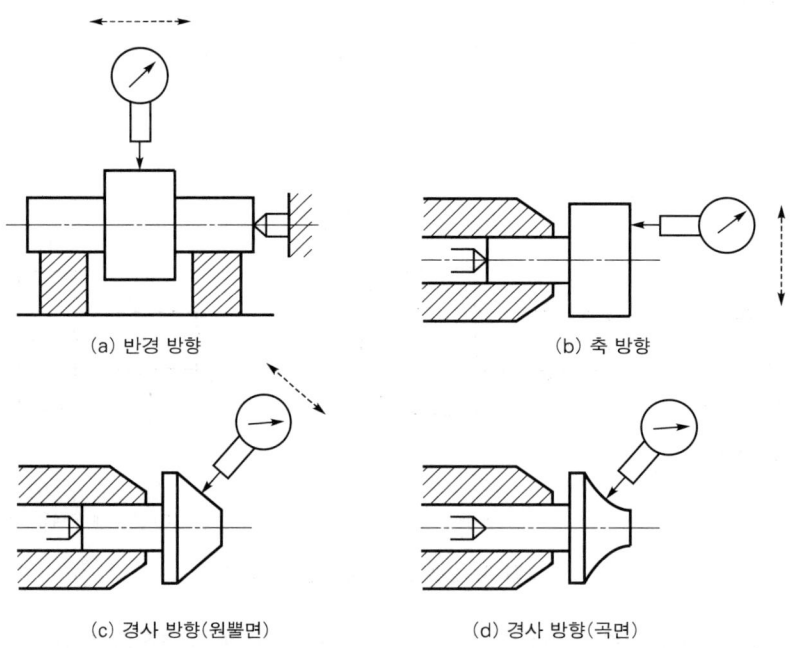

그림 4-335 원주 흔들림의 측정

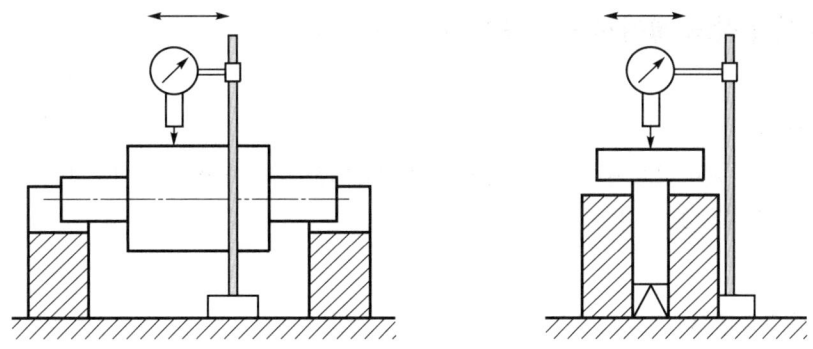

그림 4-336 온 흔들림의 측정

15. 앵글 데커와 각도 게이지를 이용한 각도 비교 측정

15.1 실습 목표

앵글 데커와 각도 게이지의 구조 및 원리를 파악하고 기준 각도 게이지를 이용하여 측정물 각도의 비교 측정법을 배우는 데 있다.

15.2 사용 측정 기기

1) 앵글 데커(angle deckkor)
2) NPL식 각도 게이지
3) 측정물
4) 보호 게이지 블록(2 mm, 2set)
5) 휘발유, 알코올, 방청유, 천 등

15.3 앵글 데커의 측정 원리

앵글 데커의 원리는 오토콜리메이터(autocollimator)와 같은데, 다만 감도가 낮은 저감도의 오토콜리메이터이다. 흔히 기계공장 등에서 주로 사용하며 공구나 지그(jig) 등의 세팅에 편리한 구조로 되어있다.

보통 최소 눈금은 30초이며 측정 범위는 ±30분까지이다.

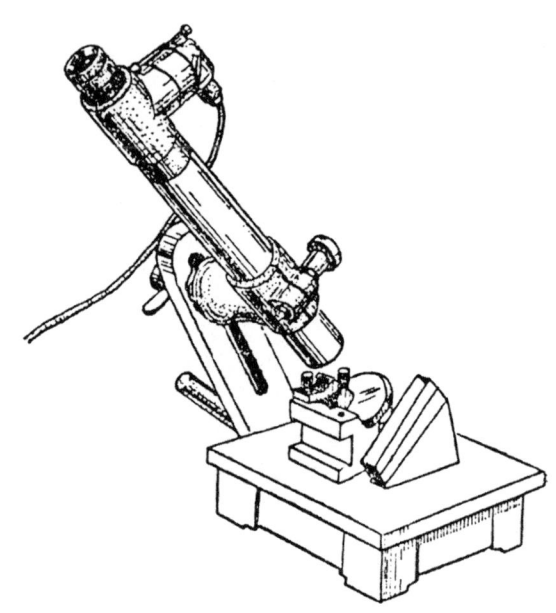

그림 4-337 앵글 데커(angle dekkor)

원리는 반사면과 망원경의 관계 위치가 기울기로 변했을 때, 망원경 집점경의 상의 위치가 이동하는 것을 각도로 측정한다. 또한, 상의 이동량은 반사경과 망원경 사이의 거리에 무관한 무집점(霧集点) 광학계이므로 진직도, 각도 비교 측정 등에 이용되고 있다.

상은 앵글 데커 내부에 있는 표선 렌즈에 새겨진 십자선이 피측정면에 반사되었다가 다시 투사되어 접안경에서 보이게 되며, 이때 상의 이동량을 각도 눈금으로 읽을 수 있다. 즉, 각도 게이지의 반사상과 피측정면의 반사상과의 편위량을 읽어서 각도 게이지의 호칭 각도에 가감하여 정밀하게 각도를 측정한다.

각도 게이지는 요한슨식(Johansson type)과 NPL식의 두 종류가 있다.

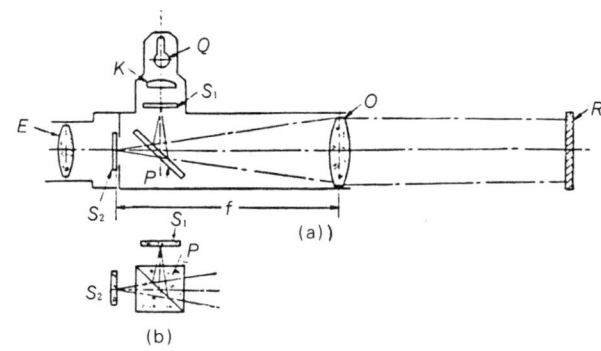

그림 4-338 앵글 데커의 원리

15.4 요한슨식 각도 게이지

길이 약 50 mm, 폭 19 mm, 두께 2 mm의 열처리한 강으로 만든 판 게이지이며, 85개조와 49개조가 있다. 85개조는 0~10°, 350~360°를 제외하고는 1′ 간격으로 각도 설정이 가능하며, 0~10°, 350~360° 사이는 1° 간격으로 각도를 얻을 수 있다. 49개조는 0~10°, 350~360°를 제외하고는 5′ 간격의 각도 설정이 가능하고, 0~10°, 350~360° 사이에서는 1°의 각도를 얻을 수 있다.

이 게이지는 길이 방향의 양 측면이 평행하며 두 평행한 측면에 대해 게이지면은 4모서리가 경사져 있는 짧은 다듬질면으로 되어 있다. 이곳에 각도가 명기되어 있으며 S자는 이 장소를 가리킨다.

요한슨식 각도 게이지는 그림 4-339과 같이 2개조를 홀더로 조합해서 사용하지만 단일체로서도 가끔 사용된다. 용도는 주로 공구 현미경과 병행해서 각도를 측정하기 때문에 흔들림, 기타 이유 때문에 사용 시 정도상(精度上)의 제한을 받는 경우가 많다.

각도 게이지는 사인 바, 정밀 수준기, 분광계(spectrometer)로 검정(檢定)되며, 게이지면은 게이지 블록과 마찬가지로 정밀 가공되어 있으며, 각각의 각도 게이지의 정도는 ±12″, 조합했을 경우는 ±24″의 정도를 얻을 수 있다.

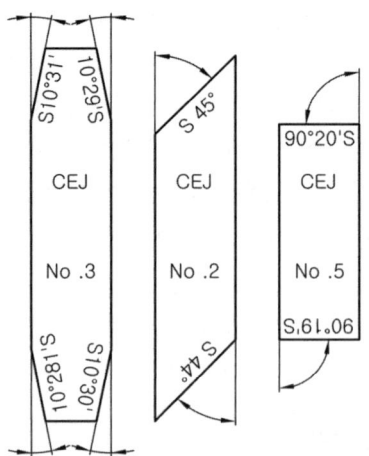

그림 4-339 요한슨식 각도 게이지

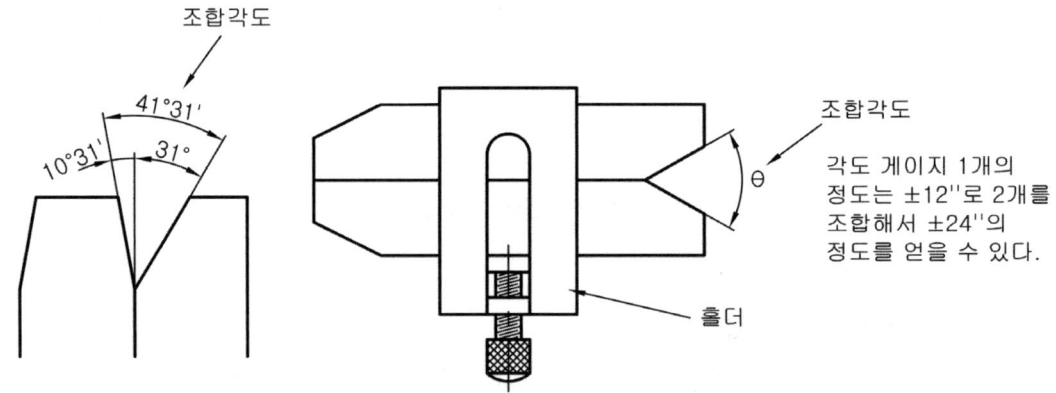

그림 4-340 각도 게이지의 조합 및 사용법

15.5 NPL식 각도 게이지

1940년 영국의 NPL(National Physical Laboratory)의 Tomlinson 박사가 만든 것으로, 종래의 각도 게이지의 게이지면을 더 크게 하고 개수도 적게 한 것이다.

이 게이지는 약 90×16 mm의 측정면을 가진 열처리한 강제 블록으로

$$\left.\begin{array}{l}\text{도(°)단위}: 41°, 27°, 9°, 3°, 1° \\ \text{분(′)단위}: 27′, 9′, 3′, 1′ \\ \text{초(″)단위}: 30″, 18″, 6″\end{array}\right\} 12\text{개}$$

의 12개 조로 되어 있다.

이 게이지는 게이지 블록과 같이 밀착할 수 있기 때문에 홀더가 필요 없다. 그러므로, 2개 이상을 조합하여 6″~81° 사이를 6″ 간격으로 만들 수 있으며 최근에는 16개조를 이용하여 0°~99°사이를 1″ 간격으로 조합할 수 있다.

광학적 각도 측정기와 병용해서 게이지면을 반사면으로 사용해서 각도 측정이 가능하다.

15.6 측정시 주의 사항

1) 진동 및 흔들림이 없는 곳에서 측정해야 한다.
2) NPL식 각도 게이지는 정도가 매우 높으므로 게이지 블록 이상으로 취급에 주의하여야 한다.

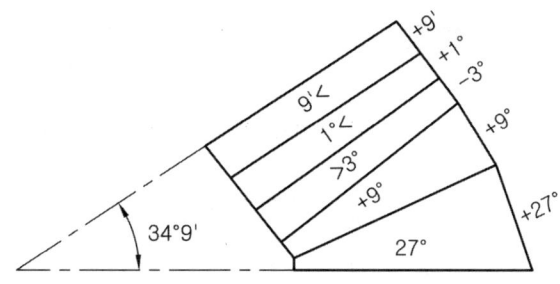

그림 4-341 NPL식 각도 게이지의 조합

3) 앵글 데커의 경통은 각도 게이지 측정면과 피측정면에 대해 수직으로 설치해야 한다.
4) 앵글 데커는 광학 측정 기기이므로 특히 렌즈의 파손 및 상처가 생기지 않도록 주의한다.
5) 시차가 생기기 쉬우므로 항상 일정한 방향에서 측정해야 한다.

15.7 측정 방법 및 순서

1) 앵글 데커의 정반면, 렌즈 및 NPL식 각도 게이지와 측정물을 깨끗이 닦는다.
2) 피 측정물과 거의 비슷한 각도로 NPL식 각도 게이지를 밀착하여 조합한다.
3) 앵글 데커의 정반상에 조합한 각도 게이지와 측정물을 올려 놓고 그림 4-342과 같이 앵글 데커의 경통을 측정면에 대해 수직이 되도록 설치한다.
4) 경통의 조임 나사를 약간 풀어서 경통을 상하로, 게이지는 좌우로 조금씩 움직이면서 반사상을 찾는다.
5) 상은 그림 4-343와 같이 x, y축의 십자선으로 나타나며, 각도의 비교 측정에서는 반사상의 십자선 중 y축을 눈금선의 x축의 임의의 값에 일치시킨 상태에서 반사상의 x축 값을 눈금선에서 읽는다.
6) 다음에, 각도 게이지 위치에 측정물을 놓고 반사상을 찾는다. 반사상의 십자선 중 y축은 5)항에서와 같은 x축 눈금값(그림에서는 눈금 8)에 일치시킨 상태에서 반사상의 x축 값을 눈금선에서 읽는다(그림 4-344).

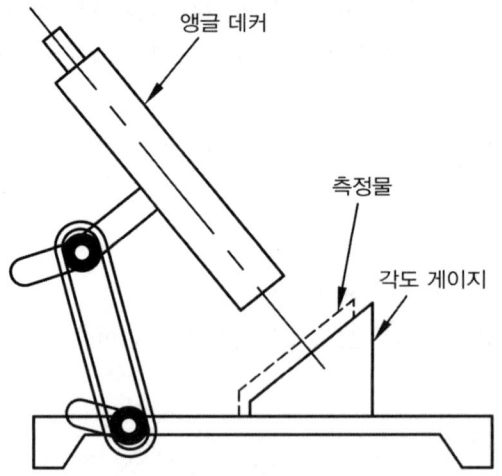

그림 4-342 앵글 데커를 이용한 각도 비교 측정

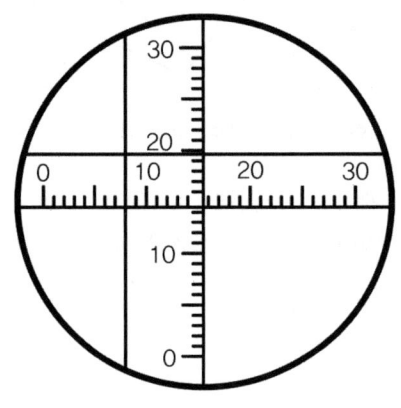

그림 4-343 접안경 시야

7) 각도 게이지를 기준으로 하여 측정물의 반사상의 x축이 게이지의 반사상보다 위쪽에 있을 때는 편위된 각도만큼 작은 각이고, 아래쪽에 있을 때는 편위된 각만큼 큰 각이다.
8) 7)항에서 측정한 편위각을 계산하여 각도 게이지를 수정 조합하여 그 편위량이 6″ 이하가 될 때까지 5)~7)항의 과정을 반복한다.
9) 측정이 완료되었으면 조합한 각도 게이지의 각도를 계산하여 측정물의 각도를 계산한다.

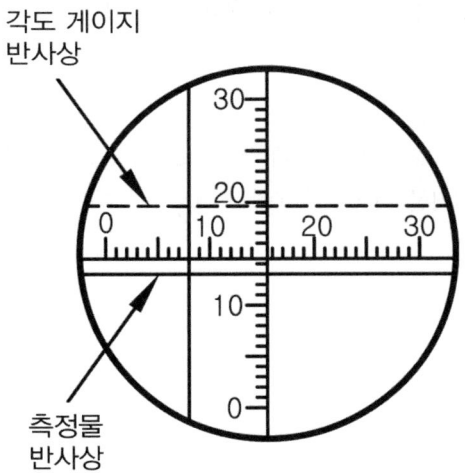

그림 4-344 게이지와 측정물의 반사상

10) 피측정면의 반사면이 양호하지 않을 때는 보호 게이지 블록을 측정면에 부착하여 양호한 반사상을 얻도록 한다.

15.8 측정값의 정리 및 계산

1) 조합한 각도 게이지의 호칭 각도를 각도의 방향을 고려하여 계산한 다음, 측정물의 각도를 정리한다.

계산 예) 그림 4-341의 경우
$$27°+9°-3°+1°+9' = 34° 9'$$

15.9 결과 및 고찰

1) 상이 이중으로 나타나는 것은 어떠한 원인에 의한 것인지 알아보자.
2) 상이 선명하지 않거나 흔들리는 경우는 어떠한 조치를 취해야 하는가?
3) 오차가 발생할 수 있는 주요한 요인은 어떤 것들이 있는지 알아보자.

16. 앵글 데커(angle deckkor)와 회전 테이블을 이용한 각도 측정

16.1 실습 목표

회전 테이블(circular table) 및 앵글 데커(angle deckkor)의 구조와 사용법을 익히고 회전 테이블의 기준 각도와 앵글 데커를 이용하여 복잡한 각도를 이루고 있는 물체의 각을 정밀 측정하는 방법과 숙련을 쌓는 데 있다.

16.2 사용 측정 기기

1) 회전 테이블($\phi 300$ mm, 5 sec)
2) 앵글 데커와 변압 조정 장치
3) 보호 게이지 블록(wear gauge block) : 2 mm
4) 측정물
5) 천, 방청유, 알코올 등

16.3 측정 원리

회전 테이블의 구조는 그림 4-345와 같으며, 원주 눈금은 360°이고 웜 핸들(warm han-dle)에 부착된 마이크로컬러(micro color)와 부척에 의해 5초~1분의 정도로 각도의 설정 및 측정이 가능하며 지그 보링 머신, 밀링 머신 등의 공작 기계 부속품 및 정밀 측정용으로 사용되고 있다. 앵글 데커의 측정 원리는 앞 장에서 설명한 바와 같이, 오토콜리메이터(autocollimator)와 같으며, 다만 감도가 낮을 뿐이다.

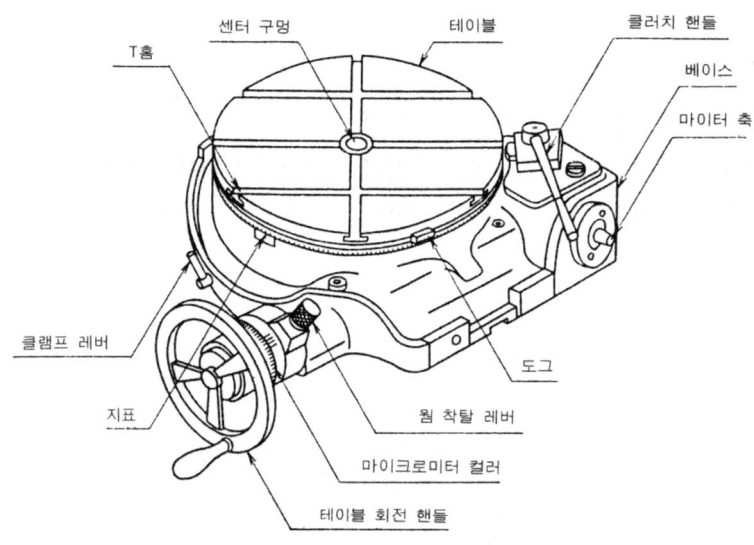

그림 4-345 회전 테이블

측정 원리는 눈금 원판 중심의 측정물에 반사면을 붙여 놓고(피측정면의 가공 정도가 양호하지 못하여 상이 반사되지 않을 경우) 앵글 데커의 위치와 각도를 조절하여 측정물의 측정면과 앵글 데커의 광축이 수직이 되도록 설치한다.

그림 4-346 앵글 데커

그리고, 피측정면을 좌우로 움직여서 반사상을 찾은 다음, 앵글 데커 접안 렌즈 시야의 십자선 x축의 어떤 눈금에 반사상의 y축을 맞추어 기준을 잡고, 이때의 회전 테이블의 눈금을 0점 ($0° 0' 0''$)으로 조정한다. 다음에, 회전 테이블을 회전하여 다음 반사면(측정면)이 시야에 들어오면 반사상의 y축을 처음 0점 위치에 오도록 한다. 이때, 회전 테이블의 원주 눈금과 부척 눈금을 읽어서 측정된 값을 보각으로 계산한다.

그림 4-347에서의 각도 계산은 회전 테이블에서 읽은 ①, ②의 각도값을 이용하여 측정물의 각도 α, β, γ를 계산한다.

$$\alpha = 180° - ①, \qquad \beta = 180° - (② - ①)$$
$$\gamma = 180° - (\alpha + \beta)$$

로 된다.

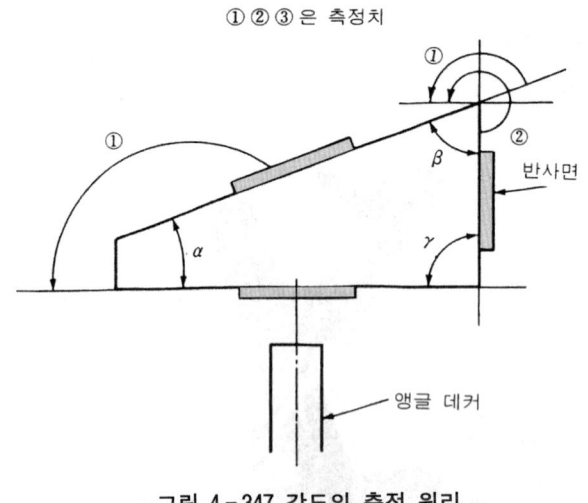

그림 4-347 각도의 측정 원리

16.4 측정시 주의 사항

1) 테이블 측정면과 밑면과의 평행도, 평면도가 양호한 회전 테이블을 사용해야 한다.
2) 회전 테이블의 회전 중심과 측정물의 중심을 일치시켜야 한다.
3) 회전 테이블의 회전 방향은 백래시 제거를 위하여 항상 일정한 방향으로 회전시키면서 측정하도록 한다.
4) 측정 중에 진동이나 흔들림이 있어서는 안 된다.
5) 시차에 의한 오차가 많기 때문에 눈의 방향을 항상 일정하게 하고 측정하여야 한다.
6) 반사 상태가 좋지 않을 때 부착하는 보호 게이지 블록을 접착제로 부착시 휨을 방지하기 위하여 가능한 한 두꺼운 것을 이용하도록 한다.

16.5 측정 방법 및 순서

1) 회전 테이블, 앵글 데커, 측정물 등을 깨끗이 닦는다.
2) 피측정면에 보호 게이지 블록을 붙인다.
3) 회전 테이블의 각도를 0°로 조정한다.
4) 회전 테이블의 회전 중심에 측정물의 중심이 대략 일치되게 그림 4-348과 같이 설치한다.
5) 앵글 데커의 경통을 조절하여 측정물의 측정면과 상하 방향으로 수직이 되도록 한다.
6) 측정물의 기준면을 좌우로 움직이면서 그림 4-349와 같은 반사상을 찾는다.
7) 회전 테이블의 핸들을 돌려 반사십 자선상의 Y축을 앵글 데커 접안경 내부의 X축 눈금 중 어느 한 점에 맞춘다.

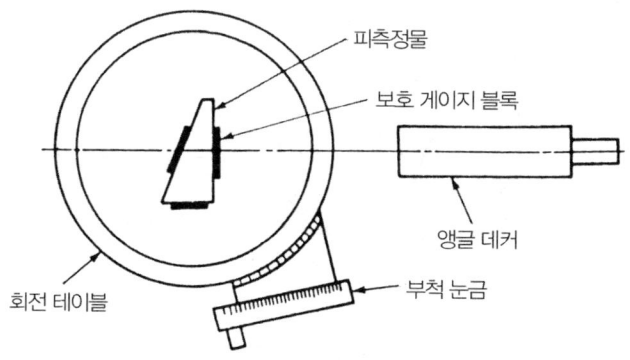

그림 4-348 측정 준비

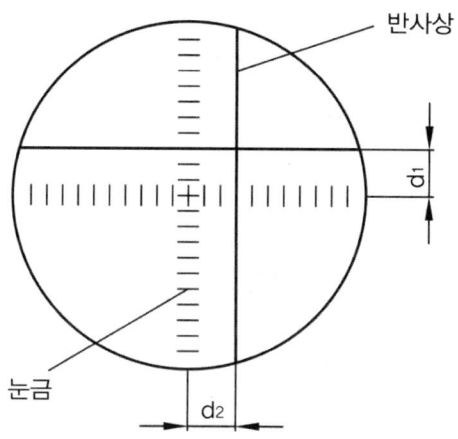

그림 4-349 접안 렌즈상의 반사상

8) 이때, 회전 테이블의 원주 눈금 기선 클램프를 풀어서 기선을 0°에 맞추고 클램핑한다.
9) 다음에 핸들의 부척 고정 클램프를 풀고 부척 눈금을 0′0″로 조정하고 클램프로 고정한다.
10) 7)~9)항을 반복하여 0점 조정에 이상이 없는지 확인한다.
11) 0점 조정시와 같은 방향으로 회전 테이블을 그림 4-349와 같이 다음 측정면의 상이 나타날 때까지 핸들로 회전시킨다.
12) 상이 나타나면 0점 조정시와 마찬가지로 접안경 내의 기준선에 반사상의 Y축이 일치할 때까지 핸들을 천천히 돌린 다음 회전 테이블의 회전 각도를 읽는다.
13) 다음 측정면도 같은 방법으로 측정한다.
14) 각 측정값을 이용하여 측정물의 각도를 계산한다.

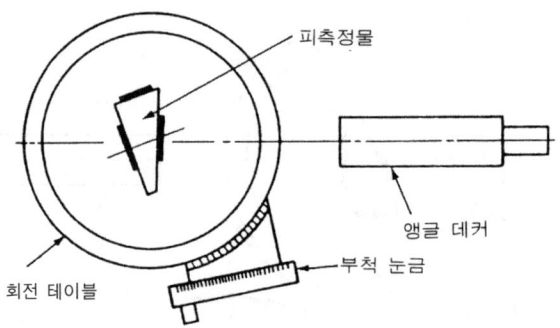

그림 4-350 각도 α의 측정

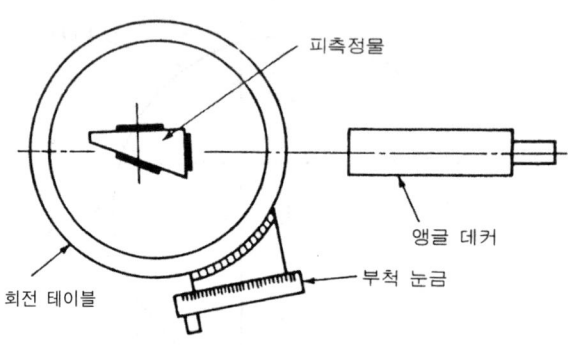

그림 4-351 각도 γ의 측정

16.6 측정값의 정리 및 계산

1) 여러 번 측정하여 개인 오차를 없애고 안정된 값을 취한다.
2) 측정물의 도면을 작성해서 α, β, γ의 식을 유도해서 측정값을 대입하여 계산한다.
   예) $\alpha = 180° - ①$
   $\beta = 180° - (② - ①)$
   $\gamma = 180° - (\alpha - \beta)$

16.7 결과 및 고찰

1) 보호 게이지 블록의 두께에 따른 상의 변화에 대해서 알아보자.
2) 상이 이중으로 나타날 때는 어느 경우인가?
3) 백래시에 의한 오차는 어느 정도인가 알아보자.
4) 진동이나 흔들림에 의한 오차는 어떻게 알 수 있는지 알아보자.

17. 측장기 이용 길이 측정

17.1 실습 목표

각종 만능 측장기의 원리와 구조, 기능 및 올바른 측정 방법을 익히고 고정밀 측정에 따른 오차 요인을 분석하여, 정확하고 정밀한 측정을 실현하는 데 있다.

17.2 사용 측정 기기

1) 만능 측장기(Universal Measuring Machine) 및 그 부속품
2) 게이지 블록(112품, 0급)
3) 측정물
4) 알코올, 양가죽, 포플린, 방청유

17.3 측장기의 원리 및 구조

측장기(測長器)에 의한 측정은 매우 고정도의 길이 측정이기 때문에 구조에 따라 오차 요인을 최소화해야 한다.

측장기의 구조는 베드, 왕복대, 측정 헤드, 눈금 읽음 장치, 측정 테이블의 5부분으로 되어 있다. 측정 테이블은 거의 중앙에 있어 상하로 움직이고, 수평으로 회전되며, 경사 조정이 가능하여 측정 축선상으로 자유롭게 움직인다. 측정 헤드는 표준척을 내장한 측정 스핀들이 있어 측정축을 미동 또는 측정압을 가한 상태로 측정할 수 있는 미동 장치가 있으며 또한, 읽음 장치도 내장되어 있다.

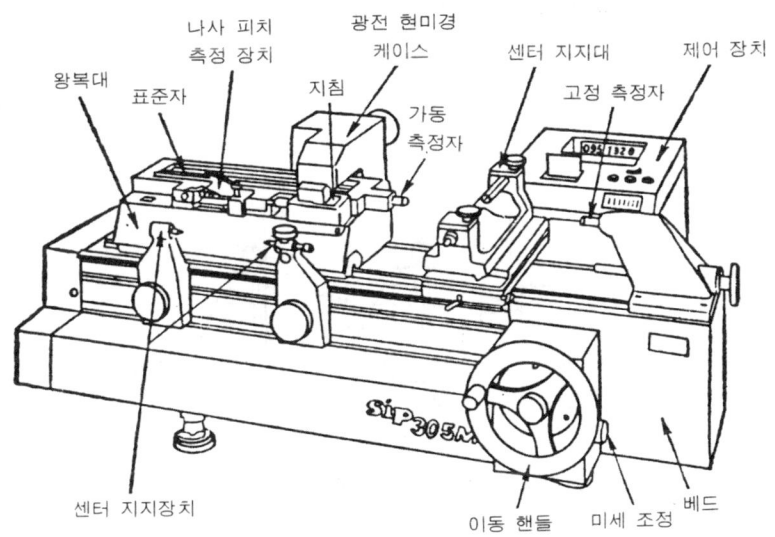

그림 4-352 측장기(SIP-305M)

(1) 읽음 장치

0.1 mm 간격의 2중선 눈금상에 표준자의 눈금선을 맞추어 읽는다. 그림 4-352에서 보는 바와 같이, 손잡이를 돌려서 원통 캠에 의해 평행 원통 유리판이 경사져서 눈금판이 좌우로 움직여, 그 움직인 양이 원주 눈금(100등분)으로 표시되어 목측(目測)으로 $0.1\mu m$까지 읽을 수 있다. 측정 헤드와 테일 스톡은 베드를 따라 좌우로 이동되기 때문에 측정물의 크기에 따라 게이지 블록 및 그 외의 표준편을 이용하여 자유롭게 치수 설정이 가능하다. 또한, 부속품으로 나사의 내외경, 유효경 측정 장치와 내외측 측정 장치, 그리고 외측 테이퍼 측정 장치, 작은 구멍 측정 장치 등이 있다.

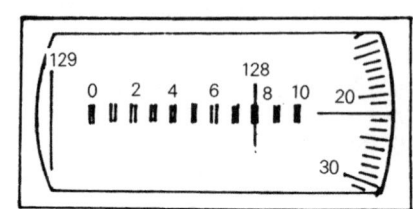

그림 4-353 읽음 장치와 시야(읽음값 : 128.8220)

17.4 아베(Abbe)의 원리

길이 측정의 경우, 기하학적 위치에 따른 측정 오차를 제거하기 위한 원리로서 아베의 원리가 있다. 아베의 원리란「측정물과 표준척은 동일 축선상에 위치하여야 한다」로 측장기에서 논의되는 이유는 이동 안내면이 항상 이상적으로 만들어지지 못하기 때문이다.

그림 4-354에서 보면, 표준척은 베드상에 설치되어 있어 측정축과는 h만큼 떨어져 있다. 측정자가 A에 위치하여 a값을 읽고, B에 위치하여 b값을 읽었을 때, 측정축이 θ만큼 경사되었다고 하면 읽음값 l과 양 측정자의 축선상의 거리 d와의 차(差)는 $\Delta l = d - l = h \cdot \tan\theta$로 되며, 여기서 경사각 θ는 일반적으로 작은 값이므로 $\tan\theta \fallingdotseq \theta$이다. 그러므로 $\Delta l \fallingdotseq h\theta$로 되어 오차는 θ의 1차식으로 비례한다.

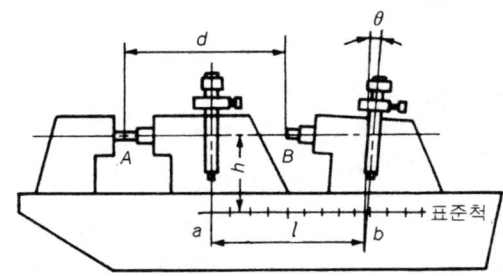

그림 4-354 아베의 원리에 벗어난 측장기

또한, θ에 의해 측정자의 평행도가 변하므로 측정자의 d와 θ에 의한 오차 d, θ를 무시할 수 없게 된다. 따라서, 이러한 오차를 줄이기 위해서는 안내 면의 진직도를 향상시켜 θ를 없애거나 h를 0으로 하여야 한다. 그러나, 진직도는 어느 정도 이상 고정도는 곤란하므로 가능한 한 h를 0으로 하는 것이 바람직하다.

그림 4-355는 표준척이 측정축과 동일축으로 $h = 0$이며, 읽음 장치는 베드상에 설치되어 있다. 측정자의 이동량은 d, 표준척의 읽음값을 $b - a = l$, 심압대측의 측정자 단면과 읽음 장치축과의 거리를 L이라 하면, $d = L - (L - l)\cos\theta$이므로

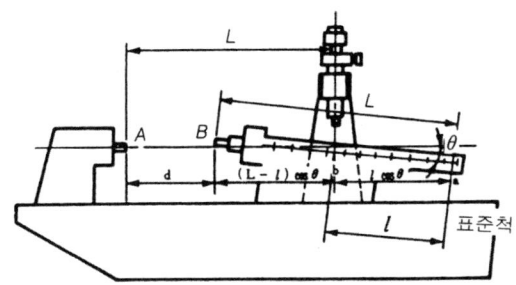

그림 4-355 아베의 원리를 만족하는 측장기

$$측정\ 오차\ \Delta l = d - l = [L(L-l)\cos\theta] - l$$
$$= (L-l)(1-\cos\theta) \quad (4.74)$$
$$= (L-l)\frac{\theta^2}{2}$$

으로 되어 오차는 θ^2에 비례하여 Δl은 거의 무시해도 좋은 미소한 값으로, 안내면의 비직진성에 의한 오차는 대단히 작아진다.

예를 들면 $(L-l) = 500\,\text{mm}$로 하고, 측정 오차가 $1\mu\text{m}$일 때의 경사각 θ는 다음과 같다.

$$1 = 500 \times 10^3 \times \frac{\theta^2}{2}$$
$$\theta = \frac{1}{\sqrt{250 \times 10^3}} = \frac{1}{\sqrt{25 \times 10^4}} = \frac{1}{\sqrt{5 \times 10^2}}$$
$$= 2 \times 10^{-3}\,\text{rad}(6'53'')$$

이와 같이, 약 $7'$의 경사에 의한 측정 오차는 $1\mu\text{m}$이다.

표 4-52 측정자의 선택

피측정물의 형상	측정자의 형상	비 고
평행평면	평면 - 평면 평면 - 구면 구면 - 구면	
원통	구면 - 평면 평면 - 구면	나이프 에지 형
구	평면 - 평면	

17.5 변형에 의한 오차

(1) 후크(Hooke)의 법칙

측정력에 의한 변형량은 단면적 $A(\text{mm}^2)$, 길이 $l(\text{mm})$의 물체에 $P(\text{kg})$의 힘을 가할 때, 물체는 힘의 방향으로 힘의 크기에 비례하여 축소된다. 축소량 δ는

$$\delta = \frac{PL}{AE}$$

여기서 E : 영률 (Young 률 : kg/mm^2)
로 된다.

자중에 의한 변화량 Δl은

$$\Delta l = \frac{l^2 \gamma}{2E} \tag{4.75}$$

여기서, γ : 밀도 (kg/mm^2)
이다. 변형은 대체적으로 측정력에 의한 변형, 접촉 부분에 의한 변형을 들 수 있다.

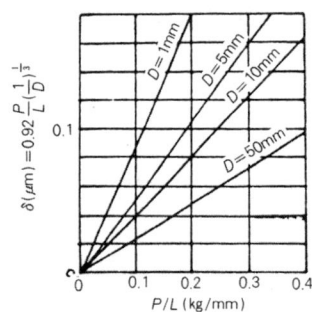

그림 4-356 두 강재 평면에 강재 원통을 접촉시켰을 때의 접근량

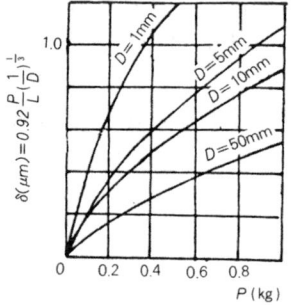

그림 4-357 강구와 강재 평면과의 접근량

(2) 헤르츠(Hertz)의 탄성 접근량

두 개의 평면 또는 곡선이 접근할 경우, 압력이 작아서 탄성한도를 넘지 않을 때에 발생하는 변형이며, 제2장에서와 같이 Bochman의 실험식으로 보정하여야만 정확한 측정값을 얻을 수 있다.

(3) 휨에 의한 오차

측정물이 긴 형상일 때는 지지하는 지점의 위치에 따라 자중에 의하여 변형되므로 사용 목적에 따라 지지점을 설정하여야 한다. 양단면이 평행을 유지하여야 하는 단도기(end standard) 유형일 경우는 $b = 0.2113L$, 또는 $a = 0.5774L$ (Airy point) 위치에 지점을 설치하고, 중심선의 변형이 최소로 유지되어야 할 표준자와 같은 종류는 $b = 0.2203L$, 또는 $a = 0.5594L$ (Bessel point)에 지지점을 설치한다.

에어리 점에서 단면의 축소량 δl은

$$\delta l = 0.653 \frac{l^3 G^2}{E^2 I^2} \times 10^{-6} (\mu m) \tag{4.76}$$

이다. 여기서, G : 자중, E : Young률, I : 수평 중심선에 관한 단면의 관성 모멘트 (mm-kg)

(4) 온도에 의한 오차

물체는 온도에 따라 팽창, 수축하기 때문에 몇 도에 있어서 그 길이를 규정하느냐가 중요한 문제가 된다. 일반적으로 열팽창 계수 α, 길이 l인 물체가 온도가 t'만큼 변화할 때 $\delta l = l \cdot \alpha \cdot t'$ 만큼 변화한다.

① 20℃에서의 길이 ln_{20}, 열팽창 계수 α_n인 기준편을 사용하여 열팽창 계수가 α_p인 측정물을 비교 측정할 때, 기준편과 측정물의 온도가 각각

$$t_n = 20℃ + \delta t_n, \ t_p = 20℃ + \delta t_p$$

이고

$$\delta l = l_p - l_n$$

으로 되는 길이의 차를 측정했을 때, 20℃에서의 길이 차

$$\delta l_{20} = l_{p20} - l_{n20}$$
$$= \delta l_{20} ≒ \delta l - l_{n20}(\alpha_p \cdot \delta t_p - \alpha_n \cdot \delta t_n)$$

이고, 20℃에서 측정물의 실체 치수는

$$l_{p20} = l_{n20} + \delta l_{20}$$

이다.

② 온도가 동일하고, α가 다른 때에는

$$\delta l_{20} = \delta t_n = \delta t$$

이므로

$$\delta l_{20} = \delta l - l_{n20}(\alpha_p - \alpha_n)\delta t$$

이다.

③ 온도가 δt만큼 틀리고, α가 동일할 때

$$\alpha_p = \alpha_n = \alpha$$

이므로

$$\delta l_{20} = \delta l - l_{n20}(\alpha \cdot \delta t)$$

이다.

표준자가 측정기 중에 내장되어 있는 경우에는 t_n에 대한 측정기의 온도를 대입한다. 즉

$$\delta t_n = t_n - 20\ ℃$$

17.6 측정시 주의 사항

① 측정물에 묻어 있는 먼지나 기름은 알코올, 벤젠 등으로 잘 세척하여 완전히 제거한다.
② 측정물과 측장기 사이에 온도차가 생기지 않도록 충분한 시간을 이용한다.
③ 테이블상에 측정물을 클램프하는 경우에는 너무 강하게 조이지 않도록 한다. 너무 강하게 조이면 변형이 발생되어 오차의 원인이 된다.
④ 측장기에 의한 측정은 고정도의 측정이므로 반드시 항온, 항습 시설이 되어 있는 측정실에서 측정하도록 한다.
⑤ 진동이 없는 장소에 설치하고 측정해야 한다.
⑥ 테이블 윗면 및 구동부를 청결하게 한다.
⑦ 렌즈에 흠집, 기름, 수분, 먼지 등의 부착 유무를 점검하고 측정한다.

⑧ 측정물에 알맞은 측정자를 선택해야 한다.
⑨ 특히 고정도의 측정을 할 때에는 표준척의 성적서를 참고로 해서 측정값의 보정을 한다.

17.7 측정 방법 및 순서

(1) 외측 측정

① 측정자의 선택은 측정물의 형상, 표면 거칠기 등을 고려하여 알맞은 것을 선택하고, 측정자는 반드시 측정 축선에 대하여 일직선상에 배치하여야 하며, 그림 4-358과 같이 양 측정면 사이에 평행 광선 정반을 끼우고, 평행도 조정 나사를 돌려 간섭 무늬가 나타나지 않거나 1개 정도 나타나도록 평행도를 조정한다.

표 4-54 측정자의 선택

측정물의 측정면 형상	접촉자의 선택
평면(Plane)	구형 단면 접촉자
원통형(Cylinderical)	평면 접촉자
구형(Spherical)	평면 접촉자

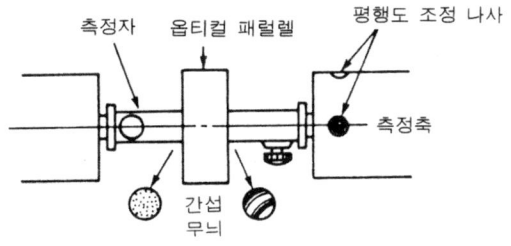

그림 4-358 평행도 조정

② 측정물의 평면 또는 평행한 측정면은 수직과 수평 방향에서 측정 축에 직각으로 한다.
③ 센터 지지를 할 수 있는 측정물은 센터 지지대를 사용하고 센터 지지가 필요 없는 것은 평면 측정대를 사용한다.
④ 영점 조정 : 양 측정자를 맞물린 다음, 읽음 장치를 보면서 표준척의 0점이 기선에 일치되도록 0점 조정 손잡이를 돌려서 0점 조정을 한다. 이때, 조정 범위가 너무 커지면 테일스톡을 서서히 움직여 0점 부근에 위치하게 한 다음 조정한다.
⑤ 측정물에 따른 테이블의 조정
㉮ 평행면체 : 측정물을 맞물린 상태에서 측정점을 잡은 다음, 테이블의 경사 회전 조작을 반복하여 최소점을 구한다.
㉯ 원통 형체 : 원통 형체에 있어서 측정 축은 반드시 측정물의 중심을 통과해야 하고 원통의 축은 측정 축에 수직이어야 한다.

즉, 원통을 세워 놓았을 경우에는 테이블을 전후 이동시켜 최대점을 잡은 다음, 테이블을 경사 조작하여 최소점을 구하여 측정값을 얻는다. 원통을 눕혀 놓았을 때는 테이블을 상하로 움직여 최대점을 잡은 다음 테이블을 회전시키면서 최솟값을 구한다(사진 4-9).

㉓ 구(球) : 평면 측정자 사이에 접촉시켜 측정한다.

사진 4-9 외경 측정

(2) 내측 측정

① 내측용 측정자 선택 : 측정물의 크기가 형상에 알맞은 측정자를 선택하여 측정 스핀들에 고정한다.
② 기준 게이지의 선택 : 측정물이 비교적 작으면 기준 링 게이지(master ring gauge)를 사용하여 0점 조정하고, 치수가 100 mm 이상이면 게이지 블록과 그 부속품을 이용하여 기준 게이지를 만들어 사용한다.
③ 측정 : 기준 링 게이지에 0점 조정하여 사용할 경우에는 링 게이지 치수에 측정값을 가감하여 측정물의 치수를 구하고, 보증된 기준 링 게이지로 직접 구할 경우에는 다음과 같이 구한다.
측정물의 치수=(기준 게이지 치수)+[측정물의 측정값+(기준 게이지 측정값)]
테이블의 조작은 외측 측정 때와 같은 방법으로 한다.

(3) 부속품을 이용한 각종 측정

① 작은 구멍 측정 장치(Magic Eye 측정 장치)
한 개의 측정자(contact ball)가 측정 축선상을 따라 미동 장치에 의해 좌우로 이동하면서 측정물의 접촉 상태에 따라서 전기적 회로가 개폐되어 램프가 점멸되는 원리로 되어 있다.

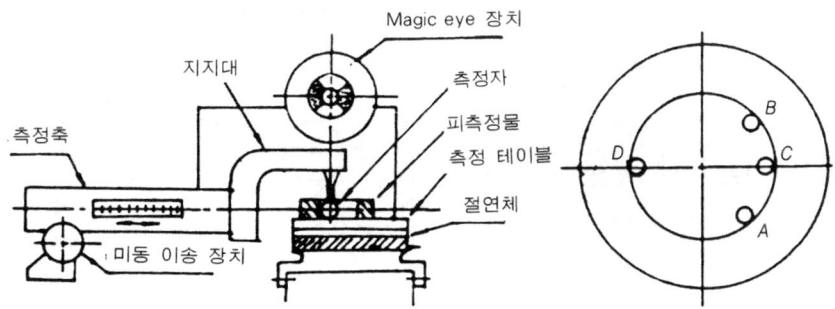

그림 4--359 Magic eye 작은 구멍 측정 장치

따라서, 램프가 점멸되는 상태에서 측정압은 거의 없는 상태로 되어 이상적인 접촉 상태에서 고정도의 측정을 할 수 있다.

a. 측정 테이블상의 수평을 0으로 맞춘다.
b. 마이크로미터를 이용하여 측정물의 중심을 구한다. 그림 4-359와 같이 피측정면의 임의의 위치에 측정자를 접촉시켜 A, B점의 마이크로미터 눈금을 읽고, 이 평균값을 마이크로미터 눈금에 맞추면 측정물의 중심축을 구할 수 있다.
c. 측정 축선을 미동시켜 C, D점을 측정한다.

② 수나사 유효 지름 측정 장치

수나사의 유효 지름은 "3침법"으로 측정한다. 측정 테이블을 아래로 내려놓은 다음, 센터 테이블을 올려놓는다. 센터 테이블의 중심은 측정 축선과 거의 일치하게 되어 상하 조정이 필요없고 다만, 삼침을 넣고 테이블 전체를 회전시켜 최소점을 구하여 측정값을 얻는다. 측정값 M으로부터 유효경을 계산한다(나사 측정항 공식 참조).

③ 암나사의 유효 지름 측정 장치

마이크로미터 헤드가 부착되어 있는 테이블을 제거하고 유동(流動) 테이블로 교체한다. 부속품으로 내측 측정자의 크기에 따라 바꾸어 사용할 수 있으며, 기준 게이지를 이용하여 측정의 기준을 취한다.

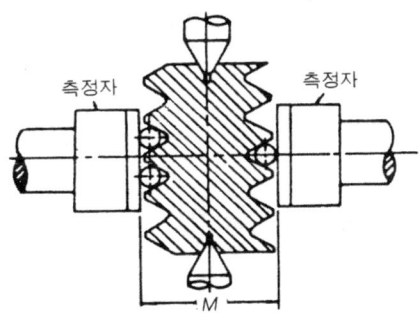

그림 4-360 수나사의 유효 지름 측정

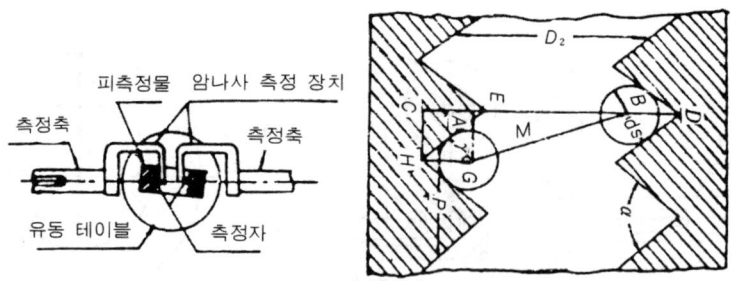

그림 4-361 암나사의 유효 지름 측정

유효 지름 측정은 다음식에 의해 구한다.

$$D_2 \fallingdotseq M - P^2/8M + ds/\sin\frac{\alpha}{2} - \frac{P}{2} \times \cot\frac{\alpha}{2} \tag{4.77}$$

여기서, P : 피치, α : 산의 각, ds : 측정자의 볼 지름

그러나, M을 직접 측정하기는 불편하므로 그림 4-362와 같이 기준 게이지(notch gauge)에 비교 측정하여 다음 식으로 계산할 수 있다.

$$D_0 \fallingdotseq M_0 - P_0^2/8M_0 + ds/\sin\frac{\alpha_0}{2} - \frac{1}{2}P_0\cot\frac{\alpha_0}{2} \tag{4.78}$$

여기서, P_0 : 기준 게이지의 피치, α_0 : 기준 게이지의 홈 각도
    ds : 측정자의 볼 지름
으로 되며

$$\begin{aligned}D_2 \fallingdotseq\ &D_0 + (M - M_0) - (P^2/8M - P_0^2/8M_0) \\ &+ ds\left(1/\sin\frac{\alpha}{2} - 1/\sin\alpha_0/2\right) - \frac{1}{2}\left(P\cot\frac{\alpha}{2} - P_0\cot\frac{\alpha_0}{2}\right)\end{aligned} \tag{4.79}$$

로 구할 수 있다.

  ⓐ 측정자의 선택(측정자의 지름 d)

$$d = \frac{P}{2\cos\frac{\alpha}{2}} \quad (P : \text{피치}, \alpha : \text{산의 각})$$

  ⓑ 측정물의 유효 지름에 따라 게이지 블록과 기준 게이지를 조합한다.
    이때, 측정값의 차($M - M_0$)가 10 mm가 넘지 않는 범위 내에서 게이지 블록을 조합시킨다.

ⓒ 측정자 간의 중심 거리를 측정하여 계산에 의해 암나사의 유효 지름을 구한다.
　④ 피치 측정장치

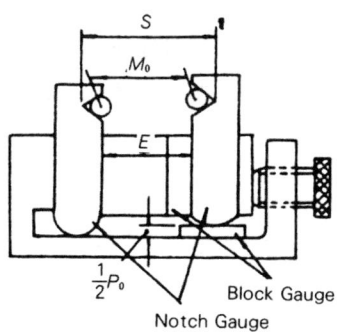

그림 4-362 기준 게이지

　이 장치는 내·외측의 피치 측정을 보다 효율적이고 정확하게 측정할 수 있는 장치이다. 부속품을 스핀들에 갈아 끼우고 측정물을 고정시킨 후, 테이블을 측정 축선상에 일치하도록 조정하고 측정자를 움직여가며 측정하도록 되어 있다.
　⑤ 그 밖의 측정 장치
　긴 테이퍼 측정을 위한 테이퍼 전용 측정 장치, 테이퍼 나사 게이지의 측정 장치가 있으며, 응용하면 내측 테이퍼 등도 측정할 수 있다.

17.8 측정값의 정리 및 계산
　측정 결과를 계산, 정리하여 기록한다.

17.9 결과 및 고찰
　1) 아베(Abbe)의 원리가 적용되는 기기, 기계들에 대해서 알아보자.
　2) 측장기의 종류와 정도에 대해서 제작사별로 조사해 보자.
　3) 측정실 내의 온도가 변하는 상태에 따라 측정값이 미치는 영향을 알아보자.
　4) 내경 측정에서 양 측정자의 축선이 일치하지 않았을 때 측정값에 오차가 어떻게 나타나는지 알아보자.

18. 기어측정

18.1 실습 목표

기어의 측정 원리와 종류를 익히며, 기어 측정기의 구조와 원리 등을 파악하고, 기어의 각 측정량의 측정법을 습득하여 기어의 정확한 품질 평가법을 익히는 데 있다.

18.2 사용 측정 기기

1) 이 두께 마이크로미터(gear tooth micrometer)(0.01 mm, 0~25 mm, 0.01, 25~50 mm)
2) 이 두께 버니어 캘리퍼스(gear tooth vernier calipers)(0.05 mm, 50~100 mm)
3) 외측 마이크로미터(0.01 mm, 0~25 mm, 0.01 mm, 25~50 mm)
4) 오버 핀(1set)
5) 만능 기어 측정기
6) 기초 원판 및 심봉
7) 알코올, 방청유 등

18.3 기어의 종류

기어는 하나의 축에서 다른 축으로 회전 운동을 정확한 속도비로 큰 회전력과 좋은 효율을 얻기 위한 기계 요소이며, 치형에 따라 인볼류트(involute) 치형, 사이클로이드(cycloid) 치형으로 분류되며, 축의 관계 위치에 따라 두 축이 평행한 스퍼어 기어, 헬리컬기어, 래크와 피니언 등이 있으며, 두 축이 교차하는 베벨 기어, 크라운 기어, 또한 두 축이 교차하지도 평행하지도 않는 스큐 기어, 하이포이드 기어 등으로 분류할 수 있다(그림 4-363).

18.4 기어의 결정량

기어를 결정하기 위해서 사용되는 용어 중에서 기어의 가장 기본이 되는 평기어에 대해서 설명하기로 한다.

① 모듈(module)

기어의 이의 크기를 나타내는 것으로, 모듈(module)을 사용하며 피치원 지름을 잇수로 나눈 값인데, 다시 말하면 얼마 크기의 피치원 지름에 몇 개의 이가 있느냐 하는 것이다.

$$m = \frac{d_0}{z} \quad (d_0 : 피치원\ 지름,\ Z : 잇수,\ m : 모듈) \tag{4.80}$$

② 원주 피치 : t_0

기준 피치원에서 측정한 인접한 기어 이 사이의 거리를 원주 피치라 한다.

$$t_0 = \frac{\pi, d_0}{z} = \pi \cdot m$$

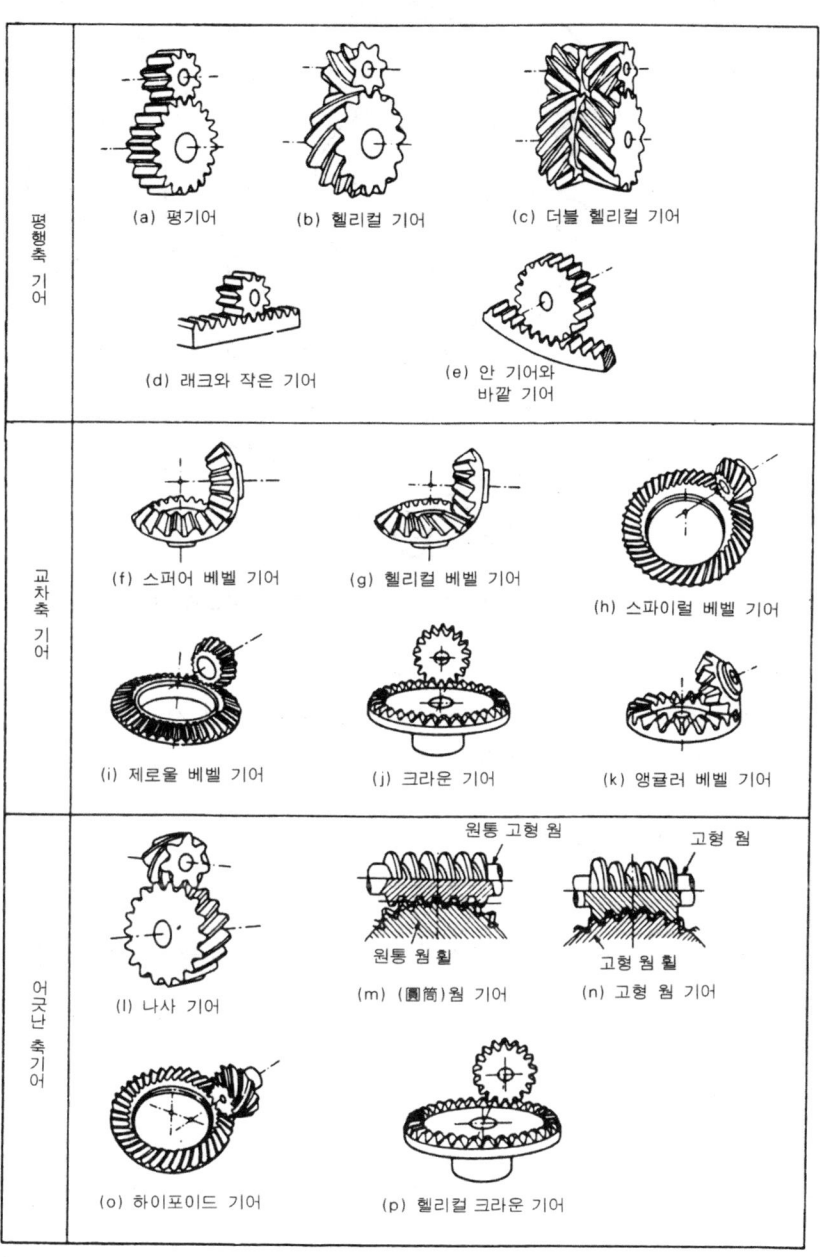

그림 4-363 기어의 종류

그림 4-364 모듈의 크기에 따른 이의 크기(실물 크기)

③ 법선 피치 : t_e

인볼류트 기어에 있어서 축에 직각인 단면에서의 우측 또는 좌측에 서로 이웃하는 치형 사이의 공통 법선에 따라 측정한 피치를 법선 피치라 한다.

$$t_e = \pi \cdot m \cdot \cos\alpha_0 \quad (\alpha_0 : 압력각) \tag{4.81}$$

④ 압력각 : α_0

치면의 1점에 있어서 그 반지름 선과 치형상의 접선과 이루는 각도를 말하며, 한 쌍의 기어가 맞물리기 위해서는 이 압력각이 같아야 한다.

$$\alpha_0 = d_g/d_0 \quad (d_g : 기초원 지름) \tag{4.82}$$

⑤ 기준 피치원 : d_0

기어 축에 동심으로 잇수 z에 모듈을 곱한 것과 같은 길이의 원통을 가진 원이다.

$$d_0 = z \cdot m \tag{4.83}$$

⑥ 기초원

인볼류트 기어의 치형을 만드는 데 기초가 되는 원

⑦ 이 끝원

원통 기어의 이 끝을 포함한 원이다.

⑧ 이 뿌리원

원통 기어의 이 뿌리를 포함한 원이다.

⑨ 잇줄 방향(tooth trace)

기어 이면과 피치면과의 교선을 잇줄이라 하며, 평치차에서의 잇줄 방향은 기어 축에 평행하고, 따라서 비틀림 각(helix angle)은 0으로 된다.

⑩ 중심 거리 : 2개의 기어축의 간격을 중심 거리라 하며, 이 두께의 호칭 치수가 같은 표준 기어에서 백 래시가 전혀 없이 맞물림 되었을 때의 중심 거리 C는

$$C = m\frac{z_1 + z_2}{2} \tag{4.84}$$

이다.

⑪ 뒷 틈(back lash) : 2개의 기어가 서로 맞물림되었을 때 치면(齒面) 사이의 틈새를 말하며, 이것은 양 기어의 이 두께의 실체 치수와 중심 거리의 실체 치수의 차에 의해 생긴다.

⑫ 이 두께

a. 원주 이 두께

한 개의 이 두께를 피치원상의 호의 길이로 표시한 것으로 정면, 잇줄 직각, 축 방향의 3종류가 있다.

b. 활줄 이 두께

한 개의 이 두께를 양측 단면에 대칭인 2점 간에 현의 길이로 표시한 것으로, 2점의 위치는 보통 피치원통상 또는 유효 이 높이의 중앙에 있는 경우가 많다.

c. 걸치기 이 두께

인볼류트 기어에 있어서 평행측 정면 사이에 몇 개의 이를 한데 뭉쳐서 측정한 경우의 총 이 두께를 말한다.

⑬ 전위 치차

기준 래크(rack)의 기준 피치선이 기어의 기준 피치원에 접하지 않는 것을 말하여, 기준 래크형 공구의 기준 피치선과 기어의 기준 피치원과의 거리를 전위량이라 부른다.

전위는 기어의 기준 피치원의 바깥쪽에 전위시킨 것을 (+)전위, 안쪽에 전위시킨 것을 (-)전위라 하며, 전위량을 모듈로 나눈 것을 전위 계수라 부르며 보통 x로 나타낸다.

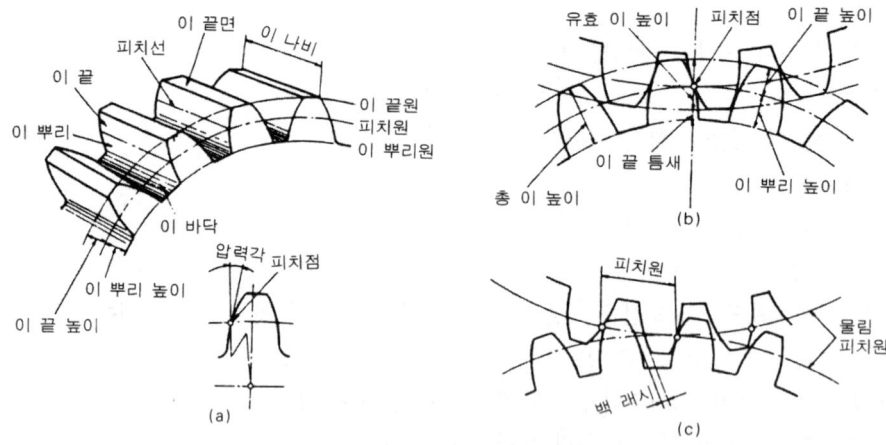

그림 4-365 기어의 각부 명칭

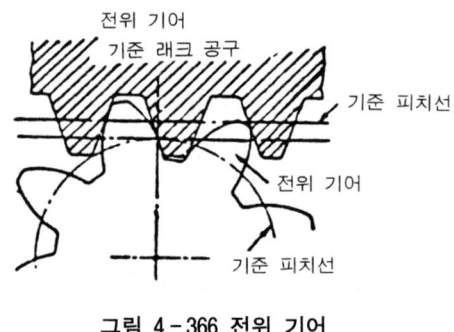

그림 4-366 전위 기어

18.5 기어의 오차

기어의 오차에는 치형 오차, 피치 오차, 이 두께 오차, 치홈 흔들림(편심 오차), 잇줄 방향 오차 등이 있으며, 피치 오차에는 단일 피치 오차, 인법 피치 오차, 누적 피치 오차, 법선 피치 오차 등으로 구분한다. 어느 오차도 몇 μm에서 수십 μm의 정밀도가 요구되어 왔다. 기어 측정기에서는 이러한 오차를 하나씩 전문적으로 측정하기 때문에 치형 측정기, 피치 측정기, 이 두께 측정기, 편심 측정기 등이 있으나 최근에는 한 대의 측정기로 여러 가지 오차의 측정이 가능한 만능 기어 측정기를 주로 사용한다. 기어의 오차를 종류별로 분류하면 다음과 같다.

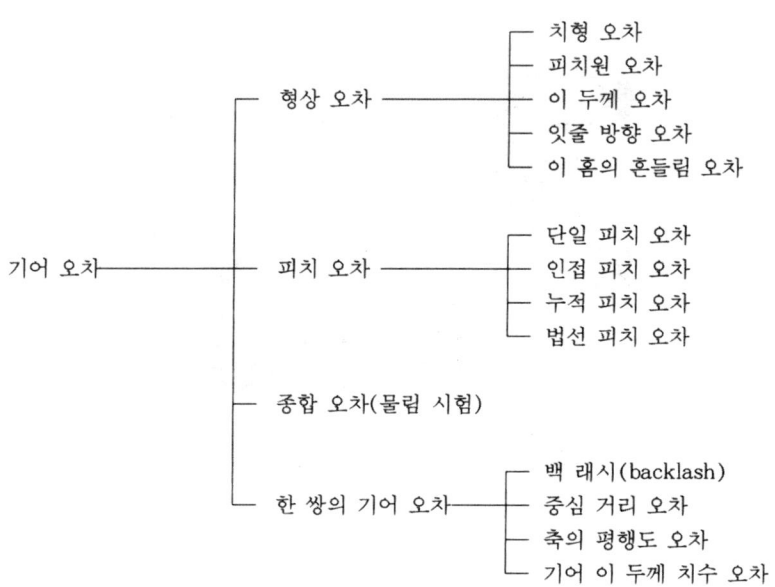

18.6 기어의 이 두께 측정

한 쌍의 기어를 규정의 중심 거리로 조립시켰을 때 적당한 백 래시를 갖고 있는가를 알아보기 위해서는 기어 이 두께 측정을 필요로 한다. 또한, 이 두께 측정에 의해 규정의 기어로 가공하기 위한 커터의 절입량을 계산에 의해 바로 구할 수가 있다. 따라서, 다듬질 치수 관리로서 행해지고 있으며, 사용 측정기로는 기어 이 두께 버니어 캘리퍼스, 기어 이 두께 마이크로미터 등이 사용된다.

(1) 피치원상의 기어 이 두께의 직접 측정

그림 4-368과 같이 피치원상의 이 두께를 측정하기 위해서는 먼저 높이 h의 이론값에 기어 이 두께 버니어 캘리퍼스를 맞추어서 이 두께를 측정하면 좋다. 그러면, 이론값 W에 대해서 실체 기어의 이 두께가 큰가, 작은가를 알 수 있다.

이 방법은 대단히 간단해서 오래 전부터 사용되어 왔지만, 그다지 정도가 좋지 않은 기어 이끝을 기준으로 한다는 것과 버니어 캘리퍼스 자신도 정도가 좋지 않기 때문에 정밀 측정에는 적당하지 않지만 대형 기어, 베벨 기어 및 웜이나 웜 기어 등의 두께 측정에 이용되고 있다.

그림 4-368에 있어서 기준 피치원에서 이 끝까지의 거리를 H라 하고

표준 기어에서 전위 계수 $x = 0$일 때

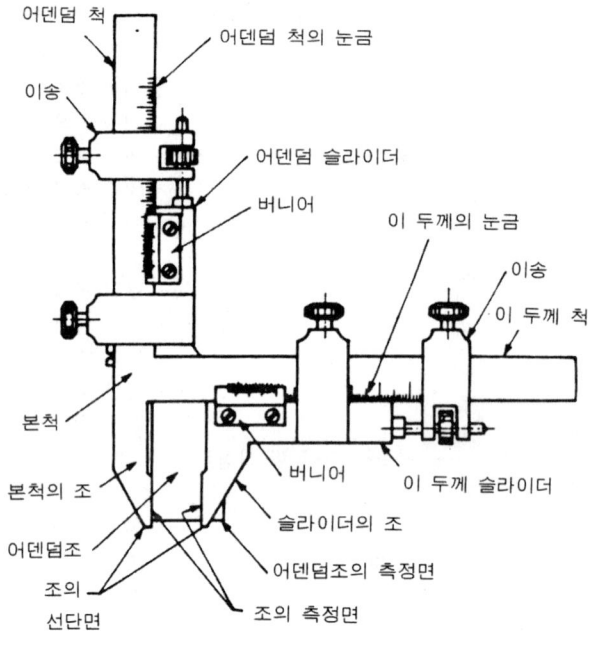

그림 4-367 이 두께 버니어 캘리퍼스

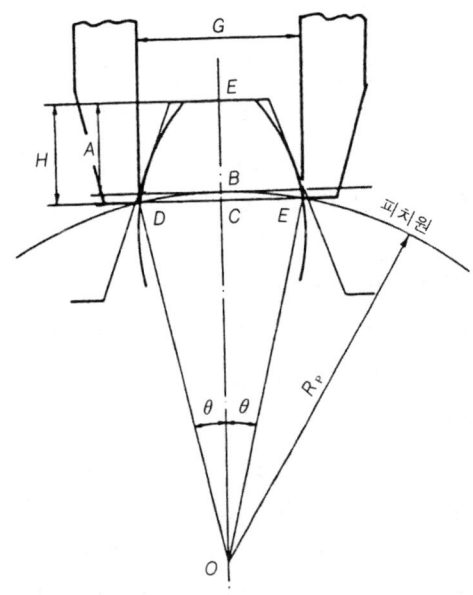

그림 4-368 피치원상의 이 두께 측정

$$H = \frac{m \cdot z}{2} + m - \frac{mz}{2}\cos\left(\frac{90}{z}\right)$$
$$= \left\{\frac{m \cdot z}{2} 1 + \frac{2}{z} - \cos\left(\frac{90°}{z}\right)\right\} \tag{4.85}$$

$$G = m \cdot z \sin\left(\frac{90°}{z}\right) = m \cdot z \left(\frac{\pi}{2z}\right) \tag{4.86}$$

(단 m : 모듈, z : 기어 잇수)

(2) 걸치기 이 두께법

① 평 기어(spur gear)

기어 이 두께 버니어 캘리퍼스로는 기어 외경을 기준으로 해서 이 두께를 측정하지만, 걸치기 이 두께법은 기어 외경을 기준으로 하지 않고 그림 4-369과 같이 몇 개의 기어 이를 물아서 평행간격으로 측정한 이 두께를 걸치기 이 두께라 부르며, 이 값 Sm를 측정하여 계산값과 비교해 기어 이 두께를 구하는 방법이다. 기어 이 두께 마이크로미터에 의한 걸치기 이 두께 측정법은 기어 이 끝원의 직경이나 외주(外周)의 흔들림에 관계 없이 측정할 수 있기 때문에 기어 제작 현장에서 광범위하게 이용되고 있다. 또한, 이 방법은 압력각 오차나 피치 오차, 치형 오차가 포함되기 때문에 기어 전둘레에 걸쳐 측정해서 평균값을 구한다.

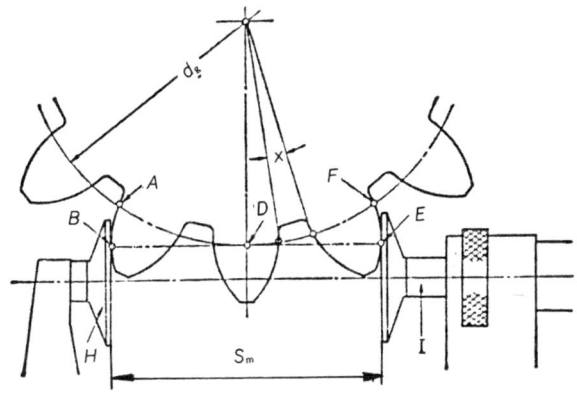

그림 4-369 이 두께 측정

기어 잇수가 z인 표준 평치차에서 Zm개의 이를 물아서 측정했을 때의 걸치기 이 두께의 기준값 Sm은 다음 식으로 계산할 수 있다.

$$Sm = m\cos\alpha_0 \{\pi(Zm - 0.5) + z\text{inv}\alpha_0\}$$

여기서 $\text{inv}\alpha_0 = \tan\alpha_0 - \alpha_0$ (인볼류트 함수)

그리고, 이때 몇 개의 기어 이를 물어서 측정할 것인가 하는 문제가 있지만, 피치원상의 이 두께 혹은 백 래시를 구하기 위해서는 측정자가 가능한 한 피치원 가까이의 기어 이(爾)면에 접하는 것이 바람직하다. 이 피치원상에서 접하는 조건으로부터 걸치기 잇수 Z_m에 대해서 다음식이 구해진다.

$$z_m = z \cdot \frac{\alpha_0}{180} + 0.5 \tag{4.87}$$

여기서, α_0의 단위는 도(°)이다. 또한, 전위 기어에서는

$$S_m = m\cos\alpha_0 \{\pi(z_m - 0.5) + z\operatorname{inv}\alpha_0\} + 2mx\sin\alpha_0$$

그리고 전위 계수 x가 클 때의 z_m의 식을 구하면, 측정자와 이(爾)면의 접촉점이 기어 이의 끝이나 아래 근처에서는 반경이 $r_0 + mx$인 원에 접하는 조건이기 때문에 z_m을 다음 식으로 구하는 것을 권장한다.

$$z_m = z \cdot \frac{\alpha_0}{180} + 0.5 + z \cdot \frac{\tan\alpha_x}{\pi} - (z + 2x)\frac{\tan\alpha_0}{\pi} \tag{4.88}$$

여기서, α_x는 반경 $r_0 + mx$인 점의 압력각으로 $\cos\alpha_x = r_0\cos\alpha_0/(r_0 + mx)$, 혹은 다음 식으로 구할 수 있다.

$$\tan\alpha_x = \sqrt{\tan^2\alpha_0 + 4 \cdot \frac{x}{z}\sec^2\alpha_0 + 4\left(\frac{x}{z}\right)^2\sec^2\alpha_0} \tag{4.89}$$

② 헬리컬 기어

헬리컬 기어에 대해서는 다음 식으로 기준값을 계산할 수 있다.

$$S_m = m_n\cos\alpha_{on}\{\pi(z_m - 0.5) + z\operatorname{inv}\alpha_{os}\} + 2m_nx_n\sin\alpha_{on} \tag{4.90}$$

그리고, $z_i = z\operatorname{inv}\alpha_{os}/\operatorname{inv}\alpha_{on}$ \tag{4.91}

를 가상 잇수라 부르고, 이것을 S_m 식에 대입하면 평기어의 S_m 식과 같은 형태의 식을 구할 수가 있다. 따라서, 헬리컬 기어의 걸치기 이 두께의 기준값은 압력각 α_{on}, 모듈이 m_n이고 잇수가 z_i인 평기어와 같다.

헬리컬 기어에 대한 걸치기 잇수 z_m은 표준 기어일 때 다음 식으로 구할 수 있다.

$$z_m = z \cdot \left(\frac{\alpha_{os}}{180} + \frac{\tan\alpha_{os}\tan^2\beta_g}{\pi}\right) + 0.5 \tag{4.92}$$

여기서, β_g는 기초 원통 비틀림 각이다. 또한 가상 잇수 z_i를 이용하면

$$z_m = z_i \cdot \frac{\alpha_{on}}{180} + 0.5 \tag{4.93}$$

여기서, 치직각 압력각 α_{on}의 단위는 도(°)이다.

다음에, 전위 기어에서는 반경 $r_0 + x_n m_x$인 원의 점에서 정면 압력각 α_{xs}에서 다음 식을 구할 수 있다.

$$\cos \alpha_{xs} = \cos \alpha_{os} \cdot \frac{z}{z + 2x_n \cos \beta_0} \tag{4.94}$$

$$z_m = \frac{z}{\pi} \left[\frac{\tan \alpha_{xs}}{\cos^2 \beta_g} - 2 \cdot \frac{x_n}{z} \cdot \tan \alpha_{on} - \operatorname{inv} \alpha_{os} \right] + 0.5 \tag{4.95}$$

또한, 근사적으로 가상 잇수 z_i를 사용해서 다음 식으로도 계산할 수 있다.

$$\cos \alpha_{ix} = \cos \alpha_{on} \cdot \frac{z_i}{z_i + 2x_n} \tag{4.96}$$

$$z_m = z_i \cdot \frac{a_{ix}}{180} + 0.5 \tag{4.97}$$

(3) 오버 핀법(over pin method)

오버핀법 측정은 오버 볼법 측정과 마찬가지로 기어의 지름 방향의 기어 홈에 오버핀을 끼우고, 이것을 외측 마이크로미터 또는 내측 마이크로미터로 치수를 측정하여 기어의 치수 관리를 행하는 것으로, 현재에는 일반적으로 광범위하게 이 방법을 쓰고 있다.

측정에 사용하는 핀의 직경은 기어의 모듈에 따라 그 지름이 결정되며, 일반적으로 0.8 mm에서 8.0 mm 정도가 많이 사용된다.

① 스퍼어 기어

핀 지름의 선정은 3침법에 의한 나사의 유효경과 마찬가지로 피측정 기어의 크기에 따리 지름(d)을 다음 식으로 계산한다.

$$\text{표준기어} \quad d = \frac{\pi}{2} \cos \alpha_0 \cdot m \tag{4.98}$$

예) $\alpha_0 = 14.5°$의 경우 $\alpha_0 = 20°$의 경우
    $d = 1.52076 m$ $d = 1.47606 m$

전위기어 $d = \left(\dfrac{\pi}{2}\cos\alpha_0 - 2x\sin\alpha_n\right)m$ (4.99)

예) $\alpha_0 = 14.5°$의 경우 $\qquad\qquad\qquad\qquad \alpha_0 = 20°$의 경우
$\quad\; d = (1.52076 - 0.50076x)m \qquad\qquad d = (1.47606 - 0.68404x)m$

오버 핀법에 의한 치수는 잇수가 짝수, 홀수에 따라 다음 식으로 구할 수 있다.

짝수 잇기의 경우 : $dm = \dfrac{zm\cos\alpha_0}{\cos\phi} \pm d$ (4.100)

홀수 잇수의 경우 : $dm = \dfrac{zm\cos\alpha_0}{\cos\phi} \cdot \cos\dfrac{90°}{z} \pm d$ (4.101)

(여기서 z는 잇수, m은 모듈, α_0는 기준 압력각, d는 핀의 직경이다)
ϕ는 다음 식에 의해 계산한다.

표준 기어 : $\mathrm{inv}\phi = \dfrac{1}{2}\left(z\mathrm{inv}\,\alpha_0 + \dfrac{d}{m\cos\alpha_0} - \dfrac{\pi}{2}\right)$ (4.102)

전위 기어 : $\mathrm{inv}\phi = \dfrac{1}{z}\left(z\mathrm{inv}\,\alpha_0 + \dfrac{d}{m\cos\alpha_0} - \dfrac{\pi}{2} \pm 2x\tan\alpha_0\right)$ (4.103)

(단, inv는 involute 함수)

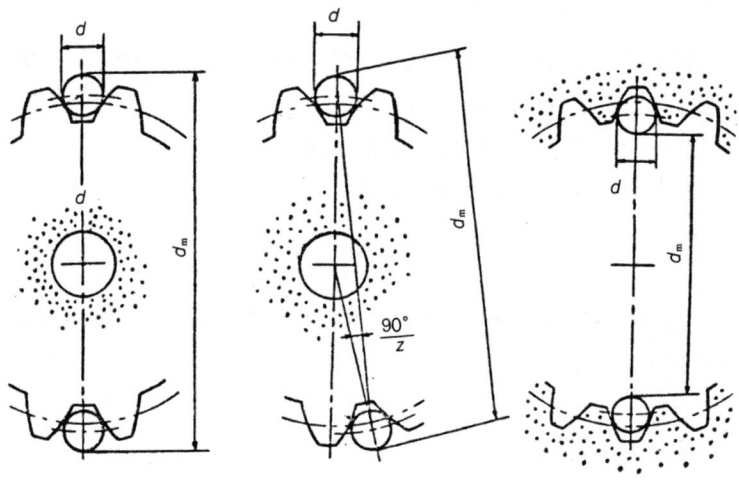

그림 4-370 오버 핀법

② 헬리컬 기어

이 경우에는 롤러(핀) 대신에 볼(ball)을 이용하고, 헬리컬 기어의 이 홈에 볼을 삽입하고, 오버 볼 치수를 측정하여 기어 이 두께를 계산한다(이 경우, 3개의 볼 중심은 기어의 동일 축직각 단면 내에 있어야만 한다).

인볼류트 헬리컬 기어의 단면은 인볼류트 나선형(helicoid)이고 볼과 인볼류트 나선형과의 접촉점에 있어서의 공통 법선은 볼 중심을 통과하는 동시에 헬리코이도(helicoid)의 기초원통에도 끊어버리는 특별한 성질이 있다. 이 성질을 이용하여 다음의 볼에 의한 헬리컬 기어의 이 두께 계산식을 구할 수 있다.

$$\text{짝수 잇수 : } d_m = \frac{m_s z \cos\alpha_s}{\cos\phi} + d$$
$$= \frac{m_n z \cos\alpha_s}{\cos\phi \sqrt{1-\cos^2\alpha_n \sin^2\beta_0}} + d \quad (4.104)$$

$$\text{홀수 잇수 : } d_m = \frac{m_s z \cos\alpha_s}{\cos\phi} \cdot \cos\frac{90°}{z} + d$$
$$= \frac{m_n z \cos\alpha_s}{\cos\phi \sqrt{1-\cos^2\alpha_n \sin^2\beta_0}} \cdot \cos\frac{90°}{z} + d \quad (4.105)$$

여기서 m_s : 정면 모듈, m_n : 치직각 모듈, α_s : 정면 압력각,
α_n : 치직각 압력각, β_0 : 피치 원통 비틀림각

18.7 치형 오차의 측정

치형 오차는 기어의 오차 중에서도 기어의 성능에 가장 큰 영향을 미치기 때문에, 그 측정은 오래 전부터 여러 가지 방법이 발표되었다. 이미 투영기에 의한 방법은 소형 기어에 이용되고 있으며, 대형 기어의 측정에는 직각 좌표법, 직선 기준법 및 원호 기준법이 채용되고 있다. 또한, 중형 기어의 치형 오차 측정에 피치 원판법이 이용되어 왔지만, 현재는 기초 원판법 혹은 기초원 조절법이 많이 이용되고, 기초원 조절법은 소형 기어에도 채용되고 있다. 또한, 기어의 회전각과 기초원 접선 방향에서의 치면(齒面)의 변위를 측정해서 치형 오차를 구하는 방법이 있다.

치형 오차란 이론적으로 정확한 치형과 실제 치형과의 차(差)를 말하지만, KS에서는 그 정의를 실제 치형과 피치원의 교점을 지나는 정확한 인볼류트를 기준으로 하여, 이것에 수직인 방향으로 측정하여 치형 검사 범위 내에 있는 (+)측 오차와 (−)측 오차의 합을 치형 오차라 한다. 다만, 치형 오차는 축 직각 치형에 대해 말한다. 치형 검사 범위란 원칙적으로 상대 기어와 서로 물리는 치형 곡선의 범위를 말한다(그림 4-371).

또한, 치형 오차에서는 (+)측의 오차는 0급이면 허용값의 1/3, 1급, 2급 및 3급에서는 1/2을 초과

해서는 안 된다고 규정되어 있는데, 이것은 기어의 운전시에 (+)측 오차쪽이 치면의 손상 등을 일으키기 쉬운 경향이 있다는 것을 고려하여 정한 것이다.

여기서는 기초 원판식 치형 측정법에 대해서 설명한다.

기초 원판법은 측정용 기어의 기초원과 같은 반지름의 기초 원판을 사용해서 치형의 측정을 하는 것으로, 측정 기어의 기초원 반지름에 대응해서 각각 기초 원판을 필요로 하기 때문에 주로 대량 생산시에 많이 이용되고 있다.

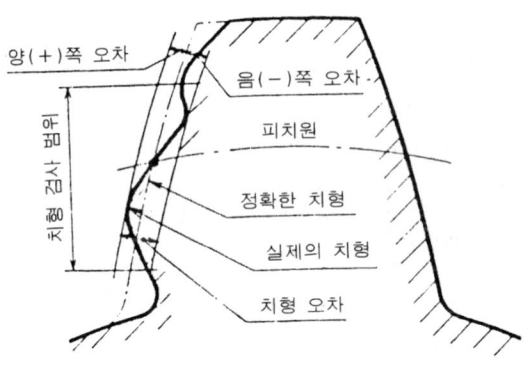

그림 4-371 치형 오차

표 4-55 치형 측정 방법과 측정 기어의 크기

대형 기어	중형 기어	소형 기어	미소 기어
기초 원판식 측정법 직선 기준법 원호 기준법 직교 좌표법	기초 원판식 측정법 기초원 조절 방식 측정법 원호 기준법 직교 좌표법	기초 원판식 측정법 기초원 조절방식 측정법 마스터 인볼류트 캠방식 측정법 피치원판 방식 측정법	기초원 조절 방식 측정법 윤곽 투영법 직교 좌표법
피치원 지름 1000 mm 이상 모듈 5이상의 기어	피치원 지름 500~1000 mm의 기어	피치원 지름 20~500 mm의 기어	모듈 1 이하의 기어

(1) 기초 원판법

스퍼어 기어를 측정할 때에 필요한 기초원의 지름 d_g는

$$d_g = mz \cos \alpha_0 \tag{4.106}$$

여기서 m : 모듈, α_0 : 압력각이고 헬리컬 기어의 경우에는

$$d_g = m_s z \cos\alpha_{os} = m_n z \frac{\cos\alpha_{os}}{\cos\beta_0} = \frac{m_n z}{\sqrt{\tan^2\alpha_{on} + \cos^2\beta_0}} \tag{4.107}$$

여기서 m_s, m_n은 정면 및 치직각 모듈, α_{os}, α_{on}은 정면 및 치직각 압력각, β_0는 비틀림각이다.

치형의 측정은 측정 기어의 설계상의 기초원과 동일한 바깥 지름의 원판(기초 원판)에 곧은자를 접촉시켜, 미끄러짐이 없이 이들을 서로 전동(轉動)시키면, 곧은자 접촉면 위의 1점은 원판축에 수직한 평면 위에 그 원판을 기초원으로 하는 인볼류트를 그린다. 이때, 곧은자의 접촉면 위의 1점에서 곧은자에 고정된 측미기(또는 전자식 검출기)의 측정자와 기초 원판 축에 설치된 측정 기어의 잇면을 접촉시켜 놓으면, 측정자의 움직임에 따라 인볼류트로부터의 치형 오차를 알 수 있다.

측정자의 움직임은 측미기로 읽든가, 또는 자동 기록한다. 그림 4-372는 이 방법에 의한 치형 측정기의 기구를 나타내고 있다.

① 치형 오차의 기록

치형 측정기에는 치형 오차를 인디케이터(indicator)로 읽지만, 최근에는 자동으로 기록하는 시스템을 사용하고 있다. 자동 기록 장치를 가진 측정기에서는 움직인 거리를 횡축, 오차를 종축으로 해서 각각 다른 배율을 가진 치형 오차 곡선을 그릴 수 있다. 치형 검사 범위는 작용선상에 있어서 측정 기어 및 상대 기어의 첨자를 1 및 2로 표현하면 기어 이 끝이 서로 맞물리는 점 A_1, A_2에서 피치점 C까지의 거리 $\overline{A_1C} = e_1$, $\overline{A_2C} = e_2$는 다음 식으로 구할 수 있다.

$$e_1 = \sqrt{r_{a1}^2 - r_{b1}^2} - r_{w1}\sin\alpha_0 \tag{4.108}$$

$$e_2 = \sqrt{r_{a2}^2 - r_{b2}^2} - r_{w2}\sin\alpha_0 \tag{4.109}$$

(단, r_a는 이 끝원 반경, r_b는 피치원 반경, α_0는 압력각이다)

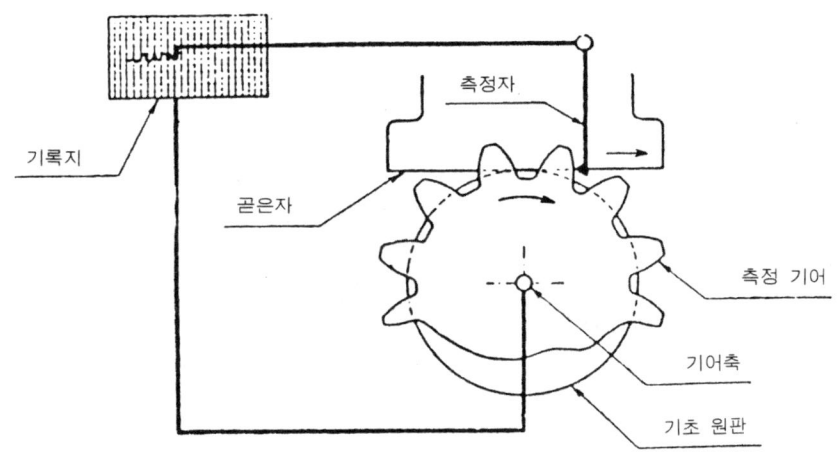

그림 4-372 치형 측정기(기초 원판식 인벌류트 창성법)

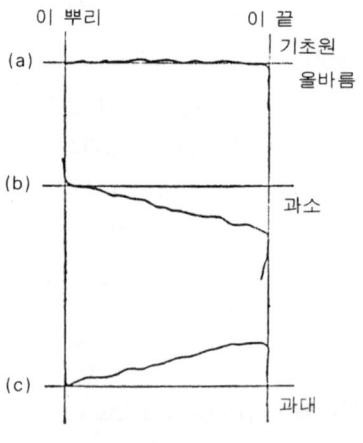

그림 4-373 그래프

상대 기어를 알지 못할 경우에는 측정하는 기어의 기준 피치원 반지름을 r_1, 기준 피치원상의 정면 압력각을 α_t, 이 끝 높이 h_{a1}, 유효 이 끝 높이를 h_w라 할 때,

$$e_1 = \sqrt{r_{a1}^2 - r_{b1}^2} - r_1 \sin\alpha_t \tag{4.110}$$

$$e_2 = \frac{h_w - h_{a1}}{\sin\alpha_t} \tag{4.111}$$

에서 구한다.

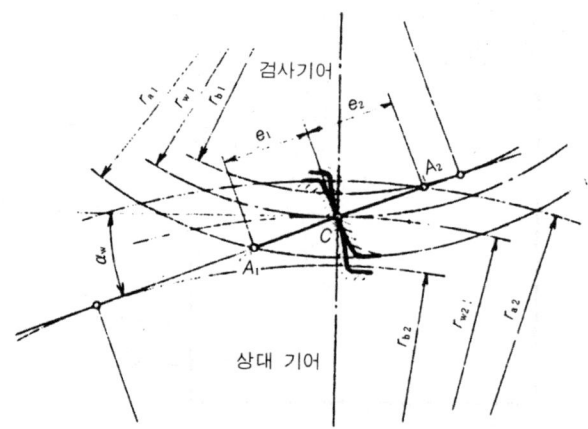

그림 4-374 치형 검사 범위

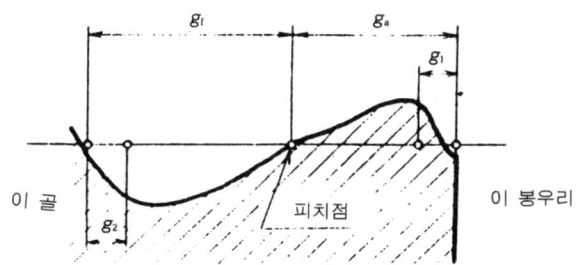

그림 4-375 기록선도에서 치형 검사 범위

(2) 기초원 조절법

기초 원판식 치형 측정기에서는 기어의 기초원 반지름에 따라서 기초 원판을 따로 만들어야 하며, 또한 정도가 높아야만 한다. 이러한 불편을 피하기 위하여 나타난 것이 기초원 조절식 치형 측정기로서, 기어의 기초원 반경에 따라 적당히 조절함에 따라 기초 원판을 사용하는 것과 같은 효과를 얻을 수 있지만, 그만큼 기구가 복잡해진다.

이 측정기에서 얻어진 치형 오차 곡선은 기초 원판식 측정기의 경우와 마찬가지로 취급한다. 즉, 정확한 기초원 반경으로 조절했을 때의 치형 오차 곡선의 경사에서 압력각 오차 및 기초원 오차를 결정할 수 있다.

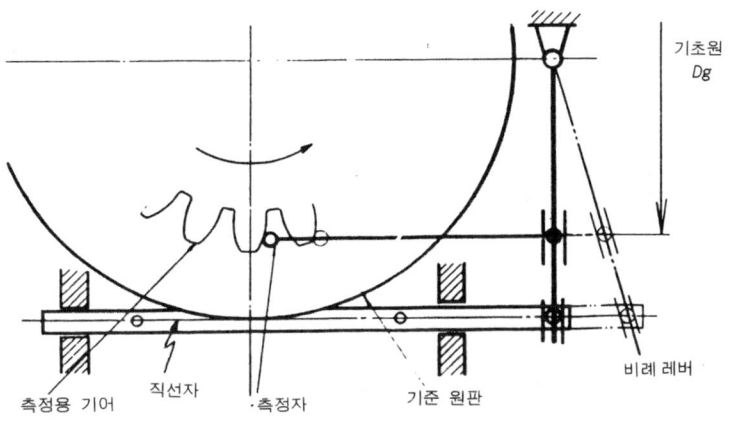

그림 4-376 기초 원판식 치형의 측정

또한, 치형 오차 곡선의 경사가 0이 되도록 측정기를 재조정함에 따라 기초원 반경 오차를 직접 결정할 수도 있다.

그리고, 기초원 조절법에는 사인바를 이용하는 방법, 안내 홈의 방향을 조절하는 방법, 레버비를 조절하는 방법, 마스터 캠을 이용하는 방법 등이 있다. 이러한 방식들은 일정한 범위 내에서 기초원을 조절할 수 있기 때문에 다품종 소량 생산 기어의 치형 측정에 적합하다.

(3) CNC 치형 측정기

치형 창성 운동을 기준으로 한 측정은 측정 치구의 제작이나 조정상의 난점이 많으므로, 전자 기술의 진보에 따라 컴퓨터를 이용한 치형 측정기가 시판되고 있다. 컴퓨터의 지령에 의해 측정기어 축과 센서 이송에 펄스 모터를 이용해서 이상적인 인볼류트를 창성하고, 측정 기어의 치면에 접촉시킨 센서는 창성 운동을 보조하는 데이터와 치면 오차의 데이터를 컴퓨터로 보내면 다음 식으로 계산을 한다(그림 4-377).

$$T = \frac{De}{2} \times \theta \tag{4.112}$$

여기서, T : 이송량, De : 기초원, θ : 기어의 회전각

이 이론 이송량 T와 센서의 읽음값의 차가 측정 기어의 치형 오차가 된다.

18.8 원주 피치 오차의 측정

기어에 단일 피치 오차가 있으면 일반적으로 법선 피치 오차가 나타나고, 소음, 중하중, 이의 강도에 영향을 미친다. 또한, 정확한 각도 전달을 목적으로 한 기어에서는 누적 피치 오차가 문제된다. 그리고 원주 피치를 측정하기 위하여 예부터 많은 연구 결과가 발표되었지만 KS에서는 직선 거리 측정법과 각도 측정법의 두 가지로 분류된다.

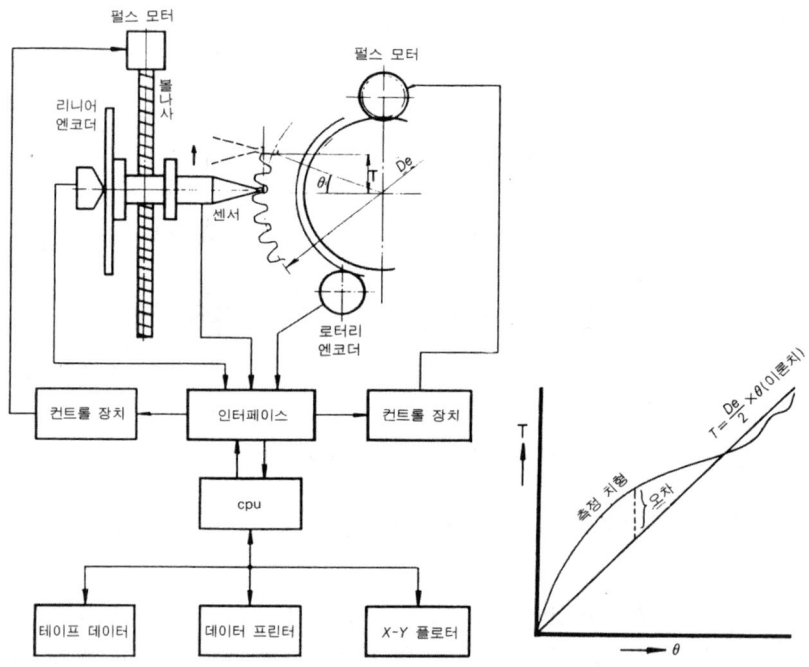

그림 4-377 CNC 치형 측정기의 예

먼저, 직선 거리 측정법에서는 측정자 및 고정 접촉자를 피치원상 또는 그 부근에서 치면에 접촉시키고, 그 사이의 거리의 부동(不同)을 측정해서 단일 피치 오차 및 누적 피치 오차를 계산한다. 고정 접촉자 대신에 위치 결정용의 측정자와 측미기를 이용해서 그 읽음값이 일정한 값이 되도록 기어를 회전시켜 위치를 결정하는 방법도 있다.

실제 측정시에는 그림 4-378과 같이 회전 중심 기준, 이 끝 원통 기준, 이 뿌리 원통 기준 등이 있다. 오차는 이론 피치값과의 차를 말하며 원주 피치의 이론값 $t_0 = \pi d_0 / z$ 이다.

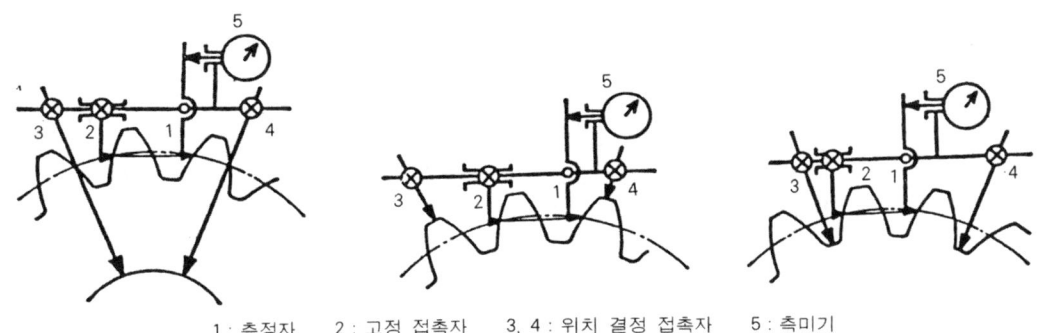

1 : 측정자   2 : 고정 접촉자   3, 4 : 위치 결정 접촉자   5 : 측미기

그림 4-378 원주 피치 측정기(직선 거리 측정법)

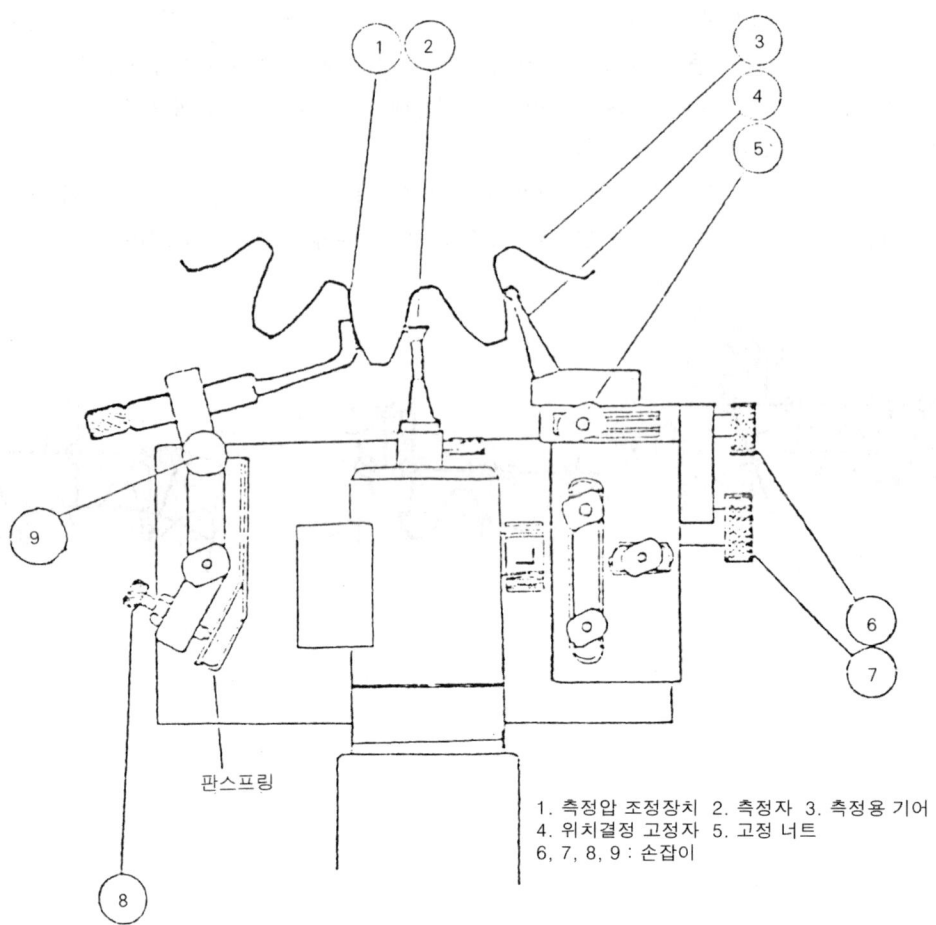

그림 4-379 원주 피치의 측정(만능 기어 측정기 이용)

표 4-56 단일 피치 오차, 인접 피치 오차 및 누적 피치 오차의 계산(잇수 15의 경우)

(단위 : μm)

기어 이	측미기의 눈금값 (X_n)	눈금값의 누적값 ($\sum x_n$)	단일 피치 오차 ($X_n - \overline{X_n}$)	인접 피치 오차 ($X_{n+1} - X_n$)	눈금값 평균값의 누적치 ($\sum \overline{x_n}$)	누적 피치 오차
1 과 2	4	4	2	2	2.33× 1 ≒ 1 ≒ 2	2
2 와 3	6	10	4	3	2.33× 2 ≒ 1 ≒ 5	5
3 과 4	9	19	7	2	2.33× 3 ≒ 1 ≒ 7	12
4 와 5	7	26	5	7	2.33× 4 ≒ 1 ≒ 9	17
5 와 6	0	26	-2	3	2.33× 5 ≒ 1 ≒ 12	14
6 과 7	-3	23	-5	6	2.33× 6 ≒ 1 ≒ 14	9
7 과 8	3	26	1	1	2.33× 7 ≒ 1 ≒ 16	10
8 과 9	2	28	0	6	2.33× 8 ≒ 1 ≒ 19	9
9 와 10	-4	24	-6	0	2.33× 9 ≒ 1 ≒ 21	3
10 과 11	-4	20	-6	3	2.33×10 ≒ 1 ≒ 23	-3
11 과 12	-1	19	-3	8	2.33×11 ≒ 1 ≒ 26	-7
12 와 13	7	26	5	7	2.33×12 ≒ 1 ≒ 28	-2
13 과 14	0	26	-2	4	2.33×13 ≒ 1 ≒ 30	-4
14 와 15	4	30	2	1	2.33×14 ≒ 1 ≒ 33	-3
15 와 1	5	35	3	1	2.33×15 ≒ 1 ≒ 35	0

눈금값의 평균값 $= \overline{X} = \dfrac{\sum X_n}{n} = \dfrac{35}{15} ≒ 2$

주) 1. 최대 단일 피치 오차 : 7μm, 최대 인접 피치 오차 : 8μm, 최대 누적 피치 오차 : 24μm
2. 위의 표는 잇수 15개인 기어의 원주피치를 직선 거리 측정법으로 측정한 것이다.
   각 피치 오차의 계산식
   단일 피치 오차 = 측미기의 읽음값 - 읽음값의 평균값 $= x_n - \overline{x_n}$
   인접 피치 오차 = 인접한 읽음값의 차 $= (x_{n+1} - x_n)$
   누적 피치 오차 = 읽음값의 누적값 - 읽음값 평균값의 누적값 $= \sum x_n - \sum \overline{x_n}$

18.9 법선 피치 오차의 측정

법선 피치 오차는 측정자 및 고정 접촉자를 기초원의 접선과 이에 대응하는 인접한 치면과의 교점에 접촉시켜, 그 두 교점 사이의 직선거리에 대하여 그 이론값과의 차를 측정한다. 헬리컬 기어에서는 정면 법선 피치를 측정한다. 정면 법선 피치의 측정이 곤란할 때는 치직각 법선 피치를 측정하여 정면 법선 피치로 환산한다.

법선 피치는 이웃한 2개의 같은 쪽의 치면에 대해서 인벌류트의 범위 내에서 접하는 2개의 평행한 평면 간의 거리이다. 이 정의에 의해 서로 평행한 고정 접촉자와 측정자(원통 또는 평면)가 이용되고 그림 4-381과 같이 측정자를 법선 피치의 이론값에 조정한 2개의 방법을 나타내고 있다.

18.10 이 홈의 흔들림 측정

이 홈 흔들림 측정은 볼 또는 핀 등이 측정자를 전 둘레에 따라 그림 4-382와 같이 홈의 양쪽 치면에 접하도록 삽입하여 측정자의 반지름 방향 위치의 변동을 측미기로 읽든가 또는 자동 기록한다. 이 눈금값의 최댓값과 최솟값과의 차가 이 홈 흔들림이다.

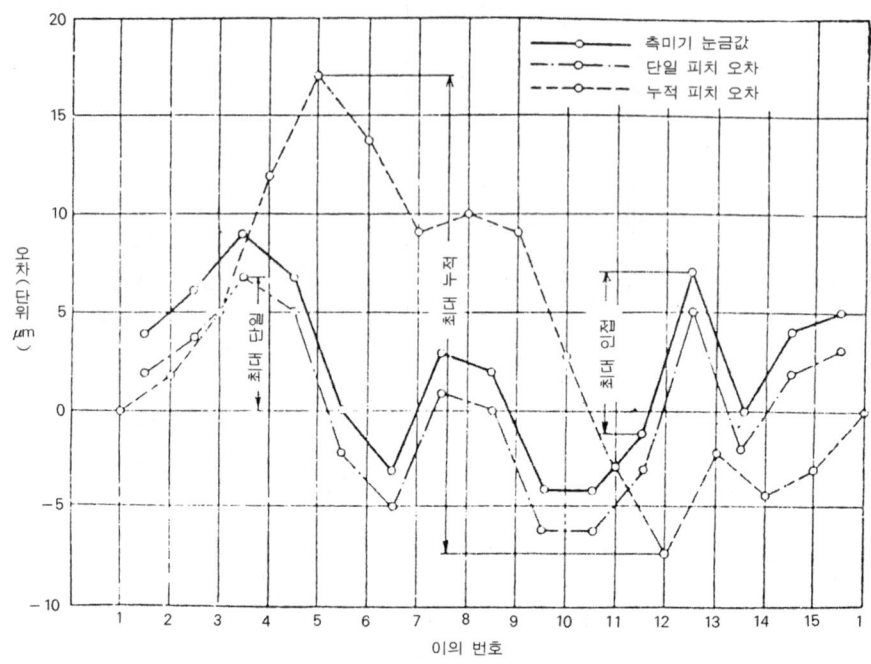

그림 4-380 피치 오차 선도

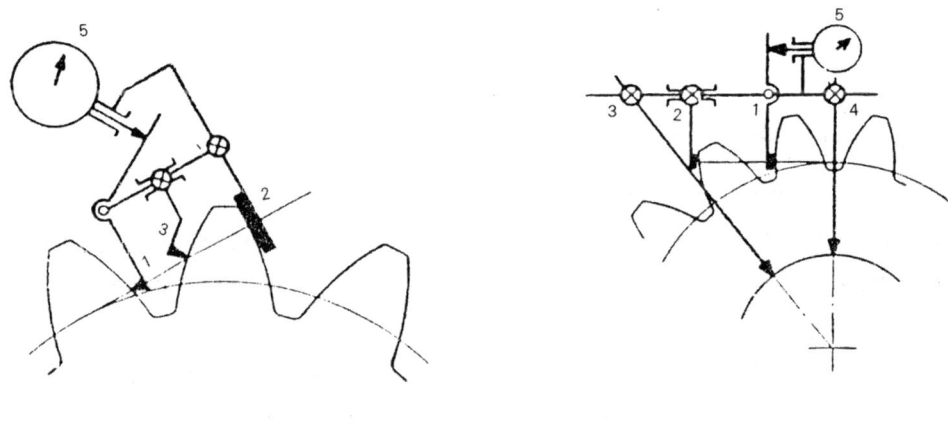

(a) 간이식   (b) 회전 중심 기준식

그림 4-381 법선 피치의 측정

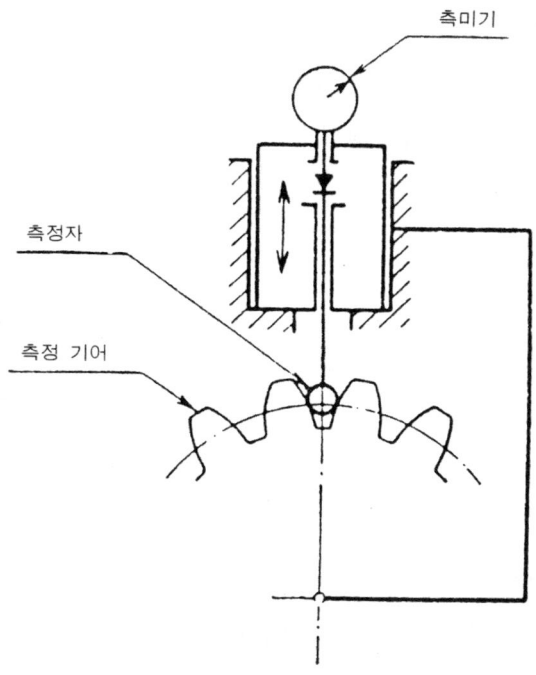

그림 4-382 치홈의 흔들림 측정기

그러나, 측정자의 접촉시 편심 오차, 기어의 압력각 오차, 피치 오차, 이 두께 오차 및 측정자 볼의 크기에 따른 영향을 받는다.

측정에 사용하는 측정자 볼 지름은 다음 관계식을 적용한다.

$$d_B = m(\pi \cos \alpha_0 /2 - 2x \sin x_0) \tag{4.113}$$

여기서 d_B : 측정자 볼 지름, m : 모듈,
α_0 : 압력각, x : 전위계수

18.11 잇줄 방향의 측정

잇줄 방향의 오차는 기어의 성능에 크게 영향을 미치는 오차의 하나이다. 여기서, 오차는 KS에 의하면 피치 원통(또는 피치 원통에 가까운 원통)상에 있어서 필요한 검사 범위 내의 치폭에 대응하는 실제의 잇줄과 이론상의 잇줄과의 차를 말한다.

(1) 잇줄 창성 방식

스트레이트 스퍼 기어인 경우는 측정 기어의 측정 원통 위에 측정자를 놓고, 축 방향으로 기어 또는 측정자를 이동시켜서 측정한다.

헬리컬 기어인 경우는 측정기에 설치한 기어를 회전시켜서 측정 원통 위의 이론상의 잇줄의 축 방

향 상당 거리만큼 기어 또는 측정자를 축 방향으로 이동시켜서 측정한다. 이 경우, 기어의 회전각 θ에 상당하는 축 방향 이동량은 피드를 p라 하면 $\frac{p\theta}{2\pi}$이다. 여기에서, 리드 p는 r을 기준 피치 원통 반지름, β를 기준 피치 원통 비틀림 각이라 하면

$$p = 2\pi r \cdot \cot\beta$$

의 관계가 있다.

측정할 때 축에 직각인 평면 내 측정자의 움직임을 측미기로 읽든가 또는 자동 기록하는데, 이 경우 오차는 숫자만으로 전체를 표시하기가 곤란하므로 오차선도로 표시하는 것이 좋다.

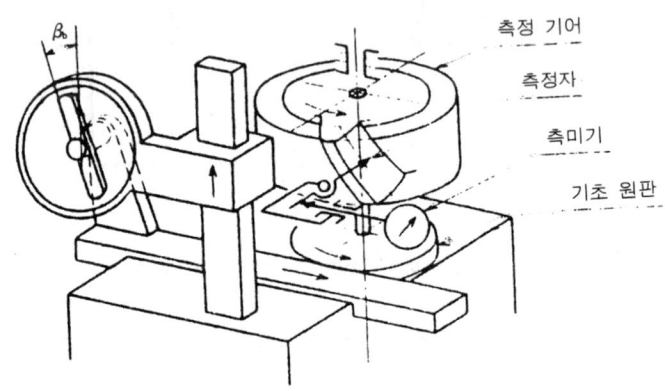

그림 4-383 기초원판 방식 잇줄의 측정 방법

(2) 비교 측정법

정확한 잇줄 방향을 가진 기준 기어 또는 리드 모형과 측정용 기어를 동일 축에 설치해서, 그림 4-384와 같이 기준 기어의 잇줄 방향과 측정용 기어의 잇줄 방향에 각각 고정 접촉자 및 측정자를 닿게 해서 측정대를 축 방향으로 이송하면 고정 접촉자를 안내로 해서 기어가 회전한다. 이때, 측정자의 움직임을 측정하는 방법이다.

잇줄 방향의 측정은 그 기어의 회전 중심을 기준으로 하여 시행한다. 회전 중심을 기준으로 측정할 수 없을 때는 이에 대신하는 다른 기준을 사용하나, 이때는 기준과 회전 중심과의 관계 정밀도를 생각할 필요가 있다. 측정 장소는 기어의 원주 위 약 90°마다 1개의 이의 좌우 양 잇면을 측정한다. 또, 한쪽의 잇면만으로 물리는 기어에서는 사용 잇면에 대해서만 측정하면 된다.

제 4 장 정밀 측정의 실제(응용편) 555

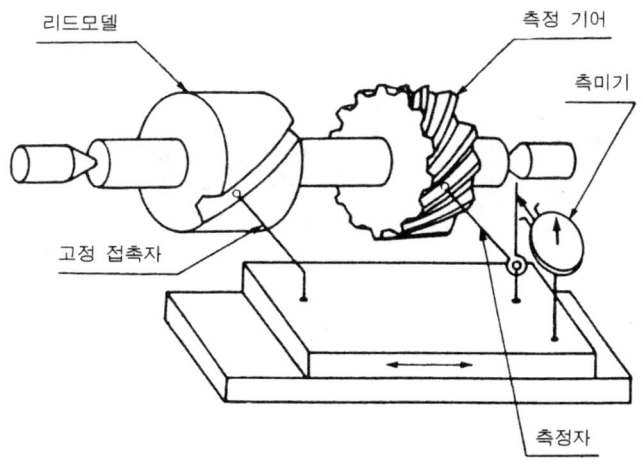

그림 4 - 384 비교 측정 방식 잇줄 방향 측정기

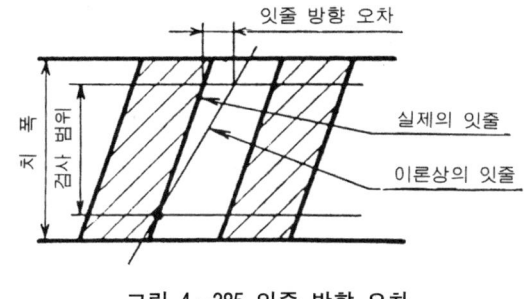

그림 4 - 385 잇줄 방향 오차

18.12 기어의 종합 시험(물림 시험)

기어는 치형 오차, 피치 오차, 치홈의 흔들림, 이 두께 오차 등의 단독 측정 외에 기어의 정도를 종합적으로 시험하는 방법으로 물림 시험이 있으면 현장에서 많이 이용되고 있다. 즉, 마스터 기어에 시험용 기어를 맞물려서 맞물림 상태를 비교하는 것이다. 특히 소형 기어에서는 각종 오차를 하나하나 측정하는 것은 일반적으로 곤란하고 사용 목적에 따라서, 그 각도 전달오차가 작으면 좋기 때문에 물림 시험을 하는 것이 좋다. 한 쌍의 기어를 무부하로, 더구나 아주 느린 저속으로 맞물려서 실시하며 다음 두 종류로 분류된다.

(1) 양 잇면 물림 시험(중심 거리 변화 방식)

그림 4-386과 같이 1쌍의 기어축의 한쪽이 이동할 수 있는 구조의 측정기에 마스터 기어와 측정기어를 백래시 없이 맞물리고, 이것을 회전시켰을 때의 중심 거리의 변화를 측정하는 방법으로, 이 경우는 기어의 좌우 치면이 동시에 접촉하기 때문에 양 잇면 물림 시험이라 부른다.

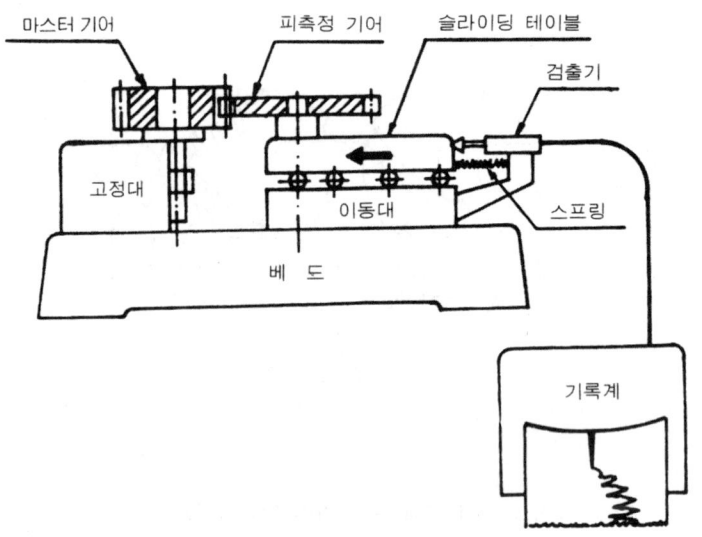

그림 4-386 양치면 맞물림 시험기

이 시험에 의해 백 래시의 변동량, 편심 오차, 다른 기어와의 오차가 종합되어 나타난다. 이 경우, 편심 오차가 있으면 중심 거리는 주기적으로 변화하고, 그 외 정현(正弦) 곡선의 진폭은 편심의 절대값과 같게 되며, 피치 오차가 있으면 기어의 이 하나마다 파(波)를 발생하고, 치형오차가 있으면 이 하나마다의 가는 파로 나타난다.

그림 4-387(a)와 같이 물림 시험 중 두 기어의 축간 거리에 변화가 없으면 슬라이딩 테이블은 움직이지 않고, 검출기는 일정한 값만 지시하고 기록은 직선으로 표시된다.

회정중에 축간 거리에 변동이 생기면 슬라이딩 테이블이 좌우로 움직여서 기록은 파형을 그리게 된다(그림 4-387(b)).

일반적으로 기어를 마스터 기어와 맞물려서 양 잇면 물림 시험을 하면 그림 4-387(c)와 같은 선도(線圖)로 되고, 파형의 크기에 의해 각각의 규격값이 결정된다.

① 측정 결과와 해석

스퍼 기어 A, B를 마스터 기어와 맞물려서 얻은 그림 4-388과 같은 기록선도를 보면, 기어 A쪽은 비교적 선도가 매끄럽지만 기어 B쪽은 선도가 울퉁불퉁하다. 이 값을 수치로 읽으면 표 4-57과 같다.

기록에서 명확한 것처럼 순조롭게 회전하는 기어는 매끈한 기록선도를 얻게 되고, 소음이 있는 기어는 중심 간 거리의 변동이 많은 것이다.

이러한 물림 시험은 기어의 좋고 나쁜 상태는 어느 정도 알 수 있어도 정확한 원인 추구까지는 할 수 없다.

② 양 잇면 물림 시험의 장단점

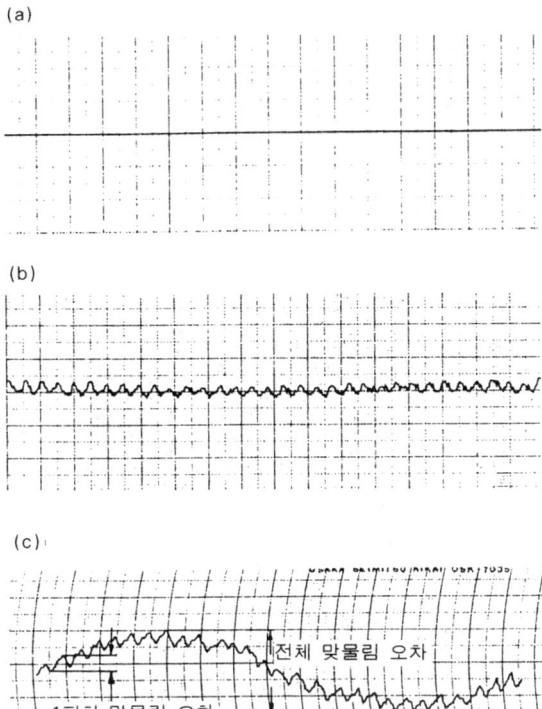

그림 4-387 물림 오차선도 예

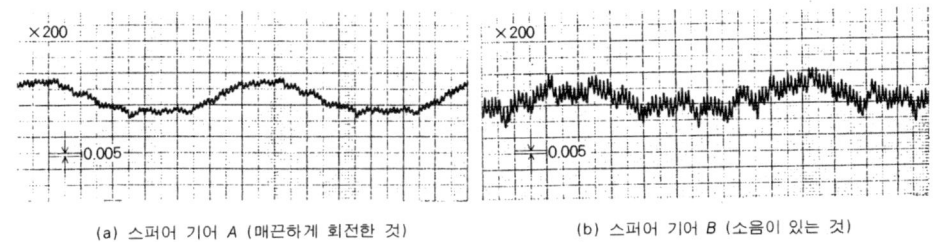

(a) 스퍼어 기어 A (매끈하게 회전한 것)   (b) 스퍼어 기어 B (소음이 있는 것)

그림 4-388 물림 시험 기록선도

표 4-57 물림 시험 등급의 판정 예

구분	1피치 맞물림 오차			전체 맞물림 오차		
		JGMA	AGMA		JGMA	AGMA
스퍼 기어 A	12.5 μm	3급	9급	65 μm	4급	7급
스퍼 기어 B	45 μm	6급	6급	90 μm	5급	6급

짧은 시간에 종합적으로 합격, 불합격의 판단을 할 수 있는 최적의 방법으로 다음과 같은 장단점이 있다.

장점으로는

a. 측정이 용이하고 손쉽게 조작할 수 있다.
b. 측정 시간이 짧고, 1회전으로 기록이 되어 전체 검사가 가능하다.
c. 치면(齒面) 전체가 맞물리기 때문에 기어 이의 상처나 덧살 등도 찾아낼 수 있다.

단점으로는

a. 기어의 소음, 진동의 원인인 치형의 형상은 알 수 없다.

(2) 편 잇면 물림 시험(중심 거리 고정식)

한 쌍의 기어를 정규의 고정 중심 거리로 맞물리고 적당한 백 래시를 가지고 실제와 같은 상태에서 한쪽의 기어를 회전시켰을 때 상대 기어의 맞물림 전달 오차를 측정하는 방법으로 편측치면만이 작용한다. 편측 치면 물림 오차는 기어의 성능을 판단하는 데 있어서 가장 중요한 오차이며, 이 방법은 양측 치면 물림 시험에 비해 구조가 복잡해서 고가이고 취급도 까다롭기 때문에 연구소 이외에는 거의 실용화되지 않고 있다. 측정 기어 1회전 중의 회전 오차를 피치원상에서 측정한 것을 편측 치면 물림 오차(single flank composite error), 1피치 회전 중의 그것을 편측 치면 1피치 맞물림 오차라고 한다(그림 4-389).

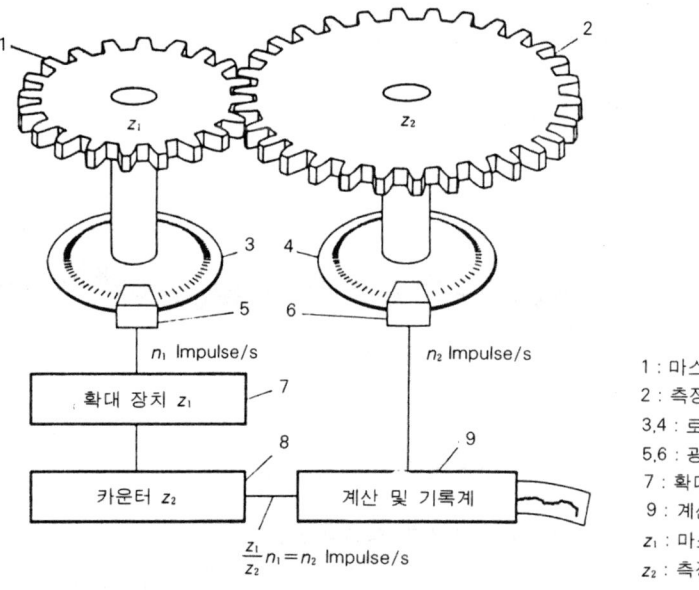

그림 4-389 로터리 엔코더를 이용한 편측 치면 맞물림 시험기

18.13 측정시 주의 사항

1) 기어와 측정자는 파손되지 않도록 취급에 주의한다.
2) 모듈에 따라 알맞은 측정자를 선택해야 한다.
3) 기록 장치의 펜이 파손되지 않도록 주의하여야 한다.
4) 측정자는 일정한 측정압을 가해야 한다.
5) 기어의 회전 방향에 주의하여야 하며, 반대로 회전하여 측정자가 손실되지 않도록 해야 한다.
6) 기록장치의 눈금 또는 그래프 등을 배율에 따라 정확히 판단하여 오차를 구하도록 한다.

18.14 측정 방법 및 순서

(1) 치형 오차의 측정

① 측정기를 잘 닦고 각 부위가 원활하게 움직이는지 확인한다.
② 하부 센터에 기초 원판을 끼우고 움직이지 않도록 너트로 조인다.
③ 맨드릴(mandrel)에 측정물인 기어를 부착해서 상하 센터에 지지한다(그림 4-390).
④ 검출기의 전환 레버를 측정 치면(齒面)을 따라 좌 또는 우측에 설정하고 측정자를 측정 높이까지 조절한다.
⑤ 기초 원판 평행 기준판이 일정 압력으로 접촉하도록 한다.
⑥ 기록 장치의 기록펜을 일정 위치(중앙 위치 등 기록이 용이한 곳)에 오도록 하고, 배율조정 장치의 배율을 결정한다.
⑦ 기록펜은 이 뿌리에서 이 끝까지 치형 선도를 그릴 수 있도록 한다(그림 4-391).
⑧ 핸들을 돌려서 기어를 회전시켜 측정자가 치면을 따라 이동하고 기록펜이 치형선도를 그리도록 한다.
⑨ 90°씩 기어를 회전하여 합계 4개의 치형 오차를 구하고, 다른 기어 이를 측정할 때에는 일단 기어 지지대 C를 오른쪽으로 후퇴시킨 다음 다시 위와 같은 방법으로 측정한다.
⑩ 위에서 구한 치형 기록선도는 압력 오차, 치면의 요철, 치면의 수정 등 각종의 편위량을 포함하고 있기 때문에 기어의 판정에는 여러 가지의 수치적인 해석도 필요하게 된다.
⑪ 치형 오차는 보통 3가지의 요소에 원인이 있으며, ① 기록선도 평균선이 기울어진 상태는 압력각 오차에 의한 것이며, ② 치면이 큰 파상 곡선인 상태는 래크의 불량, 커터의 불량 또는 열처리에 의한 변형 등이 원인이며, ③ 또한 비교적 작은 피치의 요철은 표면거칠기 또는 흔들림에 의한 것 등이 있다(그림 4-392).

(2) 피치 측정

① 피치 측정 장치를 피치 고정 측정자와 측정자의 끝이 피측정용 기어의 피치원상에 오도록 조정한다.

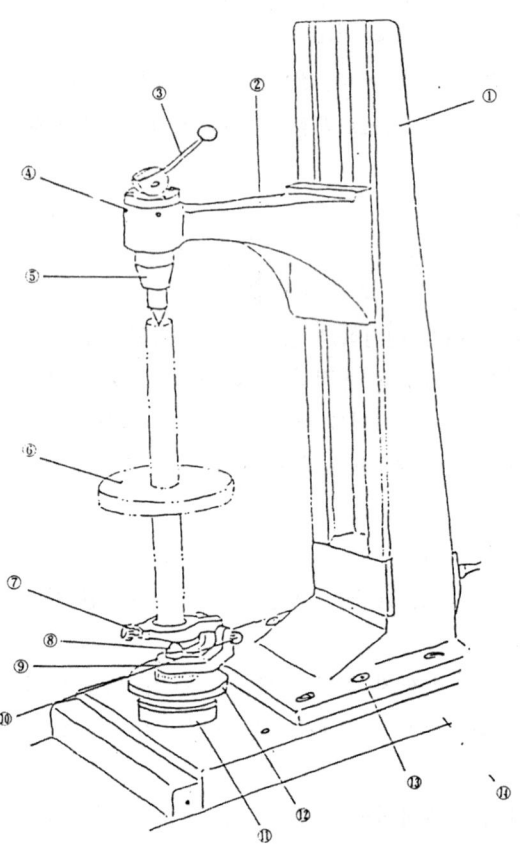

그림 4-390 기어의 설치

제4장 정밀 측정의 실제(응용편) *561*

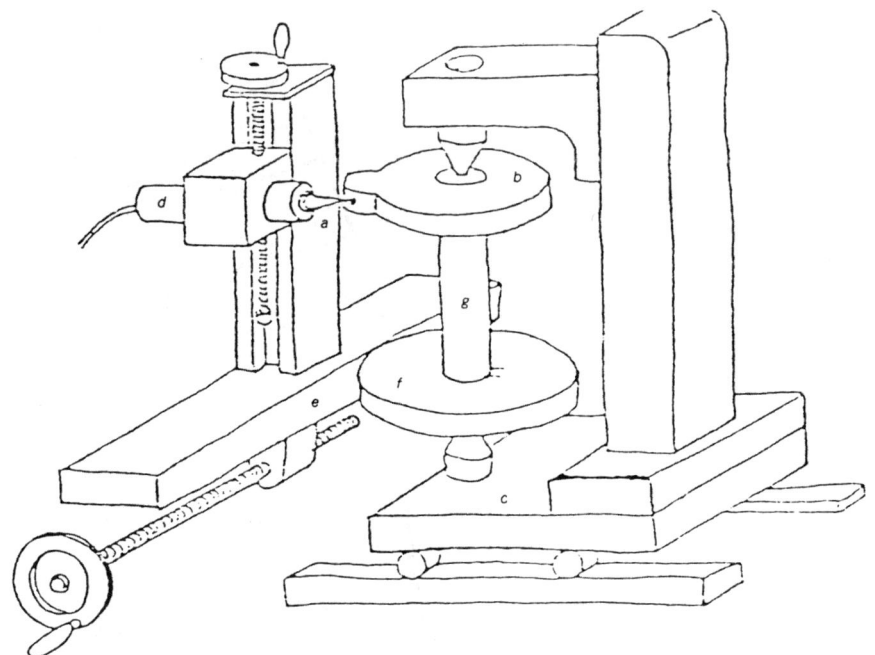

그림 4-391 측정 준비

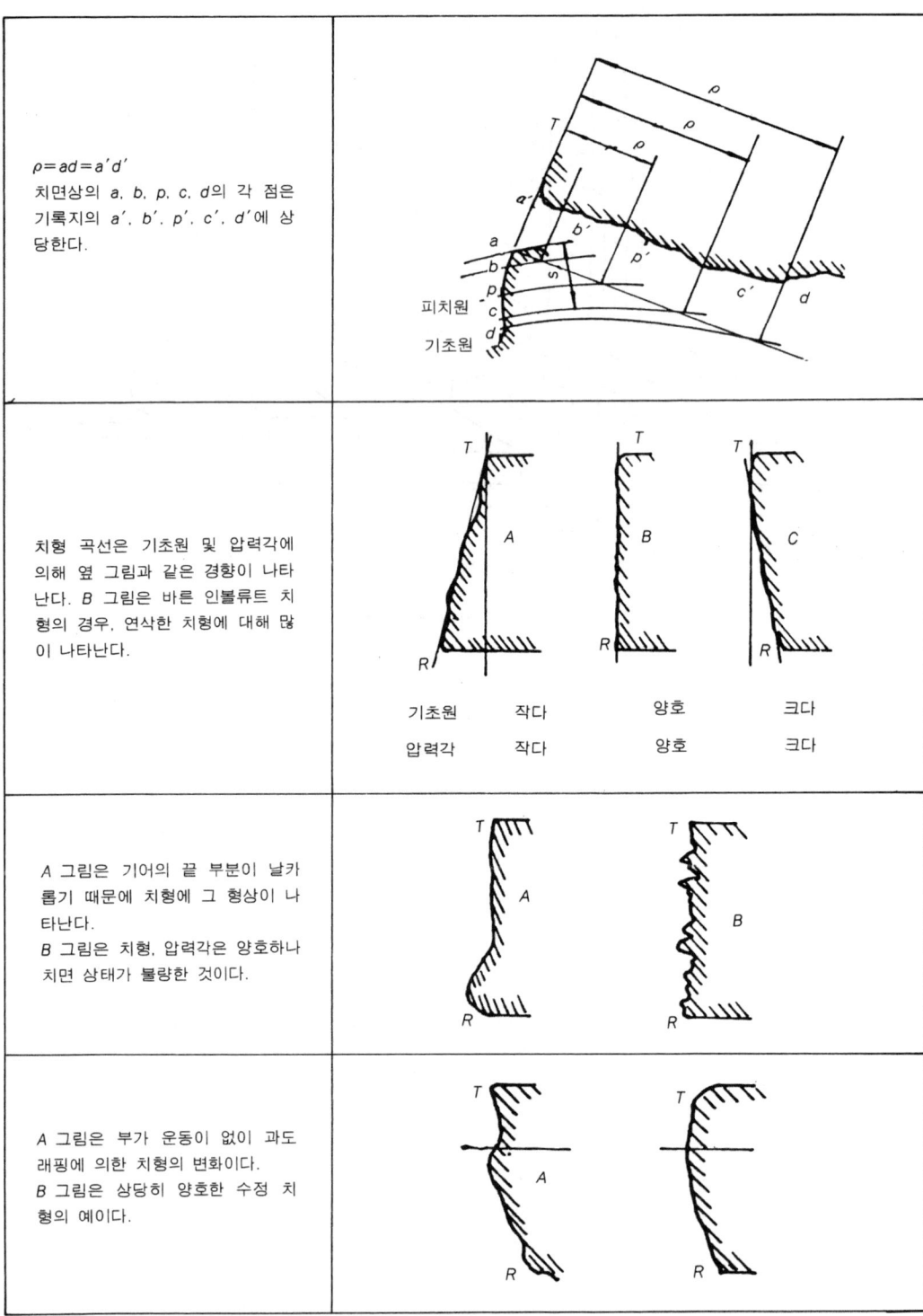

$\rho = ad = a'd'$
치면상의 a, b, p, c, d의 각 점은 기록지의 a', b', p', c', d'에 상당한다.

치형 곡선은 기초원 및 압력각에 의해 옆 그림과 같은 경향이 나타난다. B 그림은 바른 인볼류트 치형의 경우, 연삭한 치형에 대해 많이 나타난다.

| 기초원 | 작다 | 양호 | 크다 |
| 압력각 | 작다 | 양호 | 크다 |

A 그림은 기어의 끝 부분이 날카롭기 때문에 치형에 그 형상이 나타난다.
B 그림은 치형, 압력각은 양호하나 치면 상태가 불량한 것이다.

A 그림은 부가 운동이 없이 과도 래핑에 의한 치형의 변화이다.
B 그림은 상당히 양호한 수정 치형의 예이다.

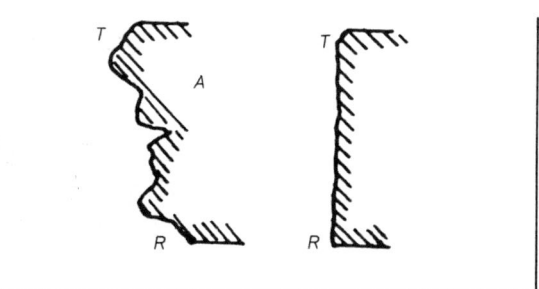

A 그림은 치절삭 후 열처리한 치형이다. 바른 치형에서도 열처리에 의해 예측치 못한 변형이 생긴다.
B 그림은 A그림의 치형을 연삭 사상한 바로 인볼류트 치형이다.

그림 4-392 실제 치형과 기록선도와의 관계

② 측정대를 전후로 기어 지지대를 좌우로 이동하고, 고정 측정자를 미동으로 하여 그림 4-393, 그림 4-394와 같이 조정한다.
③ 측정압 조정 장치로 측정압을 조절해서 가한다.
④ 기록펜의 위치를 조정하여 기록지상의 적당한 위치에 오도록 조정한다.
⑤ 각 측정자 간의 관계를 확인하고 조정한다.
⑥ 기어를 1회전하면서 피치를 측정해서 기록한다.
⑦ 그림 4-395의 기록선도에서 서로 인접한 기어 이의 피치원상에 대한 실제 피치와 정확한 피치와의 차로서 단독 피치 오차를 구한다.

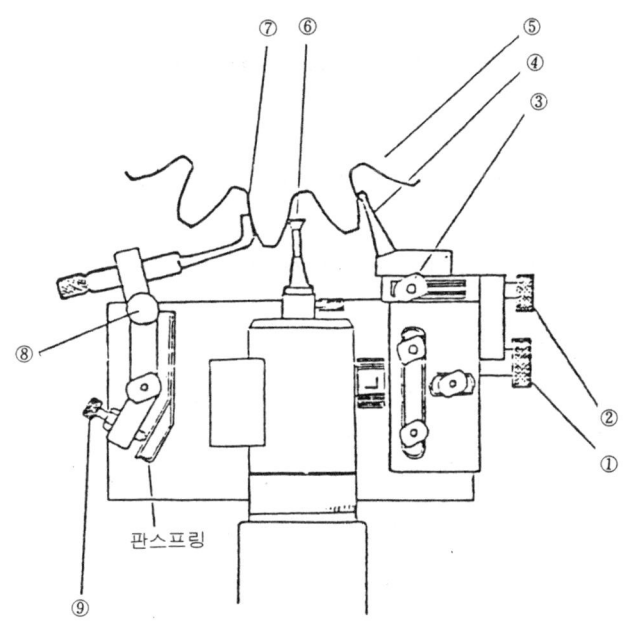

그림 4-393 원주 피치의 측정

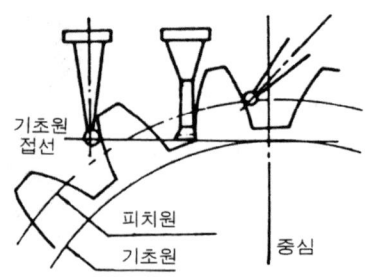

그림 4-394 법선 피치의 측정

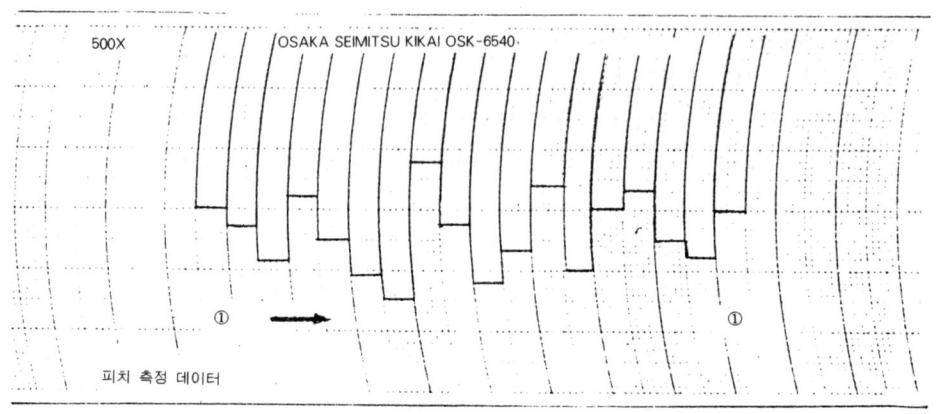

그림 4-395 피치 오차 그래프

⑧ 피치원상의 인접한 2개의 피치의 차로서 인접 피치 오차를 구한다.
⑨ 임의의 2개의 기어 이 사이의 피치원상에 대한 실제 피치의 합과 정확한 치수의 차로서 누적 피치 오차를 구한다.
⑩ 정면 법선 피치의 실제 치수와 이론치와의 차로서 법선 피치를 구한다.

(3) 이 홈의 흔들림 측정

① 이 홈 측정 장치를 부착하고 검출기의 측정자 끝이 스톱 바 단면에 접촉할 수 있도록 조정한다.
② 측정용 기어를 치형 측정 때와 같은 방법으로 지지한다.
③ 접촉자를 기어의 사양에 알맞은 지름을 선택해서 부착해 고정시킨다.
④ 그림 4-384와 같이 접촉자 ①을 이 홈에 접촉시키고 레버를 이용하여 측정압을 가한다.

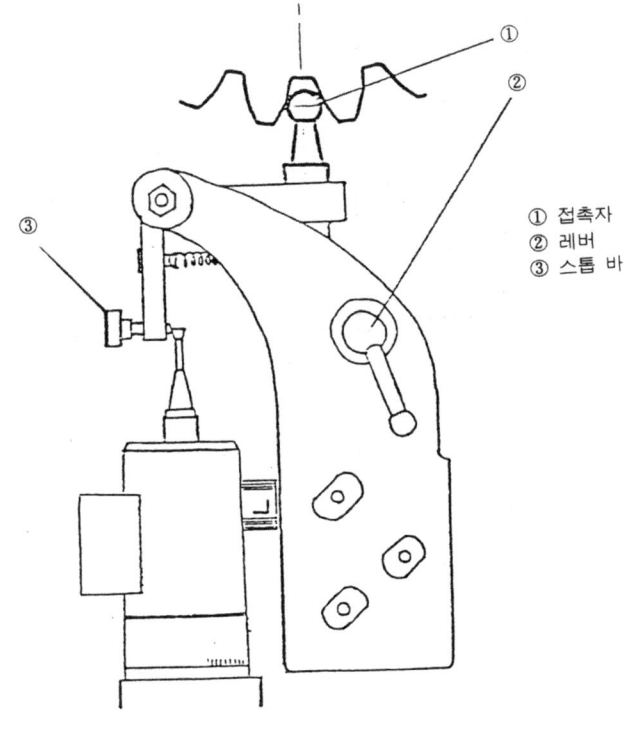

그림 4-396 이 홈의 측정

⑤ 기록펜은 정확히 중앙 근처에 오도록 스톱 바를 조정한다.
⑥ 측정은 레버 ②를 이용하여 접촉자를 전진 또는 후퇴시키면서 실시한다.
⑦ 하나의 홈의 측정이 끝났으면 기어 지지대는 움직이지 말고 레버로 접촉자의 볼을 후방으로 후퇴시키고 기어를 회전시켜, 다음 홈에 접촉자의 볼을 삽입해서 기록펜으로 오차를 기록 용지에 그린다.
⑧ 이상과 같이 반복해서 기어를 1회전시키면서 이 홈을 측정한다.
⑨ 기록선도는 일반적으로 사인 곡선을 표시한다(그림 4-397).

18.15 측정치의 정리 및 계산

위의 방법과 같이 구한 측정값 또는 기록선도로 각 결정량의 오차를 구하여 정리한다.

18.16 결과 및 고찰

1) 측정한 기어의 등급이 KS의 몇 급에 해당하는지 알아보자.
2) 각종 기어 측정기의 구조 및 원리에 대해 조사해 보자.

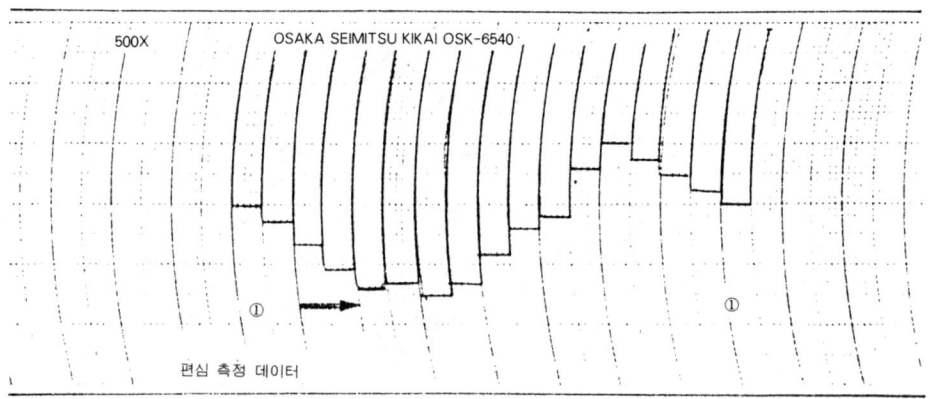

그림 4-397 이 홈을 측정한 기록선도

3) 기준 원판의 오차가 측정 정도에 미치는 영향에 대해 생각해 보자.
4) 측정 오차의 원인에 대해 연구해 보자.

Ⅰ. 참고 문헌

1. 이종대, 최신정밀측정학, 기전연구사.
2. 이종대, 3차원 측정-이론과 실제, 성안당.
3. 최호선, 신공차론, 성안당.
4. 이종대 외, 정밀 형상 측정-이론과 실제, 성안당.
5. H. DAGNALL M. A., Exploring Surface Texture, R. T. H., 1986.
6. H. DAGNALL M. A., Let is Talk Roundness, R. T. H., 1986.
7. Hu Amstutz, Surface Textur : The parameter, Sheffield, 1990.
8. M. Sander, A Partical Guide to the Assessment of Surface Texture, Feinpruf Perthem GmbH, 1989.
9. Leigh Mummery B. Eng, Surface Texture Analysis the Hand Book, Hommelwerke GmbH, 1990.

Ⅱ. 참고 규격

1. KS A ISO 8015 제품 형상 명세(GPS)-기본 사항-개념, 원칙 및 규칙
2. KS B ISO 1 제품의 형상 명세(GPS)-제품의 형상 명세 및 검증을 위한 표준 온도
3. KS A ISO 1101 제품의 형상 명세(GPS)-기하 공차 -형상, 자세, 위치 및 흔들림 공차 표시
4. KS A ISO 3274 제품의 형상 명세(GPS)-표면의 결(조직) : 프로파일법-접촉(촉침식) 기기의 공칭 특성
5. KS A 0005 제도 - 통칙(도면 작성의 일반 코드)
6. KS B ISO 10360-1 제품의 형상 명세(GPS)-좌표 측정기(CMM)의 인수시험과 재검증시험-제1부 : 용어
7. KS B ISO 10360-2 제품의 형상 명세(GPS)-좌표측정기(CMM)의 인수시험과 재검증시험-제2부 : 치수 측정용 좌표측정기
8. KS B ISO 12180-1 제품의 형상 명세(GPS)-원통도-제1부 : 원통형상 용어 및 파라미터
9. KS B ISO 12180-2 제품의 형상 명세(GPS)-원통도-제2부 : 명세 연산자
10. KS B ISO 12181-1 제품의 형상 명세(GPS)-진원도-제1부 : 진원도의 용어 및 파라미터
11. KS B ISO 12181-2 제품의 형상 명세(GPS)-진원도-제2부 : 명세 연산자
12. KS B ISO 12780-1 제품의 형상 명세(GPS)-진직도-제1부 : 진직도의 용어 및 파라미터
13. KS B ISO 12780-2 제품의 형상 명세(GPS)-진직도-제2부 : 명세 연산자
14. KS B ISO 12781-1 제품의 형상 명세(GPS)-평면도-제1부 : 평면도의 용어 및 파라미터
15. KS B ISO 12781-2 제품의 형상 명세(GPS)-평면도-제2부 : 명세 연산자
16. KS A ISO 1660 제품의 형상 명세(GPS)-기하공차 기입-윤곽도 공차

17. KS B ISO 129-1 제품의 기술 문서(TPD)-치수 및 공차의 표시-제1부 : 일반 원칙
18. KS B ISO 16610-21 제품 형상 명세 (GPS)-필터링-제21부: 선형 프로파일 필터: 가우스 필터
19. KS B ISO 2692 제품의 형상 명세 (GPS) - 기하 공차 표시 - 최대 실체 요구사항 (MMR), 최소 실체 요구사항(LMR) 및 상호 요구사항 (RPR)
20. KS B ISO 3650 제품의 형상 명세(GPS)-길이 표준-게이지 블록
21. KS B ISO 5458 제품의 형상 명세(GPS)-기하공차 표시-위치 공차 표시
22. KS B ISO 5459 제품의 형상 명세(GPS)-기하공차 표시-기하공차를 위한 데이텀 및 데이텀 시스템
23. KS B 5545 - 2002 진원도 측정기
24. KS B ISO 4291 진원도 평가 방법-반지름의 변화량에 대한 측정
25. KS B ISO_2768-1_2002-일반 공차-제1부 : 개별 공차표시가 없는 선형 치수 및 각도 치수에 대한 공차
26. ISO 20181 : 일반공차_일반 형상과 사이즈 사양
27. KS B ISO_2768-2_2002-일반 공차-제2부 : 개별 공차표시가 없는 기하학적 공차
28. KS A ISO_10578_2001-제도-자세 및 위치의 공차표시 방법-돌출 공차 영역
29. KS B 5242_2001-옵티칼 패러렐
30. KS B 5241_2001-옵티칼 플랫
31. KS B ISO 10360-1 : 제품의 형상 명세(GPS) — 좌표 측정기(CMM)의 인수 시험과 재검증 시험 — 제1부: 용어
32. KS B ISO 10360-2 : 제품의 형상 명세(GPS) — 좌표측정기(CMM)의 인수 시험과 재검증 시험 — 제2부: 치수 측정용 좌표측정기
33. KS B ISO 10360-3 : 제품의 형상 명세(GPS) — 좌표 측정기 (CMM)의 인수 시험과 재검증 시험 — 제3부: 회전 테이블이 부착된 4축 좌표 측정기(CMM)
34. KS B ISO 10360-4 : 제품의 형상 명세(GPS) — 좌표 측정기(CMM)의 인수 시험과 재검증 시험 — 제4부: 스캐닝 측정 모드를 사용한 좌표 측정기(CMM)
35. KS B ISO 10360-5 :제품의 형상 명세(GPS) — 좌표 측정기 (CMM)의 인수 시험과 재검증 시험 — 제5부: 단일 및 다중 측정자 접촉 프로빙 시스템을 사용한 좌표 측정기(CMM)
36. KS B ISO 10360-6 : 제품의 형상 명세(GPS) — 좌표 측정기(CMM)의 인수 시험과 재검증 시험 — 제6부: 가우스 관련 형체 산출에 따른 오차의 평가
37. KS B ISO 10360-7 : 기하학적 제품 명세(GPS)-좌표 측정기(CMM)에 대한 합격 판정 시험과 재검증 시험-제7부 : 치수 측정용 좌표 측정기
38. KS B ISO 15530-3 : 제품의 형상 명세(GPS) — 좌표 측정기: 측정 불확도 결정 기법 — 제3부: 교정된 가공품 또는 표준의 사용
39. KS A ISO 3274 : 기하학적 제품 규격(GPS)-표면 조직 단면 곡선법-접촉(촉침식) 기기의 공칭 특성

40. KS B ISO 1119 : 제품의 형상 명세(GPS) — 원뿔형 테이퍼 및 테이퍼 각도 시리즈
41. KS B ISO 3650 : 제품의 형상 명세(GPS) — 길이 표준 — 게이지 블록
42. KS B ISO 4287 : 제품의 형상 명세(GPS) — 표면 조직 — 프로파일법: 용어, 정의 및 표면 조직의 파라미터
43. KS B ISO 4288 : 제품의 형상 명세(GPS) — 표면의 결(조직): 프로파일법 — 표면 결의 평가 규칙 및 절차
44. KS B ISO 8785 : 제품의 형상 명세(GPS) — 표면 결함 — 용어, 정의 및 파라미터
45. KS B ISO 12179 : 제품의 형상 명세(GPS) — 표면의 결(조직): 프로파일법 — 접촉(촉침)식 기기의 교정
46. KS B ISO 5458 : 제품의 형상 명세(GPS) — 기하 공차 표시 — 위치 공차 표시
47. KS B ISO 16015 : 제품의 형상 명세(GPS) — 열 영향으로 인한 길이 측정의 측정 불확도에 대한 계통적 오차 및 기여도
48. KS B ISO 12085 : 제품의 형상 명세(GPS) — 표면의 결(조직): 프로파일법 — 모티프 파라미터
49. KS B ISO 286-1 : 제품의 형상 명세(GPS) — 선형 치수 공차에 대한 ISO 코드 체계 — 제1부: 공차, 편차 및 끼워 맞춤의 기초
50. KS B ISO 8062-1 : 제품의 형상 명세(GPS) — 주형 부품에 대한 치수 및 기하 공차 — 제1부: 용어
51. KS B ISO 2538-2 : 제품의 형상 명세(GPS) — 쐐기 — 제2부: 치수와 공차
52. KS B ISO 5436-1 : 제품의 형상 명세(GPS) — 표면의 결(조직): 프로파일법; 측정 표준 — 제1부: 측정용 재료
53. KS B ISO 5436-2 : 제품의 형상 명세(GPS) — 표면의 결(조직): 프로파일법; 측정 표준 — 제2부: 소프트웨어 측정 표준
54. KS B ISO 17450-1 : 제품의 형상 명세(GPS) — 일반 개념 — 제1부: 형상 명세와 검증용 모델
55. KS B ISO 14253-1 : 제품의 형상 명세(GPS) — 가공품과 측정 장비의 측정에 의한 검사 — 제1부: 명세에 대한 적합 또는 부적합 결정법
56. KS B ISO 14253-2 : 제품의 형상 명세(GPS) — 가공품과 측정장비의 측정에 의한 검사 — 제2부: GPS 측정, 측정장비 교정과 제품 검증의 불확도 평가 가이드
57. KS B ISO 14253-3 : 제품의 형상 명세(GPS) — 가공품과 측정 장비의 측정에 의한 검사 — 제3부: 측정 불확도 문구에 대한 협정을 위한 가이드
58. KS B ISO 17450-2 : 제품의 형상 명세(GPS) — 일반 개념 — 제2부: 기본방침, 명세, 연산자 및 불확도
59. KS B ISO 14405-1 : 제품의 형상 명세(GPS) — 치수공차 기입 — 제1부 : 선 치수
60. KS B ISO 14405-2 : 제품의 형상 명세(GPS) — 치수공차 기입 — 제2부 : 선 치수 이외의 치수

61. ASME Y14.5-2018 : Dimensioning and Tolerancing
62. ASME Y14.5.1-2019 : Mathematical Definition of Dimensioning and Tolerancing Principles

기계공학도 및 현장 실무자를 위한

정밀 측정 실습

1994. 3. 10. 초 판 1쇄 발행
2017. 8. 30. 개정증보 2판 6쇄 발행
2023. 4. 12. 개정증보 3판 2쇄 발행

지은이 | 이종대
펴낸이 | 이종춘
펴낸곳 | BM (주)도서출판 성안당

주소 | 04032 서울시 마포구 양화로 127 첨단빌딩 3층(출판기획 R&D 센터)
      | 10881 경기도 파주시 문발로 112 파주 출판 문화도시(제작 및 물류)
전화 | 02) 3142-0036
      | 031) 950-6300
팩스 | 031) 955-0510
등록 | 1973. 2. 1. 제406-2005-000046호
출판사 홈페이지 | www.cyber.co.kr
ISBN | 978-89-315-1840-5 (93550)
정가 | 29,000원

이 책을 만든 사람들
기획 | 최옥현
진행 | 이희영
교정·교열 | 문 황
전산편집 | 이지연
표지 디자인 | 박현정
홍보 | 김계향, 유미나, 이준영, 정단비
국제부 | 이선민, 조혜란
마케팅 | 구본철, 차정욱, 오영일, 나진호, 강호묵
마케팅 지원 | 장상범
제작 | 김유석

이 책의 어느 부분도 저작권자나 BM (주)도서출판 성안당 발행인의 승인 문서 없이 일부 또는 전부를 사진 복사나 디스크 복사 및 기타 정보 재생 시스템을 비롯하여 현재 알려지거나 향후 발명될 어떤 전기적, 기계적 또는 다른 수단을 통해 복사하거나 재생하거나 이용할 수 없음.

※ 잘못 만들어진 책은 바꾸어 드립니다.